環境化学の事典

指宿堯嗣
上路雅子
御園生 誠
【編集】

朝倉書店

まえがき

　現代の環境問題は，資源，エネルギーそして人口，食糧など人間活動と深く関わる難問で，簡単には解決できない．しかし，われわれはその解決策をなんとか見出し，豊かで持続可能な社会を実現したいと願っている．といって，問題の正しい理解なしに安易に情緒的な対策を講じるとかえって事態を悪化させる可能性が高い．

　環境に関する書籍が多数あるにもかかわらず，あえて本書を企画した理由は，『化学の立場で環境問題の全体を正しく理解し，さらに，その解決に本当に役立つ化学技術を創出する』との立場で環境関連の事項を適切にまとめた事典が必要だと考えたからである．したがって，本事典の特徴は，(1)問題提起にとどまらずその解決策にまで踏み込んで前向きに記述するよう心がけたことと，(2)問題の全体像を把握できるように配慮したことにある．化学の立場からまとめることの意義は，物質の性質や変化を扱う化学・化学技術の視点が環境問題を理解し対策を立てるうえで欠かすことができないことにある．

　現代の環境問題は多くの事象が複雑に絡み合って生じている．したがって，全体を定量的に見なければ，正しい理解もできないし，解決策も見出せない．本事典では，広く長い視野に立って項目を選択し，環境問題の全体像と将来の見通しを見誤らないよう配慮するとともに客観的な事実，データを重視した．項目については，「地球環境問題」から「暮らしの中の化学品」までカバーしている．小項目形式の字句説明ではなく，中項目の解説方式にしたのも全体を俯瞰したいとの趣旨による．そのために検索の手間が増えることを避けるため索引の充実を図った．また，国際的な環境管理の体系が大きな変化をとげつつあることを踏まえ主要な関連法規制などを付録に加えた．

　さいわい，執筆者には本書の趣旨をご理解頂き無理な注文にも対応して適切な

記述をして頂くことができたと思っている．また，朝倉書店には，いくつかの困難を乗り越えて本書を完成に導いていただいた．あわせて心より謝意を表したい．

　本書の趣旨が読者の方々に理解され，本書が環境問題の解決の役に立つことができれば大変幸いである．

　　平成19年10月吉日

指宿堯嗣
上路雅子
御園生　誠

編 集 者

指宿 堯嗣　(社)産業環境管理協会
上路 雅子　(独)農業環境技術研究所
御園生 誠　(独)製品評価技術基盤機構

執 筆 者

荒川　いずみ	(独)製品評価技術基盤機構	
安藤　生大	千葉科学大学	
碇屋　隆雄	東京工業大学	
市川　昌彦	(有)環境ISOシステムサポート研究所	
指宿　堯嗣	(社)産業環境管理協会	
今井　健之	法政大学	
入江　建久	新潟医療福祉大学名誉教授	
岩崎　好陽	(社)におい・かおり環境協会	
上路　雅子	(独)農業環境技術研究所	
内野　圭司	出光興産(株)	
上沢　正志	前(独)農業環境技術研究所	
遠藤　小太郎	(社)産業環境管理協会	
遠藤　茂寿	(独)産業技術総合研究所	
大井川　淳子	(株)三菱化学安全科学研究所	
大谷　英雄	横浜国立大学	
大寺　純蔵	岡山理科大学	
大矢　仁史	(独)産業技術総合研究所	
大和田　秀二	早稲田大学	
大和田野　芳郎	(独)産業技術総合研究所	
小川　芳樹	東洋大学	
荻野　和子	東北大学医療技術短期大学部名誉教授	
奥野　勉	(独)労働安全衛生総合研究所	
長田　守弘	新日鉄エンジニアリング(株)	
小澤　寿輔	(独)産業技術総合研究所	
小野　信一	(独)農業環境技術研究所	
小野　真理子	(独)労働安全衛生総合研究所	
小渕　存	(独)産業技術総合研究所	
片谷　教孝	桜美林大学	
加藤　順子	(株)三菱化学安全科学研究所	
金田　清臣	大阪大学	
神本　正行	(独)産業技術総合研究所	
河野　正男	中央大学	
川辺　能成	(独)産業技術総合研究所	
菊池　昭二美	カワサキプラントシステムズ(株)	
北爪　智哉	東京工業大学	
北脇　秀敏	東洋大学	
久司　佳彦	千葉科学大学	
神山　宣彦	東洋大学	
國部　克彦	神戸大学	
小林　幹男	(独)産業技術総合研究所	
小林　康男	環境システム設計(株)	
駒井　武	(独)産業技術総合研究所	
小山　修	(独)国際農林水産業研究センター	
斎藤　郁夫	(独)産業技術総合研究所	
齊藤　敬三	(独)産業技術総合研究所	
斎藤　穂高	(株)三菱化学安全科学研究所

坂倉　俊康	(独)産業技術総合研究所	永淵　　修	千葉科学大学
坂下　　章	三菱重工業(株)	中村　　聡	東京工業大学
坂本　　宏	秋田県立大学名誉教授	成田　弘一	(独)産業技術総合研究所
櫻谷　祐企	(独)製品評価技術基盤機構	難波　征太郎	早稲田大学
佐合　純造	(財)リバーフロント整備センター	野内　　勇	前(独)農業環境技術研究所
寒川　　強	(独)産業技術総合研究所	長谷川　秀一	東京大学
重倉　光彦	(独)製品評価技術基盤機構	原田　幸明	(独)物質・材料研究機構
澁谷　榮一	JFE環境ソリューションズ(株)	藤吉　秀昭	(財)日本環境衛生センター
杉田　　創	(独)産業技術総合研究所	古川　憲治	熊本大学
諏訪　裕一	(独)産業技術総合研究所	古川　路明	前 名古屋大学
千田　哲也	(独)海上技術安全研究所	堀添　浩俊	名古屋大学
田尾　博明	(独)産業技術総合研究所	本間　知夫	千葉科学大学
髙田　礼子	聖マリアンナ医科大学	松田　臣平	(独)科学技術振興機構
高橋　信行	(独)産業技術総合研究所	松宮　　輝	前 九州大学
高橋　幸雄	(独)労働安全衛生総合研究所	松村　治夫	(財)日本産業廃棄物処理振興センター
武内　　洋	(独)産業技術総合研究所	松本　英之	前 日揮(株)
竹内　正雄	(独)産業技術総合研究所	御園生　誠	(独)製品評価技術基盤機構
竹内　美緒	(独)産業技術総合研究所	三野　禎男	日立造船(株)
武田　信生	立命館大学	宮崎　　章	(独)産業技術総合研究所
辰巳　憲司	(独)産業技術総合研究所	村澤　香織	(株)三菱化学安全科学研究所
辰巳　　敬	東京工業大学	室田　泰弘	(有)湘南エコノメトリクス
田中　幹也	(独)産業技術総合研究所	山川　　哲	(財)相模中央化学研究所
谷川　　昇	北海道大学	山岸　昂夫	(独)産業技術総合研究所
田原　聖隆	(独)産業技術総合研究所	山崎　裕文	(独)産業技術総合研究所
玉出　善紀	(株)タクマ	山﨑　正和	(独)産業技術総合研究所
戸田　芙三夫	岡山理科大学	山本　　晋	岡山大学
富永　　健	東京大学名誉教授	横山　織江	(株)三菱化学安全科学研究所
冨永　　衞	前(独)産業技術総合研究所	横山　伸也	東京大学
内藤　寿英	田辺三菱製薬(株)	鷲田　豊明	上智大学
中田　喜三郎	東海大学		

(五十音順)

執筆者

目　　次

I．地球のシステムと環境問題　〔編集担当：御園生　誠〕──── 1
　1．地球システム──エネルギーとエントロピー………………（御園生　誠）…2
　2．地球と生物の歴史……………………………………………（御園生　誠）…4
　3．人類の歴史……………………………………………………（御園生　誠）…6
　4．人口問題………………………………………………………（小川芳樹）…7
　5．食料問題………………………………………………………（小山　修）…10
　6．地球環境問題…………………………………………………（指宿堯嗣）…12
　7．産業活動と環境………………………………………………（指宿堯嗣）…14
　8．成長の限界……………………………………………………（指宿堯嗣）…15
　9．持続的社会……………………………………………………（指宿堯嗣）…16
　10．国連人間環境会議……………………………………………（指宿堯嗣）…17
　11．リオ宣言とアジェンダ 21……………………………………（指宿堯嗣）…18
　12．開発途上国における環境問題と南北協力…………………（指宿堯嗣）…20
　13．環境負荷と環境リスク………………………………………（冨永　衞）…22
　14．環境・経済統合会計…………………………………………（河野正男）…23
　15．環境マネジメントシステムと環境マネジメントシステム監査……（市川昌彦）…25
　16．ライフサイクルアセスメント………………………………（田原聖隆）…27
　17．費用対効果分析………………………………………………（鷲田豊明）…29
　18．環境効率………………………………………………………（田原聖隆）…30
　19．環境会計………………………………………………………（國部克彦）…31
　20．環境と消費者行動，ライフスタイル………………………（小澤寿輔）…32

II．資源・エネルギーと環境　〔編集担当：指宿堯嗣〕──── 33
　21．エネルギー問題………………………………………………（山﨑正和）…34
　22．一次エネルギーと二次エネルギー…………………………（山﨑正和）…36
　23．化石エネルギー………………………………………………（山﨑正和）…38
　24．化石燃料のクリーン化技術…………………………………（斎藤郁夫）…40
　25．原子力エネルギー……………………………………………（長谷川秀一）…42
　26．再生可能エネルギー…………………………………………（神本正行）…44
　27．太陽エネルギー………………………………………………（大和田野芳郎）…46
　28．風力エネルギー………………………………………………（松宮　輝）…48
　29．バイオマス資源………………………………………………（横山伸也）…49

30.	バイオフューエル……………………………………………(横山伸也)…51	
31.	水素エネルギー………………………………………………(松本英之)…52	
32.	エネルギーの高効率利用——大規模集中型発電…………(松田臣平)…53	
33.	エネルギーの高効率利用——民生分野……………………(武内　洋)…55	
34.	エネルギーの高効率利用——運輸分野……………………(齊藤敬三)…57	
35.	燃料電池……………………………………………………(大和田野芳郎)…59	
36.	超電導と環境化学……………………………………………(山崎裕文)…61	
37.	ソフトエネルギーパス………………………………………(室田泰弘)…62	
38.	鉱物資源………………………………………(小林幹男，田中幹也)…64	
39.	鉱物資源の利用と環境………………………(小林幹男，田中幹也)…65	
40.	鉄………………………………………………(小林幹男，田中幹也)…66	
41.	非鉄金属………………………………………(小林幹男，田中幹也)…67	
42.	貴金属と希少金属………………………(小林幹男，田中幹也，成田弘一)…68

III．大気環境と化学　〔編集担当：指宿堯嗣〕　　　　　　　　　　　　　　69

43.	大気の組成……………………………………………………(指宿堯嗣)…70
44.	成層圏の化学…………………………………………………(指宿堯嗣)…71
45.	対流圏の化学…………………………………………………(指宿堯嗣)…72
46.	大気環境問題の変遷…………………………………………(指宿堯嗣)…74
47.	ロンドンスモッグ事件——石炭燃焼による大気汚染……(指宿堯嗣)…75
48.	四日市ぜん息…………………………………………………(指宿堯嗣)…76
49.	鉛汚染——牛込柳町鉛中毒事件……………………………(指宿堯嗣)…77
50.	ロスアンジェルス事件，東京光化学スモッグ事件………(指宿堯嗣)…78
51.	窒素酸化物による汚染………………………………………(指宿堯嗣)…79
52.	粒子状物質による汚染………………………………………(指宿堯嗣)…80
53.	有害大気汚染物質による汚染………………………………(指宿堯嗣)…82
54.	放射線と大気環境……………………………………………(富永　健)…84
55.	チェルノブイリ原発事故……………………………………(古川路明)…86
56.	酸性雨——国境を越える環境問題…………………………(指宿堯嗣)…87
57.	森が枯れる，魚が消える——酸性雨の生態系への影響…(指宿堯嗣)…89
58.	東アジアにおける硫黄酸化物の長距離輸送………………(指宿堯嗣)…90
59.	フロンによる成層圏のオゾン層破壊………………………(富永　健)…91
60.	南極オゾンホール……………………………………………(富永　健)…92
61.	紫外線の健康・生態系への影響……………………………(富永　健)…93
62.	地球は温暖化するか…………………………………………(山本　晋)…94
63.	気温の変動……………………………………………………(山本　晋)…96
64.	温室効果ガス…………………………………………………(山本　晋)…97
65.	日傘効果………………………………………………………(山本　晋)…99
66.	IPCCレポート………………………………………………(山本　晋)…100
67.	異常気象………………………………………………………(山本　晋)…102

IV. 水・土壌環境と化学　〔編集担当：指宿堯嗣〕 ——— 103

- 68. 水の循環 ……………………………………………（佐合純造）…104
- 69. 水資源 ………………………………………………（佐合純造）…106
- 70. 水の利用 ……………………………………………（佐合純造）…107
- 71. 水の環境を守る ……………………………………（宮崎　章）…109
- 72. 足尾鉱毒事件 ………………………………………（辰巳憲司）…111
- 73. 水俣病 ………………………………………………（辰巳憲司）…112
- 74. イタイイタイ病 ……………………………………（辰巳憲司）…113
- 75. 田子の浦ヘドロ公害 ………………………………（辰巳憲司）…114
- 76. 瀬戸内海に赤潮の発生 ……………………………（諏訪裕一）…115
- 77. 青潮 …………………………………………………（寒川　強）…116
- 78. 土壌・地下水環境を守る …………………………（駒井　武）…117
- 79. 土壌・地下水汚染メカニズム ……………………（杉田　創）…120
- 80. 重金属による土壌・地下水汚染 …………………（杉田　創）…121
- 81. 有機塩素化合物による土壌・地下水汚染 ………（川辺能成）…122
- 82. 石油系燃料による土壌・地下水汚染 ……………（駒井　武）…123
- 83. PCBによる土壌・底質汚染 ………………………（駒井　武）…124
- 84. 海洋汚染 ……………………………………………（中田喜三郎）…125
- 85. ナホトカ号油流出事故 ……………………………（中田喜三郎）…126
- 86. 船底塗料による海洋汚染 …………………………（田尾博明）…127
- 87. 海洋での汚染物質蓄積 ……………………………（中田喜三郎）…128

V. 生物環境と化学　〔編集担当：上路雅子〕 ——— 129

- 88. 農業と環境 …………………………………………（上路雅子）…130
- 89. 農業の多面的機能 …………………………………（上沢正志）…132
- 90. 農業による温室効果ガスの発生と収支 …………（野内　勇）…134
- 91. 温室効果ガスの発生抑制技術 ……………………（野内　勇）…136
- 92. オゾン層破壊と作物生産 …………………………（野内　勇）…137
- 93. 酸性雨 ………………………………………………（野内　勇）…138
- 94. 砂漠化 ………………………………………………（野内　勇）…139
- 95. 熱帯林，焼畑農業 …………………………………（野内　勇）…140
- 96. 土地利用の変化 ……………………………………（野内　勇）…141
- 97. 有機農業と持続可能な環境保全型農業 …………（上沢正志）…142
- 98. 品種改良——緑の革命と遺伝子組換え …………（上沢正志）…143
- 99. 石油タンパク ………………………………………（野内　勇）…145
- 100. 森林・林業と環境保全 ……………………………（野内　勇）…146
- 101. 水産資源と農林業 …………………………………（野内　勇）…148
- 102. 窒素循環と農林業 …………………………………（上沢正志）…149
- 103. 肥料産業 ……………………………………………（上沢正志）…150
- 104. 化学肥料の種類 ……………………………………（上沢正志）…151
- 105. 肥料の効果 …………………………………………（上沢正志）…152

106．	硝酸性窒素などによる水域環境の汚染	(上沢正志)…153
107．	有機質肥料の種類と効果	(上沢正志)…154
108．	土壌改良資材	(上沢正志)…155
109．	農薬の必要性	(上路雅子)…156
110．	殺虫剤	(上路雅子)…157
111．	殺菌剤	(上路雅子)…158
112．	除草剤・植物成長調整剤	(上路雅子)…159
113．	農薬の薬害と抵抗性	(上路雅子)…160
114．	農薬の生物影響	(上路雅子)…161
115．	農薬の残留	(上路雅子)…162
116．	農業とダイオキシン類	(上路雅子)…163
117．	POPsの生物濃縮	(上路雅子)…164
118．	重金属の農業環境汚染	(小野信一)…165
119．	カドミウムの作物汚染	(小野信一)…166
120．	アレロパシー	(上路雅子)…167
121．	フェロモン	(上路雅子)…168
122．	森林浴	(野内　勇)…169

VI. 生活環境と化学　〔編集担当：御園生　誠〕 ——————— 171

123．	日常生活における環境・安全と化学物質	(神山宣彦, 御園生　誠)…172
124．	日常生活のライフサイクルエネルギー	(御園生　誠)…174
125．	日常生活がもたらす環境負荷とその低減策	(御園生　誠)…175
126．	屋内環境汚染	(小野真理子)…176
127．	シックハウス症候群	(髙田礼子)…177
128．	ホルムアルデヒドなどの発生源	(小野真理子)…178
129．	化学物質過敏症	(髙田礼子)…179
130．	アスベスト	(神山宣彦)…180
131．	喫　煙	(小野真理子)…183
132．	暴露限界値	(神山宣彦)…184
133．	臭　気	(岩崎好陽)…185
134．	特定悪臭物質	(岩崎好陽)…187
135．	空気清浄機	(入江建久)…188
136．	浄水プロセス	(永淵　修)…189
137．	水道水の基準	(永淵　修)…190
138．	トリハロメタン	(永淵　修)…191
139．	浄水器	(永淵　修)…192
140．	ミネラルウォーター	(永淵　修)…193
141．	生活排水とその処理	(永淵　修)…194
142．	食品の安全	(本間知夫)…195
143．	食中毒	(髙田礼子)…198
144．	食品添加物	(本間知夫)…200

145. 遺伝子組換え食品 ……………………………………(本間知夫)…202
146. 牛海綿状脳症 ……………………………………………(髙田礼子)…204
147. 家庭で使う化学薬品 ……………………………………(久司桂彦)…205
148. 接着剤 ……………………………………………………(荒川いずみ)…208
149. 塗　料 ……………………………………………………(荒川いずみ)…209
150. かび取り剤，防かび剤 …………………………………(久司桂彦)…211
151. 家庭用殺菌剤，除菌剤 …………………………………(久司桂彦)…212
152. 家庭用殺虫剤，防虫剤 …………………………………(久司桂彦)…213
153. 洗　剤 ……………………………………………………(久司桂彦)…214
154. 化粧品 ……………………………………………………(御園生　誠)…217
155. 生活系ごみ ………………………………………………(安藤生大)…218
156. ごみの分別と収集 ………………………………………(安藤生大)…219
157. コンポスト ………………………………………………(安藤生大)…220
158. し尿処理(浄化槽) ………………………………………(安藤生大)…221
159. 騒　音 ……………………………………………………(高橋幸雄)…222
160. 電磁波 ……………………………………………………(奥野　勉)…223

VII. 化学物質の安全性・リスクと化学　〔編集担当：指宿堯嗣〕──── 225

161. 化学物質問題 ……………………………………………(片谷教孝)…226
162. 化学物質の安全性 ………………………………………(片谷教孝)…227
163. 化学物質の法規制と自主管理 …………………………(重倉光彦)…228
164. 化学物質のリスク ………………………………………(片谷教孝)…230
165. 化学物質のリスク管理 …………………………………(片谷教孝)…231
166. 化学物質のリスク評価 …………………………………(片谷教孝)…232
167. 化学物質のリスク削減 …………………………………(片谷教孝)…233
168. リスクコミュニケーション ……………………………(横山織江)…234
169. 化学物質のリスク情報データベース …………………(重倉光彦)…235
170. 化学物質の環境動態 ……………………………………(村澤香織)…237
171. 化学物質への暴露 ………………………………………(加藤順子)…239
172. 毒と薬──用量-反応曲線 ………………………………(内藤寿英)…240
173. 化学物質の毒性 …………………………………………(加藤順子)…241
174. 毒性試験 …………………………………………………(大井川淳子)…242
175. 構造活性相関 ……………………………………………(櫻谷祐企)…245
176. 発がん性 …………………………………………………(内藤寿英)…247
177. 生態系への影響 …………………………………………(斎藤穂高)…249
178. 毒性およびリスク評価の指標 …………………………(加藤順子)…251
179. 生涯リスク ………………………………………………(加藤順子)…253
180. 閾　値 ……………………………………………………(内藤寿英)…254
181. 毒性等価係数，毒性等量 ………………………………(大井川淳子)…256
182. 耐容1日摂取量 …………………………………………(加藤順子)…258
183. 化学物質の環境残留性 …………………………………(片谷教孝)…259

184. POPs ……………………………………………………（片谷教孝）…260
185. PCB ……………………………………………………（片谷教孝）…261
186. 内分泌かく乱化学物質 ………………………………（加藤順子）…262
187. PRTRの対象物質 ……………………………………（片谷教孝）…264
188. REACH（欧州化学品規制） …………………………（御園生　誠）…265
189. 危険有害性化学物質 ………………………（大谷英雄，指宿堯嗣）…266
190. 危険物 ………………………………………（大谷英雄，指宿堯嗣）…267
191. 毒　物 …………………………………………………（片谷教孝）…268
192. 化学工場の事故 ……………………………（大谷英雄，指宿堯嗣）…269
193. 安全衛生管理システム ………………………………（大谷英雄）…271
194. 警報システム …………………………………………（大谷英雄）…272
195. 放射性物質の安全管理 ………………………………（片谷教孝）…273
196. 放射性物質の事故 ……………………………………（片谷教孝）…274

Ⅷ．環境の保全と化学　〔編集担当：指宿堯嗣〕 ─────── 275

197. 環境のモニタリング …………………………………（指宿堯嗣）…276
198. 発生源の監視と測定 …………………………………（宮崎　章）…277
199. 大気環境のモニタリング ……………………………（指宿堯嗣）…279
200. 水・土壌環境のモニタリング ………………………（田尾博明）…281
201. 地球環境のモニタリング ……………………………（山本　晋）…282
202. 環境対策の考え方 ……………………………………（指宿堯嗣）…284
203. 大気環境の保全 ………………………………………（指宿堯嗣）…285
204. ばいじんを減らす ……………………………………（指宿堯嗣）…286
205. 硫黄酸化物を減らす …………………………………（指宿堯嗣）…287
206. NO_xを減らす──固定発生源 ………………………（指宿堯嗣）…289
207. 有害大気汚染物質を減らす …………………………（指宿堯嗣）…291
208. VOC（揮発性有機化合物）を減らす …………………（指宿堯嗣）…292
209. ダイオキシン類の排出抑制 …………………………（指宿堯嗣）…293
210. ガソリン・LPG自動車の排ガス浄化 ………………（小渕　存）…295
211. ディーゼルエンジン自動車の排ガス浄化 …………（小渕　存）…296
212. 光触媒による汚染大気環境の修復と浄化 …………（指宿堯嗣）…298
213. フロン類の回収と破壊 ………………………………（指宿堯嗣）…300
214. 地球温暖化への対応と対策 …………………………（指宿堯嗣）…301
215. 水環境の保全 …………………………………………（古川憲治）…303
216. 産業排水の浄化 ………………………………………（山岸昂夫）…305
217. 水汚濁物質を減らす──物理化学的方法 …………（高橋信行）…306
218. 水汚濁物質を減らす──生物的方法 ………………（諏訪裕一）…308
219. 下水の処理 ……………………………………………（北脇秀敏）…309
220. し尿の処理 ……………………………………………（北脇秀敏）…311
221. 水のリサイクル ………………………………………（小林康男）…312
222. 汚染水環境を浄化する ………………………………（高橋信行）…315

223. 海洋汚染の対策	(千田哲也)…316
224. 土壌・地下水汚染の対策	(竹内美緒)…317
225. 汚染土壌・地下水の原位置での修復・浄化	(川辺能成)…318
226. 廃棄物処分場浸出水の浄化	(駒井　武)…320

IX． グリーンケミストリー　〔編集担当：御園生　誠〕　321

227. グリーンケミストリー	(御園生　誠)…322
228. BAT	(内野圭司)…324
229. レスポンシブル・ケア活動	(内野圭司)…325
230. CSR；企業の社会的責任	(内野圭司)…326
231. グリーンケミストリーの12箇条	(内野圭司)…327
232. GC/GSC評価手法	(内野圭司)…328
233. 原子効率	(内野圭司)…329
234. Eファクター	(内野圭司)…330
235. 資源生産性	(原田幸明)…331
236. GSCネットワーク	(内野圭司)…332
237. グリーン合成	(坂倉俊康)…334
238. ノンハロゲンプロセス	(難波征太郎)…336
239. グリーン原料	(内野圭司)…338
240. 再生可能資源	(内野圭司)…339
241. グリーン製品	(内野圭司)…340
242. エコマテリアル	(原田幸明)…341
243. マイクロリアクター	(山川　哲)…342
244. マイクロスケールケミストリー	(荻野和子)…344
245. 超臨界流体	(碇屋隆雄)…346
246. イオン液体	(北爪智哉)…348
247. 無溶媒合成(固相合成)	(戸田芙三夫)…349
248. 異相系反応	(坂倉俊康)…350
249. 固定化触媒・固定化試薬	(金田清臣)…351
250. 固体触媒	(辰巳　敬)…352
251. バイオ触媒	(中村　聡)…353
252. ワンポット合成	(大寺純蔵)…354
253. 生分解性プラスチック	(内野圭司)…355
254. 非臭素系難燃剤	(内野圭司)…356
255. 水系塗料	(内野圭司)…357
256. グリーン可塑剤	(内野圭司)…358

X． 廃棄物と資源循環　〔編集担当：指宿堯嗣〕　359

257. 循環型社会	(坂本　宏)…360
258. ゼロエミッション	(坂本　宏)…362
259. インバースマニュファクチャリング	(坂本　宏)…363

260.	3 R ……………………………………………………………(大和田秀二)…	365
261.	わが国の物質収支 ………………………………………(大和田秀二)…	367
262.	一般廃棄物 …………………………………………………(藤吉秀昭)…	369
263.	産業廃棄物 …………………………………………………(松村治夫)…	370
264.	豊島事件 ……………………………………………………(武田信生)…	371
265.	放射性廃棄物とその処理・処分 …………………………(坂下　章)…	373
266.	廃棄物の処理 ………………………………………………(藤吉秀昭)…	375
267.	静脈物流システム …………………………………………(松村治夫)…	378
268.	廃棄物の焼却処理 …………………………………………(三野禎男)…	379
269.	PCB の処理 ………………………………………………(遠藤小太郎)…	380
270.	廃棄物の最終処分(埋立て) ………………………………(谷川　昇)…	383
271.	廃棄物の資源化 ……………………………………………(竹内正雄)…	384
272.	RDF ………………………………………………………(菊池昭二美)…	386
273.	リサイクル …………………………………………………(遠藤茂寿)…	387
274.	リサイクルとエネルギー …………………………………(大矢仁史)…	389
275.	熱回収 ………………………………………………………(堀添浩俊)…	390
276.	マテリアルリサイクル ………………………(小林幹男，田中幹也)…	392
277.	ケミカルリサイクル ………………………………………(澁谷榮一)…	393
278.	プラスチック ………………………………………………(遠藤茂寿)…	394
279.	金　属 ………………………………………………………(遠藤茂寿)…	396
280.	容器包装リサイクル ………………………………………(澁谷榮一)…	398
281.	家電リサイクル ……………………………………………(玉出善紀)…	400
282.	自動車リサイクル …………………………………………(長田守弘)…	402
283.	エコセメント ………………………………………………(大矢仁史)…	403

付録：環境関連の法律，制度の情報 ……………………………………………… 405
　Ⅰ．環境関連法 ………………………………………(今井建之，指宿堯嗣)… 406
　Ⅱ．環境マネジメント国際規格 ISO 14000 シリーズ ………………(今井建之)… 436

索　　引 ……………………………………………………………………………… 443

I

地球のシステムと環境問題

1

地球システム
——エネルギーとエントロピー

global system — energy and entropy

われわれの環境を地球システムとしてとらえるとき，まずその長さ次元と時間次元の広がりと階層的な構造を知っておく必要がある．長さ次元では，宇宙（銀河系，約10万光年），太陽系（約100億 km），地球（直径約 6000 km），人類が生活する地球表面のごく近傍（深海から対流圏上端まで約 20 km）がある．時間軸では，ビッグバン（約150億年前），地球誕生（約46億年前），生物誕生（約40億年前），ホモサピエンスの誕生（約20万年前か）から文明の歴史が知られる 5000 年余がある．システムの構成要素もさまざまであり，大気（気圏），水（水圏），土（地圏）の自然システム，人を含む生物からなる生態システム（生物圏），人間社会のシステムがある．これらのシステム間やそれらの構成要素間の相互作用も，物質，エネルギー，情報それぞれの観点でとらえることができる．このように，次元の異なる多数の要素が多様な相互作用をしつつ時間的に変化しているのが地球システムである（図1）．

われわれは，いま，環境を含む人間社会システムがもつ多くの矛盾を解決しつつ，人間社会をより豊かにそして長期に持続させたいと願っている．そのためになすべきこと，とくに科学・技術の果たすべき役割を考えている．その役割は，あるべき姿をどう画くかによって異なり，これは，各自の価値観につながる問題である．しかし，ここでは，自然観，人間観，そして価値観が，地球の歴史の理解に深くかかわることを指摘するにとどめ（→2. 地球と生物の歴史，→3. 人類の歴史），地球表面近傍のシステムをエネルギーとエントロピーの視点からマクロにみておおよその枠組みを述べることにする．

地球表面に供給されるエネルギーの源は，太陽からの放射エネルギー，地中のマントルのエネルギー，地球の回転エネルギ

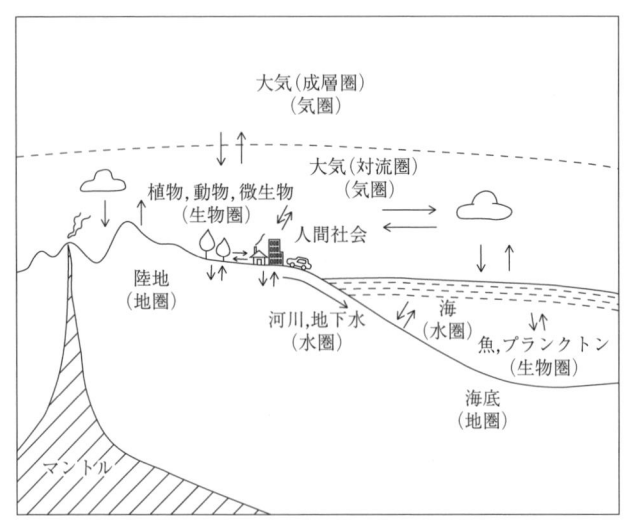

図1　地球システム（地表付近）の概念図：構成要素と物質移動

I．地球のシステムと環境問題

一である．通常時はマントルや回転の影響は太陽エネルギーに比べると小さい．また，人間活動のエネルギーは太陽からのエネルギーに比べると圧倒的に小さい．ただし，このことは地球史的にみればそうだが，人類の文明史の時間軸では，人間活動に基づく影響が地表全体に顕在化しつつある．過去に生物圏が自然に大きな影響を与えた例としては，約20億年前に長期にわたりシアノバクテリアが繁殖して大気中の酸素濃度が増加したことがあげられる．

太陽から地球に到達するエネルギーは約17万8000 TW（約100兆石油換算 t/年），そのうち反射されずに地表に届き吸収されるエネルギーは約70%，地表から放射され宇宙に放出されるエネルギーもこれとほぼ等しく約70%である．太陽からのエネルギーの地表平均密度は約1 kW/m²（表面に垂直）となる．地表に届いたエネルギーは宇宙に放出されるまでの間に，地表において，水の蒸発（雨や雪になり循環する（全体の約半分）），大気の流動（風，波），植物の光合成（炭酸同化作用）（約100 TW）に用いられる．人類の消費エネルギーは，約14 TW（約100億石油換算 t/年）．

これらのエネルギーフローを図2に示す．

地表に届くエネルギーと放出されるエネルギーはおよそバランスしているので地表の温度はほぼ一定に保たれる．しかし，地球に届くエネルギーは太陽表面からの質の高い高温のエネルギーであるが（エントロピーが小さい），地球から放出されるときは地表の平均気温15℃程度の質の低いエネルギーになっている（エントロピーが大きい）．つまり，孤立系のエントロピーは放っておけば増加し続けるのであるが，地球は，低エントロピーの太陽エネルギーを吸収し高エントロピーのエネルギーを放出することによって，秩序を保ちつつさまざまな地表の営みを成立させている．つまり，定常的な開放系ということになる．人間が食料でエネルギーを補給しつつ見かけ上定常的に存在していることに似ている（ホメオスタシス）．

水圏システムも重層的な構造をもち変化している．深層流と表層流は寒冷地で入れ替わりながら三つの大洋にまたがった1000年のオーダーで大循環をしている．他方，水の蒸発と降雨による循環は10日程度で一巡する．大気は，地表から対流圏（高度約10 km以下，15℃），成層圏（約10〜50 km），中間圏，熱圏（100〜400 km，最高1000℃以上）の層構造を形成している．オゾン層は成層圏内の高度25〜35 kmに存在する．これらは，地表の変化と太陽から降り注ぐプラズマ粒子との動的なバランスの上に成立している．酸素，二酸化炭素，窒素それぞれの元素も，太陽エネルギーを利用して，地，水，気，生物圏の間を形態を変えながら循環しながら定常状態を保っている．〔御園生　誠〕

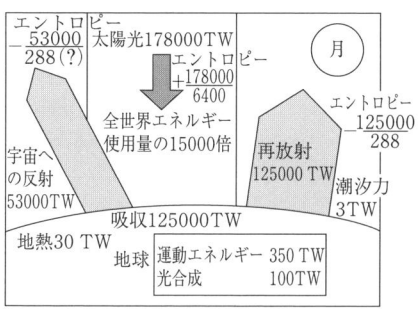

図2 地球のマクロなエネルギーバランス[1]
1 TW = 1兆 W = 10^{12} W，エントロピー変化の単位 TW/K．

文　献
1) 安井　至：市民のための環境学入門（丸善ライブラリー），丸善（1998）．

2 地球と生物の歴史

history of the earth and life

宇宙は，ビッグバン（約150億年前）に始まったのち，以下のように変化したと推定されている．ビッグバンの後に生まれた銀河系のなかに原始太陽を含む太陽系があり，その太陽系に形成された10個程度のミニ惑星が衝突合体して，地球は約46億年前に形成された．衝突の際，重力で発生した熱により地表は高温の溶融状態にあったと思われる（マグマオーシャン）．地球が冷却し地表に岩石が生成する頃になって，発生した水蒸気がしだいに凝縮して雨となって地表に降り，暖かい海が形成され，まもなく海中に微生物（原始バクテリア）が誕生した．約40億年前である．地球の大きさが海や大気を引きつけるのに適切であったとされる．

地球はその後も隕石の衝突や大陸の激しい移動に伴い気候，地形，生態系の大きな変動を繰り返し経験している．全球凍結が22億年前と6億年前にあったが，これは後の氷河期より厳しいものである．大陸移動により一つの大陸（パンゲア大陸）ができた際に（約3～4億年前），高山と河が生まれた．このときに誘発されたのが，マントルの噴出（スーパープルーム）で，全海水が蒸発した（約2.5億年前）．その後も大噴火と大陸の移動は続き，その結果，出現したヒマラヤ山脈はアフリカとインド，アジアの気候に大きな影響を与えた（前者は寒冷化と乾燥化．後者は温暖化）．氷河期は約300万年前から20回弱あった．

大気組成も当然激変している．組成とその変化については議論があるようだが，地球形成直後の一次大気はおそらく水素，ヘリウムが主体で，その後の数億年において地球内部からの激しい脱ガスの産物が二次大気を形成した．この二次大気は，二酸化炭素，水蒸気が主で，窒素，酸素，メタンを含む．その後，水蒸気は凝縮，二酸化炭素は海洋と岩石に吸収されて減少した．さらに，約26億年前から約10億年前にわたって繁茂した藍藻類（シアノバクテリア）の炭酸同化作用により酸素が生成し，この酸素は鉄の酸化などに消費され窒素が大気の主成分となった．酸化が飽和するとしだいに酸素が大気に放出されその濃度を増し，現代の大気に至っている．

現代のほとんどの生物がDNAという生体高分子を遺伝情報として共有しているから，現在の生物は同じ祖先をもつものと想像される．その祖先から，突然変異と生存競争の長い歴史を経て，多くの種が消滅し，生き残った少数種が進化・多様化して人間を含む現在の生物圏が形成された．この道のりは地球史的な時間軸でみると決して平坦ではなく，大陸移動や隕石の衝突とそれに誘発された大きな気候変動（地表全凍結や水の全蒸発）により生命の95%が死滅するような大絶滅が何度かあり，その結果，生物種自身の進化と優勢生物種の劇的な交代が起こった．

このように生物の種やその形態の変化は自然環境の大きな変化に起因すると考えられる．生物が海中から地上に進出したのは藻類の炭酸同化作用により大気中の酸素濃度が増加し，太陽からの紫外線を遮るようになったからである．まず原始的なシダ類が，続いて節足動物（昆虫，クモ）が上陸したとされる．上陸した生物は，高い酸素の反応性に耐えられるものであったともいえる．また，酸素濃度が低下した際に効率的な呼吸機能を獲得した種が繁栄した．まずは気嚢システムをもつ恐竜が，続いて肺機能を獲得した哺乳動物である．人類は500～700万年前にアフリカにおいて誕生したとされるが，現代の新人（ホモサピエ

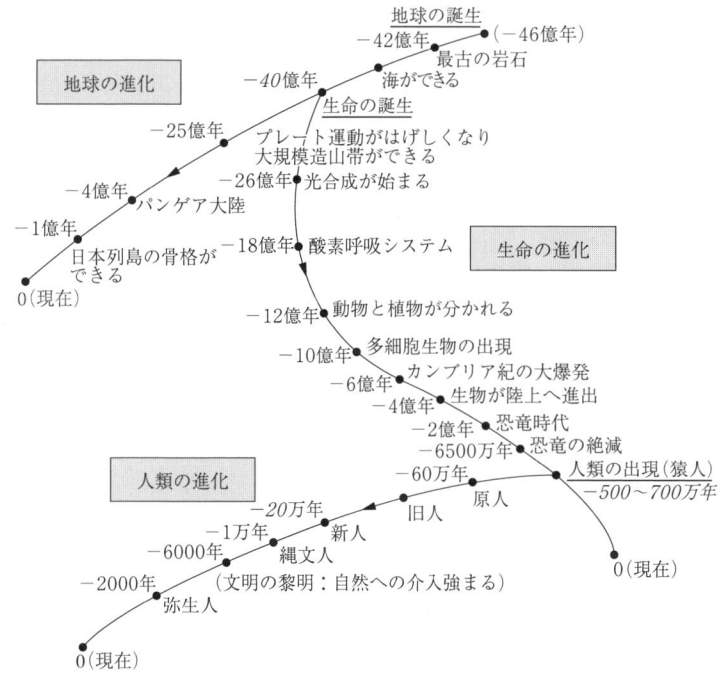

図1 地球と生物の歴史
数字は現在から遡った年数(文献1から。ただし,イタリック体の数字は文献3による).

ンス)は,約20万年前にアフリカで生まれ約5万年前にユーラシアへ移動した(猿人の進化した原人は約170万年以前にアフリカからユーラシアに移動したと推定されている。図1参照).

いずれにしても自然環境の大変動のなかを動物,植物は種も形態も大きな変化をしていまに至っている.恐竜(1.5億年以上続き約6000万年前に消滅)やネアンデルタール人(30万年続き約3万年前消滅)のように,特定の環境に適合して長期に繁栄すると,次の環境の大きな変化に追随できず滅亡するといわれている.なお,現代の主要なエネルギー源である石油と石炭の起源はそれぞれ,約2億年前に海が消滅したときに死んだプランクトンと,およそ3億年前の森林とされる(ここにあげた年代は,主に文献3に基づいている。同書によると,いまから1万年の後に次の氷河期がきて,2億5千万年後には再び超大陸が出現,20億年後には巨大化した太陽によって海が蒸発,50億年後には地球は太陽に呑み込まれる.これらはもちろん,過去の年代も不確実なもので研究の進展によりしばしば更新されるので注意).

〔御園生 誠〕

文 献

1) 濱田隆一:地球システムの中の人間(岩波講座科学/技術と人間8),岩波書店(1999).
2) 伊藤公紀:地球温暖化,日本評論社(2003).
3) NHKスペシャル地球大進化,日本放送出版協会(2004).

人類の歴史

3

history of humankind

猿人(二足歩行)→原人(火の使用)→旧人(ネアンデルタール人,道具,初期言語)→新人(クロマニヨン人,ホモサピエンス,道具,複雑な言語)の進化により登場した新人は地表における優勢な生物種となり,ユーラシア大陸から南北アメリカ大陸まで広がった.そして最後の氷河期(ウルム氷河期)が終わる約1万年前頃には,ホモサピエンスが唯一の人類となっていた(→2.地球と生物の歴史).約20種類存在した人類のなかから,高度な言語を取得したホモサピエンスだけが,共同作業により寒冷期の食糧難を生き残ることができたとされる.

ウルム氷河期が終わった後は気候が非常に安定した時代を迎え,人類は約7000年前頃から農耕を始めて定住するようになった.エジプト,メソポタミア,インダス川流域,黄河流域に四大文明が展開したのがBC 3500～1000年.その後,何度かの農業上の革命的進歩を経て人口が増加したが,18世紀に始まる産業革命までは世界の人口は3～7億人でその増加は顕著ではなかった.人口の増加とエネルギーの消費が劇的に増えたのは20世紀である(人口は100年で16億人から60億人に増加).環境の問題にかかわりの深いエネルギー消費量と廃棄物量の変化を人口の変化とともに図1に示す.エネルギー消費は一人当たりの値で示してあるので,エネルギー総消費量はこれに人口を乗じたものである.

近代化学が始まったのが18世紀,近代化学工業が発展したのは19世紀から20世

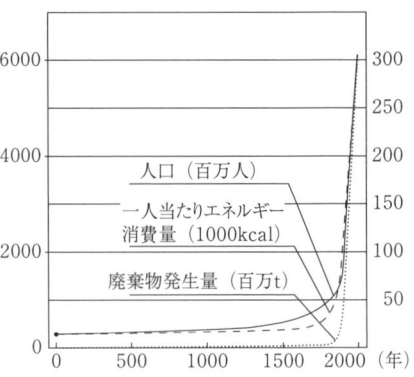

図1 人類の歴史とエネルギー消費量(右軸),廃棄物発生量[2,3](左軸),人口(左軸)

紀である.

化学プロセスの環境負荷を技術の進歩により克服した興味深い事例に産業革命後のソーダ工業がある[1].食塩から硫酸,石灰,木灰を用いて炭酸ソーダを製造したルブラン法は,副生塩酸と硫黄を含む固形廃棄物という二つの重大な問題があった.前者は,大気・排水汚染を起こしたが,反応器のクローズド化,化学的回収法の確立により,後者は,分離槽の改良と硫化水素からの硫黄回収法の確立により一応の解決をみた.しかし,最終的には,アンモニアソーダ法,隔膜法に置き換わり,さらに,環境にやさしく経済性も高いイオン交換膜法に至っている.すなわち,根本的なプロセス転換が解決した.イオン交換膜法はわが国で開発された技術で,欧米に比べてわが国で圧倒的に普及が進んでいる.

〔御園生 誠〕

文 献
1) 工藤徹一,御園生 誠編:グリーンマテリアルテクノロジー,講談社 (2002).
2) 環境省編:平成13年度版循環型社会白書,ぎょうせい (2001).
3) 総合研究開発機構編:エネルギーを考える—未来への選択 (1979).

4 人口問題

population issue

a. 世界人口の長期推移と人口爆発

1世紀はじめに2.5億人であった世界人口は、きわめて穏やかな増減を経て13世紀半ばに4.4億人に達した。しかし、ペストの大流行によって14世紀半ばまでに2.2億人へ半減した。その後は増加に転じて18世紀はじめに6.3億人に達した（図1）。

18世紀に入るとワットの蒸気機関の発明を契機に産業革命（Industrial Revolution）が進展した。その後自動車の発明による輸送革命、医学の進歩による医療革命と続き、20世紀はじめの農業革命は大幅な食糧増産をもたらした。

これら四つの革命が進展するなかで、世界人口は堅調な伸びをみせはじめ、20世紀はじめ16億人に達した。その後1950年25億人、1975年41億人、2005年64億人と人口増加は急激に加速化し、人口爆発（population explosion）の様相を呈した（図1）。

1972年にローマクラブがまとめた「成長の限界」は、人口爆発も含む人間活動のグローバルな拡大が、資源問題、食糧問題、環境問題などを引き起こし、地球の環境容量の限界にぶつかる可能性があることを指摘して警鐘を鳴らした。

b. 世界人口の今後の見通し

20世紀の100年を通じて起こった人口爆発は、今後どのように進むと予測されているのか、国際連合人口部がまとめた将来の人口推計に基づいて整理する。国連の人口推計では、「高位推計」、「中位推計」、「低位推計」という3ケースがある。

三つの将来推計のなかで、最もよく引用されるのは「中位推計」である。この推計では世界人口が2025年79億人、2050年に91億人と変化する（図1）。増加率の著しい鈍化で2025年頃から飽和状態に向かうことが最大の特徴である。

これに対して「高位推計」では2025年83億人、2050年106億人と増大する。2050年でも1%弱の増加率が残るため、

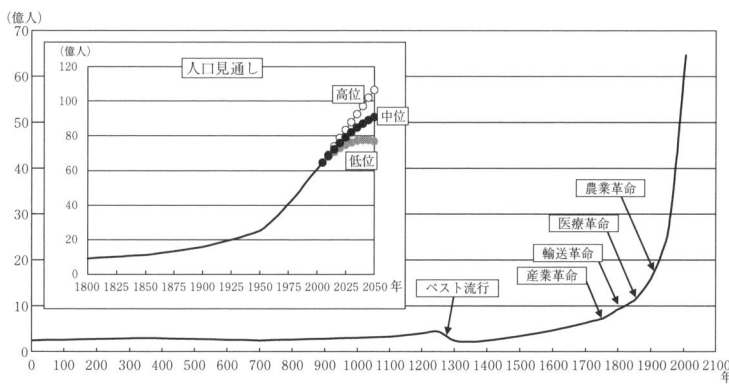

図1　世界人口に関する過去の推移と見通し
国連：World Population Prospects: The 2004 Revision, などのデータに基づいて作成．
見通しの「高位」，「中位」，「低位」は国連の人口見通しにおける高位推計，中位推計，低位推計を示すものである．

「高位推計」では人口爆発がおさまらない．他方,「低位推計」では2040年の78億人をピークに2050年は77億人と減少に転ずる．「低位推計」では人口爆発がおさまるといえる．

「中位推計」に基づけば2050年でも人口爆発はまだおさまっておらず,「成長の限界」が提起した問題の根本原因として人口問題が残ることになる．

c. 人口動態の地域別特徴と今後の見通し 次に過去の実績推移と「中位推計」の見通しをベースとして，人口動態の地域別特徴を整理してみる．世界，先進地域，中進地域，後進地域の四つに分けて人口動態の代表的な指標に関する推移と見通しを表1にまとめる．

表1 人口動態指標の推移と見通し

	1950年	1975年	2000年	2025年	2050年
人口密度（人/km²）					
世　　界	19	30	45	58	67
先進地域	15	20	22	23	23
中進地域	24	43	68	88	98
後進地域	10	17	32	56	84
都市人口比率（％）					
世　　界	29.1	37.3	47.1	58.3	―
先進地域	52.5	67.2	73.9	80.2	―
中進地域	19.3	28.5	42.9	57.2	―
後進地域	7.4	14.7	25.2	39.8	―
	1950〜55	1970〜75	1995〜2000	2020〜25	2045〜50
人口増加率（％）					
世　　界	1.81	1.94	1.34	0.85	0.38
先進地域	1.20	0.77	0.33	0.07	−0.10
中進地域	2.10	2.35	1.46	0.79	0.22
後進地域	1.97	2.50	2.41	1.99	1.30
出生率（人/1000人）					
世　　界	37.5	30.9	22.5	17.2	13.8
先進地域	22.4	16.2	11.2	10.2	10.3
中進地域	44.1	34.8	23.1	16.1	12.5
後進地域	48.2	46.6	39.6	30.6	21.3
死亡率（人/1000人）					
世　　界	19.5	11.5	9.1	8.8	10.1
先進地域	10.3	9.5	10.1	11.2	13.0
中進地域	23.2	11.1	8.0	7.9	10.0
後進地域	28.1	20.5	15.0	10.5	8.1
平均寿命（歳）					
世　　界	46.6	58.1	64.6	70.0	75.1
先進地域	66.1	71.4	74.8	78.8	82.1
中進地域	41.9	56.6	65.1	71.2	76.3
後進地域	36.1	44.2	50.1	58.0	66.5

国連：World Population Prospects: The 2004 Revision, のデータに基づいて作成．
注：見通しの部分は国連の中位推計に基づくものである．先進地域は欧州，北米，日本，オーストラレーシア（オーストラリア，ニュージーランドとその付近の諸島の総称），後進地域はアフガニスタン，アンゴラなど選別された50カ国で，残りの国々は中進地域に含まれる．

I. 地球のシステムと環境問題

先進地域の人口増加率（population growth rate）は2025年頃からゼロないしマイナスとなる．人口密度（population density），出生率（crude birth rate）は飽和し，死亡率（crude death rate）は増加して出生率を上回る．平均寿命（life expectancy at birth）は2050年に82.1歳へ伸びる見込みである．

これに対して，中進地域，後進地域の人口増加率はプラスで残り，人口密度や出生率も飽和状態には至らない．出生率が死亡率を上回る結果にもならない．平均寿命は2050年に中進地域で76.3歳，後進地域で66.5歳へ伸びる見込みである．

今後2050年までの人口爆発の中心は中進・後進地域である．都市人口比率をみると都市化や都市への人口移動にも注目が必要である．中進・後進地域から先進地域への人口移動も2050年まで続くと想定されている．

d．世界的な高齢化社会の到来　このような人口動態の変化が積み重なって，世界全体の年齢別人口構成は図2のような変化を示すことになる．1950年は0～4歳までの最若年層の比率が最も高いピラミッド構造をとっていたといえる．

現時点である2000年は最若年層から10～14歳までの比率がほぼ同一となり，釣鐘状の構造に向かって変化しつつある．「中位推計」による2050年の見込みは，最若年層から40～44歳までの比率がほぼ同程度となり，釣鐘状の構造が本格化する．最若年層は途中の層よりもいくぶん低目の比率となっている．

2050年までの全体変化をみると，平均寿命の伸びと合わせて，人口分布は高齢層へ大きくシフトすることになる．先進地域の一員であるわが国だけでなく，2050年までには世界全体で高齢化社会の到来と対

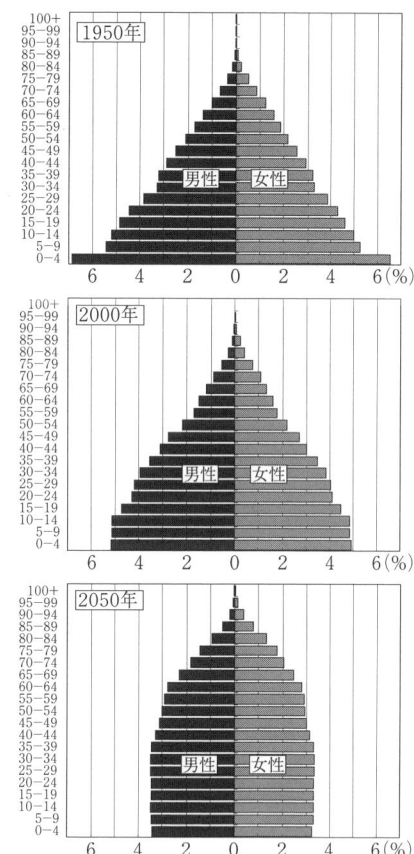

図2　世界人口の年齢別分布の推移と見通し
国連：World Population Prospects: The 2004 Revision, のデータに基づいて作成．2050年の見通しは国連の中位推計を用いた．

策を覚悟しなければならなくなるとみられる．

環境問題の対策には，こうした世代間の構造変化も視野に入れて検討を加える姿勢がきわめて重要になると考えられる．

〔小川芳樹〕

食料問題 5

food issues

a. 食料生産資源の限界 過去，食料供給の多寡は，人々の最大の関心事であった。人類は食料資源の豊かな土地を求めて，争いを繰り返してきた。食料生産は，基本的に生物生産に依存しており，複雑な自然生態系や制御不可能な気象条件から強い制約を受けてきた。農業は，こうした制約を克服し，調和をはかっていくシステムである。

世界の63億人以上の人口は，ほぼ食料供給力に応じて，肥沃な平野や食料が集散する都市に不均一に分布している。世界人口の推移も，基本的には食料生産力に依存している。新大陸の発見による新しい土地の獲得や新しい作物の導入，さらには19世紀以降の近代技術（肥料，農薬，機械，育種）によって飛躍的な増産が行われた結果，人口は爆発的に増加した。近年では，加工・保存や輸送技術の発達によって，地球上の食料資源の有効かつ広域的な利用が促進されつつある。

現在，放牧地などを除く世界の耕作地は約14億haであり，人口一人当たりでは約0.2haにすぎない。耕作可能な土地は，物理的にはなお10億ha以上存在するという推計もあるが，多くは劣悪な条件の土地であり，土壌や水の管理の問題や都市化による耕作地の改廃を考慮すると，持続的な増加は見込めない。事実，耕作地は過去40年間をみてもわずかしか増加していない。

単位面積当たりの作物生産量は，過去40年間，灌漑面積の増加，品種の改良，肥料の投入などによって，人口増加を上回って急速に増加してきた。しかし7割を農業で利用している淡水資源については，地下水位の低下や河川流量の減少が世界各地で報告されており，将来の枯渇が懸念される状況にある。また，化学肥料，農薬などの化学物質の大量投入による土壌や地下水などの汚染も一部で深刻化しつつある。これらの投入量は，政府の規制や住民，消費者の意識の高まりなどにより先進諸国では抑制されているが，食料増産が必要な開発途上地域では，依然として増加する傾向にあり，適正な利用が課題となっている。

さらに，品種改良のための潜在的な資源ともいえる生物多様性は，森林や湿地の農地への転換や画一的な農業生産の普及によって徐々に失われつつある。多くの乾燥・半乾燥地域では過耕作，過放牧による砂漠化が進行し，土壌の劣化も広範囲に及んでいる。

b. 世界の食料需給の動向 米，コムギなどの穀物が供給熱量の過半を占め，さらにトウモロコシなどの飼料による間接消費を考慮すると，穀物はきわめて重要な作物となっている。このほか，ダイズ，ナタネなどの油糧種子，砂糖作物，豆類，イモなどの根茎作物が重要である。購入額や栄養バランスの視点からは，肉類，乳製品などの畜産物，魚介類，果実，野菜の重要性が増加する。

一定の所得水準を超えると穀物の直接食用消費が減少し，畜産物や野菜・果実などの消費が増加するいわゆる消費の多様化が進む傾向にある。このため，先進国では，食料消費に占める畜産物，砂糖の割合が高く，開発途上国では，穀物，豆類，イモ類の割合が高い。開発途上国では，所得水準の向上とほぼ同率で畜産物などの消費が増加することが知られており，そのための飼料（穀物，ダイズ）需要もほぼ同率で増加する（図1）。

食料供給は，世界全体としては，生産技術の向上により，増大する需要をまかなっ

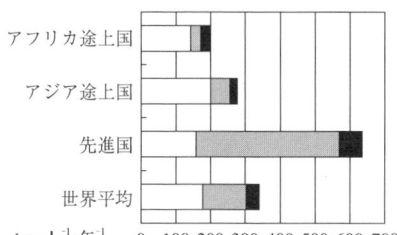

図1 一人当たり穀物消費量の地域的格差（資料：FAO統計．2003～2005平均）

ており，世界の食料の実質価格は趨勢として低下してきている．今後，人口の増加率の鈍化，中高所得国での食料消費の飽和化を背景に需要は伸び悩んでいくとみられ，短期的には，価格水準しだいで増産が可能とみられる．一方，長期的には価格の低迷による農業生産部門への投資の減退が，上述の資源・環境問題の顕在化と相まって，食料供給の維持，増大の制約になると考えられる．

地域的な不均衡は深刻である．8億人にのぼる栄養不良人口が依然として存在し，サハラ以南のアフリカでは人口の3割以上を占めている．栄養不良は，紛争や自然災害などのほか，低い農業生産性が原因であり，肥料などの投入や機械，灌漑などの投資の増加，適切な技術の普及が望まれている．他方，先進国では，食料の安全性や品質への消費者の要求が高まり，有機農産物や，添加物，残留農薬などに対する基準・認証制度が整備されつつある．

また，原油価格の高騰や温暖化効果ガスの排出抑制の動きを受け，従来，食料や飼料として利用していた農産物をバイオエタノール，バイオディーゼルの原材料として利用する新たな「非食料」需要が増加している．このため，砂糖，トウモロコシ，キャッサバ，油糧作物などの価格がエネルギー価格の変動に直接影響されるという新たな市場変動要因が生じている．このような食料市場とエネルギー市場とのつながりによって，地球規模の資源利用に関する新たな問題が生ずる可能性がある．

c．市場システムと国際貿易 市場システムは，需要と供給を調節し，国内外の農産物の偏在を，さまざまなレベルの取引によって平準化する．農産物は，古くから主要な貿易産品であり，人類は貿易によって大きな利益を得，食生活を豊かにしてきた．しかし，食料の貿易は，食料が人間の生存や健康に直接関係する必需品であること，食料生産が各国の安全保障や地域政策に密接に関係していることなどのために，現在でも国際貿易問題の主要なテーマとなっている．グローバル経済が進展するなかで，自由な貿易体制が各国の持続的な農業発展にどう影響を及ぼすのかが議論となっている．

先進各国は，輸出補助金，生産者への所得保障，関税，衛生基準などのさまざまな政策を導入しつつ，農産物の大輸出地域となっており，一方，農業を主要な産業とする低開発国は，国民の基本食料の輸入を余儀なくされている．現在の国際社会は，市場システムを健全に機能させるための国際的な制度が未整備であるため，自由な競争が市場での一方的な敗者を生んだり，環境破壊を促進したりするという欠陥を内在している．今後，貧困や栄養不良を解消し，食料資源を持続的に維持管理していくためには，現行の国際市場システムの改善が必要となる．とくに，現在の市場では評価が不十分な健康・安全の価値や生物多様性などの地球環境の将来価値に関して，農業が果たす役割を正当に評価するための取組みが必要となる． 〔小山　修〕

地球環境問題

6

global environmental issues

　地球環境問題は，一般に次の九つとされている：①地球温暖化（気候変動），②成層圏オゾン層の破壊，③酸性雨，④森林，とくに熱帯林の減少，⑤野生生物種の減少，⑥砂漠化，⑦海洋汚染，⑧有害廃棄物の越境移動，⑨開発途上国の環境汚染．図1に主な問題の発生場所を示す．①と②は真に地球全域に影響を与える環境問題であり，一方，③以下の問題には地域性があるが，世界の各地域で起こり，かつその影響が広域にわたるので地球環境問題とされている．

　北半球の中高緯度地域での産業経済活動が活発化して，石炭，石油などの化石燃料資源の消費が増加することで発生した地球環境問題が，上記の①，②と③である．地球温暖化は化石燃料の燃焼による二酸化炭素（CO_2）排出量の増加が主要な原因であり，メタン，一酸化二窒素，フロンなどの強い温室効果をもつガスの大気濃度増加も寄与しているとされている．成層圏オゾン層の破壊は，クロロフルオロカーボン（CFC）などの対流圏での寿命が長い化合物の生産，消費量が増加し，成層圏でこれらの化合物が光分解して放出される塩素原子（Cl）によるオゾンの連鎖的分解が主な原因である．酸性雨の原因物質は化石燃料の燃焼で発生する硫黄酸化物と窒素酸化物であり，欧州北部と中央部，北米の北東部で森林の衰退と漁業資源の減少が生じた．わが国ではいまだ実害は確認されていないが，欧米と同程度の酸性雨が観測されており，東アジアの酸性化を監視するネットワークが作られている．

　熱帯・亜熱帯地域における熱帯雨林の減少は，人口増加に伴う食料増産のための耕

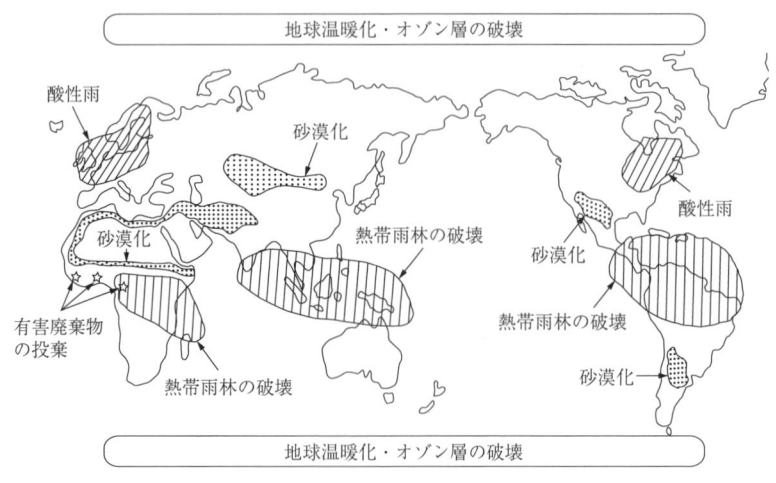

図1　地球環境問題の広がり

I．地球のシステムと環境問題

地拡大（焼け畑農業），外資獲得のための木材輸出（過度の伐採）などが原因である．世界の森林面積は約39億ha，熱帯雨林の総面積は約26億ha（大陸別には，南アメリカのアマゾン川流域と中央アメリカにそれぞれ約9億ha，アフリカ大陸の中央部に約5億ha，アジアのインドシナ半島や東南アジア・太平洋地域の島々に約3億ha）と推定されている．1990年から2000年の10年間で，非熱帯地域では森林面積は年間約300万ha増加したが，熱帯地域では年間約1200万ヘクタールが消失（10年間で1億2000万haの減少）したと推定されている．熱帯雨林の衰退は，CO_2固定容量の減少とCO_2放出量（森林土壌中に固定化された炭素分消失による）の増加をもたらし，地球温暖化の加速や地球規模の水循環に影響を与える可能性がある．植林の推進，違法伐採の防止などに国際的な取組みが始まっている．

砂漠化はアフリカ北部などの熱帯地域だけでなく，米国，ロシア，中国の北部・北西部，オーストラリア中央部で進行しており，年間，約600万haの農地（全耕地面積は約14億ha：国連食糧農業機関報告）などの損失が起こっている．その原因は，干ばつなどの自然現象や森林の破壊だけでなく，農地の酷使（休耕期間の短縮，輪作の放棄など），増える家畜による緑の急減，農地への塩分集積などによる土壌の浸食と流失が原因と考えられている．わが国は「砂漠化対処条約」に関する国際的動向を踏まえながら，アジア地域を中心にして，砂漠化の評価と早期警戒の研究や，砂漠化に対処する技術（植林，保水など）の活用を図る調査，協力を進めている．

野生生物種の減少は，生物多様性（バイオダイバーシティ：植物，動物，微生物などあらゆる形の生物の遺伝子，種，生態系，景観まで，すべての生物的階層における多様性）の低下の典型である．種の絶滅は世界のあらゆる地域で起こっており，絶滅危惧種のレッドリストが作成されている．「生物の多様性に関する条約」，「ワシントン条約（絶滅のおそれがある野性動植物の種の国際取引の規制）」，「ラムサール条約（水鳥の生息地として国際的に重要な湿地の保護）」などの国際的枠組みのもとで，各国で対策が進められている．わが国では，新・生物多様性国家戦略に基づく自然環境保全基礎調査として，森林，里地，湖沼，湿地，河川，海岸の生態系タイプごとにモニタリング調査が実施され，希少野生動植物種の保護にむけて，森林，湖沼，海洋など生息環境の保全に関するさまざまな取組みがなされている．

⑦と⑧は廃棄物に関連する問題である．廃棄物などの海洋投棄を規制するロンドン条約，船舶などからの油，有害液体物質，大気汚染物質の排出などを規制するマルポール条約，最近ではバラスト水管理条約など，海洋汚染防止に関する国際的な取組みが1970年代から実施されてきた．タンカーなどからの大規模な油流出事故が発生した場合への準備，対応，国際協力の強化などが図られている（→85.ナホトカ号油流出事故）．有害廃棄物の越境移動についてもバーゼル条約が1989年に採択され，締約国は164カ国とECとなっている．わが国は「特定有害廃棄物等の輸出等の規制に関する法律」，いわゆるバーゼル法を制定し，特定有害廃棄物を規定して，不法輸出入の防止を図る一方，国際的な資源循環の観点からの取組みを進めており，2005年度には鉛スクラップ，ハンダくずなど4万t以上が輸出され，ニッケル-カドミウム電池，電子部品のスクラップなど約1万5千tが輸入されている． 〔指宿堯嗣〕

7 産業活動と環境

industrial activities and environment

われわれの生活には，電気・ガスなどのユーティリティとさまざまな製品，サービスが必要であり，図1に示すように，さまざまな産業がこれらを生産，供給している．上流にあるのが，地殻中に蓄積された石油，石炭や鉄鉱石などの鉱物資源を採掘し，それらを粉砕，精製あるいは製錬して素材（鉄，アルミニウムなどの非鉄金属，紙・パルプ，ガソリン，軽油，重油や石油化学基礎製品など）を製造する産業である．電力は重油，石炭，天然ガスをボイラーで燃焼し，高圧蒸気でタービンを回して製造される．これらの産業では大量の資源とエネルギーが使用され，大量の硫黄酸化物（SO_x），ばいじんや有機汚濁物質，重金属などが排出される．

これらの素材は次の材料・部品産業に分散，移動し，プラスチック，ゴムや合成繊維，塗料，洗剤などの原料，金属部品，半導体などの製造に使用される．材料・部品製造の事業所におけるエネルギー使用量は素材産業より少なくなり，SO_x，ばいじん，窒素酸化物（NO_x）などの排出原単位は小さくなる．一方，事業所の種類と数が増えるので，さまざまな場所で多様な環境負荷物質が排出されることになる．この傾向は，多種多様な材料・部品を組み合わせて，加工して製品（自動車，家電・電子製品，機械など）を製造する産業では，いっそう強くなる．

製品は，企業だけでなく一般消費者によって使用され，シックハウス症候群など身近な環境問題の原因になる場合もある．

素材，材料，部品，製品の製造と使用と続く，いわゆる"サプライチェーン"の最も下流に製品などの廃棄がある．大量の廃棄物が発生し，その処理・処分をする産業（静脈産業）が生まれているが，ダイオキシン類や重金属など有害物質による環境影響を最小化する対策も重要である．

図1の下に時間軸を入れてあるが，1960年代の産業公害，1970年代以降の都市・生活型の環境問題に続いて，1980年代半ばからは，有害化学物質の健康影響や地球温暖化などへの対応が求められている．これらの問題の解決には，サプライチェーンにかかわる事業者が協働して，さまざまな製品，サービスについて，ライフサイクルでの環境負荷を低減するとともに，それらの情報を消費者などの利害関係者に開示し，理解と協力を得ることが重要になっている．　　　　　　　　　　〔指宿堯嗣〕

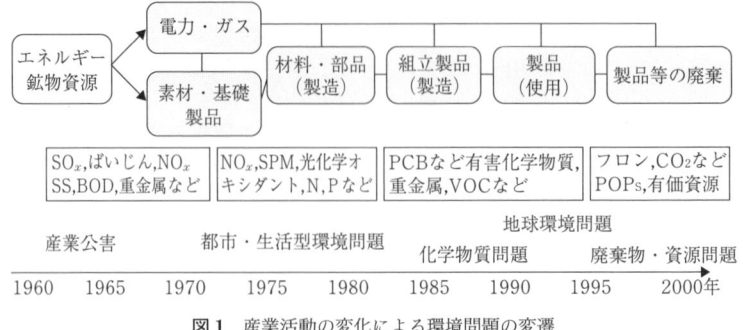

図1　産業活動の変化による環境問題の変遷

I．地球のシステムと環境問題

成長の限界 8

limit of growth

ローマクラブが米国のMITのグループに委託した研究結果が,「成長の限界」として発表されたのは,1972年のはじめである.この研究では,システムダイナミックスモデルを用いて,天然資源,食糧と環境の三つの制約要因のもとで,人口と工業生産の成長に限界が出てくるかが検討された.その結果は,①これまでの成長が続く場合,まず,天然資源に限界が生じること,②資源量が2倍になるという仮定をすると,環境の汚染が限界に達すること,③環境対策の徹底により,生産当たりの汚染発生量を1/4にすると,食糧に限界が現れるというものであった.「21世紀中には,資源・環境・食糧の限界によって,成長が停止する」という予測は,国際的に大きな反響を呼び,賛否両論の議論が巻き起こった.当時,日本では団塊の世代が社会人になり,大量の資源を消費する高度経済成長が続いていたが,一方で,深刻な産業公害に悩んでいたときであり,1年後には第一次石油ショックが起きている.

図1には,人口の増加,工業・農業生産の拡大により,生じた環境問題を示す.1950年代からの人口増加は,生活の維持と生活水準の向上に必要な食糧,工業製品の増産を要求した.これらの生産に必要なエネルギーは,そのほとんどを石油,石炭などの化石燃料に依存している.耕地面積の増加率は1980年代に入ると0.2%程度に鈍化しており,この間の人口増加を考えると,一人当たり耕地面積は減少している.一人当たり食糧生産量を維持できたのは,化石燃料資源を使って生産,供給する肥料,農薬,水などの資材投入によって単

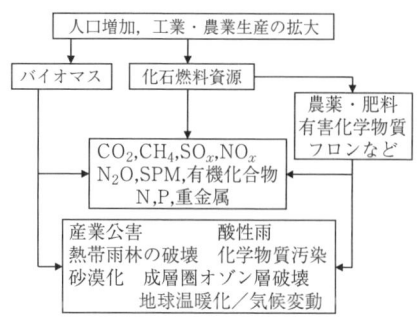

図1 人口,資源,食糧,工業生産と環境の関係

位面積当たりの食糧生産量が増加できたからである.熱帯地域の途上国における人口増加率は1980年代で約2%であり,先進国平均(0.6%)よりも高く,主な燃料である薪炭の供給,耕地面積の拡大(焼畑農業)などのために,熱帯雨林の破壊と土壌の浸食と流出による砂漠化が進行している.北緯30°から60°の地域では,大都市や大規模な石油コンビナートのある地域で大気汚染,水質汚濁による深刻な健康被害が起こり,モータリゼーションによってロスアンジェルス,東京など都市域で光化学大気汚染が起こった.これらの局地的な環境汚染に加えて,1980年代には硫黄酸化物を原因とする環境の酸性化(酸性雨)が国境を越える環境問題として注目された.その後,フロンなどによる成層圏オゾン層破壊,1990年代には二酸化炭素などの温室効果ガスによる地球温暖化・気候変動が地球規模環境問題としてクローズアップされている.

以上のように,「成長の限界」における環境に関する予測が当たっているようにみえる.ローマクラブの4番目の報告(1976年:「浪費の時代を超えて」)に述べられているように,エネルギー,材料,食料,気候などの分野の課題解決に科学技術が貢献できるように,制度的,資金的なサポートが期待される.

〔指宿堯嗣〕

持続的社会

sustainable society

1992年に開催された「環境と開発に関する国連会議(UNCED)」のキーワードは「地球規模での持続可能な開発」であり，わが国でも持続可能な社会あるいは持続的社会が長期的な将来像として設定されている．持続的社会の実現には，資源，環境，食糧（農業生産），工業生産，人口などについて適切な施策が必要である．図1に持続的社会を構成する四つの社会を示してある．

脱温暖化社会の実現には，「気候系に対する危険な人為的影響を及ぼさない水準に大気中の温室効果ガスの濃度を50年，100年後に安定化させる」ことが求められる．経済水準を保ちながら，エネルギー資源である化石燃料の使用量を削減するには，省エネルギーの推進，再生可能エネルギーの導入など総合的なエネルギー対策の展開に必要な技術の開発と普及やライフスタイル，社会システムの変革が必要である．

循環型社会の実現には，資源採取，生産，流通，消費，廃棄などの全段階を通じて，資源とエネルギー利用の効率化，再生可能資源の利用推進，廃棄物などの発生抑制や資源の循環的な利用および廃棄物の適正処分を実現する技術開発と，その円滑な導入と普及に必要な社会経済システムの整備が必要である．産業経済活動のグローバル化が進んでおり，国際的な視野で資源循環に取り組むことが重要である．

自然共生型社会にはいくつかの要素がある．人間を含む多様な生物種の存続には大気，水，土壌などの環境を健全に維持することが前提であり，人間活動（人口増加も含む）による環境負荷を最小化する施策と対策技術の開発普及が必要になる．世界的

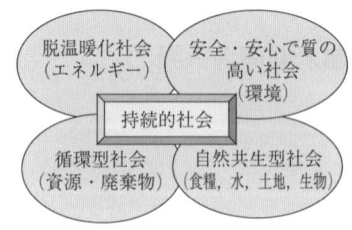

図1 四つの社会で構成される持続的社会

にメガシティでの大気環境保全が課題であり，自動車などによる環境負荷を低減する技術，施策が求められている．水環境の保全と総合的な土地利用は，水資源の確保，食糧生産の維持・拡大，砂漠化の進行阻止などと密接に関連している．生物多様性の保全・回復には，自然の保全，野生生物の保護管理などが必要である．

安全・安心で質の高い社会の実現：「安全・安心な社会の構築に資する科学技術政策に関する懇談会」の報告書（2004年）に述べられているように，「安全」は客観的に判断され，自然科学による対応が可能であるが，「安心」は主観的なものであり，心理学などの人文・社会科学による対応も必要である．そのなかで，化学物質による環境リスク低減は代表的な課題である．「予防的取組方法に留意しながら，科学的根拠に基づくリスク評価とリスク管理手順によって，リスクを最小化しながら生産，使用することが求められている．リスクの総合的管理に関する情報を国民に開示，説明し，化学物質の安全性について国民の理解を得ることも重要である．

なお，図1の四つの社会はお互いに重なりあっている．個々の社会達成をやみくもに目指すと他に負の影響を与えることがある．それぞれの施策，技術開発などの総合的な評価を行い，その結果を迅速にフィードバックしていくことが求められる．

〔指宿堯嗣〕

国連人間環境会議

10

United Nations Conference on the Human Environment

ローマクラブの「成長の限界」が発表された1972年の6月5日から国連人間環境会議がストックホルムで開催された（6月5日は環境の日となっている）．会議開催の背景には，1960年代における先進国での急速な経済発展による環境汚染の顕在化，開発途上国で貧困が最大の環境問題になっていること，人口，天然資源，環境などのあらゆる要素が複雑にからみあっており，この地球を一つの宇宙船とみて，世界全体でこれを守っていくことが重要という認識が高まってきたことなどがある．

会議のキーワードは「かけがえのない地球」であり，人間環境宣言の前文に，「多くの地域で発生している環境破壊は，人間の肉体的，精神的，社会的な健康に甚だしい害を及ぼす．現在および将来の世代のために人間環境を保全し改善することは人類にとって至上の目標であり，国家間の広範囲な協力と国際機関による行動，国民各層の努力が求められている」と述べられている．

宣言に示された26項目の原則を表1にまとめてある．原則1は，基本的なものであり，「人は尊厳と福祉を保つに足る環境で自由，平等および十分な生活水準を享受する基本的権利を有するとともに，現在および将来の世代のため，環境を保護し改善する厳粛な責任を負う」と述べている．

以下に要約する109の勧告からなる行動計画は，現在の地球環境問題の対策として，そのまま通用するものが多い．

(1) 生活環境： 受入れ国のよりよい生活環境計画のための援助要請にできるだけ高い優先度を与えることなど．

表1 人間環境宣言に示された26の原則

1	環境に関する権利と義務
2	天然資源の保護
3	更新可能な資源
4	野生生物の保護
5	更新不能の資源（枯渇への備えと使用による利益の公平な分配）
6	有害物質の排出規制⇔自然浄化能力
7	海洋汚染の防止（健康，生態系維持）
8	経済・社会の開発（生活・労働環境の確保に必須）
9	開発の促進と援助（開発途上国）
10	一次産品の価格安定（開発途上国）
11	環境政策の途上国の開発への影響
12	環境保護のための途上国援助
13	総合的開発計画（開発と環境の両立）
14	合理的な計画（開発と環境保護）
15	居住および都市化の計画
16	人口政策
17	環境を所管する省庁の設置
18	科学技術（環境の危険予測，回避，制御と環境問題解決への利用）
19	教育（環境問題）
20	研究開発の促進と交流
21	環境に対する国の権利と責任
22	補償に関する国際法の発展
23	基準の設定要因（各国の価値体系を考慮することが重要）
24	国際協力
25	国際機関の役割
26	核兵器その他の大量破壊兵器

(2) 天然資源管理の環境的側面： 森林，野生生物，遺伝子資源，資源などの保護に必要な研究協力などの国際協力の推進．

(3) 国際的に重要な汚染物質の把握と規制への協力： 地球温暖化，酸性雨などに関連する汚染物質のモニタリング，データ収集・解析や化学物質の管理．

(4) 教育，情報，社会および文化的側面： 各国の環境に関する報告書の作成の促進，環境教育計画の作成など．

(5) 開発と環境： 途上国における環境問題対応の科学，技術，研究対策への援助など（日本は中国，東南アジア諸国中心にさまざまな援助を実施）．

なお，この年，行動計画を実施する機関として，国連環境計画（UNEP）が設立された． 〔指宿堯嗣〕

リオ宣言とアジェンダ21 11
―― ストックホルムからリオデジャネイロを経てヨハネスブルグへ

Rio declaration on environment and development and Agenda 21

1972年のストックホルムにおける国連人間環境会議以降，成層圏オゾン層の破壊，地球温暖化・気候変動などの地球規模での環境問題への関心が高まり，表1に示すような国際的な取組みが展開されるなかで，1992年の6月，ブラジルのリオデジャネイロで，地球サミットと呼ばれる「環境と開発に関する国連会議（UNCED）」が開催された．180カ国以上が参加したこの会議のキーワードは「地球規模での持続可能な開発」であり，「環境と開発に関するリオデジャネイロ宣言」が出され，「アジェンダ（行動計画）21」と「森林原則声明」が採択された．さらに，気候変動枠組条約と生物多様性条約への署名や砂漠化防止条約の交渉開始，財政措置および技術移転に関する取決めがまとめられた．

リオ宣言は前文と27の原則で構成されており，前文には，グローバルパートナーシップの確立，相互依存の認識が述べられる一方で，先進国と途上国は「共通ではあるが差異のある責任」を分担するとしており，持続可能な開発における先進国の責任に言及している．原則には，適切な人口政策の推進，予防原則（環境を保護するために，予防的方策は，各国により，その能力に応じて広く適用されなければならない．深刻なあるいは不可逆的な被害のおそれがある場合には，完全な科学的確実性の欠如が，環境悪化を防止するための費用対効果の大きな対策を延期する理由として使われてはならない），汚染者負担の原則と環境費用の内部化，環境影響評価の実施，市民参加の拡大と情報提供の促進などの内容が盛り込まれている．

I. 地球のシステムと環境問題

表1 地球規模の環境保全・持続可能な発展に関する国際的取組み

1972	国連人間環境会議，ロンドン条約（廃棄物による海洋汚染防止）
1973	UNEP設立，ワシントン条約，マルポール条約（船舶による海洋汚染防止）
1979	長距離越境大気汚染条約
1984	環境と開発に関する世界委員会（WCED）
1985	ウィーン条約（成層圏オゾン層保護），ヘルシンキ議定書（SO_x排出量30%削減）
1987	WCED "Our Common Future" 発表（持続可能な開発），モントリオール議定書（フロン等規制）
1988	気候変動に関する政府間パネル（IPCC）の活動，トロント会議（CO_2排出量）
1989	バーゼル条約（有害廃棄物越境移動），アルシュサミット（環境サミット），ノールトヴェイク宣言（温室効果ガスの安定化など）
1990	IPCC第一次評価報告書
1991	気候変動枠組条約第1回交渉会議
1992	環境と開発に関する国連会議（リオ宣言，アジェンダ21）
1993	持続可能な開発委員会（CSD）設立
1994	気候変動枠組条約の発効
1995	第1回気候変動枠組条約締約国会議（COP1），IPCC第2次報告書，バーゼル条約改正（有害廃棄物の輸出禁止）
1996	砂漠化防止条約，COP2，ロンドン海洋投棄条約の議定書
1997	国連環境特別総会（リオ+5），COP3（京都議定書）
1998	ロッテルダム条約（特定有害化学物質，農薬の輸出に関する輸入国の同意義務）
2000	カルタヘナ議定書（バイオセーフティ）
2001	ストックホルム条約（POPs条約），COP7（京都メカニズムのルール）
2002	環境開発サミット（ヨハネスブルグ），COP8，日本が京都議定書を批准（地球温暖化対策推進大綱）
2005	京都議定書の発効

アジェンダ21は，持続可能な開発を実現するための行動計画であり，全体で40章を，①社会的，経済的側面，②開発に必要な資源の保全と管理，③主なグループの

役割強化，④実施手段，の4部に分けて構成している．

第1部は，2章から8章までであり，持続可能な開発促進のための国際協力と国内関連政策に始まり，貧困の撲滅，人口動態，ヒトの健康と保護の促進，人間居住，意思決定における環境と開発の統合などに触れている．第2部は，9章から22章であり，大気，森林，砂漠化，農業，海洋・閉鎖系海域，淡水資源，廃棄物，有害化学物質などのさまざまな環境問題の解決に向けた行動計画が述べられている．第3部は，23章から32章であり，持続可能な開発を進める主体として，女性，子供，青年，先住民，NGOの他に，地方自治体，労働者と組合，産業界，科学者・技術者，農民などが具体的にあげられ，それぞれが果たすべき役割が記述されている．第4部は33章から40章までであり，実施のための資金，環境にとって適正な技術の移転や協力，科学，教育・意識啓蒙の推進，途上国における能力開発のためのメカニズムと国際協力，国際的な機構の整備，国際的法制度，意思決定のための情報など，種々の活動分野に共通な課題が示されている．

リオ宣言，アジェンダ21は，環境と開発の両立に必要な理念と原則とその実行計画を示したものであり，表1に示すように，その後の地球規模環境問題に関する国際的，国内的な活動に強い影響を与えている．たとえば，地球温暖化については，1997年に京都で開催されたCOP3（第3回気候変動枠組条約締約国会合）で採択された温室効果ガス排出量削減に向けた京都議定書がある．温室効果ガス（CO_2，メタン，一酸化二窒素，ハイドロフルオロカーボン，パーフルオロカーボン，六フッ化硫黄）について，先進国からの排出量（CO_2換算）を，1990年を基準年として，2008年から2012年の目標期間内に－5％削減することが合意されている．有害化学物質については，アジェンダ21の19章に化学物質の適正な管理を進めていくために取り組んでいくべき六つのプログラム領域（リスク評価，有害性・リスク関連情報の提供，リスク管理のための体制整備など）とその課題などが記述されている．その実施を促進するために，IFCS（化学物質の安全性に関する政府間フォーラム）が設立され，1995年に第1回目の会合が開催された．環境上適正な化学物質の管理のための協調した国際戦略の勧告などの取組みの成果として，1998年のロッテルダム条約（有害化学物質などの国際取引の規制），2001年のストックホルム条約（残留性有機汚染物質の生産などに関する規制）の締結がある．

UNCED開催の10年後，2002年に開催された持続可能な開発に関する世界首脳会議（ヨハネスブルグサミット）ではアジェンダ21の見直しや新たな課題に関する議論が行われた．「持続可能な開発に関するヨハネスブルグ宣言」が出され，ヨハネスブルグ実施計画が採択された．注目される実施計画の一つが化学物質に関するものであり，「透明性のある科学的根拠に基づくリスクの評価と管理を行うことで，化学物質の生産や使用が人の健康や環境にもたらす悪影響を2020年までに最小化することを目指すこと」が合意されている．その実施に向けて，IPCS（化学物質の安全性に関する国際プログラム：化学物質による人の健康や環境への影響を科学的な基盤に立って評価し，対処することを目的に，国連環境計画：UNEP，国際労働機関：ILOと及び世界保健機関：WHOの共同事業として，1980年に発足），IFCSなどの国際的な枠組のもとで，化学物質の国際管理への戦略的アプローチが策定されている．

〔指宿 堯嗣〕

参考：化学物質管理政策（経済産業省ホームページ）

開発途上国における環境問題と南北協力

environmental issues of developing countries and North-South collaboration

北半球の南から南半球にかけた地域には，貧困，人口の増加と環境の悪化という悪循環から抜け出せない国が多い．アジアには世界人口の半分以上（中国13億人，インド10億人，インドネシア2.1億人）が住んでいる．1980年代からアジアは急速な経済成長を遂げているが，一人当たりGNPは米国，日本，EUなどの1/10～1/5程度の状態である．国内における所得格差が以前よりも拡大し，極貧困層の割合が増加している状況も指摘されている．これらの開発途上国においては，図1に示すような環境問題が起こっており，先進国との協力による解決が求められている．

a．都市環境問題 人口400万人を超える巨大都市が増加し，深刻な都市型環境問題（大気汚染，水汚濁，有害廃棄物など）が起こっている．たとえば，フィリピンのマニラ市，インドネシアのジャカルタ市，タイのバンコク市などで共通的にみられるのは，粒子状物質と一酸化炭素（CO）の大気中濃度が高いことである．COは自動車由来であり，粒子状物質排出源としては，ディーゼルエンジン自動車に加えて，ビルや道路建設に伴うばいじんや土壌の飛散があげられている．大気中の鉛濃度も高かったが，ガソリンの無鉛化対策とともに，濃度は劇的に減少しつつある．水汚濁には生活排水と産業排水の両者が関与しているが，生物的酸素要求量（BOD）関連物質の排出は生活系からのほうが大きく，有害物質の排出には産業系の寄与が大きい．たとえば，バンコク市のチャオプラヤ川へのBOD排出量については，生活排水系が年に12万t弱に対し，産業系（食品，飲料，繊維，パルプなど）は年に3万t強と推定されている．金属，化学，電子産業などは，有害物質の主要な排出源であり，重金属，油分，有機溶剤などによる汚染への対応が求められている．また，有害産業廃棄物の大量発生と処理が十分でないという問題があり，不法投棄された廃棄物による河川，土壌，地下水の汚染解決が進められている．

開発途上国の環境問題解決に向けて，日本など先進諸国の協力が進められてきたが，必ずしも費用対効果の高いものになっていない．先進国で開発された環境対策技術，とくに汚染物質の後処理技術をそのまま導入しても，その普及が進まない経済的，社会的状況がある．後処理システムを改良して大幅にコストを低減することに加えて，エネルギー・資源の消費量の低減（生産コストの低減）と汚染物質排出量低減を同時に実現できる技術，すなわち，クリーナープロダクションを実現する技術の開発と導入・普及への協力が，先進国により進められている．

b．農業による環境汚染 農村では，食糧の確保・増産のために，窒素肥料，農薬の使用量が急増し，農業用水や地下水の硝酸塩，農薬による汚染がさまざまな地域で発生している．農薬は残留性の高い有機化合物であり，地域環境の汚染ばかりでなく，食物連鎖などによって地球規模での汚染を起こす可能性がある．一方，農耕地や燃料確保のために森林の伐採，さらに半乾燥地域での耕地拡大などの土地利用変化によって，生物多様性の減少や砂漠化など地球環境に影響を及ぼす問題が起こる．植林の推進，違法伐採の防止，森林環境に配慮した木材調達方針の採用など政府，企業，NGOによる取組みが盛んになっている．

c．酸性雨/環境の酸性化 アジアでは燃料の主力が石炭（硫黄分の多い）であるために，二酸化硫黄（SO_2）の排出量が

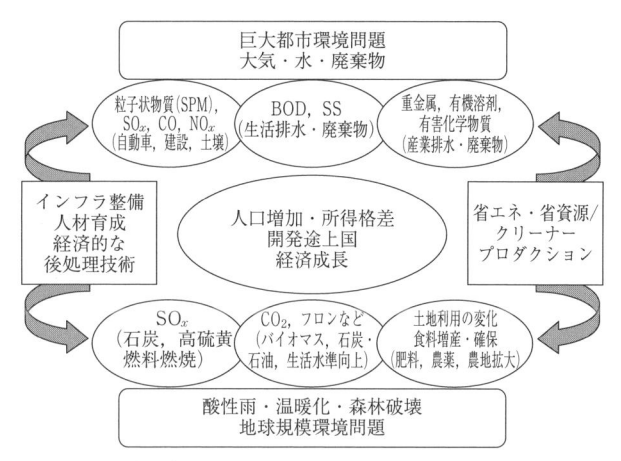

図1 開発途上国における環境問題と地球環境のかかわり

かなり多い（中国：2346万t，インド：307万t，タイ：175万t，北朝鮮：129万t，韓国：150万t，日本：66万t，インドネシア：49万t）。地域環境での SO_2 大気濃度を減少させるために高煙突化が進むと，排ガスは遠距離を拡散，移動することになり，広域環境の酸性化が進むことになる．すでに，中国南部では酸性雨の被害が顕在化しており，わが国への SO_2 の移流が観測されている．途上国における燃料の低硫黄化，排煙脱硫などの対策普及に先進国の技術面，財政面での協力が重要である．

d．地球温暖化 地球温暖化の主要な原因物質である二酸化炭素（CO_2）について，開発途上国からの排出量（炭素換算）合計は，1990年の18.54億tから1998年の24.81億tに増加している（34％増）．また，世界全体の排出量に占める割合も，この間に31.4％から39.2％と増加している．開発途上国における CO_2 排出の要因を解析した結果では，省エネルギーによる排出量低減を上回る CO_2 排出量増加が，経済成長，人口増加と燃料転換により起こったとされている．中国の CO_2 排出量は世界全体の13.5％，インドのそれは4.5％であり，人口を考えると，両国の CO_2 排出量増加を緩やかなものにすることが，非常に重要である．なお，熱帯地域における森林の減少・劣化，砂漠化の進行は，CO_2 吸収量を減らし，土壌中炭素分の放出量を増やすことから，CO_2 大気中濃度を増加させる原因となる．

わが国を含む先進国は，開発途上国におけるエネルギー利用効率の向上（クリーナープロダクションを含む），低炭素燃料への変換促進，森林の回復，砂漠化の防止などの対策に協力を進めている．強い温室効果気体であるフロンなどオゾン層破壊物質についても，先進国では生産が全廃され，中国，インドなど開発途上国における生産量・消費量・放出量の削減，全廃に向けた先進国からの支援が進められている．

〔指宿堯嗣〕

環境負荷と環境リスク

environmental impact and risk

　環境負荷は，人類の活動に伴い直接あるいは種々の連鎖反応でヒトや生態系に対して影響を及ぼすもの，およびヒトや生態系の将来の生存環境に影響を与えるものとして認識される．環境負荷には，排水，廃棄物埋立てなどの地域レベルの環境負荷とCO_2排出，エネルギー消費などの広域レベルあるいは地球規模の環境負荷がある．このような人類活動に伴う環境への影響の定量的表現を環境リスクという．

　リスク評価およびリスク管理に関するリスクの定義は，「リスクは，物質または状況が一定の条件の下で害を生じうる可能性として定義され，次の二つの要素の組み合わせである．①よくない出来事が起きる可能性，②そのよくない出来事の重大さ」（リスク評価及びリスク管理に関する米国大統領・議会諮問委員会報告書）としている．よくない出来事を影響判定点（エンドポイント）と呼び，ある特定のリスクとは，特定のエンドポイントの生起確率を表す．リスクという語を一般的に使う場合は，確率とエンドポイントの影響の深刻度の複合した結果を表すことになる．リスクに対してハザードは，悪い影響を起こす潜在的可能性（ポテンシャル）をもっている物質や活動である．

　リスクの定量的表現が，リスク評価であり，そのプロセスを図1に示す．第一がハザードの同定で，リスクの原因をみつけることである．第二はエンドポイントの決定である．エンドポイントの選択いかんで，リスク評価が社会に受け入れられ，環境政策に使えるか，リスク管理のツールとして使えるかが決定する．第三が暴露解析である．暴露量，暴露経路の推定を行う．暴露量はヒトや生物の摂取量や吸収量の総称である．第四が，暴露量とリスクの関係式を導くこと．この関係式に暴露量を入れればリスクを計算できる．この全体に不確実性解析を加えることでリスク評価が完成する．

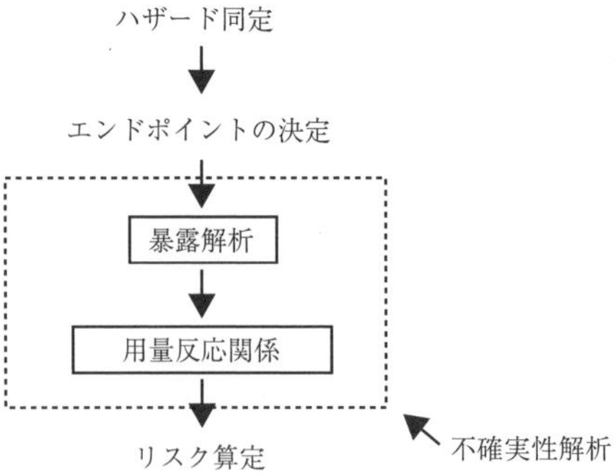

図1　リスク評価のプロセス

　このようにして算定されるリスク評価結果の解決法がリスク管理である．リスク評価は，リスク管理のためのツールである．算定されたリスク評価結果をもとに，リスク管理が行われる．リスク管理のツールとしては，自主管理活動（レスポンシブルケアなど），環境会計，ライフサイクルアセスメント（LCA），リスクコミュニケーションなどがある．レスポンシブルケアは，事業者が自己決定・自己責任の原則に基づき，全ライフサイクルにわたって安全を確保するための自主管理活動である．環境会計は，環境コストを測定し，その負担関係を明らかにすることで環境コストの内部化を促進することである．LCAは，製品やサービスのライフサイクルにおいて誘発する環境への影響を評価する．またリスクコミュニケーションは，リスク問題の利害関係者の間でリスクに関する情報をやり取りすることである．　　　　〔冨永　衞〕

I.　地球のシステムと環境問題

14 環境・経済統合会計

integrated environmental and economic accounting

1990年代に入り，温暖化，オゾン層の破壊，酸性雨あるいは海洋汚染などの広域的環境問題に高い関心が寄せられ，環境を損なうことのない経済発展すなわち持続可能な発展が唱えられるようになった．このような背景のなかで，国民経済計算の分野では，国際連合が1953年以来提唱している国民勘定体系（system of national accounts：SNA）中に環境情報を組み込む研究が進められてきた．その成果が，1993年に，国際連合より『環境・経済統合会計』なるハンドブックとして刊行された．

環境問題を国民経済計算の枠組を前提として考慮する研究は1970年代に始まる．この時期わが国においては公害問題が頻発していた．高度成長のなかで，公害による健康被害，農産物被害あるいは漁業被害が相次ぎ，マスコミによる"くたばれGNP！"のキャンペーンが行われた（GNPは国民総生産）．このキャンペーンは，GNPの増大が公害の増大をもたらし，必ずしも国民の福祉の向上をもたらさないことに対する苛立ちの表明でもあった．

そこで，わが国においても，GNPに代わる福祉水準を示す指標の開発が試みられ，経済審議会・NNW開発委員会より国民純福祉（net national welfare：NNW）が，1973年に発表された．この指標は，トービン（Tobin, J.）およびノウドハウス（Nordhaus, W. D.）による経済的福祉指標（measures of economic welfare：MEW）の研究を踏まえたものであった．MEWおよびNNWは，福祉の視点から，プラス項目とマイナス項目をGNPに加減して算出される．MEWでは，マイナス項目として政府最終消費支出中の治安費・公衆衛生費・国防費などおよび都市化に伴う不快度が，プラス項目として余暇時間，主婦の労働の評価額などがあげられる．NNWではこれらの項目に加えて，マイナス項目として環境維持費や環境汚染などの項目が付け加えられた．

MEWやNNWなどの先行研究は環境・経済統合会計の策定に当たっての一つの課題であるグリーンGDPにつながったといえる．

1980年代後半以降になるとMEWやNNWのような単一の指標ではなく，先に指摘したように，経済活動を包括的に記述するSNAの枠組に環境情報を組み込む環境・経済統合会計システム（system for integrated environmental and economic accounting：SEEA）の研究が行われるようになった．国際連合から刊行されたハンドブックでは，SEEAのいくつかのバージョンが提示されている．

バージョンⅠは，SNAの勘定群中，環境に大きな影響をもたらす生産活動を記録する生産勘定（国内総生産と総支出勘定）と生産活動によって影響を受ける自然資産を中心とした資産勘定（人工資産も含む）からなる．バージョンⅡはバージョンⅠに環境保護関連の実際の支出情報が，そしてバージョンⅢはバージョンⅡに環境関連の物量情報が加えられる．1990年代にオランダで開発されたものはバージョンⅢの例といえる．これは，2003年に公表されたSEEAの改訂版にハイブリッドフロー勘定として取り入れられている．バージョンⅣには一定の仮定すなわち経済活動から排出される環境負荷物質を除去し（たとえばゼロ・エミッションとし），環境の質を所与の水準（たとえば期首の水準）に維持するとした場合に要する費用（維持費用），

あるいは経済活動の結果さまざまな経済主体が蒙る被害額などが追加表示される。前者の費用の測定方法は維持費用評価法といわれる。後者の被害額の測定方法として支払われた医療費や損害賠償額に基づく市場価格法と汚染された環境を修復するのに要する負担額の支払意思額を関係者に問う仮想市場評価法が提案されている。

ところで，維持費用をNDP（国内純生産物）から控除したものをEDP（eco-domestic product）と呼ぶが，これはグリーンGDPとも呼ばれる。それは，概念的には，環境に負荷を与えることのない経済活動の成果であり，その成長は持続可能な成長とみることができる。しかしながら，多様な種類の維持費用を適切に算出することが困難なことや排出される環境負荷物質量の増大に伴う維持費用の増加額を上回るNDPの増加がEDPの増大をもたらす可能性があり，EDPが持続可能性の指標であることについては議論が残されている。SEEAでは，家計もその活動により環境汚染をもたらすこと，また自然環境は環境負荷物質の処分サービスを提供することなどを考慮し，これらの情報を組み込むバージョンVも考えられている。そして，環境分析への産業連関分析（投入産出分析）の応用も提案されている。

産業連関表（interindustry-relations table）はレオンチェフ（Leontief, W.）により開発された。国民経済の各産業の各種の投入高と産出高を表示するので投入産出表（input-output table, I-O表）ともいう。産業連関表は，よく知られている国内総生産（GDP）や国内総支出（GDE）を表示する国民所得勘定では取り上げられない産業間の財貨・サービスの流れ，すなわち中間生産物の投入および産出にかかわる取引を明らかにする。

産業連関表の各産業部門の産出合計 (X_j) で対応する部門の投入高を割った商（産出高1単位当たり投入高）の一覧表 (a_{ij}) を投入係数表という。産業連関分析では，基本的に，この投入係数表に基づいて算出された逆行列係数（最終需要1単位当たり直接的間接的効果）の一覧表 (a_{ij}) を利用して最終需要が変化した場合の各産業の産出合計 (X_{ij}) および各部門の取引高 (x_{ij}) を推計する。

環境分野での産業連関分析の発展もレオンチェフに負うところが大きい。彼は，産業連関表の付加価値欄の次に環境負荷物質量を記入する行をもつ産業連関表を作成し，これにより環境の産業連関分析について議論した。現在，レオンチェフの研究を基礎に環境分野での産業連関分析の研究および実証分析が国内外で進められている。

〔河野正男〕

表1 産業連関表の基本構造

投入\産出		産業部門					最終需要	産出合計
		1	2	…J…	N-1	N		
産業部門	1	$x_{1,1}$	$x_{1,2}$	…$x_{1,j}$…	$x_{1,n-1}$	$x_{1,n}$	F_1	X_1
	2	$x_{2,1}$	$x_{2,2}$	…$x_{2,j}$…	$x_{2,n-1}$	$x_{2,n}$	F_2	X_2
	⋮	⋮	⋮	⋮	⋮	⋮	⋮	⋮
	I	$x_{i,1}$	$x_{i,2}$	…$x_{i,j}$…	$x_{i,n-1}$	$x_{i,n}$	F_i	X_i
	⋮	⋮	⋮	⋮	⋮	⋮	⋮	⋮
	N-1	$x_{n-1,1}$	$x_{n-1,2}$	…$x_{n-1,j}$…	$x_{n-1,n-1}$	$x_{n-1,n}$	F_{n-1}	X_{n-1}
	N	$x_{n,1}$	$x_{n,2}$	…$x_{n,j}$…	$x_{n,n-1}$	$x_{n,n}$	F_n	X_n
粗付加価値・輸入		$x_{0,1}$	$x_{0,2}$	…$x_{0,j}$…	$x_{0,n-1}$	$x_{0,n}$		
投入合計		X_1	X_2	…X_j…	X_{n-1}	X_n		

〔記号〕
$x_{i,j}$ = 第i部門から第j部門への供給高
F_i = 第i部門の最終生産物（消費財，資本財，輸出財等）の供給高（最終需要）
X_i = 第i部門の産出合計
$x_{0,j}$ = 第j部門における輸入財および生産要素（固定資産減耗を含む）の投入高

I. 地球のシステムと環境問題

環境マネジメントシステムと環境マネジメントシステム監査

environmental management system and audit

a．環境マネジメントシステムの背景

1990年中頃，リオ地球サミット（1992年開催）事務局から協力を求められたスイス人の実業家シュミットハイニーは，「持続可能な発展のための経済人会議（BCSD）」を設立，持続可能な発展についての経済界の見解をまとめた．BCSDは，環境問題は，一地方，一国家では解決不可能なことから，国際規格の必要性を認め，ISO（国際標準化機構）に規格作成の要請をした．要請を受けたISOは，環境管理に関する国際規格制定のための技術委員会（technical committee）TC 207を設置し，93年6月にカナダのトロントにおいて，第1回総会が開かれて以来，年1度の総会と六つの分科会（subcommittee：SC），ワーキンググループなどで環境関連規格の検討を行ってきている．

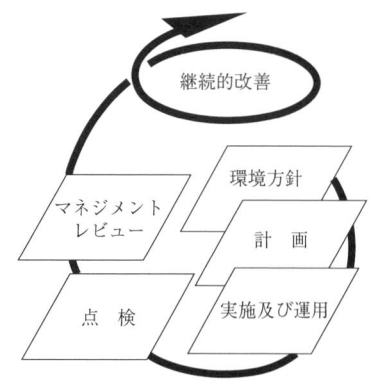

b．ISO 14001環境マネジメントシステムとその他の環境規格のISOにおける検討 品質管理のISO 9001の原型（BS 5750）を生み出した英国は，1992年，環境においてもそのマネジメントの規格BS 7750を発表し，これがISO 14001のもとになった．

ISOは，企業を含めたあらゆる組織が，汚染の予防と環境の継続的改善を行っていくための仕組の構築が優先課題であるとして，ISO 14001環境マネジメントシステムの規格化にとりかかった．その他，環境監査，環境ラベル，ライフサイクルアセスメント（LCA），森林マネジメント，環境適合設計，環境コミュニケーションなど各種の環境管理の規格類が検討され，14000台の規格番号がつけられることから，ISO 14000シリーズと総称されるようになった．

c．ISO 14001環境マネジメントシステム規格の内容 ISO 14001には，自ら行っている活動やサービス，あるいは自ら作り出した製品が環境に対してどのような影響を与えているかの検討から始まり，問題があるならそれを解決していく，よい点があるならそれをさらに伸ばしていくための具体的方法を計画し，目標をかかげ，それを達成していくための方法が記されている．経済活動を含めて組織が伸びていくためには，環境への対処は現状維持ではなくて，必ず継続的改善がなければならないということが底流にある．

ISO 14001の詳細は規格を参照していただきたいが，概要は図1のようになっている．

・経営トップが環境配慮に対する明確な意思表明を行う「環境方針」を策定すること．
・現状把握を行い環境上問題となりそうな活動，製品，サービスを洗い出すこと．
・そのなかで，著しい環境影響をもたらす活動，製品，サービスを明確にし，その改善に向けて，長期的，短期的な具体目標実施計画を設定し，計画的に実施して

図1 環境マネジメントシステムモデル

いくこと．
・組織と責任／権限を明確にし，必要な資源を配分し，全員が環境を意識するように教育・訓練を行い，コミュニケーションをよくしていくこと．
・必要な手順を作成し，文書・記録の管理などによりその実施を確実にしていくこと．
・モニタリング，測定などにより，また内部監査によりシステムをチェックし，問題があれば是正を施していくこと．
・経営トップが実施状況をレビューし，責任をもって継続的改善に取り組むこと．
などが含まれている．

　要約すれば，PDCA (plan, do, check, action) のサイクルを回しながら継続的に環境改善をはかっていくことになるが，とくにシステムの改善に重点がおかれている．

d．環境マネジメントシステム監査

ローマ帝国の時代，出した「おふれ」がまちがいなく伝わっているかどうかを確認するために，領主 (authority) が「伝令」の他にもう一人内容をよく知っている人を遣わして，その人にすべてのことを聞いてこさせ，報告させたのが「監査 (audit)」の始まりといわれている．監査の定義は，ISO 19011 によれば，「監査基準が満たされている程度を判定するために，監査証拠を収集し，それを客観的に評価するための体系的で，独立し，文書化されたプロセス」となっており，監査基準として，環境マネジメントシステム基準（たとえばISO 14001）を使えば，環境マネジメントシステム監査ということになる．監査は，環境マネジメントシステムが，計画したとおりに確立され，システムに従って実施されているかどうかの確認が行われる．

　監査は，誰が監査をするかによって内部監査，外部監査に分かれ，また，第一者監査，第二者監査，第三者監査と分類されることもある．

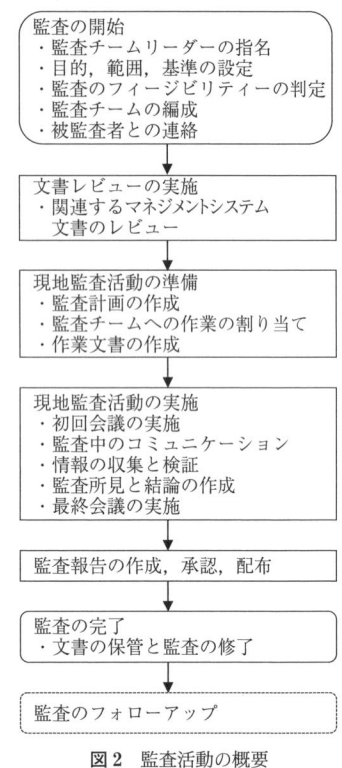

　監査は，信頼性を得るために，独立性をもって行われること，証拠に基づくことが必要であるとされている．また，監査員に力量のあることが不可欠になる．認証登録のための第三者審査の審査員についてはその登録に当たって，環境マネジメントシステム審査員評価登録センター (CEAR) がその力量を保証できる資格基準を決めている．

　監査は，図2に示すような手順に従って行われるのが普通である．〔市川昌彦〕

```
監査の開始
・監査チームリーダーの指名
・目的，範囲，基準の設定
・監査のフィージビリティーの判定
・監査チームの編成
・被監査者との連絡
        ↓
文書レビューの実施
・関連するマネジメントシステム
  文書のレビュー
        ↓
現地監査活動の準備
・監査計画の作成
・監査チームへの作業の割り当て
・作業文書の作成
        ↓
現地監査活動の実施
・初回会議の実施
・監査中のコミュニケーション
・情報の収集と検証
・監査所見と結論の作成
・最終会議の実施
        ↓
監査報告の作成，承認，配布
        ↓
監査の完了
・文書の保管と監査の修了
        ↓
監査のフォローアップ
```

図2　監査活動の概要

ライフサイクルアセスメント

life cycle assessment：LCA

ライフサイクルアセスメント（LCA）は，人間活動に必要な製品やサービスの環境負荷を定量し，環境への影響を評価する手法である．LCAの特徴は，対象とする製品・サービスについて，資源の採掘から素材製造，組立などの製造段階，さらに製品の使用・廃棄段階までのライフサイクル全体（ゆりかごから墓場まで）を考慮することである．また，環境負荷を定量化することで，環境への影響が大きい，すなわち，改善効果の大きい項目が明確となり，効果的に環境負荷を低減することができることである．LCAは1997年に国際標準規格（ISO-14040）として発行されて以来，急速に普及した．現在までに，LCAに関しては，四つの規格ISO-14040, 14041, 14042, 14043と，それを補完する三つのTR（technical report）およびTS（technical specification）が発行されており，これらを総称してISO-14040シリーズと呼ぶ．これらの国際標準規格は，順次和訳され，日本工業標準規格（JIS）となっている．

基本となるLCAの実施方法は（図1），ISO-14040（LCAの「原則および枠組み」）に示されている．LCAを「サービスを含む製品に付随して生じる影響をより良く理解し，軽減するために開発された1つの技法」であるとし，実施する際の「目的と調査範囲の設定」，「インベントリ分析」，「影響評価」，「結果の解釈」という四つのフェーズが明確にされている．

目的と調査範囲の設定では，対象とする製品やサービスを定め，LCAを実施する目的を明確にする．ここで重要なことはLCAの結果は設定した範囲内で有効なもので，前提条件などをすべて踏まえたうえで利用する必要があることである．たとえば，目的に「自動車の温暖化に対する影響」を評価することを定めた場合，その目的にしたがって計量すべき排出物を決め，それを収集する範囲を定めることになる．得られた結果は，オゾン層の破壊や酸性化に対する影響については考慮していないことになる．酸性化などの影響を知りたい場合は，目的と調査範囲を変更しなければならない．

インベントリ分析は，LCAの対象となる製品やサービスに関して，投入される資源やエネルギー（インプット）および生産または排出される製品・排出物（アウトプット）のデータを収集し，CO_2，NO_x，SO_xといった環境負荷項目に関する入出力明細表を作成する段階である．インベントリ分析には二つの方法がある．一つは製品がどのようにつくられ廃棄されるかを製品のプロセスごとに具体的に調べていく方法である．もう一つは産業連関表と呼ばれる異なる産業の産出投入（金額ベース）が詳細に調べ上げられた表を利用する方法である．前者は積み上げ法と呼ばれ，製品のライフサイクルをボトムアップで調査していく方法で，後者は産業連関分析法（input-output analysis）と呼ばれ，すでに調べられた産業間のインベントリを利用して直接間接投入エネルギーや環境負荷をトップダウンで求めていくものである．

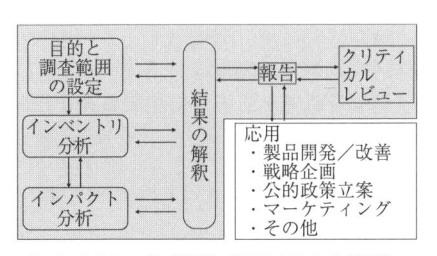

図1 LCAの構成段階（ISO-14040を改変）

積み上げ法でデータを作成するときの問題は，一つのプロセスで2種以上の製品が得られる場合に，排出物量や資源の消費量を各製品に配分しなければならないことである．一般には，製品の重量比で配分することが行われる．しかし，市場価値が大きく異なる製品が生産される場合には，生産金額で配分されることもある．複数の製品を生産するプロセスへの投入物や環境負荷をそれぞれの製品に「配分」するときにも同様の問題がある．また，システム境界は，データに含まれる範囲を示し，LCA実施の目的に合致し，重要な工程が欠如していないシステム境界が選定されなければならない．日本は，鉱物資源，化石燃料やアルミニウム地金などの一次素材を多く輸入しているので，海外のプロセスを含むかどうかでデータが大きく異なることがある．

インパクト分析は，図2に示すように，分類化，特性化，総合評価の三つの部分からなる．分類化では，資源消費や排出物を予想される環境影響の種類に基づいたインパクトカテゴリに振り分ける．特性化では，排出物量と，その物質が指定された地球温暖化，オゾン層破壊といったインパクトカテゴリに対して与える影響を相対的に評価した特性化係数を掛け合わせ，「カテゴリインディケータ」として指標化する．

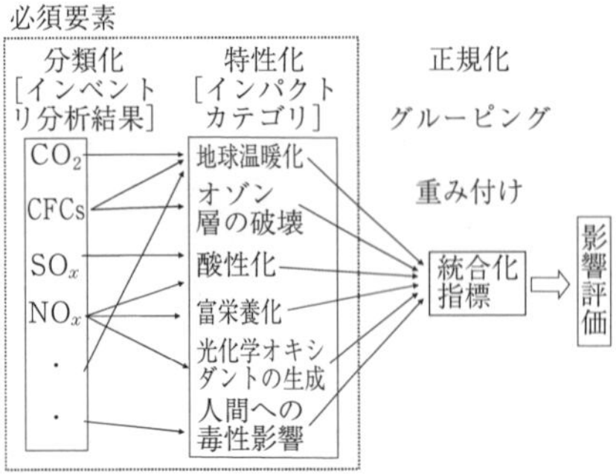

ISO-14040では分類化・特性化までを影響評価の必須要素とし，対象となる地域全体での排出量と比較する正規化や，カテゴリ間の重み付けは付加的要素と位置づけている．しかし，環境カテゴリ間のトレードオフを克服し，簡便な比較を可能とするためには，環境影響の統合化が必要であると思われる．統合化の手法には，「被害を算定する方法」と「評価主体による環境カテゴリのランキング方法」がある．いずれの方法でも，程度の差こそあれ主観に基づく判断を避けることができないので，その過程の透明性が求められる．環境影響の統合化が困難であるという現状が，「代理指標」としてCO_2やエネルギー消費量に特化したLCAを促した側面がある．

結果の解釈では，実施した調査の範囲，インベントリ分析におけるシステム境界の定義や配分方法，および影響評価における特性化係数の選択によって，異なる結果が導かれる可能性があるので，実施方法による結果への影響を考察する．また，現状のインベントリ分析では，多くの場合，結果である排出物量や資源消費量が単一の数値として示される．しかし，それぞれのプロセスデータには，測定誤差や推定誤差が含まれる．規格では，データの「完全性」や「代表性」などの質の評価が必要とされているが，それを結果に反映させる具体的方法は示されていない．とくに，結果の解釈のためには，データに含まれる誤差を考慮した感度分析および不確実性分析の手法を具体的に示すことが必要である．

LCAの結果を活用して環境負荷を削減することが重要である． 〔田原聖隆〕

文　献
1) 稲葉　敦監修：LCAの実務，産業環境管理協会（2005）．

図2　インパクト分析の一般的な手順

I.　地球のシステムと環境問題

費用対効果分析

cost-effectiveness analysis：CEA

限られた資金のもとで，達成すべき目標が存在するとき，その資金の使われ方の効率性を評価する手法の一つが費用対効果分析である．

費用対効果分析においては，このような目標達成の計画（プロジェクト）が複数存在することが前提となる．もし，計画のそれぞれの選択肢について，結果が同等のものとして設定されている場合は，選択した仕事の費用の大小を比較し，効率的なプロジェクトを選択することが可能である．このような場合は最小費用分析（least-cost analysis）と呼ばれる．計画ごとに結果が異なれば，費用だけの比較で計画の効率性を判断することはできず，費用と効果の両方を考慮しながら計画の優劣を評価しなければならなくなる．

また，複数の計画があらかじめ順序づけられている場合と，それぞれ独立な場合とが考えられる．たとえば，Bという計画を実施する際に，結果としてAという計画を不可避的に実施することになる場合は，それぞれを異なった計画とみるのではなく，Aという計画とAからBへの追加計画という分け方をすることが望ましい場合もある．

いま，計画が N 個存在し，それぞれが独立であったとしよう．第 i 番目のプロジェクトについてそれを実施しない場合と比べて追加費用が C_i かかり，追加的な結果が K_i 得られるとしよう．この場合，費用は貨幣額として表される．一方，結果は目的の達成度を表す量，あるいは指数である．たとえば，特定の有害化学物質の削減量や健康リスクの低減量，あるいは地球温暖化ガスの削減量や特定の廃棄物の削減量などを数値で表している．このとき次のようにCK比が定義できる．

$$E_i = \frac{C_i}{K_i}$$

ここで E_i は，1単位の結果を出すために要した費用を表し，この値が小さい計画がより効率的で望ましいことになる．

ただし，この定式化は最も単純な場合を想定している．現実には，次のような問題が生ずる場合があり，分析は複雑になる．

①一つの計画についての費用がかかる期間，および結果が現れる期間が多期間にまたがる場合である．この場合は，利子率などに基づき割引率（discount rate）を設定し，将来コストを現在コストに直して総費用 C_i を計算し，効果についても，何らかの割引率を用いて将来効果を現在効果に変換して K_i を求めなければならない．とくに後者について困難が伴なう．

②効果が，次元や内容の違う複数の量，指標によって表される場合がある．この場合は，なんらかの統合化指標によって単一指標に変換しなければならない．

③効果について不確実性が存在する場合がある．この場合も，不確実性の定量化，評価が必要になる．

費用対効果分析の場合は，計画ごとの結果は必ずしも金銭評価されていなくてもよい．もし，計画の結果のすべてについて金銭評価が可能であり，それらが異なった期間に発生している場合に，異時点間の金銭額を集計する適切な割引率が決定できるならば，費用便益分析（cost-benefit analysis：CBA）が可能になる．この場合は，効果の総便益から費用を差し引いた純便益の大きさを比較することによってプロジェクトの効率性を評価することができる．

〔鷲田豊明〕

環境効率

18

eco-efficiency, environmental efficiency

　環境効率という概念は，1992年にWBCSD (World Business Council for Sustainable Development) により提案された，製品やサービスの価値に対する環境への負荷の比率を示す指標である（式(1)）。製品・サービスの価値が同一であれば環境負荷が少ないほうが好ましく，環境負荷が同一であれば価値が高いほうが好ましいという考え方である。つまり，環境効率は，活動を表す尺度と環境負荷量を比較する指標である。

$$環境効率 = \frac{製品・サービスの価値}{環境負荷} \quad (1)$$

　(1)式の分母の環境負荷量はLCAなどにより求めることが可能である。しかしながら現状では，統合化した環境負荷を用いることが容易でないため，CO_2排出量や廃棄物量などで代表させている事例が多くみられる。一方，(1)式の分子の製品・サービスの価値の定量化は，さまざまな方法がとられている状況である。多くは，価格や付加価値といった経済的指標を用いている。しかし，とくに製品の価値は，経済的な価値のみで表現することが難しいと認識されており，製品の機能に着目した価値の定量化，消費者の抱く価値の定量化が研究され，環境効率に適応されている状況である。

　国レベルであれば，以前から環境指標としてGDP当たりのCO_2排出量が比較されており，逆数ではあるが環境効率の一つであると考えられる。企業レベルであれば，すでに企業の環境報告書にも記載されている，企業の生産高や総利益と環境負荷量（CO_2排出量，廃棄物量など）の比較がされている。製品レベルにおいては，製品価値に価格，製品機能，製品コストなどと環境負荷量を用いたさまざまな指標が存在する。現状では，統一された環境効率指標が存在するわけではない。

　一方，基準年に対してどれだけ環境効率が向上したかを表すファクターという考え方がある。ファクターは，1991年にドイツのヴッパータール研究所のブレークらにより提案された概念であり，2050年までに人口が2倍に増え，GDPは5倍に増やさなければならないということから生産性を10倍にする必要があると説いている。一方，ファクター4は，ワイツゼッカーらにより提案された概念である。先進国の人口が全世界の人口の20%であるのに対して全世界の資源の80%を使用している現状を打破するため，ただちに効率を4倍（サービスを2倍，資源使用量を半分で達成）にする必要があると提唱したものである。すでに数社の環境報告書では，ファクターの概念を適用して，企業の環境効率の目標をファクターとして掲げている。また，ある企業では生産している製品すべてのライフサイクルを考慮に入れたファクターの算出を試みている。

　現在，企業の環境経営に環境効率指標を導入する動きがある。まだ試算的な事例が多いものの，指標は企業の経営者，環境担当者，技術開発者らの共通した評価基準，すなわちコミュニケーションツールとして注目する企業が増加している。また，各企業にとって環境パフォーマンスの効率性を消費者に提示する手法の重要性が認識され始めており，企業単位・製品単位においてアピール，または既存製品との比較など，優位性を示す情報提供を実施している。「環境効率」はその一手段として関心が高まっている。　　　　　　　〔田原聖隆〕

環境会計

environmental accounting

環境会計は，国や地域を対象とするマクロ環境会計と，企業や自治体などの組織を対象とするミクロ環境会計に大別される。マクロ環境会計は環境勘定と呼ばれることも多い。ここでは主に企業を主体としたミクロ環境会計について解説する。

環境会計は，情報を企業外部へ開示するための外部環境会計と，企業内部の管理に活用するための内部環境会計に分かれる。内部環境会計は環境管理会計とも呼ばれ，世界的には環境管理会計という用語が一般的に使用されているため，ここでもこれにならう。外部環境会計は，環境報告書のように法律で規制されていない報告書で開示される場合と，財務報告書のように法律で規制されている報告書で開示される場合に分かれる。

環境報告書における開示の場合は，原則として企業の自主的な判断に依存するが，日本では環境省が「環境会計ガイドライン」(2000年発行，2002年，2005年改訂) を発行しており，多くの企業が自発的に環境省の環境会計ガイドラインに準拠して(準拠の程度はさまざまであるが)，環境会計情報を環境報告書で開示している。環境省の環境会計ガイドラインは環境保全コスト，環境保全効果，環境保全活動による経済効果の三つの要素の開示を求めており，その中心は環境保全コストの計算にある。環境会計は，環境省が発行する「環境報告書ガイドライン」(2001年発行，2004年改訂) でも，開示すべき項目として提示されている。

財務報告書における開示に関しては，現在の日本の法律では環境会計に関する個別の規程はない。したがって，財務報告書においては，環境負債情報（将来の環境浄化義務）が開示されることはあっても，環境保全コストや環境保全効果情報などの開示は要求されていない。

一方，環境管理会計は，企業の内部管理に資するものであり，目的に応じて，多様な手法が開発されている。世界的にみても，米国，ドイツ，英国などを中心に発展しており，日本でも経済産業省が2002年に「環境管理会計手法ワークブック」を発行して，環境管理会計の普及・促進を支援している。経済産業省のワークブックでは，環境配慮型設備投資決定，環境配慮型原価企画，環境コストマトリックス，環境配慮型業績評価システム，マテリアルフローコスト会計，ライフサイクルコスティングの六つの手法が解説されている。

これらの手法のなかで，日本企業に最も注目されている手法の一つは，マテリアルフローコスト会計である。マテリアルフローコスト会計は，製造プロセスをマテリアル（物質）のフローとストックとしてとらえ，物質の流れを物量と金額で測定する手法である。この方法によって，廃棄物の正確な原価を計算することが可能となり，企業にとってはより効率的な廃棄物削減プログラムを実行することができる。

環境会計が，ISO 14000シリーズに代表される環境マネジメント手法と異なる点は，環境と経済を具体的に連携させている点にある。環境マネジメント手法は，環境マネジメントシステムでも，LCAでも，環境ラベルでも，環境保全の面のみが強調され，環境保全活動が経済面にどのような影響を与えるのかについては十分な配慮がなされてこなかった。環境会計はこの限界を克服し，環境と経済を具体的に連携させる手法として，今後の発展が期待されている。

〔國部克彦〕

環境と消費者行動，ライフスタイル[20]

environment vs. consumer behavior and life style

　国連環境計画（UNEP）が発行する地球環境概況（GEO 3）によると，地球環境問題は深刻化の一途をたどっており，その多くは現状の生産消費形態に起因していることが示されている．ヨハネスブルクサミット（2002年）においても「非持続型の消費と生産の転換」の必要性が強く認識された．それを受けて，生産者のみならず消費者の行動に焦点を当てた「持続可能な消費」の取組みが重要視されてきている．

　「持続可能な消費」とは，消費者の消費行動やライフスタイルを総合的にとらえ，環境負荷の削減に結びつく消費行動やライフスタイルを形作り，現行の消費形態から変更することである．生産者がもたらす環境負荷はライフサイクルアセスメント（LCA）などの理工学系分野で考案された手法や専門知識によって評価が可能であり，環境負荷低減の推進は比較的容易である．しかし，消費者を対象にした場合，人間の生活の根幹となる生活の質（quality of life）や幸福度（happiness）を損なわないような方法で環境負荷の削減を推進していく社会を作り出すことが必要不可欠である．つまり，環境負荷を低減する消費形態の道筋を見いだすためには，消費者の行動を決定する人間の価値観，欲求や要求，制約条件などの要因が交錯するため，理工学系分野のみならず，心理学，社会学，経済学，行動学などの人文社会学系分野の専門知識を取り入れた，消費者の意思決定過程に関する研究が求められるのである．

　「持続可能な消費」の研究にはいくつかのアプローチがある．まず，生産者が環境配慮型製品を開発し，普及させようとする際，消費者の要求を明確化し，その要求を満たすための持続可能な製品・サービスとは何かを考えるというアプローチがある．もし，消費者がなんらかの基準をもって製品やサービスを選択するのであれば，その基準を定量的に計ることにより，環境配慮型製品・サービスに対する社会受容性を見いだすことができる．消費者は価格，機能，デザイン，嗜好，利便性，快適性など，多様な選択基準をもち，製品・サービスによってその基準は異なる．また，製品・サービスに対する消費者の受容性がどのように形成され，影響され，変化していくのか，その要因は何かを把握できれば，受容性を高めるための方策も提案できる．

　次に，ライフスタイル全般をとらえたアプローチがある．「持続可能な消費」のライフスタイルとはどのようなものか，一般に環境配慮型といわれるライフスタイルは実際に環境負荷削減効果があるのか．それを明らかにするためには，個々の行動に着目し行動全体をライフスタイルとしてとらえ，調査する必要がある．まず，現代の日本人が「地球環境にやさしい」と考えるエコ・ライフスタイルイメージの主な要素（エコライフ型，ネットワーク型，倹約型，伝統回帰型，サービス利用型など）をアンケート調査で抽出する．次に，各ライフスタイルの社会受容性をアンケートで調査すると同時に，それぞれの環境負荷（たとえば CO_2 排出量）を LCA で検証する．この方法を用いることで，どのライフスタイルが高い支持率を得ると同時に環境負荷が少ないかを把握することができる．

　持続可能な消費を推進する際，その具体的な方策がもたらす影響をあらかじめ把握することも必須である．そのため，消費行動を導入する際に起こりうる消費行動間の波及効果や代替効果を解明する研究も，今後ますます必要性を増すことが予想される．

〔小澤　寿輔〕

II

資源・エネルギーと環境

エネルギー問題

21

energy issues

a．石油価格の高騰　1973年秋に第四次中東戦争が始まり，これを契機に石油輸出国機構（Organization of Petroleum Exporting Countries：OPEC）は原油の生産制限と原油価格の大幅な引上げを実施した．ついで1978年秋，イラン政変が勃発し，石油需要の逼迫に伴って原油価格は再び急騰した．これらを第一次，第二次石油危機と呼んでいる．図はIEA（後出）加盟諸国の平均的な原油輸入価格のこれまでの変動経緯を示している．図中の細線は各時点での原油輸入価格（1バレル(159 l)当たりの米国ドル）であり，それを2005年における貨幣価値に換算したものが太線である．この二度にわたる石油価格の高騰は，とくに先進国の経済に深刻な打撃を与え，石油の大量消費による経済発展の脆さを露呈させた．これに対処すべく，先進国の集まりである経済協力開発機構（Organization for Economic Co-operation and Development：OECD）のもとで，1974年に国際エネルギー機関（International Energy Agency：IEA）が設立された．IEAの活動趣旨は，加盟国（現在26カ国）の協力による「石油供給途絶に対抗するシステムの改善と維持」，「非加盟国，産業界，国際機関との連携のもとでエネルギーの合理的政策の構築」，「世界石油市場に関する恒常的な情報システムの運営」，「石油代替エネルギー・省エネルギー技術開発による世界のエネルギー需給構造の改善」，「環境エネルギー政策の協調」である．IEA活動の浸透，OPECと石油消費国との間の定期的な協調会合などにより，その後は，中近東の石油産出国での政治情勢の変化が起こっても，過去の石油危機のような急激な石油価格の変動は起こらなくなってきた．

しかしながら，最近，中国やインドなどの新興工業国のエネルギー需要の増加や，OPECをはじめとした世界的な原油および石油製品の供給余力の低下などのため，構造的に石油需給がタイト化してきた．そのため，2006年には原油価格がバレル当たり70 USドルを超えるような市場最高値を記録した．このような石油需給の状況が短期間に改善されるとは考えにくく，また，近い将来に全世界の石油産出が頭打ちになるとの観測もある．したがって，今後の石油価格については，1990年代のような比較的安定した低値を期待することは難しく，変動はしながらも高価格の状況が継続するものとみられている．

b．温暖化問題　石油危機を克服し，石油の比較的安定な供給は確保されるようになったが，近年，これとは別に，エネルギーにかかわるより深刻な問題が浮かび上がってきた．すなわち，石油をはじめとする化石燃料の燃焼に伴う二酸化炭素の大気放出に起因する地球温暖化問題である．地球温暖化の懸念が認識され始めるようになって，国際連合環境計画（United

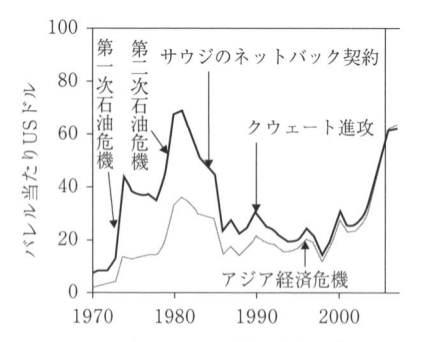

図1　IEA加盟国の原油輸入価格の変動[1]
―：2005年の貨幣価値換算，
―：各時点での価格．

Nations Environment Programme：UNEP）と世界気象機構（World Meteorological Organization：WMO）を母体とし，1988年に「気候変動に関する政府間パネル」（Intergovernmental Panel on Climate Change：IPCC）が設立された．IPCCの目的は，地球温暖化の進行およびそれを防止する政策的手段に関する科学的知見の集積であり，2001年までに3回の評価報告書が発行されている（第4次評価報告書は2007年に発行される）．

温暖化防止に向けた国際的な取組みとして，1992年にリオデジャネイロで開催された地球サミットで「気候変動枠に関する国際連合枠組条約」（United Nations Framework Convention on Climate Change：UNFCCC）が締結された（発効は1994年）．UNFCCCの枠組みのなかで，温暖化防止のための具体的な取決めを討議するために，2004年12月までに10回の条約締約国会議（Conference Of Parties to the UNFCCC：COP）が開催されている（COP 1～COP 10）．このなかで，1997年12月に京都で開催されたCOP 3では，先進国に対して温暖化ガス排出量の具体的削減目標を定めた議定書が成立した．この議定書（京都議定書，Kyoto Protocolと略称される）は締約国のうちの55カ国以上が批准し，批准した先進国の二酸化炭素の排出量が先進国全体の排出量（1990年レベル）の55%以上になった場合に発効することになっている．最大の排出国である米国は批准していないものの，2004年にロシアが批准したことにより，2005年2月16日に議定書は正式に発効した．議定書の目標は，先進国38カ国全体で，2008年から2012年の温室効果ガスの平均排出量を1990年レベルより少なくとも5%削減するというものであり日本は6%の削減を義務づけられている．

c．今後の対応 このように，エネルギーの大量消費は温暖化という地球規模の環境問題を引き起こすことになったが，その一方では，温暖化の原因となる化石エネルギー資源の埋蔵量に限りがあり，このまま化石資源を消費し続けると，資源の枯渇に至るという懸念が顕在化してきている．化石資源の埋蔵量を正確に評価することは困難であり，今後の資源開発によりまだまだ使用可能な資源量は増大するという推定もあるが，石油は21世紀の半ば頃に，天然ガスは21世紀の後半頃には生産のピークを迎えるという予測が一般的に認識されるようになってきている．石炭は化石資源のなかで最大の埋蔵量があるが，それでも，今後200年程度で資源を消費しつくすと考えられている．

18世紀後期の産業革命以来，人類は化石燃料を主とする大量のエネルギーを消費してきている．20世紀の後半までは，化石エネルギーの安定供給が最大の問題であったが，温暖化という地球規模の環境問題，さらには，化石エネルギー資源の枯渇を将来に控えていかにエネルギー源を確保するかが，エネルギー問題の本質になってきている．すなわち，今後は「エネルギー安全保障」，「環境保全」，「経済成長」のいわゆる3E（energy security, environmental protection and economic growth：Three Es）を同時に確保することが人類共通の目標になってきている．このような背景から，科学技術の分野においては，省エネルギー技術の開発，非化石資源である太陽エネルギー，水力，地熱，潮力，バイオマスなどの再生可能エネルギー（renewable energy）の利用拡大，さらに将来に向けては高速増殖炉や核融合を視野に入れた核エネルギーの利用技術開発が真剣に取り組まれている． 〔山﨑正和〕

文 献
1) IEA：World Energy Outlook 2006, IEA (2006).

一次エネルギーと二次エネルギー

primary and secondary energy

われわれは，石炭，石油，天然ガス，ウランなどの多様なエネルギー資源をさまざまな経路，段階を経て利便性の高いエネルギー形態に転換し，使用している．これらエネルギーの源泉となる天然資源を一次エネルギー（primary energy）という．水力，地熱，太陽エネルギーなどの自然エネルギーやバイオマスなども一次エネルギーの範疇に入る．一次エネルギーを転換した後のエネルギーを二次エネルギー（secondary energy）と呼んでいる．火力発電や原子力発電でつくられる電力および石油（原油）を精製して得られるガソリン，灯油，軽油，重油などは二次エネルギーの代表的なものである．近年，高効率発電技術として燃料電池の普及拡大への期待が高まり，水素社会（hydrogen society）あるいは水素経済（hydrogen economy）の政策構想も立案されている．燃料電池の燃料となる水素は，鉄鋼のコークス炉からの副生ガス，天然ガスの改質，化石燃料（主に石炭）のガス化などによって製造され，将来，水素が重要な二次エネルギーとなることも考えられる．

2004年度におけるわが国の一次エネルギー構成は，石油（LPG含む）46％，石炭22％，天然ガス15％，原子力11％，その他自然エネルギーやバイオマスなど6％となっている．図1はわが国のエネルギーフロー，すなわち，一次エネルギーから出発してエネルギーの流通経路と消費に至る過程を示している．核エネルギーの原料であるウランはすべてが原子力発電所において電力エネルギーに変換される．石炭は，その約半分が火力発電用やボイラー燃料として使われ（一般炭），残りの約半分は，製鉄産業において高炉に供給するコークスに加工して使用される（原料炭）．石油（原油）は一部が火力発電に供給されるが，多くは精製されて，ガソリン，軽油などの輸送機関燃料や重油などのボイラー燃料として使用されている．これら原油から出発した各種を一括して石油製品と呼んでいる．天然ガスは，火力発電用燃料および都市ガス原料として使用されている．

一次エネルギー総供給量のうち，電力向けに投入される一次エネルギーの割合を電力化率という．わが国の2003年度の電力化率は42％であるが，利便性の高いエネルギーである電力の需要は着実に増加しており，この値は今後もさらに上昇すると見込まれている．

わが国では一次エネルギーの約8割を石油，石炭，天然ガスなどの化石燃料に依存している．化石燃料はその種類によって発熱量が異なるが，発熱量をベースにして各種の燃料の使用量を原油に等価換算して表示することがよくなされる（原油換算燃料使用量）．「エネルギーの使用の合理化に関する法律」（省エネ法）では，原油の発熱量を38.7 MJ/l として各種の燃料使用量を等価換算表示することにしている．

電力エネルギーは二次エネルギーであるが，それがどれほどの一次エネルギーを使用して転換・製造されるかを示す場合に，電力エネルギーを一次エネルギー換算して表示される．省エネ法では，工場・事業所ごとに年間のエネルギー使用量を把握したうえで，エネルギー使用の効率向上を求めている．電力エネルギーについては，一次エネルギー換算したものをエネルギー使用量として計上することになっている．発電所での発電効率および電力輸送損失を勘案して，たとえば，昼間電力1000 kWhの一次エネルギー換算値を9.97 GJ（原油換算では258 l）としている．〔山﨑正和〕

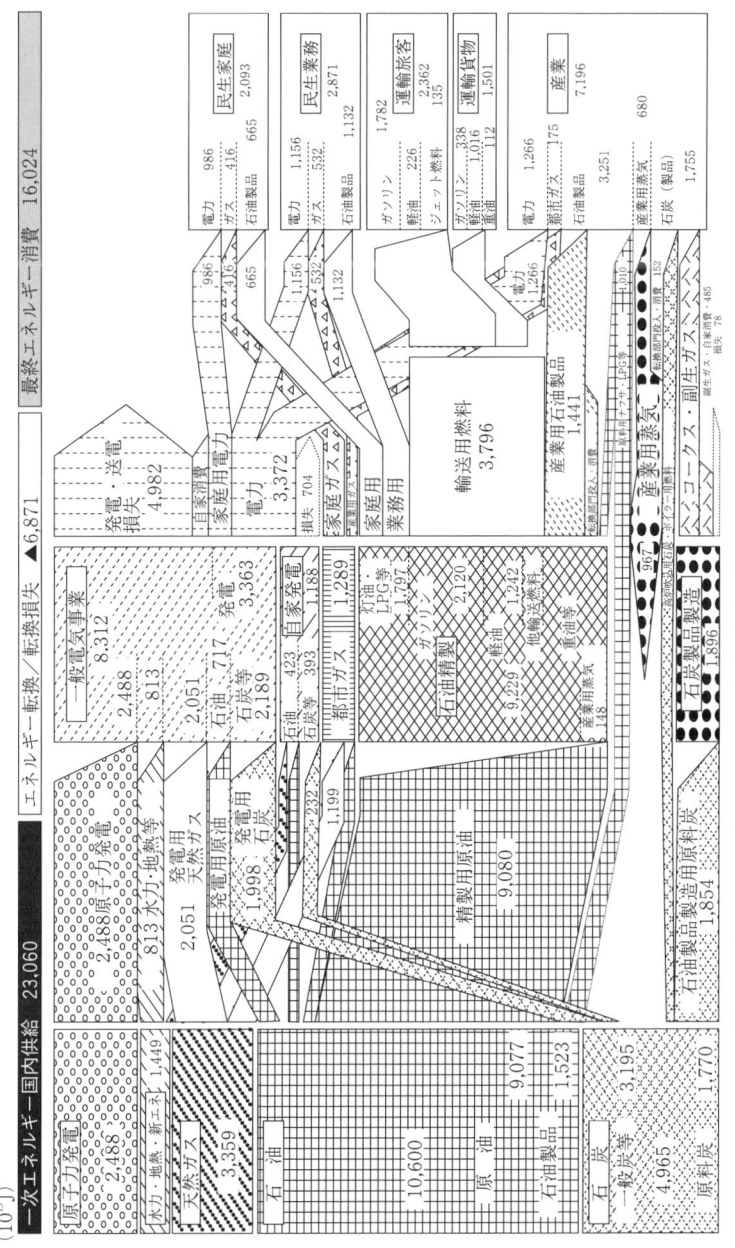

図1 わが国のエネルギーフロー（2004年度．経済産業省編：エネルギー白書 2006年版より）

化石エネルギー

23

fossil fuel energy

数千万年から数億年を経て形成され，主に燃料として燃焼させ，熱エネルギーを取り出すものを化石エネルギー資源という．これと対比して，原子力エネルギー，太陽のエネルギー（熱・光エネルギー），地球のエネルギー（地熱，水力，風力，潮力などのエネルギー），バイオマスエネルギーなどをまとめて非化石エネルギーという．

a．埋蔵量 図1は，世界の地域別に代表的な化石エネルギー資源の確認可採埋蔵量を示している[1]．図中の数値は，それぞれの化石エネルギーの発熱量をベースに，石炭10^6 t (million tons of coal equivalent) の単位に等価換算したものである．石油は中東に，天然ガスは中東と旧ソ連に偏在しているが，石炭の賦存は比較的分散している．化石エネルギー資源の埋蔵量に関する概念には確認可採埋蔵量 (proved reserves)，発見期待埋蔵量 (discoverable reserves)，究極可採埋蔵量 (ultimate reserves)（累積生産量＋確認可採埋蔵量＋発見期待埋蔵量）などがある．世界の化石資源埋蔵量についてはさまざまな統計データ，推定があるが，たとえば石油については，確認可採埋蔵量は約1兆バレル，究極可採埋蔵量は約2兆バレル程度といわれている．その時点における確認可採埋蔵量を年間生産量で除したものを可採年数といい，BP統計では，2005年末時点での可採年数は，石油41年，天然ガス65年，石炭155年と推定している (BP Statistical Review of World Energy, British Petroleum, 2005年)．可採年数はその時点以降の発見量や可採率（実際に地中に存在する量のうち，経済的に採取可能な量の割合）によって変わるものであり，BP統計の各年度における石油の可採年数の推定値は，この30年間はずっと30〜40年で推移している．

石油，石炭，天然ガスなどのいわゆる在

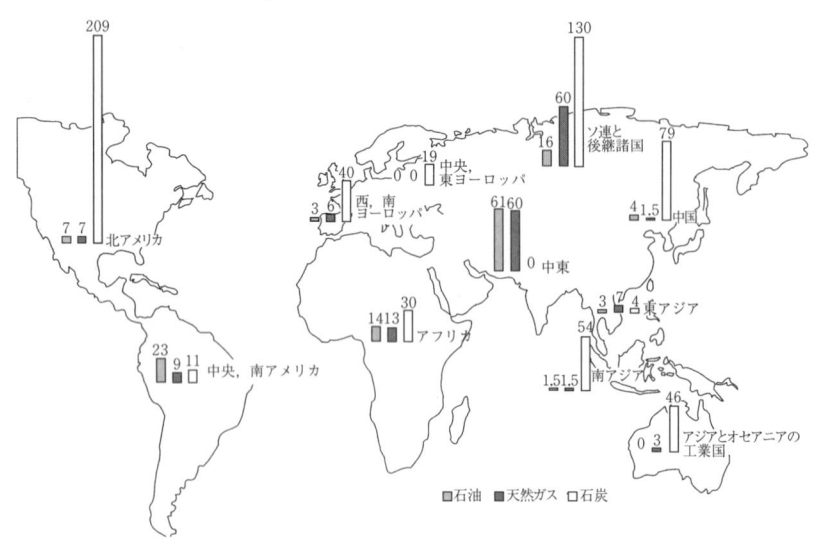

図1 世界の化石エネルギー資源の賦存分布[1]

来型の化石資源のほかに，燃料としてはかなり劣質であるが，タールサンド，オイルシェールなどの非在来型石油（non-conventional oil）といわれる化石資源の賦存が知られている．また，約700m以深の海底下にはメタンハイドレートと呼ばれる，メタン分子を内包する水分子の立体クラスターが存在することが明らかになり，新たな化石エネルギー資源としての可能性が注目されている．これらの非在来型の化石資源量はかなり豊富といわれているが，その賦存量についてはいまだ十分な調査はなされていない．

b．用途 石炭には，一般に灰分が数%～20%程度，硫黄分と窒素分がそれぞれ1%程度以下含まれており，そのまま燃焼させると，ばいじん，硫黄酸化物，窒素酸化物などの大気汚染物質を多量に排出する．そのため，産業用の中小ボイラーや工業炉では石炭が燃料として使用されることは少なく，ほとんどが排煙処理（集塵，排煙脱硫，排煙脱硝）設備を装備した大型の火力発電ボイラーで使用されている．通常の火力発電システムでは，ボイラー発生蒸気を高温，高圧にするほど発電効率は高くなる．しかし，石炭燃焼ボイラーにおいては，蒸気管の腐食，損耗の問題があるため，蒸気の高温高圧化に限界があり，新鋭の石炭火力発電所でも発電効率（以下，すべて発電端の効率）は41～43%程度である．石炭は，石油や天然ガスに比べて低価格であること，資源埋蔵が偏在していないために供給が安定であることなどから，今後とも発電用燃料として需要が増加すると見込まれている．しかしながら，単位発熱量当たりの炭素含有量が大きいことから二酸化炭素の排出量が大きく（天然ガスの約2倍程度），地球温暖化防止の観点から問題がある．そのため，石炭利用高効率発電技術の開発が進められており，石炭ガス化複合発電システム（integrated gasification combined cycle：IGCC）の開発で発電効率52～53%程度，さらに石炭ガス化燃料電池発電システムでは発電効率55%以上を目指している．

天然ガスは主成分がメタンの気体燃料であり，火力発電用燃料や都市ガス原料として需要が確実に増大している．すすや煤塵などの生成がほとんどないため，高温のガスタービンで燃焼が可能である．そのため，ガスタービンからの排ガスを廃熱ボイラーに導き，蒸気タービンと組み合わせることにより（複合発電システム），60%近くまでの高い発電効率が達成可能になってきている．

石油（原油）の約85%は石油精製によりガソリン，灯油，軽油，重油などの石油製品となり，それぞれの用途に応じて産業，業務，民生部門で広く使用されている．とくにガソリン，軽油など運輸部門での自動車用燃料は輸入原油全体の約35%を占め，その需要は着実に増加する傾向にある．

石油供給のタイト化と価格上昇への懸念および地球温暖化対策を背景として，新たな自動車用燃料製造の技術開発が活発に行われている．天然ガスを原料として軽油相当の液体燃料（gas-to-liquid：GTL）あるいは，液化石油ガス（LPG）相当のジメチルエーテル（dimethyl ether：DME）を合成する技術が開発中であり，実用化に近い．また，再生可能エネルギー（renewable energy）の利用拡大の観点から，植物や木質系のバイオマスからエタノール（バイオエタノール）あるいは軽油代替燃料（バイオディーゼル燃料）などを合成する技術開発もなされている．

〔山﨑正和〕

文 献
1) RWE Germany：World energy report 2003 (2003).

化石燃料のクリーン化技術

24

clean fuel technology for fossil fuel

わが国において現在一次供給エネルギーのうち，石炭，石油，天然ガスなどのいわゆる化石燃料の占める割合は約8割であり今後も当面化石燃料に依存する供給構造は変化がないと予想されている．化石燃料の利用に当たっては，たとえば石炭，石油は硫黄，窒素などの不純物を含有し燃焼時にSO_xやNO_xなどの環境負荷物質を排出する．また，地球温暖化に関連してCO_2排出削減の必要性があり，化石燃料のクリーン化技術および高効率利用技術は非常に重要である．化石燃料のクリーン化技術とは，化石燃料の使用に当たって事前処理あるいは事後処理により環境負荷の原因となるものを取り除いたり，あるいはクリーンな軽質燃料に転換したりすることをいう．

a．クリーンコールテクノロジー

石炭のクリーン化技術は，その高効率利用技術を含めて，クリーンコールテクノロジーとして開発が推進されている．石炭は，炭素，水素，酸素の主要元素の他に硫黄，窒素をその構成元素とし，さらに燃焼時に灰となる鉱物質（石炭中に存在するケイ素やアルミニウム，鉄など無機成分のことで，根源植物由来あるいは石炭が生成する過程で混入したもの）を含有しているため利用に当たり環境負荷物質を排出する．これら硫黄，窒素，鉱物質から誘導されるものを大気に排出させずに処理する方法が石炭のクリーン化技術である．

たとえば石炭中の鉱物質を事前処理により極限まで除き，鉱物質のない石炭（無灰炭）を製造して発電などに利用する方法や，火力発電所において石炭の燃焼後に生成するガスを脱硫，脱硝，脱塵処理によりクリーンな排ガスとして大気中に放出する方法などがあげられる．

わが国で現在開発が進められているクリーンコールテクノロジーとして，石炭をガス化して生成ガスをクリーン化した後，ガスタービン，蒸気タービンで発電する石炭ガス化複合発電技術（IGCC），さらにIGCCに燃料電池を組み合わせた石炭ガス化燃料電池複合サイクル発電技術により従

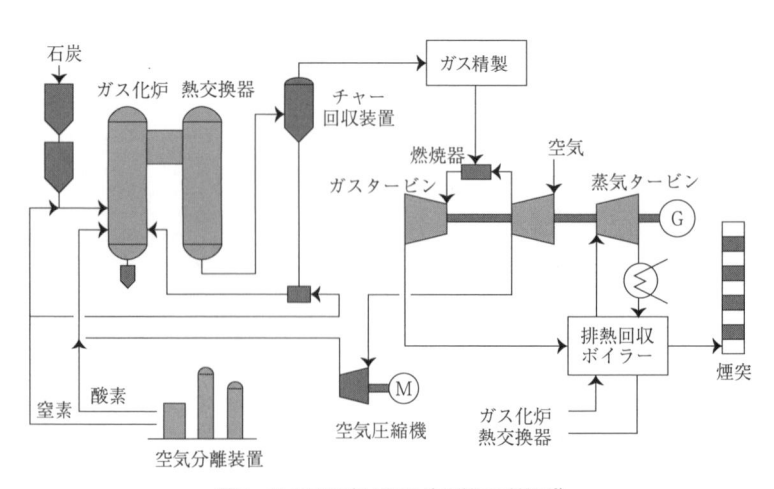

図1 25万kW級IGCC実証機の系統図[1]

来コークス用原料として不向きであった石炭からもコークス製造を可能とする技術（SCOPE 21），低品位炭の褐炭を脱水して発熱量の高い高品位炭に改質する低品位炭改質技術（UBC）や溶剤抽出法により石炭から無灰炭を製造してガスタービンで直接燃焼利用するハイパーコール高効率燃焼技術（HyperCoal）などの開発が実施されている．とくに IGCC 技術については，商業化へ向けて各電力会社の参画によりクリーンコールパワー研究所が設立され，2007 年より 3 年間にわたって 25 万 kW 級の実証試験（石炭使用量約 1700 t/日）が福島県勿来において実施されることとなっている（図 1）．

b．オイルサンドのクリーン化技術

非在来型石油（non-conventional oil）であるオイルサンドのクリーン化・軽質化技術については，原油の値段が 10 ドル前後であった 1990 年代には，オイルサンドからの合成原油生産はなかなか採算をとるのが困難であったが，昨今の原油価格高騰状況を受けて状況が一変し，開発がさかんに行われるようになってきている．オイルサンドは油層が地殻変動により地表近くに上昇し，その軽質分が失われて重質な部分だけが残存したものである．カナダアルバータ州にその大部分を賦存するが，オイルサンドの確認可採埋蔵量は約 2500 億バレルと見積もられており，それらを加えた最近のカナダにおける原油の確認埋蔵量はサウジアラビアに次ぐ地位となっている．オイルサンドは，地中で砂と一緒に賦存しており，スチームなどを使用して回収，砂を分離した後，得られた重質な油は蒸留工程を経て，熱分解・水素化分解などの処理により軽質化されるとともに硫黄・窒素など環境負荷の原因となるものが取り除かれてクリーンな液体燃料として利用される．その他非在来型石油としてオリノコタールが知られているが，ベネズエラのオリノコ川北岸に大量に賦存する超重質油であり，約 2600 億バレルが開発可能といわれている．やはり通常の原油に比べ比重が大きく，また硫黄分，重金属を多く含み劣質であるが，オイルサンドと同様な方法で改質されクリーンな燃料として利用されている．

c．石油のクリーン化技術 石油のクリーン化技術については，輸送用燃料として大量に使用されているガソリン，軽油中の硫黄含有量について昨今の環境規制から厳しい品質が要求されるようになってきている．わが国の自動車用燃料の低硫黄化に関する規制は厳しく，ガソリン・軽油について 2005 年以降 50 ppm 以下とすることとなっている．これまで日本では軽油中の硫黄含有量は 50 ppm，ガソリン中の硫黄含有量は 100 ppm であったが，この規制を先取りする形でガソリン，軽油からさらに硫黄含有量を低減させるために超深度脱硫の検討が行われた．たとえばガソリンについては，オクタン価を維持するオレフィン分は水素化されずに硫黄化合物だけが選択的に脱硫される深度脱硫技術が開発されている．また軽油の脱硫に関して，高性能 Co/Mo 系脱硫触媒の開発，反応条件などの改善により従来の方法では脱硫されにくい硫黄化合物（難脱硫性化合物）の脱硫が可能である技術も開発されている．これらの技術により，ガソリンおよび軽油中の硫黄が 10 ppm 以下の製品の製造が可能となっている．これらの結果を踏まえて石油業界は 2005 年 1 月から自主的に硫黄含有量 10 ppm 以下のいわゆるサルファーフリーガソリン，サルファーフリー軽油の国内への供給を世界に先駆けて開始しているところである． 〔斎藤郁夫〕

文　献

1) 新エネルギー・産業技術総合開発機構：日本のクリーン・コール・テクノロジー，p. 27, 石炭エネルギーセンター（2004）．

25 原子力エネルギー

nuclear energy

a. 原子力発電の概要 原子力エネルギーに利用される原子核反応には，核融合，核分裂という二つの反応がある。

現在，実用化されている原子力発電は核分裂反応を用いたものである。これは天然元素として最も重いウラン元素を対象にしており，このうち ^{235}U 同位体が最も核分裂を起こしやすい。^{235}U に中性子が一つ衝突すると，^{235}U の原子核は複数の軽い原子核に分裂する。この際，合わせて中性子が2から3個放出される。持続的に核反応を起こさせるために放出される中性子を制御材により吸収し，原子核反応を制御する。分裂した原子核および中性子は運動エネルギーをもっているが，これから熱を取り出すことにより発電を行っている。これにより発生するエネルギーは単位質量当たりのエネルギー密度で石油の約200万倍となる。

日本において商業運転されている原子炉は，軽水炉（H_2O を減速材および冷却材として用いている）と呼ばれるもので，加圧水型原子炉（pressurized water reactor：PWR）と沸騰水型原子炉（boiling water reactor：BWR）に大きく分けられる。両者とも，燃料としては低濃縮ウランを用いている。鉱物として存在するウランを採鉱・精錬した後，天然には0.7％程度の同位体比である ^{235}U を3％程度に濃縮し，原子炉で燃焼する。原子炉燃料として使用された後，核分裂生成物による崩壊熱を取り除くため，貯蔵・冷却される。その後，そのまま処分される場合を非循環（ワンス・スルー）型という。

ウランの可採年数は61年といわれている。しかしながら，この使用済燃料には原子炉の燃料として利用可能なウランや，^{238}U が中性子を吸収してできるプルトニウム ^{239}Pu が多く含まれていることから，それを取り出し再利用する循環（リサイクル）型により，ウラン資源を有効に用いることができる。これを核燃料再処理という。プルトニウムは，ウランと混ぜたMOX燃料と呼ばれる形で燃焼させる（プルサーマル）ことが考えられているが，プルトニウムを本格的に利用するためには高速増殖炉が必要となる。これは発電のため消費されるウラン，プルトニウムより，核反応により生成されるプルトニウムのほうを多くすることができる原子炉である。ワンス・スルーでのウランの利用効果は0.5％であるが，プルサーマルにより0.75％，高速炉を利用すると60％まで高めることができる。

この際，核燃料再処理により発生するきわめて高い放射能をもつ高レベル放射性廃棄物と，主に原子力発電所から発生する低レベル放射性廃棄物の2種類の廃棄物が発生する。これらは現在，それぞれ深地層，浅地層へ埋設処分されることが検討されている。さらに超長半減期の高レベル放射性物質は，原子核反応を利用して短半減期の核種への核変換を行うことも研究されている。このような原子炉燃料の変遷を核燃料サイクルという。

b. エネルギー安全保障上の原子力の役割 石油は世界埋蔵量の65％が中東に存在するとみられており，安全保障上，エネルギー源の多様化が必要と考えられる。他の化石燃料である石炭は世界中に遍在しており，天然ガスは旧ソ連地域での埋蔵量が多いと考えられている。しかしながら今後受給が逼迫する可能性もあるため，さらなるエネルギー源の多様化および安定受給可能なエネルギー源の利用が望まれる。

原子力発電で用いられるウラン資源は旧ソ連地域のほか，北米，オーストラリア，アフリカに多く埋蔵されていることから安定供給される可能性が高い。また，燃料当たりのエネルギー密度が高いことから備蓄の面からも有利である。さらにウランは高速増殖炉および核燃料サイクルが導入できれば，利用効率が数十倍高まる可能性を有している。

c．CO_2 排出抑制における原子力の役割

COP 3 において京都議定書が採択されて以降，地球温暖化ガス，とくに CO_2 の発生量の削減が模索されている。エネルギー発生過程において CO_2 を発生しない原子力エネルギーは CO_2 排出抑制の一手段と見なされている。CO_2 発生量について他の電源と比較したのが表1である。原子力については 22 から 25 g-CO_2/kWh と評価されている。この幅は PWR（25 g）に対して BWR（22 g）という型式による発熱総量に対するウラン濃縮度の違いによる。

エネルギー発生のためには CO_2 を排出しないが，ライフサイクルにおいて，PWR（BWR）では，ウラン濃縮：62(58)％，再処理（処分を含む）：6(7)％，発電（建設や廃止措置を含む）：21(24)％，その他（ウラン採鉱，輸送，加工，中間貯蔵を含む）：11(12)％の割合で CO_2 が排出される。

d．高レベル放射性廃棄物の取扱い

使用済燃料の再処理により，ウランおよびプルトニウムを抽出した後の廃液を高レベル放射性廃液と呼び，発電により発生する核分裂生成物のほとんどが含まれている。これには短半減期のものもあるが，超ウラン元素をはじめとする長半減期のものも含まれており，数万年後においても放射能をもっている。

これらを安全に処分するために，深地層処分が考えられている。生活環境圏から数万年以上のオーダーで隔絶するために，地下数百 m の安定した地層岩盤中に処分場を建設し，そのなかに廃棄物を処分する。高レベル放射性廃液はキャニスターと呼ばれる容器のなかでガラス固化体とされる。ガラス固化体とされるのは長期にわたり化学的，熱的に安定であり，耐放射線に優れているからである。これを数十年冷却・貯蔵した後，オーバーパックと呼ばれる頑強な炭素鋼容器に封入する。さらにそのまわりと岩壁をベントナイトという膨潤質の粘土で充てんする。この粘土は難透水性で，さまざまな元素をよく吸着することから，放射性物質が漏れ出てきたとしても，拡散しにくい状況を作り出す。これらを人工バリアという。

さらに，たとえ人工バリアから放射性物質が漏れ出したとしても，深地下の地下水は緩慢であり，雰囲気が還元性であることから，放射性物質は溶解しにくいうえに，吸着により拡散はきわめて遅いと考えられ，その間に放射能が弱まることが期待される。これを天然バリアという。これら人工バリアおよび天然バリアの多重バリアにより，人間の生活環境圏への浸出を防ぐよう設計されている。　　　　〔長谷川秀一〕

表1　電源別ライフサイクル CO_2 発生量（g-CO_2/kWh）

電源	燃焼	設備・運用
石炭火力	887	88
石油火力	704	38
天然ガス火力	478	130
天然ガス複合	407	111
太陽光	0	53
風力	0	29
原子力	0	22
地熱	0	15
水力	0	11

26 再生可能エネルギー

renewable energy

新エネルギー・省エネルギーという言葉を主に使ってきたわが国でも,「再生可能エネルギー」という言葉が広く使われるようになった.現在の世界の一次エネルギー供給の9割弱は石油,石炭,天然ガスなどの化石燃料であるが,その資源量は年々減少している.このような枯渇するエネルギー源に対し,太陽エネルギー,風力,バイオマス,水力,地熱,海洋エネルギーのような自然エネルギーを再生可能エネルギーと呼ぶ.同じエネルギーでも以下のようにさまざまな使い方がある.

太陽エネルギー: 光発電,熱発電,給湯・冷暖房用の熱利用,採光,水素製造など

風力: 風力発電など

バイオマス: 直接燃焼発電,クリーン燃料製造,バイオマテリアルの製造など

水力: 大規模水力発電,中小水力発電など

地熱: 地熱発電,深部地熱発電,地熱利用ヒートポンプなど

海洋エネルギー: 海洋温度差発電,濃度差発電,潮力発電,波力発電など

a. 意義・重要性 再生可能エネルギーがこのように注目を集めるようになった背景にあるのは,地球環境の悪化(とくに温暖化)とエネルギー安定供給への不安である.化石燃料の燃焼で排出される二酸化炭素(CO_2)のなかでエネルギー起源のものが多くの割合を占めることから,地球温暖化防止にはCO_2排出の少ない再生可能エネルギーや原子力発電が有効と考えられている(図1).

1973年の第一次石油危機のときはエネ

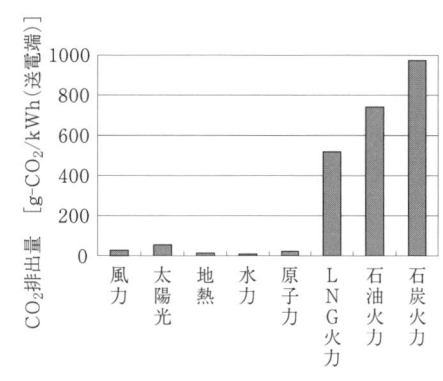

図1 発電種類別CO_2排出量(設備と運用)[1]

ルギー安定供給が大きな問題となったが,現在もその状況は変わっていない.しかし自国のことを考えると同時に世界に視野を向けることが不可欠である.2000年のデータによれば16億4000万人の人々が電気のない生活を送っており,一人当たりのエネルギー使用量は,途上国と先進国で大きな開きがある.必要最低限のエネルギーも確保できていない国が多いのである.国際社会は世界のすべての人々が将来豊かな生活を送れるようにエネルギーを確保する必要があり,再生可能エネルギーはそのための重要なエネルギー源である.多くの途上国が位置する地域には再生可能エネルギーが豊富にあり,またそれを大量に使用してもCO_2の排出量が少ないからである.

b. 資源量 主要な再生可能エネルギーについてわが国の資源量を図示すると図2のようになる.わが国においては,再生可能エネルギーをすべて足し合わせても需要(原油換算で5×10^8kl/年)を満たすに至らないため,さまざまなエネルギーを上手に組み合わせて使うことが必要である.

これに対して世界の資源量は膨大で,太陽エネルギー,風力,バイオマスそれぞれについて原油換算で4×10^{10}kl/年,6×10^9kl/年,1.2×10^{10}kl/年と,世界の需要

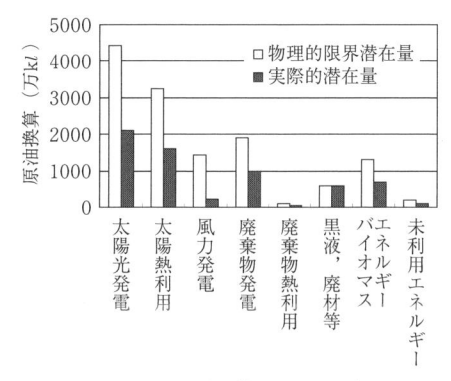

図2 わが国の再生可能エネルギー資源量
文献3；2004年8月総合資源エネルギー調査会新エネルギー部会, 2000年1月, 2001年6月より.

（原油換算で1×10^{10}kl/年）を十分に賄える資源量が存在する．世界における再生可能エネルギーの導入量はまだまだ少ないが，着実に増加している．さまざまな長期エネルギー利用のシナリオによれば，CO_2排出量を低レベルに安定化させるシナリオでは，いずれも再生可能エネルギーの大量導入が不可欠となっている．

これだけ再生可能エネルギーへの期待が大きいのに大量導入できないのは，エネルギー資源の確保，環境保全，経済成長の三つを同時に達成するというトリレンマ問題を解決しなければならないからである．一般に再生可能エネルギーはエネルギー密度が低く，集めるのにコストがかかる．太陽日射や風は変動が激しく，導入量が増えるにしたがって電力系統への影響が無視できない．大型の水力発電は生態系やそこで暮らす人々に犠牲を強いる場合もある．再生可能エネルギーの欠点を克服し利点を生かすことが求められているのである．

c. 研究開発 わが国における再生可能エネルギーの大型の研究開発は，1974年に当時の通産省工業技術院で開始された「サンシャイン計画（新エネルギー技術開発）」まで遡る．それ以来，研究開発と普及支援のために多くの国家予算が投入され，太陽光発電については，わが国の太陽電池生産が世界の5割を越すところまで成長した．2003年4月には電気事業者による新エネルギーなどの利用に関する特別措置法（RPS法）が施行され，電気事業者は新エネルギー等電気の利用を義務づけられることになった．わが国だけでなく世界で再生可能エネルギーの大量導入を進めるためには，当面，低コスト化および性能向上を目指した研究開発，ならびに導入・普及支援策が不可欠である．

研究開発において化学や材料科学の果たす役割は大きい．たとえば，太陽電池用シリコン原料の製造，太陽光からの水素製造（人工光合成），高温の太陽熱を利用した化学物質製造などでは新しい化学反応プロセスや触媒の開発が求められている．バンドギャップの異なる複数の材料からなる高効率タンデム型太陽電池や低コストでフレキシブルな有機太陽電池・色素増感太陽電池では，新規材料の開発が性能向上の鍵である．
〔神本正行〕

文 献
1) 本藤祐樹：電中研ニュース，No.338 訂正版，電力中央研究所（2001）．
http://criepi.denken.or.jp/jp/pub/news/pdf/den338.pdf
2) 日本エネルギー経済研究所計量分析部編：2004エネルギー・経済統計要覧，p.227，省エネルギーセンター（2004）．
3) NEDOデータベース新エネルギー関連データ
http://www.nedo.go.jp/nedata/14fy/14/b/0014b027.htm
4) World Energy Outlook 2002, OECD/IEA (2002).
5) 日本エネルギー経済研究所計量分析部編：2004エネルギー・経済統計要覧，p.227，省エネルギーセンター（2004）．
6) World Energy Assessment
http://www.undp.org/seed/eap/activities/wea/drafts-frame.html

太陽エネルギー

27

solar energy

　太陽エネルギーは，総量が莫大で利用時に二酸化炭素などを排出しないため，エネルギー源の多様化への要求とあいまって，積極的な利用拡大が進められている．地表に到達する太陽エネルギーの総量は，約$1.2×10^{14}$kWと膨大だが，そのパワー密度はおよそ1kW/m^{2}と低く，時間的に変動が大きいため，さまざまな技術開発が行われている．日本では，2010年までの導入目標として，太陽熱利用と太陽光発電それぞれに原油換算で年間439万kl，118万kl（4.82GW）分のエネルギー供給量が掲げられている．太陽光発電では，2004年までに全世界で約2.6GWが，日本では1.1GWが導入されている．

　a．太陽光発電（photovoltaic power generation）　太陽光発電は，太陽電池の光起電力効果を用いて太陽光を電力に変換して利用する技術で，太陽電池という受動的な装置で直接発電できるため，価格の低下とともに大量に普及しはじめている．1m^{2}当たり百数十ワットしか発電できず時間変動も大きいため，一般的には大規模集中発電には適さず，国内では1kWから数MWの規模で個人住宅や学校，工場の屋根などさまざまな場所に分散して配置し，自家消費するのに適している．一方，砂漠のような日照条件に恵まれた未電化地域では大規模システムも検討されており，世界的には出力5MWを越えるシステムもいくつか建設されている．

　太陽電池の原理を代表的な結晶シリコン太陽電池を例に図1に示す．半導体のpn接合の内部電界で太陽光によって生じた電子-正孔対を分離し発電する．半導体材料としては従来，結晶シリコン，多結晶シリコンなど厚い基板（厚さ数百μm以上）が必要な材料が用いられ，太陽電池モジュールの発電効率も15％程度が達成されているが，原料供給量の制約や製造コストの限界がみえてきている．今後は，アモルファスシリコンや微結晶シリコンを組み合わせた薄膜シリコン太陽電池や，銅-インジウム-ガリウム-セレン（CuInGaSe）化合物太陽電池など，薄膜（厚さ数十μm以下）でも高い変換効率の得られる太陽電池に移行することが期待され，これらも大量生産に移りつつある．さらに，いっそうのコスト低減が期待できる色素増感型太陽電池のような新しい原理に基づく太陽電池の大型化や長寿命化も進んでいる．

　実際の発電システムの例を図2に示す．一つの大きさが数cmから10cm角の大きさの太陽電池を多数個接続して一つのパネルケースに納めたものをモジュールと呼び，これをまた直並列に接続し，発電量の時間変動を平滑化するための蓄電池とともに発電システムを構成する．

　現状では，太陽電池製造に要したエネル

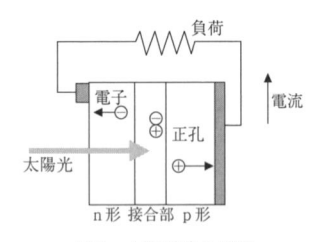

図1 太陽電池の原理

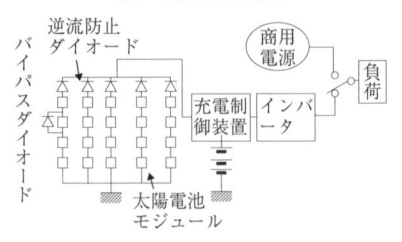

図2 太陽光発電システムの例

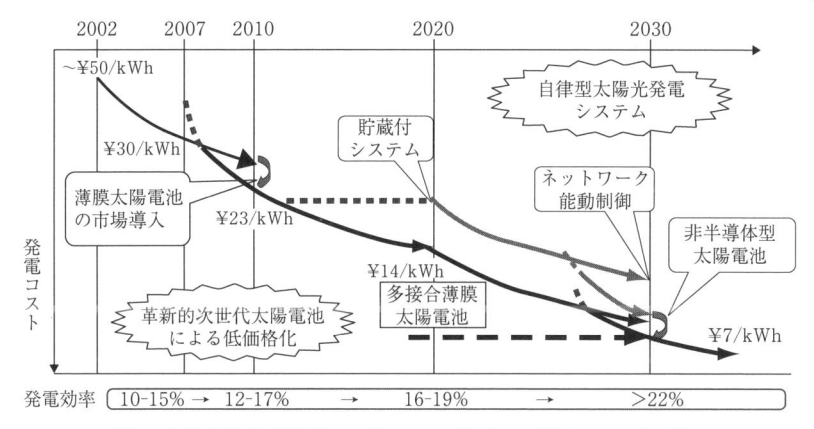

図3 太陽光発電技術開発ロードマップ（2004年，資源エネルギー庁）

ギーを発電エネルギーで回収するのに要する時間は2年程度であるが，コストを回収するには10年程度かかると見積もられており，いっそうの価格低減が求められている．2030年までの太陽電池と発電システムの開発ロードマップの例を図3に示す．

b．太陽熱利用（solar thermal energy application）　太陽熱エネルギーは，利用可能な太陽エネルギーの大きな部分を占め，わが国の2010年に向けた新エネルギー導入目標では，原油換算で年間439万klと，新エネルギー全体のなかでも大きな割合を占めている．低い密度の太陽エネルギーの直接利用は個人住宅や，農業応用などの暖房が大半を占める．

給湯や冷房用の高温を発生するためには，集熱器などなんらかの集中装置や蓄熱，熱輸送のための装置が必要となる．集熱器は，太陽光エネルギーを吸収して熱エネルギーに変換し，熱エネルギー密度を周囲より高め，液体や気体の熱媒によって利用機器に熱を運ぶ．選択吸収膜をコートした集熱体を透明入射窓付の断熱容器中に配置した平板型集熱器（集熱温度100℃以下），熱媒を流す集熱管を真空ガラス管のなかに同軸状に配置した真空ガラス管型集熱器，反射鏡やレンズによって太陽光を集光し集熱温度が数百℃まで達する集光型集熱器などがある．大規模な集光型集熱器は，熱媒体を加熱し，タービンを回して発電する太陽熱発電にも利用される．

太陽熱を補助動力などを用いずに，建物構造体そのものや温水器の水に蓄えて給湯や暖房に用いたり，昼光を調節しながら積極的に照明に用いたりするシステムをパッシブソーラーシステムと呼ぶ．一方，太陽熱と補助動力を用いて，比較的精度の高い給湯や冷暖房などの熱利用を行うシステムをアクティブソーラーシステムと呼び，集熱器，蓄熱器，放熱器，吸収冷凍機などと熱媒循環システムから構成される．個人住宅の給湯に必要な温度は50〜60℃と比較的低温で，太陽熱利用に最も適しているうえ，給湯は個人住宅のエネルギー消費の30％近くを占めているため，これを太陽熱でまかなうことは省エネルギーに大きく貢献することになる．吸収式冷凍機など熱駆動型の冷凍機の熱源として集熱器で得られる太陽熱を利用し冷房を行うシステムもある．

〔大和田野芳郎〕

風力エネルギー

wind energy

風車発電は風(大気流)の運動エネルギーを利用するので，燃料は不要である．したがって，化石燃料を燃焼する火力発電のように二酸化炭素を発生しないから，地球温暖化防止に役立つ貴重な再生可能な一次エネルギー資源である．

図1は，世界の風力発電設備容量の推移で，2007年6月時点で，7万8728MWである[1]．

表1は世界トップ20位の国別風力設備容量である．日本は13位に下がった．

EWEA(ヨーロッパ風力エネルギー協会)は，2020年に風力発電により世界の電力生産の12%を担うという"Wind Force 12"を提唱している．2005年の寄与率は世界平均で0.8%である．しかしながら現在，デンマークは20%，スペインは8%，ドイツは5.5%に到達しており，全世界の国々がこれらの国々のように積極的な風力開発政策を講じれば達成可能であると主張している[2]．

表2は，地域別の風力開発規模である．従来は欧州が独走状態であったが，この数年で北米とアジア・太平洋地域が急成長しており，風力開発の国際化が進んでいる．

IPCC第4次調査報告書が発表され，地球温暖化は人為的な温室効果ガスの排出によって確実に進行しており，大気温度を安定化させるためには50～60%の削減が必要であると強く警告している．京都議定書の先進国平均目標値が5.2%であり，その10倍の努力が必要となる．風力発電を化石燃料による火力発電に代替すれば，kWh当たり約0.6 kg-CO_2が削減される．Wind Force 12のシナリオでは，2020年に年間1億7900万t-CO_2の削減が実現する．

わが国の場合，台風，冬季雷，高乱流などといった欧州よりも厳しい気象条件を抱えており，風力の健全な発展にむけた高い信頼性をもつ日本型風力技術の完成が不可欠である．

〔松宮　輝〕

表2 地域別の風力発電開発規模 (MW, %)

欧州	51023	65
中近東・アフリカ	448	0
北米	13911	18
アジア・太平洋	12818	16
中南米	528	1

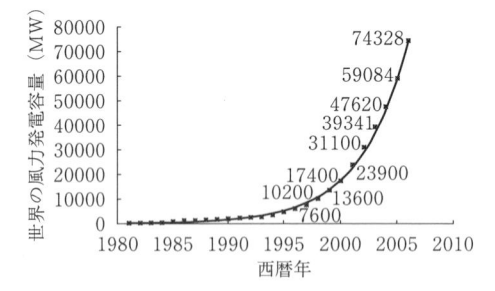

図1 世界の風力発電設備容量の推移

表1 世界トップ20位までの国別風力発電設備容量 (MW)

国	MW	国	MW
ドイツ	20952	カナダ	1535
スペイン	12500	日本	1491
米国	12376	オーストリア	965
インド	7093	オーストラリア	892
デンマーク	3136	アイルランド	760
中国	2604	ギリシャ	753
イタリア	2285	スウェーデン	572
英国	2176	ノルウェー	333
フランス	1978	ニュージーランド	322
ポルトガル	1874	21位以下計	2516
オランダ	1615	世界合計	78728

文献

1) Wind Power Monthly, 23(7) (2007).
2) GWEC: Global Wind Energy Outlook 2006 (2006).

バイオマス資源

biomass resource

 バイオマスとは一般に，エネルギーあるいはマテリアル利用が可能なある一定量集積した生物起源の資源を意味する．樹木，草，海藻，微細藻類，生物系の廃棄物などもバイオマスの範疇に入る．表1はバイオマスの分類であり，リグノセルロース系，糞尿・汚泥系，食品販売廃棄物系，その他と便宜的に分けた．

a. バイオマスの特徴 バイオマスは再生可能エネルギーの一つであるが，どのような特長があるのであろうか．バイオマスは太陽エネルギーを利用し，大気中の二酸化炭素を光合成してみずからの組織を形成する．したがって，最終的に燃焼されて大気中に二酸化炭素として放出されても，同量の二酸化炭素を再び光合成により固定すれば，大気中の正味の二酸化炭素濃度に変化はないといえる．これを，バイオマスの「カーボンニュートラル性」と称している．この二酸化炭素の固定，エネルギー利用，二酸化炭素の放出という循環システムから化石資源に代替できるバイオマスエネルギーが取り出せる．このぶんだけ化石資源の利用が抑制され，結果的に二酸化炭素が削減されたことになる．

 バイオマスは再生可能エネルギーのなかでも，唯一の有機性資源をベースにしたエネルギー源である．すなわち，バイオマスからのみエタノール，メタノール，メタン，ガソリンなどのケミカルや燃料がつくられる．このことは，バイオマスが炭素質であること，輸送や貯蔵が可能であることと同意義である．風力エネルギー，太陽光エネルギー，潮力エネルギー，波力エネルギー，地熱エネルギーなどは電気や熱は作り出せても，有機物は原理的に作り出すことはできない．

 化石資源と比較してその分布密度が希薄であり，収穫にコストがかかるなどの欠点もあるが，利用法によっては環境負荷の低い，かつ循環して使用できるエネルギーとして有望である．近年の地球温暖化の懸念

表1 バイオマスの分類

リグノセルロース系バイオマス
木質バイオマス
森林バイオマス［林地残材，間伐材，未利用樹，短周期栽培木材］，製材残材，建設廃材，その他木質バイオマス，製紙系バイオマス［古紙，製紙工場排水汚泥，黒液］
草本系バイオマス
牧草，水草，海草，竹・ささ類，農業残さ［稲作残さ（稲わら，籾殻），麦わら，トウモロコシ生産・加工残さ，サトウキビ生産・加工残さ，その他農業残さ］
糞尿・汚泥系バイオマス
家畜糞尿［牛糞尿，豚糞尿，鶏糞尿，その他］，下水汚泥，屎尿浄化槽汚泥
食品販売廃棄物系バイオマス
食品加工廃棄物：食品製造業廃棄物（畜産食料品，水産食料品，調味料，穀物系食品，動植物油脂，その他食料品，酒類），食品販売廃棄物：卸売市場廃棄物，食品小売業廃棄物，厨芥：家庭厨芥，事業系厨芥
その他バイオマス
植物油［廃食用油，なたね油，パーム油］，糖・でんぷん［甘藷］，埋立地ガス，繊維廃棄物

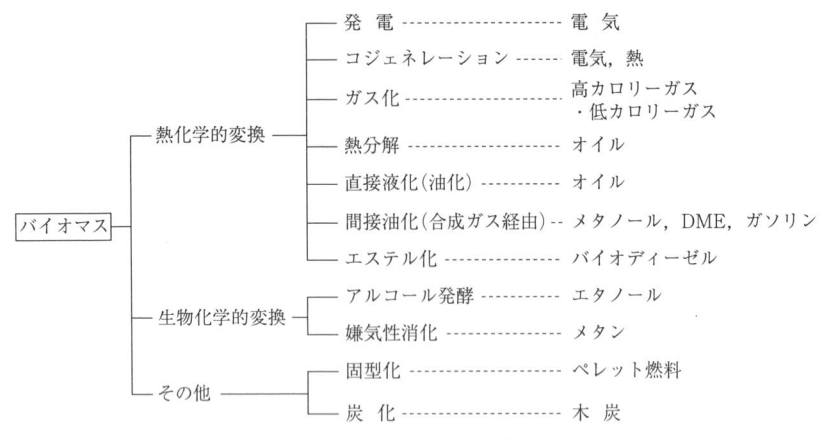

```
                    ┌─ 発 電 ──────── 電 気
                    ├─ コジェネレーション ─── 電気, 熱
                    ├─ ガス化 ──────── 高カロリーガス
         ┌─熱化学的変換                      ・低カロリーガス
         │          ├─ 熱分解 ──────── オイル
         │          ├─ 直接液化(油化) ────── オイル
バイオマス─┤          ├─ 間接油化(合成ガス経由) ── メタノール, DME, ガソリン
         │          └─ エステル化 ────── バイオディーゼル
         ├─生物化学的変換 ┬─ アルコール発酵 ──── エタノール
         │             └─ 嫌気性消化 ────── メタン
         └─その他 ┬─ 固型化 ──────── ペレット燃料
                └─ 炭 化 ──────── 木 炭
```

図1　バイオマスのエネルギー変換スキーム

から，二酸化炭素の排出削減が求められており，再生可能エネルギーの利用が期待されている．

バイオマスは再生可能ではあっても，エネルギーとして一方的に利用するだけでは化石資源の利用と同じであり，再植林などの適切な管理が求められる．

b．バイオマスのエネルギー変換

バイオマスのエネルギー変換技術は，風力や太陽電池，地熱などに比べて技術が多様であり非常に幅が広いのが特徴である．これは，バイオマスという原料そのものが多様であることに由来する．図1にバイオマスのエネルギー変換技術の体系図を示す．比較的乾燥した木質系バイオマスは燃焼，ガス化，あるいはガス化を経由した間接液化が適当であろうし，家畜糞尿や汚泥は含水率が高いのでメタン発酵が適している．一方，デンプンや糖はエタノール発酵してアルコール生産に使用するのが妥当であり，廃食用油，パーム油，なたね油のような植物油はエステル化してバイオディーゼルに変換するのが適当である．

世界的にみれば米国や北欧では，バイオマスはすでに発電やコジェネレーションに使われているし，エタノールは米国やブラジルで多量に生産されている．また，ヨーロッパでは，なたね油をエステル化してバイオディーゼル燃料として使用されている．畜産廃棄物の嫌気性消化によりメタンが生産され，ヨーロッパではメタンによる発電が行われ輸送用燃料としても利用されている．このほか，発展途上国では木炭が使用され，木質系バイオマスは固形化されてペレット燃料として導入されつつある．

わが国は無資源国であり，再生可能資源は有効にすなわち効率よくかつ循環的に利用することが基本である．バイオマスは循環型社会の構築に向け，キーマテリアルの一つであろう．一方，現状では，バイオマスエネルギーは既存の化石エネルギーと比較すればコスト高になることは避けられない．しかし，地域産業の活性化，雇用の促進，地域環境の保全，地球規模での環境改善に貢献することは明らかであり，経済性の低さをなんらかの政策的な支援策で補完すべきではなかろうか．　〔横山伸也〕

バイオフューエル

biofuel

表1 バイオフューエルの例

固形状	チップ，ペレット，ブリケット
ガス状	メタン，水素
液体状	エタノール，メタノール，DME（ジメチルエーテル），BDF（バイオディーゼルフューエル），熱分解油

　バイオフューエルという言葉は，一般的にはバイオマス起源の燃料という意味で，表1のようなものを表す．ここでは液体状の輸送用燃料に限定し，エタノール，メタノール，DME，BDFについて記述する．

　エタノールは単独でもガソリンに混合しても用いられ，混合する割合によりE-10，E-20などと称される．2004年時点でブラジルではサトウキビから約1512万kl，米国ではコーンから約1340万klも製造されている．研究開発の大きな課題は，リグノセルロースの糖化プロセスにある．糖化には大別して，硫酸を使用する方法と，糖化酵素を使用する方法である．前者は硫酸と糖の分離や廃硫酸の処理の問題，後者は酵素のコストの問題があり，種々の前処理との最適組合せが模索されている．わが国では，日輝社と月島機械社がそれぞれ濃硫酸と希硫酸を用いた糖化技術で，リグノセルロースからのエタノール生産の研究開発に取り組んでいる．メタノール合成に関しては三菱重工業社が中心となり，草本系バイオマスをガス化して合成ガスをつくり，これからメタノールを合成している．メタノールは発電用にも輸送用燃料としても利用でき，燃料電池の燃料としても有望と期待されている．DME製造は産業技術総合研究所で基礎的な研究開発が行われている．天然ガスからのDMEはJFEホールディングス社によって100 t/日の実証プラントが稼働中であり，基本的なコンセプトはバイオマスでも同じである．BDF製造は，京都市をはじめ地方自治体で，廃食品油やなたね油からつくられている．その量はまだわずかであるが，欧米では粗なたね油のメタノールによるエステル交換反応で大量に生産している．

　これらバイオマス由来の輸送用燃料を利用した場合，どの程度の二酸化炭素削減効果があるであろうか．2004年の経済産業省燃料政策小委員会で，輸送用バイオ燃料のLCA評価が報告された．ガソリンや軽油は，燃焼時に1 GJ当たり67 kgのCO_2を排出するが，原油採掘，海上輸送，精製，国内輸送にエネルギーを使っており，LCAの観点からは，ガソリンは78 kg-CO_2/GJ，軽油は74 kg-CO_2/GJの二酸化炭素排出となる（1 GJは約25 lに相当）．これに対して，エタノールの場合はガソリンに対して13〜45％の二酸化炭素排出量に，バイオディーゼルの場合は軽油に対して28〜57％の二酸化炭素排出量になると報告された．この場合，利用時にバイオ燃料から排出される二酸化炭素はカーボンニュートラルであるとされ，計上されていない．また，前記の数値はいくつかの仮定に基づく試算である点に留意する必要もあろう．しかしながら，バイオ燃料を混合して利用することで，二酸化炭素排出量を削減することが可能であることが示唆される．

　たとえば，わが国のガソリン使用量は年間約6000万klであり，約2億tのCO_2を排出している．E-10として利用することを想定すればエタノールが約600万kl必要となり，これによる二酸化炭素削減量は約600万〜1000万tとなる．この場合，二酸化炭素の削減効果は3〜5％となる．

〔横山伸也〕

水素エネルギー 31

hydrogen energy

　水素は無色，無臭で最も軽い気体であり燃えると水のみが生成し，有毒ガスなどは一切発生しないクリーンなエネルギーである．化石燃料やバイオマス，水などのさまざまな原料から製造することができ，燃料電池自動車や家庭用，業務用エネルギーとして期待されている．世界的にも2002年に水素・燃料電池に関する技術開発，基準・標準の策定，情報交換などの促進を図る「水素経済のための国際パートナーシップ（IPHE）」が開催され水素エネルギー社会に向けた枠組合意がなされた．

　日本では，水素は石油精製における脱硫用やアンモニア製造原料としてナフサやオフガスなどを原料に水蒸気改質法で製造される一方，石油化学においてエチレン分解からの副生や食塩水の電解により塩素を製造する際の副生などを合わせて，年間約200億 Nm^3 が製造されて利用されている．

　水素をエネルギーとして利用するには，安価に大量に製造・供給されなければならない．水素の製造法は，化石燃料の水蒸気改質，ガス化以外にも，バイオマス，風力，太陽光などの再生可能エネルギーから得られる電力を用いた水の電気分解，原子力を利用した水の熱化学分解などがある．

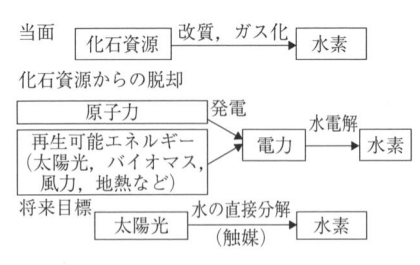

図1 段階的水素社会へのステップ

同時に水素社会実現に向けたインフラも整備しなければならない．とくに水素は爆発の危険もあるので安全・安心に扱うための貯蔵・輸送技術が重要となる．水素の貯蔵・輸送方法として，ボンベ詰めにして高圧ガスとして扱う場合と液化して液体水素にして扱う以外に，吸蔵合金や金属ハイドライド，有機ハイドライドなどを介して貯蔵・輸送する方法が検討されている．それぞれの方法の長所，短所を表1にまとめた．当面，燃料電池用水素の供給を目指した実用化開発が盛んであるが，将来はそれ以外に水素ガスタービン，水素自動車などエネルギー利用のあらゆる分野への拡大も期待されている．導入初期は，化石燃料をベースにして水素の供給を行うが，将来は水を太陽光による光分解によってつくることができれば，化石資源からの脱却，クリーンで再生可能なエネルギーとなるので，この分野の進展が期待されている．キーとなるのは可視光領域で効率的に水の分解のできる触媒開発にある．

〔松本英之〕

表1 水素の貯蔵・輸送方法とそれぞれの長所，短所

貯蔵・輸送方式	大量輸送	長距離輸送	インフラ整備難易	車載適否	備考
高圧水素	△	○	△	◎	35 Mpa，70 Mpa で実証中
液体水素	◎	△	△	△	−263℃ まで冷却，エネルギー密度高
吸蔵合金	×	×	×	△	ZrNi合金，V系固溶体，CaAl系
金属ハイドライド	×	△	×	×	$NaBH_4$，$LaAlH_4$，$NaALH_4$
有機ハイドライド	○	○	△	△	ベンゼン・シクロヘキサン系，ナフタレン・デカリン系，トルエン・メチルシクロヘキサン系

エネルギーの高効率利用
―― 大規模集中型発電

highly efficient utilization of energy
—large scale power generation

2005年度の日本の電気事業用発電設備は2億3500万kWで国民一人当たり約2kWの電源をもっていることになるが，内訳は水力19.4％，火力59.3％，原子力21.1％，地熱0.2％である．発電電力量で内訳をみると，水力8.2％，火力60.0％，原子力31.6％，地熱0.2％となっている．

a．ボイラー発電 大規模なボイラー発電（重油，石炭火力）は，高温高圧のスチームで羽根車を回転させるスチームタービンの発明により可能となり，1890年代末に実用化した．燃料の燃焼エネルギーを熱交換器（ボイラー）で高温高圧のスチームに変え，タービンを回転させて機械エネルギーに変換し，発電機を回転させて電気エネルギーに変換される．最もエネルギーの損失が大きいのは，機械エネルギーへ変換する工程である．その理論効率はカルノーサイクルの効率で決まるので，スチームの温度が高いほど発電効率が高くなる．発電効率は，次式で定義されている．

$$発電効率(\%) = \frac{発生する電力量}{燃料の発熱量} \times 100$$

スチームタービン入口温度の向上のためには，タービン材料の耐熱性と高温強度の向上が必要であり，そのために不断の研究開発が続けられている．

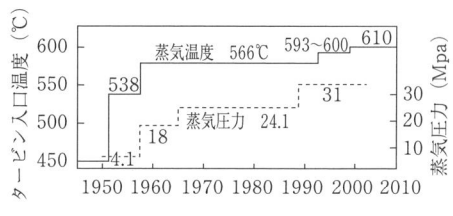

図1 スチームタービン入口温度・圧力の向上

ボイラー発電におけるスチーム温度向上の歴史を図1に示す．1960年以前に建設の石炭焚きボイラーでは蒸気温度538℃，発電効率は34〜36％であった．燃料が石炭から石油に転換される1960〜1970年代には，蒸気温度566℃の超臨界ボイラーが建設され，発電効率は38％に向上した．1990年代には石炭火力は100万kWクラスに大型化され，蒸気温度が600℃の超超臨界圧ボイラーが運転され，発電効率42％が達成されている．21世紀に入り石油が高騰しており，発熱量当たりの価格で比較すると，石炭は重油の1/2〜1/3であり，発電用燃料として有利である．石炭火力は，微粉炭ボイラーが最も建設費が低く，発電効率（約40％）も高い．石炭ガス化によるコンバインドサイクル発電も開発中であるが，建設コストが高く経済ベースにのっていない．

b．ガスタービン発電 ガスタービン発電は，燃焼ガスを直接タービンブレードに衝突させて回転力を得る方式である．航空機用のジェットエンジン技術の応用であり，発電効率は少し低いが，起動・停止が容易という特長をもっている．燃料は，

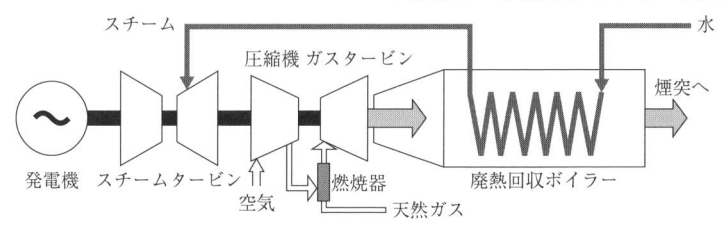

図2 コンバインドサイクル発電の概念

天然ガス，LPG，ナフサ，ジェットオイルなど比較的クリーンな燃料に限られる．単機容量は1000〜10万kWとボイラーに比べて小型である．発電効率は，ガス温度が高いほど高くなるが，現在主流の1250℃クラスで25〜30%である．タービンブレードはNi基合金（Ni-Cr-Al-Ti）であるが，一方向凝固などの製造技術で結晶粒界をなくして高温強度を上げている．さらなる高温化のため，ブレード内部に冷却孔を設け空気あるいは蒸気でブレードを冷却する技術によって，1400〜1500℃のガスタービンが実現しようとしている（発電効率：30〜35%）．起動停止が容易で負荷変動に強いので，昼間の電力需要のピークシェービング，DSS（daily start daily stop）運用に多く使われている．

c. **コンバインドサイクル発電** ガスタービンとボイラーのスチームタービンを結合（combined）した発電システムで発電効率が最も高い（50〜55%）．コンバインドサイクルの概念図を図2に示す．

気化した高圧の天然ガスは燃焼器で圧縮空気と混合・燃焼して，高温ガスが発生する．燃焼ガスは入口温度1250℃でガスタービンを回転させた後，廃熱回収ボイラーに導かれる．ボイラーで高温スチームを発生させ，スチームはスチームタービンを回転させる．タービンの回転力を発電機に伝えて発電する仕組みである．約30%の回転力はガスタービン，20%がスチームタービンで得られ，合わせて50%以上の発電効率が得られる．コンバインドサイクルは天然ガスを燃料とする大型の発電所に広く採用されている．

d. **原子力発電と揚水発電** 日本の原子力発電はすべて軽水炉で，沸騰水型と加圧水型である．核分裂による熱中性子は軽水で減速され，水の熱エネルギーに変換され，熱交換され，スチームタービンを回転させる．最近建設される原子力発電の出

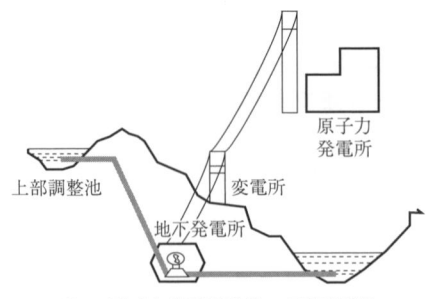

図3 揚水発電所の概念図

力は100〜130万kWと大型である．高い安全性確保のため，スチーム温度は約300℃と比較的低温で運転されているので，発電効率は約30%である．原子炉は安全確保のため一定の定格出力でベースロード用として運転される．

電力消費には夏冬の季節変動と一日の昼夜変動がある．昼間のピーク負荷は夜の約2倍である．昼夜変動に対しては，ボイラーの出力変動，水力発電およびガスタービンのオン-オフで対応している．原子力発電の夜間の出力は，揚水発電所で蓄電するのが普通である．揚水発電の概念図を図3に示す．水を貯蔵する上部調整池と下部調整池があり，発電とモーターを兼ねる発電電動機と発電用水車と揚水ポンプを兼ねるポンプ水車で構成される．水力発電は1945年以前は主力であったが，現在ではピークシェービングとして使われるのが通常である．約50の揚水発電所が稼動しており，大きいものでは単機出力が100〜150万kWのものがある．電力貯蔵としては二次電池（鉛蓄電池，Na/S電池），フライホイールなども検討されたが，大型では実用に供せられるのは，揚水発電が唯一であり，その効率は往復（電力-揚水-発電-電力）で70〜80%であり，最も高い．

〔松田臣平〕

エネルギーの高効率利用
──民生分野
highly efficient utilization of energy
—residential sector

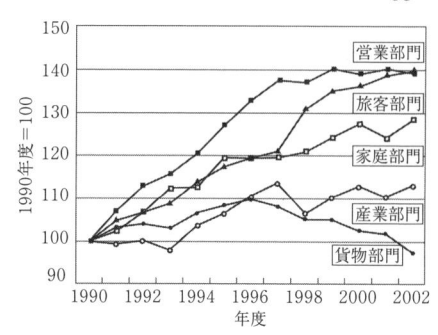

図1 部門別最終エネルギー消費の推移

京都議定書の発効を受けて二酸化炭素排出削減をいかに達成するかを問題とするとき，図1[1)]に示す部門別最終エネルギー消費の推移が引合いに出される．これは各部門の1990年におけるエネルギー消費量を100としその経年変化を部門別に描いたものである．産業部門での省エネルギー対策が功を奏していると考えられている．一方で，家庭部門での消費は増加の一途をたどり，国民がより快適な生活を追及している一端が表れている．営業部門はバブルが崩壊後横ばい状態となっている．なお，1990年における各部門別のエネルギー消費量は原油換算で，産業部門約1億8000万kl，家庭部門約8000万klである．したがって民生部門でのエネルギー消費量の伸びを鈍化させることは，国内でのエネルギー消費の減少にも大きな影響を及ぼす．

a．分散型エネルギーシステム　分散型エネルギーシステムは，主に家庭，および一部営業部門への導入，すなわち一般的な住宅地域への導入が考えられているシステムであり，環境に与える負荷が小さく，石炭や石油依存度を低下させる石油代替エネルギーシステムとして，エネルギーの安定供給確保および地球環境問題への対応などの問題を解決するキーテクノロジーの一つとして，よりいっそうの開発と導入の促進が求められている．

分散型エネルギーシステムの定義はまちまちであるが，導入される地域の社会，経済，エネルギー事情を反映して，すなわち，地元で産出するあるいは活用に利便性のあるエネルギー源を用いて，さらに，地元に合致したエネルギー変換器を用いて，高効率に電気，熱，あるいは化学エネルギーを造り出し，エネルギーの末端使用者である各家庭や事業所の需要に見合ったエネルギーを供給するシステムと定義できる．この需要と供給のマッチングをスムーズに行うには熱，電気および化学エネルギーそれぞれの貯蔵技術，エネルギーを融通して使用するエネルギーネットワーク技術およびエネルギー管理技術が不可欠である．さらに大規模発電所からの系統電源とのやり取りを円滑に行う必要もある．エネルギーの流れとエネルギーにかかわる技術の関連図を図2に示すが，分散型エネルギーシステムはおおむね破線で囲った部分で表される．自然エネルギー源が豊富な地域は，風車や太陽光発電装置を用いてエネルギーを造り出すことができるであろうし，排熱あるいは高圧の空気が近接した工場から得られる地域ではそれを有効に利用するのももちろんである．

b．システムの構成　このように分散型エネルギーシステムはそれを導入する地域の特性により仕様もまちまちであり，これといった画一的な設計指針や方法はない．求められているのは，できるだけ再生可能エネルギーを使用し環境問題に十分に対応するシステムである点と，系統に迷惑をかけないシステムである．これを達成するためには図2にあげた一次エネルギーの

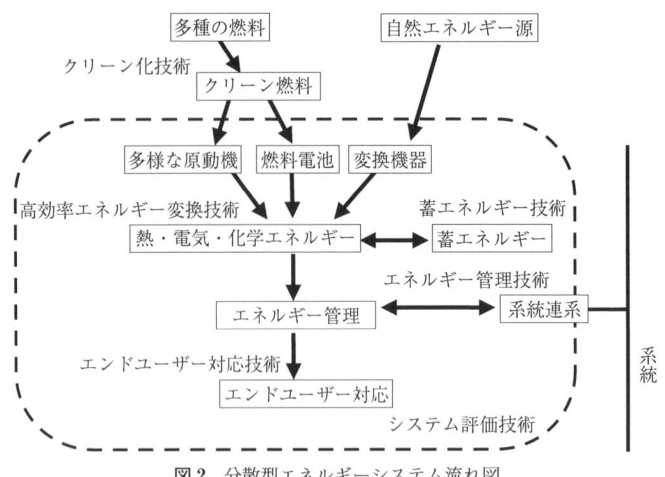

図2 分散型エネルギーシステム流れ図

クリーン化技術,高効率エネルギー変換技術,蓄エネルギー技術,エネルギー管理技術,エンドユーザ対応技術,システム評価技術など総合的な技術体系の構築と運用が必要となる.

それぞれの技術については,種々の関連する要素技術を中心に研究開発が行われている.たとえば,コジェネレーションシステムの高効率化に欠かせない熱利用に有用である蓄熱技術について述べると,現在着目されているのは化学物質の潜熱を利用した蓄熱と化学反応熱を利用したものがある.前者については顕熱蓄熱に比べ蓄熱密度が高いこと,相変化温度近傍の一定温度が得られるなど利点もある.しかし,必要とする温度域で相変化し,潜熱量が大きく,安定,安全で安価な物質が数少ないこと,物質内での熱伝達が悪く伝熱律速となることなど汎用されるには多くの問題がある.一般に使用されているものとしては氷があるが,蓄エネルギー密度としては70 kWh/m³ 程度である.クラスレートハイドレートスラリーを用いたシステムも徐々に実用化が始まっている.後者についてはゼオライトやシリカゲルへの水分の吸着の際に得られるもので,150 kWh/m³ オーダのエネルギー密度が得られ,デシカント空調として室内の温度・湿度コントロールに利用されているものもあれば,マイクロタービンの廃熱回収に用いられている例もある.

分散型エネルギーシステム全体としては,システム全体がいわば小規模の発電施設と考えられることから,いかにしてシステム内のエネルギー需給バランスをとり,同時にエネルギーの平準化をすすめ,系統連系方法を工夫するかが問題となる.また,系統側からこれらを制御する方法も検討されている.

エネルギーセキュリティ,環境保全,経済成長の 3 E (energy security, environmental protection and economic growth) のみでは収まらないエネルギー情勢になりつつあるなかで,分散型エネルギーシステムが系統と調和を図って連系するシステムが求められている. 〔武内 洋〕

文　献
1) 経済産業新報, 1473 号 (2004).

エネルギーの高効率利用
—— 運輸分野

highly efficient utilization of energy
—transportation sector

a. 運輸部門のエネルギー消費 運輸部門のエネルギー消費の大部分を自動車が占め，1990年度から2000年度でエネルギー消費量が2割増加しているほとんどの理由が自家用乗用車に起因したものとなっている（表1）．確認可採埋蔵量をその年の生産量で割った値すなわち可採年数がおおよそ40年程度といわれて久しいが，今日自動車の省エネルギー対策が喫緊の重要課題であるといわれる所以でもある．

運輸部門については自動車の燃費の改善の強化措置（省エネ法に基づくトップランナーの考え方による燃費基準の導入）などの自動車単体対策，クリーンエネルギー自動車の普及促進および総合自動車交通対策などの推進により目標を達成することとしている．

具体的にはディーゼル関連の技術の進展，軽油の低硫黄化，CNG自動車，LPG自動車の普及と取組み，DME，GTLなど新燃料とそれに対応する自動車技術の開発など，燃料と自動車技術に関するさまざまな選択肢が提示され検討が開始されている．

ディーゼル乗用車の普及，バイオマス起源の燃料をガソリンや軽油へ混合した形態での利用可能性などの調査・検討，水素を燃料とする燃料電池自動車の普及，および燃料の選択や燃料インフラの整備などに関する長期見通しや，これからの世界的なエネルギー情勢の動向を踏まえた今後の石油や天然ガスの供給見通し，新燃料への取組み，アジアにおけるエネルギー需要の拡大などの検討などがあげられる．

b. 自動車の省エネルギー技術 今日では自動車から排出される窒素酸化物（NO_x）や粒子状排出物（PM）など環境排出物の削減対策に加えて，走行時燃費の改善や待機時エネルギー消費の削減，車体重量の軽量化をはじめとする走行抵抗削減，燃料消費抑制などの技術の開発，ハイブリッド乗用車などのクリーンエネルギー自動車の普及とそのための燃料供給インフラの整備，クリーンエネルギー自動車の共用利用（カーシェアリング）などのインターモーダリティの導入，アイドリングストップ技術の開発などさまざまな検討や技術開発が行われている．図1は自動車の燃費向上技術の主な例を示したものである．

動力伝達機構（パワートレイン）を中心とした自動車技術の高度化，燃料の改善，多様化およびその他の自動車システム技術の高度化並びに水素・燃料電池関連技術が注目されている．図2はエンジンと燃料電池システムの効率を比較して示したものである．

なお，動力伝達機構に関する自動車技術の高度化には，既存エンジンの高度化（直

表1 運輸部門におけるエネルギー消費

	1990年度 [原油換算百万 kl]	2001年度 [原油換算百万 kl]	増加率 (%)	寄与率 (%)
運輸部門全体	83.0	101.3	22.1	100
旅客部門	43.8	61.1	39.5	92.3
（うち自家用乗用車）	34.0	53.2	56.5	(102)
貨物部門	39.1	40.1	2.3	7.7
（うち貨物自動車）	36.4	39.5	8.8	(18.9)

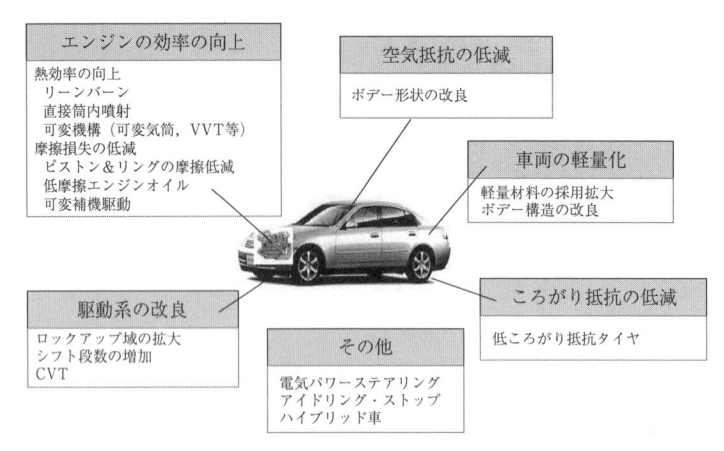

図1 自動車の燃費向上技術の例（社団法人自動車工業会の資料より）

エンジンの効率の向上
- 熱効率の向上
  - リーンバーン
  - 直接筒内噴射
  - 可変機構（可変気筒，VVT等）
- 摩擦損失の低減
  - ピストン＆リングの摩擦低減
  - 低摩擦エンジンオイル
  - 可変補機駆動

空気抵抗の低減
- ボデー形状の改良

車両の軽量化
- 軽量材料の採用拡大
- ボデー構造の改良

ころがり抵抗の低減
- 低ころがり抵抗タイヤ

駆動系の改良
- ロックアップ域の拡大
- シフト段数の増加
- CVT

その他
- 電気パワーステアリング
- アイドリング・ストップ
- ハイブリッド車

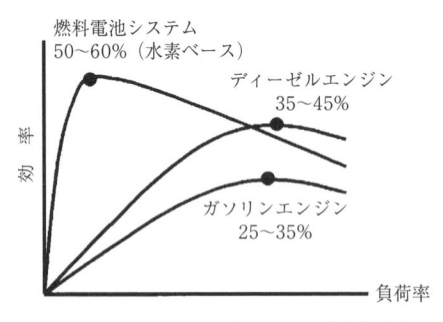

図2 エンジンシステムの効率比較（大聖泰弘氏の資料より）

- 燃料電池システム 50〜60%（水素ベース）
- ディーゼルエンジン 35〜45%
- ガソリンエンジン 25〜35%

噴技術，噴射系の高圧化，多様化，EGR，動弁系の改良，過給や後処理技術との組合せなど），ハイブリッド技術並びにその車両コストの低減，HCCI（予混合圧縮自己着火）燃焼技術や尿素 SCR，$DeNO_x$ 触媒等 PM と NO_x の同時削減が可能な後処理技術の開発が，また燃料の改善，多様化に関してはガソリンや軽油など石油系燃料の低硫黄化や，天然ガス，LPG，DME（ジメチルエーテル），GTL（gas to liquid）燃料やバイオマスなど石油代替燃料の導入が図られている．

燃料の低硫黄化技術あるいは DME などのサルファフリー燃料対応の自動車改良技術開発は，これら燃料を利用することにより PM 削減が可能となるため，NO_x 対策，燃費重視の技術開発に注力する結果，燃費向上への貢献が可能となることから，前記の個別燃費向上技術とは別に間接的なエンジンの低燃費化技術として期待が大きい．

その他，車両の軽量化と低転がり抵抗タイヤの利用などによる燃費の向上，ITS (intelligent transport system) による大気環境，CO_2 排出量の改善並びに水素製造・輸送・貯蔵方法，水素利用動力源としての燃料電池自動車などがあげらる．図2はガソリン乗用車の車両重量別燃費状況を示したものである．車両の軽量化が燃費の改善に有効であることが示唆されている．

また，エコドライブ（環境負荷の軽減に配慮した自動車使用）による CO_2 の排出削減についても，警察庁，経済産業省，国土交通省および環境省の関係4省庁が合同で組織するエコドライブ普及連絡会により，政府の重点推進事業として着実な実施が図られることとなり，これにより約190万 $t\text{-}CO_2$ の排出削減が見込まれている．

〔齊藤 敬三〕

燃料電池

fuel cell

a．燃料電池の用途と種類　燃料電池は，燃料中に含まれる水素と空気中の酸素を電気化学的に反応させ電力を発生するもので，純粋水素を燃料として用いると，二酸化炭素を排出しないクリーンな発電方式になる．また，出力数百kW以下の小型電源としても従来の発電機に比べて効率が高く，同時に発生する熱も利用すると高いエネルギー利用効率が得られる．用途は，現在自動車など移動体用（出力50から100 kW）が注目されているが，出力数ワットの携帯電子機器用，kWから数十kWの定置型家庭・店舗用や，百kWを越える中・大規模熱電併給（コジェネレーション）用まで多様な用途がある．熱も含めた効率的なエネルギー利用の代表として普及が期待されている．

燃料電池には，用いる電解質の種類によって，固体高分子形（約80℃で動作），リン酸形（約200℃），溶融炭酸塩形（約650℃），固体酸化物形（700～1000℃），などがあり，それぞれに適した燃料や用途がある．各種燃料電池の原理を図1に示す．

b．固体高分子型燃料電池（polymer electrolyte fuel cell：PEFC）　電解質にイオン伝導性のフッ素系高分子膜を用いる燃料電池で，80℃付近の比較的低い温度で動作するので起動特性に優れ，小型軽量で出力密度が高く，構成材料がすべて固体で取扱いが容易で衝撃にも強い．燃料電池自動車用や住宅熱電力併給用を中心に活発な開発が進められている．また，携帯機器用のダイレクトメタノール燃料電池も，燃料に液体のメタノールを使うが，固体高分子形の一種である．定置型の場合は一次燃料にメタン（天然ガス，都市ガス），ガソリン，灯油などを用いるため，これらから水素を製造する改質器が必要である．定置型の燃料電池システムの概略を図2に示す．

自動車用の場合，必要な航続距離を満足する分量の水素をいかに車載するかが課題であったが，当面は水素の高圧貯蔵タンク（圧力35～70 MPa）を用い，中長期的に

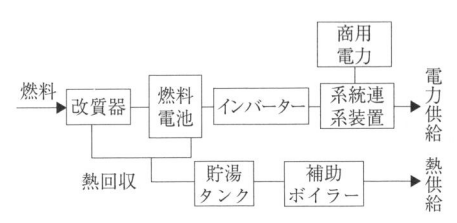

図2　定置用固体高分子形燃料電池システム

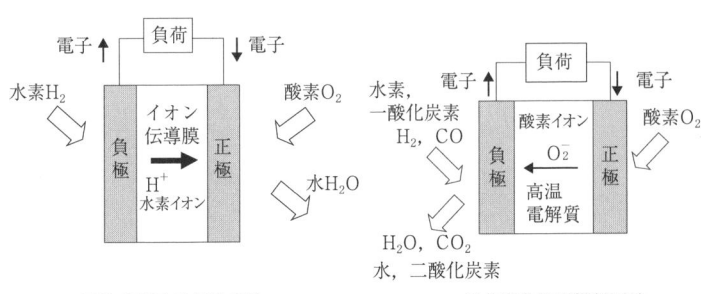

図1　各種燃料電池の原理

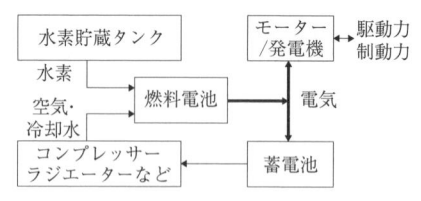

図3 自動車用固体高分子形燃料電池システム

は水素吸蔵材料貯蔵もしくは高圧ガスとのハイブリッド方式の貯蔵になると考えられている。図3に示すように，燃料電池の出力は，加速や制動回生のための二次電池，キャパシターなどの蓄電デバイスと並列にモーター/発電機に伝えられ，自動車を駆動する。

c．リン酸型燃料電池（phosphoric acid fuel cell：PAFC）　現在，最も成熟した技術と高い信頼性を有する燃料電池で，静穏で発電効率が高い（40%），環境排出が低い，などの特徴がある。リン酸水溶液を含む電解質（約200°C）の両側を多孔質の炭素材でつくった電極で挟んだ構造をもつ。電解質が水溶液であり大容量に適しているため，事務所ビルや病院などの高信頼性電源と給湯と冷暖房などの熱供給源を主要な用途とする100〜200 kWのコジェネレーションシステムとして普及している。ランニングコスト低減のために，これまで廃棄されていたバイオガス，汚泥消化ガス，ごみ発生ガス，廃メタノールなど多様な燃料を用いた運転も試みられており，経費削減に大きな効果をあげている。

d．溶融炭酸塩型燃料電池（molten carbonate fuel cell：MCFC）　溶融状態にある炭酸塩（炭酸リチウムと炭酸カリウムや炭酸ナトリウムとの混合物）を電解質に用い，そのなかの炭酸イオンの移動を利用する燃料電池である。高い発電効率（50%程度）が期待できる。燃料として天然ガスや石炭ガス化ガスなども利用でき，動作温度も650°C程度で固体酸化物形ほど高くないことから，火力発電所代替の大規模発電や中型発電などに利用できると期待されている。国内では，1000 kW級の発電プラントの長時間実証試験が行われている他，蒸気タービン発電機などを組み合わせた超高効率システムも検討されており，送電端効率65%程度が得られると期待されている。

天然ガスと水蒸気の混合ガスからの水素の生成（水蒸気改質）に燃料電池反応からの発熱を利用する内部改質方式によりコンパクトなシステムを構成でき，200 kW規模の装置も普及しつつある。

e．固体酸化物燃料電池（solid oxide fuel cell：SOFC）　イットリア安定化ジルコニア（YSZ）のような高温でイオン伝導性をもつ酸化物セラミックスを電解質に用いた燃料電池で，1000°C近い高温で動作するため，①発電効率が高く（50%以上），ガスタービンなどと組み合わせていっそう高い総合効率（65%）が得られる，②出力密度を高くとれる，③燃料の内部改質が容易，などの特徴がある。これまで最も発電効率の高い燃料電池として，大型の火力発電代替を目指した開発が進められてきたが，最近，出力1〜50 kWの中小容量の分散型コジェネレーションシステムや，加圧型SOFCとマイクロガスタービンを組み合わせた250 kW規模のハイブリッドシステムなどが開発されている。さらに，バスなど移動体の定常的な電源など特殊な用途も検討されている。セリア（Ce），スカンジウム（Sc），などを用いた電解質の開発により動作温度は700°C程度まで低下してきており，起動に要する時間も大幅に短縮されつつある。

〔大和田野芳郎〕

超伝導と環境化学

application of superconducting technology to environmental chemistry

図1 高温超電導マグネットを用いた排水浄化実験システム（写真提供：金沢工業大学小原健司教授）

　超電導とは，ある特定の物質（超電導体）の電気抵抗が，極低温度でゼロとなる現象である．実用化されている超電導についていえば，ニオブ系の合金か金属間化合物材料を液体ヘリウム温度（4.2ケルビン（K）=-269℃）で用いる低温超電導と，1986年以降に発見された高温超電導に大別される．低温超電導体は，展延性があって取扱いが容易なNbTi合金と，より高温・高磁界で使用可能なNb_3Sn化合物の実用線材が製作されており，超電導磁石（マグネット）に広く用いられている．代表的な高温超電導体として，液体窒素温度（77.3 K）よりも高い約90 Kで超電導になるイットリウム系酸化物（$YBa_2Cu_3O_7$）と，約110 Kで超電導になるビスマス系酸化物（$Bi_2Sr_2Ca_2Cu_3O_{10}$）である．展延性に乏しい酸化物材料を線材や薄膜の形状にする加工や応用に必要な大電流を流すことは容易でない．最近になって，ビスマス系酸化物超電導テープなどとして実用化が始まっている．

　超電導技術の応用として最も重要なものは，コイル状に巻いた線材にゼロ抵抗で大電流を流せる超電導の特質を活用した超電導マグネットで，医療用のMRI（magnetic resonance imaging）装置に使われている．

　環境化学と超電導技術の接点としては，超電導マグネットの発生する高い磁界と磁界勾配を活用した高勾配磁気分離があげられる．磁気分離は，磁気力を利用して物質を選別するという，鉄鉱石の製錬などに用いられてきた古い技術であるが，細い強磁性線を用いた磁気フィルタの磁気勾配を高める技術や，有機物などの弱磁性粒子に強磁性粒子を付着させて磁性を付与する（担磁）技術が開発されて，廃水処理などに利用されるようになった．その特長は，強い磁気力によって捕捉した有害懸濁粒子を，消磁することによって可逆的に分離・回収できることで，化学薬品や使用済フィルタなどの二次廃棄物を排出しない．図1は，物質・材料研究機構が開発した，水中の環境ホルモンやヒ素などの有害物質を浄化する磁気分離システムを示す．

　最近，超電導磁気分離の実用化を目指した試みとして，内径40 cmの常温ボアに最大で3テスラの磁界を発生する超電導マグネットを用いた，日量2000 t級の製紙廃水処理システムが大阪大学を中心として開発され，都市近郊に設置することを目的として実証試験が行われている．また，永久磁石より強い磁界を発生でき，永久磁石のように利用できる高温超電導バルク体を用いた移動型の高勾配磁気分離システムが，湖沼でのアオコや工業団地の調整池の浮遊物などの除去を目的に，日立製作所によって開発された．最近の冷凍機の進歩によって，液体ヘリウムを必要としない冷凍機冷却型超電導マグネットが一般に使われるようになってきていることもあり，今後，超電導磁気分離が環境浄化のために広く用いられることが期待される．

〔山崎裕文〕

37 ソフトエネルギーパス

soft energy paths

ソフトエネルギーパスとは，物理学者のエイモリー・ロビンズ（Amory Lovins）が，1970年代後半に提示した新しいエネルギー戦略のことである．

エネルギー戦略にはハードパスとソフトパスの二つがある．

(1) ハードパスは，エネルギー需要の増大を前提として，エネルギー供給をそれに合わせて拡大していこうとする路線である．現在の主たる供給源である石油が近い将来，頭打ちになることを考えれば，この路線からは石炭や原子力など代替エネルギー開発を促進すべきであるという政策が提唱される．

(2) ソフトパスは，需要の増大は必然的ではないことを主張する．つまり暖房などの低温熱で間に合うところには太陽熱を，そして産業用熱処理のような高温熱の必要なところには，それにふさわしい化石燃料や電気を使うべきだというのである．このように需要の質に合わせた供給を行うと，電気などの高級なエネルギーを効率よく使うことができる．他方で，低質な需要に対して，太陽エネルギーや風力などを活用する可能性が生まれる．つまりソフトパスは省エネルギーと再生可能エネルギーに中心をおいたエネルギー戦略である．

この提案は大反響を呼んだ．それはソフトパスが，従来当然と思われていた供給増大型以外のエネルギー戦略を示しただけでなく，そこには社会システムの代替案という要素が含まれていたからである．ロビンズの言葉を借りれば，「ソフトパスは…より深い社会的変化に合致している」．ソフトパスの提案は，環境破壊が少なく，核拡散の危険を減らし，さらに集中管理より分散管理志向を強める提案でもあるからだ．

ソフトパスは，先進国のエネルギー戦略に修正を加える役割を果たした．

第一に，エネルギー需要が無限に伸びるというハードパスの前提は，その後の経験からも誤っていることがわかった．たとえば日本の場合，1975年に出された政府見通しは1985年の日本のエネルギー需要を石油換算8億klとしていたが，同年の需要実績は4.4億klにとどまった．つまりエネルギー需要の伸びは一定ではなく可変的であり，それを考慮に入れたエネルギー戦略が必要であることが，事実として理解されるようになったのである．もちろんこれは石油価格高騰によって経済構造自体が変化したことの影響も大きいが，ロビンズ提案によって，需要の無限拡大をエネルギー戦略の前提とする必要がないことが明らかにされ，エネルギー戦略の柔軟化が計られたのである．

第二に，ソフトパス路線はハードパスの代替案でなく，それを補完するものとして採用された．現在でも各国のエネルギー政策の基本は石油の確保や大規模発電設備の拡大など，供給確保に重点がおかれ，省エネルギーや再生可能エネルギーの利用はそれを補うものと位置づけられている．つまりハードパスの補完品として扱われ，ソフトパスが本来もっていた社会システムの代替案という側面は，無視されてきた．ブライアン・マーチン（Brian Martin）は，ソフトパス論はエネルギー戦略論にとどまらず優れた社会体制論であるが，この面はエネルギー専門家によって無視される可能性が高いことをつとに指摘したが，まさに現状ではそれが現実化している．

しかし，その後のエネルギーや社会情勢の変化をみると，エネルギー戦略のみならず社会システム論としてのソフトパス論の先見性がますます明らかになっている．

1980年代後半から，地球温暖化が問題になり始めた．これを防ぐためには，先進国をはじめとするエネルギー大消費国は，CO_2を排出する化石燃料の使用制約を考えざるを得なくなった．ソフトパスはこの課題にまさに適合する．それはこの路線が，石油や石炭の供給増大ではなく，省エネルギーと再生可能エネルギーの活用に中心をおくからである．こうして地球温暖化問題への対応策として，ソフトパスはいっそう現実味を帯びた．たとえば，ヨーロッパでは再生可能エネルギーの活用が進んでいる．デンマークでは，2001年の総発電量に占める再生可能エネルギーの比率は17％に達している．

次に社会システムの代替案としてのソフトパスの役割をみていく．この側面は，従来ややもすれば無視されてきた．しかし最近になって，新たな動きが出始めている．

それはIT革命によるものである．IT革命は，1990年代半ばに米国で始まった．前米国連邦準備銀行議長グリーンスパンは「われわれは100年に1度か2度の技術革新に遭遇しているかもしれない」と指摘した（1997年）．IT革命は産業革命と並ぶ大革新であるといわれている．つまり社会構造そのものを変えてしまうインパクトをもっている．

産業革命は動力革命であった．ワットの蒸気機関，オットーの内燃機関，マクスウェルの電気磁気学などのように，石炭・石油・電力を使う技術革新によって，社会の生産力が大幅に拡大され，これによって現在の工業化社会が誕生した．つまり工業化社会は，一方で先進国に経済発展をもたらすと同時に，他方で石油や石炭などエネルギー需要の拡大を引き起こした．したがって単純にいえば，今日のエネルギー危機は産業革命に起因するといってもよい．

IT革命によって，工業化社会はIT社会へと変貌を遂げる．この場合重要なのは，社会を動かす基本要因がエネルギーから情報に変わることである．たとえば工業化社会の主要製品を鉄鋼や自動車とすれば，情報化社会のそれはソフトウェアである．付加価値1万円を生み出すために，鉄鋼を生産するのに要するエネルギーと，同額の付加価値を生み出すソフトウェアの生産に必要なエネルギーを比べれば明らかなように，後者のそれは大幅に小さい．つまり少量のエネルギーさえあれば，情報化社会の生産活動は維持できる．

生産様式が，工業化社会からIT社会に転換することで，大きな変化を遂げる．IT社会における新しい生産様式をイェール大学のベンクラーは「コモンに基づくピア生産様式」と名づけている．そこでは石油など化石燃料需要の大幅拡大は本来的に不要になる．またエネルギー供給のネットワークシステムは現在のような大規模供給源から小規模需要家への一方的カスケード配分システムから，需給がローカルで生じ互いに結びつくP2P（peer to peer）様式へと転換を遂げる．これはまさにロビンズが30年前に提案したソフトパスなのである．

〔室田泰弘〕

表1　エネルギーシステムの変化

	工業化社会	IT社会
駆動源	エネルギー	情報
希少な生産要素	物的資本	人的資本
生産組織	株式会社	コモンズ
組織形態	階層型	P2P型
エネルギーシステム	ハードエネルギーパス	ソフトエネルギーパス

文　献

1) ロビンズ，A. 著，室田泰弘，槌屋治紀訳：ソフト・エネルギー・パス，時事通信社 (1979).
2) Lovins, A. *et al*.: Winning the Oil Endgame, Earthscan (2004).
3) Martin, B. : Soft energy, hard politics. *Undercurrents*, No. 27 (1978).
　　www.uow.edu.au/arts/sts/bmartin/pubs/78uc.html

38 鉱物資源

mineral resource

鉱物資源には，対象となる鉱物から目的の金属を抽出して利用する金属鉱物資源と，石灰石や粘土のように，鉱物の形状で利用する無機鉱物資源がある．ここでは主として，金属鉱物資源について述べる．

鉱物は自然界に広く存在し，その集合体が岩石である．そのなかで資源として利用できるのは，目的とする金属などの有価物が産業として利用可能な量以上に含まれているものに限られる．その場合，対象となる岩石は，鉱石といわれる．したがって，資源となるかどうかはその時代の技術水準，社会・経済状況とかかわる．人類は太古の昔より金属鉱物資源をいろいろな形で利用してきたが，消費量は産業革命以降急速に増え，その勢いは，第二次大戦後ますます増大しつつある．その結果，鉱物によっては，優良な資源は近い将来枯渇するのでないかと危惧されるものもある．

天然に存在する鉱石量やそのなかに含まれる金属量を賦存量（埋蔵量）といい，たとえば，銅の場合，金属銅に換算した世界における賦存量は6億5千万t（含有金属量，鉱物便覧，2001年度）程度である．ただ，これらの銅が世界中にまんべんなく存在しているわけではなく，チリに25％，米国に14％，その他は一桁の存在率である（鉱物便覧，2001年度）．このように，鉱物資源の存在には偏りがあり，生産，利用の制約となることがある．

鉱石はきわめて長い時間をかけて生成されたもので，枯渇性資源である．もし，現時点，あるいは，近い将来，われわれがよい鉱石を使い切ってしまうと，次の世代はその恩恵をこうむることができない状況におちいってしまう．現在明らかにされている賦存量を現在の消費量で割った数値である耐用年数は，"寿命"のようなものであるが，表1にあるように，金，銀，銅，亜鉛など，耐用年数は少なくなっている．実際には，鉱石の多くあるところ（鉱床）を新たにみつけることにより，賦存量が増加し，耐用年数の減少が食い止められる場合もある．しかしながら，未探査の場所，採掘しやすい場所が減りつつあることは確かであり，また，対象となる鉱石の質が低下していることも事実である．したがって，耐用年数がすでに少ない金属は，今後，節約しながら有効に利用すること，また，リサイクルを行っていくことが重要である．

〔小林幹男，田中幹也〕

文 献

1) 資源・素材学会資源経済部門委員会編：世界鉱物資源データブック，オーム社，p.13(1998).

表1 主な金属の耐用年数[1]

金属名	耐用年数	金属名	耐用年数
鉄	71	コバルト	148
アルミニウム	202	ニッケル	40
金	20	モリブデン	20
銀	19	マンガン	30
白金族	249	タングステン	66
銅	30	クロム	303
亜鉛	26	バナジウム	286
鉛	24	チタン	68
スズ	37	希土類	1258

鉱物資源の利用と環境

39

utilization of mineral resources and environment

鉱石は鉱山でまず掘り出される（採鉱）。銅鉱石の場合，含有銅量が1％あれば鉱石として利用される。新しい銅製錬システムであるSX‐EW（solvent extraction‐electrowinning）法では，0.1％の銅が含まれている鉱石も稼行の対象となる場合もある。この場合，金属銅を得るにはそれに随伴する何百倍もの岩石・鉱物を取り扱わなければならず，環境破壊につながらないような処理をしなければならない。また，鉱山としての操業が終わった後も，坑排水が湧き出て，そのなかには有害金属が含まれていることがあり，このような休廃止鉱山に対する環境対策も長期的に行う必要がある。銅資源のほぼ全量を輸入しているわが国は，海外での鉱山や生産現場での環境保全に協力する必要があるであろう。

採掘された鉱石は，有価物を多く含む部分（精鉱）と，そうでない部分（脈石）とに分けられる。この工程を選鉱という。鉱石は，まず破砕され，さらに数十〜百μm前後の大きさに粉砕される。その後，浮遊選鉱という方法などにより，精鉱と脈石に分けて回収される。脈石の多くは，鉱山・選鉱工場近くのダムに堆積される。これらの廃滓・鉱滓には重金属も含まれており，環境保全の立場から維持管理が重要である。図1に示すように，精鉱は製錬工程に送られる。一般の乾式製錬工程では溶鉱炉（自溶炉）において分解される。精鉱中には構成成分である硫黄のほかに，無機系不純物が含まれており，無機系不純物はあらかじめ炉に投入されていた石英質や石灰質の鉱物に溶解させ，スラグとして炉外に出される。有価な銅は電炉，精製炉を経て，電解工程へ送られる過程で硫黄と分離され，精製される。その後，電解工程を経て金属に還元され，回収される（電気銅という）。多くの銅金属資源は硫化鉱物として存在しているので，炉で分解する際には硫黄酸化物（SO_x）が発生する。SO_xは，硫酸として回収されるが，漏洩しないように注意が必要である。製錬工程の最後の電解工程での排水の多くは循環利用され，最終的に排出する際には，十分な水処理によって重金属が取り除かれる。一方，製錬工程で発生するスラグは，強度もあり，重金属の溶出も少ないときには，単なる排出物ではなく，工程の副産物としてとらえ，積極的に利用する試みも多くなされている。

この，製錬工程は金属を含む使用済み製品のリサイクルに，重要な役割を果たしている。たとえば，電気電子機器に使用されているプリント配線板は，家電リサイクルセンターで外され，非鉄金属製錬所に送られる。製錬プロセスは多様な金属を処理・抽出することができるポテンシャルを有しており，銅，鉛，貴金属などを再生することができる。

〔小林幹男，田中幹也〕

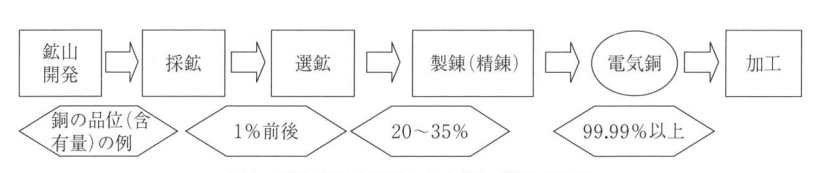

図1 硫化銅鉱を原料とした銅の濃縮工程例

鉱山開発 ⇒ 採鉱 ⇒ 選鉱 ⇒ 製錬（精錬）⇒ 電気銅 ⇒ 加工

銅の品位（含有量）の例： 1％前後　20〜35％　99.99％以上

鉄 iron　40

　鉄は金属のなかで最も広範に,また,大量に使われている.鋼の生産量は,全金属生産量の約95%を占める.一般的な鉄の製造法は次のようである.鉄鉱石（大部分は酸化鉄）に石灰石などを混ぜ焼結,ほぼ均一な大きさにして,コークスとともに高炉に投入する.高炉では,酸化鉄は還元され,炭素分を含む銑鉄となる.銑鉄は転炉に送られ銑鉄中の炭素を酸化除去し,鋼にされ,その後,加工を施される.この一連のプロセスの一例を下記に模式図として示した.製鉄・製鋼工程では,1970年頃から継続的に,生産工程において,排熱利用,副生ガス回収・利用,連続鋳造設備導入など,省エネルギー化や設備の簡素化を通じ,環境対策への取組みがなされてきた.また,製鉄産業から排出されるスラグは,全体として約3600万tも発生するが,セメント原料や路盤材などに有効に使われ,スラグ全体の有効利用率は99%である.

　さらに,リサイクル過程で大量に発生する廃プラスチックの利用を推進している.高炉やコークス炉での廃プラスチックの利用は,全量輸入に頼っているコークス量の低減,大量に発生する廃プラスチックの有効再利用という双方の視点から非常に期待されている.他産業起源の廃棄物・使用済製品を原料として受け入れるという異種分野産業間連携の実施例の一つである.

　一方,製鉄産業における鉄源が変化しつつある.酸化鉄としての鉄鉱石を還元する必要があるのに対し,いったん金属になっている使用済鉄の利用はエネルギー的にも効率的であり,エネルギー消費量は1/3ですみ,そのぶんCO_2の発生量も少なくなる.日本において,使用済自動車などから発生する鉄スクラップからの粗鋼の生産量は粗鋼生産量全体の約35%になっている.一般に,原料として金属鉄を利用する場合,電炉（電気炉）がよく用いられ,鉄鋼生産プロセスに占める電炉プロセスの役割が増大しつつある.

　また,鉄そのものの高強度化という技術開発も行われている.同じ鉄の量でも,機能を増すことができる.あるいは,同じ機能をもたせるのにもっと少ない鉄使用ですむ.これらは,資源の節約につながる重要な研究開発である.

〔小林幹男,田中幹也〕

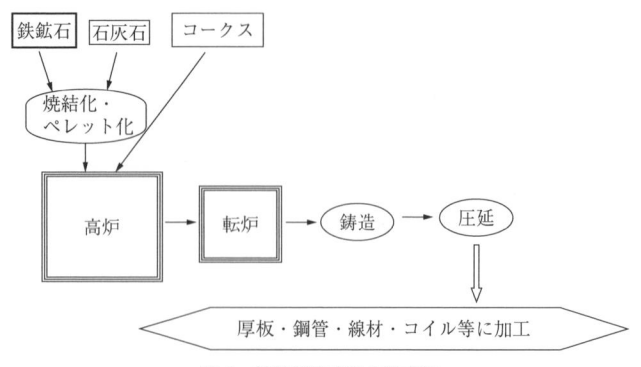

図1　鋼鉄製造工程の模式図

II.　資源・エネルギーと環境

41 非鉄金属

nonferrous metal

　非鉄金属とは，広義には鉄以外の金属のことを指すが，とりわけ，アルミニウム，銅，亜鉛，鉛など，鉄以外で比較的大量に使用する金属のことを指し，希少金属（レアメタル）と区別する場合もある．

　非鉄金属のなかで最も多く使用されているのはアルミニウム（約420万t，2000年）である．軽量で錆びにくいなど構造材として非常に優れた性質を有している．ただ，鉱石からのアルミニウム生産には多量のエネルギーが必要であり（電解工程），わが国では，現在，ほとんど地金として輸入している．アルミニウムの場合，使用済アルミを原料にすると，鉱石から製造するのに対して，3.4％のエネルギー消費ですみ，リサイクルの大きな利点である．アルミ缶のリサイクル率は83.1％（2002年）で他の使用済製品に比較して高いのは理にかなっている．

　次によく使われているのは銅である．現在，日本には銅鉱山は存在しないが，輸入した精鉱（選鉱工程を経た銅硫化鉱）を製錬しており，銅生産量は世界で第3位（約144万t，2000年）である．非鉄金属のなかでは，銅は市場価格が高く，以前から再生利用のルートもあり，リサイクル率は70％と高い．銅製錬所では，精鉱とともに，プリント配線板のような複雑組成の使用済製品も処理し，金属の回収を行っている．

　亜鉛も現在はほとんどが輸入である．メッキ，表面処理に利用され，製品としては自動車用メッキ鋼板などがある．メッキ（膜）として使われ，バルク（塊）として使われることが少ない，メッキに利用された亜鉛は溶出してしまう，価格が比較的安いなどの理由から，リサイクルはあまり進んでおらず（約20％，1997年），枯渇が心配な金属の一つである．

　鉛はその有害性が問題視され，はんだや自動車用材料などでその代替化が進められつつある一方，自動車用バッテリーとしては依然として多用されている．自動車用鉛バッテリーの場合，すでにリサイクルシステムが存在し，リサイクル率は95％以上とされる．表1は，使用済鉛の回収・再利用が，利用分野によって大きく異なることを示している．はんだや塗料などは，使用済になった後，環境に拡散しやすいことから，鉛の回収率は低い．今後，安定したリサイクルシステムと一体となった利用方法の構築と鉛代替化を進める必要がある．

〔小林幹男，田中幹也〕

文　献
1) 廃棄物減量化のための社会システムの評価に関する調査研究報告書，クリーン・ジャパン・センター（2003）．

表1 鉛含有使用済製品からの排出鉛量，回収鉛量，回収率推定値（2000年）（単位：千t）[1]

排出分野	排出形態	排出鉛量	回収鉛量	回収率（％）
蓄電池	自動車，電源供給	166	158	95
電線被覆鉛	地下ケーブル被覆	5	5	100
はんだ	基板など	20	0	0
無機薬品	ブラウン管のガラス，塗料，顔料	36	0	0
鉛管板	水道管，放射能遮蔽板	11	0	0
その他	ガソリンタンク，重り，フライフォイール，弾丸	30	0	20
	電気炉ダストから回収		6	
合　計		268	169	63

貴金属と希少金属

precious metals and rare metals

一般に,貴金属とは,金,銀,白金族元素のことをいい,白金族元素には,白金,ロジウム,パラジウム,イリジウム,ルテニウム,オスミウムが含まれる。希少金属はレアメタルともいわれ,コバルト,ニッケル,タングステン,モリブデン,ニオブ,タンタル,レアアース類など,存在量が少ない金属や,比較的多く存在しても,そこからの金属の取出し(精錬あるいは精製)が困難な金属をいう。

貴金属は通常の状態では周囲の影響を受けにくく,また,劣化が少ないことから,貨幣や装飾品として古くから多用されてきた。最近では,固有の優れた機能を利用して,電子材料や触媒の分野などで機能材料として大いに使用されている。

金は導電性がきわめてよく,電子・通信機器の配線基板などに使われている。天然の金鉱石は1t当たり数十gの金を含むとされるが,ここでは携帯電話1tには金が280gも含まれている例を示す[1]。これは,携帯電話リサイクルによる金の再生が非常に重要であることを示している。

自動車排ガス処理において,白金-パラジウム-ロジウム系の触媒が利用されている(白金:約1000 mg/kg,パラジウム400 mg/kg,ロジウム 約100 mg/kg)[2]。また,燃料電池においても,白金が電極・触媒として期待されている。

希少金属(レアメタル)には,それぞれ優れた機能を有したものが多い。ニッケルやコバルトはニッケル水素電池やリチウムイオン電池(電極にコバルトが使用されている)などの二次電池に利用されている。また,インジウムは液晶パネルに必須の透明電極の材料としてその需要量は年々増大している[3]。このほか,タンタルは近年コンデンサ用途の需要増加が著しい[4]。

一方,貴金属,希少金属には,資源的には非常に希少なものが多く,耐用年数が20年という金など,枯渇の危険性のあるものも多い。このような貴重な資源を持続的に利用するにはリサイクルの推進が必要である。貴金属類のリサイクルは現在も盛んに行われているが,レアメタルの場合,早急にリサイクル技術・システムを開発する必要がある。たとえば,燃料電池で,白金の使用量をできるだけ少なくしつつ,同様の機能を発現するための技術開発,あるいは,白金の代替金属を使ったシステムの開発などの研究が進められている。

〔小林幹男,田中幹也,成田弘一〕

表1 携帯電話には貴重な金属が多く含まれる[1]

	携帯電話1tに含まれる金属の量	携帯電話1台に含まれる金属の量	1台当たり金額換算
金	280 g	0.02 g	53 円*
	端子や部品の接点に多く含まれる		
銀	2 kg	0.14 g	7 円*
	コンデンサーの外側などに多く含まれる		
銅	140 kg	9.8 g	10 円*
	配線板全体に広く使われる		
パラジウム	140 g	0.01 g	16 円*
	コンデンサー内部に使われる		

*:2007年7月現在。

文 献

1) 宮坂賢一:日経エコロジー,9月号,p.40 (2000).
2) 池田 収:化学と工業,**55**,1103 (2002).
3) NEDO 平成17年度成果報告書:廃棄物資源の再資源化・集積化のためのグローバルモデル構築に関する先導調査(2006年3月).
4) JOGMEC 平成17年度情報収集事業報告書:鉱物資源マテリアル・フロー2005(2005年12月).

III

大気環境と化学

大気の組成

43

composition of air

a. 大気層と主要成分 図1に示すように，地上からおよそ10 kmまでの大気層では高度とともに温度が低下し，自由対流が活発に起こっているので対流圏と呼ばれている．その上層の大気層（約50 kmまで）は成層圏と呼ばれ，ここでは温度は高度とともに上昇する．大気の質量の約85%は対流圏にあり，その残りの大半は成層圏にある．

対流圏大気の主要組成は窒素（N_2：約78%），酸素（O_2：21%），アルゴン（0.9%），水蒸気（H_2O：平均で0.5%程度．場所，季節により変動が大きい）であり，二酸化炭素（CO_2）は370 ppm程度である．O_2は藻類などの光合成により生成され，約4億年前に現在の濃度に達している．大気中にガスとして，その大部分が存在する窒素は，生物によるN_2の固定，硝化作用，脱窒作用により，地球規模で循環している．

b. 微量成分 ppm（1/百万）以下の濃度でしか存在しない大気微量成分には，メタン（CH_4：1.7 ppm），一酸化二窒素（N_2O：380 ppb），オゾン（O_3：数十ppb），一酸化炭素（CO：数十ppb），炭化水素類，二酸化硫黄（SO_2），窒素酸化物（NO_x），クロロフルオロカーボン（CFCs），有機塩素化合物などのガス状物質や海塩，土壌，硫酸塩，炭素などからなるエアロゾル（粒子状物質）がある．

本章で述べる大気環境問題の多くは，これらの大気微量成分が主要な原因，役割をになっている．

c. 微量成分の発生と生成 これらの大気微量成分の発生源と発生・生成の原因は，(a)自然，(b)人為と(c)人為・自然の三つに分けられる．(a)には，火山などから発生する粒子状物質やSO_2，硫化水素などのガス，土壌粒子，砂じん，海洋から飛散，生成する海塩粒子，有機硫黄化合物（CH_3SCH_3など）や，動植物の活動，腐敗や発酵などによるガス（CH_4，NH_3など）などがある．(b)は，エネルギー・資源の生産・使用，各種産業の製品製造・加工の工程，農業・畜産などや消費活動で発生する．石炭，石油などの化石燃料の燃焼では，CO_2，CO，SO_x，NO_x，炭化水素，ばいじんなどが発生する．鉱石などの焼結，ばい焼や物の分解，反応などでは，これら以外に，原材料から発生する粉じん，ヒュームなどにSi，Al，Fe，Mn，Pb，Cd，Ca，Mg，Ni，Baなどの金属あるいは酸化物が含まれている．塗料，インキなどの溶剤や半導体，機械金属部品などの洗浄剤として使用される炭化水素類，有機塩素化合物などは，使用・消費過程で大部分が大気中に放出される．(c)は，自然あるいは人為的に排出された物質が環境中で物理的・化学的に変化して生成する物質であり，環境汚染に関与する物質である場合には二次汚染物質と呼ばれる．O_3と微小粒子状物質は代表的な二次汚染物質である．

〔指宿 堯嗣〕

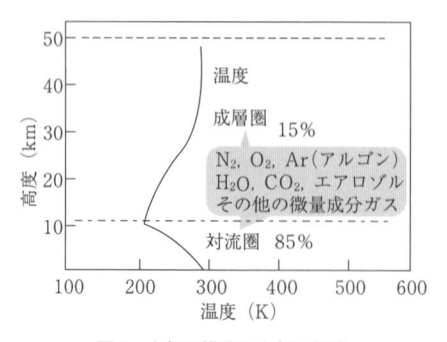

図1 大気の構造と大気の組成

成層圏の化学

chemistries in the stratosphere

a. オゾン層の形成 高度 20 km 以上の成層圏大気では，酸素分子（O_2）は 240 nm 以下の光を吸収して，二つの酸素原子（基底状態）を生成し，O は O_2 と迅速に反応して O_3 が生成する．

$$O_2 + h\nu \rightarrow 2\,O(^3P) \quad (1)$$
$$O + O_2 \rightarrow O_3 \quad (2)$$

O_3 は 250 nm 付近に極大をもつハートレー（Hartley）吸収帯に相当する紫外線を吸収して分解する．320 nm よりも短い波長の光では，励起状態の $O(^1D)$ が生成し，それより長い光では基底状態の $O(^3P)$ が生成するが，生成した O は O_2 と反応して O_3 を再生する．

$$O_3 + h\nu \rightarrow O(^1D)/O(^3P) + O_2$$
$$[O(^1D) \rightarrow O(^3P),\ O(^3P) + O_2 \rightarrow O_3] \quad (3)$$

O_3 の消失は，O_3 と O との反応により起こる．

$$O + O_3 \rightarrow 2\,O_2 \quad (4)$$

反応(1)と反応(3)に有効な光の波長と強度は高度に依存している．チャップマン（Chapman）がこれらの反応に基づき計算した O_3 濃度の高度分布は，観測された分布（高度 20 km から 30 km の間に極大）と定性的には一致するが，濃度は観測値の 2 倍以上という結果であった．

b. オゾンの連鎖的分解反応 このため，反応(4)以外の O_3 分解メカニズムがあると推定され，下記の三つの化学反応が O_3 の分解にかかわることが明らかになった（図 1）．(1) ClO_x サイクル：海洋の微生物などが生成する CH_3Cl が成層圏に輸送され，紫外線で分解されて Cl 原子が放出される．Cl は O_3 と反応して，ClO に

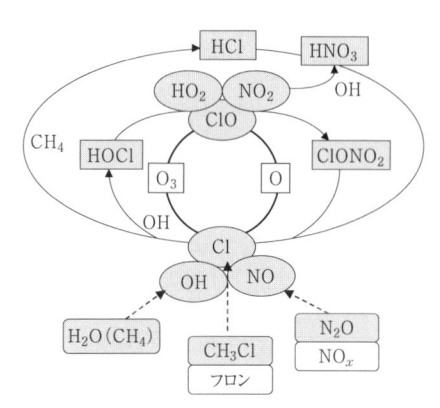

図 1 成層圏における化学反応（オゾンの生成・消滅過程）

なるが，ClO は $O(^1D)$ と反応して Cl が再生する．すなわち，Cl と $ClO(ClO_x)$ による O_3 の連鎖的な分解反応が起こり，大量の O_3 が消失する．(2) HO_x サイクル：成層圏に混合比で数 ppm 存在する水蒸気が，$O(^1D)$ と反応して OH（ヒドロキシルラジカル）が生成する．OH と HO_2（ヒドロペルオキシラジカル）で構成される HO_x サイクルで大量の O_3 が分解される．(3) NO_x サイクル：対流圏で分解しない N_2O が成層圏に輸送され，$O(^1D)$ と反応して NO が 2 分子生成する．NO と NO_2 で O_3 を連鎖的に分解する反応，NO_x サイクルが形成される．

図 1 に示す四角で囲った化合物（HCl，HNO_3，$ClONO_2$，HOCl）は，成層圏で比較的安定である．$Cl + CH_4 \rightarrow HCl + CH_3$，$ClO + NO_2 \rightarrow ClONO_2$ の反応は，それぞれ ClO_x サイクル，NO_x サイクルを停止する役割を果たす．図に示すフロンは，成層圏への新たな Cl 供給源であり，超音速ジェット機は成層圏の NO 濃度を増加させて，成層圏の O_3 消失を加速する（→ 59．フロンによる成層圏のオゾン層破壊）．

〔指宿 堯嗣〕

45 対流圏の化学

chemistries in the troposphere

大気中での化学反応を考えるとき，まず重要なのは反応条件である．地表面の平均温度は約15°Cであり，熱帯砂漠地域でも50°Cを超えないので，対流圏におけるガスどうしの反応（気相均一化学反応）は，反応性の高い化学成分，たとえばラジカルが関与する反応が主体となる．なお，大気中の雲，霧，雨が反応の場となる水滴中化学反応および粒子状物質や土壌が反応の場となる気固不均一化学反応については「56. 酸性雨」の項に記述する．

a. OH の生成 対流圏には 300 nm 以上の光しか存在しないので，O_2 の光分解反応は起こらない．対流圏化学反応の主役は，波長 300〜320 nm の光による O_3 の分解反応で生成する $O(^1D)$ と H_2O（水蒸気）の反応で生成する OH である．

$$O_3 + h\nu \rightarrow O_2 + O(^1D), \quad O(^1D) + M \rightarrow O(^3P) + M, \quad O(^1D) + H_2O \rightarrow 2OH$$

$O(^1D)$ に定常状態を仮定し，対流圏の H_2O 濃度，O_3 濃度，O_3 の光解離速度と量子効率を用いて計算される OH の生成速度から，対流圏の平均 OH 濃度は $10^5 \sim 10^6$ molecule/cm^3 と推定された．まだ十分に正確ではないが，測定値もこのオーダーであり，大気中の 1,1,1-トリクロロエタン濃度と大気への放出量から推定した対流圏大気中の OH 平均濃度とも近い値である．OH は O_3 よりも強い酸化剤であり，大気中のほとんどの微量成分を酸化する．それらの反応速度（実験値）を表1に示す．

b. OH と炭化水素の反応 図1にエタン（CH_3CH_3）の例を示す．エタンからの水素引き抜きで生成した，エチルラジカル（CH_3CH_2）は O_2 とただちに反応して，パーオキシエトキシラジカル（$CH_3CH_2O_2$）（RO_2）が生成する．このラジカルは NO を酸化し，エトキシラジカル（CH_3CH_2O）（RO）と1分子の NO_2 が生成する．CH_3CH_2O の水素が O_2 で引き抜かれ，CH_3CHO（アセトアルデヒド）と HO_2 が1分子ずつ生成する．一方，CH_3CH_2O の炭素-炭素結合が切れて，CH_3（メチルラジカル）と HCHO が生成する反応も起こる．CH_3 はエチルラジカルと同様に O_2, NO と反応して，NO_2 1分子，HCHO 1分子と HO_2 1分子を生成する．生成した HCHO は OH と反応（HCHO+OH → CHO+H_2O），または光分解（HCHO+$h\nu$ → CHO+H）して，HO_2 と CHO が生成する．CHO は O_2 と反応して CO と HO_2 を生成するので，結局，HCHO 1分子は

表1 種々の化学成分と OH との反応速度定数（k：10^{-13} cm$^3 \cdot$ molecule$^{-1} \cdot$ s^{-1}, 25°C）

汚染物質	k	汚染物質	k
CO	1.3	CH_3COOH	8.0
NO_2	670	CH_4	0.06
NH_3	1.6	C_2H_6	2.5
SO_2	20	C_3H_8	11
CH_3SH	330	C_2H_4	90
H_2S	48	C_3H_6	300
HCHO	92	CH_3CCl_3	0.1
CH_3CHO	200	$CHCl=CCl_2$	21
CH_3OH	7.9	C_6H_6	10
C_2H_5OH	1.6	トルエン	61

0.5分子のOHを消費して，1.5分子のHO$_2$と1分子のCOを生成する．HO$_2$はNOと反応してNO$_2$とOHを生成するので，エタン1分子は3分子のNO$_2$と1分子のCOをこの連鎖反応で生成する．COからは1分子のNO$_2$が生成するので，エタン1分子は結局，4分子のNOを酸化して4分子のNO$_2$を生成する．NO$_2$が光分解して，生成するO(^{3}P)はO$_2$と反応してO$_3$を生成するので，エタン1分子は4分子のO$_3$を生成することになる．

NOとNO$_2$のみが存在する大気では，O$_3$濃度はNO$_x$の初期濃度を超えることがないが，炭化水素，COが共存するとO$_3$濃度が大きくなる，すなわち光化学スモッグが発生する．表1から，炭化水素では，アルカン類＜芳香族類＜アルケン（オレフィン）類の順に，OHとの反応速度は大きく，また，同じ種類のなかでは炭素数が増えるほど速度が大きくなる傾向がある．個々の炭化水素のO$_3$生成能力もOHとの反応速度に一致する．なお，トリクロロエチレンのように炭化水素の水素が塩素などで置換されると，OHとの反応速度は小さくなり，塩素，フッ素で完全に置換されたフロン類は，OHとほとんど反応しない．

c．気相均一化学反応の生成物 図1には，硝酸エステル（CH$_3$ONO$_2$）の生成，CH$_3$CHOからのパーオキシアシルナイトレート（PAN：CH$_3$COO$_2$NO$_2$）の生成が示してある．PANは光化学オキシダントの一つであり，常温で比較的速く分解する（→CH$_3$COO$_2$＋NO$_2$）が，温度の低いところ（中・上部対流圏）では寿命が長く，NO$_x$を長距離輸送する媒体になる．

有機化合物の種類によってさまざまな中間生成物が生成する．たとえば，トルエンの場合には，OHの二重結合への付加に始まる反応で，クレゾールやニトロトルエンが生成し，一方，メチル基の酸化でベンゾアルデヒドが生成する．これらの生成物は，トルエンよりも蒸気圧が低く，水に溶けやすいために，大気中で粒子化しやすく，また粒子状物質に取り込まれやすい．都市大気中のエアロゾルに含まれる有機炭素化合物を分析すると，炭化水素類，とくに環状アルケン類（ガソリン，軽油などに含まれる炭化水素類のほかに，ピネンなどの天然有機化合物もある），アルカジエン類（イソプレンは天然アルカジエン類の代表），側鎖に二重結合をもつ芳香族炭化水素類がOHおよびO$_3$による酸化反応で生成するジカルボン酸やその誘導体や芳香族カルボン酸が見いだされる．

〔指宿堯嗣〕

```
         CH₃CH₃
            ↓ OH
         CH₃CH₂
            ↓ O₂
         CH₃CH₂O₂ (RO₂)
            ↓ NO
         CH₃CH₂O (RO)
           ↙  ↓ O₂  ↘
        HCHO      CH₃CHO
         +    +      ↘ OH
        CH₃  HO₂    CH₃CO
         ↓ O₂         ↓ O₂
        CH₃O        CH₃COO₂
       ↙ ↘ NO₂        ↓ NO₂
   HCHO+HO₂ CH₃ONO₂  CH₃COO₂NO₂
                       (PAN)
```

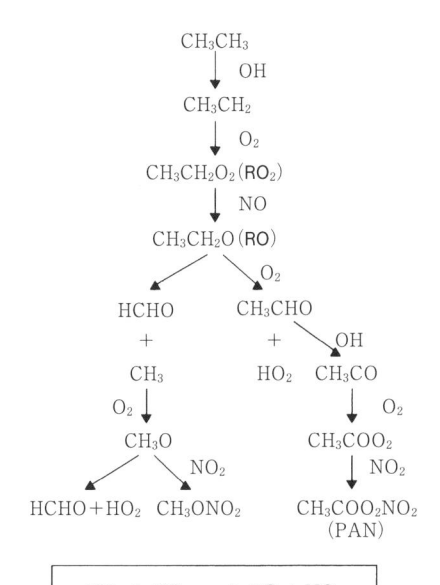

$$RO_2 + NO \longrightarrow RO + NO_2$$
$$HO_2 + NO \longrightarrow OH + NO_2$$

図1 OHと炭化水素（エタンを例とする）の気相均一化学反応のメカニズム

大気環境問題の変遷

history of atmospheric environmental issues

わが国の大気環境問題は表1に示すように，産業消費活動の変化に伴って，変わってきた．

明治以降の近代化に伴い，鉄，非鉄金属，セメント，紙・パルプ，肥料などの化学製品などの基幹製品製造が活発になるとともに，大気公害問題が発生した．銅の製錬では大量の二酸化硫黄（SO_2）が排出され，新居浜・四阪島，日立など発生源近傍では農作物被害，呼吸器疾患が増加し，社会問題となった．また，都市域に工場の多いセメント製造では大量の粉じんが排出され，住民からの苦情，抗議がなされた．

日本のエネルギー供給量は，1940年には総供給量 1250×10^8 kWh（1900年の約2倍）となり，60％が石炭によるものであった．石炭燃焼により大量のばいじんと硫黄酸化物（SO_x）が排出され，1930年代の浮遊粉じん濃度は住宅地域で 0.73 mg/m^3，工業地域で 1.00 mg/m^3であった．

第二次大戦後の経済停滞を脱して，エネルギー供給量は増加し，1968年（供給量 7900×10^8 kWh）には石油が63％，石炭が25％の構成になった．SO_x排出量は，約500万t（SO_2換算）と急増し，大気中 SO_2濃度は，東京・神奈川で年平均値が0.06 ppmのピークに達している．このころ，北九州の大規模コンビナートから排出される大量のばい煙は，「七色の煙」と呼ばれ，一方，四日市では，ぜん息症状を訴える地域住民が増え，「四日市ぜん息」と呼ばれる代表的な公害病が発生した．

1970年代に入ると，集じん装置導入によって，ばいじん排出量が低減し，降下ばいじん，浮遊粉じんの大気中濃度は減少した．また，高煙突化，重油の脱硫（低硫黄化）と排煙脱硫装置の導入などによって，SO_xの排出低減が進み，大気中の SO_2濃度も急減した．1970年代の特徴は，モータリゼーションの進行であり，鉛と一酸化炭素（CO）の大気中濃度が増加した．70年の牛込柳町鉛中毒事件が有名であるが，ガソリンの無鉛化により，5年後には大気中濃度が急減した．COについては，国設自動車排出ガス測定局における年平均値は1970年に5.2 ppmまで急増したが，CO規制によって，急減している．現在も問題になっている窒素酸化物（NO_x）の濃度が上昇し始めたのも60年代後半である．73年に自動車排ガス中 NO_xの規制が開始されて，NO_2濃度はやや下降したが，その後，30 ppb強で横ばいの状態が続いた．

最近，注目されているものに，有害大気汚染物質による環境汚染がある．ベンゼン，トリクロロエチレン，テトラクロロエチレン，ジクロロメタンなどは溶剤，洗浄剤などとして使用され，ガソリンスタンドや塗装，印刷，洗浄などを行う事業所が発生源である．光化学オキシダント濃度の低減を目標として，揮発性有機化合物（VOC）の排出抑制が2006年に開始されている．

〔指宿堯嗣〕

表1　わが国の産業消費活動と大気汚染の変遷

年代：主要な産業	主な大気汚染物質
1900年以降：鉄，非鉄金属，セメント，紙・パルプ	硫黄酸化物，ばいじん，粉じん
1960年以降：石油化学	硫黄酸化物，ばいじん，窒素酸化物
1970年以降：自動車，各種製品の製造，製品の使用（消費），製品の廃棄	鉛・一酸化炭素，浮遊粒子状物質，窒素酸化物，光化学オキシダント，揮発性有機化合物，有害大気汚染物質

ロンドンスモッグ事件
―― 石炭燃焼による大気汚染

London smog episode
—air pollution due to coal combustion

a. スモッグ発生と健康被害　1952年12月4日の昼頃から，ヨーロッパ大陸方面の寒気団が英国に移動して，ロンドンのテームズ渓谷上空に強い温度逆転層が形成された（温度逆転層では，地上の気温よりも100mから200m程度上空の気温が高くなり，粒子状物質，二酸化硫黄（SO_2）などの上空への拡散が抑えられる）．5日の朝にはひどいスモッグ（濃煙霧）がロンドン市内全域を覆い，粒子状物質濃度（約1.5 mg/m³）は通常の値の十数倍に，SO_2濃度（約0.7 ppm）は6倍に達した．

4日間のスモッグ期間中，呼吸困難，チアノーゼなどの症状を訴える人が多数あった．その後，行われた調査により，この期間を含めた数週間の死亡者数は，例年の同時期に比べて約4000人も多いことが判明した．死因の多くは，慢性気管支炎，気管支肺炎，心臓病であり，死亡者の多くはぜん息などの慢性呼吸器疾患をもつ高齢者であった．

b. 原因物質　図1に，1955年の11月から1956年5月の期間における粒子状物質とSO_2の大気中濃度を示す[1]．冬季における大気中のSO_2濃度は平均で0.2 ppm程度，浮遊粒子状物質の濃度は0.3 mg/m³程度であり，1月にはSO_2濃度が0.5 ppm以上，浮遊粒子状物質濃度が2.8 mg/m³を超える日があった．図1には，浮遊粒子状物質とSO_2の大気中濃度に加えて，「病気の程度」（degree of illness：胸部疾患の患者187人が病状の増悪を感じた割合）がプロットしてある．この「病気の程度」は大気汚染が最も深刻であった日に0.8 という最大値となっており，SO_2，浮遊粒子状物質の濃度変動と高い相関が示された．呼吸器疾患をもつ患者が，SO_2と粒子状物質による大気汚染の状況変化に非常に敏感に反応したことがわかる．ロンドンスモッグ事件の10年後（1962年），ロンドンにおける浮遊粒子状物質の濃度は大きく減少し，年平均値は0.1 mg/m³程度となったが，SO_2濃度の減少は20%程度であり，年平均値で0.08 ppmであった．大気質の改善の結果と思われるが，1年の死亡者数は700名程度に減少した．

c. 日本でのスモッグ　ロンドンスモッグに相当する大気汚染が東京，大阪などで1950年代後半から1960年代半ばに起こった．主な原因は石炭の燃焼であり，東京ではスモッグ発生日数が1960年に冬季を中心に年間60日あり，SO_2濃度の年平均値は $1.0\ \mathrm{mgSO_2 \cdot 100\ cm^{-2} \cdot 日^{-1}}$（約0.06 ppmに相当），浮遊粒子状物質濃度はおよそ0.4 mg/m³（推定値）であった[2]．

〔指宿堯嗣〕

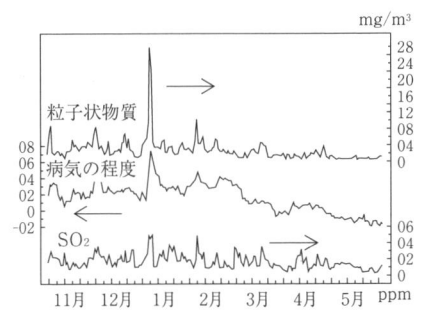

図1　ロンドンにおけるSO_2と粒子状物質濃度および病気の程度

文献
1) Lawther, P. J.: Some recent topics in air pollution and health in London. 10 th Annual Meeting of JSAP, Tokyo (1969).
2) 大気環境学会資料整理研究委員会：日本の大気汚染の歴史, pp. 80, 公健協会 (2000).

48 四日市ぜん息

Yokkaichi asthma

a. 四日市ぜん息の発生 1959（昭和34）年に三重県四日市市塩浜の国有地に，巨大な石油化学コンビナートが完成した．中近東産の硫黄分の多い原油を燃料，原料として大量に使用したことから，大気に排出される硫黄酸化物（SO_x）の量は年間10万t以上と推定された．コンビナート操業開始直後から，コンビナートに隣接する住宅地域（磯津地区など）の住民から，ばい煙，刺激臭，騒音・振動に対する苦情が出された．第2コンビナートが操業を開始した1963年以降，患者数はますます増加し，けいれん性の呼吸困難と閉塞性肺疾患による患者の死亡率が高く，高濃度SO_xが主原因と考えられる公害病として，「四日市ぜん息」と呼ばれている．

b. 原因と対応 1963年に，溶液導電率法に基づく大気中SO_2濃度の連続自動計器が，わが国ではじめて，磯津地区に設置された．SO_2濃度のデータから，磯津地区におけるSO_2高濃度汚染の発生が，煙源からの排ガスが十分に拡散しない状態で着地して汚染を引き起こす，いわゆる「疾風汚染」によることが解明された．1968年11月から行われた政府による四日市の大気汚染特別調査では，コンビナートで使用される燃料の90％以上が石油系であること，建設時に住宅地・緑地と工場との配置が季節による風向などの気象条件を考慮していなかったことが指摘された．公害対策の方向として，①計画段階から公害の未然防止に向けた強力な行政指導が必要，②工場と住宅の混在を避けた都市計画，③SO_x，悪臭ガスの防除技術開発の促進，④大気汚染原因物質の分析基準確立

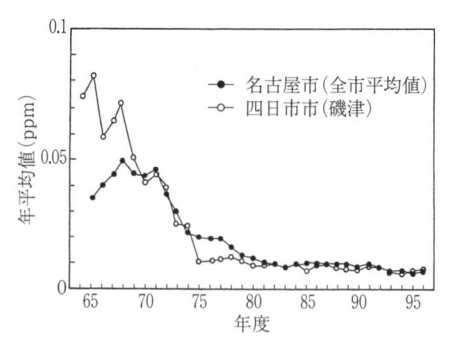

図1 名古屋市と四日市市における二酸化硫黄年平均値の推移
名古屋市の1965～71年および四日市市の1964～68年はそれぞれ年次平均を示す．

と測定網の整備，などが示された．いずれも，現在の環境アセスメントの実施，環境モニタリングネットワークの確立，排煙脱硫，脱硝装置等の普及，などにつながっている．

c. SO_2濃度の低減 四日市市磯津地区の大気中SO_2濃度（年平均値）の推移を図1に示す．1965年度の年平均値0.083 ppm（全国平均値は0.058 ppm）をピークとし，1968年度（0.073 ppm）まで高濃度が続いた．この間，公害による患者数が増加し，1967年にはコンビナートの6社に対して，公害病認定患者が共同不法行為責任を主張する損害賠償訴訟を起こした．1972年に原告側の全面勝訴となったこの裁判の結果は，翌1973年の公害健康被害補償法の成立など，その後の公害対策に強い影響を与えている．

四日市のSO_2濃度は1969年には0.05 ppmとなり，排煙脱硫装置の導入が開始された1970年度以降は急速に濃度が低下し現在は0.006 ppmとなっている．

〔指宿堯嗣〕

文 献
1) 大気環境学会資料整理研究委員会：日本の大気汚染の歴史，pp.97，公健協会（2000）．

鉛汚染
——牛込柳町鉛中毒事件
pollution by lead
—lead poisoning matter at Ushigome Yanagicho

a. モータリゼーションと鉛 昭和40年代の高度経済成長に伴い, 自動車の保有台数は, 1965年の約800万台から1970年に1900万台, 1975年には2900万台と急激に増加した. 当初の自動車用ガソリンは軽質ナフサに近いもので, オクタン価は60前後であり, ノッキングなどが起こりがちであった. このため, オクタン価を80程度にするための向上剤あるいはアンチノッキング剤として四エチル鉛 ($(C_2H_5)_4Pb$) などのアルキル鉛がガソリンに添加されていた. 四エチル鉛そのものも毒性のある化学物質であるが, エンジンでの燃焼によってアルキル鉛の大部分は酸化鉛として大気中に排出された.

b. 鉛中毒? 1970 (昭和45) 年5月, 東京都新宿区牛込柳町で民間団体が実施した集団検診により, 多数の者が鉛中毒と診断されたという結果が報道され, 大きな社会問題になった. 東京都はただちに大気中鉛濃度の調査を行い, その第一次調査では, 牛込柳町交差点周辺で $4.1\mu g/m^3$, 後背地で $1.4\mu g/m^3$, 第二次調査では, それぞれ $3.1\mu g/m^3$, $1.4\mu g/m^3$ という結果を得た. さらに, 東京都では牛込柳町周辺の住民, その後, 都内各地において健康影響調査を実施した (延べ2000名以上). 各種の鉛中毒臨床検査, 血中・尿中鉛分析の結果, 1名の鉛中毒患者も発見されなかった. なお, 血中・尿中鉛濃度とも大気汚染の激しい地域の住民ほど高く, 人体が大気中の鉛で汚染されたことは示唆された.

c. 対策 (ガソリンの無鉛化) の効果 本事件を契機として自動車用ガソリンへのアルキル鉛添加の規制が検討され, 1975

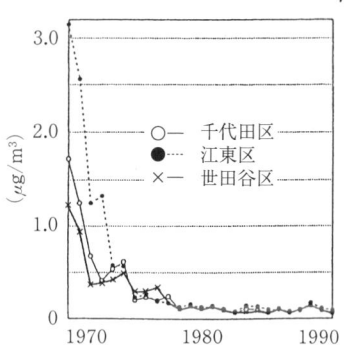

図1 東京都内 Pb 濃度の経年変化

年には大気汚染防止法に基づき, レギュラーガソリンへのアルキル鉛の添加が禁止された. この規制に対応して, 石油精製事業者は, オクタン価のより高い炭化水素をガソリン基剤に加えること, MTBE (メチルターシャリーブチルエーテル) など新たな添加剤を開発・使用することで, オクタン価80前後のレギュラーガソリンを製造し, 市場に供給した. オクタン価が90～100のプレミアムガソリンについても無鉛化が進められ, 80年頃にはガソリンの完全無鉛化が実現した. 世界的にみると, 2002年の時点で, 約50カ国で有鉛ガソリンが, まだ, 使用されている. 鉛はガソリン自動車排出ガス浄化触媒の性能を著しく劣化させるため, 自動車製造業界も有鉛ガソリンの全世界市場からの早期排除を求めている.

図1には, 東京都の3カ所 (千代田区:商業地区, 江東区:工業地区, 世田谷区:住宅地区) における大気中鉛濃度の経年変化を示す. ガソリンの低鉛化, 無鉛化によって, 大気中鉛濃度が急激に減少し, いずれの地区でも $0.2\mu g/m^3$ 以下になっている.

〔指宿堯嗣〕

文 献
1) 大気環境学会資料整理研究委員会:日本の大気汚染の歴史, pp.85, 公健協会 (2000).

50 ロスアンジェルス事件，東京光化学スモッグ事件
Los Angeles episode,
Tokyo photochemical smog episode

a．ロスアンジェルス事件 1955年の8月末から9月はじめにかけて，ロスアンジェルス市で起こった高齢者を中心とする死亡者の増加は，この期間，発生していた高度の大気汚染によるものではないかと考えられた．分析の結果，原因はこの間続いた37℃以上の高温による可能性が強いとされたが，当時，光化学スモッグ汚染が激しかったことをうかがわせるエピソードとして知られている．米国ではこの大気汚染に関する研究が早くから行われており，ハーゲン-スミット（Haagen-Smit）らは，1952年に，オキシダント（O_x）の発生が窒素酸化物（NO_x）と非メタン炭化水素（NMHC）の濃度に依存することを指摘している．

b．東京光化学スモッグ事件とその後 わが国で光化学スモッグが大きな話題になったのは1970年の7月18日である．屋外で運動中の中学生・高校生を中心に，目やのどへの刺激症状，せき，呼吸困難，頭痛などが訴えられ，一部の生徒にはけいれん発作，意識障害がみられた（総被害届出人数：都内で5200人，埼玉で407人）．当日のO_x濃度は午前10時頃に0.15 ppmを超え，昼前後には0.28 ppmに達した．一方，NO_2濃度は日の出前に0.15 ppmの最大濃度であったものが，O_x濃度上昇とともに急激に低下するという，典型的な光化学スモッグ生成時のパターンを示した．眼の刺激症状はO_xの9割以上を占めるオゾン（O_3）などによるものと考えられるが，けいれん，意識障害などについては原因が明らかになっていない．以後，関東，関西地域を中心として1975年まで全国で毎年

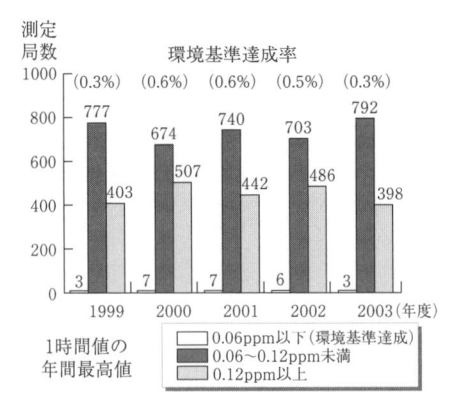

図1 光化学オキシダント濃度レベルごとの測定局数の推移（資料：環境省『平成15年度大気汚染状況報告書』より作成）（一般局と自排局の合計）

300件内外の光化学スモッグ注意報が発令される状態が続いたが，1977年以降，注意報発令延べ日数は百数十日以下となった．しかし，2000年に259日（被害届出人数1479人）を記録し，以降，200日内外の発令延べ日数が続いている．図1に示すように，O_xにかかわる環境基準（1時間値が0.06 ppm以下）を達成している測定局の割合は，最近の5年間でも0.3～0.6％という低い値で推移している．

「45．対流圏の化学」に述べたようにO_x生成には，NO_xと，非メタン炭化水素（NMHC）の種類と濃度，NO_xとNMHC濃度の比や日射強度，大気安定度，温湿度などの気象条件が関係する．これらを組み込んだ光化学スモッグの予報モデルが作成され，利用されている．また，自動車排出ガス対策の強化と揮発性有機化合物排出低減対策によって，NO_xとNMHCの大気への排出量を減らすことで，O_x環境基準達成率が大幅に改善されることが期待されている．

注： 中性ヨウ化カリウム水溶液中のヨウ素イオンをヨウ素（I_2）に酸化する物質をオキシダントという． 〔指宿堯嗣〕

51 窒素酸化物による汚染

pollution by nitrogen oxides

a. NO_xの大気中濃度 燃料などの燃焼により生成する窒素酸化物（NO_x）の大部分は一酸化窒素（NO）であり，NOが大気中でオゾンなどによって酸化されて二酸化窒素（NO_2）が生成する．また，NO_xは炭化水素などとの化学反応によって光化学オキシダントや浮遊粒子状物質の生成や雨水の酸性化に関与する（→45.対流圏の化学）．NO_2はSO_2よりも水に溶けにくいので，下部気道に侵入し終末気管支から肺胞にかけて，細胞膜の不飽和脂質を酸化して過酸化脂質を形成する．NO_2の健康影響はNOよりも強いので，1978年にNO_2について環境基準（1日平均値が0.02 ppm以下）が設定された．この環境基準は1996年に改正され，1時間値の1日平均値が0.04 ppmから0.06 ppmまでのゾーン内またはそれ以下となっている．

NO_2の大気中濃度（年平均値）の経年変化を図1に示すが，1970年の0.043 ppm（一般局），0.055 ppm（自排局）をピークとして，1980年代半ばまで濃度減少が続いた．その後，横ばいの状況が続いていたが，この数年間減少傾向がみられており，2004年における全国の一般局の年平均値は0.015 ppmですべての測定局で環境基準が達成されている．一方，全国の自排局の年平均値は0.028 ppmで環境基準達成率は89.2%であるが，5年前と比べると9%以上改善している．

b. NO_xの発生源と対策 工場等固定発生源からのNO_x総排出量の推定値は，1970年頃は年間250万t程度であったが，NO_xの排出抑制が1973年に開始され，以後，順次強化された結果，2002年には約87万tまで減少した．2002年におけるNO_x排出量の内訳は，業種別では電気業，窯業，化学工業，鉄鋼業が10%以上であり，施設別ではボイラーが40%以上で最も大きく，ディーゼル機関と焼成炉が約19%程度になっている．中小規模の排出源では燃焼技術の改善による対策が主であり，大規模排出源にはアンモニア接触還元法による排煙脱硝が普及している．

東京，大阪などの大都市を含む自動車NO_x・PM法（自動車から排出される窒素酸化物及び粒子状物質の特定地域における総量の削減等に関する特別措置法）の対策地域では，1996年には自排局について37.4%の環境基準達成率であったが，その後改善傾向に転じ，2004年度において81.1%になっている．環境基準を超える高いNO_2濃度は，自動車走行台数の大きな道路が複数交差する地域を中心に観測されている．自動車単体の排出ガス規制の強化（ガソリン自動車のNO_x排出規制値は過去30年間で1/100に，ディーゼル車のそれは約1/7になっている）に加えて，交通流の分散・円滑化や交通流の抑制・低減などの対策が図られている．〔指宿堯嗣〕

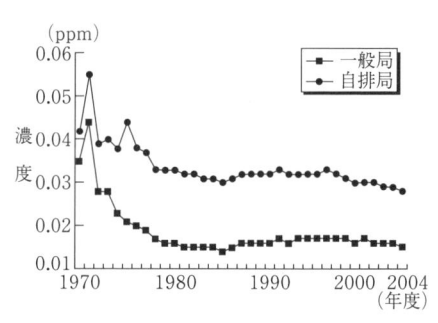

図1 二酸化窒素濃度の年平均値の推移（資料：環境省『平成16年度大気汚染状況報告書』より作成）

52 粒子状物質による汚染

pollution by particulate matters

a. 粒子状物質の種類と発生源 粒子状物質（particulate matters：PM）は固体および液体粒子の総称であり，固定発生源から排出されるPMには，燃焼に伴うばいじんと，物の粉砕や選別などに伴い発生，飛散するふんじん（一般ふんじんと特定ふんじん）がある．各種発生源についてばいじんの排出濃度規制があり，ばいじんに随伴して排出される有害物質（カドミウム，鉛，フッ化水素など）には，それぞれに規制がある．図1に示すように，固定発生源からのばいじん排出総量は6万1千t（2002年度）であり，業種別では電気業，鉄鋼業，紙パルプ，化学工業が10％以上の寄与率であり，施設種別ではボイラーが46.6％と最大で，廃棄物焼却炉が続いている．ボイラーから排出されるばいじんは，燃料の主成分である炭化水素類が燃焼の過程で分解して発生するすすやチャー，燃焼残さの灰（フライアッシュ）などであり，SO_x が酸化されて生成する硫酸ミストなどの液体粒子も存在する．燃料として，灰分，炭素分の多い順（ガス＜石油＜石炭）に，ばいじん排出量は増加する．これらの施設にはばいじん排出基準が設定されており，たとえば，大型石炭燃焼ボイラー（排ガス量が20万 m^3_N/h 以上）では，一般排出基準が $0.10\,g/m^3_N$，特別排出基準が $0.05\,g/m^3_N$ となっている．大部分の施設には電気集じん機，バグフィルターなどの集じん装置が設置され，排出基準が守られている．

一般粉じんの発生施設は総数で約6万5千あり，種類別ではコンベヤー（全体の57.9％），破砕機・磨砕機（16.4％），堆積場（16.0％）の順である．特定ふんじんは，石綿（アスベスト）のことであり，発がん性などの健康影響があるために，その種類によっては製造と使用が禁止され，石綿製品などを製造する施設について大気汚染防止法による排出規制も行われてきた．

b. SPMの大気中濃度 大気中の粒

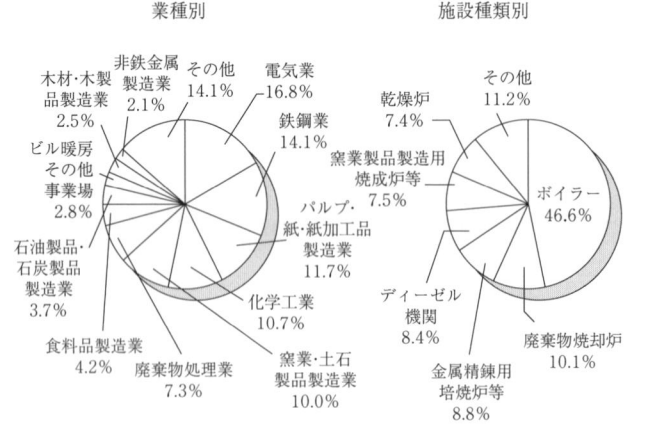

業種別

その他 14.1％
電気業 16.8％
鉄鋼業 14.1％
非鉄金属製造業 2.1％
木材・木製品製造業 2.5％
ビル暖房その他事業場 2.8％
石油製品・石炭製品製造業 3.7％
食品製造業 4.2％
廃棄物処理業 7.3％
窯業・土石製品製造業 10.0％
化学工業 10.7％
パルプ・紙・紙加工品製造業 11.7％

施設種類別

その他 11.2％
乾燥炉 7.4％
窯業製品製造用焼成炉等 7.5％
ディーゼル機関 8.4％
金属精錬用培焼炉等 8.8％
廃棄物焼却炉 10.1％
ボイラー 46.6％

図1 2002年度ばいじん排出量内訳（固定発生源．総排出量：6.1万t/年）法対象外施設からの排出量を除く（資料：環境省『大気環境に係る固定発生源状況調査』より作成）．

表1 SPM濃度（49.4μg/m³：1994年度関東地域全測定局平均値）に対する発生源別寄与割合

発生源	一次粒子	二次粒子
工場・事業場	5%	24%（硫酸塩8%，硝酸塩3%，塩化物3%，炭化水素類由来10%）
自動車	25%	10%（硫酸塩2%，硝酸塩5%，炭化水素類由来3%）
その他	1%	11%
自然界由来	24%（一次，二次粒子）	

子状物質は降下ばいじんと浮遊ふんじんに大別され，浮遊ふんじんのうち粒子径10μm以下の浮遊粒子状物質（SPM）は，呼吸器系に侵入して健康に影響を与えるので，環境基準値（1時間値の1日平均値が0.10 mg/m³以下，かつ，1時間値が0.20 mg/m³）が設定されている．SPMの大気中濃度はここ数年，減少する傾向を示しており，2004年度の年平均値は，一般局で0.025 mg/m³，自排局で0.031 mg/m³であった．環境基準達成率は2002年度において，一般局で52.3%，自排局で34.3%であったが急激に改善し，2004年には一般局で98.5%，自排局で96.1%になった．

c．ディーゼル排出粒子とPM2.5
自排局の環境基準達成率が一般局よりも低いのは，ディーゼル自動車からのPMによるものと考えられている．ディーゼル排出粒子は，固体炭素分（すす）とその他の成分からなっている．黒煙は，燃料微粒子が燃焼しきれずに熱分解して水素が放出され，炭素分が多い微粒子ができ，これらがさらに集合して形成されるサブミクロンオーダーの粒子である．燃料中の高沸点成分や潤滑油の燃え残りが主成分である有機溶媒で抽出可能な成分（SOF）には，発がん性のあるベンゾ（a）ピレンをはじめとして各種の多環芳香族炭化水素が含まれている．また，燃料中の硫黄分が燃焼して生成する硫酸塩（サルフェート）が凝集してPMとなる．ディーゼル排気PMの粒子径が微小であり，さらに，数十nmの粒子（ナノ粒子）が排出されているとの報告がある．米国では，粒子径2.5μm以下の微小粒子（PM2.5）が10μmの粒子（PM10）よりも健康影響と強い関連を示すという考えから，1997年に，PM2.5について新たに環境基準（年平均値15μg/m³以下および24時間値65μg/m³以下）が公表され，わが国でもPM2.5の環境基準設定を検討中である．

d．二次生成粒子 関東地域で採取したSPM化学成分の結果によると，SPMには炭素，金属酸化物以外に硫酸イオン，硝酸イオンなどのイオン類，さまざまな有機成分が含まれている．これらのデータを解析して，各種発生源の寄与率を推定した結果を表1に示す．工場など（29%），ディーゼル自動車（35%）の寄与率が高いこと，また，自然発生源の寄与もかなりあることがわかる．工場・事業所からのSPMについては，一次粒子（炭素，灰分）よりも，ガスとして排出されるSO₂，NOₓや揮発性有機化合物（VOC）などの前駆物質から大気中で生成する二次生成粒子（硫酸，硝酸アンモニウム，カルボン酸などの有機エアロゾル）の寄与率が高いことがわかる．SPMの減少傾向はディーゼル自動車対策の強化が反映したものと推測されるが，今後，二次生成粒子生成に関与する前駆物質の排出低減が重要になる．

〔指宿堯嗣〕

53 有害大気汚染物質による汚染

pollution by hazardous air pollutants

a. 有害大気汚染物質 96年5月に大気汚染防止法の一部が改正され,「継続的に摂取される場合には人の健康を損なうおそれがある物質で大気の汚染の原因となるもの(ばい煙および特定粉じんを除く.)をいう」と有害大気汚染物質が定義された.この有害大気汚染物質に該当する可能性がある物質として234種類,優先取組み物質として表1に示す22種類があげられている(ダイオキシン類はダイオキシン類対策特別措置法により対応).これらの物質のうち,排出または飛散を早急に抑制しなければならない物質(指定物質)として,ベンゼン,トリクロロエチレン(TCE)およびテトラクロロエチレン(PCE),ジクロロメタンの4物質が指定され,ダイオキシン類(DXN)と合わせて,5物質の大気中濃度について環境基準値が設定された.さらに,2003年度から,アクリロニトリル,塩化ビニルモノマー,水銀,ニッケル化合物について大気中濃度の指針値が設定された.表2に示す2004

表1 優先取組物質となっている有害大気汚染物質

物質名	
1. アクリロニトリル	($2\,\mu g/m^3$)*
2. アセトアルデヒド	
3. 塩化ビニルモノマー	($10\,\mu g/m^3$)*
4. クロロホルム	
5. クロロメチルメチルエーテル	
6. 酸化エチレン	
7. 1,2-ジクロロエタン	
8. ジクロロメタン	($0.15\,mg/m^3$)*2
9. 水銀およびその化合物	($10\,ngHg/m^3$)*
10. タルク(アスベスト様繊維を含むもの)	
11. ダイオキシン類	($0.6\,pgTEQ/m^3$)*2
12. テトラクロロエチレン	($0.2\,mg/m^3$)*2
13. トリクロロエチレン	($0.2\,mg/m^3$)*2
14. ニッケル化合物	($25\,ngNi/m^3$)*
15. ヒ素およびその化合物	
16. 1,3-ブタジエン	
17. ベリリウムおよびその化合物	
18. ベンゼン	($3\,\mu g/m^3$)*2
19. ベンゾ[a]ピレン	
20. ホルムアルデヒド	
21. マンガンおよびその化合物	
22. 六価クロム化合物	

*:指針値,*2:環境基準値

表2 有害大気汚染物質とダイオキシン類の大気中濃度(2004年度)
(平成17年度環境白書から作成)

物質名	地点数	環境基準超過割合	平均値	濃度範囲
ベンゼン	418	5.5%	$1.8\,\mu g/m^3$	$0.44\sim 5.0\,\mu g/m^3$
トリクロロエチレン	361	0%	$0.93\,\mu g/m^3$	$0.0030\sim 20\,\mu g/m^3$
テトラクロロエチレン	374	0%	$0.38\,\mu g/m^3$	$0.0078\sim 10\,\mu g/m^3$
ジクロロメタン	370	0%	$2.6\,\mu g/m^3$	$0.19\sim 66\,\mu g/m^3$
DXN	892	0%	0.059*	$0.0083\sim 0.55$*

*:pg-TEQ/m^3
注:月1回以上測定を実施した地点に限る.
資料:環境省『平成16年度地方公共団体等における有害大気汚染物質モニタリング調査結果について』

III. 大気環境と化学

年度における大気中濃度の測定結果によると，ベンゼンでは418測定地点の5.5%で環境基準値を超過したが，TCE，PCEおよびジクロロメタンとDXNはすべての測定地点で環境基準値を下回った．指針値の設定された4物質については，ニッケル化合物を除いて（2.6%の超過率），すべての測定地点で指針値を下回る結果であった．以下，環境基準値の設定された物質について，発生源，排出量などをまとめておく．

b．ベンゼン　ベンゼンの使用量は，用途別には合成樹脂原料および溶媒が最も多く，合成繊維原料・溶媒，その他の有機合成原料，洗浄，塗装剥離などが続いている．これらの業種におけるベンゼンの使用に伴い環境に排出される量は，およそ1360 t（2004年度PRTR届出排出量）と推定されている．法律で指定されているベンゼンの排出施設には六つあり，抑制基準は，施設の種類と規模，既設と新設で異なるが，貯蔵タンク（1500 mg/m³：既設で容量1000 kl以上，600 mg/m³：新設）を除くと，50 mg/m³（新設の乾燥施設，反応施設）から200 mg/m³（既設の乾燥施設，蒸留施設，反応施設）の範囲にある．なお，移動発生源（ガソリンエンジン自動車など）からのベンゼン排出量は固定発生源施設からの総排出量よりも多いと推定されており，その排出抑制のために，ガソリン中のベンゼン含有量が2000年から1 vol%以下とされた．

c．揮発性有機塩素化合物　ジクロロメタン，TCE，PCEの主用途は工業用洗浄剤であり，PCEはドライクリーニングにも使用されている．2004年度のPRTR届出排出量は，ジクロロメタンが約2万2千t，TCEが約5千t，PCEが1700tと推定されている．TCE，PCEに関する排出抑制基準は，施設の種類や規模，既設と新設で異なるが，150 mg/m³（新設の蒸留施設）から500 mg/m³（既設の乾燥，混合および洗浄用施設とドライクリーニング機）の範囲にある．

d．ダイオキシン類　DXNは廃棄物などの燃焼に伴い非意図的に生成，排出される有害化学物質であり，その毒性が強いことから，ダイオキシン類対策特別措置法に基づく対策が強力に実施されてきた．大気基準適用の特定施設は約1万3千であり，産業系施設（製鋼用電気炉，アルミニウム合金製造施設など）は900余であるのに対して，廃棄物焼却炉は1万2千余ある．焼却炉の排出基準は，4 t/h以上の施設で，0.1 ng-TEQ/m³ₙ以下，2 t/h～4 t/hの施設で1 ng-TEQ/m³ₙ以下，2 t/h未満の施設で5 ng-TEQ/Nm³ₙとなっている．最新の燃焼管理と排出ガス処理装置が付設された連続運転される大形廃棄物焼却炉への集約，産業系施設での排出低減によって，図1に示すように，DXNの年間排出量は，1997年度の約8000 g-TEQから2004年度には約400 g-TEQとなり，削減目標が達成されている．このため，2010年までに2003年の排出量に比べて約15%の削減が新たな目標値として設定されている．〔指宿堯嗣〕

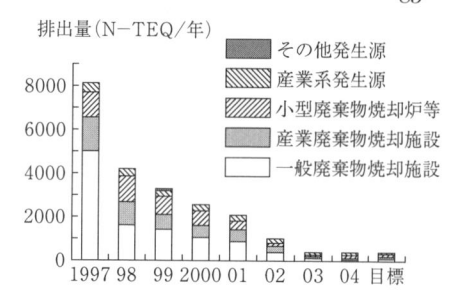

対1997年削減割合（%）

	98	99	2000	01	02	03	04
基準年	49.0～51.9	60.6～62.6	68.8～68.9	75.2～75.3	87.7～88.1	95.1～95.2	95.5～95.6

資料：環境省

図1　ダイオキシン類の排出総量の推移

放射線と大気環境

54

background radiations in the atmosphere

地球の大気環境には,自然の状態でも,主として地球外からの宇宙線や地殻内の放射性核種からの放射線が絶えずふりそそいでおり,人や生物はこれらの放射線に曝されている.また,大気中には,宇宙線によって二次的に生成した放射性核種も存在しており,これらからの放射線もある.さらに,われわれは,これら身体の外部からの放射線(体外照射)だけでなく体内にとりこまれた放射性核種のために内部からも放射線(体内照射)をあびている.このようなさまざまな自然放射線のほかに,人間活動に由来する人工放射線源の影響が加わることもある.代表的なものは,医療被曝であり,世界平均では自然放射線の数分の一の線量になっているが,わが国では平均よりも多く,自然放射線に匹敵するレベルである.また,20世紀中頃には大気中での核爆発実験,20世紀後半にはチェルノブイリなどの原子炉の事故によって大気中に放射性核種が放出されたが,現在ではこれらの放射線源の寄与は小さい.原子力発電などからの影響も一般にはさらに小さい.

通常,自然放射線源として次のようなものがあげられる.

a. 宇宙線 太陽あるいは銀河からやってくる放射線である.太陽宇宙線は主に高エネルギーの陽子,銀河からの宇宙線

表1 通常のバックグラウンドの地域における自然放射線源からの一人当たりの年実効線量の推定値[1]

線源		年実効線量 (μSv)*		
		体外照射	体内照射	合計
宇宙線	電離性成分	300		300
	中性子成分	55		55
宇宙線生成核種			15	15
	^{40}K	150	180	330
	^{87}Rb		6	6
	^{238}U 系列			
	$\quad^{238}$U $\to^{234}$U		5	
	$\quad^{230}$Th		7	
	$\quad^{226}$Ra	100	7	1340
	$\quad^{222}$Rn $\to^{214}$Po		1100	
	$\quad^{210}$Pb $\to^{210}$Po		120	
	^{232}Th 系列			
	$\quad^{232}$Th		3	
	$\quad^{228}$Ra $\to^{224}$Ra	160	13	340
	$\quad^{220}$Rn $\to^{208}$Tl		160	
合計		800	1600	2400

(UNSCEAR(国連科学委員会)1988年報告による)

*:吸収線量(単位はGy:1kgの物質当たり1Jのエネルギー吸収)に,放射線の生物学的効果の大きさの比を考慮した放射線荷重係数を乗じたものを等価線量(単位シーベルト,Sv)といい,組織ごとの等価線量の寄与を積算して人体の実効線量(被曝線量)が見積もられる.

は陽子のほかヘリウム，リチウム，ベリリウムなどの元素や電子を含んでいる。高エネルギーの宇宙線粒子と大気成分の反応によって二次的に中性子線が発生する。

b．宇宙線生成核種からの放射線
大気成分から，高エネルギー宇宙線による破砕反応や二次的に生じた中性子との反応によって，トリチウム（^{3}H）や炭素14（^{14}C）をはじめ多くの放射性核種が生成し，これらは大気中を循環して地表にも達し，一部は生体内にも入りこんで体内照射を起こす。

c．地殻からの放射線 地殻内には，地球の誕生以来存在するきわめて長寿命の放射性核種が含まれており，それらに由来する放射線が自然放射線の大半を占める。地殻の放射線源にはウラン（^{238}U），トリウム（^{232}Th）などの放射壊変系列に属する放射性核種と，^{40}K，^{87}Rbのように系列をつくらない核種とがある。

前者の自然放射線は，ウラン，トリウム鉱石の産出地付近などでは当然高い値となるが，とくにそれによる住民の健康障害は知られていないとされる。またウラン系列の^{222}Rnやトリウム系列の^{220}Rnは放射性の希ガスである。地上に放出され，建物室内の空気にたまりやすいため，吸入による体内被曝が大きい。^{40}Kも花こう岩など建材に多く含まれ，コンクリート建築物内部のほうが木造より被曝線量は大きい。カリウムはまた生体必須元素であるため体内照射による被曝線量が大きい。

表1は，原子放射線の影響に関する国連科学委員会（UNSCEAR）が1988年の報告書で見積もった，通常のバックグラウンドの地域での自然放射線による一人当たりの年被曝線量（実効線量）である。世界の平均値として2400 μSv（＝2.4 mSv）という値が示されている。さらにUNSCEARの2000年の報告書によれば，自然放射線の世界平均値は年2.4 mSvと同じであるが，以下のように自然放射線による被曝に変動幅があることを示している。

(1) 宇宙線および宇宙線生成核種による外部照射の年実効線量は平均0.39 mSvであるが，海面から高山までで0.3～1.0 mSvの範囲で変動。

(2) 大地の放射性核種（建材も含む）による外部被曝の平均は0.48 mSvで，土壌や建材の放射性核種の含有量により0.3～0.6 mSvの範囲で変動。

(3) ^{222}Rnや^{220}Rnなどの吸入による内部被曝は平均1.26 mSvで，室内のラドンなどの蓄積状況により0.2～10 mSvの範囲で変動。

(4) ^{40}Kなど食物摂取による内部被曝が平均0.29 mSvで，食物や飲料水中の放射性核種の含有量により0.2～0.8 mSvの範囲で変動。

これらの被曝の約7割はウラン系列およびトリウム系列の核種によるものであり，なかでもラドン（^{222}Rnと^{220}Rn）の寄与が全体の半分以上を占めている。ラドンの室内での蓄積は，土壌や建材，建物の気密性によって左右され変動が大きい。ラドンによる被曝は，娘核種であるポロニウム（^{218}Po），鉛（^{214}Pb），^{214}Biなどが吸入後，体内に沈着しやすいため，人体への影響が大きくなる。　　　　　〔富永　健〕

文　献
1) 日本アイソトープ協会編：アイソトープ手帳（改訂10版），丸善（2001）．

チェルノブイリ原発事故 [55]

Accident of a reactor at Chernobyl nuclear power plant

1986年4月26日，旧ソ連のウクライナ共和国にあるチェルノブイリ原子力発電所4号炉（電気出力百万kW）が暴走し，炉心が破壊される重大事故が起こった．この原子炉は，黒鉛を減速材，水を冷却材とする発電炉で，暴走しやすい設計であると専門家は指摘していた．事故の影響は大きく，2000年代に入っても10万人以上の周辺住民が避難し，隣国のベラルーシなども含めると40万人以上がもとの住居に戻れない状態にある．汚染地域の面積は東京都の面積の5倍の1万km²に達し，原子炉事故の影響の大きさをはっきりと示している．世界のエネルギー事情にも大きな影響を与えたと考えられる．

大量の放射性物質の放出がこの状況をもたらした．放出された核種は，主に揮発性元素の同位体で，^{131}I（半減期，8.04日），^{137}Cs（30.0年），^{134}Cs（2.06年）が主成分であったが，原子炉の近くではプルトニウムのような不揮発性元素の放射性核種も存在している．^{134}Cs/^{137}Cs比から核燃料は炉内に約2年間入っていたと推定できる．図1にストックホルムにおける^{137}Csの大気中濃度の時間変化を示す．事故直前までは大気圏内核兵器実験の影響であるが，事故による濃度の増加がいかに大きいかがわかる．北半球の各国に汚染が広がり，日本にも放射性物質が到達した．

5月3日，日本各地に降った雨に1*l*当たり400ベクレル（Bq）に及ぶ^{131}Iが含まれていた．旧科学技術庁が日本にはこないとの見解を発表した直後であった．放射性物質が日本まで到達したことは，専門家

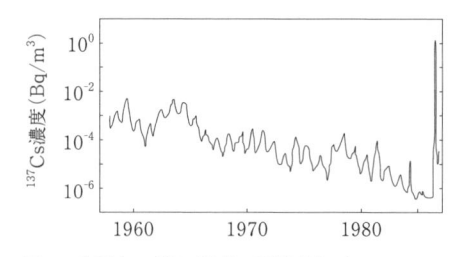

図1 大気中の^{137}Cs濃度の時間変化（ストックホルム）[1]

1960年代までは米国と旧ソ連，それ以降は中国の大気圏内核実験の寄与が主であった．1986年5月の急激な増加がチェルノブイリ原発事故の影響である．

にとっても意外であった．放出が何回も起こり，その度ごとに放射性物質が到達した高度が異なったので，従来の知識では大気中の移動を予測するのは難しかった．幸いにも汚染された雨が降った期間は短く，放射性物質濃度も高くはなかったので，日本では健康被害は起こらなかった．

人体影響を考えるには，放射性物質の環境中の挙動の知識が必要である．セシウムは土壌に吸着され，長寿命の^{137}Csの地表から深部への移動が遅い．その結果としてγ線による外部放射線量の低下が遅れる結果となった．一方，植物への放射性物質の移行は少なく，食物連鎖による内部被曝の影響は少なくなっているが，ヨーロッパにおける食品中の^{137}Cs濃度は事故以前の値には戻っていない．

事故直後に31人の犠牲者が出たが，全死者の数はわかっていない．死者が5000人を超えるという推定もある．周辺の住民に甲状腺がんの発生が多発しているが，その他の影響については確定的なことはいえない．放射線影響は何十年も経過した後に現れるのである． 〔古川路明〕

文献
1) Vintersved, I. *et al.*: *IEEE Trans. Nucl. Sci.*, **NS-34**, 590 (1987).

酸性雨
——国境を越える環境問題
acid rain
—environmental problem across the border

a. 酸性雨の定義と現状 1988年の調査では，欧州全体に酸性雨が観測され，欧州中央部とスカンジナビア半島南部では降雨水pHの年平均値が4.4であった．また，北米の北東部では，pH 4.4以下の地域が広がっていた．日本では1973〜1975年の梅雨時に，関東地方を中心に多くの人が霧雨による目，皮膚への刺激を訴える事件があった．雨水のpHは3程度であったが，以後，降雨のモニタリング（湿性大気汚染調査）が開始された．現在，全国的に欧米並みの酸性雨が観測されている（pHの最低値が4.4，最高値が5.0で，全平均値は4.77）．

大気中のCO_2（濃度約370 ppm）が水に溶解すると，水のpHは5.6となる．このため，酸性雨はpHが5.6以下の雨と定義されているが，実際の雨には，陽イオンとして水素イオン（H^+）以外に，アンモニウムイオン（NH_4^+），Na^+，Ca^{2+}などが，陰イオンとして，硫酸イオン（SO_4^{2-}），硝酸イオン（NO_3^-），塩化物イオン（Cl^-），有機酸などが存在している．日本における年間のSO_4^{2-}沈着量は全国平均で2.5 g/m^{2}程度（最小0.5 g，最大4.5 g程度）であり，都市域や降雨量の多い地域で大きい．日本海側や屋久島などで冬季に沈着量が高くなる傾向があり，中国など東アジアからのSO_2移流が関与しているとされている（→58.東アジアにおける硫黄酸化物の長距離輸送）．NO_3^-沈着量は全国平均でSO_4^{2-}の半分程度であるが，SO_4^{2-}より大きな値が観測されているところ（東京など）もある．

b. 酸性雨の生成メカニズム 酸性雨の主要な原因物質は硫酸と硝酸であるが，硫酸，硝酸を大量に大気中に放出する発生源は存在しない．これらの先駆物質はSO_2と窒素酸化物（NO_x）であり，その生成メカニズムとして，気相でのOHとの反応，雲や霧のなかでの反応，粒子上物質上での反応などがあげられる（図1）．

c. 気相での酸化反応 OHによるSO_2の気相酸化反応は次のように進行する．

$$SO_2 + OH \rightarrow HSO_3 + H_2O$$
$$\rightarrow H_2SO_4$$
$$-[SO_2]/dt = k_1[OH][SO_2]$$
$$(k_1 = 1.2 \times 10^{-12} cm^3 \cdot molecule^{-1} \cdot s^{-1})$$

SO_2の硫酸への酸化速度は大気中のOH

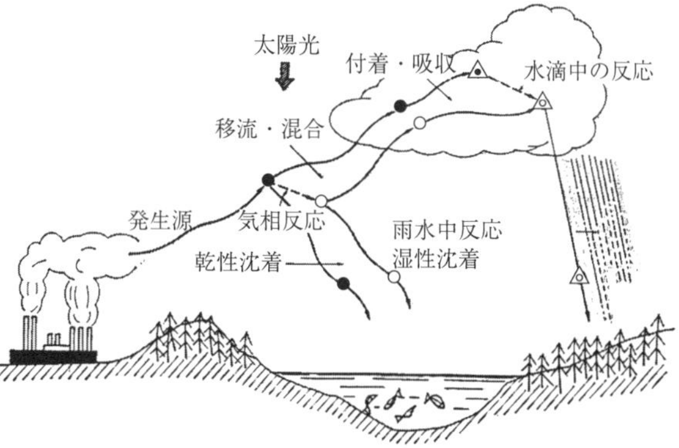

図1 酸性雨の発生する機構
●：未反応汚染物質（SO_2, NO, NO_2, O_3, H_2O_2ほか），○：反応後汚染物質（H_2SO_4, HNO_3, 硫酸塩，硝酸塩ほか），△：水滴．

濃度（→ 45. 対流圏の化学）に依存しており，夏季日中で1時間当たり3%，冬季で1%以下と推定されている．発生源から排出されたSO_2の硫酸への変換が数日以上継続することになるので，気象条件によっては，発生源から千km離れた地域でも酸性雨が発生する．スカンジナビア半島南部や北米の北東部における酸性雨は，それぞれ，欧州中央部や米国中西部からのSO_2が原因と考えられている．

一方，NO_2の硝酸への酸化反応は，硫酸生成よりも一桁程度速く進むので，夏季日中の条件では半日程度ですべてのNO_xが硝酸に変換される．

$NO_2 + OH \rightarrow HNO_3$
$-d[NO_2]/dt = k_2[OH][NO_2]$
$(k_2 = 1.2 \times 10^{-11} cm^3 \cdot molecule^{-1} \cdot s^{-1})$

生成した硫酸，硝酸の多くは，アンモニアなどと一緒に雲や雨に吸収されて地上に降下する（湿性沈着）．さらに，大気中でアンモニアと反応して生成するエアロゾル（硫酸塩，硝酸塩）

$H_2SO_4 + 2NH_3 \rightarrow (NH_4)_2SO_4$
$HNO_3 + NH_3 \rightarrow NH_4NO_3$

や他の粒子状物質に付着した形で地上に降下する乾性沈着も起こる．

d．水滴中での酸化反応 雲，霧などの水滴中でのSO_2酸化反応の速度は，気相の値（1時間に3%程度）よりも大きくなることがある．図2に含水率が1 ml/m^{3}の雲によるSO_2酸化（除去）速度をまとめたものを示す．大気中の過酸化水素（H_2O_2）が雲に溶解し，SO_2を酸化する反応は，雲のpHに依存せず，H_2O_2濃度が1 ppbの条件では，SO_2酸化（除去）速度は，1時間に500%を超える．O_3およびFe^{2+}とH_2O_2の場合には，速度はpHの低下とともに急激に減少する．Mn^{2+} 0.1 μMとFe^{3+}が1 μM（M=mol/l）存在する場合，pH 4以上でのpH依存性は小さく，溶存酸素による酸化速度は10%を超える．

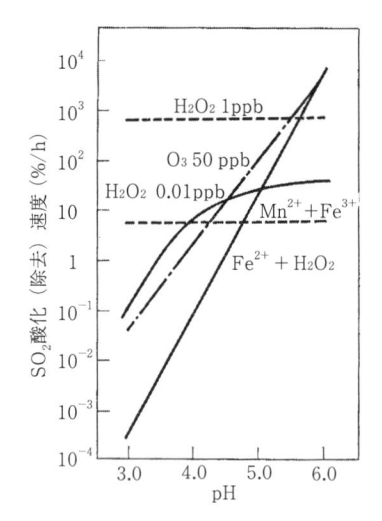

図2 各種水滴中化学反応によるSO_2酸化（除去）速度の計算値
雲の含水率 1 ml/m^3，温度 25℃の雲，
$[SO_2]=5$ ppb，$[Mn^{2+}]=1\times 10^{-7}$mol/$l$，
$[Fe^{3+}]=1\times 10^{-6}$mol/$l$，$[Fe^{2+}]=1\times 10^{-7}$mol/$l$．

ロスアンジェルスで夜間発生する酸性霧（わが国でも関東の北部，西部の山間部で観測されている）の生成機構として，初期にH_2O_2による酸化反応が関与し，その後の硫酸生成（全硫酸生成量の90%以上）には，Fe^{3+}とMn^{2+}の触媒酸化反応が関与すると推定されている．

e．粒子状物質上での酸化反応 粒子状物質の関与する反応として，石炭などの燃焼で発生するフライアッシュを含む排煙プルーム中でのSO_2の硫酸塩への変換がある．

$SO_2 + $粒子状物質 $\rightarrow SO_4^{2-}$（硫酸塩）

米国などの火力発電所からのプルーム中におけるSO_2の消失速度を観測した結果では，1時間当たり3〜5%の値が報告されている．また，中国から飛来する黄砂など土壌粒子を起源とする粒子についても，SO_2，硫酸塩を運ぶキャリヤーとしての役割が注目されている．　　〔指宿堯嗣〕

森が枯れる,魚が消える
―― 酸性雨の生態系への影響

forests are dying, fish has gone
—impacts of acid rain on ecosystem

北欧,北米北東部では1960年代から雨のpHが低下し,湖沼水のpHの低下とサケ,マスなど漁業資源の激減が始まった.スウェーデン南部にある51の湖沼の調査によると,1935年にすべての湖沼がpH 6以上であったのが,1971年にはpH 6以下の湖沼が20%になっており,湖沼の酸性化が急減に進んだことが示された.日本の130の湖沼に関する調査結果(242データ)では,pH 6.5〜7.0の範囲にピーク(72)があり,pH 6以下の範囲には33データであった.アルカリ度が$200\mu eq/l$以下の湖沼データが全体の3割程度あり,継続的な監視が必要とされている.

a. 漁業資源への影響 魚類の耐酸性は種類と成長段階に依存している.河川生活性の強いイワナやカワマス類は比較的酸に強いが,回遊性の強いアユの受精卵,稚魚に関する実験では,pH 5.6以下の水中で24時間に半数が死に至る.また,サケ類も耐酸性が低く,pH 4.5の水中で産卵行動,受精に大きな影響がみられる.pH 6以下の水域を忌避する行動を示すことから,河川の酸性化が進むとサケの遡上が抑えられることも予測されている.

b. 森林への影響 1980年代に入ると表1に示すように森林資源の衰退が旧西ドイツなど欧州中央部で観測され,土壌pHの著しい低下が観測された.日本では,関東地域の広い範囲でスギの立ち枯れなどが指摘され,酸性雨の影響と思われたが,光化学オキシダント(オゾン)による汚染との関連性が強いと考えられている.

森林,土壌の酸性化は,湿性沈着としての酸性雨とSO_2などの酸性ガス,硫酸イオンなどを含む粒子状物質の地表面への直接降下や植物の表面に吸着・捕集される乾性沈着により起こる.沈着量はトウヒなど針葉樹で大きく,ブナなどの広葉樹では小さい.乾性沈着した酸性物質は雨水で洗い出されて土壌に到達する.酸性物質の樹木への直接的影響として,雨のpHが3以下になると変色などの障害,成長抑制,落葉の促進などが起こる.また,葉の表面で水素イオン(H^+)とのイオン交換反応によってCa^{2+},Mg^{2+},K^+など,植物の栄養元素の溶脱が起こる.間接的な影響としては,酸性化を中和するために,これら金属イオンの土壌からの溶出(肥沃度の低下)が起こり,さらに,土壌pHが5以下になると,植物の成長抑制を起こす有害なアルミニウムイオン(Al^{3+})の溶出が起こる.土壌の酸性物質の負荷に対する緩衝能は,母岩によって異なっており,たとえば,関東地方の多腐食質黒ボク土は高い緩衝能をもつが,近畿地方から西南日本の平野部に分布する赤黄色土は酸性雨に弱いとされている. 〔指宿堯嗣〕

文 献
1) 石 弘文:地球環境報告(岩波新書),p.5,岩波書店(1988).

表1 酸性雨などによる欧州の森林被害(1986)[1]

国	森林面積 (1000 ha)	被害森林面積 (1000 ha)	被害率 (%)
オランダ	311	171	55
西ドイツ	7360	3952	54
スイス	1186	593	50
英国	2018	979	49
チェコスロバキア	4578	1886	41
オーストリア	3754	1397	37
ブルガリア	3300	1112	34
フランス	14440	4043	28
スペイン	11789	3313	28
ルクセンブルク	88	23	26
ノルウェー	6660	1712	26
フィンランド	20059	5083	25
ハンガリー	1637	409	25

58
東アジアにおける硫黄酸化物の長距離輸送

long transport of sulfur oxides in East Asia

平成17年度環境白書には,「日本海側の地域では大陸に由来した汚染物質の流入が示唆された」と記述されている.日本海側では夏季よりも冬季のほうが降雨のpHは低く,硫酸イオン降下量も大きいという観測データがあり,冬の季節風と降雪によって大陸から酸性物質が輸送,沈着していると推測されている.

日本でのSO_2排出量は年間60万t程度であるが,中国では渤海湾から東シナ海の沿岸部を中心に約8000万t,韓国では約120万tの排出量が推定されている.

a. 観測調査 毎日の天気予報から容易に想像できるように東アジアでは偏西風による西から東への気団の移動が卓越している.1990年代の航空機による「太平洋上の対流圏大気に関する東アジアの大陸性気塊の影響」の調査(毎年10月から3月の期間)の結果は,次のようにまとめられる.

(1) 中国から黄海,東シナ海上空を通って九州西部に到達する気塊にはSO_2は比較的少なく,硫酸を含む粒子状物質が多い(SO_2発生源の中国から気団が到着するまでにSO_2が酸化されて硫酸に変化する).

(2) 中国から韓国上空を通って西日本に到達する気塊にはSO_2が多く硫酸が少ない(韓国は距離的に近く硫酸にならずにSO_2として到達するものが多い).

(3) 北朝鮮などアジア大陸北東部から東日本方面に到達する気塊にはSO_2も硫酸も少ない(これらの地域に大規模なSO_2発生源がない).

b. モデルによる研究 こうした野外調査に加えて,数値モデルを用いたSO_2など大気汚染物質の長距離輸送の研究が進んでいる.モデルにはオイラー型輸送モデルと流跡線型輸送モデルの二つがある.日本では後者がよく使われており,RAINS-ASIA,電力中央研究所モデルなどがある.このモデルは,流跡線に沿った気塊のSO_2などの濃度変化を計算するもので,流跡線としては,発生源から時間に関して前進方向に計算する方法と観測点から逆時間方向に計算する二つの方法がある.図1[1]には,2月の毎日9時に対馬上空1500 mに到達した逆方向流跡線48時間分を示す.冬型の気圧配置条件で,対馬上空に西~西北方向の大陸起源の気塊が到達している.これらの流跡線について濃度変化を計算し,SO_2から硫酸塩への変換式(1時間に1~3%)を用いて月間の沈着量が計算される. 〔指宿堯嗣〕

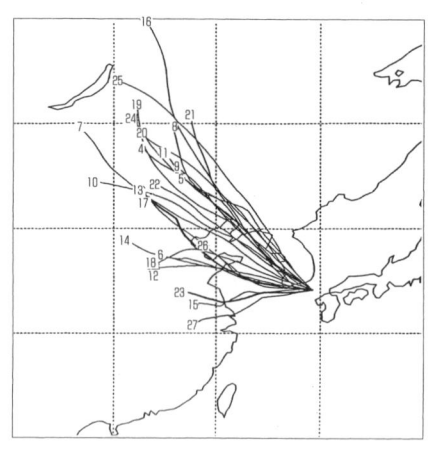

図1 2月の毎日9時に対馬上空1500 mに到達した等温位面に沿った逆方向流跡線の例[1]
図中の数字は逆方向流跡線の計算開始日.

文献
1) 酸性雨—地球環境の行方, p.58, 中央法規出版 (1997).

59
フロンによる成層圏のオゾン層破壊

stratospheric ozone depletion by CFCs

　大気微量成分のオゾンは，大部分が成層圏にあり（オゾン層），太陽紫外光の有害成分（UV-B）を吸収して地上の生物を守る働きをしている．成層圏のオゾンは，太陽光によって酸素分子から生成する一方，別の波長の紫外光による分解や，微量成分（OH，NO，Cl など）との連鎖反応で消滅するので，両者が均衡した自然の状態ではほぼ一定の濃度が保たれる．

　20世紀の後半に，人工物質 CFC-11（CCl_3F），CFC-12（CCl_2F_2）などのクロロフルオロカーボン（CFC，わが国では特定フロンと呼ぶ）が，スプレー噴射剤・冷媒・発泡剤・溶媒として大量に使用され放出された．これらは対流圏大気中では分解・吸収過程がほとんどないため長寿命で大気中に蓄積し，やがて成層圏に達する．そこで強い紫外光によりはじめて分解し生じた Cl 原子が連鎖反応でオゾンを破壊する（$Cl+O_3 \rightarrow ClO+O_2$，$ClO+O \rightarrow Cl+O_2$）．このような CFC（フロン）によるオゾン層破壊の可能性は 1974 年ローランド（F. S. Rowland）とモリーナ（M. J. Molina）によって発見され（1995 年ノーベル化学賞），室内実験や大気観測によってまず実証されたが，ほぼ 10 年後の南極オゾンホールの発見や全球的なオゾン減少傾向の観測によって確実なものとなった．

　オゾン層破壊で地上の UV-B が強まり，ヒトの健康や地球の生態系に悪影響が及ぶため，CFC などオゾン層破壊物質（ほかに CCl_4，CH_3CCl_3，ハロン，CH_3Br など）の生産・消費を規制する国際的取組み（1985 年のウィーン条約および 1987 年のモントリオール議定書と改訂）によって，

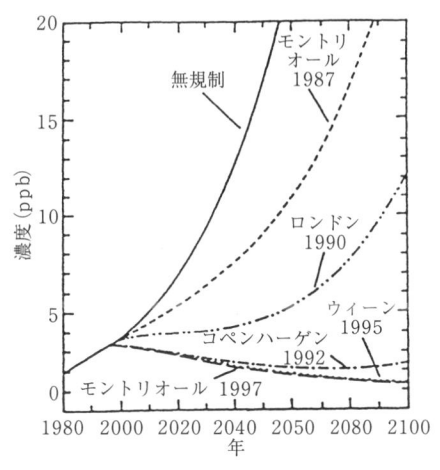

図1 オゾン層を破壊する成層圏の塩素・臭素濃度の将来予測[1]

CFC 規制がない場合（実線）およびモントリオール議定書（1987）とその改訂（1990〜1997）に基づく規制が行われた場合の予測を示す．

1995 年には先進国のフロン全廃が実現し，途上国でのフロン規制も 1999 年に始まり 2009 年全廃を目指している．

　図1のように，増え続けてきた成層圏のオゾン層破壊物質（塩素など）濃度はモントリオール議定書と数次にわたる規制強化によって，今世紀に入ってようやく頭打ちから緩やかな減少に向かっている．オゾンホール出現以前の水準に戻るのは今世紀後半であり，破壊された地球大気（オゾン層）の回復には長い年月がかかる．

　フロン全廃では，CFC 分子内に H を入れて大気中寿命を短くし（HCFC），さらにオゾンを破壊する Cl を除いた HFC へと代替品の開発が進んだ．しかし HFC はオゾン層には無害でも温室効果が大きく地球温暖化に寄与するため，大気中への放出抑制とともに非フロン代替品への転換が必要となっている． 〔富永　健〕

文　献
1) WMO/UNEP: Scientific Assessment of Ozone Depletion (1998).

南極オゾンホール

Antarctic ozone hole

南極大陸では,1950年代からオゾン全量(オゾン層の厚みに相当)の定点観測が続けられてきた.1980年代の前半に昭和(日本),ハリーベイ(英国)の両基地上空で春季のオゾン全量の異常減少が相ついで報告された.また,人工衛星ニンバス7号搭載の分光計(TOMS)が観測した南半球のオゾン全量マップにも南極付近にオゾン濃度が異常に低い領域が現れ,その面積は1980年以降現在まで増大の傾向にある(図1).このオゾン異常減少域では,春季に成層圏下部のオゾンがほとんど消失する状態に達し,オゾンホールと呼ばれている.

a. メカニズム 1986~87年の南極域大気の大規模な科学調査などによって,CFC(特定フロン)をはじめオゾン層破壊物質からの塩素(または臭素)によるオゾン破壊反応が,南極の特異な気象条件のため著しく促進されてオゾンホールが生ずることが明らかになった.すなわち,南極上空をとりまく強い西風(極渦)の影響で冬季成層圏は-80℃近い低温となり,下部成層圏に氷や硝酸三水和物(窒素酸化物に由来)の微粒子からなる雲(極域成層圏雲,PSC)が発生する.PSCの表面では,不均一相反応によって活性の乏しい塩素貯留物質(HClや$ClONO_2$)が活性な塩素化合物(Cl_2や$HOCl$)に変換される.これらに春先もどってきた太陽光が当たると分解してClを発生しオゾン破壊が進む(下部成層圏では$Cl+O_3 \rightarrow ClO+O_2$で生じた$ClO$は,二量体を経て解離し,$Cl$を再生して連鎖反応となる).

ローランドらが最初に発見した上部成層圏での連鎖反応($Cl+O_3 \rightarrow ClO+O_2$, $ClO+O \rightarrow Cl+O_2$)は窒素酸化物,メタンなど水素化合物などの介入により中断し,塩素貯留物質HClや$ClONO_2$を生じやすいため,オゾン破壊の進行は比較的緩やかである.一方,低温と太陽光がそろった春先の下部成層圏では,PSCが生成して窒素酸化物などの妨害成分が気相から除かれるとともに塩素貯留物質が活性化されることで,オゾン破壊が急激に進むのである.

b. 影響 夏が近づいて成層圏の温度が上昇すると,PSCは消滅し南極上空のオゾンホールもいったん消えるが,破壊によってオゾンが薄くなった大気は周辺の高緯度帯に拡散することになり,ニュージーランド,オーストラリア,南米南端部などへの影響が懸念されている.

〔富永　健〕

文 献
1) 気象庁:オゾン層観測報告2003.

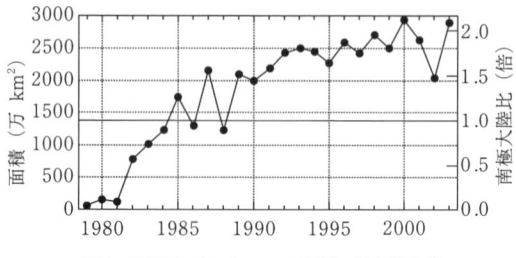

図1 南極オゾンホールの面積の経年変化[1]

61 紫外線の健康・生態系への影響

effects of UV radiation on human health and ecosystems

太陽紫外光のうち短波長成分のUV-C (200～280 nm)およびUV-B (280～315 nm)は生物に対してとくに有害な作用があるが，成層圏の酸素分子やオゾンによってUV-Cはすべて吸収され，UV-Bもほとんど吸収されて地表に達するのは一部にすぎない．紫外線の防壁であるオゾン層が破壊されると地表でのUV-B照射量が増加する．UV-Bは生体に重要なDNAなどの物質に損傷を起こし，人の健康や動植物などの生態系に悪影響を及ぼすおそれがある．

このため，UV-B照射量や，紫外線のヒトの健康への影響の波長による違いを考慮した紅斑紫外線(CIE)量の変動傾向が世界各地で調べられている．10以上の観測地点でCIE量が1980年代前半より6～14%増加したと報告されている(WMO, 2003年)．

a. 健康への影響 地表でのUV-B照射量の増大がヒトの健康に及ぼす影響としては，これまでに皮膚がん・白内障の増加や，免疫機能の低下などが懸念されている．

UV-B照射量の増加に伴って悪性黒色腫(メラノーマ)以外の皮膚がん(有棘細胞がんなど)の発生が増えるものと思われる．UNEP(国連環境計画)の環境影響評価パネル報告(1994)によれば，オゾン全量が1%減少すると皮膚がんの発生数は2%ほど増加すると予想される．光に対する感受性は人種によって異なるので皮膚がんの発症リスクにも差がある．図1は，オゾン層破壊による将来の皮膚がんの増加数

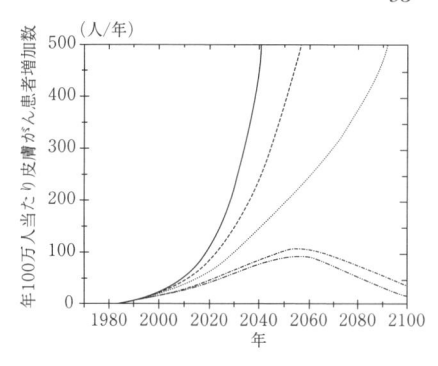

図1 オゾン層破壊による皮膚がん発生の年間増加数の将来予測(UNEP環境影響評価パネル報告書，1998による)
――：規制なし，
------：1987年モントリオール議定書，
―・―：1990年ロンドン改正，
―・・―：1992年コペンハーゲン改正，
―――：1997年モントリオール改正．

をモントリオール議定書の対策(規制シナリオ)に応じて予測したものである．このほか日光角化症のようながん前駆症も増加することが知られている．

UV-Bによって生ずる眼の障害には白内障がある．1989年のUNEP環境影響評価パネル報告によれば，オゾン全量が1%減少すると白内障の患者が0.6～0.8%増加すると予想される．

b. 生態系への影響 ヒト以外の動植物についても，種類によって生育を妨げるなど生態系にUV-Bが影響を及ぼすことが知られている．たとえば水生生態系では，植物プランクトンがUV-Bによって生長や生産性などに影響を受け，これが食物連鎖を通して海の生態系に広く波及するおそれがあるといわれている．陸上でも農作物などについて生育や収穫物の質・量などにUV-B照射が影響する品種があるが，一般にはUV-Bによる生態系への影響の評価は複雑でなお今後の研究にまつところが大きい．

〔富永　健〕

62 地球は温暖化するか

global warming will take place

地球の過去の気温推移をみるとほぼ10万年の周期で氷期,間氷期を繰り返しており,その変動幅は10°Cにも及ぶ.また,数千年前の縄文時代に日本付近でいまより2°C程度気温の高い暖候期,江戸時代にいまより0.8°C程度気温の低い小寒期があったことが知られている.このような気温変動の原因としては太陽活動や地球公転軌道要素変化などの地球外の要因,火山活動,地殻変動などの地圏に原因をもつもの,気候系自身の自動的変動,人間活動に原因をもつものなどいろいろあり,地球温暖化の問題を考えるうえではこれらの諸要因を合わせて考慮する必要がある.ここでは人間活動に起因する二酸化炭素,フロン,メタンなど微量ガスの大気中濃度の増大による地球温暖化が現実に起こっているのか,将来どうなるのかを考える.

a. 地球温暖化問題の背景 産業革命以降,人間の活動が盛んになるにつれて,とくに,1950年代からの人口増加も加わり,生活の維持および生活水準の向上に必要な食糧や工業製品の増産が必要になった.工業製品の生産,輸送などに必要なエネルギーや原料は現在,そのほとんどを石油,石炭などの化石燃料に依存している.また,食糧生産の増大は主に肥料,水,農薬などの資材投入による単位面積当たり収穫量の増加による.これらの資材の供給にも多くの化石燃料が使用されてきた.図1に化石燃料の使用によるCO_2放出量とCO_2濃度の産業革命以降の推移が示されている[1].これから,ここ100年の化石燃料消費量の増大が大気中のCO_2濃度に平行していることがわかる.このCO_2のいわゆる温室効果が最近の地球温暖化をもたらしていると多くの研究者が考えている.

b. 地球温暖化のしくみ CO_2の温室効果による地球温暖化のしくみを説明する前に,気温がどのようにして決まるのか考えてみよう.日中は太陽からの日射エネルギーにより地面が暖められ,それに接している大気も暖められる.また,夜間は地表面が赤外線の形で熱エネルギーを上空に放出することにより冷え,気温も下がる.このように地面,大気などの地球系と宇宙空間のエネルギーのやり取りは日射(短波放射),赤外線(長波放射)などの放射エネルギーの形で行われ,地球系の温度は大

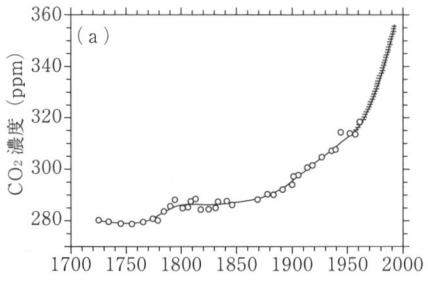

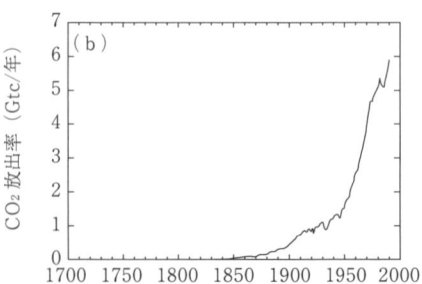

図1 (a)過去260年にわたるCO_2濃度変動と(b)化石燃料消費による大気へのCO_2の年間放出量の変動(文献1,p.510)
(a)白丸は南極大陸H15地点で掘削された氷床コアから抽出された空気を分析して得られたCO_2濃度であり,+印は南極点で行われているCO_2濃度の直接観測結果
(b)CO_2の放出量は炭素量に換算されており,1GtCは炭素で10^{15}gを示す.

局的には太陽からの日射と地球系からの赤外線エネルギーの出入りのバランスにより決まっているといえる.以上のことを次の全球平均エネルギー収支式により数量的に調べてみよう.

$$\pi R^2 S_0(1-A) = 4\pi R^2 \varepsilon \sigma T_s^4 \quad (1)$$

ここで, R は地球半径, S_0 は太陽定数, A は日射に対する全球平均反射率(アルベード), σ はステファン-ボルツマン定数, T_s は全球平均地表面温度, ε は地表面からの赤外線の宇宙への逸出割合(ε は大気の温室効果により1よりも小さい)である.(1)式の左辺は太陽エネルギーのうち, 地面や雲により反射されて宇宙へ戻るぶんを差し引いた量, 右辺は地表面から出た赤外線のうち, 大気層による吸収分を差し引いた赤外線として宇宙に逸出するエネルギー量である.(1)式から全球平均地表面温度は次のようになる.

$$T_s^4 = S_0 \frac{1-A}{4\varepsilon\sigma} \quad (2)$$

(2)式に $S_0=1367\ \text{W/m}^2$, $A=0.3$(アルベード30%), $\varepsilon=1.0$(温室効果がない場合), $\sigma=5.67\times10^{-8}\ \text{W}\cdot\text{m}^{-2}\cdot\text{K}^{-4}$ の値を代入すると $T_s=255\ \text{K}$ となり, 現在の平均地表面温度288Kより33Kも低い値となる. 反対に温室効果ガスの増大により ε が小さくなると地上気温は高くなる. なお, 現実大気の ε は0.6程度の値である.

温室効果ガスの赤外線吸収作用についてもう少し詳しく説明する. 約300Kの地球表面から放出される赤外線の波長は4〜30μm の範囲にある. 人工衛星の赤外線センサーを下に向けて, 地球から宇宙に放出される赤外線強度の波長分布を測定した事例を図2[2)]に示す. 測定値と300Kに対応する黒体放射エネルギー波長分布を比較すると13〜17μm, 9〜10μm, 8μmより短波長側において大きく減衰していることがわかる. これはこれらの波長帯にCO_2, O_3, H_2O などの吸収帯があるからである.

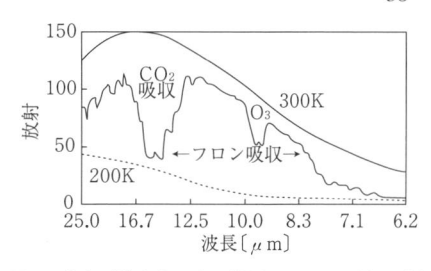

図2 南太平洋上空で人工衛星ニンバス4号が測定した長波放射のスペクトル分布(文献2, p. 4076)
実線が測定値, 破線は300Kの黒体放射に相当する放射スペクトル分布を示す.

またフロン-11,12は11〜12μm, CH_4 と N_2O は7〜8μm に吸収帯をもつ. これらのガスは CO_2 と同様に温室効果をもつ.

c. 地球温暖化の予測 地球温暖化の研究において, まず温暖化に関連する物質(CO_2, フロン, CH_4, N_2O など)の大気中濃度の歴史的な変遷, 温度をはじめとする気象, 海象の長期的変動を調べる必要がある. また, 温暖化がどのようにして起こるか(メカニズム)の解明, 地球規模での炭素の循環メカニズムなどの研究も重要である. CO_2 濃度が現状の2倍になった場合(700 ppm程度)の平衡状態の地上気温の上昇量が多くの研究者により計算されている. 最近の計算機能力の向上に伴い, 温室効果気体濃度を徐々に増加させ, 大気と海洋の大循環モデルを組み合わせた大気・海洋結合大循環数値モデルによる気候温暖化予測が諸研究機関で精力的に行われている. それらの結果から, CO_2 濃度が2倍相当になったときの全球平均地上気温の上昇量は1.5〜3°Cと幅があるが, いずれも将来の地球温暖化を予測している.

〔山本 晋〕

文 献
1) 青木周司:地球規模の炭素循環. 環境科学会誌, **9**(4), 509-517 (1996).
2) Ramanathan, V.: *J. Geophys. Res.*, **92**, 4075-4095(1987).

気温の変動

63

trend of surface temperature

都市の周辺などの局地的な影響を受けたデータをのぞいた過去120年間の世界の陸上観測所(およそ1200地点)における地上気温データから作成した地球の平均地上気温の推移を図1に示す.全地球の平均気温は長期的には100年間につき約0.7℃の割合で上昇しており,最近の北半球での気温上昇が南半球に比べて大きめであることが示されている[1]. 2002年の全球平均の地上気温は,観測史上最も高温であった1998年に次いで1880年以降では第2位となっており,北半球中・高緯度を中心に依然として高い状態が続いている.多くの気候研究者はこの気温上昇がCO_2などの温室効果ガスの増大が主要な原因で引き起こされていると考えている.また,北半球高緯度で顕著に現れることが予測されている気温上昇が凍土地帯の植生,ツンドラ地帯の環境に与える影響にとくに注目する必要がある.

日本付近の気温上昇は全球平均より大きく,この100年間に1.0℃の割合で上昇している.この結果は都市化の影響の少ない地点の観測から求めたもので,温室効果の影響によると考えられる.気象庁の報告[1]によると,ここ50年間において,日本の地上気温は1960年頃の高温,それ以降1980年代半ばまでのやや低温の時期を経て,1980年後半に気温が上昇に転じ,現在に続いている.この傾向は世界の地上気温と同様で,日本でもとくに1990年代以降に地上気温が顕著な高温を記録している.なお,都市域においては都市でのエネルギー使用量の増大,建物などを含む地表面条件の変化などの影響で温暖化(ヒートアイランド現象)が進んでいるので,その点にも留意しなくてはいけない.

なお,対流圏の気温は温室効果によって上昇するが,成層圏の温度は逆に下降すると考えられており,地上気温と合わせて成層圏の温度変化も注視する必要がある.

〔山本　晋〕

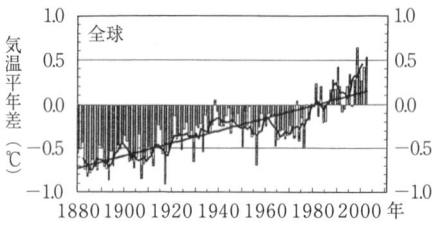

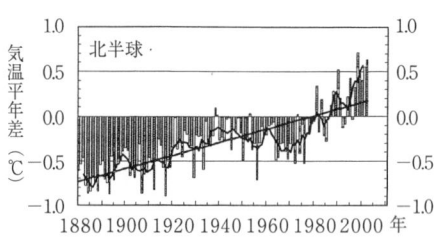

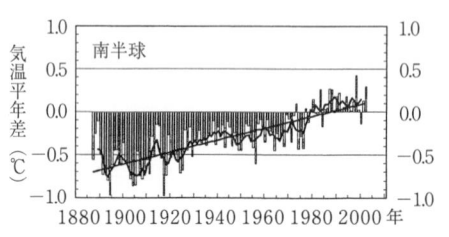

図1 全球および南北両半球の地上気温の変化
(1880〜2002)(文献1, p.6)
上段は全球平均,中段は北半球平均,下段は南半球平均である.棒グラフは各年の平均気温の平年差(平年値との差)を示している.太線は平年差の5年移動平均を示し,直線は平年差の長期的傾向を直線として表示したものである.解析に用いた地点数は,年ごとに300〜3800地点と異なるが,2002年の値にはおよそ1200地点が用いられている.

文献
1) 気象庁:気候変動監視レポート2002 (2003).

温室効果ガス

greenhouse gases

赤外線を吸収する作用のある気体を温室効果気体といい,地球温暖化の関連で注目されている.表1に主な温室効果気体の産業革命以前,現状の濃度,現状の年変化率,大気中での寿命が示されている[1].これらの気体のうち,ハロカーボン類は人間活動のみに起源をもつが,その他は人間活動と自然の両方に起源をもっている.

a. 二酸化炭素 CO_2濃度の増加の主たる原因は人間の化石燃料の消費にあると考えられており,近年の増加率は1.8 ppmv/年程度(年率0.5%)である.図1にマウナロア(ハワイ),綾里(日本),南極点での二酸化炭素の濃度推移を示すが[2],季節変動を伴いながら年々濃度が上昇していることがわかる.産業革命前の275〜280 ppmvから最近は370 ppmvまで増加しており,とくにここ30年間の急増

表1 人間活動の影響を受ける主要な温室効果ガス[1]

	CO_2(二酸化炭素)	CH_4(メタン)	N_2O(一酸化二窒素)	CFC-11 (クロロフルオロカーボン-11)	HFC-23(ハイドロフルオロカーボン-23)	CF_4(パーフルオロメタン)
産業革命前の濃度	約280 ppm	約700 ppb	約270 ppb	0	0	40 ppt
1998年の濃度	365 ppm	1745 ppb	314 ppb	268 ppt	14 ppt	80 ppt
濃度変化率[2]	1.5 ppm/年*	7.0 ppb/年*	0.8 ppb/年	−1.4 ppt/年	0.55 ppt/年	1 ppt/年
大気中の寿命	5〜200年[3]	12年[4]	114年[4]	45年	260年	>50000年

* :1990年から1999年の期間で,[各年の]変化率は,CO_2では0.9〜2.8 ppm/年,CH_4では0〜13 ppb/年の間を変動している.
*2:変化率は,1990〜1999年の期間で計算した.
*3:CO_2は除去プロセスにより取込み速度が異なるため,単一の寿命を定めることはできない.
*4:この寿命は,ガスが自らの滞留時間に及ぼす間接的な影響を考慮した「調整時間」として定義されている.

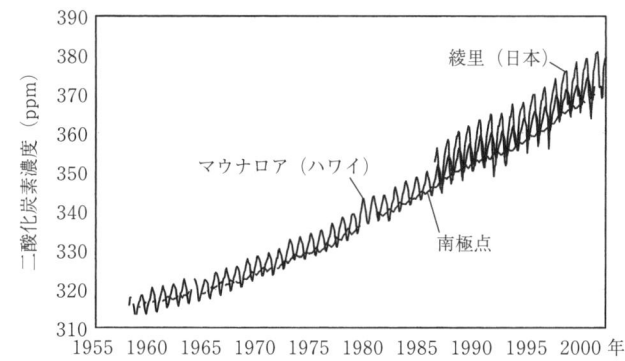

図1 大気中の二酸化炭素濃度の経年変化[2]
マウナロア,綾里,南極点における大気中の二酸化炭素月平均濃度の経年変化を示す.温室効果ガス世界資料センター(WDCGG)および米国二酸化炭素情報解析センターが収集したデータを使用した.

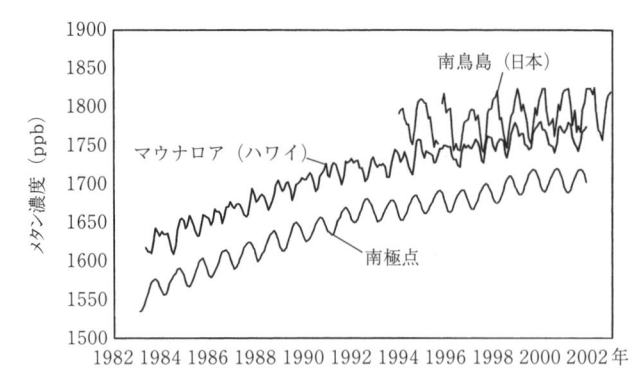

図2 大気中のメタン濃度の経年変化[3]
マウナロア, 南鳥島, 南極点における大気中のメタン月平均濃度の経年変化を示す. WDCGG が収集したデータを使用した.

が目立つ.

CO_2 将来濃度を推定するためには, CO_2 の環境での循環モデルが不可欠であるが, 大気と植物圏, 海洋との交換量, 海洋中での挙動などは未解明で, 人間活動に伴い放出される CO_2 の陸域植生, 海洋への蓄積・収支は定量的に解明されていない. そのため現状では数十年程度以上の長期にわたる将来濃度の正確な推定は難しいが, 使用可能な化石燃料が炭素量にして 4～6 兆 t あるとされており, これは大気中の CO_2 全量の 5～8 倍に相当することから, 無計画に化石燃料を使用すれば現状の 3～4 倍の CO_2 濃度になることも想定される.

b. メタン グリーンランドと南極氷床コアの気泡の分析から得られた大気中の CH_4 濃度は, 17 世紀以前まではほぼ一定で, 約 0.7 ppmv であったことを示している. その後の CH_4 の増加は世界人口の増加傾向とよく一致しており, 人間活動に起因していると見なされている. 最近の濃度は 1.7 ppmv 程度であるが, これは産業革命以前の 2 倍強にあたる濃度である. ここ 100 年では平均年率約 1% で増加しているが, 最近の 10 年間は増加速度が鈍っている. 図2に WDCGG (温室効果ガス世界資料センター) のデータによるここ 20 年間の CH_4 濃度の推移を示す. 1990 年以降の増加率は 0.3%/年程度と小さくなっていることがわかる.

c. 一酸化二窒素 大気中濃度は氷床コアの分析結果によれば, 1900 年頃までは系統的な変化はなく, その後徐々に上昇しており, 増加率は年率 0.2～0.3% 程度と推定されている.

d. フロン フロンと俗称されている化学物質 CFCs はすべて人工起源であり, 大気中への放出は 20 世紀中頃から始まったものばかりであるが, CFCs を全種類合わせると CO_2 に次ぐ温室効果をもっている. 対流圏内では, 1985 年時点で, フロン 11 ($CFCl_3$) は 200 pptv, 年増加率 0.7～0.9 pptv, フロン 12 (CF_2Cl_2) は 320 pptv, 年増加率 1.4～1.7 pptv 程度であったが, 国際的な生産・放出規制が実施され, 濃度の増加は現在, 頭打ちになりつつある. 〔山本 晋〕

文 献
1) 気象庁・環境省・経済産業省監修:IPCC 地球温暖化第 3 次レポート, p.33 (2002).
2) 気象庁:気候変動監視レポート 2002, p.28 (2003).
3) 気象庁:気候変動監視レポート 2002, p.32 (2003).

日傘効果

cooling effect of aerosols

a. エアロゾルの気候への影響 大気中に浮遊する微粒子をエアロゾルという。エアロゾルには燃焼に伴い生成する炭素粒子, 大気中の化学反応により生成する硫酸塩・硝酸塩などの二次粒子, 海塩粒子・土壌粒子などの自然起源粒子などいろいろな種類の粒子があり, それぞれで化学的・物理的・光学的特性が異なる。そのためエアロゾルの種類により作用は異なるが, 太陽放射（日射）を散乱・吸収して地上に到達する日射量を減少させる一方で, 地球表面からの赤外放射を吸収・再放射する温室効果ももっている。これらの大気の放射収支を変える「直接効果」のうち, 太陽放射を散乱させて, 地表面に到達する日射をさえぎる効果に着目して, それを「日傘効果」という。炭素粒子は温暖化に寄与, 硫酸エアロゾルは寒冷化に寄与するといわれている。

エアロゾルの種類によって相反する放射効果をもつために, エアロゾルの増減が気候に与える影響の量的不確定性は大きいが, 現在のところ「日傘効果」により, エアロゾルが増えると気温が下がると考えられている。さらに, エアロゾルはこれらの「日傘効果」,「温室効果」に加えて, 雲粒の核となる微粒子としても働き, 雲の性状や量が変わることによって地球の放射収支を変える「間接効果」を有している。この作用は直接効果より大きいともいわれるが, 未解明である。

b. エアロゾル量の変動 図1は1961年から2000年の日本周辺の大気混濁係数変化をみたものである[1]。混濁係数は大気中のエアロゾル総量の目安となるもので空気分子のみが存在すると仮定した大気の光学的厚さに対してエアロゾルなどを含む実際の大気が何倍の光学的厚さであるかを示している。大きな火山噴火の後数年は成層圏などの大気中の硫酸エアロゾル濃度が大きくなり, 大気混濁係数が大きくなっていることがわかる。この影響で気温の低下, とくに冷夏などが発生しやすいといわれている。1983年頃と1992年頃に極大がみられるがそれぞれエルチチョン火山噴火（メキシコ）とピナトゥボ火山噴火（フィリピン）によって, 大気中に大量の火山灰と硫酸エアロゾルを生成するSO_2が放出された結果である。日本周辺においては, ピナトゥボ火山噴火以降の大気混濁係数は小さくなっている。なお, 全地球的には化石燃料使用量の増加などに伴い, 人間活動起源のエアロゾルの量は増大している。

〔山本　晋〕

文　献

1) 気象庁：気候変動監視レポート2002, p.41 (2003).

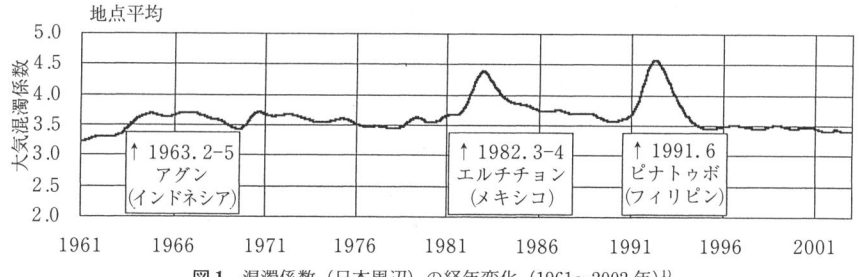

図1 混濁係数（日本周辺）の経年変化（1961～2002年）[1]

IPCC レポート

IPCC Report

地球温暖化問題においては長期的な見通しのもとに，その影響と対策を検討する必要があり，将来予測が不可欠である．温室効果ガスの将来濃度予測には，温室効果ガスの生成・放出，環境での循環，分解過程の全球的，定量的解明が不可欠であるが，現状では十分とはいえず，大きな推定幅をもっている．さらに人口の増加（2025年には80億人を超すと推定）や多様な人間活動（鉱工業，農業，輸送，民生など）の変動，それに伴う化石燃料の消費量やエネルギー利用形態の変化を全球的に想定しなければならない．また，将来の温室効果ガスの濃度増加による気候変動とその影響を予測する課題が控えている．このような課題を解明しつつ，的確な将来予測とそれに基づく長期的な対策を進める必要がある．

気候変動に関する政府間パネル（IPCC）では将来の人間活動の CO_2 排出についてシナリオを策定し，将来の CO_2

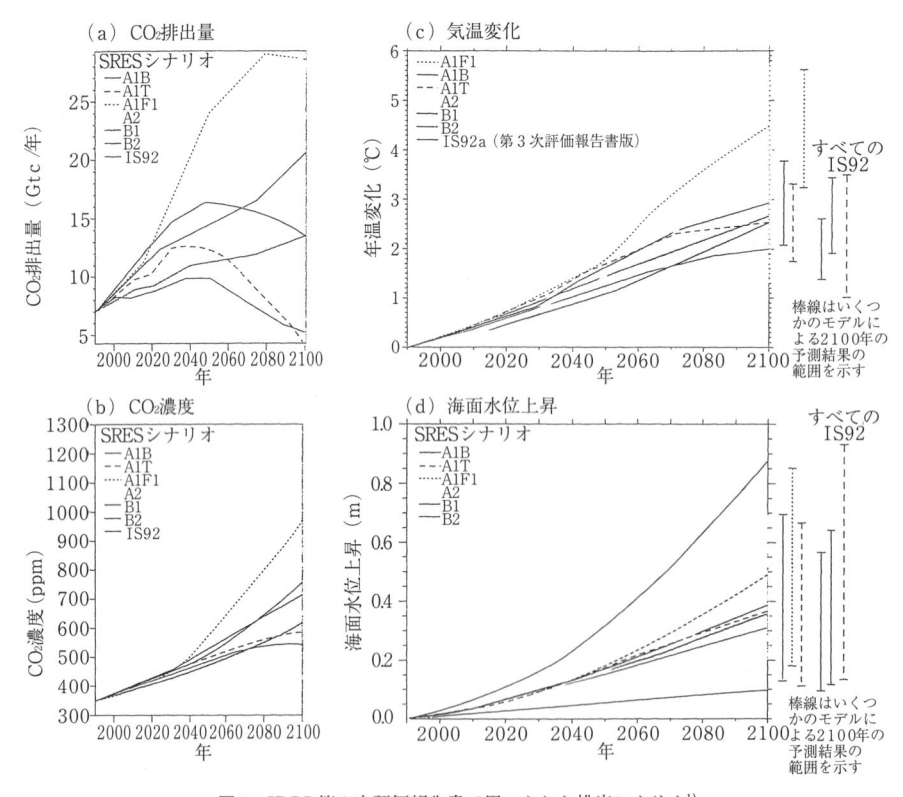

図1 IPCC 第3次評価報告書で用いられた排出シナリオ[1]
(a) CO_2 排出量，(b) 大気中 CO_2 濃度，(c) 地球全体の平均地上気温変化，(d) 平均海面水位上昇．

III. 大気環境と化学

表1 各国ごとのそれぞれの海面水位上昇に対して適応がないと仮定した場合の,アジア諸国の土地損失および曝露される人数[2]

国	海面水位の上昇 (cm)	土地損失の可能性		曝露される人数	
		(km^2)	(%)	(百万人)	(%)
バングラディシュ	45	15668	10.9	5.5	5.0
	100	29845	20.7	14.8	13.5
インド	100	5763	0.4	7.1	0.8
インドネシア	60	34000	1.9	2.0	1.1
日本	50	1412	0.4	2.9	0.3
マレーシア	100	7000	2.1	>0.05	>0.3
パキスタン	20	1700	0.2	n.a.	n.a.
ベトナム	100	40000	12.1	17.1	23.1

濃度,気温や海面水位などの予測を行っている.IPCC 排出シナリオに関する特別報告書(SRES)による二酸化炭素排出シナリオと大気中二酸化炭素濃度の将来予測を図1に示している[1].2100年の予測濃度はシナリオにより500 ppmv から950 ppmv の広い範囲に及んでいる.さらに IPCC 第三次報告では気温上昇幅の大きい推定値,平均的推定値,小さい推定値を与える予測モデルの3種について2100年までの全球平均気温を予測している.それによると2100年時点での1990年に対する気温上昇の予測幅は1.3℃から4.9℃の範囲に広がっており,その中心値は2.5から3.5℃程度となっている.さらに全球平均海水面は過去100年間に8～12 cm 上昇しているが,IPCC の予測では2100年時点で30～50 cm 程度となっている.なお,現状の水位上昇は海水温上昇に伴う膨張,小氷河などの陸氷の融解によると考えられているが,現予測では南極氷床の大規模融解は起こらず,海水面の大幅な上昇は21世紀中にはないと考えられている.なお,2007年2月に発表された IPCC 第四次報告書によると,2100年時点の気温上昇の予測幅を2.4℃から6.4℃と上方修正している.

表1に海面水位の上昇による土地損失の可能性と人口移動数の可能性を示している.この表から,アジアにおける主要な海岸低地に対する問題の大きさがうかがわれるとともに,海面水位上昇に対する対策と適応手段の早急な検討が必要であることがわかる.

気候温暖化に伴い予想される降水量変化,乾燥化の問題について若干ふれる.気候変動予測モデルの結果では全球平均降水量の増加,北半球中緯度の多雨帯の極方向への移動が予想されている.また,温暖化による春の雪解けの早まり,地表面からの蒸発量の増大などにより水収支が変動するといわれ,とくに米国では穀倉地帯が乾燥化するとの懸念から土壌水分量の変化に関心が高い.気候変動予測モデルの空間的分解能を高め,降水量・水収支の数百 km 以下のスケールでの地域的変動を予測する試みが精力的に進められている.

〔山本 晋〕

文 献
1) 気候変動に関する政府間パネル編,気象庁・環境省・経済産業省監修:IPCC 地球温暖化第3次レポート,p.51 (2002).

異常気象

67

abnormal weather

　過去の平均的な気温，降水量などの気象値（気象庁の定義では過去30年の平均値）から大きく離れた気象現象を異常気象と呼ぶ．異常気象は災害などを引き起こすなど，社会や経済活動にいろいろな影響を及ぼすことから注目されている．異常高温・低温，豪雨，少雨などの異常気象が地球温暖化との関連でとくに注目されはじめたのは，米国中西部の穀倉地帯が大干ばつに見舞われた1988年以降である．

　このような異常気象は偏西風パターンの特異な状況・変動などに関連して起こることが知られているが，このような変動がどのような機構で発生するかについてはまだ十分に解明されていない．しかし，世界のいろいろの異常気象が太平洋赤道地域の海水温分布においてペルーからエクアドル沖の海水温が平年に比べて2～5℃高くなって1～2年継続するエルニーニョといわれる現象と関連しているといわれる．エルニーニョ現象が現れると熱帯の大気の流れが変わり，熱帯地方の降水量が大きく変わり，インドネシアやオーストラリアで少雨，太平洋中部からペルー沖にかけて多雨となる．さらに，赤道域での大気の流れの変動が間接的に中緯度にも影響を与え，たとえば日本周辺ではエルニーニョ現象の発生時には暖冬，冷夏が発生する傾向がある．図1にはエルニーニョ現象に伴って降水量の変化が顕著な地域と期間を示す[1]．

　このような異常気象の発生が地球温暖化に関連しているかについて注目されている．最近の中・高緯度，とくに北半球において，年降水量に占める大雨や極端な降水現象による降水割合の増加，地域差はあるが極端な干ばつ現象の増大などが統計的に有意であるとの解析がされている．さらには，熱帯低気圧（台風）や温帯低気圧などの発生頻度や強度の変動が地球温暖化と関連していることも考えられるが，まだ有意に関連しているとの説得力のある証拠はない．

〔山本　晋〕

文　献

1) 茅　陽一編：地球環境工学ハンドブック，p. 417，オーム社（1991）．

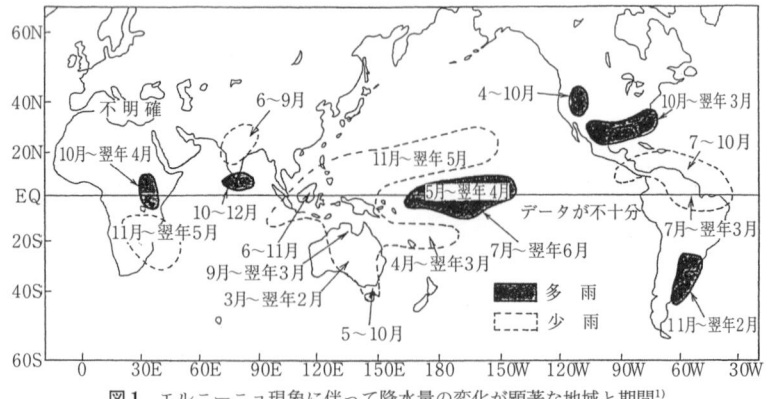

図1　エルニーニョ現象に伴って降水量の変化が顕著な地域と期間[1]
陰影域では平年より降水量が多くなり，破線域では少なくなる．期間はエルニーニョ現象が発生した年を基準にしている．

IV

水・土壌環境と化学

水の循環

hydrological cycle

地球に存在する物質は時間や空間のスケールの差はあるものの，常に移動や拡散をしている．水はこの顕著な物質の一つである．すなわち，水は地表，海面から蒸発した水蒸気が，雨となって地表に降り，一部は地下水，一部は表流水，一部は一時的に貯留されるといった時間差をとりながら海に至るという循環を繰り返しており，この過程を水循環（hydrological cycle）と呼んでいる．水循環は地球規模だけでとらえるだけでなく，流域規模の水循環，地域単位，施設単位など限られた範囲のもの，人間や生物の単位としたものも考えられている．水循環は人類を含めて地球上のあらゆる生命にとって不可欠である．また，水循環は溶解，懸濁を通して他の物質の移動を助けている．

地球上に存在する水の総量は一定であり，地中に地下水として存在する水も含めると約14億 km³ である．また，態様別の水量の算定例を表1に示す[1]．前述したように，水は地球上を移動しており，一定の期間で態様を変えていく．ある態様での水の存在量をその移動量（fluxes）で除す

表1 地球上の態様別水量[1]

態様別	水量（km³）	割合（%）
海水	1349929000	97.5
河川水	1200	0.0001
湖沼水（淡水・塩水）	219000	0.016
土壌水	25000	0.002
地下水	10100000	0.72
氷	24230000	1.75
大気中の水	12600	0.001
生物の水	1200	0.0001
合計	1384518000	100

と，その態様の水が1回入れ替わる時間が求められる．これを各態様での平均的な滞留時間（residence time）という．ある試算では大気中の水蒸気で10日，海洋や氷床で平均1000年，深さ100 m 程度の表層海洋で100年，土壌中の水で2〜50週間，河川の水で2週間，地下水では1万年程度であるとされている[2]．

陸上での水循環を考えると，上流から下流まで河川流域（river basin）単位での水の流れに着目して水循環をとらえることができる．モンスーンアジア（monsoon asia）に属する日本列島では約 1800 mm/年の降水がある．これは世界の陸地全体の平均値 670 mm/年に比べて非常に多い．1年間の降水は地表面で蒸発散（evapo-transpiration），直接流出（direct runoff），地下浸透（infiltration）の三つに分かれる．わが国では，地域によって差異があるものの，おおよそ蒸発散による損失分が約 650 mm/年，短期間に河川から流出する分（直接流出，direct runoff）が約 750 mm/年，地下浸透分（降水から蒸発散と直接流出を除いた分）は約 400 mm である．

水は私たちの生活や産業に不可欠な基本要素であり，とくに流域の水循環は図1に示すように河川の流況や地下水の確保，水質の浄化，水辺環境や生態系の保全に大きな役割を果たしている．また，人とのかかわりからの水循環は人間の社会活動全般に大きく影響を及ぼしている．たとえば，洪水や渇水は直接被害を与えるが，人間の生活には常に一定の水が不可欠である．人間以外の生物にとっても多すぎても少なすぎてもその生息に影響を与える．現在のわが国における水循環は，治水，各種用水，再生可能なエネルギー源としての利用など，安全，快適で豊かな人間生活を目指して，有史以来，人為的な水循環系と自然の水循環系とが有機的に結びついたものとなっている．また水循環は常に人為的な影響を受

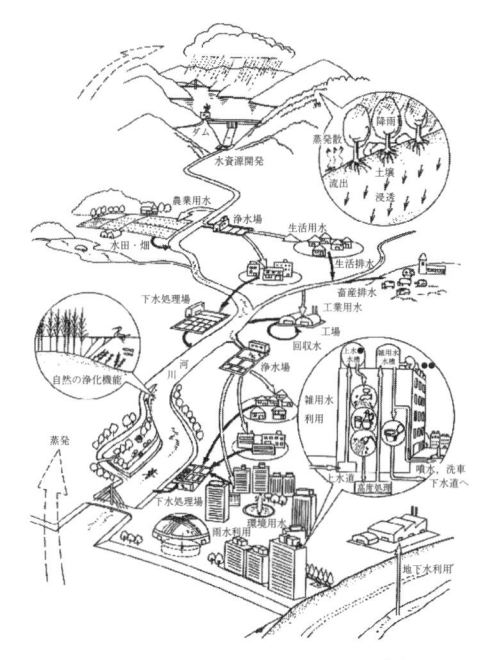

図1 流域水循環概念図（原図：国土庁水資源基本問題研究会資料，1998）

けており，自然のままの水循環系といったものは存在しない．とくにこれまでは都市，農村，森林などにおいて水のつながりを考慮せずに国土の開発が行われて，住民や事業者は生活の快適性，利便性や経済性を追求してきた．しかし，これによって水循環系の連続性が損なわれて，地下水位の低下や湧水の枯渇，河川の平常時流量の減少，各種の廃水による水質汚濁物質の排出，不浸透面積の拡大による都市型水害の多発など水循環系に大きな影響を与えてきた．さらには地球環境問題に伴い，新たな水循環に与える影響も危惧されている．このような水循環の問題に対応するためには，問題のある地域のみに着目するだけではなく，水循環の観点から流域をとらえ，流域全体を視野に入れた「健全な水循環の構築」への取組みが必要となっている．健全な水循環系とは，「流域を中心とした一連の水の流れの過程において，人間社会の営みと環境の保全に果たす水の機能が，適切なバランスのもとに確保されている状態」とされている[3]．健全な水循環系の構築のためには，従来の省庁の所管（河川，水道，下水道，森林，農地など）や都道府県や市町村の行政域を越えて，流域を単位とした多面的，広域的な取組みが求められている．さらには流域の関係者（住民，NPO，事業者など）の主体的な参加や意識の向上が不可欠となっている．具体的には鶴見川，海老川，手賀沼，寝屋川などの都市河川流域で水循環再生構想の策定や流域の特性を踏まえた水量・水質改善方策の立案・実施などの取組みが行われている．

〔佐合純造〕

文　献
1) 椹根　勇：水と気象（現代の気象テクノロジー1），朝倉書店（1989）．
2) 住明　正：地球システム科学（岩波講座地球惑星科学2），岩波書店（1996）．
3) 健全な水循環系構築に関する関係省庁連絡会議HP―健全な水循環系構築に向けて―

水資源

water resources

地球上に存在する水の量は約14億km^{3}であり，有限かつ一定である．また，その97.5%は海水であり，淡水はわずか2.5%である．しかも，淡水の大部分は南・北極などの氷として存在しており，われわれが利用できる水資源である河川水や地下水などはわずか0.8%にすぎない．しかし，これらの水は太陽からのエネルギーを受けて，海や陸から蒸発して，雨や雪から河川の水や地下水となり，海に戻るといった循環をしている．水資源の利用はこの水循環の過程のなかで行われている．

理論上最大限利用可能な水資源の指標として水資源賦存量 (inventry of water resources) がある．水資源賦存量は年間降水量 (annual precipitation) から年間蒸発散量 (annual evapo-transpiration) を差し引いた量で定義される．水資源賦存量は水資源の利用可能量を見積もるための基礎であり，各地域における長期的な水需給に関する施策を検討するうえでも重要な指標となっている．水資源賦存量を用いることによって地域により利用できる水量を比較することができる．日本および世界の一人当たりの水資源賦存量（平均年）を図1に示す．日本の水資源賦存量については，国土交通省によると，1971～2000年までの全国約1300地点の降水量資料をもとにして渇水年 (dry year) では約2800億m^3/年，平均年 (average year) では約4200億m^3/年と推定されている．人口一人当たりでみると日本の水資源賦存量は3300m^3/年で世界平均の1/4程度である．また，国内でも地域によって大きな差があり，たとえば，北海道では最も多く1万135m^3・年$^{-1}$・人$^{-1}$であり，関東臨海部では最も少なく398m^3・年$^{-1}$・人$^{-1}$であり，両地域で25倍の差がある[1]．

水資源は時期的にも偏在している．わが国では多くの降水が梅雨期や台風期に集中して利用されないまま海に流出する反面で別の時期には水不足が発生しやすい．この傾向は地形が急峻で流路延長が短い中小河川や島嶼部や半島など大河川のない地域において顕著である．実際に水資源として利用可能な量は，渇水年の水資源賦存量の6～7割であるといわれている．一方，都市部などでは近年の水質汚濁によって飲料用に適さないなど利用しにくい水が増加している．このため，適切なダム，堰，導水路などによる多様な水資源開発や高度な水質処理が必要であり，この際には水量や水質のリスク管理が重要な課題となっている．

〔佐合純造〕

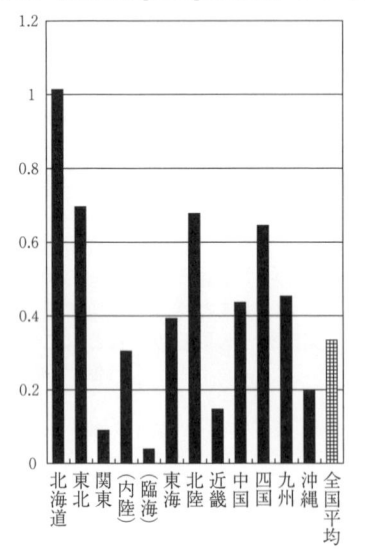

図1 日本の地域別一人当たり水資源賦存量（万m^3・人$^{-1}$・年$^{-1}$）[1]

文 献
1) 国土交通省土地水資源局水資源部：平成16年度版「日本の水資源」，国立印刷局 (2004)．

水の利用

70

water use

水の利用には直接利用（消費利用），エネルギー利用，水面利用などさまざまな形態がある．このうち，直接利用は用途別に，農業用水，生活用水，工業用水に分類される．なお，都市用水は生活用水と工業用水を合わせたものである．直接利用の総量（循環利用を除く）はわが国においては約839億m^3/年（2003）である．用途別にみると，農業用水が約557億m^3/年，生活用水が約161億m^3/年，工業用水が約121億m^3/年である．また，近年の直接水使用量の推移は図1に示すように全体として横ばいもしくは減少傾向にある[1]．水源別では河川水が735億m^3/年，地下水が104億m^3/年（2003）で河川水が約88％を占めている．地下水は地盤沈下等の防止のため，取水規制が進められており，その利用量は減少している．

農業用水は古くから多く利用されて全水利用量の66％を占めており，水田用水，畑地かんがい用水，畜産用水に大別される．このうち，水田用水は最も多いが，水田の面積が減少しているため減少傾向にあるが，利用の高度化や用排水の分離による水の反復利用率の低下，水質悪化対策，環境機能の確保など新たなニーズもあり，全体としては減少または横ばい傾向にある．畑地かんがい用水はハウスなどの施設園芸用が増えており年間通しての利用が進んでおり増加傾向にある．畜産用水は大きな変化がみられない．

生活用水は上水道によって供給される水が大部分である．上水道は昭和30年代から昭和40年代にかけて急速に普及し，昭和53年には水道普及率が90％を超えて，2003年現在，水道普及率は96.9％で，給水人口は1億2300万人に達している．1日一人当たりの生活用水の平均使用量は生活水準の向上とともに増加する傾向がみられたが，最近では313 m^3・人$^{-1}$・日$^{-1}$（2001，有効水量ベース）で，前年比1.2％減で頭打ちとなっている．以上から生活用水量は微増または横ばい傾向にある．

工業用水は一度使用した水を再利用する循環利用が進んでおり，河川水や地下水などから新たに取水する淡水補給量は約121

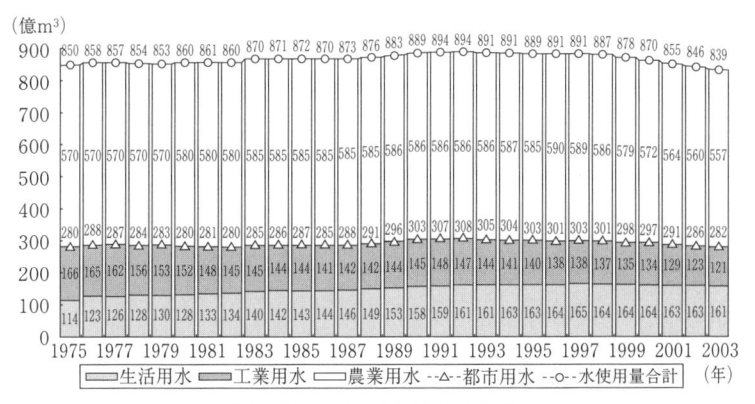

図1 日本の直接水利用量の推移[1]

億m³/年であり減少傾向にある．なお，回収した水の再利用も含めた工業用水使用量は約532億m³/年（2003年）である．この回収率は水の有効利用と排水規制に対応する必要から向上しており，昭和40年代には大幅に向上したが，その後，70～80％で推移している．工業用水の業種別のシェアでは，化学工業，鉄鋼業およびパルプ・紙・紙加工品製造業の3業種（用水多消費3業種といわれる）で全体の70％程度を占めている．用水多消費3業種の淡水使用量の動向は工業用水全体の淡水使用量に大きく影響する．用水多消費3業種の淡水使用量の推移は，横ばいまたは減少傾向にある．用水多消費3業種の回収率の推移は，化学工業および鉄鋼業は80～90％程度の高い値を維持しているのに対し，パルプ・紙・紙加工品製造業は近年45％程度で推移している．

次に直接利用以外の位置エネルギー，熱エネルギー，水面利用などについて述べる．発電用水は水のもつ位置エネルギーを利用して発電するものであり，他のエネルギー源と比較して半永久的に利用でき，発電に伴う二酸化炭素や硫黄酸化物が発生しないクリーンエネルギーであるという特長を有している．発電電力量は約1031億kWh/年（2004年）であり，全発電電力量の約9.1％を占めている．ただし，落差をとるため発電用水をバイパスさせることが多く，河川に無水区間が生じることなど河川の自然環境に影響を与える場合がある．

消流雪用水は積雪地域において水の熱エネルギーと流水を利用して道路などの雪を処理するもので，利用量は約10.6億m³/年（2004年）である．消流雪用水は冬季に安定した水温と水量の水が必要である．このため消雪パイプなどの消雪用水では約83％が地下水利用であり，流雪溝などの流雪用水では約91％が河川水利用である．水利用が降雪期に集中して多量の地下水を汲み上げることから，地下水位の低下，地盤沈下などの障害が起こっている地域もある．また，近年，ヒートポンプによる低温熱源の利用技術の向上に伴い，河川水，下水処理水などは，夏は大気よりも冷たく，冬は大気よりも暖かく，大量に存在しているという特性からその温度差エネルギーを効率よく利用することが可能になりつつある．たとえば，下水処理場における場内熱利用や広域的に冷温水などを供給する地域熱供給事業の導入が図られている．

水面空間の利用は，広く都市における水辺や水面が潤いのある都市景観を形成するとともに，精神の癒し効果やヒートアイランド現象の抑制効果もあることから最近注目されつつある．

最近，新たな水利用の概念として「仮想水」（virtual water trade）が取り上げられている．仮想水とは農産物や製品の生産に使われる水で消費者が間接的に利用する水のことである．たとえば，日本は農産物など多くの食糧を海外から輸入しているが，それらを国内で生産しようとすると多くの水（仮想水）が必要となる．すなわち，農産物の輸出国はその生産のために消費した水を間接的に輸出していることになり，輸入国は同量の水を間接的に輸入していることになる．日本の仮想水の輸入量は農産物に関連するものだけでも，約640億m³/年（2000年）と試算されており，国内の全農業用水量を上回っている[2]．

〔佐合純造〕

文　献

1) 国土交通省土地水資源局水資源部：平成16年度版「日本の水資源」，国立印刷局（2004）．
2) 沖　大幹：水をめぐる人と自然（嘉田由紀子編，有斐閣選書），第6章，有斐閣（2003）．

水の環境を守る

71

protection of water environment

　水は生活用水から農業用水，工業用水など，非常に広範囲に利用される．したがって，河川，湖沼，海域などの水環境をよい状態に保つことは，われわれの営みを維持，発展させていくためにも不可欠である．このような観点から，水質に関するいくつかの基準が定められている．その代表的なものが表1に示す河川，湖沼，海域など公共用水域の人の健康の保護に関する水の環境基準である．表1の項目のうち，表下の注にあるようにふっ素，ほう素の基準値は海域には適用しない．これは，海水にはもともとふっ素，ほう素が含まれているからである．公共用水域の水の環境基準には表1に示したものに加えて，生活環境の保全に関する基準があり，前者を健康項目，後者を生活環境項目ということもある．また，公共用水域の他に，地下水に関する環境基準もあり，その内容は表1の内容と同じである．

　公共用水域の生活環境項目は，河川，湖沼，海域に区分されて定められている．河川では，利用目的にしたがって水質のよい順に AA から E までの6類型に分けられ，水素イオン濃度(pH)，生物化学的酸素要求量(BOD)，浮遊物質量(SS)，溶存酸素量(DO)，大腸菌郡数の基準値が定められている．ちなみに，水道1級，自然環境保全などの利用目的に適した AA 類型の河川では，pHは6.5以上8.5以下，BOD は，1 mg/l 以下，SS は 25 mg/l 以下，DO は 7.5 mg/l 以上，大除菌群数は 50 MPN/100 ml 以下となっている．また，水生生物の保全のために，亜鉛を対象として水生生物の生息状況の適応性の順に生物 A から生物特 B まで4類型に区分され，全亜鉛濃度の基準値が定められている．最も水質のよいイワナ，サケ，マスなどの生息する水域では，全亜鉛濃度は 0.03 mg/l 以下と定められている．また，ダイオキシン類については，公共用水及び地下水を対象として，1 pg-TEQ/l，底質を対象と

表1　人の健康の保護に関する環境基準[1]　　　　　　　　　　(単位：mg/l)

項　　目	基準値	項　　目	基準値
カドミウム	0.01 以下	1,1,1-トリクロロエタン	1 以下
全シアン	検出されないこと	1,1,2-トリクロロエタン	0.006 以下
鉛	0.01 以下	トリクロロエチレン	0.03 以下
六価クロム	0.05 以下	テトラクロロエチレン	0.01 以下
砒素	0.01 以下	1,3-ジクロロプロペン	0.002 以下
総水銀	0.0005 以下	チウラム	0.006 以下
アルキル水銀	検出されないこと	シマジン	0.003 以下
PCB	検出されないこと	チオベンカルブ	0.02 以下
ジクロロメタン	0.02 以下	ベンゼン	0.01 以下
四塩化炭素	0.002 以下	セレン	0.01 以下
1,2-ジクロロエタン	0.004 以下	硝酸性及び亜硝酸性窒素	10 以下
1,1-ジクロロエチレン	0.02 以下	ふっ素	0.8 以下
シス-1,2-ジクロロエチレン	0.04 以下	ほう素	1 以下

　1．基準値は年間平均値とする．ただし，全シアンの基準値については，最高値とする．2．「検出されないこと」とは，測定方法の項に掲げる方法により測定した場合において，その結果が当該方法の定量限界を下回ることをいう．3．海域については，ふっ素，ほう素の基準値は適用しない．4．硝酸性および亜硝酸性窒素の濃度は，硝酸イオンの濃度に換算係数 0.2259 を乗じたものと亜硝酸イオンの濃度に換算係数 0.3045 を乗じたものの和とする．

して150 pg-TEQ/gという環境基準が定められている．さらに，「人の健康の保護に関連する物質ではあるが，公共用水域等における検出状況等からみて，現時点では直ちに環境基準とせず，引き続き知見の集積に努めるべき」と判断されるものとして，クロロホルム，モリブデン，アンチモン，キシレン，ウランなどが定められている．これらは要監視項目と呼ばれ，27項目があげられ，25項目について指針値が定められている．

湖沼は，天然湖沼および貯水量1000万m³以上で，かつ滞留時間が4日間以上の人工湖と定義されており，ここでは，水質のよい順にAからCまでの4類型に区分されている．pH，化学的酸素要求量（COD），SS，DO，大腸菌群数について基準値が定められており，最も水質のよい水道1級，水産1級，自然環境保全などの利用目的に適したAAの類型では，pH，SS，DO，大腸菌群数の基準値は河川と同じであるが，CODは1 mg/lとなっている．河川ではBODが基準値となり，湖沼と次に述べる海域ではCODが基準値となっていることに留意する必要がある．湖沼は水が滞留して富栄養化が進みやすいため，原因となる全窒素，全燐についても基準値が定められている．利用目的によって水質のよい順にI〜Vの5類型に区分されており，最も水質のよい自然環境保全が利用目的の類型では，全窒素は0.1 mg/l以下，全燐は0.005 mg/l以下の基準値となっている．また，水生生物についても河川と同様に全亜鉛について基準が定められている．

海域は，水質のよい順にAからCまでの3類型に区分され，pH，COD，DO，大腸菌群数，n-ヘキサン抽出物質（油分など）について，基準値が設けられている．n-ヘキサン抽出物質が定められているのは，工場などからの海域への排水の排出や，船舶からの油類の漏洩などを監視す

るためと思われる．最も水質のよい水産1級，水浴，自然環境保全を利用目的とするA類型では，pH 7.8以上8.3以下，COD 2 mg/l以下，DO 7.5 mg/l以上，大腸菌群数1000 MPN/100 ml，n-ヘキサン抽出物質は検出されないこととされている．ここで，大腸菌群数のMPNは，最確数といい，大腸菌群数x個，測定の際に菌を培養する皿の数a個，うち大腸菌のコロニーが検出されたものb個として考えて統計学的に処理し，aとbから最も確からしいxの値がいくつかを推定して求めた値である．また，湖沼と同様に，水の富栄養化を抑制するために，全窒素，全燐について基準値が定められており，自然環境保全を利用目的とするI類型では，全窒素0.2 mg/l以下，全燐0.02 mg/l以下となっている．これらの水質基準の類型に属す水域については，都道府県知事が指定している．

また，1998年6月に環境省は，水環境を経由した多種多様な化学物質からの人の健康や生態系に有害な影響を与えるおそれを低減するため，あらかじめ系統的，効率的に対策を進める必要があるとの認識のもと，今後の調査を進める際に優先的に知見の集積を図るべき物質のリストとして要調査項目リストを作成した．テルル，ベリリウム，バリウムなどの金属類，パラコート，マラチオン（マラソン）などの農薬類，ビスフェノールAのような内分泌かく乱作用が疑われている物質など，300物質群が選定されており，それぞれについて調査マニュアルが定められている．

以上，水質環境基準を中心に述べたが，詳細は以下の文献が参考となる．

〔宮崎　章〕

文　献

1) 産業環境管理協会公害防止の技術と法規編集委員会：新・公害防止の技術と法規2007．水質編 I-237〜I-243（2007）．
2) 環境省ホームページ http://www.env.go.jp

足尾鉱毒事件

72

Ashio mineral pollution incident

足尾鉱毒事件とは，栃木県の足尾銅山から排出された鉱毒，すなわち銅の精錬時に発生する排ガス中の亜硫酸ガスや，銅などの重金属イオンや硫酸イオンが，渡良瀬川沿岸の農漁業に被害を与えた事件のことで，日本の公害の原点ともいわれている．

足尾銅山は 1610（慶長 15）年に発見された幕府直営の銅山であった．明治政府の富国強兵・殖産興業振興策のもと，1877 年に古河市兵衛（古河鉱業社の創業者）が経営権を掌握した後，新たな鉱脈の発見によって産銅量は急激に上昇し，日本は世界有数の産銅国となった．

しかし，まもなく洪水のたびに，渡良瀬川の魚が死んで浮き上がる被害が現れ，次に，イネが立ち枯れるという被害が続出した．銅などの重金属が坑内水や選鉱，精錬廃水に含まれていたほか，これらを含む微細な選鉱滓や精錬滓が渡瀬川に放流され川床に堆積したものが洪水で押し流されて下流の水田を汚染した．亜硫酸ガスによる木々の立枯れや，山林の乱伐により，山は保水力を失い洪水が頻発した．

鉱毒被害に怒った住民らによる被害防止・救済を求める運動が活発化した．このとき先頭に立って闘ったのは栃木県選出の衆議院議員田中正造である．田中正造は，1891 年の帝国議会で，足尾鉱毒事件についてはじめて質問し，操業停止を要求した．1897 年には鉱毒被害農民が大挙して中央請願のために上京した．政府は足尾銅山鉱害調査委員会を設置し，古河鉱業社に対し，ろ過池や沈殿池などの鉱毒予防工事を命令した．しかし，ろ過池や沈殿池は翌年には決壊し，鉱毒被害はなくならず，地元では操業停止の声が強くなった．

1900 年 2 月には，上京して被害の惨状を政府に訴えようとした被害民が，待ち構えていた警官・憲兵隊に襲撃され，300 人以上が重軽傷を負うという川俣事件が起きた．これに対し，田中正造は政府の無策と警察の横暴を厳しく弾劾し，議員を辞職し明治天皇に直訴しようとした．直訴はかなわなかったが，この事件は世論に大きな影響を与え，鉱毒事件の早期解決が政府に求められた．政府は 1902 年に第二次鉱毒調査委員会を設置した．委員会は，洪水を防ぐために渡良瀬川下流に大規模な「遊水池」を作るべきとする報告書を提出した．

この報告を受け，政府は渡良瀬川と利根川との合流点に近い谷中村を廃村にして鉱毒水をため込む，巨大な遊水池を作る計画を推進した．これが現在の渡良瀬貯水地の原形である．これによって下流地域での鉱毒被害は減ったが鉱毒の排出がなくなったわけではなく，その後も洪水が起こるたびに被害が発生した．戦後になって渡良瀬川全域にわたる堤防と，土砂の流出を防ぐ防砂ダムが作られた．さらに洪水調節機能を高める工事が 1968 年から実施され，第 1，第 2，第 3 調節池からなる現在の渡良瀬遊水池の形となった．　　　〔辰巳憲司〕

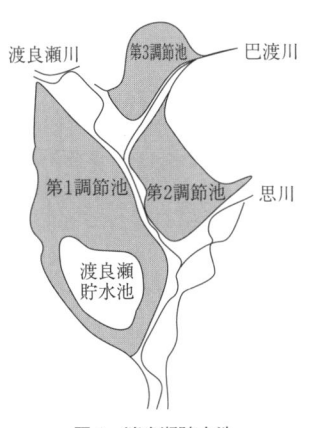

図 1　渡良瀬貯水池

73 水俣病

Minamata disease

　水俣病は，工場排水に含まれていたメチル水銀が海や川の魚介類を汚染し，それを食べた人に発症した公害病で，チッソ社（当時は新日本窒素社）水俣工場が原因で水俣湾を中心に発生した水俣病と，昭和電工社鹿瀬工場が原因で新潟県の阿賀野川下流域に発生した新潟水俣病（第二水俣病）とがある．

　水俣病の原因となるメチル水銀は，水銀を触媒に利用してアセチレンからアセトアルデヒドを作る際，水銀化酢酸が副生され，それが脱炭酸して生成する．チッソ水俣工場では，1932年からアセトアルデヒドの生産を開始している．それ以来，メチル水銀を含んだ排水は，1968年にアセトアルデヒドの製造工程が停止するまで排出された．有機水銀は中枢神経系を侵し，症状には知覚障害，運動障害，聴力障害，視野狭窄，言語障害などがある．母親が有機水銀で汚染された魚介類を摂取すると，胎盤を通じて胎児がメチル水銀に侵され，出生後に精神・運動機能の発達が著しく遅延する，胎児性水俣病がある．

　水俣病の公式な確認は，チッソ社の付属病院から水俣保健所に「原因不明の中枢神経疾患が多発している」との報告があった1956年5月1日とされている．その後，水俣市に奇病対策委員会が発足し調査が開始された．その結果，それまで別の診断が下されていた30人の患者にも同じ症状が確認され，1953年に水俣病の最初の患者が発病したことが突き止められた．

　原因究明のため，1956年熊本大学医学部に水俣病医学研究班が発足した．はじめは原因物質として，マンガン，セレン，タリウムなどの物質が研究の対象となった．その後，水俣病の臨床症状や病理学的所見が，英国で発生した有機水銀農薬工場での中毒患者と共通の症状がみられたことから，有機水銀に関する研究が進められ，1959年有機水銀中毒説が発表された．しかし，国が正式に認めたのは1968年になってからである．これまでに認定された水俣病患者は，2004年4月現在で熊本水俣病2265人（熊本県1775人，鹿児島県490人），新潟水俣病690人にのぼる．

　水俣工場でこれほど大きな被害が発生した理由は，水俣工場が海岸に立地していたため用水に塩素イオンが含まれていて，塩化メチル水銀が発生し，これが蒸発器から気化し，精留塔ドレインから廃液として水俣湾に排出されたためである．精留塔のドレインが，1960年より循環され，排水量は激減した．一方，1958年設置された凝集沈殿装置は溶存しているメチル水銀を除去することはできなかった．1960年に水処理工程が改良され，排泥で吸着処理した後，凝集沈殿装置にかけることになった．これらの対策が施されることにより，1960年以降水俣病患者の発生は沈静化した．

　熊本県は，水俣湾の海底に堆積した25 ppm以上の水銀を含むヘドロを処理する埋立工事を1977年から開始した．水銀濃度の高い湾奥部を堤防で仕切り，このなかに水俣湾のヘドロ約78万m³が埋め立てられた．工事は，1990年に完了し，いまでは運動場や公園に整備されている．水俣湾の魚介類も3年連続して国の基準を下回ったため，1997年水俣湾の魚介類は安全であると宣言された．〔辰 巳 憲 司〕

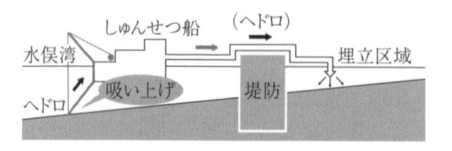

図1 水俣湾埋立工事のようす（熊本県）

イタイイタイ病

Itai-Itai disease

イタイイタイ病とは、カドミウムの慢性中毒によりまず腎臓が障害を起こし、次いで骨軟化症をきたし、わずかな外力や咳によっても容易に骨折を起こす疾患で、患者が「イタイイタイ」と激痛を訴えたことからイタイイタイ病と名づけられた。この疾患は、富山県神通川流域で発生し、中年以上の女性、とくに子どもを産んだ女性に多く、体や手足の痛みを訴え、歩行できなくなり、体がおとろえて死に至ることもある疾患で、1968年に日本ではじめて公害病に認定された。

三井金属鉱業社神岡鉱山では江戸時代から金銀が採掘されていたが、金銀の枯渇に伴い亜鉛採掘に切り替えられ、その後浮遊選鉱法が導入され亜鉛の大量生産が始まった。カドミウムは亜鉛鉱石中に含まれ、いまでこそニッケル・カドミウム電池、顔料、合金などと、利用価値は高いが、当時はとくに用途がなかった。このため、亜鉛の大量生産が開始されるに伴い、神通川流域に大量のカドミウムが排出された。

カドミウムは、農業用水を介して水田土壌を汚染し、汚染された水田で収穫された米を常食にしていた住民の体内に高濃度のカドミウムが蓄積された。戦前から、稲作被害の主原因は、神通川上流の神岡鉱山の鉱毒であると疑われており、鉱毒で汚染された米がイタイイタイ病にも関連があると疑われていたが、それ以上の究明には至らなかった。イタイイタイ病の原因として、細菌説、栄養不良説、リウマチ説などが唱えられるなか、1957年に地元の萩野昇医師が重金属説を発表し、その後、1961年にカドミウム原因説を発表した。しかし、政府がカドミウムが原因であると認めたのは、それから11年後の1968年になってからである。

患者らは1968年三井金属鉱業社を訴えて富山地裁に提訴し、1971年勝訴、控訴審でも翌年名古屋高裁金沢支部で勝訴した。三井金属鉱業社は全患者と和解し、医療救済、農業被害補償、土壌復元、公害防止対策をすることを約束した。イタイイタイ病患者としての補償を受けるためには、イタイイタイ病として認定されなければならないが、医学的には明瞭なイタイイタイ病患者でも認定されない、死亡後に認定されるなど未認定患者の問題は、いまなお残っている。2005年末現在、188人がイタイイタイ病患者として認定されていて、要観察者は延べ334人に上っている。

1968年、当時の通商産業省は三井金属鉱業社に対し精密な水質調査を実施するとともに、中和処理の徹底と沈殿装置の改善などを指示した。1970年に水質汚濁法が制定され翌年排水基準を定める総理府令が施行され、カドミウムの排水基準は0.1 mg/lと定められた。カドミウムは、図に示す鉱山廃水の一般的処理の中和処理と凝集沈殿で水酸化物の沈殿として除去でき、理論的には、pH 10で0.44 mg/l、pH 10.5で0.044 mg/lまで処理できる。鉄などの共存重金属が存在すると、それよりも1〜2低いpHでも沈殿する。神岡鉱山は2001年に閉山したが、現在も湧出する鉱山水による環境汚染を防止するために水処理が行われている。〔辰巳憲司〕

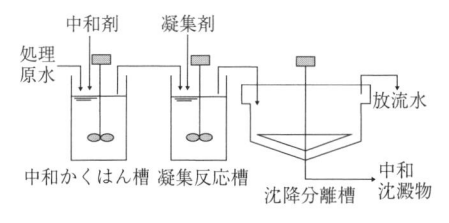

図1 鉱山廃水の一般的処理プロセス

75 田子の浦ヘドロ公害

sludge pollution in Tagonoura

　静岡県の富士市に面する田子の浦港で昭和40年代になって表面化した公害問題で、富士市にあるパルプ工場の排水廃液などにより生じたヘドロによる悪臭の発生と、港湾機能の低下が大きな社会問題となった。

　富士市地域での紙の生産は、奈良・平安時代までさかのぼるといわれている。明治時代になり、手漉和紙工場が相次いで設立された。こうした和紙を中心とした製紙業の基礎が築かれていくとともに、紙の大量消費を支えるため、木材を原料とした洋紙を生産する近代的な製紙工場が設立されていった。1890年に富士製紙会社が操業を始め、その後、製紙工場が続々と設立された。世界恐慌による中小工場の倒産や戦時中の縮小などはあったが、戦後工場の再開、新設によって、富士市域は一大製紙産業地域となった。

　紙パルプ産業は、蒸解、漂白、洗浄、抄紙のすべての工程で大量の水を消費する。現在では水の再利用が進んでいるが、かつては使用した水はそのまま排水や廃液として田子の浦港に排出されていた。これらは、パルプ滓、繊維、リグニン、樹脂など多くの有機汚濁成分を含んでいた。沈降堆積した汚濁成分は、嫌気性発酵で発生したガスによって浮上し、メタンや硫化水素、メルカプタン類の有害な悪臭ガスを発した。また、堆積した汚泥は、大型船の接岸にも支障をきたしただけでなく、古紙再生工場排水によってもたらされた有害物質、PCBが数百ppmの高濃度で検出されるに至った。このような状況に対し、「ヘドロ公害追放」「駿河湾を返せ」をスローガンに1970年8月9日に沿岸住民の大抗議集会が開催された。

　ヘドロの除去として、ヘドロを浚渫し富士川河川敷で脱水処理したのち、田子の浦港周辺の堤防背後地などに埋め立てることになった。公害防止事業費事業者負担法が全国で最初に適用された事業であり、事業費の82%を同港に工場排水を排出している企業が負担することになった。実際には、1971年4～5月にかけて行われた第1次浚渫(11万m^3)から1981年3月の第4次浚渫の終了まで10年間を要し、182万m^3が浚渫処理され、その費用は67億7800万円にも上った。ヘドロの処理方法は、第1次から第3次の浚渫では、凝集沈殿ろ過して脱水後、土砂と混合して田子の浦港の港湾用地や富士川河川敷に覆土して埋没処理された。第4次ではセメントによる固化法が用いられた。

　一方で、ヘドロの追加流入量は、1970年3月頃月間8.1万m^3(推定)であったものが、凝集沈殿装置が設置されるに伴い1972年12月からは、月間1.1万m^3(推定)に減少した。いまでは、水質汚濁防止法による排水規制の強化、静岡県条例による上のせ排水基準の設定などにより、凝集沈殿装置に加え活性汚泥処理装置も新たに設置するなどの対応がとられ、有機汚濁物質の過剰な流入はなくなった。

〔辰巳憲司〕

図1　田子の浦浚渫状況（静岡県港湾総室）

瀬戸内海に赤潮の発生

occurrence of red tide in Seto inland sea

瀬戸内海は人口と産業が密集した後背地を控えた内海である．流域人口は3000万人以上，全工業出荷額は全国の3割弱である．平均水深は約37 m，東西450 km，海水の滞留時間は約15ヵ月である．複雑な海岸線や700を超える島があり，流れが停滞しやすい地形が多い閉鎖性水域である．閉鎖性水域では夏季に植物プランクトンなどの異常発生が起こる．この現象が赤潮である．赤潮は景観を損ね，魚類の斃死，悪臭発生などの環境問題を引き起こす．

赤潮プランクトンは窒素やリンが供給されると増殖が始まる．工場排水，生活排水，および魚養殖場の給餌に含まれる窒素およびリン成分（栄養塩類と総称される）の滞留時間の長い水域への過剰供給が赤潮の原因となる．赤潮プランクトンは炭酸を固定するため有機物が水域内で新たに生産される（内部生産）．赤潮プランクトンが死滅して細胞から有機物が溶出し，微生物によって消費されるが，それは溶存酸素の消費を伴い，魚類を窒息死させる．この過程で残存した栄養塩類は堆積物中に蓄積される．栄養塩類の過剰な負荷による植物プランクトンの増殖とそれに起因する累積的な水質の悪化が「富栄養化」である．魚類を中毒死させる物質を生産する赤潮プランクトンもいる．

1957年に徳山湾で漁業被害が発生して以降年々赤潮の規模は拡大し，漁業被害が頻発するようになった．1972年の播磨灘での赤潮によるハマチ1400万匹の斃死という大被害を契機に国も汚染対策に乗り出し，「海洋汚染防止法」によって翌年から

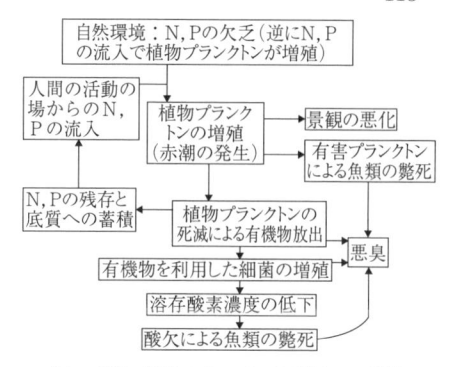

図 赤潮の発生メカニズムと環境への影響

瀬戸内海でのし尿投棄が禁止され，「瀬戸内海環境保全臨時措置法（臨時措置法）」が産業系排水由来の有機性汚濁物質の瀬戸内海への流入量を半減することを定めた．

汚濁物質の総量規制制度の導入は1979年の「水質汚濁防止法」の改定で実現する．「臨時措置法」を引き継いだ「瀬戸内海環境保全特別措置法（特別措置法）」(1978年）によるCOD削減計画が着実に達成され，1984年より産業，生活，および農業由来の栄養塩負荷量の削減対策が執られた．その結果，1976年には300件以上あった赤潮発生件数は，1978～1986年は毎年150～200件，それ以降は100～130件に減少した．

最近の発生件数は100件を下回るが減少はやや鈍化傾向にある．赤潮発生の防止にはCODの外部負荷量の削減だけでなく，内部生産の削減，すなわち栄養塩負荷削減が必要である．大阪湾（瀬戸内海）では春季および夏季には内部生産CODの割合はおよそ50％とみられている．第5次総量規制によって2005年度を目標に新たに窒素とリンが総量規制対象項目となり，ひきつづき第6次総量規制が実施される．これらの施策により，いっそうの環境改善が期待される．

〔諏訪裕一〕

77 青潮

blue tide

東京湾湾奥部海底には，航路や砂採取跡などの人工的な凹部が多数存在する．毎年5月から夏にかけての気温上昇期に，海水の表層水温も上昇し続ける．その結果，表層では低塩分・高水温，底層では高塩分・低水温のいわゆる密度成層が形成される．この成層期にはまた，表層で赤潮が発生し，その光合成作用により酸素飽和度が200%近くに達することもある．下層にいくにしたがい海水中での好気性分解により溶存酸素濃度は低下していく．とくに上述した凹部では，溶存酸素濃度がゼロにまで減少し，硫酸還元菌を主体とする嫌気性細菌の世界となる．ここでの嫌気性分解，とりわけ硫酸還元においては，海水中に含まれる硫酸イオンが硫化物イオンに還元され，その濃度は多い場合数十 ppm にも達する．

以上はおだやかな天候時の東京湾湾奥部の姿である．ときに低気圧の来襲などにより，陸から沖に向かって風が2日～数日連吹することがある．このような場合，表層水も陸から沖に押出され，押出された海水を補うように，底層水が海底を（表層水の流れとは逆向きに）陸に向かって動きだす．さらに陸につきあたった地点で湧昇し，そこから表層を沖に向かって流れだすことになる．この機構により，凹部に停滞していた多量の硫化物イオンを含む海水が湧昇し，酸素を含んだ表層水と混合すると，海水色に著しい変化が現れる．硫化物イオンと溶存酸素が（鉄化合物などの触媒作用を受けて）多硫化物イオン（緑色）やコロイド状硫黄（乳白色）が生成され，海水表面の水色が非常に明るい緑～白色に変化する（(1)式，(2)式）．

図1 東京湾（稲毛海岸付近）の青潮 2002.8.20（提供：海上保安庁）

$$HS^- + \frac{1}{2}O_2 \xrightarrow{\text{触媒}} OH^- + S^o \quad (1)$$
$$HS^- + nS^o \longrightarrow HS_{n+1}^- \quad (2)$$

この現象を青潮（図1）と呼んでいる．ここで生成されるコロイド状硫黄は，生成初期においては，球状でかつ粒子径のそろった液体の粒子と考えられている．またコロイド状粒子の出現がみられず多硫化物イオンのみの出現で終わる場合も知られている．

以上の硫化物イオンと溶存酸素との反応は，硫黄温泉における，源泉は無色であるが，湯もみなどで乳白色に変色していく過程との類似性も指適されている．

青潮が出現する場合には，湾奥の岸近くまで，酸素を含まず硫化物イオンを多量に含む海水が海底をはうように流れるため，海底付近に生息していた魚貝類を死滅させることも多く，大きな漁業被害をもたらすことがある．死滅した魚類の多くは口を大きく開けており，酸欠の特徴を示すとの指適もある．青潮通過後の沿岸では，すぐにその生産力を回復し漁場に致命的な打撃を与えることはないようである．

青潮にまつわる詳細な反応過程は，未解明なところも多く，これからの調査・研究が望まれている． 〔寒川　強〕

78 土壌・地下水環境を守る

conservation of soil and groundwater environment

土壌汚染は，高度経済成長期を中心に比較的古くから発生していたが，局所的に発生すること，外観からは発見が困難であること，明らかな健康被害は生じにくいことなどから，判明することは少なかった．しかし，近年，環境管理の一環として自主的に汚染調査を行う事業者の増加，工場跡地の売却や用途変更の際に調査を行う契機の増大に伴い，土壌汚染の判明数が増加している．一方，地下水汚染は飲用水や産業用水の確保などの水資源保全のみならず，土壌汚染との深いかかわりといった観点から，未然防止がますます重要となっている．

a. 法規制など 土壌・地下水環境を保全するために，それぞれ土壌環境基準と地下水環境基準が制定されている．また，2003年には土壌汚染対策法が施行され，このなかでは土壌汚染に係る特定有害物質および指定区域における指定基準が制定されている．前者は，一般の土壌・地下水環境において維持されることが望ましい基準，後者はすでに発生した土壌汚染について，その状況の把握，汚染の除去などの措置という事後的な対策を講ずるうえでの要件を示したものである．

環境基本法による土壌並びに地下水の汚染にかかわる環境上の条件に基づき，人の健康を保護し，および生活環境を保全するうえで維持することが望ましい基準，すなわち環境基準が定められている．このうち土壌環境基準については，「土壌の汚染に係る環境基準（環境庁告示第46号）」に規定され，地下水摂取の観点から定められている．「ダイオキシン類による土壌の汚染に係る環境基準（環境庁告示68号）」は，直接摂取の観点から定めたものである．また，地下水環境基準については，「地下水の水質汚濁に係る環境基準（環境庁告示第10号）」に規定されている．土壌・地下水の環境基準値は，現在までに重金属など，揮発性有機化合物などの29物質（および化合物）を対象として定められている．フッ素，ホウ素，硝酸性窒素，亜硝酸性窒素およびダイオキシン類については，1997年以降の改正により環境基準が追加され

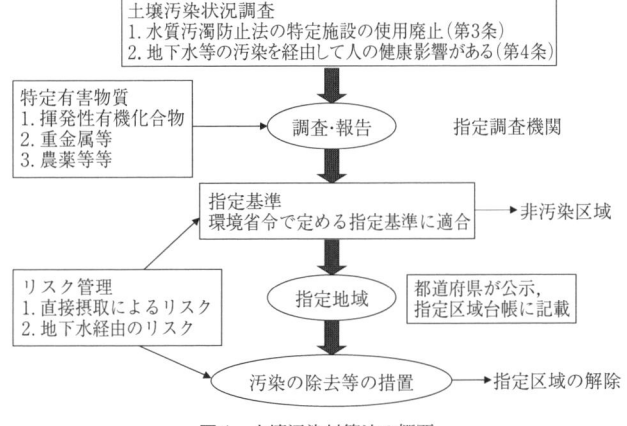

図1 土壌汚染対策法の概要

表1 土壌汚染対策法に基づく特定有害物質および指定区域の指定基準

特定有害物質*	分類	土壌溶出量基準*2 (mg/l 以下)	第二溶出基準*2 (mg/l 以下)	土壌含有量基準*3 (mg/kg 以下)
四塩化炭素	(揮発性有機化合物) 第1種特定有害物質	0.002	0.02	—
1,2-ジクロロエタン		0.004	0.04	—
1,1-ジクロロエチレン		0.02	0.2	—
シス-1,2-ジクロロエチレン		0.04	0.4	—
1,3-ジクロロプロペン		0.002	0.02	—
ジクロロメタン		0.02	0.2	—
テトラクロロエチレン		0.01	0.1	—
1,1,1-トリクロロエタン		1	3	—
1,1,2-トリクロロエタン		0.006	0.06	—
トリクロロエチレン		0.03	0.3	—
ベンゼン		0.01	0.1	—
カドミウムおよびその化合物	(重金属等) 第2種特定有害物質	0.01	0.3	150
六価クロム化合物		0.05	1.5	250
シアン化合物		検出されないこと	検出されないこと	遊離シアン 50
水銀およびその化合物		0.0005	0.005	15
アルキル水銀		検出されないこと	検出されないこと	—
セレンおよびその化合物		0.01	0.3	150
鉛およびその化合物		0.01	0.3	150
ヒ素およびその化合物		0.01	0.3	150
フッ素およびその化合物		0.8	24	4000
ホウ素およびその化合物		1.0	30	4000
シマジン	(農薬等) 第3種特定有害物質	0.003	0.03	—
チオベンカルブ		0.02	0.2	—
チウラム		0.006	0.06	—
PCB (ポリ塩化ビフェニル)		検出されないこと	0.003	—
有機リン化合物 (パラチオン, メチルパラチオン, メチルジメトン, EPN)		検出されないこと	1	—

*：特定有害物質：土壌汚染対策法における施行令第1条による．
*2：土壌溶出量指定基準：土壌溶出量調査に関わる環境省告示第18号による．
*3：土壌含有量指定基準：土壌含有量調査に関わる環境省告示第19号による．

た．なお，検液の調製および試験分析方法の詳細については，それぞれの告示の内容を参照されたい．

b. **汚染の状況** 土壌汚染の事例数は，年々増加の傾向を示している．図2は，監督官庁に報告された土壌汚染の調査事例数の推移と各種法規制の関係を示したものである．このうち，棒グラフの下段は環境基準に対する超過事例数（調査により汚染が判明した件数），上段は非超過事例数（調査により汚染がなかった件数）である．1991（平成3）年に土壌環境基準が制定されて以降，土壌汚染の判明件数は増加の傾向を示し，1997年以降では右肩上がりの急激な増加となっている．とくに，2003年の土壌汚染対策法の施行後では，さらに増加傾向が大きくなり，現状では年間800件を越える調査事例数となっている．このような状況は，用地の土地取引や用途変更が進むとともに，今後も継続すると考えられる．また，これまで土壌汚染の顕在化は東京，大阪，名古屋といった大都

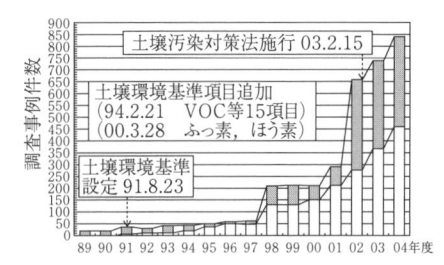

図2 年度別の土壌汚染の調査事例数と各種法規制の関係（環境省：土壌汚染状況調査の実施状況報告書（2006年8月）より抜粋）
　□：超過事例件数，■：非超過事例件数．

市圏を中心とした現象であったが，最近では地方都市にも及び，全国的な広がりをみせている．

c．土壌汚染対策　近年，土壌汚染が判明する事例が増加して社会問題としてクローズアップされてきたこと，土壌汚染対策の実施例の増加によりそのルール化の必要性が認識されてきたことといった土壌汚染をめぐる社会的状況の変化から，「土壌汚染対策法（法律第53号）」が施行された．図1に土壌汚染対策法の概要を示す．本法において規制対象となる化学物質は特定有害物質と呼ばれるもので，表1に示した25物質である．

特定有害物質には，第1種特定有害物質（揮発性有機化合物），第2種特定有害物質（重金属等）および第3種特定有害物質（農薬等）がある．これらの特定有害物質を製造，使用および処理する水質汚濁防止法に規定する特定施設が，その使用を廃止した時点で土壌汚染調査を実施し，自治体に報告する義務が生じる．このほかに，土壌汚染が存在する蓋然性が高く，ヒトへの暴露の可能性がある場合には，自治体は土地所有者に対して土壌汚染調査を命令することができる．このような土壌汚染状況調査において，表1に示した3種類の指定基準が適用される．このうち土壌溶出量基準は，汚染土壌から溶出により地下水経由の暴露を評価するものである．土壌汚染対策法で新たに規定された指定基準に土壌含有量基準がある．これは，汚染土壌の直接的な摂取（摂食，皮膚接触など）によるヒトへの暴露を評価するものであり，重金属等（第2種特定有害物質）に限定されている．土壌含有量の分析法としては，塩酸による抽出法が採用されているが，汚染土壌のヒトへの暴露を評価するうえで，胃液の状況を安全側に再現したシナリオを考慮したものとなっている．また，揮発性有機化合物（第1種特定有害物質）に対して土壌ガス分析が義務づけられており，調査方法やモニタリングの方法が詳細に定められている．

土壌汚染状況調査により指定基準を超過した場合には，その用地の区画はリスク管理地として指定，登録され，浄化や修復などの恒久対策のほか，覆土，封じ込め，不溶化などのリスク低減の措置が実施される．このような汚染の措置を実施した後に，指定基準を下回った場合はリスク管理から外される．なお，表1に示した第二溶出基準とは，汚染の措置にかかわる指定基準であり，これを超過した場合に汚染土壌の措置の方法が限定される．

土壌・地下水環境を守るために，上記のような環境基準や指定基準が定められ，ヒトや生活環境の保護および浄化対策によるリスク低減といったさまざまな観点からの施策が実施されている．上記の基準値に加えて，環境基本法に示された基本的な理念である自主的な環境管理が重要である．個々の事業所，工場などにおいては，土壌・地下水汚染の未然防止に努めるとともに，サイトアセスメントなどのリスク管理に向けた自主的な取組みを進めることが肝要である．
〔駒井　武〕

79 土壌・地下水汚染メカニズム

mechanism of soil and groundwater pollution

a. 地圏（土壌） 環境は，気圏，水圏および地圏に分けられる．地圏は地表下に存在する土壌と地下水を含めた地殻の表層部のことである．近年になってとくに，大気汚染や水質汚染と並んで地圏の汚染つまり土壌・地下水汚染への関心が高まっている．土壌汚染は，地層汚染，地質汚染などと称されることもあるが，ここでは土壌汚染という名称で統一することとする．また，ここで土壌といわれるものは場所によって異なるが，地表から数十cmまでの表層と，表層より地下にある水を通しやすい砂層や礫層などの透水層，水を通しにくい粘土層や岩石層などの難透水層あるいは不透水層からなるもので，これら透水層や難透水層などが幾層にも重なりあい，さまざまに入り組んだ複雑な構造になっているのが普通である．また，地下水によって飽和している透水層は一般的には帯水層と呼ばれる．

b. 汚染の原因 土壌・地下水汚染の原因は人為的汚染と自然由来の汚染の大きく二つに分けられる．人為的汚染としては，工場排水や生活廃水，工場の操業や鉱山の開発に伴う汚染物質の漏洩，汚染物質を含む廃棄物の埋設や不法投棄，大気からの汚染物質を含む粉塵の降下，また大気中に輝散している汚染物質が雨とともに地上に降り注いだりすることなどがあげられる．自然由来の汚染とは，特定の有害元素・化合物を含む未開発の鉱山や岩体からもたらされるものである．ヒ素，カドミウム，鉛などは金属鉱床をもとからもつ鉱山から漏出する汚染物質として知られている．天然の岩石のなかにも有害元素・化合物を含むものがある．たとえば蛇紋岩はクロムを，花崗岩はフッ素などをそれぞれ比較的高濃度で含有していることが知られている．また，火山地帯の土壌や温泉水にはマグマ起源と考えられるヒ素やセレンなどが多量に含まれている．

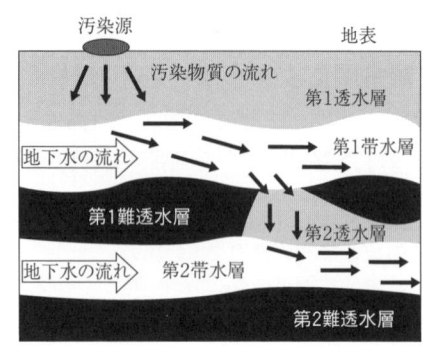

図1 地表の汚染源から地下への汚染物質の拡散

c. 汚染のメカニズム 地表付近の汚染源から地下への汚染物質の拡散の概念図を図1に示す．発生した汚染物質の一部は地表付近の土壌粒子に吸着したり，粒子間に滞留したりする一方で，土壌間隙水に溶解あるいは懸濁した状態で間隙水とともに地下へ浸透していく．地下に浸透した汚染物質は主として地下水の流れに沿って土壌-地下水間の移動を繰り返しながらその汚染範囲を拡大していくが，その汚染の規模や拡大速度は，汚染物質の性質，地層の構成，地下水の挙動などによって大きく左右される．土壌汚染と地下水汚染は相互に関連しあっており，土壌に含まれる汚染物質が地下水へイオンなどの形で溶解したり，汚染物質を含んだ土壌が微粒子となって地下水中に分散・懸濁したりする一方，地下水に含まれる汚染物質が土壌へ吸着・析出したり，あるいは土壌成分と化学的に反応することによって新たな化合物を生成したりする場合もある． 〔杉田　創〕

80 重金属による土壌・地下水汚染

heavy metal pollution on soil and groundwater

土壌・地下水汚染において汚染物質として対象となる一般的な重金属は，カドミウム，鉛，六価クロム，ヒ素，水銀，セレンおよびこれらを含む化合物であるが，この他にも，銅，ニッケル，亜鉛，シアン，アルキル水銀，有機リン，フッ素やホウ素なども含めて重金属類と表記する場合も多い．重金属類による土壌・地下水汚染の原因としては，重金属類を含む原材料や薬品などの製造・保管過程における漏出，工場などから排出された煤煙の降下，重金属類を含む排水の地下浸透，そして廃棄物の埋立処分などがあげられる．重金属類による土壌の汚染は，他の汚染と比較して汚染物質が流出しにくく蓄積されるために長期間土壌中にとどまると考えられる．土壌中における重金属類の挙動は，その重金属類自体の性状および媒体となる土壌の性状により異なるが，重金属類は一般的に水に難溶で，かつ土壌に吸着されやすいため，地下に浸透した重金属類は地表近くの土壌中に存在し，深部にまで拡散していないことが多い．しかし，土壌の吸着能を超える負荷が生じた場合や，六価クロムやシアン，フッ素，ホウ素などのように水に対する溶解度が高い物質の場合，降雨などによって雨水とともに地下深部にまで浸透していき，地下水面に達すると地下水に溶解し，地下水の流れとともに下流へと移動し，汚染を拡大する場合もある．

農用地の土壌汚染は，そのほとんどが鉱山や工場などの事業活動に伴って排出された重金属類などによって汚染された水や大気を媒介としてもたらされた二次公害ともいうべきものである．市街地における重金属汚染は，1973年に東京都が化学品製造会社から買収した江東区大島9丁目の都営地下鉄用地および市街地再開発用地で大量の六価クロム鉱滓埋立てによる土壌汚染が判明したことを発端とし，大きな社会問題となった．その詳細は，東京都公害局（現東京都環境局）の「六価クロム鉱滓による土壌汚染対策報告書（1977）」に報告されている．当時その現場従業員には，肺がんや鼻中隔穿孔などの労災が発生し，周辺住民にも健康被害が多数発生した．汚染土壌は江東区，江戸川区の5カ所の集中処理地に都の指導のもと，同社の費用負担により封じ込め処理が行われた．現在でも年間を通じて亀戸・大島・小松川地区および堀江地区における大気中の粉塵などが測定され，さらに，集中処理地とその周辺において土壌・水質・植物の六価クロム汚染度が測定されて，広域的な汚染監視が行われている．

2003年3月に茨城県神栖町木崎地区において飲用井戸水から，環境基準値を超える濃度のヒ素が検出された．この井戸水を使用していた12世帯33人のうち18人が手足のしびれ，ふるえなどの症状を訴えていた．この井戸水の水質調査を行った結果，基準値を超える $4.5\,mg/l$ の濃度（基準値の450倍）のヒ素が検出された．さらにその井戸から約1km離れた地点にも新たに基準値を超えるヒ素（$0.18～0.43\,mg/l$）が検出され，広範囲に地下水が汚染されていることが明らかになった．また，汚染源の調査の結果，検出されたヒ素が毒ガス兵器の成分であるジフェニルシアノアルシンやジフェニルクロルアルシンに由来する有機ヒ素化合物であることが明らかになった．ヒ素による汚染が発覚後，茨城県は調査・浄化対策の他，定期的に地域住民への説明会を開催している．

〔杉田　創〕

有機塩素化合物による土壌・地下水汚染 [81]

soil/groundwater contamination by chlorinated solvents

テトラクロロエチレンやトリクロロエチレンに代表される有機塩素化合物は，ドライクリーニングや金属類などの脱脂洗浄に幅広く利用されている．これらの物質は，水よりも比重の大きい難水溶性の液体でありDNAPLs (dense nonaqueous phase liquids) と呼ばれている．

環境省の調査によると，2002年度末までに環境基準を超過する有機塩素化合物による地下水汚染が判明した事例は1505件（複合汚染も含まれる）となっている．そのなかでもテトラクロロエチレン（603件），トリクロロエチレン（450件），シス-1,2-ジクロロエチレン（288件）による有機塩素化合物の汚染が多くなっている．これらの汚染の原因としては，工場や事業所による不適切な管理や廃棄物処分場からの漏洩あるいは産業廃棄物の不法投棄など人為的な汚染が主となっている．

有機塩素化合物の原液が土壌へ放出されると，一部は土壌間隙中にトラップされるものの，粘性が低いため比較的容易に土壌中を浸透し帯水層へ達する．帯水層まで達した原液は土壌間隙が小さい場合には，地下水面付近にトラップされるが，土壌間隙が大きい場合には，不透水層まで達し，汚染だまりを形成する．これらの物質は比重が大きく，水に溶解しにくいため広範囲に移動することが困難である．したがって，有機塩素化合物による地下水の広域汚染は，土壌や地下水に残存する原液から汚染物質が少しずつ溶解し，それが地下水中を移流・拡散する（図1）．

土壌や地下水中に存在する有機塩素化合物は，環境中に棲息する微生物により自然分解される場合がある．有機塩素化合物の微生物反応は，主に嫌気的条件下における還元性脱塩素反応（塩素が水素に一つずつ置き換わる反応）であり，テトラクロロエチレンがトリクロロエチレンに，トリクロロエチレンが1,1-，シス-1,2-，トランス-1,2-ジクロロエチレンに，ジクロロエチレン類が塩化ビニル（ビニルクロライド）に，塩化ビニルがエチレンまで分解される．しかし，実際の汚染現場における微生物分解では，ジクロロエチレン類（主にシス-1,2-ジクロロエチレン）から塩化ビニルへの反応速度が遅く，分解生成物であるシス-1,2-ジクロロエチレンが地下水中に多く存在する場合がある．〔川辺能成〕

文　献
1) 中島　誠：実務者のバイブル 土壌・地下水汚染にどう対処するか 調査・対策の進め方, pp. 28-38, 化学工業日報社 (2001).

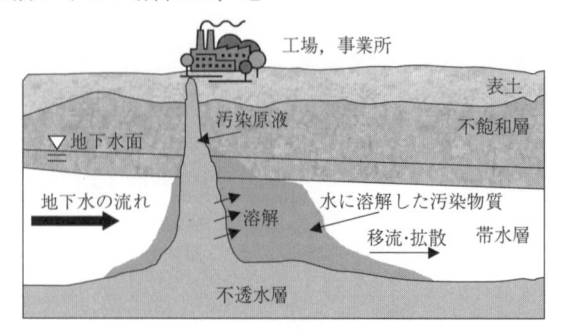

図1 土壌・地下水中における有機塩素化合物の汚染機構（文献1をもとに作成）

石油系燃料による土壌・地下水汚染 [82]

soil and groundwater contamination of petroleum fuel

a. 概要 石油系燃料とは，ガソリン，軽油，灯油などの軽質油と重質油である。これが漏出して地下に浸透した場合，土壌や地下水汚染の原因となり，ヒトの健康や生活環境に悪影響を与えるおそれがある。このことから石油系燃料を取り扱う事業者は，漏洩防止に努めるとともに，漏洩が発生した場合は適切な対策を行う必要がある。石油系燃料による地下水や土壌の汚染事例は数多く報告されているが，環境基準のような定量的な指標がないために，汚染の実態はよく把握されていない。現行法では，表層土壌において油分の濃度が高く，生活環境に影響を与える可能性のある項目として油臭と油膜の有無をあげている（環境省「油汚染対策ガイドライン」）。なお，ベンゼンや鉛（ガソリン中に過去に含有されていた成分）が環境基準値を超過している場合には，土壌・地下水汚染と判断され，適切なリスク管理の実施が求められる。

b. 汚染の機構 石油系燃料による土壌・地下水汚染のメカニズムを図1に示す。漏洩した油分は，比重や粘性，揮発性や溶解度などに応じ，地下に浸透して土壌を汚染したり，揮発して土壌中の空気を汚染したり，地下水中に移動して地下水の流れとともに汚染を拡大させたりする。ガソリンなどの軽質油は比較的粘性が低いので浸透しやすく，水よりも軽いので帯水層に達しても地下水面上にとどまるが，地下水の流れに乗って水平方向に移動する。また，地下水位の変動によって深度方向にも汚染が拡大する。土壌中に浸透した軽質油は，長期間にわたり汚染の原因となる。土壌汚染が起こると，地下水や表流水の汚染，農作物や動物への汚染物質の蓄積，汚染土壌の摂取や接触などによって，人の健康に悪影響が生じるおそれがある。また，生活環境や生態系への影響として，悪臭や油膜による不快感，農作物や樹木の生育阻害，土壌生物や地中微生物への悪影響も考えられる。

c. 対策（浄化・修復） 油分による土壌汚染を浄化・修復するために，場外搬出，掘削後場内処理，原位置処理などの多種多様な方法や技術が適用されている。場外搬出では，汚染土壌を掘削除去した後に別の場所に搬出され，中間処理施設を用いた土壌洗浄，加熱処理，微生物処理などによる浄化，廃棄物処分場への搬入，セメント原料としての利用などの方法により処理・処分される。掘削後場内処理では，主に加熱処理，微生物処理などによる浄化が実施されている。好気性の微生物を用いたランドファーミング法は，油分に対するバイオレメディエーション法の一つとしてよく実施される。原位置浄化については，主として土壌ガスや地下水汚染の浄化を目的として行われ，土壌ガス吸引法，揚水抜気法，微生物分解法などが実際の汚染サイトに適用されている。　　〔駒井　武〕

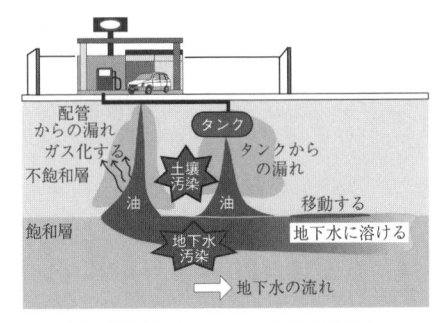

図1 石油系燃料による土壌・地下水汚染のメカニズム（全国石油協会：SS汚染土壌の浄化技術のパンフレットより引用）

PCBによる土壌・底質汚染

soil and sediment contamination by PCB

a．PCB PCB（ポリ塩化ビニル）は，ベンゼン環が二つ結合したビフェニル骨格の水素が塩素で置換された有機塩素化合物の総称である．置換塩素の数と位置によってきわめて多種の異性体が存在し，実際の市販品（単体の混合物）も100を超えるPCBが確認されている．PCBは安定性，絶縁性および電気的特性に優れ，トランスやコンデンサの絶縁油として優れた性能を発揮し，絶縁性能の向上，電気機器からの火災発生の低減などに大きく貢献した．しかし，1968年にPCBによる人体中毒（カネミ油症）が問題となり，また環境汚染も進んでいることが明らかとなったので，1972年に生産が中止された．

b．汚染の機構 最近，PCBによる土壌や底質の汚染事例が多数報告され，事業所，工場などでは適切なリスク管理が必要である．水質・土壌中の環境基準は，PCBが検出されないこととされている．一方，底質における暫定除去基準は，10 mg/kgとなっている．

PCBが土壌や底質に移行すると，有機物などに強く捕捉され固体表面に吸着される傾向があり，一般に環境中の移動性は小さい．そのため，PCBが漏出して土壌圏に達すると長期間にわたり高濃度を維持し，土壌汚染となる可能性が大きい．また，地中では光分解や微生物分解の速度も非常に小さいために，環境中の残留性は高い．さらに，河川や海底の底質中のPCBは生態系の食物連鎖により生体内に濃縮され，魚介類に高濃度で検出されることがある．そのため，国際的にみても厳重な管理・規制が必要なPOPs（残留性有機汚染物質）の一つとされている．

表1 PCB汚染土壌・底質の浄化方法の分類[1]

大分類	中分類	小分類
分解法	脱塩素化分解	化学的分解, 触媒分解, 脱塩素重合
	水熱酸化分解	超臨界水酸化分解, 水熱分解
	還元熱化学分解	気相水素還元, 溶融触媒抽出
	光分解	光・生物分解, 光・触媒分解
	プラズマ分解	プラズマ分解法
	その他	メカノケミカル分解, 溶融分解
回収法	洗浄	溶媒洗浄, 水系・溶剤洗浄
	分離	真空加熱分離, 気相水素還元法
	その他	エコロジックプロセス

c．対策 PCBによる土壌・底質汚染を浄化する方式には，表1に示すような分解による無毒化と分離による除去回収がある．具体的な方法としては，脱塩素化分解，水熱酸化分解，還元熱化学分解，光分解，プラズマ分解などの分解処理法の他に，洗浄や分離などの回収法が開発されている．しかし，現位置での土壌浄化は人や周辺環境への暴露リスクが高い反面，汚染土壌の場外搬出は移動時のリスクが否定できないことから，すべての状況に対応できる浄化方法は少ない．最近の浄化事例では汚染土壌中のPCBを現位置で濃縮・回収して，場外で化学的に分解処理する方法がとられている．汚染土壌の浄化を実施しようとする場合には，土壌の特性，濃度レベル，汚染の分布などを事前に調査し，適切な処理方法を見いだすためのトリータビリティ試験を行う必要がある．また，浄化作業を行う作業員の安全性，周辺環境への影響などを十分に評価し，自治体，周辺住民，有識者などの間でリスクコミュニケーションをはかることが重要である．

〔駒井　武〕

文献

1) 遠藤小太郎：環境管理，**39**(10)，(2003)．

海洋汚染

marine pollution

海洋汚染は海を介して周辺の国々や海域へ影響が及ぶことから、国際的な取組みがなされてきた。国連海洋法条約（1982年採択：1997年発効）では、海洋環境の汚染を次のように定義している。「生物資源及び海洋生物に対する害，人の健康に対する危惧，海洋活動（漁業その他の適法な海洋の利用を含む）に対する障害，海水の利用による水質の悪化及び快適性の減少というような有害な結果をもたらし又はもたらすおそれのある物質又はエネルギーを，人間が直接又は間接に海洋環境（河口を含む）に持ち込むこと」。

同条約では海洋汚染の原因を次のように分類している。「陸からの汚染，海底資源探査や沿岸域の開発などの活動による生態系の破壊，汚染物質の海への流入，投棄による汚染，船舶からの汚染，大気を通じての汚染」。また，湾岸戦争での大量の油の流出のように，戦争も大きな海洋汚染の原因と考えられる。

海洋汚染のなかでわれわれの身のまわりで起こり，関心が高いのが，沿岸域の開発や，それに伴った汚染物質の海への流入の増加によって生ずる生態系の破壊である。すなわち赤潮の多発，閉鎖性水域底層水の貧酸素化やそれに付随して起こる青潮現象である。これは富栄養化問題としても知られている。この場合，生態系にとって最も重要なことは貧酸素水の発生である。海洋に生息する生物の多くは酸素を必要としており，貧酸素化は生物がそこに生息できないことを意味する。図1には例として伊勢湾での貧酸素水の分布を示す。夏の最盛期には伊勢湾のほぼ全体で貧酸素化が起こっ

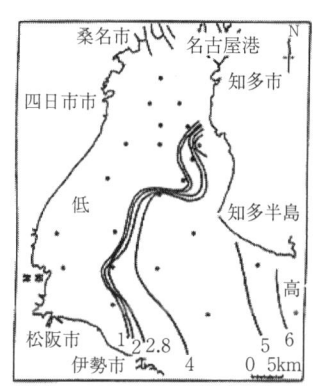

図1 伊勢湾における底層の溶存酸素量の分布（単位 mg/l）
低は 1 mg/l 以下のところ．1996年8月10日のデータ（中部空港環境影響評価書，資料集，1999 から作図）．

ていることがわかる．

外洋域の海洋汚染対策としてよく知られているのは1975年に発効したいわゆるロンドン条約である．これは廃棄物その他の投棄による海洋汚染の防止に関する条約である．その後の世界的な海洋環境保護の必要性の高まりから，産業廃棄物の海洋投棄が1996年1月から原則禁止となる改正が行われた．ただし，例外として浚渫物，下水汚泥，魚類加工カス，不活性な地質学的無機物質，天然起源の有機物質などについては投棄を検討できるとされた．この場合，おのおのの廃棄物の海洋投棄が海洋環境にもたらす影響を予測，評価したうえで規制当局が投入処分許可を発給する，いわゆる WAF (Waste Assessment Framework) が規定されている．わが国ではボーキサイド残さの海洋投棄が対象となっている．

将来，二酸化炭素の海洋隔離などが実施されるようになると，ロンドン条約 WAF の対象になる可能性があると思われる．

〔中田喜三郎〕

ナホトカ号油流出事故

Nakhodka tanker oil spill

日本近海で発生した大規模油流出事故として記憶に新しいのが、1997年1月2日午前2時40分に日本海島根県沖で起こった、ロシア船籍タンカー「ナホトカ号」(1万3157t)の事故である。海域に放出された重油の総重量は、約6240tと見積もられている。油の種類は、Bunker C #6重油で、非常に高い粘性をもつ。事故発生後、ナホトカ号の船体は二つに裂け、船首は漂流し最終的には福井県三国町安島岬から200m沖付近に座礁した。後部は、水深2502mの海底に沈没した。船体の浮遊部から流出した油は1月7日の夜から1月8日の朝にかけて福井県三国海岸に到達した。そこに至る流出油の軌跡ははっきりしていない。三国海岸から油は能登半島に沿って北東に移動し、18日後には半島の先端から富山湾に侵入した。表面油膜の動きは海岸線に近いところに限られており、さらには海中に取り込まれた油についての情報はまったくない。

Nakataら[1]は限られた情報からこの流出油の運命を数値モデルにより解析した。モデル解析では日本海の流動モデルも考慮されている。流出から三国海岸の到達までの解析を行い、風係数を3.5%とした場合が現実に近いことを示した(一般的には風係数は3〜3.5%といわれている)。日々の油の軌跡の計算結果を図1に示した。流出後6日で三国海岸に到達していることがわかる。また海流を考慮しない場合(つまり風のみ)と、考慮した場合の結果を比較し、一義的に風が重要であることを示した。波高が高い場合と、低い場合を想定し

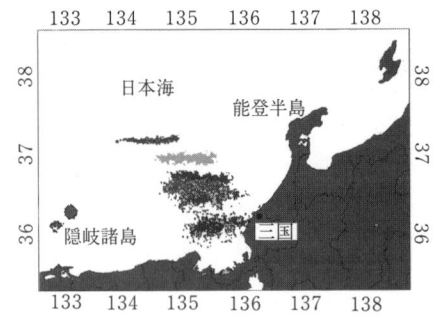

図1 流出油の軌跡のモデル解析結果[1]

た解析も行った。波高が低い場合には流出油のうちの約12%が蒸発で失われ、海中に取り込まれた部分は0.2%にすぎない。一方、波高が高い場合には海中への加入が約20%となり、全体に約30%以上が表面油膜から消失する結果となった。これらは検証されてはいないが、波高が高い場合、かなりの表面油が油滴として海中に加入し、海洋生物に大きな影響を与えることを示唆している。ただし海水中に石油成分が溶解していく割合は最初の3週間程度では小さいことが推定された。

また沿岸に漂着した割合は流出した全容積に比べて小さいことも示唆された。現実には流出油の運命についての詳しい調査ができないので、モデルでの推定に頼らざるをえないのが実状である。事故後のモニタリング調査によると[2]三国町の海岸では1年後においてもまだ油の付着が確認され、一冬越えた1998年3月には若干の回復は認められたが、それでも堆積物に油が残存しているとされ、影響が長期化していることが示された。 〔中田喜三郎〕

文献
1) Nakata, K., *et al*.: Hindcast of a Japan Sea oil spill. *Spill Sci. Technol*., **4**, 219-229(1997).
2) 福井県環境保全技術対策プロジェクトチーム、ロシアタンカー油流出事故に係る環境影響調査報告書(1999).

船底塗料による海洋汚染

marine pollution by antifouling paints

　船底塗料は，船底に海生生物が付着することを防止するための防汚剤を含む塗料のことである．付着防止により船体と海水との摩擦が減り，世界で年間約5000億円の燃料費が節約できるとの試算がある．防汚剤としては，亜酸化銅や有機スズ化合物などが使用されてきた．有機スズ化合物は，炭素原子とスズ原子との間に共有結合を有する化合物の総称で，船底塗料にはトリブチルスズ（TBT）やトリフェニルスズ（TPT）化合物が用いられてきた．TBTによる汚染は1974年にフランスArcachon湾でカキに異常がみつかり，その後養殖量が激減したことから世界的関心を集めた．わが国でも1960年代から問題視されてきたが，環境汚染が大きな問題となったのは1985年以降である．化審法に基づいて，1989年にトリブチルスズ＝オキシド（TBTO）が第一種特定化学物質に，1990年に7種類のTPT化合物，13種のTBT化合物が第二種特定化学物質に指定された結果，1989年に塗料の原体使用量が1万1840tあったものが，1996年以降は国内の使用はなくなった．国際的には2001年の国際海事機関（IMO）において「船舶の有害な防汚方法の規制に関する国際条約（AFS条約）」により，2003年以降の塗装禁止と，2008年以降塗装を帯びることの禁止が採択された（なお，本条約は2004年2月時点で批准国が少なく未発効）．世界の有機スズ化合物の生産量は1996年で約5万t，このうちTBT原体は数千tと推定され，世界全体ではTBT含有塗料の消費量はほとんど変化がないといわれている．

　TBTOとTBTClのオクタノール-水分配係数（$\log K_{ow}$）はおのおの3.19〜3.84，4.76である．TBTは海水中ではTBTCl，TBTOH，TBTCO$_3^-$の平衡状態にあり，光分解と生物分解により最終的に無機のスズとなる．海水中での半減期は60〜90（5℃），7〜11日（12℃）などの報告がある．高い疎水性のため懸濁物に吸着されて底質に蓄積されやすく，底質の嫌気条件下ではメチル化も起こる．TBTは海生生物に対して毒性が強く，カキの卵に対する無影響量（NOEL）は約20 ng/lと低く，貝類に生殖障害（imposex）を起こす．ほ乳類ではTBTの代謝は速やかで，生物学的半減期は23〜30日と推定されている．人の許容摂取量（ADI）は，1985年に厚生省がTBTOに換算して$1.6\mu g \cdot kg^{-1} \cdot 日^{-1}$の値を出している．分析法としては，「要調査項目等調査マニュアル（水質，底質，水生生物）」（環境省，2002年）において，有機スズ化合物を抽出後，テトラエチルホウ酸ナトリウムにより誘導体化し，GC/MSで測定する方法が規定されている．汚染実態に関しては，環境省の生物モニタリングにおいて，「汚染は近年では横ばい傾向にあること，わが国では開放系用途の生産などはないため改善が期待できるが，未規制国等の存在に伴う汚染も考えられるため今後も監視が必要」とされている．また，環境庁と建設省の調査（1998-9年）では，水質で598地点中52地点（算術平均0.47 ng/l），底質で242地点中130地点（同$8.0\mu g/kg$），水生生物で141地点中113地点（同$12.3\mu g/kg$）であった．有機スズ化合物の代替物質としてはThiabendazole, Diuron, Irgarol 1051などがあるが，すでに代替物質による環境汚染も報告されており，リスクとベネフィットを総合的に判断する必要がある．

〔田尾博明〕

87 海洋での汚染物質蓄積

pollutants accumulation in ocean

海洋では,油による汚染ばかりでなく化学物質,重金属による汚染などが大きな問題となっている.とくにメチル水銀が原因となった水俣病の経験を有するわが国では,重金属汚染対策が厳しく行われ,最近では環境基準を超えた濃度を検出する例はほとんどない.一方,残留性有機汚染物質(POPs)が大きな関心を集めている.POPsは,毒性をもち,難分解性であって,生物に蓄積されやすく,したがって長距離移動性を有するといわれている.

産業活動で使用される化学物質で,PCB, DDT, HCB などは,ほとんど分解されることなく海洋に搬出され,生物濃縮(bioaccumulation)によって生物の体内に蓄積される.また,これらの生物に濃縮されやすい物質は,海水中に存在する植物プランクトンを含めた沈降性の懸濁態有機物に吸着されやすく,海底に堆積し,底質にも蓄積され,底生生物を利用する高次の生物に濃縮されることになる.海洋の場合には,環境中では相対的に分解されやすいが,トリブチルスズ(TBT)が代表である.TBT は船底塗料として1990年代前半まで世界中で広範に使用されていた.現在,製造はされていないが使われており,東京湾の底質に蓄積されている.現実にはこのような化学物質のモニタリングは港湾内に限られており,湾外での分布データは少ない.

このような化学物質の生物蓄積過程については,化学物質の特性であるオクタノール-水分配係数 $\log P_{ow}$ を使っておおまかに知ることができる.生物蓄積の程度については BCF (bioconcentration factor) が使われている. $\log P_{ow}$ が1以下か7以上の場合,蓄積性がないが, $\log P_{ow}$ が5~7の場合は1000倍程度の BCF になるといわれている.基本的に BCF は水中の化学物質をエラや皮膚から生物体内に取り込む過程で濃縮される程度を表している.

生物濃縮を議論する場合には,餌とともに化学物質を腸管で取り込む経口濃縮過程(biomagnification)も考える必要がある.この二つの過程を合わせたものが生物濃縮であり,BCF とともに BAF が生物濃縮指数として導入された.

化学物質が生物に濃縮されていく過程を模式的に図1に示した.特定の海洋生物のBAF を求めるためには,海域での複雑な食物網の知識が要求されることになる.

〔中田喜三郎〕

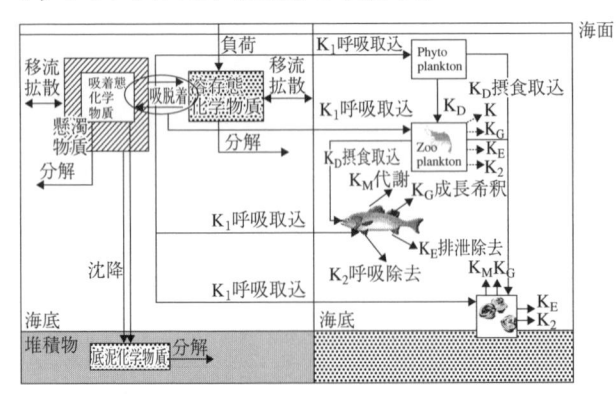

図1 生物体内への蓄積モデルの概念図
図の左側は水中で懸濁物に吸着した化学物質と溶存態で存在する化学物質を示す.右側はプランクトンや魚類に化学物質が摂取され,排出されていく過程を示した.

V

生物環境と化学

農業と環境 88

agriculture and environment

　人類の生命基盤である食料の生産性向上を目指して，品種改良をはじめ農業機械や資材など各種の農業技術が開発・導入され，食料の多様化や質的向上が図られた．しかし，生産性の維持，増進を目的にした農業活動は大型機械化，単作化，連作化であり，その結果，農業生態系は単純化の方向に進んでおり，土壌や生物相など環境構成要因の質的および量的特性は，農業環境と自然環境で自ずと異なるものになっている．なお，高い生産性と品質が求められる農業には食料の確保に加えて，近年，環境保全機能を発揮することが大きな役割として期待されている．すなわち，農業がもつ多面的機能であり，水かん養，土砂崩壊防止，土壌侵食防止，生物相保全，洪水防止，水質浄化，気候緩和，環境汚染浄化，大気保全などさまざまな機能が該当する．これらの環境保全機能を，農業生産をしながら積極的に活用して豊かな環境を守る取組みが評価されてきている．

　環境問題は農業と直接的，間接的にかかわりをもち，環境変動が農業生産を制約する場合と農業活動が環境に影響を及ぼす場合に分けられる．前者では，人類の活動に伴って発生している温暖化，オゾン層破壊，森林破壊，酸性雨，砂漠化，水質汚染，地下水の枯渇，土壌の塩類化や侵食など地球規模での環境悪化が進行して，農地土壌や水資源の劣悪化，農耕地の縮小，農業生産力の低下などが顕在化してきている．とくに，地球温暖化による温度上昇が原因となって，農業生産可能地域の移動や縮小，病害虫の異常発生，農業生産物の品質劣化などが大きな問題になっている．一方，農業活動による環境への影響として，窒素肥料の施用や家畜排泄物からの亜酸化窒素が原因となる温暖化やオゾン層の破壊，水田や家畜ルーメンから発生するメタンによる温暖化の促進，また，化学農薬や肥料・家畜排泄物の過投入による地下水汚染や環境生物に対する影響なども指摘されている．これらは，大気，水系，土壌，生物系への負荷として地球環境変動をもたらし，また，ヒトの健康にも悪影響を及ぼすことが懸念されている．農業の多面的機能，地球環境変動による農業への影響，農薬，肥料，重金属など，農業環境と密接に関係する詳細は別項目で紹介する．

　地球サミット（1992年）以来，農業の目指す方向は環境保全と調和した持続可能な農業・農村開発を達成することとされ，わが国でも1992年「新しい食料，農業，農村政策の方向（農林水産省）」が策定され，環境保全型農業の推進が位置づけられた．環境保全型農業は「農業の持つ物質循環機能を生かし，生産性との調和などに留意しつつ，土づくり等を通じて化学肥料，農薬の使用等による環境負荷の軽減に配慮した持続的な農業」であり，環境を汚染しない農業，また，環境保全に寄与する農業であることが求められている．そして，「持続性の高い農業生産方式の導入に関する法律（持続農業法）」（1999年）のもとで，環境保全型農業技術や資材の開発とそれらの積極的利用，さらに，家畜排泄物や生ゴミなど有機性資源の循環利用システムの確立に向けた推進が図られている．

　農業における生物多様性への影響も見逃せない．1993年に発効した生物多様性条約では，生態系，生物種（個体群），遺伝子レベルでの多様性を保全することが謳われており，農業生産に伴う農地および周辺地域に生息する生物種の減少に向けた今後の対策が必要になっている．たとえば，水田の栽培管理に伴う昆虫群集に与える影響

として，耕起による歩行性の昆虫やクモの減少，施肥や農薬防除による昆虫個体数の減少など生息する種類や密度が異なってくる。環境省や地方自治体では生物多様性の重要性に鑑み，個体群が著しく減少して絶滅あるいは絶滅の危険性がある生物種を精査し，レッドデータとして公表している（表1）。なお，農業生態系では，育種のための遺伝資源，病害虫の天敵や花粉媒介昆虫，土壌微生物など農業生産に有益な生物を第一に保全することが必要となるが，これらの生物も複雑な生態系のなかで多くの野生生物とともに生活している。そのため，多様な種から構成される生物群集が成立し，捕食者-被食者の食物連鎖からなる生物間相互作用が維持できる生態系が確保される観点から，農業生態系についても環境の保全とそれに対応できる栽培管理や立地環境の整備が重要である。

一方，害虫防除のために外国から導入された天敵，ペット，観賞用植物など意図的に侵入したもの，また，非意図的に輸入穀物に混入して国内に侵入した種子など，外来生物の種や量が激増し，生態系への影響が指摘されるようになった。たとえば，ハウストマトの受粉用に輸入されたセイヨウオオマルハナバチが野生化し，在来のマルハナバチとの競合が心配されている。また，栽培や観賞を目的に導入されたホテイアオイやセイタカアワダチソウなども逸脱して生態系をかく乱している。さらに，輸入穀物を介して侵入したイチビ，エゾノギシギシ，ワルナスビなどは畑地雑草として蔓延し農業被害をもたらしている。このような外来生物の導入防止と生態系および生物多様性への悪影響を防止するため，2005年6月に「外来生物被害防止法」が施行され，対象となる動植物の取扱いが規制されることになった。〔上路雅子〕

文　献
1) 日鷹一雅：生物多様性を発現させる食物連鎖―レッドリスト水田生物保全の現場から―．生物多様性シンポジウム要旨集，p.25，農業環境技術研究所（2000）．
2) 環境庁編：レッドデータブック（1991）．

表1　水田でのレッドデータ種の例（文献1を改変）

分類群・種名	学名	絶滅危惧のランク*
昆虫		
タガメ	*Lethocerus deyrollei*	危急種
コガタノゲンゴロウ	*Cybister tripunctqatus orientalis*	希少種
シャープゲンゴロウモドキ	*Dytiscus sharp*	絶滅危惧種
鳥類		
トキ	*Nipponia nippon*	（野生絶滅）
コウノトリ	*Ciconia ciconia boyciana*	危急種
ナベヅル	*Grus monacha*	希少種
チュウサギ	*Egretta intermedia intermedia*	希少種
ヘラサギ	*Platalea lencorodia leucorodia*	希少種
魚類		
アユモドキ	*Leptobotia curta*	絶滅危惧種
高等植物		
スブタ	*Blyxa echinosperma*	絶滅危惧2種
デンジソウ	*Marsilea quadrifolia*	絶滅危惧2種
ミズアオイ	*Monochoria korsakowii*	絶滅危惧2種

*：動物は文献2のIUCN基準，植物は環境庁編（1997）の植物版レッドリストのランク付けによる。

農業の多面的機能 89

multifunctionality of agriculture

a. 多面的機能の概要 農業は，人の生活の基盤となる「多面的機能」をもっている．これらの機能は，経済協力開発機構OECDの「農業と環境」に関する論議を経て，国際的に認められており，この過程において，わが国が果たした役割はきわめて大きい．

わが国では，1980年代以降，農業の多面的機能あるいは公益的機能として，研究が進められてきた．国際的には，95年以降の国連食糧農業機関FAOが開催した諸会議の宣言文などに，「多面的」という文言が盛り込まれ，OECDにおいても98年の大臣会合コミュニケにおいて取り上げられた．さらに，99年開催の世界貿易機関WTOの会議で，わが国が「農業の多面的機能」をキーワードに粘り強く交渉に臨み，その後各国際機関において，優先順位の比較的高い課題として，検討される一つの契機となった．

(1) 食料安全保障の機能: 個々の作物生産は，工業生産と異なり，冷害や干ばつなどの気候条件に左右されやすく，不安定な特徴をもっている．このために，世界の各地は，災害に強い農業，すなわち，食料を安定して供給することを保障する機能の強化に力を注いできた．限りある地球の資源（水，土壌，大気など）を有効に活用しながら世界の人たちとともに生きていくためには，「地球の資源を保全しつつ，自国で生産可能な食料はできる限り自国で生産する」という考えを共有することが必要である．このような考えは私たちの世代だけでなく，これから続く世代のリスクを軽くする，すなわち，安全と安心という最高の贈り物となる．

(2) 国土保全の機能: 水田は，畦（あぜ）によって雨水を一時的に貯えることができる．このため，雨水の急激な流出を防止し，周辺での浸水や下流での洪水を防止・軽減する機能をもっている．また，畑にも，土壌が雨水を一時的に貯えることで，洪水を防止する機能がある．その他にも，地すべり，土砂崩れなどの発生を抑える機能をもっている．

(3) 水資源かん養の機能: 水田に貯えられた水は徐々に浸透して地下水となり，直接河川を流れるよりも長い時間をかけて下流の河川に戻され，河川の流量を安定させるのに役立っている．このように，水田は，人が生活するのに必要な水源である地下水を豊かにする機能や川の流れを安定させる機能をもっている．また，収穫後の水田や畑も雨水の地下への浸透によって，地下水のかん養に役立っている．

(4) 自然環境保全の機能: 生ごみや家畜の排せつ物などの有機性廃棄物は，たい肥化されて田畑に施用され，作物の生産に有効な資源として利用される．水田や畑の土壌には，細菌や糸状菌などの微生物が多く生息しており，施用された有機物を分解し，作物が吸収できる形態に変化させる自然循環機能を担っている．また，田畑やため池は，多様な生物に生息の場を提供するなど，生物の多様性を保全する機能をもっている．さらに，資源作物は，大気中の炭酸ガスを増大させないバイオエタノールの原料として注目されている．

(5) 良質な景観形成の機能: 農業生産活動は，良質な景観を形成し，保全する機能をもっている．真っ直ぐなあぜ道や，曲がったあぜ道，大小の水田，開放感あふれる畑や草地，四季による色彩の変化など，こうした景色・景観は長い時間をかけて，人が農業を通じて自然に働きかけることによって作られてきた．すなわち，農業が営

まれることで，これらの景観は形成・保全されてきた．これらの景観は，その地域の住民や来訪者の美的感覚や心に訴えかけ，人の心を和ませている．

(6) 文化伝承の機能： 農業は，地域の文化を伝承させる機能をもっている．農村では，自然の恵みに感謝し，あるいは災害を避ける願いを込めて行われる祭りや芸能，さまざまな農業上の技術，地域独自の知恵などの文化が，一体となって守り伝えられている．農村の住民によって伝承されてきた文化は，住民としての誇りを醸成し，さまざまなメディアを通じて発信され，観る者や来訪者の心を和ませている．

(7) 保健休養の機能： きれいな水，澄んだ空気，美しい緑，都市ではみられない景観や自然，環境，そして潤いや安らぎを求めて，農村を多くの人々が訪れている．都市に住む人が農家民宿に泊まって農業を体験する，農村の文化・自然にふれる，農村で人と人とがふれあい，交流するなど，農業・農村が積極的な保健休養の場となっている．

(8) 地域社会の維持・活性化機能： 農村を中心とする社会では，農作物の市場への運搬，生産物の加工，販売など多くの仕事が営まれ，地域社会が維持され，活性化されている．農業が機能しなくなれば，農業を取り巻く仕事もなくなり，地方の町や村の活力が失われる．農業は地域社会を維持し，活性化する機能を果たしている．

なお，(1)「食料安全保障の機能」は「農業の多面的機能」になじまないとする意見が少なくない．しかし，「多面的機能」は「食料安全保障の機能」に伴って，発現される機能であることから，切り離すべきではないと判断される．

b. **定量的評価の例とその限界** 多面的機能の具体的評価について，現在，代替法，CVM＝仮想状況評価法，ヘドニック法，トラベルコスト法など，四つの主要な手法があり，それぞれに適用の対象と範囲がある．農業・森林の果たす洪水防止，土砂崩壊防止，河川流況安定化などの機能については，数量的評価は可能であり，ダムなど代替財に換算する貨幣評価もできないわけではない．しかし，とくに社会的・文化的機能については，主観的，地域的あるいは歴史的要素が入り込み，定量的評価には大きな限界がある．このような認識のもとで一定の定量的評価を行った例を示すと，農業の多面的機能の総額は，表1のように約8兆円と算出されている．

そもそも，農業・農村のもつ多種多様な機能は，計り知れないものであって，一国の社会経済的価値にとどまらず，地球人類の生存にもかかわる機能にほかならない．安易な金額の提示は，むしろ誤解を生む危険性が大きい．いかなる貨幣価値をあてはめても，多面的機能のすべてに代わるだけの評価は，不可能といえる．一方で，経済的な定量的評価の意義・必要性は自明である．定量的評価によって農業関係者以外の国民の理解を得る助けとなる．

上記の多面的機能の定量的評価法は，十分に熟成した科学的手法とは言い切れない．課題ごとに評価手法を確立し，信頼性の向上を図ることが重要である．

〔上沢正志〕

文　献

1) 地球環境・人間生活にかかわる農業及び森林の多面的な機能の評価について．日本学術会議答申（2001年11月）．

表1　農業の有する多面的機能の評価額

機能の種類	評価額（億円/年）
洪水防止機能	34988
河川流況安定機能	14633
地下水かん養機能	537
土壌侵食(流出)防止機能	3318
土砂崩壊防止機能	4782
有機性廃棄物処理機能	123
気候緩和機能	87
保健休養・安らぎ機能	23758

農業による温室効果ガスの発生と収支

budget of greenhouse gases emitted from agriculture

農耕地と農業活動は，CO_2 と CH_4 を吸収する場合もあるが，全体としては CO_2，CH_4，N_2O の人為的な発生源となっている．また，熱帯林からの農耕地への転換など土地利用変化やバイオマス燃焼もまた主要な発生源である．農業活動からのグローバルな CH_4 と N_2O の発生源と発生量を表1と表2に示す．

a. 二酸化炭素（CO_2） 一年生の農作物は炭素を固定し，炭素化合物を生産するが，収穫物として食用などに消費されたり，土壌にすき込まれた根やリター（植物遺体）などの作物残さは土壌中の微生物によってその多くが数カ月以内に分解されて CO_2 として大気中に再放出されるため，炭素の収支はゼロと見なされている．一方，樹木は大気中から吸収した炭素を主に幹や根に蓄積するため，炭素の吸収源となる．しかし，近年は，森林が大量に伐採され，樹木に固定されていた CO_2 が排出されている．全世界の人為的な CO_2 排出量は230億 t（2000年時）で，そのおよそ3/4は化石燃料の燃焼で，残り1/4は主に熱帯地域の森林伐採による土地利用変化とされている．なお，土壌微生物による有機物の分解作用で発生する CO_2 と，植物の根の呼吸作用で発生する CO_2 の両者を総称して土壌呼吸と呼んでいるが，農耕地の土壌呼吸速度は，おおよそ 200〜1000 mg CO_2 m^{-2} h^{-1} の範囲にある．

b. メタン（CH_4） 大気に放出される CH_4 の起源には，酸素のない生態系でメタン生成菌と呼ばれる微生物の働きによるものと，微生物に由来しない過程で生成されるものがある．メタン生成菌によるメタン生成は，(1) 水素による CO_2 の還元反応（$CO_2 + 4H_2O \rightarrow CH_4 + 2H_2O$）と，(2) 酢酸のメチル基転移反応（$CH_3COO^- + H_2O \rightarrow CH_4 + HCO_3^-$）の二つの経路により生成される．微生物に由来する発生源としては，湿地，水田と廃棄物埋立地などや，ウシに代表される反すう動物やシロアリの腸内発酵によるものがある．一方，微

表1 メタン（CH_4）のグローバルな年間の発生量と吸収量

発生あるいは吸収	発生源，吸収源	発生・吸収量，$TgCH_4$/年
自然発生	湿地，シロアリ，海洋，メタンハイドレート等	276
人為発生	エネルギー（産業，民生）	109
人為発生	埋立て	36
人為発生	家畜反すう動物の腸内発酵	80
人為発生	家畜排泄物	14
人為発生	水田耕作	60
人為発生	バイオマス燃焼	23
自然吸収	対流圏OHラジカルとの反応	506
自然吸収	成層圏における光分解	40
自然吸収	土壌微生物による酸化	30

IPCC第1作業部会第3次評価報告書（2001）よりデータ抽出し作成．

表2 亜酸化窒素（N_2O）のグローバルな年間の発生量と吸収量

発生あるいは吸収	発生源，吸収源	発生・吸収量，TgN_2O/年
自然発生	海洋，大気（NH_3の酸化），自然の熱帯林や温帯林などの全土壌	9.6
人為発生	農耕地土壌(施肥，有機物すき込み)	4.2
人為発生	バイオマス燃焼	0.5
人為発生	工業など産業関連	1.3
人為発生	家畜排泄物	2.1
自然吸収	成層圏における光分解	12.6

IPCC第1作業部会第3次評価報告書（2001）よりデータ抽出し作成．

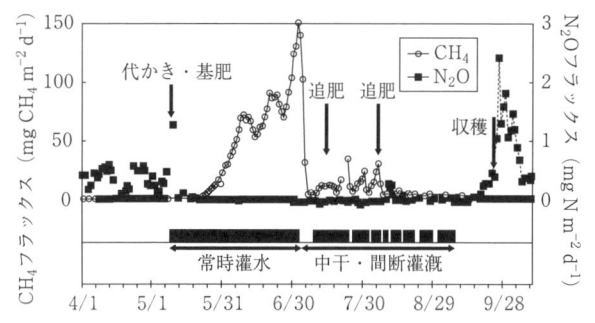

図1 水田からのメタン（CH_4）と亜酸化窒素（N_2O）の日発生速度の季節変化[2] 一般に水田では湛水することにより土壌が嫌気的になるとCH_4が発生し，落水させて酸化的な畑状態になるとN_2Oが発生する．夏季の中干しとその後の間断灌漑という慣行的栽培法は，N_2Oの発生量を若干増やすもののCH_4の発生量を大幅に減らすことができるCH_4削減技術である．

生物が関与しない発生源としては，石炭・石油・天然ガスの採掘・輸送・使用のときの漏れや，燃焼施設や森林火災などでの不完全燃焼により放出される．IPCC（2001）は，大気中のCH_4濃度と年間増加速度およびCH_4の寿命から求めるトップダウンアプローチから，全球の総発生量を598 $TgCH_4$（Tg＝テラグラム＝10^{12}g）／年と推定している（1998年時）．一方，CH_4のシンク（吸収）では，そのほとんどが対流圏のOHラジカルによる消滅反応であり，その他には成層圏における光分解や土壌微生物による酸化がある．IPCC（2001）は全球の吸収量を576 $TgCH_4$/年（1998年時）と推定しており，発生量と吸収量の差の22 $TgCH_4$/年が大気中への増加速度である．なお，森林，畑地や草地の表層土壌に生息する好気的なメタン酸化菌やアンモニア酸化菌はCH_4を酸化しCO_2に分解しており，この土壌によるCH_4の吸収（酸化）は30 $TgCH_4$/年と見積もられている．

c．亜酸化窒素（N_2O）　N_2Oの発生源には海洋や陸上生態系など自然起源と人間活動に関するものがあり，人為的発生源としては工業活動やバイオマス燃焼，窒素肥料を施肥する農耕地などがある．農耕地など土壌に起因するN_2Oは主に土壌中での好気的な状態で硝化細菌による硝化（$NH_4^+ \rightarrow NO_2^- \rightarrow NO_3^-$）と，嫌気的な状態で脱窒細菌による脱窒（$NO_3^-$や$NO_2^- \rightarrow N_2$）の両方の過程で副次的に生成される．IPCC（2001）はトップダウンアプローチにより，全球のN_2O総発生量を16.4 TgN/年（1998年時）と算出している．一方，N_2Oのシンクはそのほとんどが成層圏における光分解で，12.6 TgN_2O/年である．近年のN_2O発生量増加の原因は森林や農耕地の土壌からの発生量の増加とみられており，窒素肥料の大量使用，農耕地における窒素固定の増加および生態系への大気からの窒素沈着の増加によっていると考えられている．　　〔野内　勇〕

文　献

1) Houghton, J. T. *et al.*: Climate Change 2001: The Scientific Basis: Scientific. Contribution of WG 1 to the Third Assessment Report of IPCC on Climate Change, Cambridge University Press (2001).
2) 八木一行ほか：農業環境研究成果情報，pp. 50-51，農業環境技術研究所（2003）．

温室効果ガスの発生抑制技術 [91]

mitigation technology for greenhouse gases emission from agriculture

「90.農業による温室効果ガスの発生と収支」の項にあるように農業活動は CO_2, CH_4 および N_2O の発生源である。農活動による直接の CO_2 排出はほとんどないが、家畜の腸内発酵・家畜排泄物・水田耕作からの CH_4 の発生は全発生量の約25％、農耕地土壌・家畜排泄物からの N_2O の発生は約36％と大きな寄与をもっている。農業活動における CH_4 および N_2O が生成される過程は微生物活動であるので、その微生物活動を抑制するような管理や処理を行うことにより発生が抑制される。CH_4 と N_2O 発生を削減する技術をそれぞれ表1、表2に示す。〔野内 勇〕

表1 家畜の腸内発酵、水田および家畜排泄物から発生する CH_4 の削減技術

発生源	削減技術	抑止のポイント
腸内発酵	飼料品質および養分バランスの向上など飼料構成の合理化	低品質粗飼料の多給はルーメン内の CH_4 発生量を増加させるため、給与粗飼料の品質向上を図る。また、飼料中のタンパク含量を高めて繊維含量を低下させる
	ルーメン発酵の制御剤の利用	ルーメン内の微生物の代謝活性を変える作用をもつイオノフォアや、CH_4 生成の基質となる水素を消費する不飽和脂肪酸などを投与する
	家畜生産性の向上	飼料利用効率を向上させ、家畜生産性を高めて、乳・肉などの生産物単位当たりの CH_4 を減少させる
水田	適切な水管理	湛水による土壌還元を発達させないように、中干しとその後の間断灌漑の実施や、浸透排水を促進(明渠、暗渠施設の整備)する
	稲わらの堆肥化などの有機物管理	メタン生成菌の基質となる生わらなど易分解性有機物量を土壌にすき込まずに、収穫後の稲わらや雑草などを持ち出したり、堆肥化して施用する
	CH_4 放出の少ない稲品種の選抜	水田からの年間 CH_4 発生の約90％は水稲を介したメタン放出であり、CH_4 放出にかかわる根や茎の品種特性の違いを利用する
家畜排泄物	ラグーンの被覆	大規模な素堀の糞尿あるいは洗浄水などを貯留する貯留槽(ラグーン)を覆う
	畜舎内外の糞尿貯留槽内の曝気処理の改善	嫌気性が発達する堆積発酵から好気的な強制通気発酵へ変更する
	草地・飼料畑のスラリー(液肥)施用方法の改善	施用方法を表面施用から土壌中への施用に変更する

表2 農耕地への窒素肥料施肥および家畜排泄物から発生する N_2O の削減技術

発生源	削減技術	抑止のポイント
耕作地への窒素肥料施肥	作物の要求量に見合った窒素量の施用：過剰施用の見直し．施肥方法の改善：全層施肥から溝状局所施肥、肥効調節型緩効性肥料の普及、硝化抑制剤入り肥料の活用	土壌中の NH_4-N や NO_3-N のプールをできるだけ小さくし、硝化や脱窒により変換される無機態窒素量を少なくするため、農作物による無機窒素吸収効率を高め、無駄に環境中への窒素の流出を防ぐ。硝化抑制剤は微生物によるアンモニアが硝酸に変化する速度を遅らせるので、副生する N_2O が減少する
家畜排泄物	家畜糞尿処理過程の改善	発生源は堆肥化処理(発酵)や活性汚泥処理(浄化)過程であるので、堆肥化における強制送風曝気と汚泥浄化における間欠曝気を導入する

オゾン層破壊と作物生産

92

depletion of stratospheric ozone and crop production

成層圏の高度25km付近を中心にして，15〜50kmあたりの大気には地球のオゾン(O_3)の大部分が存在するので，その範囲をオゾン層という．オゾン層は太陽光に含まれる有害な紫外線(ultraviolet radiation)を吸収して，地上の生物の命を守っているが，近年のフロン(CCl_2F_2 や CCl_3F などの炭素，フッ素および塩素の化合物の総称)などの大量放出により破壊されつつある．

現在の平均的な成層圏のオゾン層の減少は南極の春で50%，北極の春で15%，北半球中緯度地帯の冬〜春で6%，夏〜秋で3%と見積もられている．とくに，南極上空ではオゾンホールと呼ばれる大規模なオゾン層破壊が毎年起こっている．そのため，国際協力として，1987年9月には，世界的規模でオゾン層破壊物質の生産を削減することを目的とした「オゾン層を破壊する物質に関するモントリオール議定書」が採択された．その後も数度の見直しにより，規制強化が図られている．

オゾン層が破壊されるとUV-B(280〜320 nm または 280〜315 nm)と呼ばれる紫外線放射量が増加する．中緯度地帯では成層圏のオゾン量が1%減少すると，UV-B放射量はほぼ2%増加する．核酸，タンパク質や植物ホルモンなどの重要な生体内物質は，大量のUV-Bを受けると損傷する．とくに，遺伝子はUV-Bにより損傷を受けて，ピリミジン二量体と呼ばれるような遺伝子損傷産物ができる．このような二量体の損傷産物が大量に生成すると，DNAの高次構造が影響を受け，DNAの翻訳または複製が阻害され，細胞死に至ることもある．

図1 キュウリのUV-B被害症状(野内原図)
オゾン層16%破壊に相当するUV-B照射によるキュウリ葉の黄色斑症状(自然光型人工気象室内で，1日当たり日中8時間UV-Bを連続10日間照射)．

人工気象室や温室でUV-B照射実験においては，植物個体はUV-B放射量の増加により，葉に黄色斑の被害症状を呈したり(図1)，光合成が低下して成長が阻害され，バイオマスの低下や収量を減少する場合が多い．しかし，野外下でオゾン層の16〜37%破壊に相当するようなUV-B照射実験では，ダイズや米などの生育や収量にはほとんど影響が現れない．この矛盾した結果の理由は明らかでないが，人工気象室や温室では野外に比べ可視光の弱いことがその原因と推察されている．すなわち，可視光にはUV-Bの悪影響を修復・保護する作用があり，野外では可視光がUV-Bの悪影響をマスクしてしまうためと考えられている．より現実に近い野外UV-B照射実験結果からみると，予想される程度のオゾン層破壊に伴うUV-B増加によっては，わずかながらダイズや米の収量の低下がみられるが，壊滅的な農作物の成長低下や減収を生じることはほとんどないようである． 〔野内 勇〕

文 献
1) 野内 勇編：大気環境変化と植物の反応，pp. 241-283，養賢堂(2001).

酸性雨

93

acid rain, acid precipitation

工場や自動車などから大気中に排出される二酸化硫黄（SO_2）と窒素酸化物は，太陽光や過酸化水素，オゾンなどの働きで酸化されて，硫酸と硝酸などの強い酸性を示す物質に変化する．これらの物質は雲をつくっている雲粒や降下中の雨に取り込まれ，強い酸性（pH 5.6以下）の雨水になる．これが通常いわれる酸性雨である．欧米で pH が最も低い酸性雨を示す地域では，降水の年平均値が pH 4.2～4.4 とかなり低く，わが国の降水の年平均値の全国平均も pH 4.7～4.9 である[1]．なお，広義の酸性雨とは酸性の雨だけでなく，(1) ガスや粒子として空気中に浮遊している酸性物質（硫酸や硝酸など），(2) 酸性物質の原料となる大気汚染物質（SO_2 や窒素酸化物など），(3) SO_2 や窒素酸化物を酸化して酸性物質を作り出す物質（オゾン，OH ラジカルなど）のすべてを含んだ大気中における酸性または酸化性の化学物質の総称である．

酸性雨は，植物の葉では白色あるいは褐色の壊死斑を，花では漂白斑点の可視症状を生じる．人工酸性雨の実験によると，可視葉被害の発生は多くの場合，草本植物では pH 3.5 以下，木本植物では 3.0 以下である．また，多くの農作物は雨が pH 3.0 以下になると成長や収量が減少するが，通常の降水ではその農作物への直接的影響はない[2]．また，畑作農業では，栽培により土壌が酸性化するため，従来からアルカリ性の石灰を施用して土壌の酸性化を防いでいる．たとえば，わが国に広く分布している黒ボク土では，作物栽培における酸度矯正で pH を 1.0 上げるための炭酸カルシウム（石灰）必要量は土壌の深さ 10 cm で 10 a（1000 m^2）当たり 250 kg 程度である．一方，pH 3.0 の酸性雨が年間 2000 mm 降り続いても，その中和に必要な炭酸カルシウム量は 10 a 当たり 100 kg であり，通常の使用量程度の炭酸カルシウムで計算上は中和が可能である．そのため，酸性雨の植物体への直接影響，農耕地土壌を介しての間接影響を含めて酸性雨は農業生産に大きな影響を及ぼさないと結論できよう．

森林の樹木も pH 2.0～3.0 の人工酸性雨により，可視被害や成長阻害が発現することが確認されている．世界各地で観察されている大規模な森林衰退の原因として酸性雨の可能性が指摘されているが，多くの調査研究にもかかわらず，世界各地で生じている森林衰退と酸性雨の直接の因果関係はいまだ明らかでない．このため，欧米や東アジア地域において，国際的な酸性雨の広域モニタリングや生態調査などが継続して行われている．〔野内　勇〕

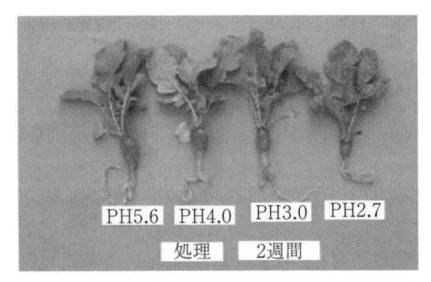

図1　人工酸性雨処理によるハツカダイコンの個体の形状変化（野内原図）
ビニールハウス内で人工酸性雨を 1 週間に 3 回，約 10 mm 前後，2 週間散水した個体写真で，pH 2.7 処理では葉に可視被害がみられ，下胚軸（いわゆる肥大根）の大きさが著しく小さくなっている．

文　献
1) 環境省酸性雨対策検討会：第四次酸性雨対策調査の取りまとめ (2002).
2) 野内　勇編：大気環境変化と植物の反応，pp. 156-167，養賢堂 (2001).

砂漠化

desertification

　アフリカのサハラ砂漠,中国のゴビ砂漠のような砂漠 (desert) とは,地面からの蒸発量が降水量をはるかに上回り,植物がほとんど生育できない岩石,礫,砂が表面を覆う広漠不毛の広野を指している.国連環境計画が1991年に作成した世界砂漠化地図では,可能蒸発量(緑草地に水が十分供給されたときに生じる最大限の蒸発散量)が降水量の5倍以上の乾燥地域を砂漠としており(極乾燥地帯),全陸地面積の7.5%を占める.一方,近年,地球環境問題として世界の耳目を集めている砂漠化 (desertification) とは,「乾燥地帯,半乾燥地帯および乾燥半湿潤地帯において,長期にわたる干ばつなどの気候変化,人間の活動などさまざまな要因に起因しておこる土地の劣化 (degradation) である」と定義されている.すなわち,砂漠化は降水量の減少や高温化など気象を主因とする自然的要因の乾燥化と,過剰な放牧や開墾などを主因とする人為的な要因により,自然の植生が減少して砂漠のような荒漠不毛の大地に変化することである.なお,乾燥・半乾燥などの地域は乾燥度(=年平均降水量/可能蒸発散量)で区分され,極乾燥地帯は0.05以下,乾燥地帯は0.05～0.20,半乾燥地帯は0.21～0.50,乾燥半湿潤は0.51～0.65である.おおよその年平均降水量は,乾燥地帯で250 mm以下,半乾燥地帯で250～500 mm,乾燥半湿潤地帯で500～750 mmである.

　砂漠化はアフリカのサヘル,中国の北西部,中近東,オーストラリア,北米南部,ブラジルなど世界人口の約1/6の10億人近い人々の暮らしと生命をおびやかしている.砂漠化が進行している土地面積は地球の陸地の約1/4の36億haともいわれており,食料生産の低下,地球規模の気候変動,生物多様性の減少,発展途上国の貧困の増大など,全世界に影響を及ぼしている.　　　　　　　　　　〔野内　勇〕

図1 中国タクマラカン砂漠(杜 明遠撮影)
手前は草方格子と呼ばれるイネやムギなどのわらを碁盤の目のように編んだ防風・防砂施設である.砂が飛散したり移動するのを防止して,植物の生育を可能にする技術である.

表1 砂漠化を引き起こす主な人為的要因

過放牧	草地の成長能力を超えた過剰な家畜の放牧飼育.過放牧による砂漠化が全砂漠化面積の約7割を占めている
過開墾(焼畑)	農業開発のための過度な森林の開墾.とくにアフリカのような不良土壌の乾燥地では,せっかく森林を農地化しても,水不足や土壌劣悪のため生産が上がらず,土地は放棄され荒廃することが多い
薪炭材の過剰採取	途上国における調理用と暖炉用の燃料確保のための熱帯林の過剰な伐採.その結果,風雨による表層の土壌侵食が起こり,荒地化する
不適切な灌漑による農地への塩類集積	土壌の限界を超えた灌漑を行っている地域では,乾燥期に塩分を含む水が毛管現象により吸い上げられ,地表面から水が蒸発するときに地表にナトリウム塩などの塩類が残り集積する

95 熱帯林, 焼畑農業

tropical forest, shifting cultivation (slash-and-burn agriculture)

熱帯林はほぼ南北の回帰線に挟まれた地域に分布する森林の総称で，全世界の森林面積の47%，18億ha程度である．降水量や気温の状況によって乾燥の度合いから，ほとんど乾季のない多雨地域に成立する熱帯多雨林，年降水量が1000 mm程度以上で雨期と乾期のある地域の熱帯季節林，半乾燥地の樹木と草が混在するサバンナ林がある．また，熱帯多雨林の沿岸や河口の汽水域のマングローブ林がある．熱帯多雨林の高木層の樹高は30～40 mで，東南アジアのラワン（フタバガキ科の樹種）や南アメリカのマホガニーなどの木材を産出する．熱帯季節林はインド，インドシナ半島，東・西アフリカ，中南米，西インド諸島，北オーストラリアなどにみられ，高木層は20～30 m程度でチークやシタンなどを産出する．サバンナ林はアフリカのサハラ砂漠の南部やオーストラリア大陸中央部などにみられ，アカシア類やユーカリなどの樹木が散生している．

a. 熱帯林の減少とその原因 熱帯林は1970年から1999年までの30年間に4億haを越える面積が失われており，とくに，東南アジア，アフリカ，アマゾン流域の熱帯雨林の消滅が著しく，1990～2000年の減少面積は1230万ha/年にも及んでいる[1]．熱帯林減少の原因としては，商業的な木材伐採，農地・牧草地への転用，サトウキビやアブラヤシ（オイルパーム）などのプランテーション（単一作物を大量に栽培する大規模農園）造成，過度の薪炭材採取，非伝統的な焼畑農業などがあるが，主な要因は商業伐採と広い意味での農地への転換である．

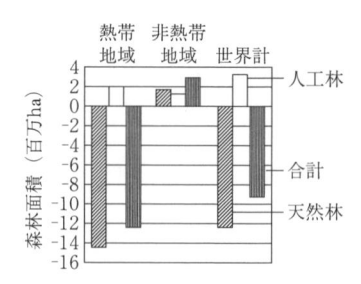

図1 1990～2000年における世界の森林面積の年当たりの増減[2]
増加面積と減少面積を相殺した値で，熱帯地域の天然林の減少が著しい（文献1より環境省作成）．

b. 焼畑農業 伝統的な焼畑農業は熱帯から温帯にかけて森林や草原を刈り払い，倒れた樹木や草本などを燃やして土地を開き，その灰を肥料として陸稲，イモ類，雑穀類などを栽培する農業の手法である．1～数年間にわたり作付けした後に畑を放棄して別の場所に移動するため，焼畑移動耕作ともいわれる．その放棄された耕作跡地を長期間休閑（熱帯では10～15年）させて二次林の回復を待ち，二次林が再生すると再び焼畑として利用する．肥培管理がほとんどなされていないため収量は低いが，休耕期間を十分にとれば環境に適応した持続可能な食料生産方式であり，新たな森林減少をもたらさない．これに対して，近年，経済的な商品作物耕培のためにこうした慣習から逸脱した焼畑や，人口増加などにより都市や農村部で生活できなくなった人々が森林地帯に侵入し，森林の回復に配慮しない不適切な火入れ開墾することを非伝統的焼畑農業と呼び，このような非伝統的な焼畑は森林減少の一因である．

〔野内　勇〕

文献
1) FAO : Global Forest Resources Assessment 2000-Main report, FAO Forestry Paper, No. 140 (2001).
2) 環境省編：平成17年度版環境白書，ぎょうせい (2005).

土地利用の変化

96

land use change

　土地利用とは，人間が土地に対して働きかけた土地の主たる利用の形態をいい，農業，林業，牧畜などの第一次産業的な土地利用，鉱工業の第二次産業的な土地利用，都市，村落，交通，観光などの第三次産業的な土地利用がある．そして，人口増加，経済発展，政治・構造の変化などにより，たとえば畑地が住宅地などに転換されるように土地利用の形態が変化することを土地利用変化という．

　最近の熱帯アジア地域では，人口の急増と産業化のため，熱帯林を伐採して農耕地やプランテーションにする土地利用変化が拡大・進行している．その一方で誤った土地利用変化，たとえば，過度の焼畑や森林の乱伐とそれに続く農業的土地利用は，土壌侵食や砂漠化など深刻な問題を投げかけている．

　最近の地球温暖化の温室効果ガスの排出量削減問題に関連して，土地利用・土地利用変化と林業（land use, land-use change and forestry）という言葉がよく使われている．これは放棄されていた土地への植林やその逆に森林を伐採して農耕地への転換などによる土地利用，土地利用変化と林業を通じて，人間活動が陸上生態系の炭素循環を変化させることをとらえた概念であり，二酸化炭素の吸収源および排出源にかかわる活動を指している．温室効果ガス排出削減の国際条約である京都議定書では，「1990年以降」の「直接的かつ人為的」な「植林・再植林・森林減少」の活動に限って（図1），森林による二酸化炭素吸収分を国の削減目標にカウントできる（第3条3項）．

〔野内　勇〕

文　献
1) 山形与志樹，石井　敦：CGER-Report「京都議定書における吸収源：ボン合意とその政策的合意」，地球環境センター・国立環境研究所 (2001).

活動名	定義	イメージ
植林（新規）	少なくとも50年間は森林状態になかった土地を，直接人為的に森林に転換する活動	植林　農地等 → 植林活動等 → 森林
再植林	いったん森林地帯であった土地を再度直接人為的に森林に転換する活動．第一約束期間に関しては，1989年12月31日の時点で森林状態でなかったことが条件となる	再植林（IPCCタイプ）　他の土地利用 → 植林活動等 
森林減少	森林を非森林に転換する直接の人為的活動	森林減少 → 伐採，開発等 → 森林でない状態 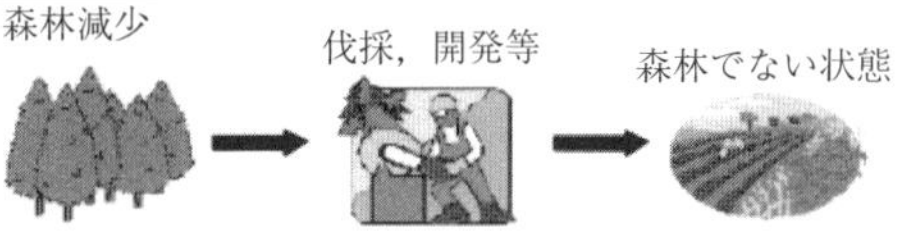

図1　京都議定書における植林・再植林・森林伐採の定義[1]

有機農業と持続可能な環境保全型農業

organic farming and sustainable agriculture

1950年代までは,戦争とこれに続く経済混乱や資材不足により,食糧の増産は大問題であった.その後の化学肥料の普及と農業技術の改良は,農産物の安定供給と品質の向上に大きく貢献したが,一方で,環境影響が顕在化した.このため,環境により配慮した生産方式が求められ,物質循環機能に基づく有機農業が注目されている.

有機農業とは,化学肥料や農薬に依存しない農法で,有機物を利用して地力を培養しつつ,品質のよい農産物を生産することを目的としている.農業による環境影響は,農業生産活動における極端な経済的効率を追求した結果,農業と畜産業さらに消費生活との間で物質の循環が絶たれ,特定の地域に廃棄物などが集中的に蓄積したことに起因する.なお,有機農業の弱点は,世界の人口を支える農業生産に必要なだけの有機質肥料が入手できず,また,作物の保護に多大な労力を必要とするため,生産物の価格が高くなることである.

物質循環を基本とした環境保全型農業が,長期的な生産性の維持と環境保全の両立を図ることを目的として,世界的に取り組まれている.わが国では,「農業の持つ物質循環機能を生かし,生産性との調和などに留意しつつ,土づくり等を通じて化学肥料,農薬の使用等による環境負荷の軽減に配慮した持続的な農業」と定義されている(農林水産省,1994年4月).環境保全型農業の生産技術体系の骨格と具体的な技術例(表1)は次の通りである.

生産技術体系の骨格 (1)農地のもつ潜在的な生産力や自然的特性に適合させるような作付け体系を地域ごとに創出する.(2)環境や生産者・消費者の健康を損なうような危険性の高い生産資材の使用を減らす.(3)農地管理の改善ならびに土壌,水,エネルギー,生物などの資源の保全を重視し,低投入で効率的な生産を目指す.(4)空中窒素の固定や,害虫と捕食者の関係にみられるような自然のプロセスを取り入れる.(5)生物種がもっている生物的・遺伝的な潜在能力を積極的に農業生産に取り入れる.

〔上沢正志〕

表1 環境保全型農業における具体的な技術例

技術名	概要
1.土作りに関する技術	
①たい肥等有機質資材施用技術	土壌調査を行い,その結果に基づきたい肥等有機質資材を施用
②緑肥作物利用技術	土壌調査を行い,レンゲなどの緑肥作物を栽培し農地にすき込む
2.化学肥料低減技術	
①局所施肥技術	化学肥料を作物の根の周辺に集中的に施用し利用しやすくする
②肥効調節型肥料施用技術	肥料成分が溶け出す速度を調節した化学肥料を施用
③有機質肥料施用技術	なたね油かすなどの有機質肥料を化学肥料に代替して施用
3.化学農薬低減技術	
①機械除草技術	機械を用いて畝間・株間に発生した雑草を物理的に駆除
②除草用動物利用技術	アイガモ,コイなどを水田に放飼し,除草させる
③生物農薬利用技術	天敵などを利用し病害虫を駆除
④被覆栽培技術	不織布,フィルムなど被覆資材で作物を病害虫から物理的に隔離
⑤マルチ栽培技術	田畑の表面を紙,フィルムなどで被覆し雑草の発生を抑制

品種改良
——緑の革命と遺伝子組換え
breeding—green revolution and modification of genes

品種改良とは，生物のもつ遺伝的性質を利用して，純系分離・交雑・突然変異などによって，利用価値の高い作物や家畜の新種を人為的につくり，改良することで，育種ともいう．従来の品種改良法による新品種を核とした農業技術の成果を「緑の革命」，遺伝子工学（バイオテクノロジー）を活用した「遺伝子組換え」技術の成果を「第二の緑の革命」と呼ぶことが多い．

a．「緑の革命」の意義 第二次世界大戦後の世界の食糧事情は不安定で，1960年代半ばに食糧不足が懸念され食糧増産の必要性が強調された．わが国で開発したコムギ「農林10号」は半矮性遺伝子をもち，短く堅い茎と小さくまっすぐに伸びる草丈の低い品種で高収量品種として利用された．フィリピンに設立された国際稲研究所は，1966年に背丈が短く倒伏しにくい新品種「IR 8」の開発に成功した．この品種は，わずか120日間で成熟し（従来は160日），二期作を可能にするとともに，収量の大幅な増加をもたらした．この新品種はさらなる改良を加えながら東南アジアを中心に普及し，各国の在来種と交配してそれぞれの国に適した新品種が開発され，開発途上国の食糧生産力は増大した．その後も，「IR 36」や「IR 64」といった新品種が，世界最大の栽培面積を記録した．

b．「緑の革命」に対するさまざまな見解 緑の革命をはじめとする近代的な農業改良政策は，品種改良によってつくられた単一の作物を広範囲に普及させた．「IR 8」で多収を得るためには，灌漑設備の整備，化学肥料の投入が必要となり，従来の伝統的農法（浮きイネの栽培など）を破壊したとの批判がある．化学肥料や農業機械などの導入とセットになっている場合が多く，農業経営のありかたそのものを変え，結果として伝統的な共同体を破壊して，貧富の差を拡大した，との批判もある．また，単一の品種を広い面積に作付けすると生態的にも脆弱で，新しい病虫害などが発生したときに壊滅的な被害をうけやすくなる．たとえば，「緑の革命」以降にも，イネの重要害虫トビイロウンカに対する抵抗性の新品種が開発されたが，抵抗性を打破するトビイロウンカの系統が出現して被害をもたらすなど，「育種と病害虫の鼬（いたち）ごっこ」がいまも全世界で続いている．

c．「遺伝子組換え」による品種改良 「遺伝子組換え」とは，ある生物から取り出した有用遺伝子だけを，動物，植物，微生物という生物の種を越えて，改良しようとする生物内に入れることにより，新しい性質を与える技術である．育種は交配を何度も繰り返すので長い時間がかかるが，遺伝子組換え技術を使えば，交配より短い期間で特定の機能をもたせた作物を開発できる．こうした遺伝子組換えによる画期的な新品種の開発は，「第二の緑の革命」と呼ばれている．

これまでに世界で商品化された遺伝子組換え作物は，害虫に強いジャガイモ，トウモロコシ，ワタ，除草剤の影響を受けないダイズ，テンサイ，トウモロコシ，ワタ，ナタネ，オレイン酸を多くつくるダイズ，日持ちのよいトマト，ラウリル酸を作るナタネ，ウイルス病に強いパパイヤ，色変わりカーネーションなどである．なお，食用あるいは食品加工用の遺伝子組換え作物（表1）は，日本では商業的には栽培されていない．

d．「遺伝子組換え」に対するさまざまな見解 予想される2030年の世界総人口83億人の食を満たすには，米，コムギ，

表1 安全性審査の手続を経た遺伝子組換え作物（厚生労働省医薬食品局食品安全部より）（2006年1月11日現在）

作物名	特性	品種数
ジャガイモ	害虫抵抗性	2
	害虫抵抗性＋ウイルス抵抗性	6
ダイズ	高オレイン酸形質	1
	除草剤耐性	3
テンサイ	除草剤耐性	3
トウモロコシ	害虫抵抗性＋除草剤耐性	16
	害虫抵抗性	4
	除草剤耐性	5
ナタネ	除草剤耐性	13
	除草剤耐性＋雄性不稔性	1
	除草剤耐性＋稔性回復性	1
ワタ	除草剤耐性	6
	害虫抵抗性	3
	除草剤耐性＋害虫抵抗性	7
アルファルファ	除草剤耐性	3
計		74

トウモロコシなど膨大な量の穀物が必要となる．しかし，耕地面積は減少傾向にあり，20世紀のように穀物収穫の飛躍的な上昇を期待することは困難である．そのため，バイオテクノロジーに期待が寄せられている．これにより，狭い土地から多くの収穫が得られ，劣悪な環境でも栽培ができる新しい作物を開発できる．一方，食品としての安全性や環境（生態）への影響を懸念する意見が多い．また，「第二の緑の革命」によって開発された新品種には知的所有権が認められるが，途上国の農民にはそのような権利が十分に認められていないため，世界市場に適さない品種の種子は見放され，遺伝子組換えの素材も失われる恐れがある．

e．**遺伝子組換え農作物の安全性と影響の評価**　遺伝子組換え農作物の安全性評価は，政府が定めた指針にしたがって，いくつかの段階を経て進められている．実験室で遺伝子を組み換えた農作物は，最初に文部科学省の指針に基づいて，機密性の高い閉鎖系温室および半閉鎖系温室で安全性が評価される．次に農林水産省の指針にそって，模擬的な戸外の環境（隔離圃場）で組換え農作物の導入遺伝子の発現，生育特性および環境への影響が評価・確認され，ついで開放的施設での栽培試験の結果に基づく申請・承認後，一般の圃場での栽培が認められる．最後に，厚生労働省の指針に基づいて，食品の安全性が評価される．

f．**品種改良の将来**　改良過程のあらゆる段階で農民がかかわる農民参加型の品種改良が始められている．農民参加型の品種改良は，「種の均質性には頼らず，地元で好まれる種をワンセットで改良することができ，地域に現存する遺伝子の多様性を維持し，拡大する可能性を秘めている」といわれている．「第二の緑の革命」は農民参加型の品種改良と融合し，食品としての安全性，環境や生物多様性を保全し，将来における飢餓リスクの低減を可能にする「第三の緑の革命」へと発展する必要がある．

〔上沢正志〕

石油タンパク

99

single cell protein

廃糖蜜（糖蜜精製時の副産物）や亜硫酸パルプ排液，石油などの原料を資化する（体内に取り入れて自分の体をつくる）酵母や細菌の菌体に含まれるタンパク質を微生物菌体タンパクという．微生物菌体タンパクは主として菌体のまま乾燥して飼料や食料とするが，菌体を破砕してタンパク質を抽出して，食品の素材とすることもできる．微生物菌体タンパクには多種類があるが，とくに，石油中に含まれるノルマルパラフィン（炭素数が20以上の直鎖飽和炭化水素の総称：CH_3-$(CH_2)_{n-2}$-CH_3）から製造されるものを石油タンパクといい，微生物としては *Candida* 属酵母が用いられる．この酵母の菌体には粗タンパク質で50％程度を含むといわれている．単細胞生物の菌体を利用するので，微生物菌体タンパク質（single cell protein）ともいわれる．

微生物は増殖が速く，タンパク質含量が高いうえ，安価な炭素源や窒素源を利用して培養することができる．そこで，1950～1970年にかけて，世界的な人口増加を背景に，将来予想される世界のタンパク質不足を解決するための新たな食料源として微生物菌体タンパク質が注目をあび，各国でさかんに開発が行われた．石油から生産されるジェット機燃料の精製過程で大量に副生するノルマルパラフィンを原料として，*Candida* 属酵母微生物菌体タンパク質が欧米で工業化され，日本でもコイの飼料用として開発が進められた．酵母の餌となったノルマルパラフィンはほぼ完全に分解さ

ノルマルパラフィンは酵母菌体中で消化分解される．

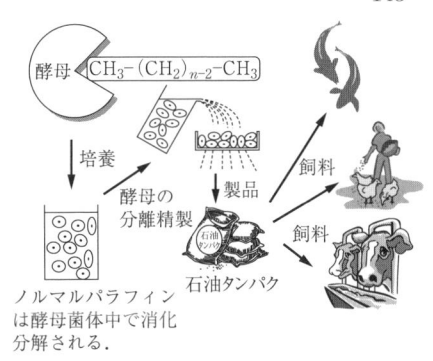

図1 石油タンパクの製造とその利用法のイメージ図

れ，酵母自体には石油成分は残らない．微生物菌体タンパク質の安全性については，発がん性，菌の病原性，催奇性，残留パラフィンなどが問題とされたが，国連のProtein Calorie Advisory Groupで検討された結果，安全性が確認されている．

石油タンパクの食品としての利用法は，微生物菌体タンパク質を家畜や魚に飼料として与え，その家畜や魚の肉を人間が食べるというものであり，実際に石油を口にするわけではない．しかし，日本では「石油タンパク」というネーミングが災いしたのか，「石油を食べさせられる」という考え方が消費者の間に広がってしまい，1976年，混在する恐れのある多環式芳香族化合物の発がん性など食品としての安全性もあり，石油タンパクを拒否する全国的な運動が展開されて，消費者の激しい抵抗にあい，食品衛生法が改正されて販売禁止になり，市販には至らなかった．現在では，石油価格が高騰したり，石油埋蔵量の枯渇化の不安などにより，石油タンパクの将来性はほとんどなく，石油タンパクという記憶も人々から薄れている． 〔野内 勇〕

森林・林業と環境保全

forest and forestry based upon environmental conservation

a．森林の機能　人類は森林から食料としての木の実や山菜を採取，川の流れから魚をとり，森をすみかとする鳥獣を狩り，建物や船の用材をとって生活しており，森林は人間生活に不可欠なものである．さらに，森林は水の貯留や水質浄化などの水源かん養，土壌侵食防止や自然災害防止などの国土保全，生物多様性や遺伝資源の保全，樹木の蒸散による気候の緩和，さらに二酸化炭素（CO_2）を吸収することによる地球温暖化防止など重要かつ多様な機能を有している．しかし，現在，世界人口の急激な増加に伴い農地や牧草地を拡大したり，木材の商業伐採のために，森林の消滅や劣化が生じている．

b．林業・森林管理　林業は森林の再生産サイクルを利用して木材を生産する産業であり，適切に伐採して木材として使い，その伐採跡に植林して育てた大きな木をまた利用するという循環システムである（図1）．林業における管理施行には，更新した稚樹や幼樹期では，稚樹や幼樹の健全な生育のために競争相手となる雑草木を除去する下草刈り，樹木の生育過程では，経済価値を大きくするための無節性の材を生産するための枝打ち，競合種を中心に取り除く除伐や密度調節と収穫のための間伐がある．下草刈りは植林木が雑草木の上に出るまでの植栽後7〜8年間は必要であり，節の少ない良質材を生産するための枝打ちは林内の光環境を改善し，下層植生の衰退を抑え，林地を保全する効果がある．間伐は木の成長にともなって混みすぎた森林の立ち木の一部を適切な間隔で伐採して健全な固体を育てる作業である．定期的に人が手を入れて間伐を行わないと，細長くて根の張りが悪く，風や雪の被害を受けやすい森林になるばかりでなく，下草が育たずに林床が裸地化し，水保持機能の消失や土砂崩壊など国土保全的な問題を生じる．現在の日本の林業の問題点は，間伐を必要とする若齢の人工林が多いにもかかわらず，間伐がなされていないことである．この原因は木材価格の下落や育林コスト上昇による林業の衰退で，経営意欲を失って放置された森林が増えてしまったり，林業従事者の減少・高齢化で森林の管理が十分ではなかったりするためである．最近，森林管理の

図1　森林保全（生産林と環境林）の概念図

目指すべき方向性が,従来の生産林における木材生産の収益性追求から,水土保全,景観や生物多様性,温暖化防止などの環境保全としての多様な機能を重視する持続可能な環境林へとシフトしつつある.環境林は,さまざまな樹種が混在する針広混交林で下草など下層植生が繁茂する多様な安定した森林である(図1).

c. **炭素固定と森林** 森林は樹木それ自体にも,そして森林の土壌にも多量の炭素(微生物によっても容易には分解されない腐食物質として)を蓄積している.IPCC(気候変動に関する政府間パネル)特別報告書「土地利用・土地利用変化と林業」[1] では,森林のもつ炭素貯蔵量は,樹木では,熱帯林:212,温帯林:59,亜寒帯林:88,熱帯サバンナ:66 GtC(Gt=ギガトン=10^9t=10^{15}g)であり(全球の森林以外も含めた全植生では計 466 GtC),深さ1mまでの土壌炭素では熱帯林:216,温帯林:100,亜寒帯林:471,熱帯サバンナ:264 GtC(全球の森林以外も含めた全土壌では,計 2011 GtC)と推定されており,森林のもつ炭素量は 1476 GtC(植生:425 GtC,土壌:1051 GtC)と概算される.森林面積の減少,とくに,非伝統的な焼畑農業や森林火災により森林が消失すると,樹木自体の炭素ばかりでなく,土壌炭素も急速に失われる.

日本のすべての森林による炭素吸収量は,1990年と2000年の林業センサスの森林面積から樹木の蓄積量変化を基礎として算定されている(表1)[2].日本全体の森林による炭素蓄積量は1990年で9億8千万炭素t(0.9 GtC),2000年で11億8千万炭素t(1.18 GtC)であり,この差の2億炭素t(0.2 GtC)が,10年間で大気中から吸収した二酸化炭素の炭素量である(1年間では2000万炭素t).日本全体のCO_2を含めた全温室効果ガスの炭素等価排出量は約3億6300万炭素t(2002年度)

表1 日本の森林による炭素蓄積量と炭素吸収量[2]

樹種		炭素蓄積量 (Mt)		炭素吸収量 (Mt/年)
		1990年	2000年	
針葉樹	スギ	222	305	8.2
	ヒノキ	103	124	2.1
	マツ	95	106	1.1
	カラマツ	51	59	0.8
	エゾマツ,トドマツ	10	20	1.0
	その他	45	59	1.4
	小計	526	672	1.4
広葉樹	落葉樹	378	409	3.2
	常緑樹	80	102	2.2
	小計	458	511	5.4
合計		984	1184	20.0

であるから,国内全森林によるCO_2吸収量は全排出量の5.5%であり,有力な吸収源ではあるものの,化石燃料の消費を打ち消すほどの大きな吸収量ではない.一方,地球温暖化防止の国際条約である京都議定書の合意事項では,日本の森林による炭素吸収量の上限値は1300万炭素tである.森林による炭素吸収量は,基準年である1990年以降の新規植林,再植林および森林減少など限定的な活動により増減したCO_2吸収量を対象としたものであり,日本の場合,新たに森林にできる(新規植林および再植林)土地は少なく,対象となる森林は「適正に森林経営が行われた森林」に限られる.その場合の森林経営とは,(1)人工林の場合には森林の整備・保全が行われている森林,(2)天然林の場合には法令などに基づき保護・保全措置がとられている保安林,保護林および自然公園地区などが対象となる.森林を適切に維持するための間伐や下草刈りなど管理をしないと,削減量の対象にはならない.〔野内 勇〕

文 献

1) Watson, R. T. *et al.*: Land Use, Land-Use Change, and Forestry, A Special Report of IPCC, Cambridge University Press (2000).
2) 松本光朗,ほか:平成13年度研究成果選集,pp. 18-19,森林総合研究所(2002).

水産資源と農林業

fisheries resources and agriculture and forestry

　人間による利用の対象となる水生生物を総称して水産資源という．世界食料農業機関（FAO）の漁業統計年鑑によると，2003年の世界の漁業・養殖業による生産量は，捕獲漁業（capture fishery）で9330万 t（海面：8305万 t，内水面：1025万 t），養殖（aquaculture）で5479万 t（海面：2955万 t，内水面：2524万 t）の計1億4809万 tである．また，日本の2004年の漁業・養殖業による生産量は，捕獲漁業で447万 t（海面：441.1万 t，内水面：6.1万 t），養殖で126万 t（海面：121.6万 t，内水面：4.6万 t）の計573万 tである（農林水産統計）．日本で漁獲量の多いのは，海面捕獲ではカタクチイワシ，サバ類，ホタテガイ，カツオ，マアジであり，海面養殖では貝類のホタテガイとカキ，魚類のブリとマダイ，海草類のノリとワカメである．また，河川や湖沼の内水面の捕獲・養殖漁業では，サケ，マス，アユ，エビ，コイ，ウナギである．

　日本の水産業の現状は，日本周辺水域における水産資源の悪化，米国，ロシア，韓国をはじめとする沿岸諸国の200海里水域の囲い込みなどによる遠洋漁業の生産減少，1982年の国際捕鯨委員会による商業捕鯨モラトリアム（一時停止），さらには2005〜2006年のマグロ資源国際管理機関によるメバチマグロ，ミナミマグロ，クロマグロなど相次ぐ漁獲枠の削減決定，漁業後継者不足などによる漁村地域の活力低下など厳しい環境に直面している．そのようななかにおいて，わが国周辺水域の水産資

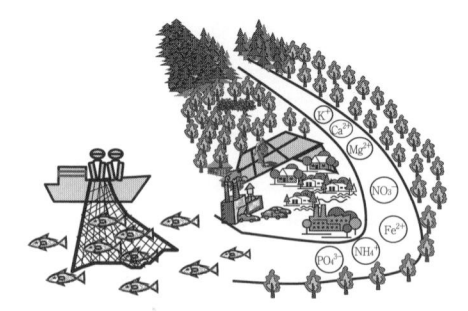

図1　沿岸域の水産資源を維持する「森－川－海」を結ぶ生態系システム

源の増大と持続的利用が求められており，漁場の環境を良好に保全することが不可欠である．しかし，1960年代以降の高度経済成長に伴い，内水面では水質汚濁問題，沿岸域では産卵場や稚魚の育成場として重要な藻場や干潟の消失・劣化，都市の産業排水や生活雑排水の窒素・リンを主体とする過度の栄養塩の流入による赤潮や貝毒プランクトンの発生などの問題がある．さらには，地球温暖化の影響を受ける可能性もある．

　水産資源は膨大な自然の再生産力を有しており，これを適切かつ有効に利用すれば持続的にその恩恵に浴することができる．かつて海と森は水循環によってつながっており，森林から流れ出る栄養塩類はプランクトンの養分となり，豊かな漁場環境を形成していた（図1）．しかし，高度経済成長は「森—川—海」という自然のつながりを断ち切り，沿岸地域の環境資源を活用しつつ保全を図っていたシステムを崩してしまった．その反省から，最近，漁業者が「森は海の恋人」をスローガンに「漁民の森づくり活動」を全国各地で展開しつつある．適正な流域圏や海洋の管理により，持続可能な水産資源の利用・供給ができる．

〔野内　勇〕

窒素循環と農林業

102

recycling of nitrogen in agriculture and forestry

自然環境における窒素の主要な循環経路を示すと，大気中の窒素 N_2 →（窒素固定細菌）→有機体窒素化合物（植物や動物体中のアミノ酸やタンパク質）→（有機体窒素分解細菌）→アンモニウムイオン NH_4^+ →（硝化細菌）→亜硝酸イオン NO_2^- ・硝酸イオン NO_3^- →（脱窒細菌）→大気中の N_2・一酸化二窒素 N_2O，となる．しかし，人類は大気中に無限（空気の78%）に存在する N_2 を，自然環境における窒素固定速度をはるかに上回る速度でアンモニア NH_3 として工業的に固定する技術を開発し（→ 103.肥料産業），窒素の自然循環に大きなバイパスを建設した．

農林業，とくに農業は，この工業的に固定された窒素を，肥料として多量に使用するために，窒素の循環に大きくかかわっている．森林は雨水に含まれる窒素を，また，林地は地下水中の窒素を吸収することにより，無機態窒素を有機態窒素に変換し，環境を浄化する機能を有している．一方，畜産業を含む農業は，多くの場合，糞尿や肥料養分の不適切な管理の結果，土壌作物系の環境容量を越える有機態や無機態の窒素を投入して，大気環境へ N_2O を，地域環境へ NO_3^- を放出している．前者は，成層圏のオゾン層を破壊し，温暖化に寄与して，地球規模の環境の劣化にかかわっている．後者は，飲料水の水質悪化や富栄養化に代表される地域環境の劣化にかかわっている．

土壌から大気に放出される N_2O は，土壌微生物によって生成される．生成機構の一つに脱窒作用がある．脱窒とは，土壌中の微生物により嫌気条件下で NO_3^- や NO_2^- が，N_2 または N_2O に還元される反応で，土壌中の脱窒菌によって行われる．一般的に次の過程を経る．

$$NO_3^- \to NO_2^- \to NO \to N_2O \to N_2$$

窒素酸化物の重要な生成メカニズムとして，脱窒のほかに，硝化作用がある．これは，好気条件下で土壌中の NH_4^+ が NO_3^- に酸化される過程で N_2O が生成する現象である．一般的に次の過程を経る．

$$NH_4^+ \to NH_2OH \to NO_2^- \to NO_3^-$$
$$\uparrow$$
$$N_2O$$

農地からの N_2O と NO_3^- 放出を抑制するために，(1)窒素肥料の施用時期の改善，(2)窒素肥料の分施，(3)肥効調節型肥料の活用，(4)窒素肥料の葉面散布，(5)効果的な窒素肥料の施用，(6)有機態窒素の効率的な活用，(7)有機態窒素を分解する酵素の阻害剤などの活用，(8)輪作による窒素の効率的利用，(9)灌漑水の効率的活用，(10)地形連鎖による窒素浄化機能の活用などが必要である．その基本は，窒素肥料の過剰な施用ならびに NO_3^- への変化を制御し，作物による窒素の吸収利用率を最大にすることによって，土壌中に残存する窒素を最小限にすることにある．とくに，肥効調節型肥料などの活用による制御技術はきわめて重要な技術で，今後の発展が期待される．

先進国では窒素肥料の使用量が減少する傾向にあるが，人口増加が続いている，または，食生活の向上が著しい国々の多くでは，単位面積当たりの収量を獲得するために，今日でも大量の窒素肥料を使用している．先進国による早急な技術移転が必要となっている．　　　　　　　　〔上沢正志〕

文　献
1) 陽　捷行編著：土壌圏と大気圏，朝倉書店，1994.

肥料産業

fertilizer industry

作物を収穫して農場外での販売を継続すれば、やがて土壌に含まれていた養分が不足し、土壌の作物を生産する能力が低下し、作物の収量が低下する。この土壌から収奪された養分を過不足なく回復する資材、肥料を生産する産業が、持続的社会にとって不可欠である。

1840年、ドイツのリービヒは、植物が無機栄養で生育することを明らかにし、化学肥料の使用、すなわち肥料産業の基礎を作った。しかし、彼は、無機態窒素の重要性を軽視し、「大気から得られる窒素で農業生産にとって十分である」と主張した。一方、同じころ英国のローズは、動物の骨に含まれるリン酸カルシウムを酸で溶かし、中和した過リン酸石灰の製造を開始した。2年間の圃場試験（世界最古、かつ、今日でも継続されているロザムステッドの肥料連用試験）による効果の確認を経て、1842年に特許を得た。今日では、動物の骨に代わって、リン鉱石のカルシウムアパタイトがリン肥料の主要な原料となっている。ロザムステッドの試験結果は、リンなどのミネラルだけでなく、少量の窒素施用が、家畜糞厩肥の多量施用と同等の効果をもたらすことをも示した。

1895年、ドイツのフランクとカロは、1100℃で大気中の窒素ガス N_2 とカーバイド CaC_2 を反応させ、石灰窒素（主成分はカルシウムシアナミド $CaCN_2$）の製造に成功した。今日では、生石灰とコークスに通電して2000℃で溶融してカーバイドを ($CaO+3C \rightarrow CaC_2+CO$)、このカーバイドを700～1000℃で窒素と反応させることで石灰窒素を合成している ($CaC_2+N_2 \rightarrow CaCN_2+C$)。石灰窒素の生産はイタリアで1906年から、石灰岩と電力が豊富なわが国でも1909年から工業化され、わが国では2社が生産を継続している。

1913年のドイツのハーバーとボッシュによる N_2 と水素 H_2 を直接反応させるアンモニア合成 ($N_2+3H_2 \rightarrow 2NH_3$) の成功は、窒素肥料産業を誕生させた。この反応における NH_3 の収率は、400℃・400気圧下で約50%、200℃・600気圧下で約90%の平衡に至る。回収した NH_3 を石油からの脱硫硫酸や水の電気分解から得られる塩酸で中和すれば、硫酸アンモニウムや塩酸アンモニウムの窒素肥料が得られる。アンモニア合成の経済性は水素をいかに安価に確保するかにかかっている。わが国の主要なガス化学メーカーは、天然ガス（メタン）と水蒸気を直接反応させる方法 ($CH_4+H_2O \rightarrow CO+3H_2$) で H_2 を得ている。

わが国の肥料産業は、19世紀末から20世紀初頭にかけて化学肥料の生産を始め、1926年には有機質肥料の生産を上回るようになった。第二次世界大戦の後にも、まず肥料工業の復興が優先され、食料不足の解決に貢献した。その後、化学合成産業へと発展し、世界の工場として機能している。しかし、地域環境を汚染した貴重な経験を有している。

化学合成膜で肥料成分を包み込んだ緩効性肥料の開発は、わが国の肥料産業が地球や地域の環境保全に貢献する成果として特筆される。この緩効性肥料は、作物が養分を要求する様式に合わせて窒素などを放出し、作物による窒素の利用率を飛躍的に向上させる。このため、地球温暖化や水域環境の富栄養化を防止できるとして、普及が広まっている。さらに、化学合成膜に代わって、土壌微生物によって分解可能な植物由来の膜を活用した緩効性肥料が開発されようとしている。〔上沢正志〕

化学肥料の種類

kinds of chemical fertilizers

化学肥料とは,化学的に合成あるいは天然産の原料を化学的に加工した肥料で,現在,使われている肥料の大部分を占める.尿素や緩効性肥料の一部などは,有機化合物であるが,これも化学的工程でつくられるため化学肥料と呼ばれている.また,塩化カリウムは,鉱石を掘り出し,粉砕・選鉱などをするだけで,ほとんど化学的工程を必要としない肥料であるが,これも無機質原料を使っているために化学肥料と呼ばれている.

さまざまな化学肥料が製造,使用されており,その分類も多様である.「窒素肥料」,「リン酸肥料」あるいは「カリ肥料」など,それぞれの肥料が供給する養分元素の種類に基づく分け方がある.また,肥料3要素のうちの単一の肥料成分を含む「単肥」と,「複合肥料」や「微量要素肥料」など複数の有効成分に注目した分類もある.肥料の製造方法に基づいて「化学肥料」と「天然肥料」に分け,さらに,化学肥料の作り方や成分などから「配合肥料」,「化成肥料」,「高度化成肥料」,「普通化成肥料」,「複合化成肥料」などとも分けられる.肥料の効果から,「速効性肥料」と「緩効性肥料」,あるいは効果をいっそう微妙に調節する「肥効調節肥料」(表1)などのように分けることもある.

生物の生育や環境問題でかかわりの深い窒素とリンの肥料について説明する.

窒素肥料: 窒素は作物の要求量が最も多い.空気中の窒素を固定して利用できるマメ科作物などを除いて,要求に対して供給が不足するため,施用効果が最も高い養分の一つである.古来は天然の植物あるいは動物由来の肥料が最大の窒素肥料であったが,近代になってチリ硝石が利用されるようになり,さらに,空気中窒素ガスの工業的固定が可能になり,大量の窒素が人為的に固定・施用されるようになった.窒素肥料としての形態は,アンモニウム,硝酸,尿素,石灰窒素のほか,難溶性で土壌中で分解してはじめて作物に吸収される緩効性の窒素肥料もある.窒素施用量の多い野菜や茶などを栽培する地域では,施用された窒素が移動しやすい硝酸態に変わり,その一部が降雨などに伴って地下水を汚染する.また,一酸化二(亜酸化)窒素など温暖化ガスの挙動と窒素肥料の関係も注目されている.

リン酸肥料: リンは窒素について肥料として施用する必要性が高い.とくにわが国に広く分布している火山灰を母材とする土壌は,リンを固定する性質があるので,多量のリン酸肥料を要求する.しかし,土壌粒子の拡散に伴って,土壌に吸着されているリンが拡散し,窒素とともに水域環境を富栄養化する原因の一つとなっている.

〔上沢正志〕

表1 肥効調節肥料の種類と特徴

種類	特徴
緩効性窒素肥料:ウレアホルム,IB,CDU,GU,オキサミドなど	窒素成分の溶解度が低いため,あるいは微生物分解を経ることによって,徐々に有効化する
被覆肥料:LP,SC,ロング,CSRなど	肥料を特殊な被覆資材で覆って肥料成分の溶出速度,溶出時期を調節する
酸化成抑制剤入肥料:AM化成,ジシアン化成,ASU化成,ST化成など	アンモニウム窒素が硝酸態に変化するのを抑制し,硝酸態窒素の土壌からの溶脱を防止する

肥料の効果

effects of fertilizers

肥料の効果は，肥料成分の種類によって，また，同じ成分であっても肥料の化学的・物理的形態によって異なる．以下に主要な肥料の効果について概要を説明する．

a．窒素

(1) アンモニア態窒素肥料: 一般に水によく溶け，作物に直接吸収されるので，速効的である．畑土壌では硝化細菌の働きを受けて速やかに硝酸態窒素に変化する．硫安や塩安は中性であるが，作物が窒素を吸収した後に陰イオンを残して土壌を酸性化させる要因になるので，生理的な酸性肥料と呼ばれる．

(2) 硝酸態窒素肥料: 硝酸態窒素も速効的である．土壌に吸着されないので，雨などにより地下へ流亡しやすく，地下水の硝酸態窒素濃度を上昇させる原因ともなる．また，葉菜類などで問題になっている硝酸態窒素濃度を高める要因でもある．

(3) 尿素: 窒素成分が46%と高く，副成分を含まず，安価である．尿素態窒素は葉面散布にも使われ，そのままでも作物に吸収されるが，施用後に比較的速くアンモニア態，畑条件下ではさらに硝酸態に変化する．この際，中性からアルカリ性，酸性に変化して土壌への吸着特性も変化するので，利用するうえで配慮が必要である．

(4) 石灰窒素: アルカリ性の窒素肥料で，主成分はカルシウムシアナミドである．土壌中で分解してから作物に吸収される．分解に一定の期間が必要で，少量含まれるジシアンジアミドが硝酸化成を抑えるため，肥料としての効果が長続きする．

(5) 肥効調節肥料: 養分の溶出速度や溶出の時期を精度よく制御できるように工夫されており，肥料からの養分供給と作物の養分要求を適合させることで，環境に対する負荷を小さくしている．

b．リン 過リン酸石灰など水溶性リンを含む肥料は速効性であっても，施用後は土壌に吸着されやすいので徐々に作物に吸収される．クエン酸液で溶解する溶リンなどのリン酸肥料は本質的に緩効的である．このような理由からリンは基肥として施用される．リン酸吸収係数の大きい火山灰土壌などでは多量のリン酸肥料を施用して土壌のリン肥沃度を高めることが，リンの効果を向上させるうえで重要である．

c．カリウム カリウム肥料は水溶性のものがほとんどで，速効的である．基肥あるいは追肥として施用される．溶解性が低く緩効的な「ケイ酸加里」肥料もある．

d．肥料効果の定量的評価 わが国の国公立試験場などで長期にわたって継続されている「三要素（窒素，リン酸，カリウム）試験」の結果を表1に示す．作物の収量は，養分供給の有無と水田または畑の土地利用によって著しく異なり，「三要素とも無施用」の収量指数は，三要素施用の100に対して水田の水稲で78，畑の麦類で39とかなり低く，作物収量を向上させる肥料の効果は明白である． 〔上沢正志〕

文献

1) 植物栄養土壌肥料大事典，養賢堂 (1976).

表1 わが国における「三要素試験」における収量の比率（文献1から作表）

土地利用	作物	三要素とも無施用	窒素無施用	リン酸無施用	カリウム無施用
水田	水稲	78	83	95	96
畑	麦類	39	50	69	78

注：三要素とも施用の収量を100とする指数

106 硝酸性窒素などによる水域環境の汚染

contamination of water bodies by nitrate nitrogen

　農業は水域環境と密接に関係している．環境にプラスの影響を与える機能を多く有している水田農業においても，代かき・田植え時の不適切な水管理によって，栄養塩類や懸濁物質を多量に含む濁水を水系に排出する弱点をもっている．また，畑作・畜産を含めた不適切な肥料成分の管理は，水域環境の汚染，すなわち，水域の富栄養化，窒素やリンなどを含む排水が湖沼などに流入し，アオコやプランクトンが異常に発生することにより水質が汚濁する現象を引き起こしている．

　無機態のアンモニウム塩や分解されやすい有機物に含まれる窒素は，酸化的条件の土壌中では比較的速やかに酸化・分解され，水溶性の硝酸性窒素 NO_3-N へ形態を変化させる．これらの形態の窒素に加えて，懸濁物質に含まれるリンが，栄養塩類による水域の環境汚染を引き起こす主要な元素である．栄養塩類とは，窒素，リン，硫黄，カリウムおよびケイ素など生命を維持し，親から子・孫へと生命のつながりを確保するうえで必要な主要元素とマンガンなどの微量元素で，炭素，水素および酸素以外の主に塩類として取り込まれるものの総称である．

　作物によって吸収されなかった窒素は，無機態・有機態を問わずに，最終的に硝酸や亜硝酸イオンの形態になり，降雨などにより下層，さらには地下水層にまで浸透し，地下水の硝酸性および亜硝酸性窒素 NO_2-N の濃度を上昇させる．一方，水田や湛水した土壌の還元的な条件下では，これら形態の窒素のかなりの部分が，酸素の欠乏した還元層で窒素ガスとして大気中に放出される．このこと自体は水田の窒素浄化機能の発揮であるが，施肥窒素の損失であり，同時に，微量の温室効果ガス一酸化二窒素 N_2O の放出を伴うため，大気環境への負荷となる．人の健康との関連でとくに重視されているのが，地下水の硝酸性および亜硝酸性窒素濃度の上昇である．これら形態の窒素濃度に関する飲料水基準は，国際的にほぼ同じ値で，10 mg/l 以下と決められている．地下水の硝酸性窒素濃度に最も影響を与えているのが，作物生産のために意図的に施用される肥料，ならびに，畜産業から排出される糞尿などの廃棄物に含まれる窒素である．

　一方，栄養塩類のリンに関しては，窒素と異なり過剰に施肥されても，ある程度までは土壌に吸着・吸収されて，地下水層にまで浸透することはまれである．しかし，過剰なリンの施用は，懸濁粒子のリン濃度を上昇させる．懸濁粒子は，代かき・田植え時の不適切な水管理や台風などの強降雨時に水系に流出し，流出場所から離れた流れの穏やかな水田，湖沼や内湾で沈殿する．この沈殿層が酸素の不足した還元状態になると，懸濁粒子に保持されていたリンは，水中に放出され窒素固定微生物の増殖を促して，水域を富栄養化させる．湖沼では，アオコが増殖して，カビ臭を発生させ，内湾では，各種のプランクトンが増殖して，赤潮や青潮の原因となる．内湾では，無機態リンが低下しても，有毒なプランクトンは，有機態リンを栄養源として増殖し，魚類を死に追いやるなど，内湾の生態系を著しくかく乱する．

　以上のように，過剰な施肥などによる環境影響は，水域で最も顕著に現れており，施肥効率の高い環境保全型の養分管理技術の開発と普及が緊急の課題となっている．

〔上沢正志〕

有機質肥料の種類と効果

kinds and effects of organic fertilizers

「有機質肥料」は，肥料取締法に基づく普通肥料の公定規格で定められた13種の「普通肥料」の一つで，その原料は「動植物質のものに限る」とされており，41種が定められている．登録の有効期間6年（魚かす粉末，甲殻類質粉末，肉骨粉，油かすとその粉末，窒素質グアノなどの33種）と3年（加工家きんふん肥料（他の原料との混合を除く）や混合有機質肥料（無機質肥料との混合を除く）などの8種）のものに区分されている．

一方，一般的な有機質肥料は，無機質（鉱物質）肥料と異なることを示すために使用されおり，①上記の「有機質肥料」，②「複合肥料」（食品または化学工業において副産された「副産複合肥料」および「混合汚泥複合肥料」の2種），③「汚泥肥料等の肥料」（「汚泥発酵肥料」などの6種），④「特殊肥料」（肥料取締法の「普通肥料」以外で45種類．すなわち，魚かす，干魚肥料，甲殻類質肥料，蒸製骨などの9種（粉末を除く）と，米ぬかやたい肥などの36種），および⑤「（家畜ふんたい肥と化学肥料の）混合有機質肥料」（仮称．普通肥料として登録は不可．ただし，農林水産大臣の仮登録を受ければ，普通肥料の特例として生産・販売は可）を含む．

以上のように，「たい肥」は，肥料取締法の公定規格では「特殊肥料」であり，「わら，もみがら，樹皮，動物の排せつ物，その他の動植物質の有機物（汚泥及び魚介類の臓器を除く）をたい積又はかく拌し，腐熟させたもの」と定義されている．

有機質肥料は，有機態の窒素やリン，無機態のカリウムを含んでいる．有機態の窒素やリンは土壌微生物によって分解されてから作物に吸収されるため，その効果が緩効的である．原料の質や土壌温度などの条件によって土壌中での分解速度が異なり，窒素やリンの効果発現にもかなりの幅が生じる．有機質肥料の炭素と窒素の比（C/N比）は分解の進み方を大まかに判定する目安として広く使われ，C/N比が小さい有機質肥料は一般に早く分解する．一方，C/N比が高い有機質肥料は，分解に際して土壌中の無機態窒素を取り込むので，作物に窒素飢餓を生じさせる原因となる．さらに，有機質肥料には，重い，臭いなど品質的な問題があった．こうした欠点を解消し，家畜ふんの有効利用を促進するために，⑤の「混合有機質肥料」が特例として設けられた．今後，その生産と利用が期待できる．

植物質の有機質肥料では，肥料成分や副成分の含有率が低いので，濃度障害や塩類集積などが現れにくい利点がある．農産物の品質が向上しやすいともいわれているが，科学的に立証されてはいない．一方，家畜ふんを多く含む動物質の有機質肥料は，肥料成分や塩素などの副成分の含有率が高く，管理が適切でないと濃度障害や塩類集積などを引き起こし，また，窒素による水域への環境負荷を引き起こす．

有機質肥料は，効果が比較的穏やかなため，環境保全的な肥料と理解されることが多いが，効果の制御が困難で，作物の収穫後まで効果が残るなど，使い方によっては環境への負荷を増大させることもある．ペレットとして生産された⑤「混合有機質肥料」は，作物根域への局所的な施用が可能で，家畜ふんなどの有効利用をも促進し，環境保全的な肥料として期待される．しかし，土壌の物理的性質の改善効果は小さいので，この面では「たい肥」などに期待することになる．

〔上沢正志〕

土壌改良資材

soil amendments

　土壌改良資材とは，土壌の堅さや排水の難易などで示される物理的性質や生物的性質を変える資材である．一方，化学的性質を変える資材は，肥料と呼ばれる．すなわち，地力増進法で指定されている土壌改良資材は，肥料取締法との関連から，直接，養分とはならず主として土壌の物理性および化学性の改良に役立つ（一部に養分を含むものもある）資材をいう．

　各種土壌改良資材の用途（主たる効果）は表1に示すとおりである．多孔質粒子には，廃棄物を素材とする資材が多く，広い農地があれば循環型社会の創出を可能とする．この他にも土壌改良に有効な資材があるが，あまり効果のない資材が誇大宣伝されている場合もあり，選択に当たって注意を要する．

〔上沢正志〕

表1　土壌改良材の素材または製法，基準および主な用途

土壌改良資材	素材または製法	基　　準	主な用途
泥炭	地質時代に堆積したミズゴケ，草炭など	乾物100g当たりの有機物の含有量20g以上	土壌の膨軟化，土壌の保水性の改善
多孔質粒子	樹皮を主原料とし，家畜ふんなどを加え堆積，腐熟する	肥料取締法の特殊肥料に該当するもの	土壌の膨軟化
多孔質粒子	石炭または亜炭を硝酸または硝酸および硫酸で分解し，カルシウムまたはマグネシウム化合物で中和する	乾物100g当たりの有機物の含有量20g以上	土壌の保肥力の改善
多孔質粒子	木材，ヤシガラなどを炭化し，粉砕する		土壌の透水性の改善
けい藻土焼成粒	けい藻土を造粒し，焼成した多孔質粒子	乾燥状態のもの1l当たりの質量700g以下	土壌の透水性の改善
ゼオライト	肥料成分などを吸着する凝灰岩の粉末	乾物100g当たりの陽イオン交換容量50me以上	土壌の保肥力の改善
バーミキュライト	雲母系鉱物を焼成した多孔質粒子		土壌の透水性の改善
パーライト	真珠岩などを焼成した多孔質粒子		土壌の保水性の改善
ベントナイト	吸水により体積が増加する特殊粘土	乾物2gを水中に24時間静置した後の膨潤容積5ml以上	水田の漏水防止
ポリエチレンイミン系資材	アクリル酸・メタクリル酸ジメチルアミノエチル共重合物のマグネシウム塩とポリエチレンイミンとの複合体	質量百分率3％以上の水溶液の温度25℃における粘度が10ポアズ以上	土壌の団粒形成促進
ポリビニルアルコール系資材	ポリ酢酸ビニルの一部をけん化する	平均重合度1700以上	土壌の団粒形成促進
VA菌根菌資材	微生物資材	共生率5％以上	土壌のリン酸供給能の改善

農薬の必要性

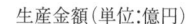

109

necessity of pesticides

農薬は作物の安定的な生産と高品質化を確保し，さらに，農作業の省力化や生産性の向上を図るため，病害虫や雑草などの防除薬剤として使用される農業用資材である．農薬取締法により「農作物（樹木および農林産物を含む）を害する菌，センチュウ，ダニ，昆虫，ネズミその他の動植物またはウイルスの防除に用いられる殺菌剤，殺虫剤その他の薬剤および農作物等の生理機能の増進または抑制に用いられる成長促進剤，発芽抑制剤その他の薬剤」と定義されている．天敵農薬，フェロモン剤，拮抗微生物など生物活性を利用する生物農薬や，農薬効力を増進させる展着剤なども農薬に含まれるが，同一（類似）の化学構造をもつゴキブリ，ハエ，カなど衛生害虫の殺虫剤，収穫後のポストハーベストに使用される防かび剤などは農薬の範疇に含まれない．

わが国では，農薬取締法に基づき農薬の登録制度が設定され，製造，輸入，販売，使用などが規制されている．農薬登録には①物理的・化学的性状，安定性などの品質，②防除効果および周辺作物に対する薬害，③急性・慢性毒性，発がん性など人畜への毒性，④作物，土壌，田面水での残留性，⑤環境生物に対する毒性に関する試験が必要である．2004年7月末現在の有効登録件数は4781件，有効成分数は540件である．

温暖湿潤のわが国では多種多様の病害虫・雑草が発生し，これらの防除に農薬の果たす役割はきわめて大きい．しかし，農業生産では，肥料・農薬，品種改良，農業機械，施設栽培など多くの資材や農法が複雑に絡みあって技術体系が組み立てられているため，農薬使用による効果のみを単独に評価することは難しい．無農薬栽培における調査事例で，病害虫による減収率はコムギ18～56％，リンゴ90～100％，モモ100％，キャベツ30～100％，キュウリ4～86％，ダイコン4～76％，トマト14～93％，バレイショ19～44％と報告されており，とくに果樹で無農薬栽培による減収率が大きい[1]．一方，除草剤利用における効果を10a当たりの除草労働時間で比較すると，1949年50.6時間に対し，現在2時間以下まで短縮され，除草の省力化と軽労化が図られている．

農薬の国内生産金額は，1955年の約100億円から徐々に増加し1996年に最高の4455億円となったが，その後横ばいから減少の傾向にある（図1）．農薬関連企業は，米国，欧州，日本に集中している．各国ともに，許認可に膨大な安全性データを整備する必要があるため，農薬の輸出入も活発に行われ，日本国内での農薬製造会社の約10％に当たる約20社が新規農薬の開発に取り組み世界企業と競っている．

〔上路雅子〕

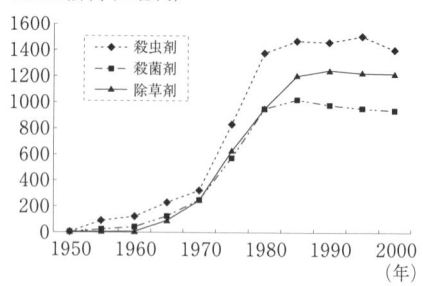

図1 農薬の生産金額の推移（農薬要覧より作図）

文 献
1) 日本植物防疫協会：農薬を使用しないで栽培した場合の病害虫等の被害に関する調査報告，pp.1-354 (1993).

殺虫剤 110

insecticide

農作物に被害を与える有害動物のなかで昆虫類は約2000種と圧倒的に多い。さらに，線虫類，ダニ類なども広義の防除対象である。わが国では，殺虫剤が農薬全出荷金額の約40％を占め，100剤を超える有効成分が日本独自で開発・登録されている。殺虫剤が効果を発揮するためには，昆虫の皮膚や気管から直接体内に入るか，作物の茎葉や維管束液を摂食・吸汁して体内に取り込まれることが不可欠で，その後，作用部位に到達して，生理機能をかく乱し死に至らしめる。現在の殺虫剤は，神経系，エネルギー代謝系および成長の制御に関係するものに大きく分類されるが，とくに，神経機能をかく乱するものが多い（表1）。

昆虫の神経機能はほ乳動物と基本的に同じであるため，主要殺虫剤の有機リン系やカーバメート系では，人畜への毒性が高い傾向にある。

殺虫剤の開発の重点は，より低毒性で環境への影響が少ない殺滅型から昆虫成長制御型に移行してきている。たとえば，昆虫のみがもつ皮膚の主成分キチン生合成系を阻害するベンゾイルウレア系殺虫剤では，幼虫の脱皮・変態過程に異常を生じ最終的に死に至らしめる。遅効性であるが，接触毒よりも食毒作用が強く，有用昆虫や天敵類に対する影響は小さい。

また，雄成虫のみの誘殺除去や交信かく乱などに性フェロモン剤が利用されている（→121. フェロモン）。さらに，BT剤や天敵生物など生物農薬の積極的な導入が図られている。人工的に増殖させた天敵剤は，害虫密度の低い発生初期に大量に放飼すると効果が高く，世界各地で有効な天敵を探索し製剤化することが進められている。

〔上路雅子〕

表1 殺虫剤の作用機構

	主な作用機構	化学構造などによる主要殺虫剤の分類
神経機能のかく乱	<シナプス> AChE*²活性阻害 ACh受容体に作用 γ-アミノ酪酸受容体に作用 <神経軸索> Na⁺イオンチャンネルに作用	有機リン系，カーバメート系 ネライストキシン系，クロロニコチニル系 有機塩素系（BHC*，ドリン剤*），フェニルピラゾール系 ピレスロイド系，除虫菊，有機塩素系（DDT*）
代謝酵素の阻害	SH酵素阻害 呼吸電子伝達系阻害	くん蒸剤（臭化メチル，クロルピクリン） ロテノン，青酸，リン化水素，リン化アルミニウム
脱皮・変態機能かく乱	キチン生合成系阻害 ホルモン機構のかく乱	ベンゾイルフェニル尿素系，ブプロフェジン 幼若ホルモン様（フェノキシカルブ），脱皮ホルモン様（テブフェノジド）
虫体被覆	気管系の閉塞（窒息死）	マシン油，なたね油，各種界面活性剤
行動かく乱	雄成虫の誘引除去，交信かく乱	昆虫性フェロモン
罹病	中腸上皮細胞の崩壊，敗血病	細菌剤（BT剤），寄生性センチュウ（スタイナーネマ）
寄生・捕食		天敵生物，寄生性昆虫，捕食性ダニ

＊：現在，日本では使用されていない． ＊2：アセチルコリンエステラーゼ．

殺菌剤

fungicide

111

作物の病気は，病原体，宿主，環境の三要因が重なってはじめて発病する．病原体にはウイルス，ファイトプラズマ，細菌，放線菌，糸状菌などがあり，宿主とは病気に罹る性質をもつ，あるいは病原体が生活するために依存する植物を指す．また，誘因である環境要因には温湿度，風，雨などの気象条件や土壌 pH，理化学性など土壌条件が該当する．殺菌剤は植物病原体から植物を保護する薬剤であり，菌を直接死滅させるもの，菌の生長や増殖を抑制するもの，菌に対する抵抗力を増大させるものがあり，それらの作用機構はエネルギー代謝過程（呼吸系），生体成分の生合成や細胞分裂への関与，抵抗性誘導などに分類される（表1）．殺菌剤は予防効果，治療効果，さらに両者をともに有する場合もあり，病原菌の種類，病害の発生状況，環境条件を十分に把握して，適切に使用することが求められる．

銅剤や有機硫黄（ジチオカーバメート）剤などに代表される開発年次の古い SH 阻害剤は，非選択的で反応性に富む．これらは，病原体のエネルギー代謝や菌体のタンパク構成成分の代謝に重要な役割を果たす SH 酵素系を阻害する．また，電子伝達系阻害剤，細胞分裂阻害剤なども広範囲の病害に有効である．一方，菌体の構成成分の生合成過程は生物種で特異的であることが多く，タンパク質，キチン，ステロイド系などを阻害する殺菌剤は選択的な殺菌作用を示す．近年，担子菌や不完全菌類に属する糸状菌の細胞膜構成成分エルゴステロールの生合成経路を阻害する EBI（ergosterol biosynthesis inhibitor）剤が増加している．EBI 剤は化学構造からイミダゾール系，トリアゾール系などに分類され，低薬量で効力を発揮すること，幅広い抗菌スペクトラムと優れた浸透性，予防効果に合わせて治療効果をもつなどの特徴がある．

〔上路雅子〕

表1 殺菌剤の作用機構

主な作用機構		主要殺菌剤
エネルギー代謝系阻害	SH 系酵素阻害	銅，ジチオカーバメート，キャプタン，TPN
	電子伝達系阻害	オキシカルボキシン，メプロニル，フルトラニル
	酸化的リン酸化反応阻害	DPC
生合成系阻害	タンパク質合成系阻害	ブラストサイジン S，カスガマイシン，ストレプトマイシン
	RNA 合成阻害	フェニルアミド系（メタラキシル），オキサジキシル
	DNA 合成阻害	オキソニック酸
	キチン合成系阻害	ポリオキシン
	ステロイド合成系阻害	EBI 剤（イミダゾール系，トリアゾール系）
	リン脂質合成系阻害	有機リン系（IBP, EDDP），イソプロチオラン
	メラニン合成系阻害	フサライド，トリシクラゾール，ピロキロン，カルプロパミド
細胞分裂阻害	紡錘系形成阻害	ベノミル，チオファネートメチル，カルベンダゾール
細胞膜機能阻害	物質通過支配機能の阻害	フェリムゾン，プロシミドン，イプロジオン
病害抵抗性増強	抗菌成分の増加，耐性酵素の活性上昇	プロベナゾール，アシベンゾラル S
植物表面被覆	感染防止	アルギン酸，大豆レシチン，マシン油

除草剤・植物成長調整剤

herbicide, dwarfing agent

　除草剤は雑草の生理化学的機能を阻害し生育の制御や枯死に至らしめる。主要な作用機構は，光合成や活性酸素発生など光関与反応の阻害，生育に必須な代謝系の酵素やアミノ酸など生体成分の生合成過程の阻害である（表1）。これらの作用点は植物特有の機能制御であるために人畜への毒性は概して小さい。しかし，作物と雑草とは同じ高等植物で生理機能は基本的に同じであることから，除草効果が薬害の発生につながる危険性も懸念される。そのため，薬剤の代謝速度，植物体内への吸収移行性，作用点における親和性の差など微妙な差違を利用し，作物と雑草間での選択性を付与させた除草剤や使用方法が開発されてきた。

　近年，低毒性で選択性が高く結果的に高活性である除草剤の開発が進められており，高活性除草剤の代表はアセトラクテート合成酵素（ALS）阻害剤である。また，除草剤散布作業の軽減化を図るため，1キロ粒剤，フラアブル剤，ジャンボ剤など新規製剤も開発されている。

　植物成長調整剤は，種子の発芽，植物の芽・根の伸張，果実の成熟，茎の節間伸張など，作物の成長・分化過程を生理・生態的，生化学的に制御する薬剤である。天然植物ホルモンであるオーキシン，ジベレリン，サイトカイニン，アブシジン酸，エチレン，ブラシノステロイド，ジャスモン酸とこれらのホルモンを母核にした有機化学合成物質が水稲，野菜，果樹，茶，花などの成長調整剤として農薬登録されている。

〔上路　雅子〕

表1　除草剤の作用機構

作用機構	化学構造などによる分類と代表的な除草剤名
光合成電子伝達阻害	酸アミド系，尿素系（イソウロン，リニュロン），トリアジン系（アトラジン，ジメタメトリン，CAT），ダイアジン系（プロマシル，ペンタゾン），カーバメート系（フェンメディファム）
酸化的リン酸化阻害	フェノール系（アイオキシニル）
活性酸素発生	
プロトポルフィリノーゲンIX	ジフェニールエーテル系（クロメトキシニル，CNP），ダイアゾール系，フェニルイミド系
酸化酵素阻害・ラジカル化	ビピリジウム系（ジクワット，パラコート）
色素・脂質生合成阻害	
カロチノイド生合成阻害	ピリダジノン
脂肪酸生合成阻害	フェノキシ系，シクロヘキサジオン系，カーバメート系，酸アミド系
アミノ酸生合成阻害	
アセトラクテート合成酵素（ALS）阻害	スルホニル尿素系，イミダゾリン系，トリアゾロピリミジン系，ピリミジニルサリチル酸系
EPSP，グルタミン合成酵素阻害	有機リン系
タンパク質生合成阻害	有機リン系（グリホサート），カーバメート系（IPC，モリネート），酸アミド系（アラクロール，ブタクロール），脂肪酸系（テトラピオン，TCA）
細胞分裂阻害	ジニトロアニリン系（トリフルラリン，ベスロジン），有機リン系（ブタミホス），尿素系，酸アミド系，カーバメート系
ホルモン作用阻害・かく乱	フェノキシ系（フェノチオール，2,4-D），芳香族カルボン酸系，安息香酸系（ピクロラム，2,3,6-TBA）

農薬の薬害と抵抗性

phytotoxicity, pesticide resistance

農薬使用によって防除対象および栽培地周辺の作物が受ける害を薬害といい，外観，機能，品質の劣化を起こしてきわめて重篤な場合には商品価値の低下を招くことがある．薬害の発生原因は多様で特定しにくいが，主要因として，①作物品種や生育ステージの違いによる農薬感受性の増加，②複数農薬の混合や高濃度での散布など不適切な使用法，③相互作用をもつ農薬の近接場所での使用，④飛散や流入した農薬の適用外作物への付着，⑤農薬製剤の品質不良（異物混入，経時変化，分解・代謝物の生成など），⑥異常高温などによる作物生育状況の悪化などがあげられる．また，薬害の症状が作物の外観から，茎葉の白化，褐変，奇形葉，茎の湾曲，根での発根阻害，根短縮肥大，果実での落果，果面障害，奇形果などが観察される．これらの症状は一過性で直る場合が多く，収量への影響は予測しにくい．

農薬に対する抵抗性（殺菌剤では「耐性」という）は，同一あるいは類似の化学構造と作用点をもつ同系統農薬の繰返し使用により，ある生物集団のなかで個体群として薬剤の感受性が低下する現象で，後代に遺伝する．とくに，ハダニ類，ウンカ類，病原菌など旺盛な増殖により短期間に世代数を重ねる生物種で，抵抗性・耐性の発達が容易である（表1）．

農薬の効果を持続的に維持するため，抵抗性の発達を未然に防止することが重要である．そのため，同一および同系統の薬剤の連続使用や過剰使用を避けることが基本であり，異なる作用特性をもつ薬剤の交互使用や混合使用することにより各薬剤の淘汰圧を分散できる．　〔上路雅子〕

表1　農薬の抵抗性・耐性の発現機構

抵抗性・耐性機構	農薬（グループ）名と害虫，病原菌，雑草名
解毒活性の増大 　エステラーゼ活性の増大	有機リン系殺虫剤：ツマグロヨコバイ，ヒメトビウンカ，ニカメイガ，ワタアブラムシ，ナミハダニなど
脱塩酸酵素活性の増大	有機塩素系殺虫剤：イエバエ
薬物酸化酵素活性の増大	ピレスロイド系殺虫剤：モモアカアブラムシ，ワタアブラムシ，コナガ
作用点の薬剤感受性の低下 　作用点 AChE の感受性低下	カーバメート系殺虫剤：ツマグロヨコバイ，ヒメトビウンカ，トビイロウンカ，モモアカアブラムシ，コナガなど
作用点チューブリンでの感受性 　（結合親和性）の低下	ベンゾイミダゾール系殺菌剤：カンキツそうか病，灰色かび病，炭疽病など
作用点（葉緑体）での親和性の低下	トリアジン系除草剤：シロザ，アカザ，ヒユ類，ノボロギク，スズメノカタビラ，イヌビエ，エノコログサ類など
作用点 ALS の感受性低下	スルホニル尿素系除草剤：ミズアオイ，アゼトウガラシ，キクモ，イヌホタルイ，ミゾハコベなど
膜・皮膚透過性の減少 　膜透過性の低下	ポリオキシン（殺菌剤）：ナシ黒斑点病，パラコート（除草剤）：メヒシバ，ハルジオン，ホトケノザ，スズメノテッポウ，イヌタデなど
皮膚透過性の低下	DDT（殺虫剤）：イエバエ

抵抗性・耐性の発現に複数要因があっても主要因のみを記載

農薬の生物影響

114

biological effects of pesticides

　農薬による生物影響の多くは水産被害として報告されている．1953年，有明海で発生した殺虫剤パラチオンによるオキアミなど甲殻類の激減をはじめ，除草剤のPCPによる琵琶湖でのシジミの大量死滅，モリネートによる養殖コイのへい死（背曲がりと貧血症状）事故などを起こした．

　各種生物に対する農薬の感受性は，その化学構造や生物種によって大きく異なる（表1）．そのため，感受性の高い生物種を対象に対策を講じることが重要である．また，類似の構造や作用機構を有する農薬の毒性はあらかじめ推定でき，殺虫剤は節足動物（ミジンコ，エビなど）および魚類に，殺菌剤は魚類に，除草剤は藻類に高い毒性を示す傾向がある．

　農薬使用による影響は，①周辺生物への直接的影響，②餌を介した二次的影響，③餌や棲息場所となる生物種の減少，④競争種・捕食種などの減少によるものなどに分類される．その影響には大小があるものの，生態系での生物種のバランスを崩す原因となる．この生態系の機能や構造への影響が，自然変動の範囲内のものか，また，一過性で回復可能か長期間持続し不可逆的なものかが問題である．なお，難分解性の場合，慢性毒性や生物濃縮による生態系への影響が懸念される．

　このような生物影響を未然に防止するため，農薬登録申請の際に魚類毒性試験，ミジンコ類急性遊泳阻害試験，ミジンコ類繁殖試験，藻類成長阻害試験を行うことが義務づけられている．なお，公共用水域の水質汚濁や人畜被害が生じる恐れのある農薬は水質汚濁性農薬と指定され，使用地域や使用条件が厳しく制限されている．

〔上路　雅子〕

毒性試験の指標

LC_{50}：半数致死濃度，LD_{50}：半数致死薬量，EC_{50}：半数影響濃度，NOEC：無影響濃度，LOEC：最低影響濃度．

文　献

1) 宮本純之：新しい農薬の科学―食と環境の安全をめざして―，p.181，廣川書店（1993）．

表1　水生生物に対する農薬の急性毒性（mg/l）[1]

農薬名	LC_{50}				EC_{50}（生長阻害）
	魚	ミジンコ	カニ	タニシ	藻類
殺虫剤					
DDT	0.01〜0.3	>10	0.2〜0.4	2〜7	0.0001≳1
フェニトロチオン	3〜8	0.05	0.002〜0.02	3〜9	4≳100
カルバリル	3〜13	0.05	0.03	>10	1〜2
フェンバレレート	0.001〜0.1	0.001	0.0001	>1	>1
殺菌剤					
クロロタロニル	0.1〜0.2	8≳10	>10	9〜37	—
キャプタン	>10	>10	>10	>10	0.01≳50
ジネブ	0.04〜0.3	1〜7	>10	>10	>1
除草剤					
アラクロール	5〜6	>10	4〜5	4〜5	>10
2,4-D	>10	>10	>10	>10	>10
アトラジン	>10	>10	>10	>10	0.003〜0.1
トリフルラリン	0.098〜4.2	0.56	—	—	—

農薬の残留

115

pesticide residue

　農薬は，病害虫・雑草の防除を目的とする生理活性物質でなんらかの毒性をもつことから，目的を果たした後は直ちに消失することが望ましい。

　作物体での残留量は散布後の日数経過に伴い，一般に一次反応にしたがって減少する。作物残留の程度は農薬の物理化学的特性，作物への付着量，散布から収穫までの経過時間，水和剤や粒剤などの剤型種，風雨，気温，光や土壌条件などの環境要因が複雑に絡みあう。ウリ類のように収穫間近に急速に生長肥大する作物で残留濃度は低く，葉菜類のように重量当たりの表面積が大きく作物表面に凸凹や毛が生えている場合，農薬の付着量が多く残留濃度は高くなる。

　作物残留農薬がヒトの健康に対し害を及ぼさないように，食品衛生法により「農薬残留基準」が設定されている。各種の毒性試験結果から求められた1日当たり摂取許容量（ADI）を超過しないように，適用作物ごとに当該農薬の基準値が決められる。同時に，この値を超えない使用方法（回数，散布後から収穫前使用禁止期間など）が詳細に決められている。

　土壌中の農薬は土壌表面から大気への拡散，太陽光による光分解や表面水による流亡，土壌浸透・地下水による水系への移動，そして化学的・生物的（土壌微生物の関与が大きい）作用により分解される。残留期間の長短は，農薬の物理化学的特性，散布法，気象条件，土壌条件によって大きく異なる（表1）。

　農耕地で使用された農薬は水田では希釈されながら広範囲の水系に，また畑では表面流亡に伴い水系に流出する。水系の最高濃度は使用直後から翌日までの間で，検出期間は一般に使用後2〜3カ月である。畑の場合，表流水や土壌粒子に吸着され懸濁物として水系に入るが流出率は使用量の1%を超えることは少ない。〔上路雅子〕

文　献
1) 金沢　純：農薬の環境特性と毒性データ集, pp. 382, 合同出版 (1996).

表1　各種農薬の物理化学的特性と土壌残留性

農薬名	化学構造による分類	水溶解度(ppm)	土壌吸着平衡定数 (K_{oc})	土壌残留期間
カルバリル（虫）	カーバメート	120	230	A
ダイアジノン（虫）	有機リン	40	185	A
グルホシネート（草）	アミノ酸	1370000	6.7	A
フェニトロチオン(虫)	有機リン	21	424	B
キャプタン（菌）	有機塩素	3.3	668	B
アラクロール（草）	酸アミド	242	145	B
トリフルラリン（草）	ジニトロアニリン	0.221	865	C
メトラクロル（草）	酸アミド	488	113	C
ダーバシル（草）	ダイアジン	710	100	C
フルトラニル（菌）	酸アミド	9.6	457	D
チアザフルロン（草）	尿素	2100	282〜298	D
パラコート（草）	ビピリジリウム	700000	10000000	D

農薬名：（虫）殺虫剤，（菌）殺菌剤，（草）除草剤
土壌残留期間：水分含量を最大溶水量50〜60%とした畑条件の容器内試験による半減期[1]
　　半減期A：14日以内，B：15〜42日，C：43〜180日，D：180日以上

116 農業とダイオキシン類

dioxins in agriculture

　ダイオキシン類は燃焼・焼却過程や化学合成製品の製造過程などで生成され環境に排出される．また，過去に使用された農薬にも不純物としてダイオキシン類が含有され，農地土壌に長期間残留している．1999年2月，埼玉県所沢市でホウレンソウなど農作物のダイオキシン類汚染が報道され，大きな社会問題となった．

　ダイオキシン類は水に対する溶解性が低く，化学構造的にも植物の細胞膜を通過しにくい立体構造をもつことから，土壌から作物体への吸収移行はウリ科を除きほとんどない（図1)[1]．農作物でのダイオキシン類汚染濃度は葉菜＞果菜＞根菜の順で表され，大気との接触面積の大きい葉菜で検出値が高くなる．これは大気中のばいじん粒子が作物体に付着することが主要因である．なお，「平成14年度食品からのダイオキシン類一日摂取量調査」（厚生労働省）での食品群別割合をみると，魚介類74.4％，肉・卵14.7％，乳・乳製品6.1％に対し有色野菜1.4％，穀類1％以下で，農作物のダイオキシン類汚染濃度は低く健康に対し影響がないと考えられている．

　一方，水田と畑の土壌におけるダイオキシン類濃度は，環境基準値 1000 pg-TEQ/g からはるかに低い．農地土壌には過去に使用した除草剤のPCPおよびCNP製剤の不純物であるダイオキシン類も蓄積しており，水田土壌で濃度が高い傾向にある．また，ダイオキシン類の鉛直分布は，表層で最も高く下層に向かって漸減し，とくに耕うん作業による上下かく乱がない鋤床以下の土壌層では検出下限以下である．水田土

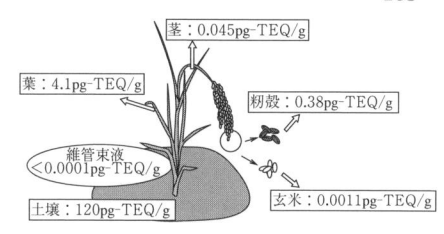

図1 イネ体におけるダイオキシン類の体内分布[1]

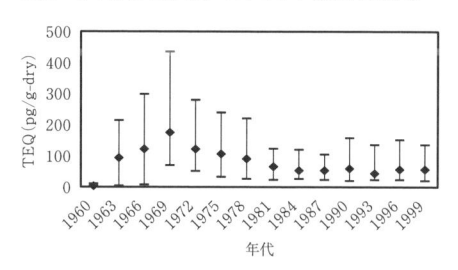

葉：4.1pg-TEQ/g
茎：0.045pg-TEQ/g
籾殻：0.38pg-TEQ/g
維管束液＜0.0001pg-TEQ/g
土壌：120pg-TEQ/g
玄米：0.0011pg-TEQ/g

図2 水田土壌中ダイオキシン類 TEQ （最大値，最小値および平均値）の推移[2]

壌中の濃度は1960〜1970年代を最高に漸減している（図2)．この濃度推移をPCPおよびCNPの両製剤に特有のダイオキシン類異性体と比較解析した結果，両製剤が使用されていない1960年で低く，その後は出荷量を反映した土壌中濃度実態になっている[2]．近年は農地土壌中のダイオキシン類への農薬の寄与は減少しており，一方，燃焼・焼却過程で生成したと考えられるダイオキシン類の寄与率が増加している．

　なお，土壌中のダイオキシン類が水田農作業や降雨により，用水を介して土壌粒子とともに流出し河川底質に蓄積，さらには魚介類を汚染することが懸念されている．

〔上路雅子〕

文　献
1) 桑原雅彦：日本農薬学会誌，**27**(4)，415-419 (2002).
2) 清家伸康，上路雅子：農業技術，**58**(2)，62-66 (2003).

POPs の生物濃縮

bioconcentration of POPs

2001年5月,「残留性有機汚染物質(POPs)に関するストックホルム条約」が採択され,殺虫剤のDDTやドリン類,ダイオキシン類など12種の物質がPOPsとして提示された。これらの物質はいずれも有機塩素系化合物であり,①ヒトや環境に対する毒性が強い,②難分解性で残留しやすい,③生物濃縮性がある,④大気,水,生物を介して地球規模で移動し環境汚染の可能性を有することが特徴である。

水生生態系におけるDDTおよびその代謝物DDDの生物濃縮性が,1962年に出版されたレイチェル・カーソン女史による『沈黙の春』で指摘された。わが国でも,1960年代にイネ害虫防除に使用されたBHC(POPsではない)が稲わらに残留し,これを飼料とした乳牛のミルクを飲んだ人の母乳にBHCが検出された。このように,ある化合物が低位の生物種であるプランクトンや藻類などから,甲殻類,昆虫,魚類,鳥類など高位へと食物連鎖を経由しながら生物間でしだいに濃縮される現象を「生物濃縮」という。エドワーズ(Edwards, 1973)は,大気中のDDT濃度($2\times10^{-10}\sim1\times10^{-5}$ppm)が水系,土壌,動植物を経由して食物連鎖の頂点であるヒトで6.0ppmまでに濃縮すると試算している。

生物濃縮性の程度は,生物濃縮係数(bioconcentration factor:BCF)として生体内中の濃度(A)とその生物が生活する環境(多くは水,土壌)中の濃度(B)との比,A/Bで表す。このBCFと化合物の物理化学的特性を示す指標「オクタノール/水分配係数(K_{ow})」との間には一般に正の相関があり,$\log K_{ow}>5$の化合物は生物濃縮性が高いとされている(表1)。

置換する塩素数や置換位置が異なるダイオキシン類の異性体では,いずれも$\log K_{ow}$の値が6以上ときわめて高い。しかし,ダイオキシン類の魚類におけるBCFは小さく,生物濃縮性は低い傾向にある。この原因として,その分子構造上,嵩(かさ)が大きく魚の鰓や皮膚から取り込まれにくいためと考えられている。

〔上路雅子〕

表1 魚における生物濃縮性

農薬名	水溶解度(ppm)	オクタノール/水分配係数*	生物濃縮係数
使用禁止農薬			
DDT[*2]	0.0017	5.98	61600
アルドリン[*2]	0.013	5.66	10800
ディルドリン[*2]	0.022	5.48	5800
ヘプタクロル[*2]	0.03	5.31	17400
使用登録農薬			
クロルピリフォスメチル	4.0	4.23	430
ピラゾスルフロンメチル	14.5(pH 7)	3.13	57
2,4-D	900	1.58	20
フェニトロチオン	21	3.45	10
ダラポン	502000	0.78	0.6

*:オクタノール/水分配係数は$\log K_{ow}$として表示
*2:POPsに指定された農薬

重金属の農業環境汚染

118

heavy metal pollution in agro-environment

　重金属の正確な定義はないが，一般的には，比重が4〜5以上の金属の総称ということになっている．このうち，土壌の汚染が問題になる重金属は，カドミウム（Cd），銅（Cu），ヒ素（As），亜鉛（Zn），鉛（Pb），水銀（Hg），アンチモン（Sb），クロム（Cr）などである．このような重金属による農業環境の汚染は図1のようになり，最終的には人間への被害につながることもある[1]．

　重金属による土壌汚染は，そのほとんどが水系あるいは大気の汚染を通じて発生し，ひとたび土壌が汚染されると，重金属を取り除くことは容易でない．

　わが国で，1970年に制定された「農用地の土壌の汚染防止等に関する法律」で特定有害物質に指定されている重金属は，銅，カドミウム，ヒ素の3元素であり，これら3元素が引き起こした主な土壌汚染に次のようなものがある．

　足尾銅山から流出した銅によって渡良瀬川流域の水田や畑の土壌が汚染された，いわゆる足尾鉱毒事件は，わが国の公害問題の原点ともいわれ，広い面積の農地が被害を受けた．また神通川流域に発生したイタイイタイ病の原因は，上流の神岡鉱山から神通川へ流出したカドミウムであることが特定された．その後，全国のいくつかの場所で，上流に鉱山がある川の流域において，農用地のカドミウム汚染が問題となってきた．また，亜鉛や銅の製錬所から出た排煙によって，近隣の農用地の土壌がカドミウムなどで汚染され問題となった．九州や山陰地方にある一部の鉱山から排出されたヒ素は，鉱山周辺の農地の土壌を汚染して水稲の生育に，また井戸水などを通じてヒトの健康に被害を及ぼした．

　環境省（以前は環境庁）では，農用地の土壌に含まれるこれら3元素の量および農作物中の濃度などの調査を続け，公害防除特別土地改良事業などにより客土（汚染耕地に山土などの非汚染土壌を上乗せする工法）による対策事業を実施している．

　最近では，これらの鉱山や製錬所に関係した汚染に代わって，新たな農用地の重金属汚染問題が発生してきた．農薬，産業廃棄物や生活ごみなどによる土壌の重金属汚染である．以前に使用された農薬の一部には水銀やヒ素などの有害金属を微量含むものがあり，また，かつては自動車用燃料のガソリンの一部に鉛が含まれていたことがあり，これらが農耕地を重金属で汚染した．また，企業の生産活動によって生じる産業廃棄物には，多種多様な重金属が含まれており，山地や空き地に不法投棄された産業廃棄物が農用地を汚染する危険が生じている．さらに，一般家庭から排出される使用済乾電池や各種家電ごみなども，廃棄処理を誤れば，土壌の重金属汚染の原因になる．これらの汚染については，わが国でも欧州連合（EU）なみの規制が望まれている．

〔小野信一〕

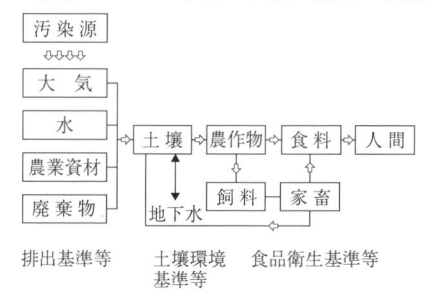

図1 農業環境における重金属汚染の流れと関係基準[1]

文　献

1) 増島　博：土壌汚染．図説環境科学（環境情報科学センター編），朝倉書店（1994）．

カドミウムの作物汚染

cadmium contamination in crops

表1 CODEX で決定したカドミウム基準値

農作物	基準値 (mg/kg)	備考
精米	0.4	
コムギ	0.2	
ジャガイモ	0.1	皮をむいたもの
根菜,茎菜	0.1	ジャガイモ除く
葉菜	0.2	
その他野菜	0.05	キノコ,トマト除く

重金属による作物汚染のなかで,現在わが国で最も問題となっているのは,カドミウム汚染である.かつてわが国では,多くの非鉄金属鉱山で銅や亜鉛の採掘が盛んに行われた.この銅や亜鉛に付随して出てくるカドミウムが,選鉱過程あるいは製錬過程で排除されて鉱毒水や排煙として環境中に放出された.放出されたカドミウムが水や風に運ばれて農地へ混入し,耕地土壌を汚染したのである.これが今日問題となっている農耕地の主要なカドミウム汚染経路であり,農作物の汚染にもつながっている.その後,わが国では電池や塗料などの原料として大量のカドミウムを海外から輸入しており,このカドミウムがうまく回収されない場合に,新たな汚染問題を引き起こす危険性も考えられる.

カドミウムは植物にとって必須元素ではないが,作物の種類によっては根から吸収したカドミウムを可食部まで移動させるものがある.1968年にイタイイタイ病とカドミウム汚染の関係が指摘され,これを受けて当時の厚生省(現厚生労働省)は,1970年に食品衛生法に基づく食品・添加物などの規格基準を改正し,玄米に含まれるカドミウムは 1.0 ppm (=mg/kg) 未満でなければならないとした (→ 74.イタイイタイ病).一方,当時の食糧庁は 1970 年に,玄米のカドミウム濃度が 1.0 ppm 以上のものについては政府買入れの対象としないこと,1.0 ppm 未満のもので政府買入対象となった玄米でも,0.4 ppm 以上のものについては非食用として処理 (工業用の糊などに利用) する方針を決めた.その後 1971 年に「農用地の土壌の汚染防止等に関する法律」が施行され,これ以後,玄米のカドミウム濃度が 1.0 ppm 以上となる水田を対象に客土(汚染水田に山土などの非汚染土壌を上乗せする工法)による対策事業が実施されている.

環境省の調査では,これまでにカドミウム汚染地域として指定された農地は全国で 6000 ha を超え,このうち現在までに 80% 以上で対策事業が完了している.さらに残りの農地についても,続けて対策事業が実施されている.

1990 年代になって,国際的にもカドミウムの食品汚染が問題視されるようになり,CODEX(FAO/WHO 合同食品規格委員会)において農産物中カドミウムの国際基準濃度設定に関する審議が行われた.2005 年および 2006 年の CODEX 総会において決定された農作物のカドミウム基準値は,表1のとおりである.

農地のカドミウム汚染対策については,これまで客土が主体であったが,最近では,山土などの採取が困難になったこと,コストがかかることなどが問題点として上げられている.そこで,客土に代わる技術として,汚染土壌のファイトレメディエーション(カドミウム高吸収植物を使った土壌修復技術)や化学資材を使った汚染土壌の洗浄技術が研究されている.

〔小野信一〕

アレロパシー 120

allelopathy

アレロパシーは他感作用とも呼ばれ，高等植物の生産・放出する化学物質が他の植物になんらかの影響を及ぼす現象と定義されている．最近では，同種・異種の植物に加えて，微生物，昆虫などの動物に及ぼす作用も含めて考えられ，阻害，促進など特定の生理的影響として発現する．作用する化学物質を他感物質という．アレロパシー作用として，熟したリンゴの果実が生産するエチレンで未熟果実が熟すのを促進したり，マメ科植物ムクナに含まれるL-DOPA（4-ジヒドロキシフェニルアラニン）がキク科やナデシコ科雑草の生育を阻害することなどがよく知られている．これらの阻害，促進などの生理作用は，植物の生育時期，土壌特性，土壌微生物活性，気象条件など環境条件によって異なった現象として現れ，作用がまったくない場合もある．

なんらかの影響を及ぼす他感物質は，植物葉からの揮散や水による浸出，根からの滲出，さらに植物体残さ（落葉，腐葉，残根から浸出，あるいは変化生成物）に由来する．作用機構は除草剤のそれに類似するものも多く，細胞分裂や細胞質膜の機能阻害，植物ホルモン系，光合成系，生合成系（アミノ酸，脂質，核酸，ビタミンなど），呼吸やエネルギー代謝系などの阻害と考えられているが，明確に解明されていない場合も多い．

これまで，多くの他感物質が分離・同定され，根の伸張阻害や生育促進など雑草の生育制御効果が確認されている（図1）．10^{-5}～10^{-10}mol/lと超微量で効果があり，植物によって感受性が異なり選択性の高いことがアレロパシーの大きな特徴である．

このような植物のもつ作用を農業に利用することが試みられている．果樹・野菜栽培での雑草防除のため，アレロパシーをもつヘアリーベッチ，コモンベッチ，ムクナ，クローバ，アルファルファ，ムギ類などが，被覆作物として有望である．また，コムギ，ライムギ，レモングラス，アシなどは敷き藁マルチとして利用することで，光の遮断と雑草・病害虫抑制の効果がある．さらに，他感物質には従来の農薬とは異なる作用性を示すものや，未知の生理活性物質が含まれていることも示唆されており，これらをもとに新規農薬の開発も期待できる．

〔上路雅子〕

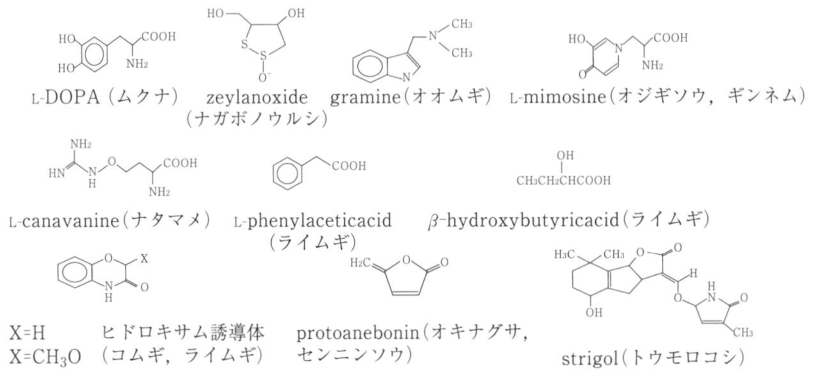

図1 アレロパシー作用を持つ植物と物質

- L-DOPA（ムクナ）
- zeylanoxide（ナガボノウルシ）
- gramine（オオムギ）
- L-mimosine（オジギソウ，ギンネム）
- L-canavanine（ナタマメ）
- L-phenylaceticacid（ライムギ）
- β-hydroxybutyricacid（ライムギ）
- X=H, X=CH$_3$O ヒドロキサム誘導体（コムギ，ライムギ）
- protoanebonin（オキナグサ，センニンソウ）
- strigol（トウモロコシ）

フェロモン 121

pheromone

昆虫の生理活性物質で，体外に排出されて同種の個体間で行われる情報伝達に関与し，その作用の違いから，行動を制御する性フェロモン，警報フェロモン，集合フェロモン，道しるべフェロモンと，生理作用に関係する女王物質，階級分化フェロモン，成熟フェロモンなどに分類される．このなかで，性フェロモンが特定の昆虫間での情報伝達機構のかく乱を目的として害虫防除に利用されている．

性フェロモンは，昆虫の配偶行動において，異性の個体に対し誘引，興奮，交尾などの一連の性的行動を起こさせる化学物質であり，二重構造をもち活性はその立体化学に厳密に依存することが特徴である．

性フェロモン剤の害虫防除の利用法は二つに大別できる．性フェロモンを粘着剤とともにトラップに入れ，成虫の捕捉数から害虫の発生状況を予察することで防除の時期と方法を決める間接的利用と，野外の大気に発散させて成虫を大量に誘殺したり，交尾行動をかく乱して受精率を減少させる直接的利用がある．なお，性フェロモン剤には直接の殺虫力はなく，交信かく乱用製剤は成虫の交尾産卵を少なくし発生密度の低下を目指し，また，誘引用製剤は誘引した昆虫を殺虫剤との併用，粘着剤などにより捕殺することになる．このような性フェロモン製剤は，現在，ハマキ，ヨトウ，コナガ，ハダニ類などの防除資材として環境保全型農業を推進するうえで有効に活用されている（表1）．　〔上路雅子〕

表1　わが国で登録されている昆虫フェロモンの有効成分と使用目的

農薬名	化学構造*	主な対象害虫と使用目的
リトルア	$CH_3COO(CH_2)_8CH=CHCH=CHC_2H_5$ $CH_3COO(CH_2)_8CH=CHCH_2CH=CHCH_3$ (4.55：0.45)	ハスモンヨトウ：発生予察，雄成虫の誘殺
ピーチフルア	$CH_3(CH_2)_5CH=CH(CH_2)_2CO(CH_2)_8CH_3$	モモシンクイガ：発生予察，交信かく乱
オキメラノルア	$CH_3(CH_2)_{11}OCOCH_3$	チャマダラメイガ：発生予察
ビートアーミルア	$CH_3(CH_2)_3CH=CH(CH_2)_8OH$ $CH_3(CH_2)_3CH=CH(CH_2)_8OH$ (53：24)	シロイチモジヨトウ：発生予察，交信かく乱
テトラデセニルアセテート	$C_2H_5CH=CHCH(CH_2)_{10}OCOCH_3$	チャノコカクモンハマキ，チャハマキ，リンゴコカクモンハマキ，リンゴモンハマキ：交信かく乱
チェリトルア	$CH_3(CH_2)_3CH=CH(CH_2)_3CH=CH(CH_2)_2OCOCH_3$	コスカシバ，ヒメコスカシバ：交信かく乱
オリフルア	$C_3H_7CH=CH(CH_2)_7OCOCH_3$	ハマキムシ，モモハモグリガ，ナシヒメシンクイガ：交信かく乱
フィシルア	$CH_3CH=CHCH_2CH=CH(CH_2)_8OCOCH_3$	スギヨトウ：交信かく乱
ダイモルア	$CH_3(CH_2)_3CH=CH(CH_2)_{10}CHO$ $CH_3(CH_2)_3CH=CH(CH_2)_{10}OCOCH_3$ (36：41)	コナガ：発生予察，交信かく乱
トートリルア	$C_2H_5(CH_3)(CH_2)_9OCOCH_3$ $CH_3CH=CH(CH_2)_8OCOCH_3$ $CH_2=CH(CH_2)_{10}OCOCH_3$ $CH_3(CH_2)_3CH=CH(CH_2)_8OH$ (6.0：2.1：0.9：0.009)	チャノコカクモンハマキ，チャハマキ，リンゴコカクモンハマキ：交信かく乱

＊：（　）内は成分の含有比

V．生物環境と化学

森林浴 122

forest therapy
ablution with phytoncides

　森林浴は森のなかで運動したり，静かに休息したり，読書をしたりしながら，新鮮な空気や樹木の発散する芳香物質フィトンチッドを吸収し，せせらぎの音や鳥のさえずりを聞くことなどを求めて森林を訪れ，心身のリフレッシュや健康の回復を図ることをいい，1982年，林野庁によって日光浴や海水浴になぞらえて森林浴という言葉がつくられた．森林浴の効果は，枝葉が風にそよぐ音や小鳥のさえずり，小川のせせらぎなどの心地よい音色と静かさ，樹木の蒸散作用や日光を遮ることによる気温の低下作用，目に優しい木々の緑，森林樹木が放出する「フィトンチッド」と呼ばれる揮発性物質が気分を爽快にする働きなどの複合的な働きによるものとされている．
　「フィトンチッド（phytoncide）」は「フィトン（植物）」と「チッド（他の生物を殺す）」の造語で，フィトンチッドには作り出した樹木自身を守るさまざまな働きがある．他の植物への成長阻害作用，昆虫や動物に葉や幹を食べられないための摂食阻害作用，昆虫や微生物の忌避や誘引，病害虫に感染しないように殺虫，殺菌したりするだけでなく，人間の身体に触れて快適性をもたらすなど，プラスの働きをする物質も含んでいる．樹木からの揮発性成分としては，テルペン，アルカロイド，脂肪酸，フェノール類など多くの化合物があるが，成分の種類と濃度からとくに多いのは樹木が放出するテルペン類である．針葉樹林内のテルペン濃度は季節により数百ppbv～数ppmvの範囲にも及び大きな違いがある．なお，テルペンはイソプレン（C_5H_8）がいくつか結合してできた炭化水素化合物の総称で，植物から放出されるテルペンとしては，α-ピネン，β-ピネン，カンフェン，リモネンなどのモノテルペンが主であり，通常はα-ピネンの濃度が最も高い．フィトンチッドとして知られている化合物とその作用の一部を表1に示す．森林浴が心身をリラックスさせる効果については，最近，科学的にその効果が実証されつつある．たとえば，森林環境に居るだけでストレスホルモンであるコルチゾール濃度が減少し，気分的にリラックスした状態となり，さらに森林環境下で運動すると免疫機能を有するナチュラルキラー（NK）細胞の活性が高まるとともに，よりいっそうリラックスした状態になると報告されている[2]．　　　　〔野内　勇〕

文　献
1) 谷田貝光克：森林の不思議, 現代書林 (1995).
2) 林野庁：森林の健康と癒し効果に関する科学的実証調査 (2004).

表1　フィトンチッドの成分と作用[1]

成分	働き	その成分を含む植物
α-カジノール	虫歯予防	ヒノキ
カンファー	局所刺激，清涼	クスノキ
シトラール	血圧低下，抗ヒスタミン作用	バラ
チモール	去痰，殺菌	タチジャコウソウ
テレピン油	去痰，利尿作用	マツ類
ヒノキチオール	抗菌作用，養毛	ヒバ，タイワンヒノキ，ネズコ
ボルネオール	眠気覚まし	トドマツ，エゾマツ
メントール	鎮痛，清涼，局所刺激	ハッカ
リモネン	コレステロール系胆石溶解	みかん類の果皮，ローソンヒノキ

VI

生活環境と化学

123 日常生活における環境・安全と化学物質

environment, safety and chemical substances in daily life

a. 合成化学物質の有用性と有害性

石炭からナイロンがつくられた話は有名で，それ以来，石炭・石油を原料とした化学製品が日常生活のなかで広く使われるようになって1世紀，いまや工業的に製造され流通している化学物質は約10万種あるといわれる．それらは，各種のプラスチック製品，繊維，洗剤，化粧品，接着剤，建材（合板など），塗料，医薬品，農薬，食品添加物など，さまざまであり，人類は合成化学物質なしには生活できない．これらは，便利で使いやすく，日常生活を安全で豊かにし，人類の発展を支えてきた．化学肥料や農薬により農業が発展し，ペニシリンに代表される抗生物質などの医薬品は，結核や感染症から人の命を救い，それぞれ人類に貢献している．明治34（1901）年の報知新聞にある「20世紀の予言」のなかには，電信・電話などに加え，カやハエの滅亡という項目があり，いかに当時の人がカやハエに悩まされていたかを物語っている．現在，日本でそれらに悩まされているところは少ない．夢の農薬といわれたDDTなどの害虫駆除剤が広く使用されたためである．

DDTが害虫駆除のみならず，人や野生生物にとって有害であることは，20世紀半ばを過ぎても十分にはわからなかった．レイチェル・カーソンが1962年に著した『沈黙の春』は，有機塩素化合物の環境影響を予測・警告したものであまりにも有名であり，化学物質の環境影響研究の嚆矢となった．体内に侵入したDDTやBHCは体内から排出されにくく，蓄積されて健康に悪影響をもたらすことが明らかになった．

また，微量の化学物質にアレルギー症状を来す人もいる．加工食品には，酸化防止，保存，着色，漂白などのために各種の食品添加物が入っているが，これらも場合によっては健康被害をもたらす．建材に使われる塗料や接着剤から発生するホルムアルデヒドやトルエンなどの揮発性有機化合物（VOC）によるシックハウス症候群などの健康被害もあるとされる．これらについては2003年建築基準法が改正されて建材，壁装材や換気設備などに基準が定められた（第VII章参照）．一般人は，生活の9割を室内で過ごしているので，室内空気中の微量な有害化学物質が人に与える健康被害には，とくに注意を必要とする．

飲料水においても，一部の地下水ではトリクロロエチレンなど工場の洗浄やドライクリーニングで用いる化学物質の混入が問題となっている．また，水道水の浄水プロセスで殺菌・消毒に使用される塩素剤が原料水中のフミン酸と反応して生成するトリハロメタンなどの有機塩素化合物に起因する発がんの問題も新たに起こっている．ただし，現在の水道水の安全基準は厳しく定められこれらの心配はない．

化学物質の環境・安全に関しては，健康や生態への影響のほかに，爆発，火災などのいわゆる物理化学的危険性もある．いずれにしても，日常生活においては，化学物質の有害性を正しく理解して上手に使うことが肝要である．これらについては，VI，VII章の各項目で具体的に取り上げられている．

なお，環境・安全に関連して，化学は，化学物質にかかわる上記諸問題のほかに，自然現象や人工物の化学的特性を理解することにより，生活をより安全で快適に保つために貢献している． 〔神山宣彦〕

b．化学物質の使い方．リスク評価と管理　「化学物質」は，化学の立場からみた物質と定義されることが多く，この定義では，化学物質はすべての物質を含み，有用なものも有害なものもある．他方，化学物質＝有害物質＝合成（人工）物質と考える人もいる．しかし，猛毒物質には，ボツリヌス菌が産生する最強の毒のほか，トリカブト，フグ毒など，天然物質も多数存在する．われわれの生活を豊かにしている化学物質も使い方を誤ると悪影響が生じるので，その危険有害性を理解し，上手に利用することが肝心である．

化学物質がかかわる環境・安全問題には，大気，水，土壌，食品・日常生活用品に含まれる有害化学物質，さらに，温室効果ガスによる地球温暖化，CFCによるオゾン層破壊などがある．また，爆発，火災などの物理化学的危険性も存在する．化学物質の危険有害性を理解し適切に活用するための基本的な考え方を述べておく．詳細については，Ⅶ章を参照していただきたい．

(1) 世のなかに絶対安全はなく，危険性の程度の違いがあるだけである：　いずれの物質も摂取量が適切ならクスリになりうるが，過剰に摂取すると悪影響が出る．白か黒かの二分論ではなく，灰色の程度を判定し評価することが大事なのである．

(2) リスクの考え方：　リスクとは，ある不都合な事象（火災，爆発，傷害，発がんなど．エンドポイントという）の期待値で，不都合な程度と起こる確率で決まる．たとえば，化学物質の健康リスクは，その化学物質の有害性の程度（ハザード）と摂取量（あるいは暴露量）の積で近似される．化学物質の毒性が小さくても日常的に接するとリスクは大きく，毒性が強い場合でも摂取量が少なければリスクは小さい．

(3) トレードオフの関係：　こちらを立てればあちらが立たないということが非常に多く，良かれと思ってしたことが別のところに悪影響が出ることが少なくない．総合的多面的な評価が不可欠である．有害物質を他の物質に代替する場合などに注意を要する．

(4) 健全な常識の重要性：　発がんの原因に対する市民の認識は，食品添加物＞農薬＞たばこ＞大気汚染物質であるが，疫学研究によると，たばこを除いてこれらの寄与はきわめて小さい．市民の認識がマスメディアの報道により非常に影響されていることがわかる．また，危険有害性のデータのない物質が大部分なので，経験や類推に基づいた常識を活用して判断しなければ安心して日常生活が送れない．現実にはリスク管理は進みつつあり，化学物質のリスク全体は低減し，平均寿命も延びている．

(5) 安全と安心：　安全とはリスクが許容限度以下のことである．一方，安心とは，危険有害性を心配しなくてもよいと思う心の状態である．

ある行為を選択する場合，リスク（危険）やベネフィット（便益）をなるべく定量的に評価し，複数のリスク間の比較やリスク-ベネフィット間の比較を行って判断することが必要である．実は，われわれは日常的にこの種の選択を行っている（カット参照）．たとえば，自動車を利用すると自動車事故にあう可能性は少なからずあるが，危険に比べ便利さが大きいので多用する．また，ふぐ料理は中毒の可能性がないわけではないが，美味であるため珍重している．もちろんそれぞれにリスクを低減するための努力が払われている．

〔御園生　誠〕

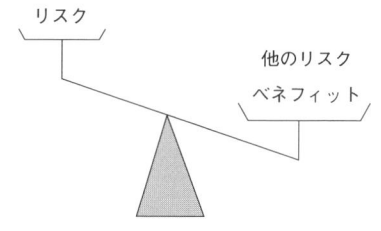

日常生活のライフサイクルエネルギー

124

life cycle energy of daily life

　日常生活（家庭生活）における環境改善に向けた行動は持続可能な社会の構築にとって不可欠である（→125.日常生活がもたらす環境負荷とその低減策）．たとえば，わが国の二酸化炭素の排出量を考えると，絶対量では産業部門が最も多いが，これは近年減少傾向にある．他方，民生部門は，家庭，業務ともに，輸送部門とならんで過去十年で約20％も増加している．二酸化炭素の排出は大部分がエネルギー消費によるものであるから，家庭やオフィスにおけるエネルギー消費の増加を抑制しないかぎり持続可能な社会の構築はおぼつかないことがわかる．

　家庭の消費エネルギーには，家庭で日常的に直接消費するエネルギーのほかに，衣食住に使用する製品の製造時に消費されたエネルギー，さらには廃棄処分の際に必要なエネルギーが含まれる．これらを総和したものをライフサイクルエネルギーという

（→16.ライフサイクルアセスメント）．図1は，家庭の消費エネルギーの内訳を衣食住などに分けて示したものである．住居では設置時のエネルギー消費が大きいがこれは長期間使用するので相対的に小さくなる．住生活では日常的に使用する冷暖房，照明などの消費エネルギーの割合が大きい．他方，食生活では，消耗品の製造エネルギーの割合が大きくなっている．全体としては，過去15年間で約5.5％増加しているが，内訳をみると，製造過程の消費エネルギーは減少し，家庭における電気，ガス，石油の直接消費量が一番大きくかつ増加しつつある．たとえば，エアコン，自動車のライフサイクルエネルギーに占める使用時エネルギーの割合は，それぞれ95，81％である．また食料もエネルギー多消費型製品になりつつある．

　家庭生活における省エネルギーには，省エネルギー製品の普及だけでは不十分である．それは，家電製品の省エネ化は進んでいるものの，家庭における電力消費量は過去20年間で2倍以上に増えていることからもわかる．これは，世帯数および，世帯当たり保有製品数の増加が原因であり，総消費量の抑制が求められている．

〔御園生　誠〕

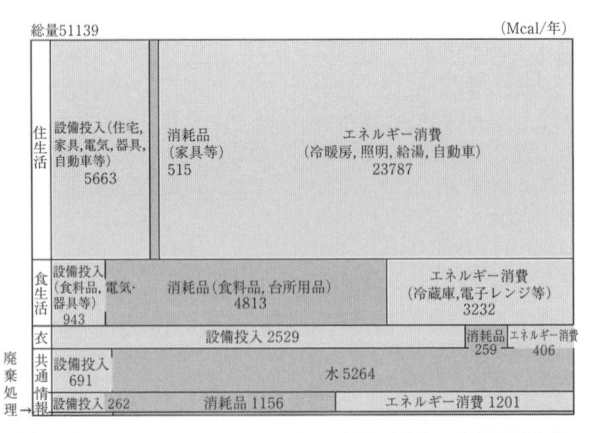

図1　家庭生活のライフサイクルエネルギーの内訳（平成15年版環境白書より）

日常生活がもたらす環境負荷とその低減策

environmental impacts from daily life and their abatement

　環境負荷を与えることなしに生活をすることはできない．できることは，環境負荷を最小にして生活の豊かさを最大にする努力であり，そのためには，環境負荷の種類と大きさ，生活向上の質と程度をできるだけ定量的総合的に評価して行動を選択しなければならない．

　家庭生活（日常生活）についても，日常に直接発生している環境負荷に加えて，使用中の製品の製造時に発生した環境負荷，さらには廃棄処分時における負荷も考慮に入れなければならない．図1は，それらを図示したものである．さらに，食料をとってみても，ハウス栽培により旬ではない時期に野菜を市場に出すためには，そうでない場合に比較して約5倍のエネルギーを消費するとの試算がある．また，輸入農産物の栽培に消費される農業用水の量は，わが国の農業用水総量とほぼ同量である．そのうえ，食料の約1/4は食べずに廃棄されている．このように，目に見えにくい環境負荷が少なからずある．

　市民の環境改善に向けた行動を支援する目的で，不十分ではあるが，いくつかの指標が提案されている．エコロジカルリュックサックは，ある素材，製品1kgを得るために必要な自然資源の移動量である．鋼鉄が21kg，アルミニウムが85kg，金が540tと試算されている．輸入食料に関するフードマイレージとは，輸入量に輸出入国間の距離をかけたもので，日本のように多くの食糧を遠い国から輸入していると非常に大きい数値になる（米国の8倍）．

　既存製品に比較して環境負荷の小さい商品にエコマークなどの環境ラベルをつける方法，環境負荷の観点で製造過程などが十分管理されていることを認定するシステム（ISO 14000）などがある．また，環境負荷の小さい製品・サービスの購入を推進するグリーン購入の運動もある．低公害車，高燃費車の利用，公共輸送機関の活用，製品を長持ちさせる努力なども環境改善に有効である．いずれにせよ合理的な評価（信頼できるライフサイクルアセスメントなど）に基づいた行動の選択が望まれる．

〔御園生　誠〕

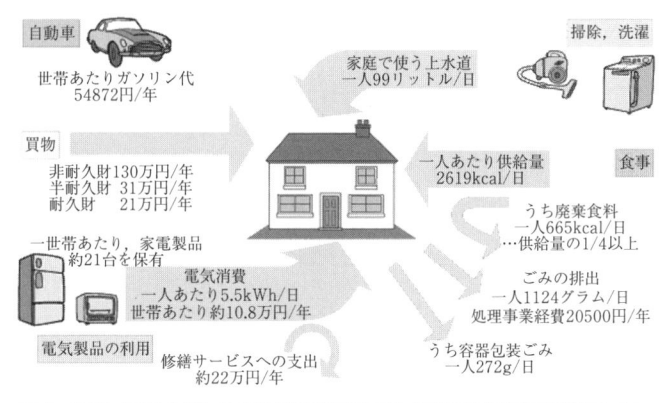

図1　家庭（日常生活）における環境負荷の例（平成16年版環境白書より）

屋内環境汚染

in-house pollution
indoor air pollution

室内環境は人間が生活する際に長時間を過ごす，暴露時間の長い環境である。調理や暖房，喫煙などが原因で室内の空気が汚れていても，それが汚染であるという認識はかつてはあまりなかった。1973年のオイルショック以来，省エネルギー化を図るために建築物が高気密化し，換気効率が低下した結果，欧米ではシックビル症候群 (sick building syndrome：SBS) が観察されたが，原因は明確ではなかった。日本には1970年に制定された「建築物における衛生的環境を確保するための法律（ビル衛生管理法）」に，浮遊粉じん0.15 mg/m^3，一酸化炭素濃度10 ppm，二酸化炭素濃度1000 ppm以下という指針値が定められ，また，換気が行われていたためにSBSは顕著ではなかった。住宅に関しては1980年の「省エネ基準」以来，2度の法改正があり，よりいっそうの高気密化が求められたうえに新建材や内装材が多く使用されたことから，室内空気汚染による健康影響が顕在化し，いわゆるシックハウス症候群が関心を得るようになった。また，学校や幼稚園などの同様の事例はシックスクール症候群と呼ばれる。

屋内環境物質としては表1に代表的な物質を示す。これらの一部は外気からも流入するが，室内の容積はあまり大きくないため，汚染源であるガス調理器，石油ストーブなどの運転中や喫煙時には空気質を確保するために換気回数を増加させる必要がある。室内またはこれに準ずる環境において他人のたばこの煙を吸わされることを受動喫煙というが，この受動喫煙により，肺がんや小児の呼吸器系疾患などの危険性が増大することも報告されている。受動喫煙を防止するために公共交通機関や公共施設では分煙，禁煙を進めて，清浄な環境を確保している。2002年に公布された「健康増進法」に受動喫煙防止が盛り込まれた。

建物や家具から発生する汚染物質には，急性の健康影響を及ぼす刺激性の物質（ホルムアルデヒド，アセトアルデヒド，VOCなど），アレルギー反応を起こすものや悪化するもの，長期にわたる影響があるアスベストなどがある。建材が発生源であることが多いため，2003年7月には改正建築基準法が制定され，内装仕上げ用の建築材料の基準，換気設備の設置，天井裏や床下などへの制限が決められた。また，シロアリ駆除用のクロロピリホスは居室を有する建築物には使用禁止となった。

建材の対策だけでは屋内環境汚染は防げないため，家具の購入や内装の改装の際には化学物質の発生が少ないものを選ぶ必要がある。天然の木材からも化学物質は放散するので注意が必要である。揮発性成分は室温を上げて強制的に放出させるベークアウトも有効であるが，調理や喫煙，暖房の際には換気に注意することが重要である。

この他に生物由来の物質による健康影響も数多く報告されており，冷却塔や給湯設備で増殖するレジオネラ属菌や，チリやホコリに含まれるダニ，真菌の胞子，動物の毛などがある。　　　　　〔小野真理子〕

表1 人間の活動や住居から発生する主な屋内環境汚染物質

原因	発生する代表的な化学物質など
呼気	二酸化炭素
喫煙	浮遊粉じん，ニコチン，多環芳香族炭化水素（PAH）
清掃	カビ，ダニ，浮遊粉じん（掃除機の排気）
調理	アルデヒド類，PAH
暖房・給湯	二酸化窒素，二酸化炭素（まれに一酸化窒素）
建材	アルデヒド類，トルエン，キシレン

シックハウス症候群

sick house syndrome

　欧米諸国では1970～80年代にオフィスビルの空調設備の開発と建物の気密化が図られた結果，室内環境が悪化して粘膜刺激症状，頭痛などの不定愁訴を自覚する労働者が増加し，シックビル症候群（sick building syndrome）と名づけられた．

　シックハウス症候群はシックビル症候群から転じた和製造語であり，わが国でも住宅構造の気密化・生活様式の変化に伴い，90年代にシックビル症候群と類似した居住者の健康問題が認識され使用されるようになった．しかし医学的に十分解明されておらず，議論の多い健康問題の一つである．厚生労働省室内空気質健康影響研究会の見解によると，シックハウス症候群とは医学的に確立された疾患概念ではなく，居住者の健康を維持するという観点から問題のある住宅においてみられる健康障害の総称を意味する用語である．

　症状は自覚症状が主であり，①皮膚・粘膜刺激症状：眼の刺激感，涙，鼻水，咳，鼻やのどの乾燥・刺激感・痛み，皮膚の乾燥・赤み・痒み，②非特異的症状：頭痛，めまい，吐き気，疲労感などが多くみられる．皮膚・粘膜刺激症状は気管支喘息やアトピー性皮膚炎などのアレルギー性疾患でもみられ，自覚症状だけでは鑑別が困難である．シックハウス症候群に関して確実な診断基準は確立されていない．

　また症状の有無や程度には個人差があり，同一環境でも強い症状を訴える人がいれば，無症状の人もいる．一般にアレルギー体質の人が皮膚・粘膜の防御機構の障害があるため症状を訴えやすい．

　発症関連要因として，建材，内装材から

表1　室内空気汚染物質の室内濃度指針値（2006年5月現在）

揮発性有機化合物	室内濃度指針値 ($\mu g/m^3$)
ホルムアルデヒド	100　(0.08 ppm)
トルエン	260　(0.07 ppm)
キシレン	870　(0.20 ppm)
パラジクロロベンゼン	240　(0.04 ppm)
エチルベンゼン	3800　(0.88 ppm)
スチレン	220　(0.05 ppm)
クロルピリフォス*	1　(0.07 ppb)
フタル酸ジ-n-ブチル	220　(0.02 ppm)
テトラデカン	330　(0.04 ppm)
フタル酸ジ-2-エチルヘキシル	120　(7.6 ppb)
ダイアジノン	0.29　(0.02 ppb)
アセトアルデヒド	48　(0.03 ppm)
フェノブカルブ	33　(3.8 ppb)

＊：成人の指針値，小児は成人の1/10値

放散するホルムアルデヒドをはじめとする揮発性有機化合物の吸入が指摘されている．また化学物質以外にも温度，湿度，気流などの温熱環境因子，真菌，ダニなどの生物因子，騒音・振動，精神的ストレスなども発症に関連している．

　室内空気中の揮発性有機化合物を低減するため，厚生労働省の室内空気汚染問題に関する検討会において，13物質について室内濃度指針値および採取測定法が策定された（表1）．指針値は毒性にかかわる科学的知見からヒトがその濃度の空気を一生涯にわたって暴露しても健康影響を受けないと判断される数値であり，シックハウス症候群を引き起こす閾値ではない．居住者の健康を維持するために達成することが望ましい値として住宅，一般建築物，事務所，学校の室内空気質の改善が図られてきている．また改正建築基準法では，シロアリ駆除剤のクロルピリフォスを発生するおそれのある建材の使用禁止，ホルムアルデヒドを発散するおそれのある建材の使用制限，換気設備の設置などの規制が行われている．

〔髙田礼子〕

128 ホルムアルデヒドなどの発生源

source of aldehydes

　ホルムアルデヒドは，刺激臭のある常温でガス状の化学物質で，日本では劇物に指定されている．急性の健康影響として目，鼻，喉が刺激され，粘膜の炎症を起こすことから，シックハウス症候群の原因物質の一つとして注目されている．また，強いアレルゲン（抗原性）をもっているためアレルギー症状を引き起こし，皮膚炎，気管支炎，喘息の原因となるほか，アトピー性皮膚炎や他のアレルギーを悪化させる可能性がある．世界保健機構（WHO）や国際がん研究機関（IARC）では，人への発がん性のある物質として分類されている．

　室内のホルムアルデヒドの発生源は，防腐剤や接着剤としてホルムアルデヒドが使用されている合板，壁紙やパーティクルボード，パネル，建材用接着剤，塗料，カーペット，家具，繊維などである．建築基準法の改正（2003年7月）を受けてJISとJAS規格の整備により，ホルムアルデヒド放散量により建材は4段階に区分され，建築時の建材使用を判断する基準となっている．

　ホルムアルデヒド放散量の測定法は，2001年にデシケーター法が独立したJIS規格となったが，デシケーター法は日本独自の測定法であり，海外では使用されていない．ヨーロッパ規格を参考にして，小型チャンバー法が制定された．デシケーター法は，デシケーター中に試料と蒸留水を入れて密閉し，蒸留水に吸収されたホルムアルデヒド濃度を測定する．チャンバー法は，試料を設置した一定温度のチャンバー内を清浄空気により一定速度で換気を行い，チャンバー出口で捕集した空気中のホルムアルデヒドの濃度から放散速度を求める．二つの方法で得られる値は異なるものであるが，材料の種類によっては相関があると考えられている．接着剤には，ホルムアルデヒドを原料とするユリア系，メラミン系などがあり，接着剤固化後に未反応モノマーであるホルムアルデヒドが発生したり，温度や空気中の水分の影響でモノマーが分解生成するため，長期にわたって発生源となる．代替品としてはホルムアルデヒドを含まない水性ビニルウレタン系，アルファオレフィン系接着剤がある．建材以外のホルムアルデヒドの発生源には，たばこ煙，開放型ストーブ，木工用などの接着剤，マーカー筆記具，衣料加工剤（防シワ・防縮加工，柔軟剤），合成樹脂などがある．

　アセトアルデヒドは最近では，合板の接着剤などホルムアルデヒドの代替品としての使用が増えているが，植物などに含まれる天然にも存在する物質である．また，車の排気ガスやたばこの煙にも含まれているほか，アルコールが体内で代謝されると生成するので，人間も発生源となりうる．

　その他，屋内環境で問題となる化合物の発生源と健康影響を表1にまとめる．

〔小野真理子〕

表1　健康に影響のある室内空気中の化学物質

化学物質	発生源	人体への影響（毒性・症状など）
有機リン系化合物	壁紙の難燃剤シロアリ駆除剤畳の防ダニ加工合板の防虫剤	発がん性
VOC（揮発性有機化合物）	塗料，溶剤，接着剤，ビニールクロス	頭痛，めまい，目・鼻への刺激，吐き気，皮膚炎，中枢神経系障害
フタル酸エステル化合物	可塑剤	生殖毒性，目・鼻への刺激，麻痺，下痢，嘔吐

化学物質過敏症

chemical sensitivity

表1 化学物質過敏症の主症状

精神神経症状	不眠，集中力低下，倦怠感，頭痛，易興奮性，うつ状態など
自律神経症状	発汗異常，微熱など
皮膚症状	痒み，湿疹など
粘膜刺激症状	結膜刺激症状，咽頭痛など
呼吸器症状	気管支喘息，咳，痰など
循環器症状	動悸など
消化器症状	便秘，下痢，腹痛など
運動器症状	関節痛，筋肉痛など

化学物質による生体影響として，中毒やアレルギーでは説明不可能な機序により，微量の化学物質暴露に対して非アレルギー性の過敏状態を発現して精神・身体症状を来す健康障害の存在が指摘され，さまざまな概念・名称が提唱されてきた．国際的には1987年にカレン（Cullen, M.R.）が，過去に大量の化学物質に一度暴露された後，または長期間化学物質の暴露を受けた後，ごく微量の化学物質に暴露した際に非特異的な多彩な症状を呈する症例があることから命名した多種化学物質過敏症（multiple chemical sensitivity : MCS）という名称が多く使用されている．日本ではMCSに相当する概念として化学物質過敏症がある．しかし，その診断基準では，中毒やアレルギーの患者が少なからず含まれ，化学物質の関与が明確でなく診断される傾向があるなどの問題点が指摘されており，微量化学物質による非アレルギー性の過敏状態について信頼できる臨床検査法，診断基準が確立されていないのが現状である．

症状を誘発する化学物質は多数あるが，主な原因物質としてはシックハウス症候群の要因となるホルムアルデヒドなどの揮発性有機化合物，農薬，殺虫剤などがある．

化学物質に対する非アレルギー性の過敏状態の発症機序について，2段階の過程が仮説として提示されている．①単一または多種類の化学物質への高濃度暴露または低濃度暴露の反復による多種類の化学物質に対する耐性の喪失，②その後の低濃度暴露による多臓器症状の発現．化学物質に対する耐性の消失には，最初の明瞭な暴露により化学キンドリング（通常の刺激ではなんら変化も認められないような化学刺激が反復されることによりある時期に急激な行動学的変化が生じる現象）などが生じ，多くの人が耐えられるような低濃度の化学物質暴露に対して寛容を失い症状を呈するようになると考えられている．そのほか，心理的な要因が化学物質に対する感受性に影響する可能性も指摘されている．

本症は，40歳代の女性に多く，男女比は1：4である．自覚症状を主体としているが，特異的な症状はなく多臓器にわたる症状が同時または交互に出現する（表1）．なかでも精神神経症状や自律神経系の不定愁訴を呈する者が多いが，症状に個体差があることも特徴である．また多くの臭いに対して不快感や症状の誘発がよくみられる．

本症は自覚症状を主体とするため，感度，特異度の優れた臨床検査法，診断基準は現時点で存在しない．診断では類似の症状を呈する他の疾患の可能性を除外したうえで，疑わしい化学物質の低濃度暴露試験による症状の誘発が行われている．

また現状では根本的な治療・対策が存在していないが，原因物質への暴露の回避が有効であるほか，患者の適応力を強化する心理カウンセリングや化学物質の体内からの排出促進も勧められている．

〔髙田礼子〕

アスベスト

asbestos

a. アスベストとは

紀元前数千年にフィンランドでは土器がひび割れないようにアスベスト（石綿）を粘土に練り込んでいた。紀元前数百年頃のエジプトではミイラの梱包やろうそくの芯にアスベストを使っていた。わが国でも江戸時代，平賀源内が蘭医から火に入れると燃えずに洗ったように綺麗になる布の話を聞き，秩父で発見したアスベストで布を織り「火浣布」と名づけて宣伝したという。このようにアスベストは古くから世界中で使われてきた。

アスベストは，工業的に利用されてきたいくつかの繊維状ケイ酸塩鉱物の総称で，鉱物名ではない。鉱物学上の定義はないので，有害性が明確となってから，国際機関や各国の行政機関などがアスベストを定義している。WHO（1973）は「アスベストは多様な物理化学的性質をもつ天然の繊維状ケイ酸塩鉱物の総称で，クリソタイル，アクチノライト，アモサイト，アンソフィライト，クロシドライト，トレモライトに分類される」とした。ILO（1986）は「アスベストとは，蛇紋石族造岩鉱物に属す繊維状ケイ酸塩鉱物であるクリソタイル（白石綿）および角閃石族造岩鉱物に属す繊維状ケイ酸塩鉱物であるアクチノライト，アモサイト，アンソフィライト，クロシドライト，トレモライト，あるいはそれらの一つ以上を含む混合物をいう」（表1参照）とし，わが国では，2005年に石綿障害予防規則とその施行通達でWHO（1973）やILO（1986）とほぼ同様な定義をした。

b. アスベストの物性

アスベストは次のような優れた物性を兼ね備えているのが特長である。
(1) 紡織性：木綿や羊毛のようにしなやかで糸や布に織れる
(2) 抗張力：引張りに強い
(3) 耐摩擦性：摩擦・磨耗に強い
(4) 耐熱性：燃えないで高熱に耐える
(5) 断熱・防音性：熱や音を遮断する
(6) 耐薬品性：酸やアルカリ，有機溶剤などの薬品に強い
(7) 絶縁性：電気を通しにくい
(8) 耐腐食性：細菌・湿気に強く腐らない
(9) 親和性：比表面積が大きく，他の物質との密着性に優れている
(10) 経済性：大量に産出し安価である

このような特長をもつ物質はアスベスト以外になく，「奇跡の鉱物」と呼ばれた。

c. アスベストの用途

アスベストは，腐らず燃えず保温性があり断熱性に優れているので，綿状のままで船や鉄道車両の保温・断熱用布団，ビルやホテルの熱交換器などに使われた。また，布に織って高温でも燃えない消防服や溶接・製鉄の防

表1　アスベストの種類（アスベスト名と鉱物名の比較）

	アスベスト名	鉱物名
蛇紋石族 serpentines	クリソタイル（白石綿 chrysotile）	クリソタイル（chrysotile）
角閃石族 amphiboles	アモサイト（茶石綿 amosite） クロシドライト（青石綿 crocidolite） アンソフィライト・アスベスト（anthophyllite asbestos） トレモライト・アスベスト（tremolite asbestos） アクチノライト・アスベスト（actinolite asbestos）	グリュネ閃石（grunerite） リーベック閃石（曹閃石 riebeckite） アンソフィライト（直閃石 anthophyllite） トレモライト（透閃石 tremolite） アクチノライト（陽起石 actinolite）

火・断熱服，自動車やエレベータ，産業機械のブレーキなどに使われた．またセメントやプラスチックと混合して住宅の屋根や壁，床などの建材，ボートや船舶，歯車などの繊維補強製品に使われた．高層ビルや自動車駐車場ビル，学校や映画館，ホールなどを火災から守るため鉄骨や天井，壁などへの吹付材としても使われた．

アスベスト吹付けは1975年に禁止され，その後は，毒性が低いロックウール（岩綿）吹付けに変わっている．自動車のブレーキもいまは他の物質に代わった．

d．アスベストの有害性　アスベストを吸入して引き起こされる疾患には，じん肺（アスベスト肺），肺がん，中皮腫，良性石綿胸水（胸膜炎），びまん性胸膜肥厚がある．アスベスト暴露の重要な指標として胸膜プラーク（胸膜肥厚斑）もある．

肺がん：　アスベストによる肺がんは，アスベスト肺よりかなり低濃度のアスベスト暴露でも発生し，発生部位，病理組織型に特定の特徴はないとされている．職歴とともに胸膜プラークの有無や肺組織内のアスベスト小体の量などから一般の肺がんと鑑別される．アスベスト吸入と喫煙が重なると肺がん発生率は相乗的に高まる．

中皮腫：　中皮腫はアスベスト暴露に特異的な疾病である．最近のわが国では，低濃度暴露でも発症する中皮腫が急増し，約1000人近くにのぼっている．米国では中皮腫の発生数が，最近ピークに達していることが発表されている．わが国のアスベスト使用は米国に20〜30年遅れていたため，わが国の中皮腫発生数は20〜30年後の2030年〜2040年頃にピークとなると推測される．アスベスト暴露から中皮腫と診断されるまでの平均潜伏期間は約40年と長いため，どこでアスベストに暴露したかわからないケースが少なくない．

胸膜プラーク：　胸膜プラークは，致命的でなく肺機能障害も示さないが，アスベスト暴露に特異的であることから過去のアスベスト暴露の指標として重要である．肺がんや中皮腫患者に胸膜プラークが認められた場合，アスベストへの職業暴露，副次的職業暴露，あるいは近隣暴露や家族暴露などが疑われる．

アスベストの発がんリスク：　アスベスト職業暴露を受けた場合，北米断熱作業者の疫学研究によると，肺がん過剰死亡数が喫煙者（1日20本）は非喫煙者の11倍であるのに対して，アスベスト断熱作業者（浮遊アスベスト5本/ml程度の環境で働いていたと推定されている）は5倍程度である．一方，低濃度で長期暴露の場合は，米国環境保護庁（EPA）によると浮遊アスベスト0.4本/lの環境で生涯生活したとすると，10万人当たりの生涯過剰肺がん死亡は，非喫煙者で3人，喫煙者は29人，中皮腫は15人程度と推計されている．

e．危険を避けるために　わが国では2006年9月からアスベスト製品の製造や使用が一部の製品をのぞいて，全面禁止となったので，アスベスト製品製造工場の作業者はほぼなくなった．今後はアスベストが身の回りから徐々に減少していくが，アスベスト吹付けビルの取壊し作業や，吹付け建物内での電気工事や配管工事など，すでにアスベストが使用されている建物の解体・改修工事は長く続く．それらの作業者は，アスベスト吸入の危険が高いので，十分な防護をして作業をしなくてはならない．一方，普通に生活している一般人がアスベストを吸い込む危険性は低いが，日曜大工などで住宅を修理するときは，粉じん用呼吸保護マスクの着用が必須である．また，アスベスト使用建物の解体工事現場付近に長くいないなどの注意は必要である．

f．アスベスト吸入機構と反応　ヒトは空気中の細菌や浮遊粉じんを吸入しないように，鼻毛や気管支の繊毛や粘液などが働いている．さらに，鼻毛や繊毛を越えて

肺胞に到達した細菌や粉じんは，肺にいる肺胞マクロファージが貪食し，痰として体外へ排出される．しかし，アスベストなどの繊維状粉じんに対しては鼻毛や繊毛などは効率よく働かず，長繊維のアスベストは肺胞に到達しやすい．さらに長繊維のアスベストは，肺胞マクロファージが貪食しにくく，肺外に運び出しにくい．アスベスト長繊維を貪食したマクロファージは活性化され，活性酸素（O_2^-，H_2O_2 など）やタンパク質分解酵素などを放出する．このマクロファージの反応は吸入された細菌などの異物を不活性化する生体防御機能の一つであるが，その反面，近接する細胞の膜やDNAを傷害したりする．これが，アスベストの発がん性の原因の一つとする考え方がある．また貪食した肺胞マクロファージが死滅すると，粒子の放出と新たなマクロファージによって再貪食される．活性化されたマクロファージからは，線維芽細胞を増殖させる種々の細胞成分（サイトカイン）が産生されて，コラーゲン線維を作り肺の線維化をもたらす．アスベストのこうした線維化能は，シリカ粒子ほど強くないが，ある量以上の吸入があると長い時間の後に線維化を起こし，アスベスト肺を生じる．

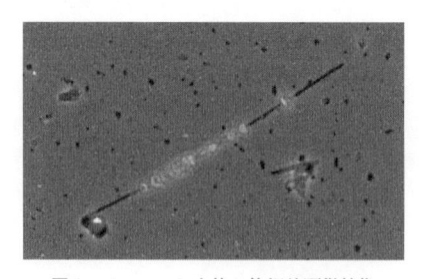

図1　アスベスト小体の位相差顕微鏡像

g．アスベスト救済法の認定基準

2005年6月に尼崎市の旧アスベスト製品製造工場周辺住民にアスベスト暴露に特異的な中皮腫が多数発生していることがわかり，それまで労働環境の問題ととらえられていたアスベスト問題が，一般環境問題にもなると認識され，急に大きな社会問題となった．

環境省は「石綿による健康被害の救済に関する法律」（アスベスト救済法）を2006年2月に公布，3月末から実施．労働者災害補償保険法で補償されないアスベストによる被災者に医療費などを給付して救済を始めた．アスベストによる肺がんと中皮腫が指定疾病になっている．アスベスト暴露に特異的な疾病である中皮腫は，病理診断などで確定された場合はすべて認定される．

一方，アスベスト肺がんの認定基準では，肺がん発症リスクが2倍の基準を採用し，その医学的所見は次のようである．

(1) 胸部X線像に胸膜プラークとアスベスト肺が認められる場合．

(2) または，肺組織内のアスベスト小体（AB）が5000本/1g乾燥肺か，電子顕微鏡で計数した長さ5 μm以上のアスベスト繊維が200万本/1g乾燥肺（長さ1 μm以上では500万本）ある場合．または，経気管支肺洗浄液（BALF）中のABが5本/1 mlある場合．

アスベスト救済法の施行約10カ月（2007年2月5日）の段階で，医学的判定件数は1031件，そのうち中皮腫651件とアスベスト肺がん140件が判定された．図1にアスベスト肺がんの指標の一つアスベスト小体の光学顕微鏡像を示す．

〔神山宣彦〕

喫 煙

smoking

たばこ煙の喫煙者への健康影響は長く研究されており，IARC（国際がん研究機関）は，たばこ煙を最も発がん性の強いグループに分類している．たばこ煙を構成する物質は発がん物質を含む約4000種類といわれ，その化学リスクはダイオキシンの100倍という試算もある．1995年にわが国では約9.5万人が喫煙と関連した疾患により死亡したと推定されており，これは同年の自動車交通事故による死亡者数（約1.5万人）を大きく上回っている．日本では1960年代から疫学調査が行われ，がんによる死亡の相対危険度（非喫煙者を1としたときの喫煙者の危険度）は1.5程度であり，厚生省の調査では，脳卒中についての相対危険度は1.7倍，虚血性心疾患（心筋梗塞や狭心症など）についても1.7倍といっ

う報告がある．呼吸器系への影響としては，慢性気管支炎，肺気腫等の慢性閉塞性肺疾患（COPD）との関連があるとの報告がある．妊婦の喫煙による胎児への影響やニコチンによる依存症も問題視されている．

近年では，受動喫煙による気管や気管支への影響，気道過敏性，免疫系への影響も問題となっている．2002年8月に公布された健康増進法第25条により，公共の施設は利用者への受動喫煙を防止する措置を講じなければならない，とされ，また受動喫煙（passive smoking）とは「室内又はこれに準ずる環境において，他人のたばこの煙を吸わされること」と定義された．

たばこ煙は，喫煙者が吸引する主流煙，たばこの先端から発生する副流煙，さらに，副流煙と喫煙者の呼気，環境中の空気が混合した環境たばこ煙（environmental tobacco smoke：ETS）に分類される．

たばこ煙はガス状成分と粒子状成分からなる．たばこ煙中の粒子状物質の粒径は$0.2\mu m$程度と小さく，吸入されると肺の深部にまで入り込むために生体影響が懸念される．たばこ煙は時間の経過とともに環境中の空気と混合して希釈され，ETSでは粒子径がやや大きくなり，壁面や床・天井，あるいは衣服や髪などに沈着して減少する．

喫煙者の吸引の状態，たばこの種類によってたばこの燃焼条件が異なるために，生成する化学物質の量や成分は一様ではない．主な成分を表1に示す．この表にはヒトへの発がん性がある，あるいは疑われると分類されている物質について記載したが，いずれの物質も副流煙中で高い値を示す．フィルターがあると主流煙中の濃度が減少するため，副流煙と主流煙の濃度比が高くなる．

〔小野真理子〕

表1 フィルターのないたばこから生成する化学成分

成 分	主流煙中の量	副流煙/主流煙
粒子状物質	15～40 mg	1.3～1.9
一酸化炭素（ガス）	10～23 mg	2.5～4.7
二酸化炭素（ガス）	20～40 mg	8～11
窒素酸化物（ガス）	0.1～0.6 mg	4～10
ニコチン（粒子）	1～2.5 mg	2.6～3.3
ベンゼン*（ガス）	12～48 μg	5～10
ホルムアルデヒド*2（ガス）	70～100 μg	0.1～50
N,N-ジメチルニトロサミン*2（ガス）	10～40 ng	20～100
ベンゾ(a)ピレン*（粒子）	20～40 ng	2.5～3.5
カドミウム*（粒子）	110 ng	7.2
ニッケル*（粒子）	20～80 ng	13～30

*：ヒトへの発がん性があるグループ
*2：ヒトへの発がん性が疑わしいグループ

文 献
1) National Research Council (1986).

暴露限界値

132

exposure limit values

a. 暴露限界値とは何か 化学物質は現代社会では有用で不可欠なものであるが，そのなかにはヒトや環境生物（動物，植物など）に有害な性質をもったものがある．たとえばヒトへの発がん性や生物に奇形や生殖機能の異常を引き起こすなどである．暴露限界値は，ヒトあるいは環境生物が化学物質や物理的エネルギー（たとえば，騒音，振動，放射線，電磁場など）などに暴露しても，それ以下の暴露量ならば健康面に有害な影響が現れないと判断される値を意味している．暴露限界値は有害性を判断する際の最良の指標である．

b. 暴露限界値の設定方法 対象とする化学物質について，まず既存の文献のなかから暴露レベルと健康影響に関する情報が集められる．健康影響を検討して毒性の種類が特定される．発がん性や変異原性などがあると判断された場合は，閾値なしと想定した暴露限界値が設定される．

発がん性が認められない場合は，閾値ありとして，限界値設定に役立つ文献から，毒性影響が認められない範囲で最も高い暴露濃度または暴露量である無毒性濃度（NOAEL）が求められる．文献などの情報で無毒性濃度が不明の場合は，毒性影響が認められる範囲で最も低い暴露濃度または暴露量である最小毒性濃度（LOAEL）が求められる．このどちらかの値に不確実性係数を加味したものが暴露限界値として設定される．

c. 暴露限界値の種類 暴露限界値は，大きく分けて職業暴露関連と一般環境暴露関連とに策定されている．仕事に伴って有害要因に暴露する職業暴露関連の暴露限界値は，その有害要因に作業者が週40時間で40年間あるいは50年間暴露した場合の時間荷重平均（time weighted average：TWA）を基準に決められている．発がん物質については，別に定めている場合が多い．

職業暴露関係には次のようなものがある．

表1 世界の主な職業暴露規制値

- 日本の厚生労働省が作業環境中の有害要因の環境濃度を規制するために決めた管理濃度（administrative control level：ACL）
- 日本産業衛生学会が提案している労働者の許容濃度（職業暴露限界）（occupational exposure limit：OEL）
- 米国労働省職業安全衛生行政部（OSHA）の決めている労働者の許容暴露値（permissible exposure limit：PEL）
- 米国厚生省職業安全衛生研究所（NIOSH）が設定している労働者の推奨暴露限界値（recommended exposure limit：REL）
- 米国政府認定労働衛生工学士協会（ACGIH）が設定している労働者の暴露閾値（threshold limit value：TLV）
- 英国健康安全庁（HSE）が決めている労働者のOEL
- ドイツ連邦共和国の労働者の最大暴露濃度値（MAK）

一般環境での暴露限界値については，労働環境の暴露限界値や動物実験による結果を参考に不確実係数などを考慮して設定される．わが国ではシックハウス対策のために13物質の室内濃度指針値が定められている．一方，大気汚染防止法によって揮発性有機化合物濃度（排出施設の排出口の濃度）やアスベストなどの特定粉じんの工場敷地境界基準などが決められている．地下水の水質汚濁については26物質の環境基準値が，土壌汚染には26物質の特定有害物質の溶出量基準値が決められ土壌汚染指定区域の指定定基準となっている．

〔神山宣彦〕

133 臭　気

odor

　臭気は，人間の嗅覚ににおいを感じさせる気体を意味する．一般的には，快いにおいを香り，あるいは匂いといい，不快なにおいを臭気という．しかし，一見快いかおりであるコーヒーの焙煎のにおい，パン，ケーキなどのにおいなども悪臭苦情の対象になっていることを考えると，快いにおい，不快なにおいを区別することは難しい．

　臭気は，においをもつ化学物質の混合物である．現在私たちのまわりにはにおいのある化学物質は数十万種類存在するといわれている．一般的に嗅いでいるにおいは，これらの化学物質が数十種類，数百種類，ときには数千種類混合されたものである．

　さらに，これらの化学物質の嗅覚閾値（においを感じることができる最小濃度）は非常に低濃度であり，ppmレベルのものもあるが，さらにppbレベル，pptレベルのものも存在する．魚の腐敗臭であるトリメチルアミンの嗅覚閾値は32 ppt，代表的なカビ臭であるジオスミンの嗅覚閾値は6.5 pptと非常に低濃度である．

　これらの特徴をもつ臭気の測定は非常に難しい．ガスクロマトグラフなどの分析機器を用いて構成する化学物質の濃度を測定する機器測定法のほか，人間の嗅覚を用いて数量化する嗅覚測定法とがある．日本を含め世界的には嗅覚測定法が中心になっている．

　嗅覚測定法によりにおいを数量化する方法にもいくつかの指標がある．においの強さを表した臭気強度表示法，においの不快性を表した快・不快度表示法，無臭に至るまでの希釈倍数を指標化した臭気濃度表示法などである．このなかではほとんどの国が，臭気の測定には，臭気濃度表示法を採用している．

　世界的に臭気濃度表示法が広く使われているが，臭気濃度を求める方法が国により異なっている．米国では注射器法が一時いくつかの州で使われていた．この方法は100 mlのガラス製注射器を用い，原臭を10 ml吸引し，無臭空気で100 mlまで希釈する．その注射器の先端を鼻に近づけ，注射器を押し出してにおいを嗅ぐ．においようであれば，その原臭は臭気濃度10以上であり，さらに希釈倍数を上げて実験する方法である．このほか米国では，セントメーター法も使われていた．

　ヨーロッパにおいては，現在，動的オルファクトメーター法が中心になっている．動的オルファクトメーター法とは，原臭をキャピラリー，ニードルバルブ，電磁弁，ポンプなどにより，自動的に希釈し，パネルに，一定の希釈倍数で吐出する装置である．ヨーロッパでは10年に及ぶ検討の後，2002年に統一されたマニュアルに基づき測定がなされている．近年米国においてもこの動的オルファクトメーター法による基準作りが進められている．

　日本においては1972年に独自に開発された三点比較式臭袋法（図1）が一般的に使われている．この方法は注射器法を改良する形で開発されたもので，注射器の代わりに容積3lのプラスチック製のバッグを用いている．さらに2袋の無臭袋と比較して希釈試料を選び出す三点比較法を導入し客観性を高めた．この方法は1995年に改正された悪臭防止法において，臭気の測定方法として採用されており，また地方自治体の条例ないしは指導要綱にも採用されている．

　次に臭気の対策について簡単に述べる．基本的には発生した臭気を除くのではなく，できるだけ発生させない方法を検討す

図1　三点比較式臭袋法

べきである．具体的には印刷においては油性インキの代わりに水性インキの使用を検討すること，ドライクリーニングにおいては一般的に使用されている石油系のミネラルスピリッツ（ターペン）の代わりにn-デカンなどの臭気の少ない溶剤への転換を検討すること，などが重要である．次に検討すべきことは，煙突を用いて，高所に排気し希釈拡散効果を利用し，臭気を消す方法である．以上の対策を検討した後に，どうしても問題が解決できない場合に，脱臭装置の設置を検討すべきである．

主な臭気除去装置には以下の七つの方法がある．これらを2種類以上組み合わせて用いる場合もある．

①直接燃焼法：　都市ガス，灯油などの補助燃料を用い，700〜800℃の高温および0.3〜0.5秒間の滞留時間で臭気成分を酸化分解し，処理する．補助燃料を用いるため，運転費が問題になる．そのため，処理ガス量が少なく，高濃度の排ガス処理に適している．

②触媒酸化法：　直接燃焼法と同様に臭気成分を酸化分解して脱臭する方法であるが，直接燃焼法が高温で酸化するのに対し，触媒を用いて比較的低温（300〜400℃）で酸化するのが特徴である．そのためランニングコスト（燃料費）が直接燃焼法に比べて軽減できる．白金系の触媒が一般的に使われる．

③吸着脱臭法：　活性炭などの吸着剤に臭気成分を吸着し，脱臭する方法である．建物内の臭気成分の処理など，ガス量が比較的大きく低濃度の臭気成分の排ガス処理に適している．主に炭化水素類を中心に多くの臭気成分に適用できる．吸着剤としては，化学物質を担持した添着ないしは無添着の活性炭が広く使われている．

④低温凝縮法：　臭気物質を含む排ガスの温度を下げ，臭気物質を凝縮させ除去する脱臭方法であり，臭気物質はそのままの形で回収できる．除去効率は他の方法に比べ高くはないが，高濃度の臭気物質の除去に有効である．

⑤湿式吸収法：　液体に対する気体の溶解性を利用し，臭気成分を液体に吸収させ，脱臭する方法である．水に対する溶解度を利用し，物理的に吸収させる方法と，酸・アルカリ反応，酸化などの反応に基づき，化学的に吸収させる方法とがある．とくに後者のように吸収液に薬液を用いる場合には，薬液吸収法ともいう．

⑥生物脱臭法：　一般的に微生物の生化学反応により臭気成分を無臭化する方法である．現在，土壌脱臭法，活性汚泥法などが用いられている．土壌として黒ボク土などが用いられてきたが，最近ではピートなどを用い，土壌の固化を防ぐ方法もとられている．

⑦消・脱臭剤法：　いわゆる消・脱臭剤にはありとあらゆる脱臭原理のものが含まれ，簡単に解説することは難しい．消・脱臭剤と呼んで市販されているが，吸着脱臭法や生物脱臭法を用いているものも少なくない．このほか，快い匂いで悪臭を隠蔽するマスキング効果を利用したものも多い．

〔岩崎好陽〕

特定悪臭物質

134

specified offensive odorants

現在,悪臭防止法においては人間の嗅覚を用いた嗅覚測定法による規制のほか,臭気物質に着目した特定悪臭物質による規制が実施されている.環境省が悪臭防止法において指定した臭気物質を「特定悪臭物質」と呼ぶ.1971年に悪臭防止法が制定された当初は,アンモニア,硫化水素,トリメチルアミン,メチルメルカプタン,硫化メチルの5物質のみであったが,その後1976年には二硫化メチル,アセトアルデヒド,スチレンの3物質が,1989年度にはプロピオン酸,ノルマル酪酸,ノルマル吉草酸,イソ吉草酸の4物質が,さらに2003年には10物質が追加され,現在22種類の臭気物質が特定悪臭物質として指定されている(表1).

特定悪臭物質は,有機溶剤,低級脂肪酸,アルデヒド類など代表的な悪臭物質は含んでいるものの,においをもつ化学物質がこの世に40万種類存在するといわれていることを考慮すると,22種類ではあまりにも数が少ない.そのため,とくに多成分の複合臭である臭気には対応が難しく,1995年に嗅覚測定法が悪臭防止法に導入された.

表1に,各特定悪臭物質の6段階臭気強度表示に対応する濃度を示した.6段階臭気強度表示とは,日本で最も広く使われている臭気の強度を示す尺度である.

特定悪臭物質の測定は,ガスクロマトグラフなどの分析機器により行われる.

〔岩崎 好陽〕

表1 各臭気強度に対応する特定悪臭物質の濃度

特定悪臭物質	各臭気強度に対応する濃度 (ppm)				
	1	2	3	4	5
アンモニア	0.1	0.6	2	10	40
メチルメルカプタン	0.0001	0.0007	0.004	0.03	0.2
硫化水素	0.0005	0.006	0.06	0.7	8
硫化メチル	0.0001	0.002	0.05	0.8	20
二硫化メチル	0.0003	0.003	0.03	0.3	3
トリメチルアミン	0.0001	0.001	0.02	0.2	3
アセトアルデヒド	0.002	0.01	0.1	1	10
プロピオンアルデヒド	0.002	0.02	0.1	1	10
ノルマルブチルアルデヒド	0.0003	0.003	0.03	0.3	2
イソブチルアルデヒド	0.0009	0.008	0.07	0.6	5
ノルマルバレルアルデヒド	0.0007	0.004	0.02	0.1	0.6
イソバレルアルデヒド	0.0002	0.001	0.006	0.03	0.2
イソブタノール	0.01	0.2	4	70	1000
酢酸エチル	0.3	1	7	40	200
メチルイソブチルケトン	0.2	0.7	3	10	50
トルエン	0.9	5	30	100	700
スチレン	0.03	0.2	0.8	4	20
キシレン	0.1	0.5	2	10	50
プロピオン酸	0.002	0.01	0.07	0.4	2
ノルマル酪酸	0.00007	0.0004	0.002	0.02	0.09
ノルマル吉草酸	0.0001	0.0005	0.002	0.008	0.04
イソ吉草酸	0.00005	0.0004	0.004	0.03	0.3

6段階臭気強度尺度
5:強烈なにおい,4:強いにおい,3:楽に感知できるにおい,2:何のにおいであるかがわかる弱いにおい,1:やっと感知できるにおい,0:無臭.

135 空気清浄機

air cleaner

　小型空気清浄機はさまざまなタイプのものが販売されており，毎年のように新機能が付加されている．室内空気の浄化の観点からは汚染質の対象は粒子状物質とガス状物質とに大別される．しかし，空気浄化といえば一般ビルの空気調和システムから小型空気清浄機に至るまで，基本的には粒子状物質の除去が最大のねらいで，それに付随して，ガス状物質の浄化や，快感物質の付与など付帯機能が付加されることがある．

　粒子状物質は主としてフィルターでろ過され，大きな粒子のハウスダストはほとんど100％捕集される．しかし $1\mu m$ 以下のたばこ煙粒子については，捕集率は70～80％である．これらも何回かフィルターを通過することで，しだいに浄化されていく．

　家庭用空気清浄機の性能試験法は日本電機工業会に規格 (JEM 1467) があり，たばこを所定の方法で発煙させて試験を行う．市販の各種の清浄機の性能比較を行った結果（図1）たばこの煙が1/10の濃度に減衰するまでにファン式（フィルターと送風機を組み合わせたタイプ）で20～40分程度かかったのに対し，イオン式（イオンを放出させて集塵するタイプのもの）では数時間以上かかるものが多く，何も使用しないでいる状態（自然減衰）と大差ないものであった．ちなみにイオン式は2000年頃誇大宣伝がとがめられ販売中止になっている．現在「イオン放出」が喧伝されている商品は，大部分が殺菌，環境清涼化など集塵以外の効能をねらったものである．

　近年アレルギーの罹患者が増え，室内アレルゲンの制御をターゲットにした清浄機の宣伝も多いが，身体影響の大きな $5\mu m$ 以上のアレルゲン粒子はフィルターによるろ過は容易である．しかし夜間のぜんそく発作など顔面付近の発しんによるアレルゲンの吸込みに関して，患者より離れた位置にある空気清浄機が直接的吸込み防止に役立つわけではないので，すべてのアレルゲンに対して効能があるという文言は，粒子の挙動範囲を考えたとき意味をなさないことに注意されたい．　〔入江建久〕

文　献
1)　入江建久，大村道雄ほか：室内型空気清浄機の性能比較．第14回空気清浄研究大会予稿集，pp. 383-396 (1996).

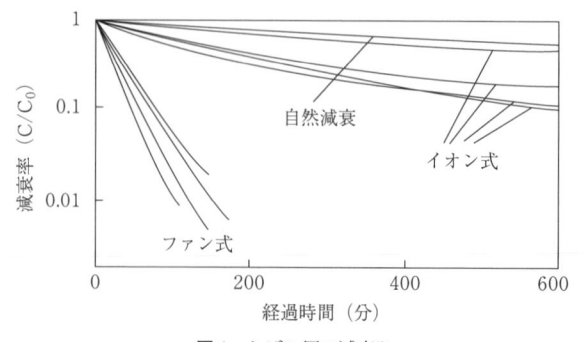

図1　たばこ煙の減衰[1]

浄水プロセス

136

purification process of water

わが国の水道水は，河川水や湖沼水である表流水と井戸水や湧水の地下水を浄水処理して作られる。一般的には固液分離プロセス，個別処理プロセス，消毒プロセスを組み合わせて行う。固液分離プロセスとは，水道原水に含まれる異物のうち，懸濁物質を除去するプロセスで，代表的なシステムは緩速ろ過システム，急速ろ過システム，膜ろ過システムの3種類である。緩速ろ過システムとは除濁能力と生物処理能力の両方を備えた方法であるが大量の水を処理するには用地や維持管理あるいは原水条件に制限がある。急速ろ過システムは，原水濁度への守備範囲が広い，面積当たりの処理能力が高い，また自動化が容易などの特徴から大規模浄水場を中心に広く普及している。ただし，溶解性物質などへの対応力は緩速ろ過法よりも低く，原水の悪化によって高度処理と呼ばれる追加処理を必要とする。膜ろ過システムは，多孔質フィルターに原水を通し懸濁質の除去を行う処理である。前2者が確率的処理であるのに対し，絶対処理である。ただし，コストがかかる，原水水質の適用範囲が狭いなどの課題がある。

個別処理プロセスとは，固液分離で対応できない原水の処理プロセスで，高度処理といわれる。個別のプロセスについては以下に示す。活性炭処理：活性炭により微量有機物などを吸着除去する。オゾン処理：オゾンの酸化力を利用。曝気処理：空気による酸化。井戸水などの水質改善に使用。生物処理：微生物を利用した溶解性有機物などの除去。海水淡水化：逆浸透膜を用いる。蒸発法よりエネルギーコストが低くなり主流になってきた。

消毒プロセスとは水系感染症を防止するもので，非常に重要である。消毒は，水道の存在意義そのものであるといっても過言ではない。しかし，感染症などの危険性が減少するにしたがい，消毒による副生成物の発がん性が懸念されるようになった（→138.トリハロメタン）。塩素消毒：最も普遍的な消毒方法。水道法において遊離残留塩素 $0.1 \text{ mg}/l$ が定められている。二酸化塩素消毒：塩素臭がせず，消毒副生成物を発生しにくいなどの特長をもつ。海外では実施例もある。オゾン処理：オゾンの強い酸化力を利用する方法であり，他の処理方法では分解されにくい有機物を分解する。異臭味，色度，その他の有機物の分解と，オゾン処理後の生物処理効果の増進，細菌・ウイルス，クリプトスポリジウムなどの不活性化が期待されている。紫外線消毒：接触時間が短く薬品が不要，消毒副生成物が発生しにくい，装置が単純で比較的安価である。膜処理：膜によって細菌類を除菌。消毒法の一つ。

これら三つのプロセスに保安プロセスと汚泥処理プロセスが組み合わされる。保安プロセスは，原水への異物の進入，原水の異常をキャッチし，浄水システムを安全に運用するためのプロセス。汚泥処理プロセスは，沈殿池の沈殿汚泥，ろ過池の洗浄水など不純物濃度の高い水を処理するプロセス。　　　　　　　　　〔永淵　修〕

文　献
1) http://www.asahi-net.or.jp/
2) http://www.shinshu-u.ac.jp/

137 水道水の基準

drinking water standards

　水道法(1957年法律第177号)第4条に基づく水道水質基準については,1958年に制定されて以来,そのときどきの化学的知見の集積に基づき,逐次改正が行われてきた.とくに,1992年の改正においては,基準項目をそれまでの26項目から46項目へと拡大するなど,全面的な見直しが行われ,水道水質管理の強化が図られた.

　この見直しでは,法に基づくものではないが水質基準を補完するものとして,快適水質項目,環境項目などが設定され,これらをあわせれば100項目以上の化学物質などに関係者の注意が払われることとなった.

　この水道水質基準は,水道水が備えるべき水質上の用件であり,衛生安全性の確保(健康に関する項目),基礎的・機能的条件の確保(水道水が有すべき性状に関する項目)について規定しており,すべての水道に一律に適用され,水道により供給される水はこの基準に適合しなければならないものとされている.

　1992年の改正後も,トリハロメタン以外の消毒副生成物,塩素耐性を有する病原微生物の問題(クリプトスポリジウム),ダイオキシン類や内分泌かく乱化学物質による問題が提起されてきており,世界保健機構(WHO)においても,飲料水ガイドラインをおよそ10年ぶりに全面的に改訂するための検討が進められていた.また,規制改革や公益法人改革の流れのなか,水質検査の体制・制度を見直し,より合理的で効率的な水道水質管理のあり方を検討すべきことが指摘されるようになった.このような状況を踏まえて,2003年5月に新しい水質基準へと改正され,2004年4月からこの水質基準により水道水質の管理を行っていくこととなった.

　今回の改正では,旧水質基準や監視項目など,WHO飲料水水質ガイドライン,EPAやEUの水質基準項目などから水質基準の検討対象項目を幅広くリストアップし,これを取捨選択する方式がとられた[1].また,水質基準とされなかった項目であっても留意すべき項目については,水質管理目標設定項目(27項目)や要検討項目(40項目)としてリストアップされている.水質管理目標設定項目は水質検査を義務づけるものではないが,水道水質管理上留意すべき項目として設定されたものである.設定項目のうち,農薬類,有機物質など(過マンガン酸カリウム消費量),ニッケル,亜硝酸性窒素,ジクロロアセトニトリル,抱水クロラール,その他(二酸化塩素使用時における二酸化塩素,亜塩素酸,塩素酸)はとくに優先度が高いものとされている.

　水質検査については,その質の確保(good laboratory practice:GLP)の導入,効率的・合理的な水質検査体制のもと従来一律的に適用されていた水質基準について,各水道事業者は水源の状況,原水の質,浄水処理法などの状況に応じ,一定の条件のもとで検査項目や検査頻度を自ら定めることができることとなった.ただし,水質検査の適性化と透明性を確保するため水道事業者に対し,水質検査項目を明示した水質検査計画を作成させ,事前に公表させるとともに需要者の意見を聞くプロセスや結果の公表について求めている.また,国・都道府県はその立場に応じ水道事業者などに対し適切な支援をすることを求めている.
〔永淵　修〕

文　献
1) http://www.mhlw.go.jp

トリハロメタン 138

trihalomethane

トリハロメタンとは，メタンを構成する四つの水素原子のうち三つ（トリ）が塩素，臭素，ヨウ素などのハロゲン元素に置換されたものである．水道水質基準では，クロロホルム，ブロモジクロロメタン，ジブロモクロロメタン，ブロモホルムの4物質とそれらの合計としての総トリハロメタンを規制している．なお，2004年の水道法改正に伴い，水道水質基準では，消毒副生成物としてトリハロメタン以外にクロロ酢酸，ジクロロ酢酸，トリクロロ酢酸，臭素酸およびホルムアルデヒドが規制されている（表1）．

水道水のトリハロメタンは消毒に用いる塩素と原水中の有機物が反応して生成したもので，有機物は植物のセルロースなどが酸化される過程で生じるフミン質（腐植質）の寄与が大きいと考えられてきたが，最近の研究では難分解性の親水性酸の寄与が大きいことが報告されている[1]．

世界で最初に水道水中のトリハロメタンが指摘されたのは1972年オランダであった．ライン川の水を塩素処理した水からクロロホルムが検出された．次に1974年米国のミシシッピ州ルイジアナで住民の発がん率とトリハロメタンの関係が否定できないとする結果が発表され世界的に注目された．これが有名なハリスレポートである．

米国においてトリハロメタンの規制が始まったのは1979年であり，水道水中の総トリハロメタン濃度の許容値を $0.1\,mg/l$ 以下に定めた．わが国においても1981年厚生省により，当面の制御目標値を年間平均で $0.1\,mg/l$ 以下にするよう規制され，1996年の改正により正式に基準値となった．

総トリハロメタンの規制値 $0.1\,mg/l$ の発がんリスクは，WHOの方法で計算すれば10万人に4人の発がん確率になる．一般的に発がん性物質についての基準は，その水を一生飲み続けたときに，その水が原因で発がんする確率を10万人に1人以下にする[2]．しかし，わが国の総トリハロメタンの規制値では，10万人に4人の発がん率になっている．10万人に1人の発がん率では，基準値は $0.025\,mg/l$ になり，わが国で大都市で水道供給ができなくなるところが続出する．なお，オランダ，ドイツではさらに厳しい基準となっている．

〔永淵　修〕

表1 消毒副生成物の水質基準

水質基準（日本）		WHOガイドライン値：第3版
項目名	基準値 (mg/l)	(mg/l)
クロロホルム	0.06	0.2
ジブロモクロロメタン	0.1	0.1
ブロモジクロロメタン	0.03	0.06
ブロモホルム	0.09	0.1
総トリハロメタン	0.1	各物質のガイドライン値との比が1以下
クロロ酢酸	0.02	0.02
ジクロロ酢酸	0.04	0.04
トリクロロ酢酸	0.2	0.2
臭素酸	0.01	0.01
ホルムアルデヒド	0.08	0.9

文献
1) 今井章雄：国立環境研究所特別研究報告 SR-62（2004）．
2) 中西準子：水の環境戦略（岩波新書），岩波書店（2005）．

浄水器

139

drinking water trearment system

浄水器とは，水道水中に含まれる物質（たとえば，遊離残留塩素，濁り，総トリハロメタン，CAT（農薬），2 MIB，溶解性鉛など）を除去するものを指し，法律や規格基準によって定められている。

家庭用品質表示法（経済産業省）の定義では，①一般消費者が通常生活に用いるもの，②主に飲用水を得ることを目的として使用するもの，③原水には水道水を用いるもの，④残留塩素をろ過，吸着または化学作用によって除去したり，減少させる機能を有しているものである。なお，飲用以外の浄水器もあるが，家庭用品品質表示法の項目にはない。

家庭用の浄水器については，近年，家庭への普及が進む一方で，「浄水能力がよくわからない」との相談が消費者から寄せられることが多く，こうした状況のもとで1999年2月に家庭用浄水器に関する試験法が「JIS S 3201」において制定され，家庭で用いられる浄水器を家庭用品品質表示法の対象商品とすることになった。改正のポイントは，家庭用品品質表示法施行例（1962年）別表の4「雑貨工業品」に「30浄水器（飲用に供する水を得るためのものであって，水道水から残留塩素を除去する機能を有するものに限る）」を追加し（2002年4月），併せて雑貨工業品目表示規程を改正し，「浄水器」に係る表示の標準となるべき事項（ろ材の種類，浄水能力，ろ材の取換時期の目安など）を追加した。

飲用浄水器には，①蛇口直結式，②据置き型，③ビルトイン型，④水栓一体型ピッチャー型（ポット型）などがある。そのろ材カートリッジには，①活性炭ろ過システム，②中空糸フィルター，③中空糸＋活性炭の組合せ，④セラミックス式，⑤イオン交換システム，⑥逆浸透膜式などがある。これらの性能比較を表1に示す。

1999年の国民生活センターのアンケートによると，東京地区（40.9％），大阪地区（38.3％）の普及率は群を抜いており（全国平均26.1％），原水の汚染が進んでいる地域で普及率が高くなっている。一方，ミネラルウォーターの生産量の高い，甲信越・北陸（11.2％），東海（18.8％），北海道（13.8％）では普及率が低い傾向である。このような，水道水の安全性とおいしい水を求めていることがわかる。

これらのことから，浄水器の目的をひと言でいえば，有効なろ材を組み合わせて，水道水をろ過し，「おいしくて，安心・安全な水」を作ることといえる。

〔永淵　修〕

表1　浄水器フィルターの性能比較

フィルターのタイプ ＼ 除去対象	塩素・カルキ臭	カビ臭	赤さびなどの不純物	トリハロメタン	トリクロロエチレン	農薬などの有機化合物	ウイルス細菌類	重金属	硝酸性亜硝酸性窒素
活性炭フィルター	○	○	×	△	△	×	×	△	×
活性炭＋中空糸膜	○	○	○	△	△	×	○	×	×
セラミックフィルター	△	×	○	×	△	△	○	×	×

140 ミネラルウォーター

mineral water

　日本のミネラルウォーターの歴史は，明治中期がそのはじまりであろう．1880年代にスパーリングミネラルウォーター（天然炭酸鉱泉水）が瓶詰めされ，横浜・神戸の居留地の外国人やホテルに供給されていた．その後，1929年にはホテル用のミネラルウォーター，瓶入りのミネラルウォーターが商品化された．家庭用としては1983年にその先駆けが販売されたが，1980年代後半になると自然・健康ブームに加えて，海外旅行の増加もあいまってミネラルウォーターに接する機会が増えたこと，さらに水道水の質の低下やマンションの貯水タンクの汚れが報道されることが多くなり，安全な水を求めてこれまでの業務用から家庭用へ広がってきた．

　1986年と2004年を比較すると，国内生産量は8万1000 kl と 129万5855 kl で，輸入量は1179 kl と 33万705 kl であり，合計量で約20倍の伸びを示した．国内生産（2004年）の多い県は，山梨県（40.9％），兵庫県（10.9％），静岡県（10.6％）．一方，国別輸入量（2004年）は，金額ベースでフランスが75.7％，米国が17.1％，イタリア，カナダが2.7％であった．

　2001年の各国の一人当たりの年間消費量を図1に示す．1980年代から欧米諸国は2〜8倍，日本は10倍の伸びをみせている．今後も消費量は増大するであろう．

　ミネラルウォーターは法的には，ミネラルウォーター類（容器入り飲料水）すなわち清涼飲料水と同じ扱いであり，食品衛生法で規制されている．その品名（種類）は品質表示ガイドラインとして食品流通局長通達によっている．

　(1) ナチュラルウォーター（2.3％）：特定の水源から採水された地下水を原水とし，沈殿，ろ過，加熱殺菌以外の物理的・化学的処理を行わないもの．

　(2) ナチュラルミネラルウォーター（82.3％）：ナチュラルウォーターのうち鉱化された地下水（地表から浸透し，地下を移動中または地下に滞留中に地層中の無機塩類が溶解した地下水を原水としたもの．

　(3) ミネラルウォーター（1.7％）：ナチュラルミネラルウォーターを原水とし，品質を安定させる目的などのためにミネラル調整，曝気，複数の水源から採水したナチュラルミネラルウォーターの混合などが行われているもの．

　(4) ボトルドウォーター（12.3％）：ナチュラルウォーター，ナチュラルミネラルウォーター，ミネラルウォーター以外のもの，すなわち蒸留水，純水，水道水，表流水などを原水として用いた場合，または，特定水源より採水された地下水を原水として容器詰めしたもので，原水の本来成分を大きく変化させるような処理（①ミネラル調整を定められた範囲内を超えて添加，②電気分解，逆浸透膜ろ過など）を行ったもの．食品衛生法に基づく加熱殺菌などの処理が必要である．なお，各品目の数値は2004年の構成比．

　ミネラルウォーター類の水質基準（18項目）は食品衛生法に基づいており，水道水質基準（50項目）に比較し少ない．

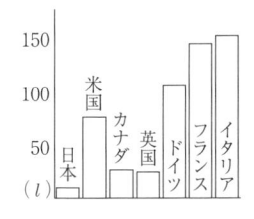

図1　一人当たりの年間消費量（2001年）

〔永淵　修〕

生活排水とその処理

141

treatment of domestic wastewater

　生活排水とは，水質汚濁防止法によれば，「炊事，洗濯，入浴等人の生活に伴い公共用水域に排出される水（排出水を除く）」と定義されている．この法律で「排出水」とは，特定施設（指定地域特定施設を含む．以下同じ）を設置する工場または事業場（以下「特定事業場」という）から公共用水域に排出される水をいう．

　生活排水のなかでし尿を除いたものを生活雑排水という．排水中の窒素やリンによる富栄養化など水質汚濁の原因のなかで生活排水の寄与が大きくなり，生活雑排水を未処理で放流する単独処理浄化槽に代わって，下水処理施設の完備や合併浄化槽の普及が望まれている．最近では，生活排水が河川汚濁の主な原因となっている．

　このように川や海などの水質汚濁の主な原因は，従来の工場排水から，日常生活から出る，炊事，洗濯，入浴，トイレなどからの「生活排水」にシフトしている．この「生活排水」に含まれる汚濁物質を処理して，快適な生活環境の創設や，川や海などのきれいな水環境の保全を図るために，国・県や市町村では下水道・農業集落排水施設・合併処理浄化槽などの生活排水対策を進めている．

　農業（林業・漁業）集落排水施設とは，家庭からの生活排水を，道路下に埋設した管路施設を通して汚水処理施設に集め，処理施設内の微生物の力などで水質を浄化して河川や排水路に放流する施設である．下水道は，生活排水と工場排水を処理するのに対し，農業（林業・漁業）集落排水施設は生活排水のみ処理する．

　合併処理浄化槽は，微生物の働きを利用して汚水を処理するものである．微生物には，酸素を好まない「嫌気性微生物」と酸素を好む「好気性微生物」があり，合併処理浄化槽の処理方式には，嫌気性・好気性微生物を併用した「嫌気ろ床接触曝気方式」と主として好気性微生物を利用した「分離接触曝気方式」のほか，生活排水中の窒素を高度に処理できる「脱窒ろ床接触曝気方式」の3方式がある．

生活排水対策推進計画の策定　水質汚濁防止法（1970年）の一部改正（1990年）において，都道府県知事は，公共用水域において生活排水の排出による水質の汚濁を防止するために生活排水対策の実施を推進することがとくに必要であると認めるときは，その水質の汚濁に関係ある当該都道府県の区域内に生活排水対策重点地域を指定しなければならないと定めている．具体的には，「(1) 水質環境基準が現に確保されておらず，または確保されないこととなるおそれが著しい公共用水域，(2) 自然的及び社会的条件に照らし，水質の保全を図ることが特に重要な公共用水域であって水質の汚濁が進行し，または進行することとなるおそれが著しいもの」が「生活排水対策重点地域」の指定の対象となっている．

　これに基づき都道府県は「生活排水対策重点地域」を指定し，指定された市町村ではこれを受けて「水質汚濁防止法」の規定により「生活排水対策推進計画」を策定する．計画中に示されている目標年度に向けて生活排水対策に関する各種施策を実施し，河川汚濁の改善に努力している．

〔永淵　修〕

食品の安全

food safety

a. 食品安全行政　食品の安全はすべての国民にかかわる重要な問題であり，安全性を確保するために，農産物の生産・流通・消費については農林水産省，食品の加工製造・流通・販売など食品衛生については厚生労働省の管轄でその対応が行われてきた．しかし2001年頃から相次いで起こったBSE問題や食品の偽装表示問題は食品の安全に対する国民の不安や不信を高めることになり，また食のグローバル化や遺伝子組換え食品の開発の進展などにより食品を取り巻く環境も大きく変わってきた．

そこで2003年7月，食品安全基本法が新たに施行され，内閣府に食品安全委員会が設置された．食品安全委員会では，食品の安全性と健康に対する影響を科学的に審査・評価（リスク評価）し，さらにその評価結果をもとに，消費者，食品関連事業者，関連行政機関など関係者相互間での情報や意見の交換を行うことにより（リスクコミュニケーション），食品安全行政の中心的・先導的役割を担っている．

b. 食品による健康被害とその要因　食品の安全を確保する目的は，食品摂取による健康被害を予防し，国民の健康を保護することである．しかし，農家による農産物の生産・収穫，加工業者による食品加工，食品会社による食品の流通・販売・保存，消費者による食品の購入・保存・調理・飲食というあらゆる場面で，さまざまな要因によって食品汚染が起こり，食品の安全が脅かされる可能性がある．たとえば，病原微生物に汚染された食品，自然毒を含む食品，腐敗・変質した食品，異物が混入した食品，また不正使用・過剰使用された食品添加物や残留農薬を含む食品などは，その摂取により健康被害を起こす可能性がある．健康被害を起こす食品中の原因物質やその食品の状態は，生物学的要因，化学的要因，物理的要因に分類される（表1参照）．健康被害を起こす主な原因となる要因と健康被害について，c項以降に説明するが，他項目に記載があるものは省略した．

これら多様な因子の食品への混入を未然に防ぐこと，そして汚染された食品を摂取しないことが，健康被害を防ぐためには何よりも必要なことである．

c. 生物学的要因による健康被害　食品に起因する疾病で，胃腸炎や神経障害などの中毒症状を呈するものを総称して食中毒という．食中毒の原因としては微生物や化学物質などがあげられるが，とくに食中毒全体における細菌性食中毒の割合は高く約70%を占める．またノロウィルスによる食中毒の発生も15%前後と増加している．食中毒は飲食店でも家庭でも起こりうるが，食中毒を起こす菌を「付けない，増やさない，殺す」ことで予防できる（食中毒予防の三原則）．

また，かびなど真菌類が産生する二次代謝産物で，ヒトや動物に有害な生理作用を示す物質をマイコトキシン（かび毒）と呼ぶ．かび自体は熱に弱く殺菌できるが，マイコトキシンは一般に低分子化合物で耐熱性があり，汚染されると除去，毒素分解は困難であり，被害を防ぐには廃棄するしかない．また毒性も多様で，発がん性など慢性毒性を示す．

d. 自然毒による健康被害　食品中の有害化学物質で，動植物が本来有している成分でヒトに対して有毒なもの，食物連鎖などにより毒化した魚介類の毒成分は自然毒という．動物性自然毒による食中毒ではフグ中毒による被害が多く，致命率も高い．植物性自然毒による食中毒では約90

表1 食品摂取による健康被害要因の分類と具体例

要因	因子	因子の具体例
生物学的要因	細菌	サルモネラ，腸炎ビブリオ，病原大腸菌など→感染型食中毒
		ボツリヌス菌，黄色ブドウ球菌など→毒素型食中毒
		ウェルシュ菌，セレウス菌など→生体内毒素型食中毒
		赤痢菌，コレラ菌→経口感染症（食中毒）
		アスペルギルス属，ペニシリウム属など→マイコトキシン（カビ毒）
		バチルス，シュウドモナス，酵母など→腐敗
	ウイルス	ノロウイルス，ロタウイルス，AおよびE型肝炎ウイルスなど
	寄生虫	アニサキス，回虫，旋毛虫など
	原虫	赤痢アメーバ，クリプトスポリジウムなど
化学的要因	動物性自然毒	フグ毒（テトロドトキシン），シガテラ（シガトキシン）など
		麻痺性貝毒（サキシトキシン），下痢性貝毒（オカダ酸）など
	植物性自然毒	青酸配糖体（アミグダリン），アルカロイド（ソラニン，アコニチン）など
		キノコ類（アマニチン，ファロイジン，ムスカリンなど）
	アレルギー性成分	オボアルブミン，カゼインなど
	食品成分の変質	腐敗アミン，油脂過酸化物，クロロフィル分解物質など
	有害物質の生成	多環芳香族炭化水素，ニトロソアミンなど→変異原・発がん物質
	食品添加物	未許可品（テトラブチルハイドロキノンなど），違反事例（ジエチレングリコールなど）
	農薬	残留農薬（有機塩素系農薬，有機リン系農薬）
	人為的有害物質	有機ハロゲン化合物（PCB，ダイオキシンなど）
		金属（有機スズ化合物，ヒ素，鉛，水銀など）
	器具・容器包装溶出物	プラスチック（塩化ビニルモノマーなど），セラミック（重金属），金属缶（スズ，鉛）など
	放射性物質	原子力発電所の事故など
物理的要因	異物混入	ガラス片，金属片，木片，プラスチック片など
	電離線照射	紫外線，γ線照射による有害物質生成

％が毒キノコ中毒による被害で，秋の採取時期に多発する．毒キノコ以外では毒性植物と食用との誤認が原因で，春の山菜採り時期に多発する．

e. 変質した食品成分・生成された有害物質による健康被害 食品の保存状態が悪かったり加熱したりすることで食品中に含まれる成分が変化し，それが健康被害を起こすことがある．油脂の酸化により生成する過酸化物による消化器系への毒性，腐敗過程でアミノ酸の脱炭酸により生成するヒスタミンやトリプタミンなどの不揮発性腐敗アミンによるアレルギー性様食中毒，葉緑素（クロロフィル）分解物質であるフェオホルビドおよびピロフェオホルビドによる光過敏性皮膚炎などが知られている．

また焼魚や焼肉に含まれる多環芳香族炭化水素やヘテロサイクリックアミン，加熱処理した魚肉や獣肉でアミン類と亜硝酸塩から生成するニトロソアミン，ポテトチップス，フライドポテト，ビスケットなど高温で調理する際にアスパラギン酸と糖質から生成されるアクリルアミドなどは発がん性を示すことが報告されている．

f. アレルギー性成分による健康被害 食物摂取によって起こる過敏反応の発症を食事性アレルギーという．この原因食品として，動物性食品では卵，牛乳，サバ，エビなどが，植物性食品ではソバ，コムギ，ピーナッツ，ヤマイモなどが知られている．これら食品中に含まれるアルブミン，カゼイン，ラクトグロブリンなどが，アレ

ルギー反応を起こす原因物質（アレルゲン）である．食物によってはアナフィラキシーなど重篤な症状を引き起こすことがあるため，消費者（とくに患者）の健康被害の発生を防止するために，卵，牛乳，コムギ，ソバ，ピーナッツの5品目を原材料に使用した食品はその表示が義務づけられるようになった．また，アワビ，イカ，イクラ，エビ，オレンジ，カニ，キウイフルーツ，牛肉，クルミ，サケ，サバ，ダイズ，鶏肉，豚肉，マツタケ，モモ，ヤマイモ，リンゴ，ゼラチン，バナナの20品目は表示推奨物質として，可能な限り表示することが求められている．

g. 人為的な有害物質による健康被害

食品は人為的な有害物質によっても汚染され，その摂取で健康被害が起こることがある．農薬（有機リン剤，有機塩素剤，ピレスロイド系農薬，カルバメート系農薬など）や，家畜疾病の予防・治療に用いられる動物用医薬品・飼料添加剤（抗生物質，合成抗菌剤，ホルモン剤，寄生虫用剤など）は，食糧・食品の生産・加工・流通・保存時に使用され，食品内に残留することがある．使用にあたって残留基準や規制は厳しく定められていたが，いままでは283種類の農薬類にしか基準が設定されておらず，海外では使用規制の対象になっていないものが使用され，それが輸入の際に検出されても措置がとれなかった．2002年の中国産冷凍ホウレンソウの残留農薬問題など多発する食品衛生法違反事例を契機に，2006年5月29日より残留農薬などのポジティブリスト制が導入された．799種類の農薬などについては，農薬取締法に基づく基準，国際基準，欧米の基準などを踏まえた暫定的な基準値が設定された．これまで残留基準が設定されていないものについても人の健康を損なうおそれのない量として，0.01 ppmを一律基準値として設定された．また，農薬等として使用され，それが食品に残留して摂取されても人の健康を損なうおそれがないことが明らかなものについては，ポジティブリストの対象外物質として，65物質が指定された（亜鉛，アンモニウム，カリウム，カルシウム，グルタミン，ケイ素，重曹，鉄，銅，乳酸，尿素，ヒスチジン，ミネラルオイル，ヨウ素，ワックスなど）．

ポリ塩化ビフェニル（PCB），ダイオキシン類，金属類（有機性金属化合物，無機重金属化合物），内分泌かく乱化学物質などは，他の生産活動で使用されたものが環境中に放出されて農産物を汚染したり，また食物連鎖によってこれら物質が生物濃縮されて食品に混入し，その摂取で健康に影響が出る可能性がある．PCBや金属類の健康への影響はよく知られているが，内分泌かく乱化学物質などはさらなる調査が必要である．

食品添加物，遺伝子組換え食品の安全性については，別項を参照されたい（→144.食品添加物，145.遺伝子組換え食品）．

どのような食品でも，摂取量，保存法，調理法などによっては健康に被害を及ぼす可能性（リスク）があり，絶対的に安全な食品というものはない．食品の安全性を確保するためには，思い込みや風評に惑わされることなく，消費者自らが食品の安全性の確保に関する正しい知識と理解を深めるとともに，リスク分析を行えるようになることが大事である．食品安全基本法第9条においても，消費者は食品の安全性の確保に積極的な役割を果たさなければならないことが示されている．

a.食品安全行政であげた厚生労働省，農林水産省，内閣府食品安全委員会のホームページをはじめ，文部科学省，経済産業省，環境省，また各地方衛生研究所などでも食品の安全に関する情報が発信されているので，参照されたい． 〔本間知夫〕

食中毒 143

food poisoning

　食中毒とは，一般に有害な物質に汚染された飲食物を経口摂取後に急激な中毒症状ないしは急性感染症状を生じることを指すが明確な定義はない．わが国の食品衛生法では，食品，添加物，器具，容器包装などに起因する中毒とされている．一般に，下痢，腹痛，嘔吐などの消化器症状がよくみられる．

　食中毒の病因物質は，大きく以下のように分類される．

　①微生物：細菌（感染型：腸炎ビブリオ，サルモネラ，カンピロバクター，病原性大腸菌など，毒素型：ブドウ球菌，ボツリヌス菌など），ウイルス（ノロウイルスなど）

　②化学物質：食品添加物，農薬，生産過程での混入物質（森永ヒ素ミルク事件など），食品変質，環境汚染（水俣病：メチル水銀），イタイイタイ病：カドミウム）など

　③自然毒：植物性（キノコ類：神経毒；テングタケなど），消化管毒：ツキヨタケなど，動物性：魚介類；フグ（神経毒），貝（麻痺性貝毒，下痢性貝毒（ムラサキ貝など））

　2005年食中毒統計（速報値）によると，わが国の食中毒事件数は1545件，患者数は2万7019人，死亡者数は7人である（表1）．事件数は1996年全国各地での腸管出血性大腸菌O157による集団食中毒発生により増加し，98年に3010件とピークを迎えた．一方，患者数は近年毎年3～4万人前後であり，O157による集団食中毒が発生した96年から加工乳の黄色ブドウ球菌による食中毒が発生した2000年まで多かった．その後，食品加工業者への総合衛生管理製造過程（hazard analysis and critical control point：HACCP（危害分析重要管理点）方式）による食品衛生管理の導入や行政指導の強化により，事件数，患

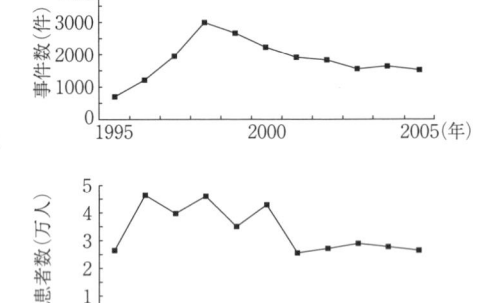

図1 食中毒事件と患者数の推移（厚生労働省 食中毒統計，2005年は速報値）

表1 病因物質別の食中毒事件・患者・死者数（厚生労働省 食中毒統計，2005年速報値）

事件数　1545件		患者数　27019人		死者数	7人
原因不明　全体の5.0%		原因不明　全体の5.4%		原因不明	0人
病因物質判明のうち，					
細菌　72.5%		細菌　64.6%		自然毒	6人
①カンピロバクター	43.9%	①サルモネラ	14.3%	①動物性	4人
②サルモネラ	9.8%	②カンピロバクター	13.3%	②植物性	2人
③腸炎ビブリオ	7.7%	③ウェルシュ菌	10.2%	細菌	1人
ウイルス　18.7%		ウイルス　33.8%		①サルモネラ	1人
①小型球形ウイルス	18.7%	①ノロウイルス	33.8%		
自然毒　7.2%		自然毒　1.1%			

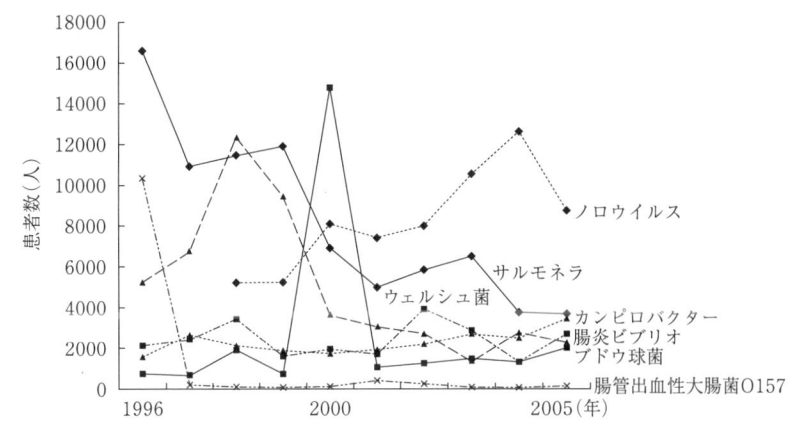

図2 病因物質別食中毒患者数の推移（厚生労働省 食中毒統計，2005年は速報値）

者数ともやや減少傾向にあるが，持続的な減少かどうかは現時点で判断できない（図1）．

季節変動では，発生件数・患者数とも夏期（7〜9月）に多い．夏期に多い原因として，サルモネラ菌，腸炎ビブリオ，ブドウ球菌がある．しかし，細菌性でもカンピロバクター，腸管出血性大腸菌にはあまり季節性がない．また，自然毒のうちキノコ，フグによるものは秋，冬に多い．カキなどの魚介類を介したノロウイルスによる食中毒は冬期に多い傾向がある．

病因物質別の食中毒件数，患者数（表1）では，細菌に起因する件数が大部分を占め，とくにサルモネラ，腸炎ビブリオ，カンピロバクターによる食中毒発生が高頻度である．サルモネラはトリ，ブタ，ウシなどの家畜で保菌率が高く，汚染された食品，鶏卵を主とした畜産物からヒトへ感染する．腸炎ビブリオはほとんど魚介類とその加工品からヒトへの感染であり，97〜98年をピークに減少に転じている（図2）．カンピロバクターはとくに鶏肉の汚染率が高く，食鳥肉の非加熱食品からヒトへの感染が問題となっている．また腸管出血性大腸菌O157は食肉製品からヒトに感染する．96年の集団食中毒発生以降，食中毒患者数は100人前後まで減少しているが，感染症法に基づく腸管出血性大腸菌感染症としては約3000人報告されている．

また近年食中毒の原因として増加傾向にあるものにノロウイルスがある（図2）．ノロウイルスは以前は小型球形ウイルスと呼ばれていたものである．ウイルスに汚染された貝類を生あるいは十分に加熱調理せずに食べた場合にヒトに感染する．そのほか，感染した食品取扱者を介して少量のウイルスの汚染により感染することもある．発生件数ではカンピロバクターに次いで第2位，患者数では第1位となった．

なお，食中毒の死者数としては，フグあるいはキノコなどの自然毒によるものの頻度が高い（表1）． 〔髙田礼子〕

文　献
1) 柳川洋，中村好一編：公衆衛生マニュアル2007, pp 135-139, 南山堂 (2007).

食品添加物

144

food additive

　食品添加物とは，「食品の製造の過程において又は加工もしくは保存の目的で，食品に添加，混和，湿潤その他の方法によって使用するもの」と食品衛生法第4条第2項で定義されており，わが国では2007年4月現在，天然・合成など製造方法にかかわらず厚生労働大臣がその安全性と有効性を確認して指定した「指定添加物」(366品目)，天然原料から作られ長年使用されてきた天然添加物として厚生労働大臣が認め，既存添加物名簿に収載されている「既存添加物」(450品目)，動植物から得られ着香の目的で使用される「天然香料」(612品目)，本来食品であるが添加物としても使われる「一般飲食物添加物」(104品目)に分類される．このように多数存在する食品添加物は，その用途別に，表1のように大別することができる．

　食品添加物を使用するにあたり，わが国では厚生労働大臣が作成した「食品添加物公定書」(1999年度に第7版完成，現在第8版の準備中)に明示された成分規格，製造基準，使用基準，保存基準，表示基準などの規格基準に適合したものだけがその使用を認められている．しかし日本と外国では規格や基準が異なるものがあるため，日本では非認可の添加物が輸入食品で検出されて問題になることがある．食品添加物の

表1　食品添加物の用途別分類例

使用目的	種類	食品添加物例	使用対象食品
食品の製造・加工	膨張剤	重曹，ミョウバンなど	焼き菓子，饅頭，ホットケーキなど
	乳化剤	グリセリンエステル，レシチンなど	アイスクリーム，マーガリン，菓子など
	消泡剤	シリコーン樹脂など	揚げ油，豆腐，蒸留酒など
	ゲル化剤	ゼラチン，寒天，ペクチンなど	ジャム，ゼリー，アイスクリームなど
	ろ過助剤	二酸化ケイ素，カオリンなど	砂糖，ビール，清酒，醬油，食酢など
	抽出溶剤	ヘキサン，アセトンなど	食用油脂，ガラナ豆の抽出
	豆腐用凝固剤	塩化カルシウム，硫酸カルシウムなど	豆腐，油揚げなど
食品の品質保持	保存料	安息香酸，ソルビン酸など	マーガリン，シロップ，佃煮など
	殺菌料	過酸化水素，次亜塩素酸水など	カズノコ，野菜，果実など
	酸化防止剤	L-アスコルビン酸，カテキンなど	漬物，パン，油脂，食肉加工品など
	防かび剤	オルトフェニルフェノールなど	柑橘類，バナナなど
食品の嗜好性向上	甘味料	アスパルテーム，サッカリンなど	ダイエット食品，漬物，醬油など
	酸味料	クエン酸，L-酒石酸，乳酸など	清涼飲料水，ジャム，キャンディーなど
	調味料	アミノ酸，核酸，有機酸，無機塩	食品全般，ソース類，農産物加工品など
	香料	合成香料，天然香料	アイスクリーム，魚肉練り製品など
	着色料	クチナシ色素，食用タール系色素など	菓子，清涼飲料水，農産物加工品など
	発色剤	亜硝酸ナトリウム，硝酸カリウムなど	ハム，ソーセージ，チーズなど
	漂白剤	亜塩素酸ナトリウム，二酸化硫黄など	生食用野菜類，柑橘類，果実酒など
	乳化剤	グリセリンエステル，ショ糖エステルなど	デンプンの品質改良，食感の改良など
	増粘安定剤	カルボキシメチルセルロースナトリウム，グアーガムなど	アイスクリーム，ソース，麺類など
栄養強化	ビタミン	L-アスコルビン酸，β-カロテンなど	マーガリン，清涼飲料水など
	ミネラル	亜鉛塩類，カルシウム化合物類など	母乳代替食品，パン，ハムなど
	アミノ酸類	DL-アラニン，L-イソロイシンなど	白米，小麦粉，パンなど

VI．生活環境と化学

表2 用途名を併記する食品添加物

①甘味料
②着色料
③保存料
④増粘剤・安定剤・ゲル化剤・糊料
⑤酸化防止剤
⑥発色剤
⑦漂白剤
⑧防かび剤・防ばい剤

表3 一括名で表記できる食品添加物

①イーストフード
②ガムベース
③かんすい
④苦味料
⑤酵素
⑥光沢剤
⑦香料・合成香料
⑧酸味料
⑨チューインガム軟化剤
⑩調味料（構成成分に応じて種類別を併記）
⑪豆腐用凝固剤
⑫乳化剤
⑬pH調整剤
⑭膨張剤・ベーキングパウダー・ふくらし粉

規格・基準の国際的整合化は，国連食糧農業機関（FAO）／世界保健機関（WHO）の合同食品規格委員会（コーデックス委員会：173カ国・1機関(欧州共同体)が参加(2006年8月現在)）で検討が進められ，ガイドラインが策定されている．

食品添加物の安全性は，各物質ごとに，実験動物を用いた毒性試験（急性・慢性毒性試験，繁殖試験，催奇形性試験，発がん性試験，変異原性試験，抗原性試験，一般薬理試験，体内動態試験）をもとに算出された，動物において毒性がまったく現れない無毒性量に安全係数（食品添加物の場合は1/100：(人と動物種の差：10倍)×(人の年齢性別等の個人差：10倍)＝100倍の安全率）を掛けた数字を，ヒトがその食品添加物を毎日摂取しても影響を受けない量（許容一日摂取量(acceptable daily intake：ADI)，単位：mg·kg 体重$^{-1}$·日$^{-1}$）として設定することにより，確保されている．ADIの設定は，各国によって実施された食品添加物の安全性試験の結果を，FAO/WHOの合同食品添加物専門家会議（JECFA）が評価し決定している．1980年から厚生労働省が中心となり，マーケットバスケット方式による日本人一人当たりの食品添加物の1日摂取量実態調査が継続して行われ，安全性上問題がないかの確認も行われている．

食品に使用した添加物は，食品衛生法により，原則として使用した物質名をすべて表示することが義務づけられている．このとき，化学物質名のほかに，食品衛生法で定められた別名，簡略名，種別名を用いることができる（例：L-アスコルビン酸→ビタミンC，炭酸水素ナトリウム→重曹など）．表2に示す8種類の用途に使用される添加物については，物質名のほかに用途名を併記することになっている（例：甘味料(ステビア)，漂白剤(亜硫酸塩)など）．複数の添加物を組み合わせて一つの目的のために使用する場合，個々の物質名を表示する必要性は低いため，一括名で表記することができる（14種類，表3）．また，最終食品に残存しないものや極微量で食品に影響を与えないもの（加工助剤），原料から持ち越されるもの（キャリーオーバー），栄養強化のための添加物（栄養成分としての表示は必要），容器包装に詰められていないばら売りの食品，表示する面積がないもの（30 cm^{2}以下のもの）については，表示が免除されている．

食品添加物に関する情報（食品添加物リスト，使用基準リスト，JECFAによる安全性評価，リスク評価など）は，厚生労働省，内閣府食品安全委員会，国立医薬品食品衛生研究所，(財)日本食品化学研究振興財団，日本食品添加物協会などのホームページで公開されている．　〔本間知夫〕

遺伝子組換え食品

145

genetically modified food

遺伝子組換え食品とは遺伝子組換え技術(組換えDNA技術)を応用した食品のことで,(1)有用な性質の遺伝子を組み込んだ農作物,(2)それらを原材料とする加工食品,また,(3)遺伝子組換え技術を応用して製造された添加物に分類される.

遺伝子組換え作物の研究はこれまで国内外でさまざまに進められてきており,除草剤耐性,害虫抵抗性,耐病性,不良環境耐性,日持ち改良,収量向上,成分・機能改良などの特性を付与された植物が開発されている.わが国において遺伝子組換え食品としてその安全性が確認され販売・流通が認められているものは,ジャガイモ,ダイズ,テンサイ,トウモロコシ,ナタネ,ワタ,アルファルファの7作物77品種であ

表1 安全性審査の手続きを経た遺伝子組換え食品及び添加物(2007年4月12日現在)
〈食品・77品種〉

対象品種	性質	開発国(品種数)
ジャガイモ	害虫抵抗性	米国(2)
	害虫抵抗性及びウイルス抵抗性	米国(6)
ダイズ	除草剤耐性	米国(1),ドイツ(2)
	高オレイン酸形質	米国(1)
テンサイ	除草剤耐性	米国(1),米国・スイス(1),ドイツ(1)
トウモロコシ	害虫抵抗性	米国(3),スイス(1)
	除草剤耐性	米国(3),ドイツ(2)
	害虫抵抗性及び除草剤耐性	米国(14),スイス(2)
	高リシン形質	米国(1)
ナタネ	除草剤耐性	米国(2),ドイツ(11)
	除草剤耐性及び雄性不稔性	ドイツ(1)
	除草剤耐性及び稔性回復性	ドイツ(1)
ワタ	除草剤耐性	米国(5),ドイツ(1)
	害虫抵抗性	米国(3)
	害虫抵抗性及び除草剤耐性	米国(8),ドイツ・米国(1)
アルファルファ	除草剤耐性	米国(3)

〈添加物:14品目〉

対象品目	性質	開発国(品目数)
α-アミラーゼ	生産性向上	デンマーク(5)
	耐熱性向上	米国(1)
キモシン	生産性向上	オランダ(1)
	キモシン生産性	デンマーク(1)
プルナラーゼ	生産性向上	米国(1),デンマーク(1)
リパーゼ	生産性向上	デンマーク(2)
リボフラビン	生産性向上	スイス(1)
グルコアミラーゼ	生産性向上	デンマーク(1)

る（2007年4月12日現在，表1参照）．

　現在のところ，わが国では遺伝子組換え作物の商業的栽培は行われておらず，すべて輸入されたものである．世界での遺伝子組換え作物の商業栽培国は21カ国あり，2006年の作付面積は1億200万ヘクタールとなっている．国別では，米国が5460万ヘクタールで世界の遺伝子組換え作物作付面積の53％を占め，次いでアルゼンチン（18％），ブラジル（11％），カナダ（6％），インド（4％），中国（3％）となり，上位6カ国で95％を占める．また作物別にみると，ダイズ（57％）トウモロコシ（25％），ワタ（13％），ナタネ（5％）の4作物でほぼ100％である．遺伝子組換え作物は生で食べることはなく，食用油，豆腐，醤油，マーガリン，マヨネーズなどの加工材料用に利用されている．

　添加物としてはアミラーゼ，キモシンなど6種14品目が認可されている（2007年4月12日現在，表1参照）．たとえば，チーズ製造で利用される凝乳酵素キモシン（レンネットともいう）は，仔牛第4胃から抽出したものが使われているが高価である．海外ではキモシンの遺伝子を大腸菌など微生物に導入して産生させることで，同等の酵素を安価に大量に安定して供給することが可能となり，天然添加物の代替として利用している．なお酵素精製の過程で遺伝子組換え微生物は除去されるため，添加物として利用する場合は，遺伝子組換え体そのものを食べることにはならない．

　遺伝子組換え食品の安全性については，開発者（申請者）から提出されたデータを，内閣府に設置された食品安全委員会が，挿入遺伝子の安全性，挿入遺伝子により産生されるタンパク質の有害性の有無，アレルギー誘発性の有無，挿入遺伝子が間接的に作用して他の有害物質を産生する可能性の有無，遺伝子を挿入したことにより成分に重大な変化を起こす可能性の有無などについて審査し評価する．このとき，既存の食品（遺伝子を組み込む前の作物）と比較し，組換え体において付与された特性以外の性質に差がなければ，食品としての安全性は認めるという「実質的同等性」という考え方が適用されている．

　遺伝子組換え食品の表示については，2001年4月からJAS法（農林物資の規格化及び品質表示の適正化に関する法律）および食品衛生法に表示制度が盛り込まれ義務化された．表示の対象は，すでに審査済みの7種の農作物と，ダイズ（エダマメおよびダイズもやしを含む），トウモロコシ，ジャガイモ，アルファルファ，テンサイを原材料とする32品目の加工食品（豆腐・油揚げ類，凍豆腐・おから・ゆば，納豆，豆乳類，みそ，大豆煮豆，大豆缶詰・瓶詰，きな粉，大豆いり粉，コーンスナック菓子，コーンスターチ，ポップコーン，冷凍トウモロコシ，トウモロコシ缶詰・瓶詰，冷凍ジャガイモ，乾燥ジャガイモ，ポテトスナック菓子など）である（2006年11月現在）．分別生産流通管理が行われている遺伝子組換え食品の場合は「遺伝子組換え」，遺伝子組換え食品と非遺伝子組換え食品の分別流通管理が行われていない場合は「遺伝子組換え不分別」と表示することが義務づけられている．非遺伝子組換え食品については表示義務はなく，任意でその旨を表示することができる（例：大豆（遺伝子組換えでない），など）．しかし，すべての遺伝子組換え食品に表示義務があるわけではなく，加工度が高く組み込まれた遺伝子やその遺伝子が作るタンパク質が残存しない加工食品（醤油，大豆油など）には表示義務がない．また原材料の重量に占める遺伝子組換え食品の原料の割合が，上位3品目に入らずかつ5％未満の加工食品は表示が省略できる．　〔本間知夫〕

牛海綿状脳症

146

bovine spongiform encephalopathy：BSE

BSEは，伝達性海綿状脳症（transmissible spongiform encephalopathy：TSE）あるいはプリオン病とも呼ばれる人畜共通感染症の一つで，病原因子の異常プリオンタンパクがウシの中枢神経組織に蓄積し，脳の海綿状変性が生じ，進行性中枢神経障害を来す致死性の神経変性疾患である．

臨床的特徴は，①潜伏期間は3～7年程度，発症後の生存期間は2週間～6カ月，②英国での発症は主に3～6歳，③臨床症状は，神経過敏，攻撃的あるいは沈鬱状態，泌乳量の減少，体重減少，異常姿勢，協調運動失調，麻痺，起立不能などであり，進行性で死の転帰をとる．

病因について十分に解明されていないが，正常のプリオンタンパク（PrP^c）の三次元構造が変化した不溶性の異常プリオンタンパク（PrP^{sc}）が，経口摂取後回腸のリンパ組織であるPeyer板から，自律神経系を経由して中枢神経系に伝播される．伝播されたPrP^{sc}が正常のPrP^cをPrP^{sc}へ変換させて中枢神経系に蓄積することが原因と考えられている．

BSEの診断は，臨床症状からは困難なため，中枢神経組織（延髄の閂部）のPrP^{sc}の沈着を抗プリオンタンパク抗体により免疫学的に検出することによる．PrP^{sc}はPrP^cと異なりプロテアーゼK処理によりコア部分が残る性質を利用し，ELISA法で一次検査を実施し，陽性試料についてウエスタンブロット法と免疫組織化学検査により確定診断が行われる．

BSEは，1986年に英国で最初に発見された．その原因として，すでに存在したTSEであるスクレイピー感染羊またはなんらかのTSE感染牛由来の病原因子に汚染された肉骨粉（食肉処理過程で得られる肉，皮，骨などの残さから製造）を含む飼料の流通により広がったと考えられている．英国では88年に反すう動物由来の肉骨粉を反すう動物の餌に使用することが禁止され，BSE発生は93年を境に減少した．しかし，肉骨粉が輸出された結果，2000年頃からEU諸国でのBSE発生が増加した．OIE（国際獣疫事務局）の統計によると，05年までにEU諸国の多くを含む20カ国以上でBSEの発生例が報告され合計約19万頭（うち英国は18万頭）を超えている．日本では01年9月に初発し，06年8月までに28頭報告されている．

異常プリオンタンパクは種を超えてウシ以外に伝播され，ヒトでは変異型クロイツフェルト-ヤコブ病（variant Creutzfeldt-Jakob disease：vCJD）を起こすと考えられている．vCJDは，96年に英国で確認され，ヒトプリオン病のクロイツフェルト-ヤコブ病と比較して，①40歳以下の若年層で発生，②進行が緩徐で発症後の生存期間が13カ月と延長，③脳波で周期性同期性放電（PSD）がみられない，④脳の病変部に無数の花びら状のプリオンプラーク（florid plaque）が認められるなど異なる特徴を有していた．05年1月現在，vCJD発症例はBSEが多く発生したヨーロッパを中心に167例（うち英国153例）である．日本でも05年2月に英国滞在歴のある1例の発症が報告された．

わが国の食牛肉安全対策として，①食用処理されるウシを対象としたBSE検査（21カ月齢以上），②と畜解体時のすべてのウシの特定部位（頭部舌，頬肉を除く頭部，脊髄および回腸遠位部）の除去・焼却・衛生的処理の徹底，脊柱の食用への使用禁止，③反すう動物へのほ乳動物由来タンパクを含む飼料の使用禁止などが実施されている．

〔髙田礼子〕

家庭で使う化学薬品

147

household chemicals

　家庭で使う化学薬品とは快適で安全な生活をするために家庭で日常的に用いられる製品や製剤であって，その主成分として特定の化学物質を含んでいるものを指す．法的には，「有害物質を含有する家庭用品の規制に関する法律」がある（表1）．身のまわりをみると，庭には殺虫・除草剤，犬・猫用薬剤，部屋には新建材，塗料，接着剤，畳殺虫剤，防ダニ剤，タンス防虫剤，乾燥剤，抗菌・難燃加工剤など，台所，浴室，トイレには洗剤，漂白剤，かび取り剤，クレンザー，セッケン，シャンプー，リンス，芳香剤，入浴剤など，鏡台には，化粧品，ヘアカラー，日焼け止め，マニキュア，傷消毒薬，使い捨てかいろ，そして机上には，スティックのり，接着剤，油性サインペンなどの製品がある．快適な生活にこれらの製品群が必要であるが，化学物質には必ずある程度のリスクが伴う．したがって，それらの成分について化学的に正しい知識をもち，誤った使用に伴うリスクを軽減せねばならない．国際的にはネット上にHousehold Products Databaseなどがあって主要な製品についてはその含有化学物質のMSDS（material safety data sheet）データが容易に入手できる．

表1　「有害物質を含有する家庭用品の規制に関する法律」で規制される化学物質と検出基準

化学物質	家庭用品・用途	検出基準	毒性
ホルムアルデヒド	繊維製品(幼児用)，防縮加工	検出されないこと(16 ppm以下)	粘膜刺激・皮膚アレルギー
	繊維製品(大人用)，接着剤	75 ppm以下	
塩化水素（塩酸）硫酸	液体洗浄剤	酸の量10%以下 所定の容器強度	皮膚障害・粘膜の炎症
水酸化ナトリウム 水酸化カリウム	液体洗浄剤	アルカリの量5%以下 所定の容器強度	皮膚障害・粘膜の炎症
メタノール	エアゾール溶剤，消臭剤	5%以下	視神経障害
塩化ビニル	帯電防止剤，噴射剤	検出されないこと	発がん性
ディルドリン	繊維製品(床敷物)，防虫加工	30 ppm以下	肝機能障害・中枢神経障害
DTTB（ベンズイミダゾール系）			経皮・経口急性毒性
トリブチルスズ化合物 トリフェニルスズ化合物	繊維製品，防菌・防かび剤	検出されないこと	皮膚刺激性 経皮・経口急性毒性
有機水銀化合物	ワックス，防菌・防かび剤	検出されないこと	中枢神経障害・皮膚障害
TDBPP（ブロモホスフェイト系）	繊維製品（カーテン）	検出されないこと	発がん性
BDBPP（ブロモホスフェイト系）	防炎加工	検出されないこと	発がん性
APO（ホスフィンオキシド系）	防炎加工	検出されないこと	造血生殖機能障害
テトラクロロエチレン トリクロロエチレン	洗浄剤，しみ抜きスプレー溶剤，ワックス除去	0.1%以下	腎臓・肝臓機能障害 中枢神経障害
ジベンゾアントラセン ベンゾアントラセン ベンゾピレン	木材防腐・防虫剤	10 ppm以下	発がん性

家庭で使う化学製品には，(1)有効成分としてごく微量が含有され，その作用を利用する場合と，(2)有効成分として多量に含有され，その作用を利用する場合とがある。表1をみると，規制のほとんどは(1)の場合で(2)は酸・アルカリと溶剤類である。酸やアルカリは表1の濃度を超えると劇物扱いで「毒物及び劇物取締法」，食品用の洗剤は「食品衛生法」，化粧品などは「薬事法」というように適用される法律が異なる。また，別に業界で「自主基準」を制定している家庭用品も多い（ウエットワイパー類，かび取り剤，防かび剤，不快害虫用殺虫剤，洗浄剤，しみ抜き剤，一般消費者用芳香消臭脱臭剤，コンタクトレンズ用洗浄保存剤，綿棒，洗浄剤漂白剤の10分野）。

各製品をみると，別項に記載のあるものを除いて，ウエットワイパーの主剤はエタノールであるが乳酸やクエン酸ナトリウムを加え除菌効果を強めた製品もある。ガラスみがき剤にはイソプロパノール1〜5%とモノエタノールアミン0.1〜1%を含むものや，2-ブトキシエタノールとアンモニアを含むものがある（海外製品）。トイレ陶器クリーナーは塩酸5〜10%のもの，リン酸25%のものがある。コンタクトレンズクリーナーでは，塩化ナトリウム0.79%，過酸化水素3%が主剤で，それにリン酸や安定剤や緩衝液が加えられている。綿棒には塩化ベンザルコニウムが配合され抗菌効果をもたせるなどである。

漂白剤は主剤となる化学薬品の違いにより用途がはっきりと分類できる例である。「酸化型」は塩素系（次亜塩素酸ナトリウム，ジクロロイソシアヌル酸カリウム塩，亜塩素酸ナトリウム）と酸素系（過酸化水素，過炭酸ナトリウム，過ホウ酸ナトリウム）とがある。「還元型」は硫黄系（ハイドロサルファイト，二酸化チオ尿素）とシュウ酸とがある。まず，塩素系製品では水酸化ナトリウム0.5〜1%，次亜塩素酸ナトリウム5〜10%など，酸素系製品では過ホウ酸ナトリウム4水和物5〜15%，サブチリシン（酵素）0.5〜2%，長鎖アルキルベンゼンスルフォン酸類1〜5%などが含まれる。還元型は鉄分による黄ばみなどをとる効果があり，硫黄系製品では，二酸化チオ尿素，アルカリ剤（炭酸塩），金属封鎖剤，安定剤などを含む。

洗濯のりも天然由来のデンプン，半合成品の加工デンプン，カルボキシメチルセルロース(CMC)，合成品のポリ酢酸ビニル(PVAc)，ポリビニルアルコール(PVA)，耐熱性ポリマーなどがあり用途に応じ使い分けられる。文具としてののりもほぼ洗濯のりに似るが，スティックのりは合成樹脂のポリビニルピロリドンを主剤としており，液分が50%以上あるゲル化物で塗付時の力によって局部的に液化して接着力をもたらす。接着剤もごく身近な製品であるが，陶磁器などに用いる2剤式のものはA剤がエポキシ樹脂(25〜100%)でB剤はポリアミドやポリチオールなどの硬化剤(15〜100%)である。ポリアミン(特異臭がある)はpH 13〜14の強アルカリ性であるから注意が必要である。瞬間接着剤はアルキルα-シアノアクリレートモノマーが主剤で空気中の水分により重合して接着する。

靴ずみもまた身近な化学製品であるが，MSDSシートによれば白靴ずみはイソプロパノール0〜28%，（二）酸化チタン10〜20%とあり，ワックスなどの主成分に加えてアルコールが含まれている場合がある。カーペットのクリーナーなどもアルコール系の化合物を含んでおり，MSDS表示でイソプロパノール5%，1-メトキシ-2-プロパノール8%，2-ブトキシエタノール7%などと表示のある製品が市販されている。

難燃剤は消防法の規制もあって防炎性能

を付与するためにカーテン・床敷物などの加工に用いられる。規制のかけられている薬品類には、トリス（1-アジリジニル）ホスフィンオキシド（APO），トリス(2,3-ジブロムプロピル)ホスフェイト（TDBPP），ビス (2,3-ジブロムプロピル) ホスフェイト化合物（BDBPP）などがある（表1参照）。臭素を含むポリブロモビフェニール（PBB），ポリブロモジフェニルエーテル（PBDEs），テトラブロモビスフェノール A（TBBPA）は使用制限・禁止が EU の RoHS 指令により，2006 年度から実施されている。

酸化還元反応を利用した身近な製品の例に使い捨てかいろがある。

$$Fe+(3/4)O_2+(3/2)H_2O \rightarrow Fe(OH)_3+Q（\fallingdotseq 400 kJ）$$

にしたがう鉄粉の酸化発熱反応を利用している。内容物は鉄粉、塩類、活性炭、保水剤としてのバーミキュライト（ケイ酸塩鉱物の一種。三層構造をもつ）よりなっている。また酸塩基反応を利用した身近な製品の例には入浴剤がある。重曹（$NaHCO_3$）を有機酸であるフマル酸とおだやかに反応させて発生する二酸化炭素を風呂のお湯に吸収させている。そして，エントロピーの増大による吸熱反応を利用した例として瞬間冷却剤がある。たとえば，硝酸アンモニウム(20〜70%)と尿素(0〜40%)を含む製品を水に溶解させた際の吸熱を利用して冷却している。

海外では自動車のメインテナンスに使われる品物も家庭用品（household products）に分類される。不凍液はエチレングリコールやプロピレングリコールが主成分で防さび剤も添加されている。バッテリーは硫酸（38 w/w%，比重 1.28：20℃)，鉛，二酸化鉛で構成されているが，この濃度の硫酸は劇物に相当する。ガラスやシートなどの手入れに使う洗剤類には，イソプロパノールや 2-ブトキシエタノールなどが含まれている。自動車用化学品にかかわる第 1 種指定化学物質をいくつかあげると，たとえばブレーキ液はビスフェノール A やホウ素およびその化合物，ワックス類では，アルキルベンゼンスルホン酸塩，2-メトキシエタノール，キシレン，トルエン，ビス（水素化牛脂）ジメチルアンモニウムクロリドなどである。いま，話題のノニルフェニルエトキシレート（NPE：AE の一種）を含んだ製品もある[1]。

EU での REACH（化学物質の登録，評価，認可：2007 年 6 月施行。→ 188. REACH）の動きに対して，米国では 2006 年の秋，ウォルマート社が NPE や殺虫剤プロポクスルとペルメトリンを含む製品を今後一切販売しない予定と発表した。一私企業が家庭で使う化学製品（household chemicals）のリスクを指摘しその代替品開発を促進する動きである。家庭での化学薬品のリスクをめぐる世界の動きは，政府関係のサイトに加えて「化学問題市民研究会」などのサイトでも紹介されている。 〔久司桂彦〕

文　献
1) householdproducts.nlm.nih.gov/
2) www.env.go.jp/chemi/communication/factsheet.html
3) www.ne.jp/asahi/kagaku/pico/

接着剤

148

adhesive

接着剤は二つの物体の間に薄膜として介在して，これらを結合する材料である．家具，建築，土木，電気電子，自動車，梱包，医療品，衣料品，靴，スポーツ用品などの分野だけでなく，一般家庭でも広く使用されている．接着剤の種類は，経済産業省生産統計によると，表1のように分類される．なお，粘着剤のように軽い力で着脱できるものも広義の接着剤である．

接着の仕組みには，機械的接着（接着表面の細かい凹凸に接着剤が入り込んで固まり，小さい鋲を打ち込んだようになる），化学的接着（接着する材料と接着剤がある種の化学結合をする），物理的接着（接着する材料と接着剤がぬれの状態になる：親和性，溶解性因子をもつ）があるが，実際の接着では，これらの三つの作用が組み合わさって接着すると考えられている．

接着剤の主成分には，無機系のセメントやセラミックなどもあるが，多くは有機系の物質である．有機系には，天然系のでんぷん，膠などと合成系の樹脂やゴム類などがある．接着剤は，これらの主剤に溶剤や各種の添加剤を加えて製造される．家庭用接着剤では，主成分として，表1に示した各種の樹脂がよく使われる．溶剤形接着剤の溶剤には，炭化水素，アルコール，ケトン，エステル類がある．水性形接着剤では水のほかに少量の有機溶剤や可塑剤を加えることがある．さらに，添加剤として，粘着付与剤，可塑剤，硬化剤・架橋剤，希釈剤，充てん剤，増粘剤，顔料などが樹脂や用途に合わせ加えられる．

溶剤形接着剤が固まる際，過剰な溶剤が放散される．また，アルキド樹脂やフェノール樹脂の一部からホルムアルデヒドが放散される場合がある．近年，室内のホルムアルデヒドやトルエン，キシレンなどによると考えられるシックハウス問題が起こっている．これに対し，建築基準法の改正により，室内のホルムアルデヒド濃度に関する規制が始まり，製造業者によるホルムアルデヒドの放散防止対策として，塗料と同様，Fと☆のマークが設けられた．その他の溶剤形接着剤などを室内で使用する場合は，十分な換気と養生期間に配慮することが必要である．

接着剤の配合自体も，建築用の接着剤に限らず，製品中に使用されていたトルエン，キシレンは，シクロヘキサン，メチルシクロヘキサン，ヘプタンなどへの転換が進んでいる．また溶剤を代替するのではなく，有機溶剤そのものを使用しない無溶剤形や水性接着剤もある． 〔荒川いずみ〕

文 献
1) 製品評価技術基盤機構：接着剤（家庭用），http://safe.nite.go.jp

表1 接着剤の種類

溶剤形接着剤	樹脂系溶剤形接着剤（酢酸ビニル樹脂系溶剤形接着剤，その他合成樹脂（アクリル・塩ビ他）），合成ゴム系溶剤形接着剤（ニトリルゴム系・クロロプレンゴム系溶剤形接着剤，その他），天然ゴム系溶剤形接着剤
水性形接着剤	樹脂系エマルション形接着剤（酢酸ビニル樹脂系エマルション形，酢酸ビニル共重合樹脂系エマルション形，エチレン・酢酸ビニル樹脂系エマルション形，アクリル樹脂系，その他），水性高分子-イソシアネート系接着剤，合成ゴム系ラテックス型接着剤，その他の水性形接着剤
ホットメルト形接着剤	エチレン，酢酸ビニル樹脂系ホットメルト形接着剤，合成ゴム系ホットメルト形接着剤，オレフィン樹脂系その他
反応形接着剤	エポキシ樹脂系接着剤，シアノアクリレート系接着剤，ポリウレタン系接着剤，アクリル樹脂系接着剤，その他
感圧形接着剤	アクリル樹脂系感圧形接着剤，ゴム系感圧形接着剤，その他の感圧形接着剤
その他接着剤	

塗 料

paint

塗料は，液状あるいはスラリー状の材料で，物体の表面に塗装したのち固化して（塗膜形成），その物体を保護したり，美観（色，艶）を与えたり，特定の機能を付与したりする材料である．塗料は，そのままの状態では，その目的とする機能を発現せず，物に塗って塗膜にすることで，はじめて機能を発揮する．

塗装される対象も，建物，自動車，船舶，橋梁，電気製品，木工品など非常に範囲が広い．塗装自体も，専用の塗装設備で塗られるものから屋外で塗られるものまであり，また塗装法も，刷毛やローラーによる塗装，吹付塗装，静電塗装，浸漬塗装やロール塗装などがある．このほか塗料の硬化の方法（表1），樹脂の種類，希釈剤（表2），品質特性などによるいろいろな分類法がある．

塗料の組成は，一般に，樹脂，顔料と塗装作業性を確保するための溶剤および塗膜特性，塗装特性にかかわる各種の添加剤などから構成される（表3）．樹脂はセラックやロジンなど天然樹脂を使用することもあるが，多くは合成樹脂が使用される（エポキシ樹脂，ウレタン樹脂，フェノール樹脂，シリコーン樹脂，フタル酸樹脂，アルキド樹脂，アクリル樹脂，アミノ樹脂など）．これらの樹脂は組み合わせて使われることが多い．顔料には，無機顔料や有機顔料がある．顔料には色を出すための着色顔料のほか，金属のさび止めに使われる防さび顔料，塗膜の補強や増量のために加えられる体質顔料などがある．

溶剤は，水以外では，キシレン，トルエンや石油系ナフサなどの炭化水素が多く使用されるが，樹脂や特性に合わせアルコール，エステル，エーテル，ケトンなども使われる．さらに，添加剤として，可塑剤，希釈剤，湿潤剤，分散剤，乾燥剤，沈降防止剤などあり，それぞれの目的を付与するために各種の成分が使われる．その他，二液形塗料では塗装時の硬化剤が，エアゾ

表1 塗膜形成様式による分類

常温乾燥形	ラッカー形	溶剤などが揮発してそのまま塗膜となるもの
	空気乾燥形	空気中の酸素と反応して硬化するもの（油性塗料）
	二液硬化形	主剤・硬化剤が反応して塗膜となるもの
	湿気硬化形	空気中の水分と反応して硬化するもの（漆など）
硬化条件を加えるもの	焼付硬化形	熱をかけることで硬化するもの
	光硬化形	紫外線などを当てることで硬化するもの

表2 溶剤による分類

水性塗料	水溶性形	樹脂の溶解に，水に親和性のある溶剤が併用される
	エマルション形	水のなかに樹脂が分散した形で存在する
溶剤形塗料	油性塗料	油性塗料は本来は植物油などを使用した塗料
	（有機）溶剤塗料	溶剤として有機溶剤を使用する
無溶剤塗料	粉体塗料	塗料粉を静電気などで塗装し，加熱して塗膜にする
	無溶剤形	溶剤を使用しなくても塗料に流動性があり塗装できる

表3 塗料の組成

塗膜形成要素 (固形分)	顔料	有色塗料 (エナメル等)
	樹脂（主要素）	
	添加剤（副要素）	透明塗料 (ワニス，クリヤー)
塗膜形成副要素 (揮発分)	溶剤（有機溶剤・水）	

ル塗料では容器にあらかじめ噴射剤が加えられる．

塗料の環境影響をみると，組成中の溶剤は塗装時に放散されて塗膜中にはほとんど残らないため，多くの有機溶剤類は大気に放散され，放散する物質によっては光化学オキシダントの原因となる．また，ヒトへの健康影響に留意する必要がある．樹脂が，塗膜になって固定している間の環境影響は一般に小さいと考えられるが，たとえば，水性塗料を使用した際に，樹脂がついた刷毛や容器を洗浄した水は適切に処理されなければならない．

顔料類は塗膜中に入るが，静電塗装などの場合にはミストとなって環境に放出される恐れがある．とくに鉛，クロムなどの重金属が含まれた顔料には注意が必要である．またこれらの重金属を含む塗膜の廃棄（再塗装時の除去，被塗物の廃棄時など）には注意が必要となる．添加剤は，一般に使用量が少ないが，なかには環境影響が大きいものもあり，たとえば，船舶の防汚剤として添加されていた有機スズは，水生生物に影響があるとされ，日本では法規制や自主規制で現在は使われていない．

環境影響の対策として，工場内の塗装の場合には，環境へ排出しないよう設備上の対応をすべきである．他方，橋梁の塗替えなど，設備上の対策が難しい場合や屋外塗装などの場合には，使用する塗料への配慮が必要となる．塗装分野によっては，有機溶剤形から水系塗料や無溶剤塗料への切替えが進んでいる．また，塗装設備，機器な

どを洗浄するためには有機溶剤が入ったシンナーが使われるが，これを使用後に回収・処理して再使用することも行われている．

シックハウス問題は，室内に存在する微量物質が与える健康影響の問題であり，対応が始まっている．たとえば，建築基準法の規制対象となっているホルムアルデヒドは，塗料中のフェノール樹脂，アミノ樹脂などホルムアルデヒドを原料とする樹脂の使用，添加剤などでも発生するので注意が必要である．塗膜からのホルムアルデヒドの放散の程度によって，JISや社団法人日本塗料工業会の自主基準により塗料に設けられたFと☆のマークのラベル表示がされている．この場合，「☆」の数が多いほどホルムアルデヒドの放散が少なく，放散の最も少ないものを「F☆☆☆☆」と表す．マークのない塗料は室内への使用は不適当であり，「F☆☆」や「F☆☆☆」の塗料は使用面積に制限を受ける，他方，「F☆☆☆☆」の塗料は制限を受けずに室内で使用できる．トルエン，キシレンなどの溶剤は，塗装時の放散が問題となるが，塗膜中にもわずかに残って徐々に放散されることがある．建築物の塗装では，トルエン，キシレンなどを使用していない塗料の選択や十分な換気が対策としてある．

〔荒川いずみ〕

文 献

1) 製品評価技術基盤機構：塗料（家庭用）（身の回りの製品に含まれる化学物質シリーズ2），http://safe.nite.go.jp

かび取り剤，防かび剤

150

mold and mildew cleaners

　市販のかび取り剤には塩素系のものと非塩素系のものとがある．塩素系のものは例外なく次亜塩素酸塩（〜5%以下），水酸化ナトリウム（〜1%以下），界面活性剤（耐アルカリ性の大きいもの，例：ドデシルジメチルアミン N-オキシドなど）が含まれている．

　主成分である次亜塩素酸ナトリウム NaClO は，水酸化ナトリウム水溶液に塩素ガスを反応させて得られる不安定な化合物であり，徐々に分解して酸素を発生する．水酸化ナトリウムはその分解の進行を妨げる．次亜塩素酸ナトリウムの強力な酸化作用とアルカリの洗浄作用が壁やタイルの目地に頑固に固着している黒かびなどの細菌と色素を酸化分解・漂白して除去するはたらきをする（菌体成分の酸化破壊）．一方，非塩素系のものは酸性であり，塩素系にあるような刺激臭はなく，有機酸（乳酸など），界面活性剤（ポリオキシエチレンアルキルエーテルなど）を含んでいる．有機酸が，かびの酵素を分解し細胞膜を破壊してかびの増殖を抑える．作用はおだやかで安全性は高いが，かび取りの能力は塩素系のものに劣る．

　塩素系のかび取り剤は強力な酸化剤であるからその取扱いには細心の注意が必要である．酸性物質と混合すれば，次亜塩素酸イオンは分解して塩素（致死性の気体）を発生する．1987年12月に徳島県で塩素系かび取り剤と，便器洗浄用の酸性洗浄剤の併用による塩素ガス中毒死亡事故が起こった．1989年以降「まぜるな危険」という赤色のラベルが，表示されるようになった．容器のトリガーなどにも他製品（例：台所用漂白剤，次亜塩素酸塩の濃度が5%強とやや高く処方されている）と混用されないよう工夫が凝らされている．塩素系かび取り剤の強アルカリ性もまた事故の要因である．眼の粘膜はとくにアルカリ溶液に弱いので，思わぬ怪我を引き起こす恐れがある（換気に注意，ゴム製などの手袋，保護めがね，マスクの着用）．しかし，安価で強力で長年使用してきた実績からいまもかび取り剤の主流を占めている．なお，塩素ガスの通常労働時間の許容濃度として"1 ppm 以下"が勧告されており，「家庭用品品質表示法」の規定でも，これ以上の塩素ガスを発生するものについて表示の履行が定められている．たとえば，市販の塩素系かび取り剤とエタノールとの混合試験で実際に1 ppm 以上の塩素ガスが発生することが確かめられた．

　細菌とかびは生物学的には別な生き物であり，抗菌剤と防かび剤を区別する必要があるが，抗菌という範疇に防かびが含まれる場合も多い．市販の防かび剤はエアゾールタイプ（表面噴霧剤：噴霧粒子が空間噴霧剤に比べてやや大きく成分の霧散を抑制）が多い．防かびのはたらきを示す主成分として，ベンズイミダゾール系殺菌剤に属するチアベンダゾールがよく用いられる．この化合物は割り箸の消毒や，柑橘類の防かびなどにも用いられる低毒性の防かび剤・殺菌剤である．かびの胞子（種）の発育を抑制する（→151.家庭用殺菌剤，除菌剤）アルコール類（主にエタノール）も滅菌作用があり主成分の一つである．衣類用の防虫剤にも PCMX（p-クロロ-m-キシレノール）が防かび剤として配合されている．

〔久司桂彦〕

151 家庭用殺菌剤, 除菌剤

household disinfectants, fungicides

a. 殺菌剤 家庭で用いられる殺菌剤は, 塩素化合物, ヨウ素化合物, 過酸化物, 重金属化合物のような無機系のものと, アルコール, アルデヒド, フェノール, 四級アンモニウム塩, 抗生物質のような有機系のものとがある. それらの主な作用は菌の脂質を溶かす, タンパク質を変性させ酵素系を阻害する, 化学反応で菌体を破壊するなどで微生物の生活力を失わせることである.

次亜塩素酸ナトリウムは食器, 哺乳瓶からプールの殺菌消毒にも用いられる. また, 水と反応すると次亜塩素酸を生じるトリクロロイソシアヌル酸は風呂水の雑菌繁殖を防ぎ, 30 mg/l 程度溶解しておくとプールなどの有効塩素分の減少を防ぐ. ポリビニルピロリドンとヨウ素化合物はうがい薬に使用される. 過酸化水素水の3％水溶液はオキシドールで傷口の殺菌に常用される. 発泡は血液中の酵素カタラーゼによる触媒作用で酸素が発生するためである. 昇こう水は消毒薬の代表であったが, 水銀を含むために現在は使用されていない.

エタノールは濃度80％で殺菌能が最高となり, 手指からまな板まで用いられる. ホルマリンは強力な消毒剤で, ホルムアルデヒドの38％水溶液で安定剤として10％のメタノールを含む. 10倍にうすめて用いる. 蒸気を吸入すれば有害であり, 1975年に廃棄時の無毒化が義務づけられた. グルタルアルデヒド (1,5-ペンタンジアール) も医療機関などで用いられる. クレゾールセッケン液はフェノールの誘導体であるクレゾールの50％溶液であり1％にうすめて使用する. 特異な刺激臭がある. 塩化ベンザルコニウム (塩化アルキルベンジルジメチルアンモニウム) は逆性セッケンの一つであり, 陽イオン界面活性剤で第四級アンモニウム塩である. 微生物由来の抗生物質群には作用の強い殺菌性抗生剤と作用の穏やかな静菌性抗生剤とがある. ペニシリン (1926年発見), セフェム, アミノグリコシド系は殺菌性, マクロライド, テトラサイクリン系は静菌性である. 化学合成によるニューキノロン系抗菌剤もあるがいずれも医薬用が主である.

b. 除菌 (抗菌) 剤 除菌 (抗菌) 剤は, 微生物の繁殖を抑制し, 生活環境の清浄度を高めるものである. 無機系と有機系の除菌剤があり, 除菌成分として無機系の場合は銀 (銅, 亜鉛も) が用いられる. たとえば, ゼオライトに銀イオンを吸着させた銀ゼオライト系, ガラスに金属を含ませた抗菌ガラス, 樹脂へ練りこめるリン酸ジルコニウム銀系剤, 耐塩素性を増すために銀を陰イオン性の錯体 $[Ag(S_2O_3)_2]^{3-}$ とした系などがある.

一方, 有機系では塩酸クロルヘキシジンやトリクロサンがある. いずれも数十ppm濃度でグラム陽性細菌の繁殖を抑える (グラム陰性細菌にはやや効果が劣る). ジンクピリチオンやクロロキシレノールなどはシャンプーやデオドラントセッケンにも使用され, やはり50 ppm以下の濃度で抗菌作用を示す. 除菌の範疇には防かび剤も入るが, チアベンダゾール, カルベンダジン, キャプタン, フルオロフォルペット, クロロタニル, メチルスルホニルテトラクロルピリジン, オキシビスフェノキシアルシン, メチルイソチアゾリノン, ジアイオドメチルパラトリルスルホンなどの例がある. 〔久司桂彦〕

152 家庭用殺虫剤，防虫剤

household insecticide, mothball

a．殺虫剤 殺虫剤は害虫を駆除・死滅させるための薬剤をいう．害虫は衛生害虫（カ，ハエ，ゴキブリ，ノミ，ナンキンムシ，イエダニ，シラミ，屋内塵性ダニ類）と不快害虫（衛生害虫以外の昆虫で，ハチ，ブユ，ユスリカ，ケムシ，ムカデ，アリなど）とに分類される．ふつうは原体を希釈剤や補助剤と混ぜて使用され，油剤・乳剤，懸濁剤，粉剤，粒剤，水和剤，エアゾール，燻煙剤，蒸散剤，水溶剤，マイクロカプセルなどがある．

衛生害虫を対象とする殺虫剤に家庭用と防疫用とがあり，不快害虫用殺虫剤と合わせて，2002年度の全国排出量（PRTR）は約1000 t（キシレン58％，o-ジクロロベンゼン17％，ジクロルボス9％，フェニトロチオン6％，クレゾール2％，ペルメトリン2％，その他6％）である．ジクロルボスはフェニトロチオン，ダイアジノンとならぶ有機リン系殺虫剤，ペルメトリンは除虫菊成分ピレトリンをヒントに合成された残効性に優れた殺虫剤である．

カ・ハエ用に屋内で使用される殺虫剤には，安全性が高く少量で迅速な効果があり残留性の少ないことが要求される．速効性のピレスロイド剤（アレスリンやフタルスリン）は他の有機リン剤やカルバメート剤と比較して，速効的麻痺作用，接触毒・興奮作用が大きく，人畜に低毒性，自然界で容易に分解し，共力剤の混用で効力が増大し，異性体間の効力差，抵抗性がつきにくいなどの特徴があり，これらの要求に合致する．共力剤（オクタクロロジプロピルエーテルやピペロニルブトキシドなど）は解毒を阻害し薬効を強める．市販品として，エアースプレー（フタルスリン，レスメトリン）や蚊取り線香など（アレスリン）がある．ゴキブリの駆除剤は多様であり有機リン剤（ジクロルボス，ダイアジノン，マラチオン，クロルピリホス），カルバメート剤（プロボクスル），ピレスロイド剤（フェノトリン，イミプロトリン）などや固形ベイト剤（毒餌）としてアミジノヒドラゾン系（ヒドラメチルノン），フィプロニル，ホウ酸系剤などが用いられる．これによりゴキブリの薬剤に対する交差抵抗性獲得への対処などもできる．

有機塩素系殺虫剤（DDT アルドリン，ディルドリン，エンドリンなど）は製造が容易で安価なので，かつては全世界で用いられた．しかし化学的に安定で動物の脂肪組織に残留し慢性毒性を示すことから，わが国では1981年以降使用禁止となった（この系の殺ダニ剤ケルセンは2004年まで農薬として販売されていた）．

殺虫剤の効力の評価は，殺虫力（どれだけの量で殺せるか，半数致死量 LD_{50} と半数致死濃度 LC_{50}），速効性（ノックダウン能，KT_{50}），残効性（効果がどれぐらい持続するか）による．殺虫剤の毒性の評価は急性毒性（経口・経皮投与），慢性毒性，特殊毒性（LD_{50}）について行われる．

b．防虫剤 防虫剤は衣服・書物などにムシ（イガ，カツオブシムシなどの幼虫）がつくのを防ぐ薬剤で樟脳，ナフタリン，パラジクロルベンゼン（すべて特異臭あり）に加え，フェノキシエタノールや蒸散性ピレスロイド剤（エムペントリン）が開発されにおい移りの問題もほぼ解消された．また，野外でカやブユなどから人体を守る塗布用の昆虫忌避剤としてジエチルトルアミド（デイート）が用いられる．

〔久司桂彦〕

洗剤 153
detergent

a. 概要 衣服，食器，野菜，身体などの汚れを洗い落とすために用いる物質の総称でセッケンや合成洗剤（主剤はいずれも界面活性剤）がある．セッケンは長鎖脂肪酸（炭素数8以上）のナトリウム塩で古くは獣脂と木灰よりつくられたが，ルブラン(1790)によるソーダ製造などを経て普及しいまも愛用されている．界面活性剤はセッケンの分子構造（両親媒性：疎水基と親水基の両方をもつ分子構造）をヒントに開発されたがその例を表1に示す．

b. 洗浄の機構 洗浄の機構は複雑で多くの作用の協力によっている．両親媒性，濡れ，表面張力の減少，浸潤，乳化・分散，汚れの分解（アルカリ，酸化，酵素），硬水の軟水化，再付着の防止などである．

c. 洗剤 界面活性剤の用途とそのHLB値（親水親油バランス hydroplile-lipophile balance）とは，可溶化（HLB 20～15），洗浄（>12），乳化（O/W 水中油エマルション）（>7），浸透（15～7），乳化（W/O 油中水エマルション）（7～3），消泡作用（4～1）のように密接に関連する．市販の衣料用コンパクト型洗剤（弱アルカリ性，マイクロ粒子タイプ）の組成はこれらの作用を発現させるために多くの工夫がなされている．たとえば，木綿，麻，レーヨン，ポリエステルなどに用いられる家庭用粉末洗剤（ヘビーデューテイ洗剤）の組成は界面活性剤としてLAS 15～20%, AE 2～5%（LAS, AE など略号は表1参照）．ビルダー（洗浄力増強補助剤．かつては縮合リン酸塩を使用）としてアルミノケイ酸塩のゼオライトA（水軟化剤）20～25%, 炭酸ナトリウム・ケイ酸ナトリウム 15～25%（アルカリ剤），硫酸ナトリウム（工程剤，臨界ミセル濃度 cmc を低下させる）～25%, 添加剤としてカルボキシメチルセルローズ CMC 0.5～1%（再汚染防止剤），クエン酸 0～5%（マスキング剤，重金属イオンの捕集），酵素類 0.5～1.5%（汚れの分解．タンパク質にプロテアーゼ，デンプンにアミラーゼ，油脂にリパーゼ，繊維素にセルラーゼ，など），蛍光増白剤～1%（ジアミノスチルベンジスルフォン酸誘導体の染料で布に青みを付ける），水分 5～7%などである．米国やヨーロッパなど炭酸カルシウムが 180 ppm 以上の硬水地域では液体タイプが主で，水分～50%, LAS～15%, AE～20%, AES～15%であり無機ビルダー類は相互溶解性が乏しく加えられていない．また，毛，絹，ナイロンなどには中性液体洗剤（ライトデューテイ洗剤）が用いられるが水分 65～70%, LAS 0～12%, AE 10～20%, クエン酸 0～5%, 添加剤類 1～2%などを含む．

d. 台所用洗剤 台所用洗剤（ライトデューテイ洗剤）は，食器具類，野菜や果実の洗浄に用いられる．口に直接に入るものを扱うだけに残留性の少ないことや手荒れしないことなど安全性への配慮がとくに要求される．洗浄力の強いLAS系とマイルドタイプのAES系があり，後者ではAES～25%, AOS～10%, AO～8%, 脂肪酸ジエタノールアミド～5%, AE～5%, エタノール～10%, ポリエチレングリコール～3%, キレート剤，保存料，香料～2%を含む．自動食器洗浄機用の無リンタイプの組成は，ケイ酸ナトリウム 10～40%, 炭酸ナトリウム 10～30%, クエン酸ナトリウム 5～20%, 塩素系漂白剤 0～3%, 非イオン性界面活性剤 0～3%, 酵素 0～3%, 硫酸ナトリウム 残部などである．クレンザーもまたみがき砂の時代から食器洗いに

表1 主な界面活性剤 ($R=C_8～C_{22}$ のアルキル基)

区分	系列(型)	種類	構造(例)	略号
陰イオン系 (アニオン)	脂肪酸塩	高級脂肪酸塩(セッケン)	$R-CO_2Na$	
	硫酸エステル (サルフェート)	アルキル硫酸エステル塩	$R-OSO_3Na$	AS
		アルキルエーテル硫酸エステル塩	$R-O(CH_2CH_2O)_nSO_3Na$; $n=2～3$	AES
	スルホン酸 (スルホネート)	直鎖アルキルベンゼンスルホン酸塩	$R-(C_6H_4)-SO_3Na$	LAS
		α-スルホ脂肪酸メチルエステル塩	$R-CH(SO_3Na)CO_2CH_3$	α-SF
		α-オレフィンスルホン酸塩	$R-CH_2CH(OH)(CH_2)_nSO_3Na$ と $R-CH=CH(CH_2)_nSO_3Na$ の混合物	AOS
		アルカンスルホン酸塩	$R-SO_3Na$	SAS
	リン酸エステル	モノアルキルリン酸エステル塩	$R-OPO(OH)ONa$	MAP
非イオン系 (ノニオン)	エーテル	ポリオキシエチレンアルキルエーテル	$R-O(CH_2CH_2O)_nH$; $n=6$	AE
		ポリオキシエチレンアルキルフェニルエーテル	$R-(C_6H_4)-O(CH_2CH_2O)_nH$	APE
	多価アルコールエーテル	アルキルグリコシド	$R-O-XX$; $XX=$ 多糖類	AG
	エステル	ポリオキシエチレン脂肪酸エステル	$R-CO_2(CH_2CH_2O)_nH$	
	多価アルコールエステル	ショ糖脂肪酸エステル	$R-CO_2-XX$	
		ソルビタン脂肪酸エステル	$R-CO_2-XX$	
		ポリオキシエチレンソルビタン脂肪酸エステル	$R-CO_2-\{XX\}-(CH_2CH_2O)_nH$	
	その他	脂肪酸アルカノールアミド	$R-CON(CH_2CH_2OH)_2$	
両性イオン系	アミノ酸	アルキルアミノ脂肪酸塩	$R-NHCH_2CH_2CO_2Na$	
	ベタイン	アルキルベタイン	$R-N^+(CH_3)_2CH_2CO_2^-$	
	アミンオキシド	アルキルアミンオキシド	$R-N^+(CH_3)_2-O^-$	
陽イオン系 (カチオン)	第4級アンモニウム	アルキルトリメチルアンモニウム塩	$R-N^+(CH_3)_3Cl^-$	
		ジアルキルジメチルアンモニウム塩	$R_2-N^+(CH_3)_2Cl^-$	
		アルキルジメチルベンジルアンモニウム塩	$R-N^+(CH_3)_2CH_2PhCl^-$	
	アミン塩	N-メチルビスヒドロキシエチルアミン脂肪酸エステル,塩酸塩	$(R-CO_2CH_2CH_2)_2NCH_3\cdot HCl$	

は欠かせない．市販品には粉末と液体とがあり液体クレンザーは炭酸カルシウムとケイ砂の微粉(粒径 $10～50\,\mu m$) $30～60\%$，界面活性剤 $1～10\%$，保存料や香料 1% 以下，残部は水である．

e. セッケン, シャンプーなど セッケンは身体の洗浄から衣類の洗濯まで長年愛用されてきたが上述のように洗濯用などは合成洗剤が主流となった．しかし，入浴用のセッケン(化粧セッケン)は独特の泡

立ちと使用感により，いまも根強い需要がある．身体用の洗浄剤には頭髪用のシャンプーやリンスなどと，皮膚用の固形セッケンやボデーシャンプーなどがある．浴用セッケンの製造は，まず油脂（長鎖脂肪酸；ラウリン酸C_{12}～ステアリン酸C_{18}やC_{18}の不飽和脂肪酸であるオレイン酸などのグリセリンエステル）をカセイソーダ（NaOH）と加熱してけん化し，NaClで塩析して水分がほぼ30％のニートソープを作る．つぎにそれを乾燥して香料や色素や乳白色に仕上げるための酸化チタン（TiO_2 1％以下）を加え，変敗防止のために安息香酸塩やEDTAも加えてロールで練り成型して製品とする．体臭防止用のデオドラントセッケンは殺菌剤としてTCC（3,4,4′-トリクロロカルバアニリド）やイルガサン DP 300（2,4,4′-トリクロロ-2′-ヒドロキシジフェニールエーテル）を含む．洗顔用の透明セッケンはニートソープにエタノール，グリコール，グリセリン，ショ糖のような多価アルコールを20～40％加えて溶融し冷却して作る．多価アルコール類の保湿性のためにセッケンの脱脂作用を抑えて肌にマイルドさを与える．また，液状ボデーシャンプーはセッケン類（やし油からのC_{12}～C_{16}の脂肪酸をKOHやトリエタノールアミンで中和），モノアルキルリン酸エステル塩，アミノ酸アシル化物などを用い皮膚のぬめり感を抑え洗浄後にさらっとした感覚をもたらす．

頭髪用のシャンプーは密生している毛髪の汚れを取り除きながら毛髪自体は保護して傷めないという相反するはたらきが要求される．豊かな泡立ちと十分な洗浄力，すすぎの容易さと洗髪後の櫛のとおり，目や頭皮への刺激のなさなどが求められる．AESやAS，モノアルキルスルホコハク酸塩，N-アシル-N-メチルタウリン，脂肪酸ジエタノールアミド，アルキルアミンオキシドAOなどが用いられる．添加剤には増泡剤（スルホベタイン，セチルアルコールなど），増粘剤（水溶性高分子など），ハイドロトロープ（液性の保持．グリコール類，尿素），乳濁剤（ステアリン酸塩），マスキング剤（EDTA），コンディショニング剤（カチオン化セルロース），ふけ取り剤（ジンクピリチオン，ピロクトンオーラミン）が用いられる．洗髪後のリンス剤の主成分は，陽イオン界面活性剤（ステアロイルトリメチルアンモニウムクロリド）で，光沢を与える油性成分や保湿剤などが添加されている．

f．柔軟仕上剤など 柔軟仕上剤は，陽イオン界面活性剤（塩化ジステアリルジメチルアンモニウム塩など）を主剤として含み，陰イオン性界面活性剤の使用により繊維などに残留する負電荷を中和して，衣類に風合いをもたせる．なお，陽イオン界面活性剤には殺菌作用もあり防臭効果も期待できる．しかし，生態系への負荷が心配されている．なお，漂白剤については「147．家庭で使う化学薬品」を参照されたい．

g．法規制など 身体洗浄剤は「薬事法」の規制を，台所用合成洗剤は「食品衛生法」の適用を受け，衣料用合成洗剤などは，「家庭用品品質表示法・表示規定」が適用される．界面活性剤の排出量は（PRTR；2001年），LASが33000 t，AEが18700 t，AOが1800 t，DADMAC 188 tなどである．JSDAではこれらについて四つの河川水中の存在量を調査し最大値として環境濃度(A)＝81, 12, 0.34, 3.8 $\mu g/l$を観測した．なお最大許容濃度(B)はそれぞれ250, 110, 0.5, 94 $\mu g/l$と見積もられA/Bの値よりこれら河川での生態リスクは小さいと報告している．

〔久司桂彦〕

化粧品

154

cosmetic

薬事法によると，化粧品は，「ヒトの身体を清潔にし，美化し，魅力を増し，容貌を変え，又は，皮膚もしくは毛髪をすこやかに保つために，身体に塗擦，散布その他これらに類似する方法で使用されることが目的されているもので，人体に対する作用が緩和なものをいう」と定義される．通常のシャンプーや浴用石けんは化粧品に含まれるが，薬用化粧品は，化粧品ではなく医薬部外品に分類される．

多様な用途に使用される化粧品を大きく分けると，身体を清潔にし，保護成分を補うケア化粧品（スキン，ヘア，ボディ，歯磨きなど），身体に塗擦して美化するメークアップ化粧品，身体に香りをつけるフレグランス化粧品がある．さらに，スキンケア化粧品には，洗浄用（洗顔料，メーク落し），整肌用（化粧水，美容液，パック），保護用（保護用乳液・クリーム），美白化粧品，紫外線防止化粧品が，また，メークアップ化粧品には，ファンデーション，口紅，マニキュアなどが，ヘアケア化粧品には，シャンプー，リンス，整髪剤などがある．ヘアカラー，育毛剤，美白剤は医薬部外品に含まれる．

化粧品の構成成分は，油性成分（柔軟化や保護のための炭化水素類，動植物油，高級アルコール，高級脂肪酸エステル，シリコーン油など），界面活性剤（洗浄，可溶化，乳化のための各種天然・合成界面活性剤），保湿成分（多価アルコールなど），高分子（ポリビニルアルコール，可溶性コラーゲン，シリカなど），溶剤（酢酸エチル，エタノールなど），色材（天然・合成色素，無機顔料など），香料（天然，合成），紫外線防止剤（吸収剤，散乱剤），抗菌剤，酸化防止剤，生理活性成分など多種多様である．

化粧品は，その有効性，安全性，安定性が基準を満たしていること，また，製造販売には，事業者としての許可が必要である．化粧品に配合できる化学物質に対しては，配合禁止成分（ネガティブリスト），配合量に上限のある成分（リストリクテッドリスト）がある．また，防腐剤，紫外線吸収剤，タール色素のように配合できるものが指定されていて他の物質が使用できない場合もある（ポジティブリスト）．これらの基準を満たし，含有成分をすべて表示し，厚生労働省への届出により化粧品を製造，販売することができる．

安全性については，すべての人に合う化粧品は存在しないので，新しい化粧品を使う際は，まず，パッチテストを行って相性をチェックすることが望ましい．パッチテストとは，テストしたい化粧品を腕の内側の皮膚の柔らかい部分に10円玉ぐらいの大きさに薄く貼り，2日間そのままにして変化をみる方法．その部分が赤くなったら，その化粧品は合わないことになる．なお，2日以前でも異常があったら直ちに中止し洗い落とす．〔御園生　誠〕

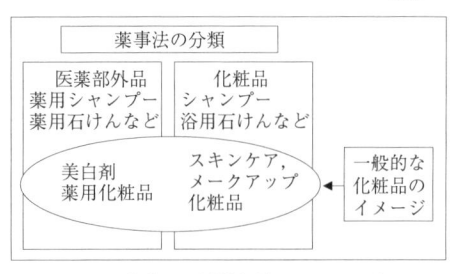

図1　化粧品と医薬部外品のイメージ

文　献
1) 製品評価技術基盤機構：化粧品（身の回りの製品に含まれる化学物質シリーズ1），http://safe.nite.go.jp

生活系ごみ

155

municipal waste

2003年度の一般廃棄物（生活系と事業系の合計）のうちごみの総排出量は約5161万tに達する．これは，一人1日当たり1106gに相当する．このうち，家庭から排出された生活系ごみは，全体の67％を占める．生活系ごみは，都市の規模により異なり，一般に人口の多い都市ほど多く排出される傾向にある．

生活系ごみは，紙類，厨芥（台所ごみ）類，プラスチック類，金属類，ガラス・陶磁器類，粗大ごみ類，その他のように物性別に分類されるのが一般的である．概して，わが国の生活系ごみは，水分が50％近くあり，不燃物（灰分）が15～20％，残り30～40％が可燃物の成分組成を示す．用途別では，容器包装廃棄物が廃棄物全体の容積比で約61％，質重量比で約24％を占める．

一般廃棄物を構成するし尿では，総人口の4割強が非水洗化および浄化槽人口となっている現状を反映し，2003年度に排出されたし尿および浄化槽汚泥の量は，2853万klに達する．これらのし尿および浄化槽汚泥は，し尿処理施設で2619万kl，下水道投入で138万kl，農地還元で6万kl，海洋投棄で84万kl，その他で7万klが処理された．

以下，生活系ごみの詳細について述べる．

紙類：　紙は家庭用品のさまざまの用途に使用されており，家庭ごみの容積比で40％を超え，湿重量比では30％を超える．紙類に占める紙袋，ダンボール箱，牛乳パックなどの容器包装廃棄物の割合は40％以上に達する．その他としては，古新聞，古雑誌，古紙回収されずに捨てられた紙，ティッシュペーパー，紙おむつなどの使い捨て商品，広告紙などである．

プラスチック類：　プラスチックは，1960年代から家庭ごみとして捨てられるようになり，当時はごみ全体の容積比，湿重量比とも1％以下であった．しかし，2001年度では，容積比では全ごみ量中最大の約45％を占め，湿重量比でも15％程度まで増加している．世界的にみて，プラスチックがごみ全体の重量の10％を超える国は非常に少ない．

厨芥類（台所ごみ）：　家庭ごみの容積比で10％程度であるが，湿重量比では全ごみ量中最大の45％程度を占める．厨芥は水分が70～80％を占めるため，乾燥させた場合，もとの重量の10％以下にすることが可能である．厨芥は，野菜くずなど植物性厨芥と肉の食べ残し，魚の骨などの動物性厨芥に分類できる．通常，植物性厨芥が動物性厨芥の5～7倍程度多く排出される．

〔安藤生大〕

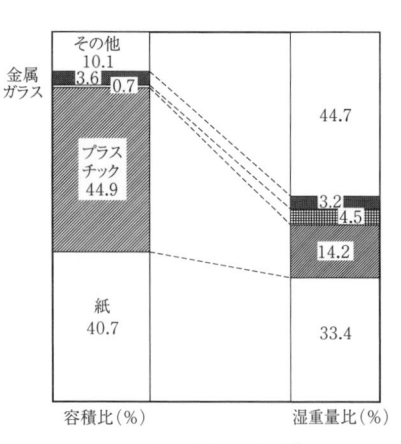

図1　生活系ごみの組成[1]

文　献
1) 環境省編：循環型社会白書, p.73 (2006).

ごみの分別と収集

156

classification and collection of waste

ごみを種類ごとに分けることを「分別」といい，分別の区分ごとに排出し収集することを「分別収集」という．分別は，ごみの内容組成に着目し，目的にしたがった区分ごとに，主に発生源（主として家庭）にて手作業によって分けられる．区分の仕方は，焼却や資源化など，ごみの処理方法により異なる．

わが国では，1970年に「廃棄物の処理及び清掃に関する法律」において，廃棄物の分類がなされている（図1参照）．同法によると，廃棄物は一般廃棄物と産業廃棄物に分類される．次に，一般廃棄物は，家庭系と事業系でそれぞれごみとし尿がある．一般廃棄物は，焼却するごみ「可燃物」，直接焼却しないごみ「不燃・燃焼不適物」，新聞・ダンボール・OA用紙など容易に資源化できるごみ「資源物」，特殊な処理を必要とするごみ「粗大ごみ」およびその他「危険物」，爆発性，毒性，感染性等の人体被害が想定されるごみ「特別管理一般廃棄物」に分類される．可燃物，不燃物を分別せずに収集することを「混合収集」という．

分別集収の目的は，後の処理を容易にすることであり，焼却・埋立てという処理目的別の分別（処理分別）と，資源化を目的とした分別（資源化分別）とに分けることができる．資源化分別は，資源化対象物の回収を容易にするための分別であり，道路の縁（カーブ）においたごみを回収することから，「カーブサイド・リサイクリング」と呼ばれている．これは，資源化対象物を混合して収集し資源化施設で選別する方法と，資源化対象物を品目別に細かく分類して収集する方法，およびその中間の方法などがある．処理分別と資源化分別を組み合わせると，きわめて多様な分類がある．

分別収集の具体的方法は，その区分と排出形態によって，さまざまなパターンがある．ごみを排出する場所によって，ごみステーション方式と戸別方式および拠点回収方式に大別できる．ごみステーション方式とは，数十世帯単位にごみを排出する場所（ごみステーション，ごみ集積場所）を決め，そこに決められたごみの種類を，決められた時間に出す方式である．戸別方式では，各家の前にごみを出すために収集効率が悪い反面，分別が徹底されるという利点がある．資源収集所で行われる拠点方式は，常時資源物を投入できるコンテナなどを設置しておく方式で，ヨーロッパで多く採用されている． 〔安藤生大〕

文　献
1) 寄本勝美：リサイクル社会への道（岩波新書），p.19，岩波書店 (1993).

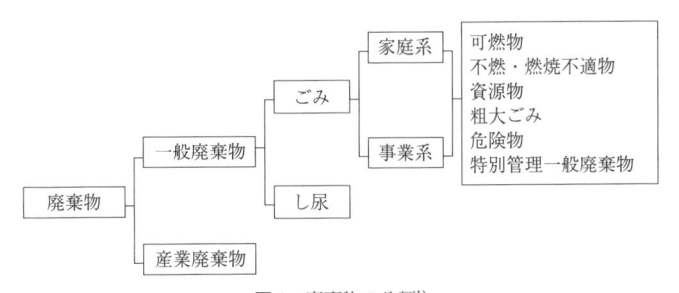

図1　廃棄物の分類[1]

コンポスト

157

compost

コンポストとは,堆肥のことである.固体廃棄物のなかの有機質成分(発酵性ごみ)を制御された条件のもとで,微生物の働きによって,取扱いが容易で貯蔵可能な,そして植物に悪い影響を与えることなく,土壌還元できる状態まで分解したもの(堆肥)である.コンポストの主な効能としては,①腐食質の供給と土壌構造の改善,②微生物の供給と病害虫の抑制,③肥効成分,微量成分の保持,供給などである.

コンポスト化の過程は,図1に示す通り,前調製,一次発酵,二次発酵,加工,貯蔵の4段階からなる.コンポスト化の利点としては,①好気性微生物により,短時間で悪臭成分を分解できる,②好気性分解による発酵熱により有害細菌,回虫卵の死滅,種子の絶滅ができる,③取扱いが改善される,④土壌改良剤としての有効な資源となる,などが考えられる.

近年では,化学肥料が安価に入手できるようになったことから,取扱いに手間がかかるコンポストは一時期敬遠されていた.しかし,コンポストは,土壌の物理化学的性質を保持,改善することが可能であり,農業の生産性を維持するのにきわめて重要な役割を果たすことから,再び注目されている.農業用途で用いられるコンポストは,畜舎敷料,稲わら,落ち葉などに,し尿や生活排水を散布して製造するものであり,農業者自らが生産する自給的なものが多い.詳細な生産量の把握は困難であるが,農業者によるコンポスト製品の流通量として約340万t/年,畜産業者の自家処理施設により製造されたコンポスト製品が約1600万t/年という報告がある.

20世紀に入り,生活系ごみのなかで食品廃棄物(生ごみ)の処理にコンポスト化法が取り入れられ,工業的規模で短時間に処理する方法が開発された.

わが国のコンポストプラントのなかで,圧倒的に多いのは家畜の糞尿を対象としたもので,小規模なものを含めて2000〜3000程度に及ぶ.しかし,日本における都市ごみ(生ごみ)コンポストは,生ごみの分別ができていないこと,および生ごみコンポストの需要が少ないことから普及していない.一方,ドイツでは,各家庭からの生ごみを分別して特別な容器に入れ,大規模コンポストプラントに搬入してコンポスト化するシステムが実用化されている.

〔安藤生大〕

文献

1) 廃棄物学会編:廃棄物ハンドブック, p.763, オーム社 (1993).

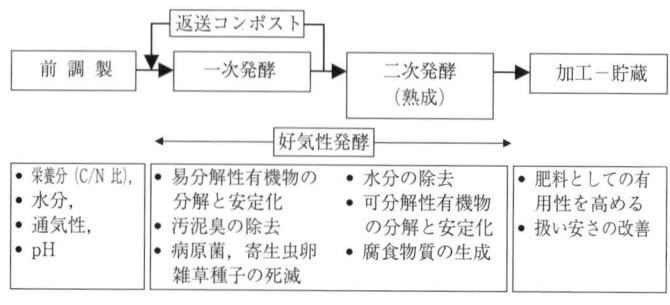

図1 コンポストの概要[1]

158 し尿処理（浄化槽）

human excretion treatment

し尿処理とは，し尿および浄化槽汚泥を化学的，衛生学的に安定化するための中間処理のことである．し尿処理は市町村の固有事務によって行われる．家庭でのし尿処理技術は，汲取りと水洗に分けることができる．汲取りは，し尿処理施設および下水道への投入などによって処理される場合と，主に農業用に自家消費される場合とがある．水洗は公共下水道，コミュニティープラント，浄化槽に分けることができる．

浄化槽には，し尿のみを処理する単独浄化槽と，し尿と生活雑排水を合わせて処理する合併浄化槽がある．2002年度末の浄化槽の設置基数は877万基である．内訳は，合併浄化槽が195万基（22.3％），単独浄化槽が682万基となっている．単独浄化槽は，下水道ができるまでの「間に合わせ」と位置づけられてきたため，非常にゆるい基準（BOD＜90 ppm）で設置が許可されていた．また，単独浄化槽を用いる場合，生活雑排水はたれ流し（未処理）となるので，周辺の河川や池，湖などの水質汚濁の原因となる．このため，合併浄化槽と比較すると放流水質の汚れが約8倍となる．このため，2000年度の浄化槽法の改正により単独浄化槽の新設は禁止された．合併浄化槽は，国庫補助制度の充実などにより普及が進んだ．合併浄化槽には，一軒の家に設置される戸別合併浄化槽と，団地や工場，お店などに設置される集中合併浄化槽がある．とくに団地などの集合住宅につけられる槽をコミュニティープラントと呼ぶ．

基本的な処理は，嫌気性バクテリアによる嫌気性消化処理，好気性バクテリアによる曝気槽を利用した好気性消化処理，余剰汚泥の沈殿処理の3工程により行われる（図1）．嫌気性消化処理を行う嫌気槽には，ろ材を入れない沈殿分離槽と，ろ材を入れる嫌気性ろ床槽がある．沈殿分離槽では，下水が上澄みと沈殿物に分かれ，沈殿物は嫌気性バクテリアにより分解される．嫌気性ろ床槽では，バクテリアが付着する面積を増やすためにろ材を入れ，効率よく下水処理が行われる．装置の小型化が可能であり，低価格となるので，一般的によく普及している．好気性消化処理を行う曝気槽では，いずれの方式でもろ材を入れ，ブロアーポンプで散気管から空気を送り，ろ材表面で繁殖した好気性バクテリアに汚れを分解させる． 〔安藤生大〕

文　献
1) 本間 都，坪井直子：合併浄化槽入門 増補版，p. 102，北斗出版（1993）.

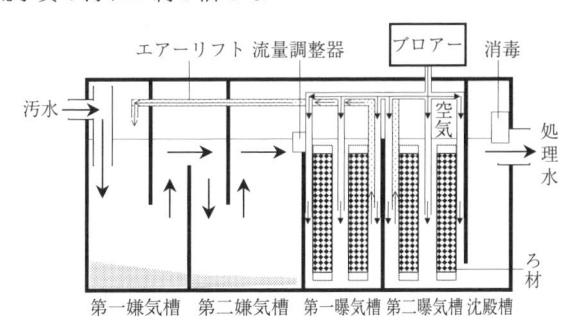

図1 合併浄化槽の基本構造の例[1)]

騒音

159

noise

環境中には多種多様な音が存在するが，それらは必ずしも騒音ではない．何らかの理由によって，ある音が「好ましくない」と判断されれば，それは騒音となる．

図1に，人間の標準的な聴覚閾値(ISO 389-7(2005))と等ラウドネスレベル曲線(ISO 226(2003))を示す．縦軸の音圧レベル(単位はdB(デシベル))は音の物理的な大きさを表す量で，ある音による圧力変動がp(Pa)であるとき，その音圧レベルは$20\times\log_{10}(p/p_0)$で定義される(p_0= 20 μPa)．ラウドネスレベル(単位はphon)は，周波数が1 kHzの音に対する感覚を基準にした人間の聴感に基づく音の大きさである．たとえば，音圧レベルが20 dBの1 kHzの音と同じ大きさに聞こえる音を，ラウドネスが20 phonの音と定義している．ラウドネスレベルの等しい音圧レベルを結んだ曲線が，等ラウドネスレベル曲線である．図1に示すように，人間の聴覚は2 kHzから5 kHz付近の音に対して最も敏感である．また，音圧レベルが上昇するにつれ，聴覚感度の周波数依存性は小さくなる．

なお，通常の騒音測定などで使われる音圧レベルは，前述の音圧レベルに対してA特性荷重という周波数補正を課したものである(単位は同じdB)．前述の音圧レベルと区別するために，こちらをA特性音圧レベル，または騒音レベルと呼ぶこともある．

騒音対策用にさまざまな音響材料が使用されるが，そのなかの一つに吸音材料がある．代表的なものとして，グラスウールやロックウールのような繊維状多孔質材料がある．内部に多くの連続した空隙や気泡をもつ材料を多孔質材料と呼ぶが，それらが適当な通気性を備えている場合，入射音のエネルギーの一部が，内部の粘性抵抗や摩擦によって熱のエネルギーに変換される．その結果，反射音のエネルギーが小さくなるため，伝搬音の音圧レベルが抑制される．グラスウールやロックウールの吸音率は，一般に，人間の聴覚が鋭敏な数百 Hz以上の周波数領域で高くなるため，騒音対策に利用しやすい．また，加工が比較的容易であることも，利点の一つである．

繊維状多孔質材料は，住居内騒音抑制用の壁・床・天井などの建築部材，自動車の車内騒音抑制用の車体構成部材，排気騒音抑制用のマフラーの内部処理材，高速道路・鉄道の防音壁用構成部材などに広く利用されている．

また，最近は多孔質弾性材料を道路の排水性舗装に利用する例があるが，多孔質材料が一般的に吸音特性を有するために，自動車の走行音抑制の点でも有効である．

騒音対策では吸音材料だけでなく，音の透過を抑制する遮音材料や，振動を抑制する防振材料なども広く利用されている．今後も用途に応じて，さまざまな特性をもった音響材料の開発・利用が進むと考えられる． 〔高橋幸雄〕

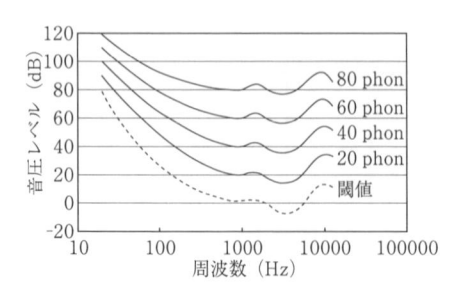

図1 聴覚閾値と等ラウドネスレベル曲線

電磁波

160

electromagnetic wave

　時間的および空間的に振動する電場と磁場が，一定の関係を保ちながら空間を伝わる現象が電磁波である．電磁波は，その波長または振動数によって，性質が大きく異なる．γ線，X線，紫外放射（紫外線），光，赤外放射（赤外線），マイクロ波，ラジオ波は，それぞれ，特定の波長範囲または振動数範囲の電磁波である（図1）．ただし，その境界については，一般に，統一的なまたは正確な定義はない．量子力学的には，電磁波は，一定のエネルギー（プランク定数×振動数）をもった粒子，または，その集団として考えることもできる．実際，赤外放射よりも短い波長または高い振動数の電磁波では，一般に，粒子の概念のほうが重要である．

　われわれの周囲には，宇宙線のγ線，自然放射性元素が発生するγ線，工業用や医療用の人工放射性元素が発生するγ線，工業用や医療用のX線管が発生するX線，工業用や殺菌用の各種アークランプが発生する紫外放射と光，アーク溶接などのアークが発生する紫外放射と光，太陽から地上に到達する紫外放射と光，赤外放射，照明器具の光，あらゆる物体が発生する赤外放射，とくに高温の物体が発生する光と強い赤外放射，通信に用いられている光と赤外放射，食品の加熱や工業用加熱に用いられているマイクロ波，通信やレーダーに用いられているマイクロ波，多くの電気機器が副次的に発生するラジオ波，通信や放送に用いられているラジオ波など，さまざまな電磁波が存在する．

　こうした電磁波のなかで，紫外放射は，その強い光化学的作用によって，われわれ

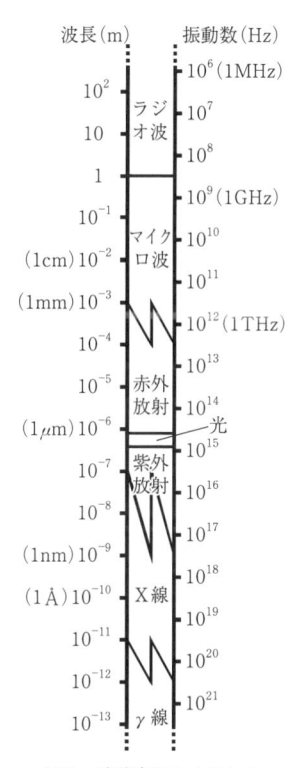

図1　電磁波のスペクトル
波長は真空中における値である．波長と振動数の間には，波長×振動数＝光速度の関係がある．

の環境や健康に大きな影響を及ぼすので重要である．とくに，太陽の紫外放射は，実際に，多くの皮膚がんおよび白内障を引き起こし，また，光化学スモッグの原因ともなっている．近年，大気中に放出されるフロンなどによって，上空のオゾン層が破壊され，多くの紫外放射が地上に到達することが問題となっている．

　紫外放射以外の電磁波は，一般に，化学的作用が弱い，または，実際の強度が低いため，われわれの環境や健康との関連で，とくに大きな問題となることはない．

〔奥野　勉〕

VII

化学物質の安全性・リスクと化学

化学物質問題

161

problems on chemical substances

a. 化学物質の定義 地球や人体などの生物は，多くの物質によって構成されている．化学はそれらの物質を対象とした学問であり，化学物質という用語は意味が重なっているともいえるが，化学の立場からみた物質という意味にとらえればよい．化学物質には自然界に存在するものも，人工的に生成されるものも含まれ，また有用なものも有害なものも含まれる．ただし化学物質を人工の物質あるいは有害な物質に限定してとらえる考え方もある．とくに，環境問題の対象として化学物質をとらえる場合には，有害な物質に限定した意味で使われる場合が多い．

b. 化学物質問題の定義 環境問題のなかで，化学物質問題は比較的歴史が浅い分野である．そのため，化学物質の定義と同様に，環境問題としての化学物質問題の定義も十分に定まっていない状況にある．一般には人体などに対する有害性をもつ化学物質による環境問題全般を指す概念であるといえるが，その定義では，従来から存在する大気中の窒素酸化物などによる環境問題も含まれることになる．そこで，それらの従来型の環境問題とは別の，環境中に微量に存在する有害化学物質による問題のみに限定して，化学物質問題と呼んでいるケースが多い．その区別を明確にするために，微量化学物質問題とか，有害化学物質問題というような言葉も，広く使われている．

一方，化学物質の燃焼や爆発などによる外傷や直接接触による火傷などは，有害性とは別の意味で人体などに悪影響を与え，これについては安全工学の分野で長い研究の歴史がある．本書では，これらの安全工学的な面も化学物質問題に含めている．

c. 化学物質問題の歴史 化学物質問題が顕在化して，環境問題のなかで重要な位置を占めるようになったのは近年のことであるが，ある種の農薬などの化学物質が人体などに対する有害性をもっていることは，かなり以前から認識されていた事実がある．しかし，農業振興が優先課題であったことなどから，環境問題として認識されることはほとんどなかった．

化学物質問題の重要性を最初に明確に提言したレイチェル・カーソンは『沈黙の春』(1962)で，大量の農薬（殺虫剤）の使用によって多くの生物が死に至っていることを指摘し，世界に警告を発した．

それ以降，PCBやDDTなどの毒性や環境残留性に関する研究が進み，化学物質問題の認識は高まったが，一方で石油化学工業の発展も進んだため，それが化学物質問題を拡大させた面も否定できない．

1990年代に入って，ダイオキシン問題が注目されるようになり，それに誘発されて化学物質問題全体に対する関心も高まってきた．それに対応して各種の法整備も進み，全般的には問題が沈静化する傾向もみられるが，まだ環境問題としての重要性は高い状態が続いている．

一方，安全工学的な意味での化学物質問題は，はるかに長い歴史をもっており，現在も変わらずに重要性を保っている．

〔片谷教孝〕

図1 化学物質問題の構成

VII. 化学物質の安全性・リスクと化学

162 化学物質の安全性

safety of chemicals

a. 化学物質による悪影響と安全性

化学物質問題は，化学物質が人体などに対して何らかの悪影響を及ぼす可能性を有することに，その根源を発している．その悪影響には，有害性をもつ化学物質が体内に取り込まれることによって，化学的・生物学的に人体機能が損なわれる場合と，燃焼，爆発などの現象あるいは人体と化学物質の直接接触によって，物理的・化学的に人体機能が損なわれる場合が含まれる．

化学物質の安全性とは，この悪影響に対立する概念であり，体内に取り込まれても人体機能を損なう可能性が十分に小さいことと，燃焼，爆発あるいは直接接触などによって人体に損傷を招く可能性が十分に小さいことの2点によって定義される．安全工学の分野では主として後者の安全性を取り扱う場合が多いが，ここでは安全性として上記の両者を取り扱う．

なおここで注意が必要なのは，安全とはこれらの悪影響がまったく起こらないという意味ではなく，その可能性が十分に小さいことが安全の条件である点である．

b. 化学物質の安全性に向けた法体系

化学物質問題に対応し，安全性を確保するために，これまで種々の法体系整備が行われてきた．日本の場合は，上記のような二つの安全性に対応して，基本的には別の法体系が形成されている．前者の人体への取込みによる影響の低減を目的とした法律は，環境基本法（1993年以前は公害対策基本法）の基本理念のもとに形成されており，水質汚濁防止法，大気汚染防止法，ダイオキシン類対策特別措置法のような環境中への排出量や環境濃度を規制対象とするもの，農薬取締法や食品衛生法のような農産物への化学物質の残留を防ぐためのもの，化学物質の審査および製造などの規制に関する法律（化審法）のような個別の化学物質に関する安全性の事前評価制度を定めたものに分類される．また1999年に制定された特定化学物質の環境への排出量の把握および管理の改善の促進に関する法律（PRTR法）は，一定基準以上の化学物質を扱う事業場に対して環境排出量・移動量を報告することを義務づけたもので，環境負荷の把握と自主管理を目的としている点に特徴がある．

これに対して，爆発などの物理的な影響に対する安全性の確保を目的とした法体系は，可燃物等の危険物の取扱いを制限する消防法，高圧となるガス保安法の取扱いを制限する高圧ガス保安法に代表される．

これらの他，労働環境での化学物質対策を目的とした労働安全衛生法，毒性を有する物質の取扱いを定めた毒物および劇物取締法（毒劇法）なども，化学物質の安全性の確保に重要な役割を果たしている．

c. 化学物質の安全性確保への取組み

環境問題への取組みは，従来は法的な強制力に基づく規制を主体とするものであった．しかし前項に示した化学物質問題の特性から，法的な規制だけではカバーしきれないことが明らかとなり，1990年代に入って，事業者の自主的な管理による環境保全を主体とするような動きが急速に出てきた．毒性の問題に限らず，燃焼や爆発などの事故防止についても，それぞれの事業者の責任において安全管理を行うことを基本とする考え方である．

この考え方は有効であるが，もちろん自主管理だけですべてが解決するわけではなく，行政，事業者，市民の三者の連携と協働によって化学物質の安全性が確保できることを，全員が認識しなければならない．

〔片谷教孝〕

163 化学物質の法規制と自主管理

regulation and voluntary management on chemical substances

法規制や自主管理を含め，化学物質の安全性確保への取組みの概要は「化学物質の安全性」にある．本項ではこれを具体的に解説する．

a．法規制と自主管理の役割　わが国の化学物質管理政策は基本的な考え方をハザードからリスクを基盤に置くものに切り替えるとともに，安全を実現する主体，責任の所在を国から事業者へと切り替えつつある．

事業者による化学物質管理は規制に応じる義務と自らが行う自主的な行動の組合せであり，後者をどこまで行うかは事業者の責任に委ねられている．こうした手法は当該事業者の崇高な意識と高い能力を前提とするものであるが，わが国の化学物質管理においては，事業者はこれに応え，また行政と事業者のよい協力関係も寄与し，自主管理を発展させた．

b．法規制　わが国の化学物質規制法は，多くの省庁がそれぞれの目的により整備し施行している．どのような経路でどのような影響があることについて規制するのかという視点で分類したのが図1である．

(1) 毒物及び劇物取締法（毒劇法）：有毒な化学物質による国民の健康上の被害を防止するために制定された．化学物質の有害性に関する新たな知見が得られるのに応じて毒物劇物指定の変更が行われており，その頻度は年数回程度である．本法により毒物劇物の製造輸入販売は登録制であるほか，廃棄禁止，表示義務，保管義務，情報提供義務などが課されている．毒物のうち著しい毒性を有する特定毒物については使用も原則禁止としている．

(2) 化学物質の審査及び製造等の規制に関する法律（化審法）：　本法では化学物質を新規に上市する前の審査を義務づけており，その件数は近年は新規化学物質で年

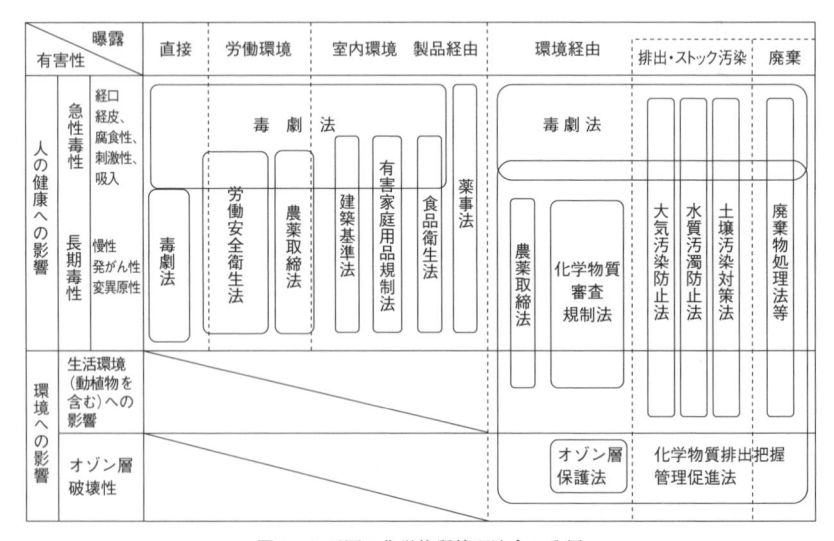

図1　わが国の化学物質管理法令の分類

間約400件，審査が簡略化される少量新規化学物質については，年間約1万4000件である．法制定時にすでに存在した約2万物質（群）は既存化学物質として事前審査の対象から外れているが，官民連携してその点検に着手している．これまでに環境残留性，生体内への蓄積性，ヒトへの健康影響，環境生物への影響についてのべ約3000物質の情報が集められた．審査の結果，有害と判定されたものは規制対象となる．現在，第1種特定化学物質15物質が指定され，製造・輸入・使用が厳しく管理されているほか，製造・輸入総量を制限する第2種特定化学物質，暴露状況や有害性に関する新知見を監視する各種監視化学物質の制度がある（付録およびwww.safe.nite.go.jp/kasinn/db/dbtop.html参照）．

(3) 特定化学物質の環境への排出量の把握等及び管理の改善の促進に関する法律（化管法）： 本法は，化学物質排出移動量届出（PRTR）制度および化学物質等安全データシート（MSDS）制度を導入することにより，事業者による化学物質の自主的な管理の改善を促進することおよび環境の保全上の支障を未然に防止することを目的として制定された．PRTR制度の対象は第1種指定化学物質354物質（付録およびwww.prtr.nite.go.jp/prtr/prmate.html参照）で，2004年度排出量を届け出たのは4万341事業所で，総排出量27万t，総移動量23万t，合計50万tであった．MSDS制度については，第2種指定化学物質81物質を加えた435物質が対象となっている．

(4) その他の法制： 水質汚濁防止法など排出・廃棄を管理する環境分野の法制，有害物質を含有する家庭用品の規制に関する法律や農薬取締法など製品経由での影響を管理する製品分野の法制，労働安全衛生法（安衛法）など労働分野の法制も化学物質管理にかかわっている．また，こうした個々の法令による問題解決のみならず，化学兵器等埋設物，保管PCB，ダイオキシン類などについては各種法令や制度を駆使しての対策が講じられている．なお，物理的な影響の対策については「危険有害性化学物質」などの項目を参照されたい．

c．自主管理 化学物質の取扱い方は，目的，物性，周辺の環境などによって千差万別であり，現場の実態に即して最も適切な管理を行えるのは化学物質を取り扱う事業者自身である．そのため，法令での規制は漏洩・流出を防止するなどの表現にとどめ，具体的な措置内容は事業者の自主管理とすることで，法規制を補完することが有効である．

こうした考え方がわが国で最初に導入されたのは，厚生省（現厚生労働省）が毒物劇物の製造輸入販売業者に対し自主管理規定の制定を指示した1975年のことである．1990年代には，わが国の化学業界はMSDSやイエローカードなど法規制を越えた制度を導入するとともに，有害大気汚染物質削減においても自主的な対策を行った．行政側も，自主管理が既存の法規制によって阻害されないよう調整し，事業者の自主管理活動を促進した．事業者が環境や安全に関する取組みを公約し，それを遵守することにより自主管理を実現する手法であるレスポンシブルケア運動は起源こそカナダであるが，その世界的普及には，わが国化学業界の実績や広報の努力が大きく貢献している．

その後，自主管理に関する考え方はさらに発展し，1999年に制定された化管法では，事業者による具体的な管理を直接に義務づけるのではなく，事業者が自主管理することを促す制度を義務づけることとなり，ここに，自主管理は法規制の補完から中核的な役割を果たすものに発展した．

〔重倉光彦〕

化学物質のリスク

164

risk of chemical substances

a. 環境リスクの概念の歴史

環境リスクという概念が世のなかにある程度認知されるようになったのは，1990年代のことである．それ以前には，リスクという用語は自然災害やプラント事故などを扱う安全工学の分野や，保険，金融投資の分野で使われており，環境問題の世界で使われることはまれであった．それがわずか10年ほどの間に環境リスクの概念が広まった原因は，やはりダイオキシン類に代表される有害化学物質問題が注目を集めるようになってきたことにあるといえる．

b. 環境リスクの定義

「リスク」は英語の risk からきている．辞書で risk を調べると「危険」が最初の訳語になっている場合が多いが，risk を「危険」と訳すと他の「危険」に相当する英単語である danger や hazard などと区別できないため，現在では risk はそのまま「リスク」とカナ表記するのが一般的となっている．

リスクという用語の定義は，まだ十分に統一されていない．多くの定義を集約すると，「ヒトや生物をとりまく状況やその変動が，ヒトや生物に対して不都合な状態をもたらす可能性を意味し，その不都合が起こる確率と，不都合さの程度の積によって求められる」となる．この定義では，ヒトや生物に対し不都合な状況が起こればすべて対象となるので，自然災害，事故，保険，金融などの事象にも当てはまる．

環境リスクは，このリスクの定義に含まれる不都合な状況が，ヒトや生物をとりまく環境の変化に起因する場合に相当する．

c. 化学物質のリスクの位置づけ

環境リスクをもたらす原因にはさまざまな

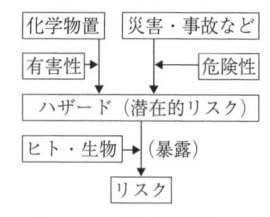

図1 化学物質のリスクの発生構造

ものがある．従来から公害と呼ばれてきた硫黄酸化物や窒素酸化物などの大気汚染，窒素やリン化合物などの水質汚濁も，環境リスクの原因となりうる．ただしこれらに対しては，すでにある程度の技術的，政策的対策がとられており，効果も現れてきている．これに対して，微量で有害性をもつ化学物質によるリスクは，歴史が新しいだけでなく，物質の種類が多いことが主な原因となって，対処が困難という特質をもつ．そのため，化学物質によるリスクが環境リスクの主要な部分を占める形となっており，環境リスクといえば化学物質によるリスクを指すというような言葉の使い方がなされている例も少なくない．

d. 化学物質のリスクの内容

リスクという用語は事故などの安全性を対象に使われはじめたという経緯があり，化学物質のリスクを考える場合にも，燃焼，爆発などの物理現象に伴うリスクも重要な部分を占めている．人体や生物への有害性に基づくリスクとしては，人体に侵入して健康に直接影響を及ぼす健康リスクと，生態系への影響を扱う（狭い意味での）環境リスクに分けられる．

リスクは影響を受けるヒトや生物がいてはじめて生ずるが，これに対して化学物質などのリスク発生要因が潜在的にもつリスク発生能力のことをハザードと呼んでいる．このハザードにヒトや生物が直接接することを暴露といい，暴露によってはじめてリスクが生じるという考え方が現在では一般的となっている．　〔片谷教孝〕

165 化学物質のリスク管理

risk management of chemicals

a. 化学物質リスクに対する取組み
化学物質によるリスクは，従来型の環境問題（公害問題）によるリスクとは，かなり異なった性質をもっている．その主要な原因は，次のような点である．

①対象となる化学物質の種類がきわめて多く，従来のような物質別の取扱いには限界がある．

②物理化学性状や毒性などの基本的な情報が十分に得られていない物質も多い．

③多くの化学物質は，大気，水，土壌などの環境媒体相互間を容易に移動することから，媒体別のアプローチでは十分とはいえない．

このような条件を考慮し，効果的な取組みを行うために形成されてきたのが，リスク管理の概念である．それは内容的に，次の三つのプロセスによって構成される．

①リスクの定量的な評価（リスクアセスメント）

②リスク削減対策の検討と実施（リスクマネジメント）

③リスクに関する情報の的確な流通（リスクコミュニケーション）

従来「リスク管理」は，上記②のリスクマネジメントに対応する用語として用いられることが多かったが，近年ではこれらの取組み全体をリスク管理と呼ぶことが多くなってきており，本書でもその立場で記述している．なお混同を避けるため，リスク削減に対応する英語を，リスクマネジメントとせずにリスクトリートメントと呼んでいるケースもある．

これらのリスク管理手法は，もちろん化学物質だけを対象としたものではなく，基

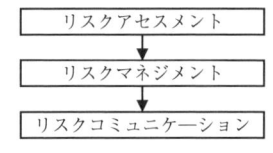

図1 従来のリスク管理の流れ

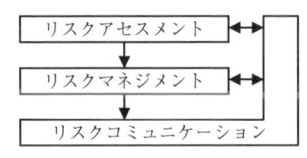

図2 最近のリスク管理の流れ

本的にはあらゆる環境問題に共通する概念である．ただし化学物質問題には上記のような特殊な性質があるので，これらの手法の適用がより効果的かつ重要である．そのために，リスク管理手法は化学物質対策を中心に発展してきたといってよい．

b. リスク管理の流れ　リスク管理手法が研究レベルで開発され，実際の事例に適用されはじめた頃には，三つのプロセスを直列につなぐ考え方が主流であった．しかし最近では，リスクコミュニケーションはリスク管理のすべての段階で必要であるという考え方が主流となってきており，その概念を図示したものが図2である．

c. リスク管理の基本的な立場と条件
化学物質をはじめとする環境リスクの分野におけるリスク管理では，次の考え方が重要である．この点の合意がなければ，リスク管理は進まないといってもよい．

①リスクの原因に人間活動が関与する限り，絶対的な安全は存在せず，リスクはゼロにはならない．リスクをいかに減らすかがリスク管理の課題であり目的である．

②リスク管理には，行政，事業者，市民の三者が常に関与することが必要であり，三者の協働によってのみ，効果的なリスク管理が達成される．　〔片谷教孝〕

化学物質のリスク評価

risk assessment of chemicals

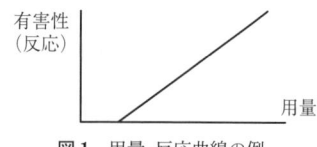

図1 用量-反応曲線の例

a．リスク評価の定義と目的 リスク評価（リスクアセスメント）とは，リスクの内容を明らかにして，その大きさを定量的に判断することである．その目的は，最終的にリスクを削減してヒトや生物への影響を最小化するために，定量的な評価によって種々のリスクの間に優先順位をつけ，リスク削減（リスクマネジメント）に情報を提供することである．世のなかには常に複数のリスクが存在するが，リスク削減に取り組む際に投入できる人的，金銭的，技術的な資源には限りがあるので，すべてのリスクの削減を同時に行うことは現実的に不可能である．そこで優先順位が必要となり，リスク評価結果はその決定の際に最重要要因として使われる．

なおこの定義や目的は，化学物質に関するリスク評価に限ったものではなく，自然災害や事故などによるリスクにおいても同様の定義が可能である．

b．リスク評価の定量性と合意形成 一般にリスク管理に関与する主体は，それぞれに異なる立場をもつため，合意形成に困難を伴うことが多い．その困難さの主要な原因は，事実認識の相違にある．存在するリスクの内容とその量的規模がリスク評価によって示されれば，この相違が軽減または解消されることが期待できる．

c．リスク評価の種類と手順 化学物質のリスク評価は，近年多くの機関によって行われているが，求める精度によって初期リスク評価と詳細リスク評価に分けられる．詳細リスク評価には多大な手間を要するため，まず初期リスク評価を行い，重要性の高い物質から詳細リスク評価を行う．

いずれの場合にも，手順は大別して次の四つのステップで構成される．

(1) 定性的リスク評価（有害性の確認）：まずヒトや生物に対して，対象とする化学物質がどのような影響を与えるのかを判断する．これには既存情報を最大限に活用する．既存情報がないか不十分な場合には，新たに実験などを行う．この定性的評価の結果によって，次のステップに進む必要があるかどうかを判定する．

(2) 用量・反応評価（毒性評価）：化学物質のヒトなどへの有害な影響（反応）を，用量（投与量または摂取量）の関数として求める．その主要な手段は動物実験や疫学調査である（→ 170〜175項）．

(3) 暴露量評価：化学物質に暴露される人や生物の集団について，暴露の経路，頻度および暴露される量を求める．暴露量を求める式は，一般に次式で表される．また暴露量の一部はそのまま体外に排出されることを考慮して，吸収率を乗じた吸収量を用いることが多い．

$$暴露量＝環境濃度×暴露定数$$
$$吸収量＝暴露量×吸収率$$

環境濃度は実測やモデル計算により得られる．暴露定数は呼吸による暴露の例では，単位時間の呼吸量である（→ 169項）．

(4) リスクの判定：暴露量に基づいて，リスクを定量的に求める．その式は，一般に次式で表される．

$$リスク＝暴露量×ユニットリスク$$

ユニットリスクは用量-反応曲線が直線の場合はその傾きに相当する値であるが，閾値がある場合や曲線となる場合はより複雑となる（→ 170〜175項）．〔片谷教孝〕

化学物質のリスク削減

risk management (reduction) of chemicals

a. リスク削減の定義と目的 リスク削減（リスクマネジメント）とは，リスク評価の結果に基づいて，リスクを回避または低減する方策を検討し，実施することである．その目的は，リスクを削減してヒトや生物への影響を最小化することであり，具体的には社会，文化，倫理，政策，法律などの諸条件を考慮しながら，リスクを回避あるいは低減することにある．そのためにリスク削減の過程では，科学的に妥当であり，かつ費用対効果の優れた施策を検討・実施することが主要な点となる．このようなリスク削減施策の検討・実施に当たっては，リスク評価の結果に基づく優先順位づけが基本となる．

なおこの定義や目的は，化学物質だけではなく，自然災害や事故などによるリスク削減においても同様の定義が可能である．

b. リスク削減の方法 リスクは一般に暴露量に比例するので，化学物質によるリスクを削減する方法は，基本的に暴露量を減らすことに帰結する．その主な方法は，次の3通りに大別される．

(1) 化学物質の製造・使用の禁止と制限： ヒトや生物に対して有害性をもつ化学物質に対しては，その製造・使用を停止または制限することが，最も根本的な対策となる．日本でもこれまでDDT，PCBなど，いくつかの物質にこの方法が適用されてきた．この停止・制限には，法的な規制のほか，経済的な誘導などの手法も適用される場合がある．ただしこれらの物質の多くは，生物中に濃縮されたり，環境中に残留したりする性質が強いため，禁止してもすぐにリスクが消失するわけではない．

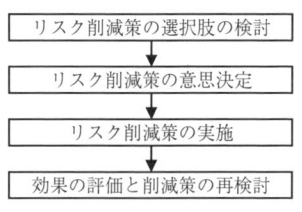

図1 リスク削減の手順

```
リスク削減策の選択肢の検討
　　↓
リスク削減策の意思決定
　　↓
リスク削減策の実施
　　↓
効果の評価と削減策の再検討
```

(2) 化学物質の環境への排出の防止と低減： 化学物質の多くは，その製造，使用または廃棄の過程において，環境中に排出される．また他の物質の製造，使用などの過程において，副生的に排出される場合もある．これらに対し，排出防止装置の設置や，製造プロセスの改良によって，技術的に排出を防止する手法である．

(3) 化学物質への暴露の防止： 上記の二つは環境濃度を低下させるための方法であったが，もう一つの方法は暴露が生じないようにする方法である．環境濃度が高い地域に人や生物がいなければ，リスクは生じない．そこで居住地域を制限するなどの方法で，暴露を防止するという考え方である．この方法は，事故などによってすでに汚染が生じてしまった場合のリスク削減には有効であるが，一般のリスク削減対策としては，合意を得にくい場合も多い．

c. リスク削減の手順 化学物質のリスク削減の手順は，大別して図1の四つのステップにより構成される．選択肢をあげる際にはリスク削減のために実行可能性があり，法や倫理などの条件に反しない手法をできる限り列挙する．これらの選択肢に対して，技術的可能性，費用対効果，合意形成の可能性などの点を評価し最終的に実行に移す対策を選択する．次に選択されたリスク削減策を実行に移し，それによる削減効果を計測することによって結果の評価を行う．これらの過程では，利害当事者の意思決定への参加，市民への情報公開などが重要な点である． 〔片谷教孝〕

リスクコミュニケーション

168

risk communication

リスクコミュニケーションとは，個人や組織などの間でリスクに関する情報や意見，たとえばリスクの特質やリスク管理および，それに関連する意見や反応などのメッセージを交換する相互作用的過程である．コミュニケーションは民主国家におけるすべての社会的決断の重要な部分であり，リスクコミュニケーションは，このような民主的話合いの特殊な例といえる．

リスクコミュニケーションの主体には，科学者や行政などの専門家，マスメディアや市民団体，一般の人々などが含まれる．その目的は一般の人々の説得ではなく，リスクを公正に伝えて市民が参加，発信し，関係者がともに考えるプロセスそのものの保証である．リスクコミュニケーションの成功とは関連する問題や行動の理解度を上げ，利用できる知識の範囲内で適切な情報が与えられていると双方が得心できることであり，意見を一定の方向に導き収束させることではない．リスクコミュニケーションには，言語的，非言語的な過程だけでなく不作為（何もしないこと）も含まれる．

リスクコミュニケーションの対象はさまざまであるが，次の二つ――(1)多くの人々の関心を喚起し公的なルートを経て解決しなくてはならない公の問題と，(2)個人がリスクを回避できるようにリスク情報が伝えられるが現実にリスク回避行動をとるかどうかは個人の選択にゆだねられる個人の行為の問題――に大きく分けられる．(1)には，①原子力発電や遺伝子組換え食品など科学技術に関するもの，②CO_2による地球温暖化など環境問題に関するものなどが含まれ，(2)には③食品や電気製品の

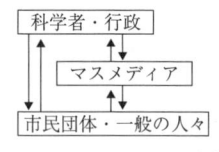

図1 リスクコミュニケーションの主体とその関係

ような消費者製品の警告・表示上の欠陥などの消費生活用製品に関するもの，④病気や治療法，医薬品のリスクをめぐる「インフォームドコンセント」など医療・健康問題に関するもの，⑤工場などでの事故や自然災害に関する行動の啓蒙やデマ，避難警報など災害に関するものなどが含まれる．

リスクコミュニケーションの背景には，難しい選択に直面した民主社会が，人々の知る権利の保障を通じてなお民主的であろうとする一種の理念がある．たとえば，政府機関が発がん性物質の暴露基準を定めなくてはならないとき，民主的であり続けるには，公衆が専門的知識を自由に見分けて選べる方法をみつけることが必要である．ここにリスクコミュニケーションの意義がある．とくに最近，リスクの認知や判断を巡り，技術論的に正確な専門家と情緒的な見方をしがちな市民との間のトラブルが増えており，リスクコミュニケーションの必要性が改めて認識されるようになった．

なお，関連する課題には，社会的ジレンマ（個人の合理的な選択・行動が社会全体の観点からみると望ましくない結果をもたらすこと）や裏庭問題（「自分の裏庭でさえなければよい」という抵抗が起こること），特定の地域にリスクのある施設を立地するときにどんな補償をするかという公平の問題などがある．

日本では98年頃から，遺伝子治療やインターネット技術，遺伝子組換え農作物などをテーマにしたコンセンサス会議などの試みが行われているが，これもリスクコミュニケーションの一つである．

〔横山 織江〕

169 化学物質のリスク情報データベース

databases for risk information on chemicals

化学物質のリスクなどに関する情報は，くらしの安全や環境保全を目的とした化学物質管理にも科学技術の発展にも不可欠のものである．しかしながら，化学物質の種類は2700万以上といわれるほど膨大で，すべての化学物質についてデータベースとして情報を収載することは実際的ではなく，また，構造が類似した化学物質は類似した性質を有する場合が多いため，むしろ基本的な物質の情報を収載し，多様な検索機能などにより幅広く活用できる形に整備することが求められている．

a．化学物質データベースの収載内容
データベースが収載する内容には，化学物質の同定に用いられる情報，リスク評価書そのもの，有害性情報，暴露状況に関する情報，管理に関する情報がある．

(1) 化学物質の同定に用いられる情報：名称や各種登録番号，構造式に加え，沸点など基礎的な物理化学性状が含まれる．名称はIUPAC命名法に基づくものが一般的だが，その他慣用名などでも検索できるよう工夫されている場合が多い．登録番号としてはデータベース独自のもののほか，CAS番号が付されていることが一般的である．構造式については，名称のなかの官能基名やSMILESと呼ばれる構造式を文字列で標記する方法を用いている場合が多いが，最近ではグラフィックで検索できるものもある．

(2) リスク評価書そのもの：リスク評価書の多くは暴露経路やエンドポイントの選定を一般的なものとして広い範囲の問題解決に汎用的に使えるようにしているが，実際にさまざまな課題に際してリスク評価を使うためには，これら既存のリスク評価書の結果をそのまま使うばかりではなく，そこで用いられた手法を参考にしつつ，有害性情報と暴露情報から目的に合ったリスク評価を改めて行うことも有効である．このため，評価結果ではなく評価書そのものをデータベース化することが求められる．

(3) 有害性情報：毒性や腐食性，爆発性などのハザード情報は化学物質に固有な情報であり，集積しやすいが，他方，化学物質に対する視点が広がるのに応じ，その指標も増加し，項目数は非常に多い．以前は，物質ごとに当該性質を最も大きく示す条件での試験結果で評価することが多かったが，とくに毒性情報については，試験条件が異なると異なった結果を示し，物質相互の比較が困難である．そのため，1980年代よりOECDにおいて統一的なテストガイドラインが作成され，それに基づく試験結果の集積が進み，化学物質間のハザードの比較が行えるようになってきた．

(4) 暴露状況に関する情報：暴露は期間，場所，その他の条件によって異なるため，データベースでは代表的な指標を選んで収載することになる．従来は化学物質の生産量など製造・輸入業者からの情報が基本だったが，最近では環境中への排出量および廃棄物としての移動量についてはPRTR制度により各社から届け出られた量が国によって集計され公表されており，さらに，物質ごとに地図上に展開した「排出量マップ」や，大気中への拡散をモデル計算式を使って推定した「大気中の濃度マップ」が入手可能になっている．また，水質，底質，魚類および大気中における各種化学物質のモニタリング結果などの情報もある．

(5) 管理に関する情報：化学物質がどんな製品に含まれるかあるいは使われるかといった用途情報，どのように管理されているかなどの実態に関する情報，あるいは

表1 国内の主な化学物質データベース

データベース名	運営主体	特徴
GINC 化学物質総合データベース	厚生労働省	インターネットにより無料で一般公開．約300物質の化審法既存化学物質安全性点検の結果を収載．毒性の情報が詳細に確認できる
化学物質安全情報提供システム (kis-net)	神奈川県	インターネットにより無料で一般公開．広範囲から情報を集めている様子で毒性データが充実しており，物質によっては工場等の事故の情報も収載
国際化学物質安全性カード (ICSC) 日本語版	国立医薬品食品衛生研究所	インターネットにより無料で一般公開．IPCSが作成しているICSCの翻訳
日本化学物質辞書Web	独立行政法人科学技術振興機構	インターネットにより無料で一般公開．収録物質数多く，名称，構造の検索に適する
化学物質データベース (WebKis-Plus)	独立行政法人国立環境研究所	インターネットにより無料で一般公開．約4000物質を収載．化機関によるWebからの提供情報への物質ごとのリンクが豊富
化学物質総合情報提供システム (CHRIP)	独立行政法人製品評価技術基盤機構	インターネットにより無料で一般公開．約20万物質について幅広い情報を収載している．整備方針が定まっており，計画的に整備が進んでいる
安衛法化学物質	中央労働災害防止協会	インターネットにより無料で一般公開．安衛法に特化している
化学製品情報データベース	社団法人日本化学工業協会	インターネットにより無料で一般公開．製品データベースは約25万製品，物質データベースには約9000物質を収載する．物質によっては日化協の会員企業が提供するMSDSを確認することができる
化審法既存化学物質リスト・データベース	社団法人日本化学物質安全・情報センター	CD-ROMで提供される有料のデータベース．化審法に特化している
ISO 14001 環境管理サポートシステム (EcoAssist)	株式会社日立製作所	インターネットにより提供．法人，団体で利用するには有料のユーザー登録が必要．パッケージ版もあり．法律に関することや取扱いなど，広範な情報を確認することができる
ezCRIC	株式会社日本ケミカルデータベース	CD-ROMで提供される有料のデータベース．約30の化学物質関連法律に特化している

法律による規制の有無に関する情報やリスクコミュニケーション事例，あるべき管理方法などが含まれる．

b. 化学物質データベースの事例

化学物質のデータベースには，総合的な情報をもつもの，インデックス的な情報をもつもの，特定の法律情報や用途に特化したものなどがある．今日ではほとんどのデータベースが電子的に整備されている．化学物質の種類が多く情報量が大きいこと，高度な検索機能が求められることを背景にした進展の結果と思われる．媒体としては，インターネットによるもの，CD-ROMを使用するものなどがあり，対価を徴収する場合は有形の媒体を伴う場合が多い．また，有料のデータベースについては，対価に見合う機能を明示する必要があるためか，特定の機能に特化したものが多い．表に，国内の主な化学物質データベースを示す．　　　　　　　　　　〔重倉光彦〕

化学物質の環境動態 170

environmental fates of chemicals

化学物質は生活や産業のあらゆる場で使用され，製造から使用，廃棄までのさまざまなプロセスで，大なり小なりが環境中へ放出されている．PCBのように安定性の高い化学物質が工業的に好まれて使われてきたことから，さまざまな物質が地球上の思わぬ場所で汚染をもたらしている実態も，近年，明らかとなっている．

図1に化学物質の環境中動態の一例を示す．ある化学物質が煙突排ガスとして大気中に放出されたとする．化学物質はまず，大気中で拡散（diffusion）しながら風で離れたところへ運ばれる（このように風や河川など，環境媒体そのものの移動に伴って化学物質が移動することを移流 advection という）．また一部は大気中の粒子に吸着して地上へ落下（乾性沈着 dry deposition）する．雨が降れば大気中の気体成分・粒子状成分の一部が雨水に取り込まれて地上へ落下（湿性沈着 wet deposition）する．土壌中では化学物質は土壌粒子へ吸着（adsorption）したり，土壌間隙の気体中で拡散する．また土壌中の水分に溶けて降雨とともに下方向へ浸透したり，土壌粒子ごと川に流出（土壌流出 erosion）したりする．河川に入った化学物質は下流へ流れるとともに，水中の粒子状物質や川底の泥（底質 sediment）に吸着したり，浸透したりする．さらにこれらすべての過程で，光分解や加水分解などの化学的分解や微生物による生分解を受けて減少する．また，一部は水や空気を介して動植物に取り込まれ，食物連鎖によってそれらを摂取した生物へも取り込まれる．

このような環境中動態は，化学物質の物理化学的性状と放出された環境の条件に大きく依存する．化学物質の性状では主に，水溶解度，蒸気圧，オクタノール/水分配係数（P_{ow} または K_{ow}: octanol-water partition coefficient），有機炭素吸着係数（K_{oc}: organic carbon partition coefficient），ヘンリー定数（H: Henry's law constant），半減期（half life）（または分解速度）などが大きく影響している．これらのいくつかについて以下に詳しく述べる．

a．オクタノール/水分配係数 P_{ow}

P_{ow} は化学物質の疎水性を表す指標であり，オクタノール‐水混液中の各相における対象物質濃度の比として次式で示される．

$$P_{ow} = \frac{C_{oe}}{C_{we}}$$

C_{oe}：平衡時の対象物質のオクタノール中濃度，C_{we}：平衡時の対象物質の水中濃度．

P_{ow} はしばしば対数をとった値 $\log P_{ow}$ としても表され，数値が大きいほど疎水性である．オクタノールは脂肪中の炭素：酸素比に近いことから，P_{ow} は化学物質の生物や有機物への取り込まれやすさを推定するのに用いられている．

b．有機炭素吸着係数 K_{oc} K_{oc} は土壌や底質など有機物を含む媒体と水との間の化学物質の分配係数（吸着平衡定数）を有機炭素含有量当たりで表した値である．

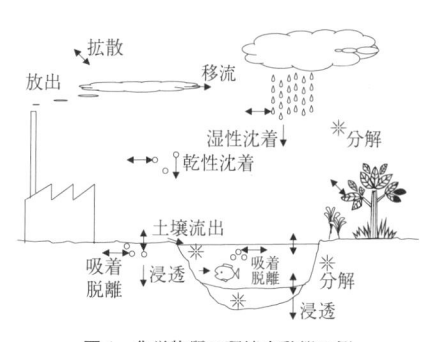

図1　化学物質の環境中動態の例

$$K_{OC} = \frac{C_S/C_W}{OC}$$

K_{OC}：有機炭素吸着定数 [l/kg-C]，C_S：平衡時の対象物質の土壌中濃度（土壌吸着量）[mg/kg-dry soil]，C_W：平衡時の対象物質の水中濃度 [mg/l]，OC：土壌または底質の有機炭素含有率 [-]．

化学物質が主に土壌や底質中の有機物に吸着しているとして，土壌の種類による吸着しやすさの違いを土壌中有機炭素含有量の違いとしておおむね表すことができる．K_{OC} は近似式により P_{OW} から推算されることもある．

c．ヘンリー定数 H　H は"一定の温度で一定量の液体に溶解する気体の量はその気体の圧力（分圧）に比例する"としたヘンリーの法則に基づいて，次式で表される大気-水間の分配係数である．

$$H = \frac{P_e}{C_{We}}$$

H：ヘンリー定数 [Pa·m³/mol]，P_e：平衡時の気相中の分圧 [Pa]，C_{We}：平衡時の液相中濃度 [mol/m³]．

H は水中に溶解した化学物質の揮発しやすさ，気相中の化学物質の水への溶解しやすさを表す．H はしばしば $H=$（蒸気圧）/（水溶解度）で推算される．また，下式のように無次元化して用いられることもある．

$$K_A = \frac{H}{RT}$$

K_A：ヘンリー定数 [-]，R：気体定数 8.314 [Pa·m³/K·mol]，T：温度 [K]．

d．半減期　半減期とは化学物質が特定の条件下で消失して，半分の濃度になる期間のことである．一般に分解のみによる消失を表す場合と，分解だけでなく，たとえば農薬が実環境中で雨に流されるなど消失要因すべてを含む場合の両方がある．半分になる期間が濃度によらず一定であるとしていることから，しばしば残存濃度は半減期を用いた一次速度式で表される．

$$C_t = C_0 \exp\{-(\ln 2/\text{半減期})t\}$$

C_t：t 時間後の濃度，C_0：初濃度．

このとき"ln 2/半減期"は一次の速度定数 k [1/日] と表されることもある．

環境中の化学物質は原則的にはこのような物理化学的性状に基づいて，分解しながら環境媒体間の濃度が平衡になる方向に拡散している．さらに，ここに風や雨，川の流れなどの環境要因が作用して実際の環境中分布をもたらしている．

近年，地球規模の化学物質動態に着目した管理体制が POPs（persistent organic pollutants，残留性有機汚染物質）条約採択によって整えられはじめている．国連欧州経済委員会の POPs 議定書では「長距離移動性」として蒸気圧<1000 Pa および大気中半減期>2 日，「残留性」として水中半減期>2 カ月または土壌・底質中半減期>6 カ月，「生物蓄積性」として生物濃縮係数・生物蓄積係数>5000，または $\log P_{OW}$>5 などを，クライテリアにあげている．

また個別の物理化学的性状による判断だけではなく，環境の条件を加味し，化学物質が環境中でどのような挙動をとりやすいかを表す数理モデルの活用も進められている．

POPs 管理に限らず，このような数理モデルは国内外で開発され，化学物質管理に役立てられている．数理モデルには設定したモデル環境の各媒体での化学物質の分配を計算する比較的単純なモデルから，実際の日本の地理を数 km 四方の升目にして，具体的にどの場所から化学物質が発生して，どのように分布するのかを予測する詳細なモデルなどがあり，ホームページでも公開されている（産業技術総合研究所化学物質リスク管理研究センター HP，国立環境研究所 HP 化学物質環境動態モデルデータベース，ほか）．　〔村澤香織〕

Ⅶ．化学物質の安全性・リスクと化学

化学物質への暴露

exposure to chemicals

a．個体レベルでの暴露 われわれは日常生活において，さまざまな化学物質にさまざまな経路を通じて接触している．大気中の化学物質は，呼吸により体内に入る．飲料水や食品中に含まれる化学物質は飲食により口を通じて体内に入る．また，子どもが泥の付いた手を口に入れても，土壌中の化学物質が口を通じて体内に入る．紙や繊維に含まれる化学物質は皮膚との接触を通して体内に取り込まれることがある．このような，化学物質とわれわれの身体との接触を，「暴露」と呼んでいる．そして，呼吸を通じての暴露は経気道暴露または吸入暴露，飲食など，口からの暴露は経口暴露，皮膚の接触を通じての暴露は経皮暴露と呼ばれている．

化学物質の人体への有害性は，暴露経路により異なることがある．たとえばニッケルは吸入暴露ではヒトや実験動物に発がん性を示すが，経口暴露ではラットやマウスに発がん性は認められていない．したがって，ヒトに対する有害性を把握するうえで，暴露経路を考えることは重要であり，動物実験を行う場合は，ヒトが暴露される経路での実験を行うことが重要である．

b．標的器官や標的部位における暴露 化学物質のヒトへの有害性を把握する場合，個体レベルでの暴露よりも標的器官や標的部位における暴露を把握することが重要な場合がある．これは，生物学的に意味をもつ暴露は，その化学物質の標的器官，あるいは標的部位における暴露であるためである．化学物質は身体に接触してから，体内に取り込まれ，さまざまな部位に分布し，代謝され，排泄される．そのため，このプロセス（体内動態）が異なれば，標的器官や部位における暴露量も異なったものになる．一般的には，暴露量は，経気道暴露の場合は，吸入される空気中の濃度，経口暴露の場合は，1日に体重1kg当たり摂取される量で暴露量を表すが，より詳細なリスク評価では，化学物質の体内動態を考慮して標的における暴露量を数理モデル（生理学的体内動態モデル，PBPKモデル）により推定し，これをもとに，動物実験結果をヒトにあてはめる（外挿する）ことがある（図1）．

c．集団レベルでの暴露 化学物質への暴露を表すもう一つの方法として，集団レベルでの暴露がある．ある化学物質に暴露されるヒトの個人レベルでのリスクがどの程度かを判断する場合には，個人レベルでの暴露量がわかれば十分である．一方，国における政策決定に際しては，国全体として，その化学物質への暴露により特定レベルのリスクを超えるヒトが何人いるかを把握することが必要な場合もある．このような場合には，人口集団における暴露の分布が重要となる．米国ではいくつかの有害大気汚染物質について，数理モデルを利用した集団レベルでの暴露量の推定が行われている．〔加藤順子〕

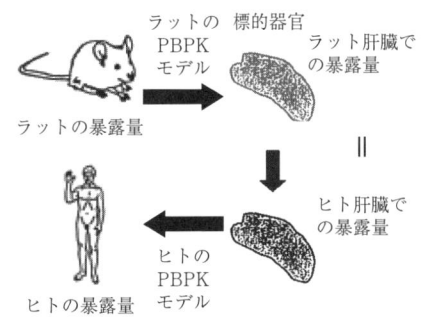

図1　PBPKモデルによる動物からヒトへの外挿

毒と薬
——用量-反応曲線

poison and medicine—dose-response curve

"毒"と"薬"について中世のスイス人医学者であるパラケルスス（Paracelsus, 1493/1494〜1541）は，「すべてのものが毒であり，用量（摂取量）のみが毒と薬を区別する」と表現している．たとえば，催眠薬（睡眠薬）は睡眠障害の薬であるが，大量に服用すれば死に至る．トリカブトの根には猛毒のアコニチンが含まれているが，一方で鎮痛・強心・利尿の漢方薬として現在でも使用されている．つまり，"毒"と"薬"を物質として明確に分けることはできず，その用量によって，"毒"と"薬"が区別されることになる．

毒または薬の用量を横軸に，生体反応率（反応を示した個体の割合）を縦軸にとりグラフ化したものを，用量-反応曲線と呼んでいる（図1）．一般に，用量の増加に伴い生体反応率は増加し，S字状の曲線（シグモイド曲線）を描く．なお，実際には，使用した毒または薬や生体反応の種類により，もう少し複雑になる．

低血圧症の患者100人に血圧を上昇させる薬を服用させた場合を例に考えてみる．図1の縦軸の生体反応を血圧上昇とすると，用量Aは100人中ごく少数の人の血圧を上昇させる用量であり，用量Bは100人中半数の人の血圧を上昇させる用量（50

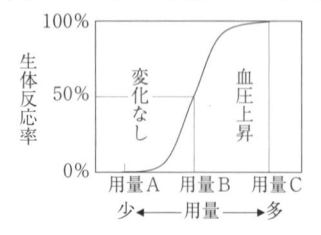

図1 用量-反応曲線の例

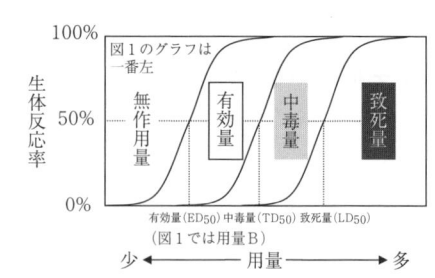

図2 用量の増加にともなう影響の変化
ED_{50}：50％の人が，毒性を伴わずに血圧が上昇した用量，TD_{50}：50％の人が，毒性を示した用量，LD_{50}：50％の人が，死亡した用量．

％有効量）である．用量Cは100人全員の血圧を上昇させる用量である．これだけなら，この薬は低血圧症用の薬として問題はない．しかし，用量がさらに増加すると血圧がさらに上昇し身体に悪影響（毒性，一般的に副作用と呼ばれている）が現れる（図2）．この用量が中毒量であり，薬から毒に変化したことになる．さらに用量が増加すると，血圧上昇による脳血管疾患などが原因となって死に至る．この用量が致死量であり，"薬"からはまったくかけ離れた"毒"として作用することになる．

一般に毒や薬はその効き目に個人差があるため，通常50％の生体反応率（図2中の横軸に平行な点線）を用いて評価する．つまり，100人中50人に有効な血圧上昇は50％有効量，50人に悪影響を及ぼす量は50％中毒量，50人を死亡させる量は50％致死量と呼ばれている．

毒性の大小は，50％致死量の大小で評価される．"猛毒"とは，50％致死量が小さい"毒／薬"を指す．一方，薬の評価では"安全域"も用いられる．"安全域"とは，50％致死量／50％有効量で示される数値であり，安全域が大きい薬（有効量と致死量がかけ離れている；少量で有効量となるが多量でないと死に至らない）は，相対的に安全な"薬"と呼ばれている．

〔内藤寿英〕

化学物質の毒性

173

toxicity of chemicals

　われわれを取り巻く化学物質の種類は，合成化学の発達により飛躍的に増加した．現在，世のなかで流通している工業化学品の数は，10万種類ともいわれている．

　すべての化学物質は，天然のもの，合成されたもの，あるいは非意図的に生成したものによらず，その量によって，多かれ少なかれ毒性を示す．

　化学物質のヒトに対する毒性は，実験動物などを用いた毒性試験やヒトにおける暴露経験により明らかにされる．実験動物などを用いた毒性試験では，その化学物質の急性毒性，慢性毒性，発がん性，神経毒性，生殖毒性，催奇形性などの有無を調べることができる（→174.毒性試験）．

　一方，ヒトにおける化学物質への暴露経験をもとに，その毒性を明らかにする研究手法として，疫学がある．疫学はヒトの集団における疾病と環境因子への暴露の関係を研究する学問であり，記述疫学と分析疫学とに分けられる．記述疫学では疾病の発生頻度や分布を調べて，原因と結果の関連性を調べるが，因果関係を示すためには，関連の一致性，関連の強固性，関連の特異性，関連の時間性，関連の整合性がなければならないとされている．一方，分析疫学には，症例対照研究，コホート研究がある．症例対照研究では，疾病のある人（症例）と，その人に性別や年齢などの条件の似た当該疾病のない人（対照）とを選び，両者で原因と考えられる要因（仮説要因）への暴露を過去に遡って比較する．一方，コホート研究では，仮説要因への暴露のある集団とない集団の間で，疾病の発生確率を比較する．

　疫学研究ではヒトの集団を対象としているため，ヒトも暴露状況も多様であり，仮説要因以外の要因（交絡因子）により因果関係がゆがめられることがある．そのため，疫学研究では交絡因子の影響の除去が重要である．

　化学物質が環境生物への毒性を通じて生態系に影響を与えうることは，農薬による生態系への影響を指摘したレイチェル・カーソンの『沈黙の春』により広く認識されるようになった．現在，農薬に対しては，環境中の生物に対する毒性を調べる試験が広く義務づけられている．また，一般の化学物質についても，大量に製造・輸入され，環境中での分解性が低い新規の化学物質に対しては，生態系への影響を調べる観点から，水生生物（魚類，ミジンコ，藻類）に対する毒性試験が義務づけられている（→177.生態系への影響）．

　しかし，環境中には多様な生物種が相互作用をもって存在しており，生態系への影響をすべて試験により調べることは不可能である．そのため，試験を補完するものとして，環境の監視は重要であり，内分泌かく乱化学物質による影響を指摘した『奪われし未来』も，このことの重要性を示しているともいえる．

　ヒトの健康への影響についても生態系への影響についても，予防のための毒性試験は重要である．しかし，現実に起こっていることの監視の重要性も依然として大きいといえる．

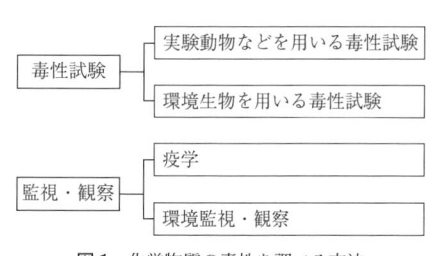

〔加藤順子〕

図1 化学物質の毒性を調べる方法

- 毒性試験
  - 実験動物などを用いる毒性試験
  - 環境生物を用いる毒性試験
- 監視・観察
  - 疫学
  - 環境監視・観察

毒性試験

174

toxicological studies

　ある化学物質のヒトへの毒性の有無やその強さを知りたい場合，ヒトの代わりに動物あるいは動物細胞，細菌類などの試験系を用いて実施する試験を毒性試験という．

　a．毒性評価のための試験系　毒性評価のために，生きた動物全体を用いる試験は in vivo（生体）試験と呼ばれる．標準的な試験で使用する動物種としては，げっ歯類（ラット，マウス，ハムスター，モルモット），ウサギ，イヌ，サル（アカゲザル，カニクイザル，マーモセット）などがある．また，実験動物種には，動物の選択的交配などによって作成・固定された系統（strain）があり，これらには特有の遺伝的・生理的特徴がある．同じ種でも系統が異なると，ある化学物質に対する影響の出やすさの大小（感受性の高低）に差がある場合がある．また，動物の齢によっても化学物質に対する感受性は異なる．動物種や系統は，その試験の目的や手法に即して使用される．

　動物全体でなく，動物細胞や細菌などの微生物を用いた試験系は in vitro（試験管内）試験と呼ばれる．

　b．試験に関する規則　毒性試験には目的に応じてさまざまなものがあり，各国政府や国際機関により試験方法が示されている．化学物質の国際通商の観点からOECDにより作成された「毒性試験法ガイドライン」はなかでも最も一般的なものである．また，試験が公正かつ適切に行われるために，各国・機関において「優良試験所指針」（good laboratory practice：GLP）という規則が設けられており，この規則にしたがった「GLP適用試験」で得られたデータが，国際的に信頼性の高いデータである．新規化学物質や新規応用目的の既存化学物質（医薬品，農薬，一般化学品）の登録申請に際して必要な毒性試験は，GLP適用下で実施された試験でなければならない．

　なお，医薬品分野では日本・米国・EUの規制当局および医薬品業界代表者を構成員として日米EU医薬品規制調和国際会議（International Conference on Harmonization：ICH）が創設されている．この国際会議ではデータの国際的な相互受入れを実現し，不必要な試験の繰返しを防ぐなど，承認審査の迅速化などを目的として，試験ガイドライン（ICHガイドライン）が整備されつつあり，日・米・EU三極の新医薬品の承認審査に関する規制の調和が図られている．

　c．毒性試験方法

　(1) 投与方法：　毒性試験における実験動物への化学物質の投与は，ヒトにおける実際の暴露経路を想定して実施されることが多い．投与の経路には，大きく分けて経口，経気道（吸入），静脈内，腹腔内，経皮などがある．実際の投与方法としては，強制経口投与（胃ゾンデと呼ばれる器具を用いて胃内に直接投与する），飲水投与（飲水に混ぜる），混餌（餌に混ぜる），吸入暴露（全身暴露あるいは鼻部から吸入させる），皮膚塗布（開放／閉塞），各種注射（皮内／皮下，静脈内，腹腔内）などがある．

　(2) 一般毒性試験：　試験の種類のうち，投与期間の長短によって分類される試験を一般毒性試験と呼ぶ（表1）．単回投与による急性毒性試験は，比較的大量を投与し，その化学物質の致死量（実際には半数致死量または濃度：LD_{50} または LC_{50}）を定量することを目的とした試験である．

　投与期間を長くして行う試験は，同じ用量の短期的投与では認められないか軽微な

表1 投与期間ごとの毒性試験（一般毒性試験）

試験の種類〔使用動物種〕	投与期間	実施目的
急性毒性試験（げっ歯類など）	単回（1回）	半数致死量（LD_{50}）または半数致死濃度（LC_{50}）の算出
亜慢性（亜急性）試験（げっ歯類など）	28〜90日間程度	短期〜中期反復投与による影響
慢性毒性試験（発がん性試験と兼ねる場合あり）（げっ歯類など）	使用動物の一生涯相当期間（げっ歯類は2年間）	長期反復投与による影響

表2 特殊な影響に注目した毒性試験

試験の種類〔使用動物種〕	投与期間	実施目的
皮膚／眼刺激性試験（白色ウサギ）	単回（1回）	皮膚や眼粘膜への刺激性
皮膚感作性試験（モルモット）	断続的に約1〜1.5カ月間	遅発性接触アレルギー性
生殖／発生毒性試験（げっ歯類、ウサギなど）①催奇形性試験　②生殖毒性試験、ほか	①母動物の妊娠期間中の胎児の器官形成期　②交配前〜妊娠〜出産・授乳期間など	①催奇形性の検出　②一世代または二世代以上の生殖能への影響
発がん性試験（げっ歯類など）	使用動物の一生涯相当期間（げっ歯類は2年間）	発がん性の有無と程度
神経毒性試験（ニワトリ）	急性毒性／亜慢性遅発性毒性（90日間）	有機リン系物質の末梢神経、中枢神経系への影響

影響のみ認められるものが，長期間投与することによって強く現れるか，あるいは質的に異なる影響が現れるかを調べるために行うものである．慢性毒性試験では，げっ歯類などのほぼ一生涯に相当する期間（2年間）に投与する間に発生する影響を観察する．

各試験の投与終了時には，剖検を実施し，必要に応じて臓器の組織標本を作成して病理組織学的検査を実施し，定量値の変化（たとえば血液生化学検査の異常など）

の器質的変化の裏づけを得る．

（3）特定の影響に注目した試験（特殊毒性試験）： 表2に特殊毒性試験の種類を示す．これらの試験では，特定の影響に着目してこれらの影響が最も現れやすいと考えられる投与条件（部位，経路，時期，妊娠など）が考慮されている．発がんについては，慢性投与の間に主にがん発生の有無を観察する．

生殖／発生毒性試験は，動物の生殖に関する各種時期における化学物質の影響をみ

表3 遺伝毒性試験

	試験系	種類(別名／検出内容)
・遺伝子突然変異の検出	サルモネラ，大腸菌	復帰変異試験(Ames試験)
	哺乳動物細胞(マウスリンパ腫細胞，CHO細胞など)	in vitro 遺伝子突然変異試験
	ショウジョウバエ	伴性劣性致死試験(SLRL試験)
	酵母	突然変異試験(正または復帰突然変異)
	マウス	マウス・スポットテスト
・染色体異常の検出	哺乳動物細胞／ほ乳類骨髄細胞	in vitro／in vivo 細胞遺伝学的試験
	げっ歯類骨髄細胞	小核試験(染色体または分裂機構の損傷検出)
	げっ歯類	優性致死試験
	ほ乳動物生殖細胞	細胞遺伝学的試験
	マウス生殖細胞	転座試験
・遺伝子傷害性の検出	培養細胞(ラット肝細胞，ヒトリンパ球など)	in vitro DNA損傷・修復および不定期DNA合成(UDS)試験
	酵母	体細胞組換え試験
	哺乳動物細胞	in vitro 姉妹染色分体交換試験(SCE試験)

る試験の総称である．妊娠中の母動物に投与して胎児の発生への影響(奇形や変異の発生)を調べる催奇形性試験，多世代にわたって繁殖能力への影響をみる繁殖毒性試験などがある．

(4) 遺伝毒性試験(変異原性試験)：化学物質の遺伝子(DNA)や染色体への影響を調べる試験であり，発がん性のスクリーニング試験として実施されている．遺伝毒性試験は大きく分けると遺伝子突然変異試験と染色体異常試験に分けられ，また，in vivo 試験と in vitro 試験がある．それぞれの試験によって検出される作用が異なるため，複数の試験を組み合わせることによって，より厳密にスクリーニングできることになる．主な試験を表3に示す．

d. 基礎的研究

(1) 体内動態： 化学物質が体内に入った場合，体内での吸収の程度・速度，各臓器や組織への分布および経時的変化や蓄積性，代謝の経路や速度，排泄の経路や速度がその物質の毒性発現に大きく影響する．このような化学物質の体内動態を調べる試験である．

(2) 作用機序(作用メカニズム)： 化学物質がどの臓器・器官を標的として作用しているか，なぜその現象が起こるのか(作用機序)を証明することができれば，動物の毒性データをヒトへ外挿する場合に役立つため，体内動態や毒性を包括したメカニズムの研究が進められている．

〔大井川淳子〕

175 構造活性相関

structure-activity relationships

構造活性相関は，元来，薬学分野において必要とする薬理活性を得ることを目的に創生され発展した手法であるが，広範囲な物質を対象とする化学物質管理分野においては独自の研究領域が形成されている．ここでは，化学物質管理分野で用いられている構造活性相関を中心に解説する．

構造活性相関とは，物質の化学構造上の特徴（または，物理化学定数）と生物学的活性（各毒性エンドポイントなど）との相関関係を指す．これらのうち，定量的なものは定量的構造活性相関（quantitative structure-activity relationships：QSAR）といい，定性的な構造活性相関（SAR）と区別される．有害性実測試験が実施された化学物質の試験データセットを用いて，上述の相関関係を明らかにすることにより，化学物質の有害性を化学構造や物理化学定数から予測する構造活性相関モデルが作成される．

化学物質の有害性評価において，構造活性相関は，①実験生物を必要としない，②多種の物質を安価で短期間のうちに評価できる，という利点をもつ代替試験法の一種と見なされており，主に実測試験の優先順位付けのために活用されている．また，米国の有害物質規制法の審査では，生産量の低い化学物質の特定のエンドポイントの評価において，実測試験の代わりに構造活性相関による評価が用いられている．

a. 構造活性相関モデルの種類　構造活性相関モデルは，文献などにおいて一つの式で示されているだけのものから，コンピュータソフトウェア化されて，構造式を入力すると自動的に予測結果が出力されるものなど多種多様なものが存在する[1]．

通常，各構造活性相関モデルの予測エンドポイントは，特定の試験プロトコルに対応している．構造活性相関モデルの開発がとくに進んでいるエンドポイントとしては，生分解性，生物濃縮性，魚類急性毒性，変異原性があげられる．

予測の方法（アルゴリズム）については，予測値を回帰式などの数式から算出する数理モデルと，専門家の知見をもとに作成した判定フローや代謝シミュレータなどをもとに予測結果を導き出すエキスパートモデルとに大別できる．図1に生物濃縮性を予測する構造活性相関モデルの一例を示す．

b. トレーニングセット　構造活性相関モデルを作成する際に用いられた実測試験のデータセットをトレーニングセットという．構造活性相関モデルは実測試験データをもとに作成されるため，ある程度の実測試験データの集積がないと（構造活性相関モデルを）作成することはできない．トレーニングセットとして利用する実測試験データの質が高くデータ数が多いほど，予測精度が高く適用範囲の広い優れた構造活性相関モデルを作成することができる．

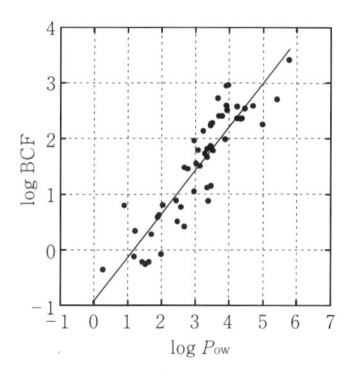

図1　有機低分子化合物 54 物質の 1-オクタノール／水分配係数（P_{ow}）と生物濃縮係数（BCF）の係数

c. 記述子 構造活性相関モデルにおいて，予測に用いられる化学構造上の特徴を表すパラメータや物理化学定数を記述子という．たとえば，分子量，1-オクタノール/水分配係数，部分構造などが用いられる．記述子は，回帰式などにより予測する構造活性相関モデルにおいては独立変数として用いられ，エキスパートモデルにおいては判定条件などに用いられる．

d. バリデーション 特定の使用目的に対し構造活性相関モデルの信頼性や妥当性を確証するためのプロセスをバリデーションという．OECDの(Q)SARバリデーション原則[2]では，規制当局が使用する構造活性相関モデルをバリデーションするために必要な情報として，①定義されたエンドポイント，②明白なアルゴリズム，③定義された適用範囲，④適合度・頑健性・予測精度の適切な評価，⑤メカニズム的な解釈（可能ならば），をあげている．

e. 予測精度の評価 トレーニングセットを用いて予測精度を評価することを内部バリデーションという．適合度や頑健性の評価がこれに相当する．たとえば，回帰式を用いた構造活性相関モデルでは，トレーニングセットの物質における実測値と予測値の相関係数や標準誤差などで適合度が評価される．一方，トレーニングセットに含まれていない物質の実測試験データを用いて評価することを外部バリデーションという．確実な確証手段である外部バリデーションにより，予測精度が評価されることが望ましいが，これに使用する十分な数のデータが得られないケースも多く，この場合は内部バリデーションのみで予測精度が評価される．

表1 実測試験結果と予測結果の組合せと予測精度の指標

($a \sim d$ は物質数を表す)		予測	
		陽性	陰性
実測	陽性	a	b
	陰性	c	d

感度：(sensitivity) $= a/(a+b)$
特異度：(specificity) $= d/(c+d)$
一致率：(concordance) $=(a+d)/(a+b+c+d)$

陽性か陰性を判定する有害性試験の場合は，表1に示すような予測精度の指標がよく用いられる．化学物質の有害性評価では，実測が陽性のものを陰性と予測するフォールスネガティブ予測を防ぐことが，とくに求められている．

f. 適用範囲 構造活性相関モデルでは，トレーニングセット内の物質と著しく化学構造が異なる物質に対しては，正しい予測結果は期待できない．それぞれの構造活性相関モデルが，精度よく予測結果を与えることができる物質の範囲を適用範囲(applicability domain)といい，各記述子の値の範囲や化学構造などで定義される．予測したい物質に対し適切な構造活性相関モデルを選択するためには，各モデルの適用範囲を知ることが必要となる．

〔櫻谷祐企〕

文献
1) 松尾昌季：QSAR手法を用いた化学物質の手計算による生態毒性予測（全3巻），エル・アイ・シー (1999)．
2) OECD：Series on Testing and Assessment No. 49, Report from the Expert Group on (Quantitative) Structure-Activity Relationships [(Q) SARs] on the Principles for the Validation of (Q) SARs, OECD (2004)．

発がん性 176

carcinogenicity

　発がん性とは，文字どおり「がんを発生」させる性質のことである．ヒトに対して発がん性を示す化学物質としては，ベンゼン，ダイオキシンなどが知られている．また，がんを引き起こす化学物質混合物としては，すすやコールタールピッチなどがある．しかし，発がん性を示すのは化学物質にとどまらない．放射線や太陽光（紫外線）もヒトに対して発がん性を示す（それぞれ，白血病，皮膚がん）．また，細菌やウイルスのなかにも発がん性を示すものがある（それぞれ，ヘリコバクター・ピロリ，成人T細胞白血病ウイルスなど）．さらに，アルミニウムの製造やコークスの製造などの工業過程や喫煙に伴う化学物質混合物への暴露も，ヒトにがんを引き起こす．天然の物質のなかにも発がん性を示すものはあり，ピーナッツのかび毒であるアフラトキシンは強力な発がん物質として知られている．

　ある化学物質がヒトに対して発がん性をもつかどうかを明らかにすることは，容易ではない．ヒトに関するデータの多くでは，同時に複数物質への暴露があるため，因果関係を明確に示すことは難しい．また，実験動物に対しては発がん性を示しても，ヒトでは実験動物と代謝プロセスが異なるなどにより，発がん性を示さない物質もある．このように，発がん性の評価にはさまざまな側面からの詳細な検討が必要なため，WHOの機関であるIARC (International Agency for Research on Cancer, 国際がん研究機関) は各国の専門家を集めて疫学データや動物実験データ，遺伝子障害性や体内動態，発がんメカニズムなどに関するその他の実験データに基づき発がん性の評価を行っている．IARCはヒトに対する発がん性の証拠の強さに基づい

表1　IARCによるヒトに対する発がん性の分類

分類		証拠
グループ1	発がん性がある	・ヒトでの証拠が十分ある，例外的に ・ヒトでの証拠は不十分であるが，実験動物での証拠が十分であり，実験動物での発がんメカニズムがヒトでも働いているという強い証拠がある
グループ2A	恐らく発がん性がある	・ヒトでの証拠が限られており，実験動物での証拠が十分である，または ・ヒトでの証拠は不十分であるが，実験動物での証拠が十分であり，実験動物での発がんメカニズムがヒトでも働いている
グループ2B	発がん性をもつ可能性がある	・ヒトでの証拠が限られており，実験動物での証拠も限られている，または ・ヒトでの証拠が不十分で，実験動物での証拠も限られているが，その他の関連データが発がん性を支持している
グループ3	発がん性について分類不能	・ヒトでの証拠が不十分であり，実験動物での証拠が限られている
グループ4	恐らく発がん性はない	・ヒトおよび実験動物で発がん性なしの証拠がある，または ・ヒトでの証拠は不十分であるが，実験動物およびその他の広範なデータから発がん性なしの強い証拠がある

表2 いくつかの化学物質のIARCによる発がん性の分類

グループ1	グループ2A	グループ2B	グループ3
アスベスト ヒ素およびその化合物 ベンゼン ベンゾ(a)ピレン ダイオキシン(2,3,7,8-TCDD)	1,3-ブタジエン トリクロロエチレン テトラクロロエチレン ディーゼルエンジン排ガス	アセトアルデヒド アクリロニトリル カーボンブラック クロロホルム	アニリン MTBE グループ4 ε-カプロラクタム

　発がん性の分類を行っており(表1)，上記に示したものはすべて，IARCがヒトに対して発がん性がある(グループ1)と判断したものである．いくつかの化学物質のIARCによる発がん性の分類を表2に示す．

　化学物質はさまざまなメカニズムでがんを引き起こす．発がんのプロセスは一般に，①遺伝子が障害を受け(イニシエーション)，それが，②異常な増殖を示すようになり(プロモーション)，さらにそれが転移して増殖する(プログレッション)プロセスとされており，①および②を引き起こす物質をそれぞれイニシエータ，プロモータ，両方の作用を示す物質を完全発がん物質と呼んでいる．また，イニシエータのなかには，直接的に遺伝子に障害を与えるもの(たとえばベンゼン)も，細胞増殖を刺激することにより間接的に遺伝子の障害を導くもの(たとえば経口避妊薬として使用されたジエチルスチルベステロール，)もある．

　IARCでは，イニシエータ，プロモータの別なく，また，遺伝子を直接障害するか否かの別なく，発がん性の有無を定性的に評価している．しかし，発がん性に基づき，化学物質への暴露の基準値などを設定する場合には，定性的な評価だけではなく，どれくらい暴露したときにどの程度の有害影響が生じるか，の定量的なリスク評価が必要となる．これには，発がん物質が直接的に遺伝子に障害を与えるのか，あるいは間接的に障害を与えるのかを明らかにすることがきわめて重要である．後者の場合には閾値が存在する場合もあり，その場合には，閾値以下の暴露では有害な影響は生じないと見なされるが，前者の場合には，一般に閾値がないとされているため，いかなる低濃度でもリスクがあると見なされる．閾値がない場合の発がん性の定量的なリスク評価については「179.生涯リスク」の項を参照されたい．

〔内藤寿英〕

VII．化学物質の安全性・リスクと化学

生態系への影響

177

impacts of chemicals on ecological systems

化学物質の生態系およびそれを構成する生物群または各種生物に対する影響を研究する分野として，生態毒性学（ecotoxicology）がある．これは生態学（ecology）と毒性学（toxicology）を由来とした造語であるが，人への影響を目的とした毒性学とは異なり，対象が一種の生物だけではないため，保全すべき生態系をどうとらえるかは，常に問題となる．

生態毒性を調べるための実験は，規模に応じて野外か室内で行われる（図1）．野外実験は生態系への影響を直接観察するうえで不可欠なものであるが，野外の標準化は不可能であること，解析に多大な労力と時間を要するなどの難点がある．

規制やリスク評価などには室内実験デー

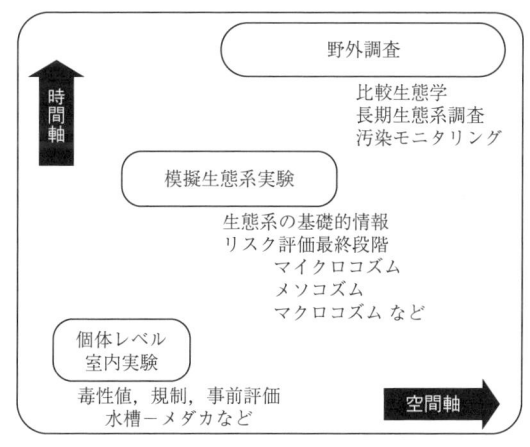

```
時間軸 ↑
                    野外調査
                     比較生態学
                     長期生態系調査
                     汚染モニタリング
            模擬生態系実験
                     生態系の基礎的情報
                     リスク評価最終段階
                     マイクロコズム
                     メソコズム
                     マクロコズム　など
   個体レベル
   室内実験
     毒性値，規制，事前評価
     水槽－メダカなど         空間軸 →
```

図1　生態毒性影響の研究手法

表1　OECD化学品テストガイドライン（生態毒性）

TG	水生生物試験	TG	陸生生物試験
201	藻類生長阻害	205	鳥類摂餌毒性
202	ミジンコ類急性遊泳阻害	206	鳥類繁殖
203	魚類急性毒性	207	ミミズ急性毒性
204	魚類延長毒性	208	陸生植物生長
209	活性汚泥呼吸阻害	213	ミツバチ急性経口毒性
210	魚類初期生活段階毒性	214	ミツバチ急性接触毒性
211	オオミジンコ繁殖阻害	216	土壌微生物（窒素変換）
212	魚類胚・仔魚期短期毒性	217	土壌微生物（炭素変換）
215	幼魚成長毒性	220	ヒメミミズ繁殖性
218	底質添加ユスリカ毒性	222	ミミズ繁殖試験
219	水添加ユスリカ毒性		
221	ウキクサ生長阻害		

タを用いることが多い．複雑な生態系への影響や複合影響などを評価するにはあまりにも単純化しすぎであるとの議論もあるが，リスク評価の第一歩と位置づけられ，国際的に標準化が進み，その代表的なものにOECD化学品テストガイドラインがある（表1）．

地球上に生息する100万を超える多種多様な生物種すべてについて毒性影響を調べることは不可能である以上，対象種の選定は重要である．生物分類，階層区分，生息場所，生活環，感受性，学問情報，管理の容易さ，認知度や資源的価値なども重要な基準となる．OECDガイドラインでは現在，TG 201からTG 222までの22試験があるが，以上のような基準で適宜改訂，追加されている．

一般に環境汚染物質は水系に流入しやすいことから，藻類生長阻害試験，ミジンコ急性遊泳阻害試験および魚類急性毒性試験などの3種の水生生物試験が国際的に最も重視されている．藻類生長阻害試験では，単細胞緑藻類を用い光照射および無菌条件下で72〜96時間の生長阻害度を測定する．ミジンコ類急性遊泳阻害試験では，24時間令以内の幼体を試験溶液に暴露させ48時間後の遊泳阻害率を測定する．魚類急性毒性試験では一般には淡水の小型魚類（メダカ，ゼブラフィッシュ，コイなど）を用いて96時間の死亡率を測定する．日本では，農薬取締法，化学物質審査規制法などで試験が要求される．

医薬品も1998年に米国FDAが，2006年に欧州医薬品庁が環境へのリスクを評価するためのガイドラインを策定し，化学品や農薬などと同様に生態影響試験が必要となった．

生態影響試験から得られる値（毒性値）は限定された条件とはいえ化学物質固有のハザード（有害性）を表している．これらの結果は毒性評価にとどまらず，リスク評価，さらにはリスク管理に発展させられる．生物がどのような場所でどういう濃度で化学物質と接触するかという「環境濃度」と，毒性値から予測する「無影響濃度」の比較がリスク評価である．環境濃度が無影響濃度を超えてしまうならば，許容レベルに下げるなど策を講じるのがリスク管理となる．有害性のみの管理と比較し，選択肢が広がることから，世界的に受け入れられている概念である．

生態毒性試験が規制に使用され，社会に与える影響も重要となった現在，データの信頼性がますます問われ，毒性分野で先行していた優良試験所基準（good laboratory practice：GLP）の遵守が実施施設に対して義務づけられつつある．

〔斎藤穂高〕

毒性およびリスク評価の指標 178

key terms used in hazard and risk assessment

毒性評価あるいはリスク評価ではさまざまな指標が用いられる．ここではこれらの指標について簡単に解説する．

a．LD_{50}，LC_{50} 半数致死量，あるいは半数致死濃度のこと．動物を実験的に化学物質に暴露させたとき，一定期間内に半数の動物が死亡する用量（体重当たりの量）あるいは濃度である．LD_{50} や LC_{50} は化学物質の動物に対する急性的に作用する毒性の強さを比較するのに用いられる．

b．NOAEL 無毒性量のこと．非暴露群と比較して統計学的に有意な有害影響が観察されない試験用量を示す．これに対して NOEL (no adverse effect level) は無影響量と呼ばれ，有害であるか否かによらず，統計学的に有意な影響が見られない試験用量を指す．一方，NOAEL (no observable adverse effect level) の代わりに，LOAEL (lowest observable adverse effect level) という指標が用いられることがある．これは統計学的に有意な有害影響が認められる最も低い試験用量である．

c．安全係数 毒性データから安全確保のための基準値を導く場合，データの不十分さに対応するために，NOAEL（無毒性量）をさらに10以下の係数で割って用いることがある．このような係数を安全係数 (safety factor) という．最近は不確実係数 (uncertainty factor) という言葉を使用することが多い．不確実係数は，動物試験データをヒトに当てはめる場合に動物とヒトの種差を説明するためや，ヒトにおける個人差を説明するために用いられる．一般的に用いられる不確実係数を表1に示す．「データが不十分」とは，たとえば低濃度で生殖・発生毒性があることが懸念されるが，そのような試験データがない場合である．また，暴露期間が不十分とは，慢性毒性データがなく，中期試験データでの無毒性量を用いる場合である．なお，NOAEL の代わりに LOAEL を用いる場合にも10以下の不確実係数が用いられる．

d．TDI，ADI，RfD，RfC

TDI (tolerable daily intake)：耐容1日摂取量（生涯にわたり継続して摂取しても有害な影響を生じない1日の摂取）のことであり，通常 mg/kg 体重/日で表す．通常，無毒性量を不確実係数で除して求める（→182．耐容1日摂取量）．

ADI (acceptable daily intake)：許容1日摂取量のことであり，概念や算出方法は TDI と同じである．TDI が汚染物質のように本来含まれるべきでない物質に対して使用されるのに対し，ADI は食品添加物のように，目的をもって加えられているものに対して使用される．

RfD (reference dose)：参照用量と呼ばれ，米国環境保護庁が使用している指標．概念や算出方法は TDI と同じである．

RfC (reference concentration)：参照濃度と呼ばれ，米国環境保護庁が使用している指標．大気中の汚染物質に対して用いられる．概念や算出方法は TDI と同じである．

e．MOE 暴露幅，あるいは暴露マージンと呼ばれる．従来，閾値のある物質にしては，下記の式によりハザード比 (HQ) を求め，この値が1よりも大きい場合にリスクがある，というように評価し

表1 不確実係数

不確実性の原因	係数
種差（動物からヒトへ）	10
個人差	10
データが不十分	10以下
暴露期間が不十分	10以下

表2 水生生物に対するアセスメント係数

得られている情報	係数
三つの栄養段階の生物（魚，ミジンコ，藻類）に対する急性毒性値	1000
一つの栄養段階の生物の長期毒性値	100
二つの栄養段階の生物の長期毒性値	50
三つの栄養段階の生物の長期毒性値	10
野外データ，モデルエコシステムのデータ	ケースバイケース

ていた．

$$HQ = \frac{E（ヒトの暴露量）}{TDI}$$

MOE (margin of exposure) はHQに変わるものとして最近用いられている指標であり，下記のように定義される．

$$MOE = \frac{NOAEL}{E}$$

ここで，NOAELはTDIを求めるときにベースとするNOAELであり，Eはヒトの暴露量である．MOEと，当該物質についてNOAELからTDIを求めるときに使用する不確実係数の積とを比較し，前者が後者よりも大きい場合は，有害影響を生じる可能性は低いと判断する．

なお，環境省の初期リスク評価では，MOEを下記のように定義し，MOE<10の場合は要対策，10～100は要観察，>100は当面心配なし，としている．

f．VSD　実質安全量のこと．閾値のない発がん物質については，暴露量がどのように低くてもリスクは存在すると考えられている．このような物質について，どの程度のリスクであれば，実質的に問題なしとしてよいか，という議論から生まれた概念である．通常，生涯過剰発がんリスクレベルが10^{-5}～10^{-6}以下であれば，実質的には安全であると見なし，このリスクレベルに見合う暴露量をVSD（virtually safe dose）と呼んでいる（→179. 生涯リスク）．

g．PEC (predicted environmental concentration)　予測環境中濃度のこと．生態系へのリスク評価の際に用いる指標である．環境中の化学物質濃度の実測データをもとに，安全側にたった評価の観点から設定した環境中の当該化学物質の予測濃度であり，数理モデルを用いて予測する試みも行われている．

h．PNEC (predicted no effect concentration)　予測無影響濃度のこと．生態系へのリスク評価の際に用いる指標である．生態系に対して有害な影響を及ぼさないと予想される濃度のことであり，試験生物種の毒性値をアセスメント係数で除すことにより算出される．ここで，アセスメント係数は，利用できる毒性試験データの量と質によって決定され，ヒトへの影響に関して，毒性データからTDIを求める際に用いる不確実係数と似た概念の係数である．水生生物への予測無影響濃度を求める際に用いられるアセスメント係数を表2に示す．

生態系へのリスク評価ではPEC/PNECが1より小さい場合に有害影響を生じる可能性が低いと判断する．〔加藤順子〕

生涯リスク

lifetime risk

　ヒトが一生涯ある量のある化学物質に暴露された場合に生じる発がんなどのリスクの大きさを生涯リスクという。発がんのリスクについて言及されるのが一般的であり，発がん以外の影響について言及されることはほとんどない。

　ヒトの生涯発がんリスクは，一般に実験動物を一生涯暴露した試験の結果をヒトに当てはめて求められる。ラットやマウスなどのげっ歯類を用いた試験では，その動物の一生涯を約2年（104週間）と想定し，2年間の暴露試験を行う。そのときに生じた過剰発がん（その化学物質暴露に起因する発がん）の用量-反応関係をヒトが暴露されるような低用量に外挿し，ヒトにおける生涯過剰発がんリスクを求める。ここで低用量への外挿に用いる数理モデルにより，リスクの大きさは大きく変化する。米国では，低用量で直線となる線形多段階モデル（LMSモデル）が汎用されていたが最近はその他のモデルも利用されている。

　一方，公衆衛生上の観点から，環境基準などの暴露限界値を設定する場合は，生涯過剰発がんリスクのレベルをどの程度まで下げるべきかが検討される。米国では1970年代後半に食品医薬品局が，発がん性をもつ動物薬の食肉中への残留に関連して，生涯過剰発がんリスクレベルが 10^{-6} であれば，このリスクは無視しうる（de minimis），として許容する政策を採用するようになった。また，同じ頃，ローランス（Lowrance, W.R.）は"Of Acceptable Risk - Science and the Determination of Safety"という著書のなかで，「リスクが受容可能であると判断されるとき，それは安全である（A thing is safe if its attendant risks are judged to be acceptable.)」とし，安全性の考え方をゼロリスクから受容可能なリスクへと変換する考えを示した。その後，生涯過剰発がんリスクレベル 10^{-6} は，実質安全量（virtually safe dose：VSD）と呼ばれるようになった。

　現在，各国がリスクが小さい場合は受容可能である，という考え方を採用している。米国環境保護庁は，飲料水中の発がん物質の基準を，生涯過剰発がんリスクレベルが 10^{-5} 以下となるように設定している。また，WHOにおいても飲料水中の発がん物質について，基本的にガイドライン値を生涯過剰発がんリスクレベル 10^{-5} 以下としている。

　わが国においては，有害大気汚染物質（発がん物質も多く含まれる）に関し，1996年1月，中央環境審議会中間答申において，「健康リスクが十分低い場合には実質的には安全とみなすことができるという考え方にもとづいてリスクレベルを設定し，そのレベルに相当する環境目標値を定めることが適切である。この場合，国内外で検討・評価・活用されている 10^{-5} の生涯リスクレベルなどを参考にし，専門家を含む関係者の意見を広く聴いて，目標とすべきリスクレベルを定める必要がある」とし，その後の議論を経て，「現段階においては生涯リスクレベル 10^{-5} を当面の目標に，有害大気汚染物質対策に着手することが適当」とされた。　　〔加藤順子〕

表1　わが国における事故などによる生涯死亡リスク（1994年の警察白書より）

死因	生涯リスク
交通事故	6.0×10^{-3}
水難	7.0×10^{-4}
火災	5.9×10^{-4}
自然災害	3.4×10^{-4}
山崩れ（自然災害再掲）	5.6×10^{-6}
落雷（自然災害再掲）	2.2×10^{-6}

閾 値

180

threshold level

閾値とは，ある要因がある反応を起こすために必要な限界の量または値である．たとえば，食塩（NaCl）の場合，一粒でも舐めると「塩辛い」と感じる．しかし，食塩水をつくってだんだんに薄めていくと，塩辛さを感じなくなる．この境界が，舌が塩辛いと感じる感覚の閾値である（図1）．また，NaClは身体に必要不可欠なものではあるが多量に摂取すると，腎臓や心臓に機能障害を生じるようになる．この場合は，腎臓や心臓に機能障害を生じるようになるNaClの限界の摂取量が，それぞれ，腎臓や心臓に対するNaClの毒性の閾値ということになる．

一般に，化学物質の毒作用には閾値がある，と考えられている．すなわち，毒性が顕れるようになるには，閾値を超える量が必要であると考えられている．したがって，ある化学物質にたとえば腎機能を障害する作用がある場合，腎機能障害の発生を避けるためには，この化学物質への暴露量をゼロにしなくてはならないのではなく，閾値以下にすればよいことになる．この考え方は，化学物質による有害な影響を避けるために，暴露に関する基準値などを設定する際に用いられている．

閾値がどの程度かを明らかにするためには，一般に暴露量と有害影響の関係に関する情報が必要である．この関係に関する人間集団における経験的知見が存在する場合は，その知見が利用される．たとえば，わが国のジクロロメタンの大気環境基準設定に際しては，労働環境などで有害な影響が観察されない濃度に関する情報が用いられた．

一方，人間集団に関する知見がない場合は，動物を用いた毒性試験データが利用される．動物実験での典型的な用量-反応曲線の例を図2に示す．実験で用いた化学物質の投与量のうち，有害な影響が観察される最も低い投与量をLOAEL（最小毒性量），有害な影響が観察されない最も高い

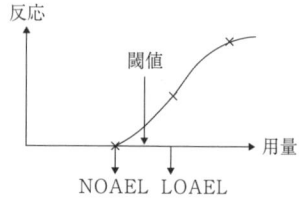

図2 用量-反応曲線

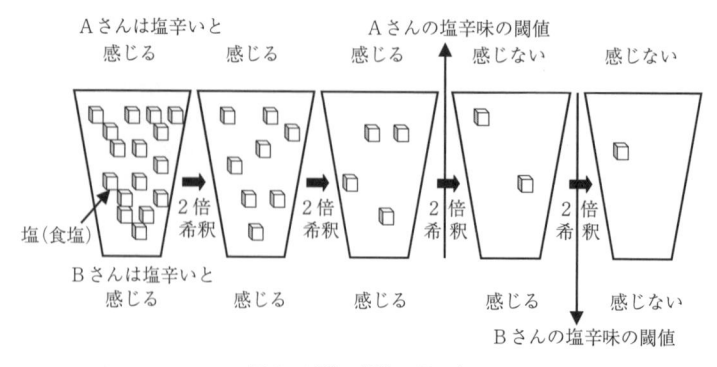

図1 感覚の閾値の調べ方

VII. 化学物質の安全性・リスクと化学

投与量を NOAEL（無毒生量）と呼んでいる．閾値は LOAEL と NOAEL の間にあると考えられる．動物実験を用いる場合は，ヒトは動物よりも閾値が 10 倍程度低いと仮定してヒトの閾値を推定している．また，閾値は個人個人で異なると考えられるため，基準値などを設定する場合には，閾値の個人差は 10 倍程度であると仮定して人間集団全体における閾値を推定して基準値を設定している．

多くの化学物質の毒性作用には閾値があると考えられているが，発がん物質の場合には低用量域での用量-反応曲線の形を実験的に調べることができないため，ことはこのように簡単ではない．動物実験によりある化学物質の発がん性を調べようとする場合，もし 1 万分の 1 の確立で発生するがんも検出しようとすると，最低でも 1 用量群に 1 万匹の実験動物が必要となる．しかし，このようなことは実際的ではないため，実際には通常雌雄各 50 匹の動物が用いられる．この場合，低濃度における用量-反応曲線の形や閾値の有無については，実際に観察することはできないことになる．そのため，発がん物質についての閾値の有無は，発がんのメカニズムに基づいて推定されている．がんは，さまざまな要因により細胞の遺伝子が障害を受け，その障害を受けた細胞が異常に増殖することによって生じてくることが明らかになっている．この場合，化学物質への暴露から身体の細胞の遺伝子が障害を受けるまでの過程に閾値のある過程（あるレベル以下では影響を生じない過程）が含まれていれば，その発がん作用には閾値があることになる．一方，化学物質が直接的に遺伝子に対して作用して遺伝子を障害する場合には，閾値

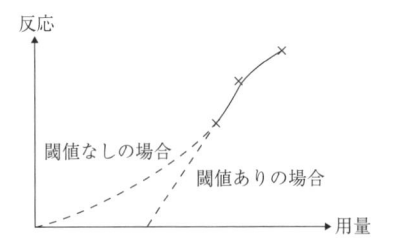

図 3 発がん物質の用量-反応曲線

はない，と考えられる．このため，一般に，遺伝子障害性のない化学物質による発がんには閾値があり，遺伝子障害性のある化学物質による発がんには閾値がないと考えられている（図 3）．

しかし，上記の発がんのメカニズムに関する議論はかなり単純化したものであり，いったん障害を受けた遺伝子も修復されることが明らかになっている．そのため，発がん作用に閾値があるかないかについては，さらに詳細な生物学的なメカニズムに基づくさまざまな議論があり，最近では，遺伝子障害性をもつ発がん物質についても閾値があると見なしてよい，とする考えを示す研究者もいる．

閾値がないと考えられる発がん物質については，これ以下の濃度であれば，有害な影響は生じない，と見なせるレベルはなく，いかに低いレベルであっても，ある程度の発がんのリスクはある，と考えられる．そのため，このような物質に対しては，上記のような方法ではなく，どの程度のリスクレベルであれば，実質的に問題ないとして許容できるか，という考え方に基づき基準値などが設定されている．

〔内藤寿英〕

毒性等価係数，毒性等量

181

toxic equivalency factor：TEF
toxic equivalent：TEQ

毒性等価係数（toxic equivalency factor：TEF）は，分子構造が似ていて，毒性の作用メカニズムに共通点のある化学物質混合物の毒性を評価するための係数である．

TEFは，主にダイオキシン類の毒性評価のために用いられている．ダイオキシン類化合物を分子構造で分類すると，2,3,7,8-TCDD（2,3,7,8-テトラクロロジベンゾ-パラ-ジオキシン）をはじめとするポリ塩素化ジベンゾパラジオキシン（PCDD）およびポリ塩化ジベンゾフラン（PCDF）に分けられ，個々の物質は同族体（congener）と呼ばれている．日本では，これにポリ塩化ビフェニル（PCB）の異性体のなかで扁平構造をもち，PCDD，PCDFと似た生物作用を示すコプラナーポリ塩化ビフェニル（コプラナーPCB：co-PCB）を加えた物質群をダイオキシン類と定義している（図1）．たとえばPCDDの同族体は，図1最上部に示す基本骨格の炭素原子の場所（1～4，6～9番）の水素原子が塩素原子で1個から8個置換した化合物である．塩素原子の数が同じで，立体構造的に異なる位置に塩素が置換されたもの（異性体）のうち，PCDDでは有害な（後述するTEFのある）異性体を含む同族体は塩素数が4～8で，それらの異性体数は49個ある．同様にPCDFのうち有害な異性体を含む同族体は，塩素数4～8のもので，異性体数は87である．同様にコプラナーPCB類でTEFのある異性体数は12である．（表1）

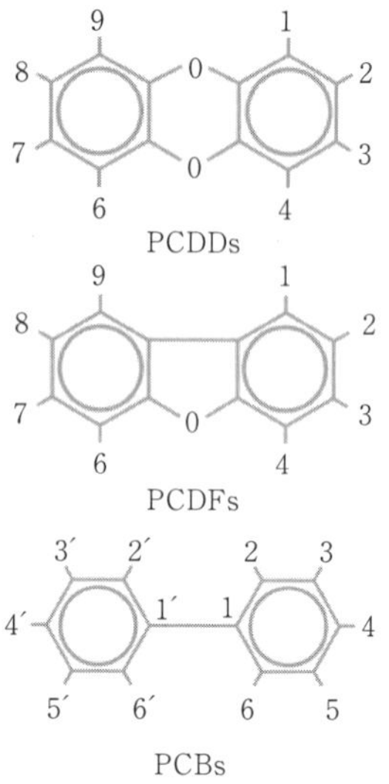

これらの化学物質は，物質によって示す毒性の強さに差があるものの，毒性作用メ

図1 ダイオキシン類の構造

カニズムがほぼ同じであり，通常，環境中に混合物として存在する．そのため，ダイオキシン類で最も毒性が強い2,3,7,8-TCDDの値を1とし，他のダイオキシン類化合物の異性体ごとに毒性の強さに基づき異なる係数（TEF）を当てはめ，この値に基づく換算値である毒性等量（toxic equivalent：TEQ）で，ダイオキシン類全体の毒性の強さを示すこととしている．個々の同族体の存在量（実測濃度）にTEFを乗じた値の総和が，混合物のダイオキシン類のTEQとなる．たとえば，土壌1g（グラム）当たり

2,3,7,8-TCDD	が	0.5 pg（ピコグラム）
OCDD	が	4000 pg
2,3,4,7,8-PeCDF	が	1.2 pg
OCDF	が	200 pg

のように検出された場合，これらの合計（混合物）のTEQ表示は，表1の各TEFの値（1, 0.0001, 0.5, 0.0001）から

$0.5 \times 1 + 4000 \times 0.0001 + 1.2 \times 0.5$

表1 毒性等価係数（WHO-TEF, 1997）

	同族体名（IUPAC.NO.)	WHO-TEF	TEF*
PCDDs	2,3,7,8-TCDD	1	1
	1,2,3,7,8-PeCDD	1	1
	1,2,3,4,7,8-HxCDD	0.1	0.1
	1,2,3,6,7,8-HxCDD	0.1	0.1
	1,2,3,7,8,9-HxCDD	0.1	0.1
	1,2,3,4,6,7,8-HpCDD	0.01	0.01
	OCDD	0.0001	0.0003
	その他のPCDD	0	0
PCDFs	2,3,7,8-TCDF	0.1	0.1
	1,2,3,7,8-PeCDF	0.5	0.03
	2,3,4,7,8-PeCDF	0.5	0.3
	1,2,3,4,7,8-HxCDF	0.1	0.1
	1,2,3,6,7,8-HxCDF	0.1	0.1
	1,2,3,7,8,9-HxCDF	0.1	0.1
	2,3,4,6,7,8-HxCDF	0.1	0.1
	1,2,3,4,6,7,8-HxCDF	0.01	0.01
	1,2,3,4,7,8,9-HxCDF	0.01	0.01
	OCDF	0.0001	0.0003
	その他のPCDF	0	0
co-PCBs	3,4,4′,5-TCB (#81)	0.0001	0.0003
	3,3′,4,4′-TCB (#77)	0.0001	0.0001
	3,3′,4,4′,5-PeCB (#126)	0.1	0.1
	3,3′,4,4′,5,5′-HxCB (#169)	0.01	0.03
	2′,3,4,4′,5-PeCB (#123)	0.0001	0.00003
	2,3′,4,4′,5-PeCB (#118)	0.0001	0.00003
	2,3,3′,4,4′-PeCB (#105)	0.0001	0.00003
	2,3,4,4′,5-PeCB (#114)	0.0005	0.00003
	2,3′,4,4′,5,5′-HxCB (#167)	0.00001	0.00003
	2,3,3′,4,4′,5-HxCB (#156)	0.0005	0.00003
	2,3,3′,4,4′,5′-HxCB (#157)	0.0005	0.00003
	2,3,3′,4,4′,5,5′-HpCB (#189)	0.0001	0.00003

＊：2007年4月から使用される

$+200 \times 0.0001 = 1.52$ (pg-TEQ/g) となる．また，たとえば，「WHOが1998年に示したダイオキシン類の耐容1日摂取量（TDI）は，1～4 pg/kg/day（TEQ）である」のように表記される．

現在，広くダイオキシン類に適用されているTEF値は，WHOで1997年に提案され，1998年に専門誌に掲載されたWHO-TEF（表1）である．個々のTEF値は，長期毒性，短期毒性，生体内（in vivo）および試験管内（in vitro）の生化学反応などについての多くの試験結果を同族体間で比較して設定されている．WHOでTEFを最近，見直したことから，法改正があり，表1のようなTEFの値が2007年4月から使用される．

TEFを用いた手法は，ダイオキシン類の毒性評価のために主に用いられているが，多環芳香族化合物（PAH），有機リン系農薬の毒性評価への適用も試みられている．

〔大井川淳子〕

耐容1日摂取量

tolerable daily intake：TDI

耐容1日摂取量とは，ヒトが生涯継続的に摂取しつづけても有害な影響を生じないと考えられる当該化学物質の1日の摂取量である．

たとえば水道水中に微量の汚染物質が含まれている場合，われわれは生涯を通じてその汚染物質に暴露されることになる．このような場合，安全確保の観点から，生涯継続的に暴露されても，有害な影響を生じない1日の最大暴露量を把握することが必要となる．そのために考案された指標がTDIである．TDIは通常，mg・kg体重$^{-1}$・日$^{-1}$の単位で表される（表1）．

なお，TDIは閾値のある物質について求められる値である．閾値のない発がん物質については，いかなる低濃度であっても発がんリスクが存在すると考えられるため，TDIを求めることはできない（→180. 閾値）．

TDIは一般に，慢性暴露における無毒性量（no adverse effect level：NOAEL）を，さまざまな不確実性に対応するための係数（不確実係数）で除して求める．たとえば，疫学的研究においてヒトでのNOAELが示されている場合は，この値を，個人により感受性が10倍異なると仮定して，個人差に関する不確実係数10で除してTDIとする．また，動物実験においてNOAELが得られている場合は，ヒトでは動物よりも10倍感受性が高いと仮定し，さらに個人差が10倍あると仮定して，動物でのNOAELを100で除してTDIとする．

通常，NOAELは慢性毒性データから得られる．しかし，生殖・発生への影響など，特殊な毒性影響が強いことが懸念される場合には，慢性毒性データに基づくNOAELをさらに不確実係数（<10）で除してTDIを求める．また，暴露期間が生涯よりも短い場合や，試験においてNOAELが得られておらず，NOAELの代わりに最小毒性量（lowest observable adverse effect level：LOAEL）を使用する場合にも不確実係数として10以下の数値を適用する．しかし，合計の不確実係数が10000と大きい場合は，不確実性があまりにも高く，TDIを求めることは妥当ではないと判断される．さまざまなデータからのTDI設定のためのNOAELの決定およびこれに適用される不確実係数の設定については，専門家の判断が必要であると考えられている．

動物実験データを用いる場合，NOAELは統計学的に有意な有害影響を生じない試験での用量と定義されるため，この値は試験における用量の設定の仕方に依存することになる．そのため，米国では最近，用量-反応曲線に数理モデルを当てはめ，統計学的に10%の反応を生じる用量を求め，この値の95%信頼限界下限値（BMDという）をNOAELのように扱ってTDIを求める方法（ベンチマークドーズ法）も採用されている．

〔加藤順子〕

表1 さまざまな化学物質の耐容1日摂取量

化学物質名	耐容1日摂取量 (mg・kg^{-1}・日$^{-1}$)
1,1,1-トリクロロエタン	0.58
トルエン	0.223
キシレン	0.179
クロロホルム	0.0129
セレン	0.004
ヒ素	0.002
ダイオキシン類	0.0001〜0.0004

化学物質の環境残留性

183

persistency of chemical substances

表1 化審法対象物質の分類

区分	性質
第一種特定化学物質	難分解性,高蓄積性および長期毒性または高次捕食動物への慢性毒性
第二種特定化学物質	難分解性および長期毒性または高次捕食動物への慢性毒性
第一種監視化学物質	難分解性および高蓄積性
第二種監視化学物質 (旧:指定化学物質)	難分解性であり,長期毒性の疑い
第三種監視化学物質	難分解性および生態毒性

a. 化学物質対策と環境動態 人工の化学物質は工業的に生産され,用途に合わせて加工されたうえで使用され,廃棄物となる.この生産から廃棄に至る過程のさまざまな局面で,化学物質は環境中に侵入する.化学物質対策の最初の段階は,環境への侵入を抑制することである.

しかし侵入を完全に防ぐことは現実的に不可能であり,化学物質を生産して使用する限り,その一部が環境中に侵入することは避けられない.そこで次のステップとして,環境中での化学物質の動態を把握することが必要となる.

環境中の動態については,170項に詳述されているように,輸送(移動)過程と化学反応(分解)過程に大別される.輸送過程は地域的な移動や地球規模での移動のほか,大気と水,大気と土壌のような環境媒体間での移動をもたらす.これらは基本的に化学物質が移動するのみであり,拡散によって濃度が低下することはあっても,絶対量が変化するわけではない.これに対して化学反応過程の場合には,物質の量自体が変化する点に特徴がある.

b. 環境残留性の意味 化学反応による消滅が早ければ,その化学物質が環境中に存在する時間は短く,人体などに影響を与える可能性が低くなる.170項に説明のある半減期は,その指標である.逆に消滅が遅ければ,人体などに取り込まれて影響を与える可能性が高くなる.その消滅が遅い性質を難分解性といい,すでに生産や使用が禁止されて長期間経過した物質が,現在でも環境中から検出されるのは,主にこの難分解性によるものである.

また化学物質のなかには,生物の体内に蓄積しやすい性質をもっているものが多い.とくに脂肪に溶けやすい物質は蓄積性が高く,生体内での濃縮が起こりやすい.寿命の長い生物に蓄積されると,それは長期間にわたって生物に悪影響を与え,また食物連鎖を通じて上位の生物にも影響を与えることになる.

このように環境残留性とは,難分解性に加えて生物濃縮性を含んだ概念であり,さらに環境に残留すれば大気や水のなかを移動する可能性があることから,長距離輸送性も含んでいる.

c. 化審法と環境残留性 化学物質審査規制法(化審法)は,難分解性で,かつ人の健康を損なうおそれがある化学物質による環境の汚染を防止するため,1973年に制定された.この法律では,新規化学物質の事前審査制度とともに,難分解性,高蓄積性,長期毒性を有する物質(第一種特定化学物質)の製造・輸入に対する許可制度によりスタートした.その後1986年の改正で,蓄積性がなくても難分解性で長期毒性をもつ物質(第二種特定化学物質),同じく難分解性で長期毒性の疑いのある物質(指定化学物質)も対象に加えられた.さらに2003年の改正により,現在は表1のような区分が設けられているが,いずれも難分解性が基準に含まれており,環境残留性の高い物質を対象としていることがわかる. 〔片谷教孝〕

POPs

184

persistent organic pollutants

a. POPsの意味
POPsはpersistent organic pollutantsの略で，環境残留性を有する有機化合物の総称である．難分解性のため環境中に長期間存在し，また生体内に蓄積しやすい性質のために，暴露量がわずかであっても長期間のうちに生体内で高濃度となって，生体にさまざまな障害を引き起こす可能性がある．

POPsとしてよく知られている物質には，DDT，HCH，アルドリン，ディルドリンなどのかつて一般的に使用された農薬類や，PCBのように絶縁材や複写紙として身近に使用されていたものなどがある．これらのほか，非意図的に生成するダイオキシン類も，POPsに含まれる．

b. POPsの現状
1980年頃から，POPs汚染の地球規模での広がりが指摘されるようになった．クジラやイルカなどの海生哺乳動物の体内や，北極圏に居住するイヌイットの人体から高濃度のPOPsが検出されたことが報告され，現在も続いている．これらの人々や動物の居住地域（海域）にはPOPsの汚染源はほとんど存在しないことから，地球規模での物質移動が起こっていることが確実視されている．このような移動には，大気大循環や海流が寄与している．移動する量はわずかであっても，そこに生体内での濃縮と食物連鎖が関与することによって，本来清浄な地域に汚染をもたらしていると考えられる．

日本国内でも，POPs濃度レベルは低いとはいえない．環境省では1978年度から生物モニタリング調査を行っているが，1970年代に生産，使用が停止された物質が，図1のように現在でも魚貝類などの体内から高い濃度で検出されている．

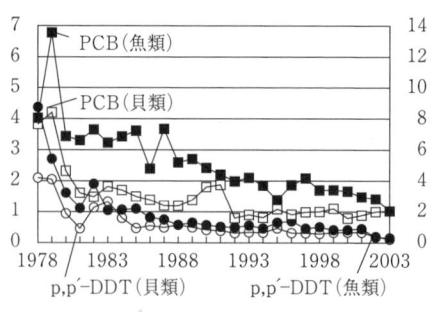

図1 環境省生物モニタリングにおけるPOPs幾何平均濃度の推移（環境省「平成16年度版化学物質と環境」より作成）
左軸：PCB幾何平均濃度（$\times 10^4$ pg/g-wet），
右軸：DDT幾何平均濃度（$\times 10^3$ pg/g-wet）．

c. POPs対策と国際的取組み
日本ではすでに1960年代に取組みが始まり，1970年代前半には，大半の物質の生産，輸入，使用が禁止された．これによって，大気中や水中の環境濃度は急速に低下したが，まだ多くの物質の生体内濃度は高いレベルにとどまっている．

また生産，輸入，使用が禁止されても，それ以前に生産されたPOPsを含む製品や，未使用のPOPsが残っている場合があり，それらの処分が問題となる．一部にはすでに焼却などの処分がなされたものもあるが，容器に封入して保管されているものも多く，またその管理状況が不十分で，紛失や漏洩した場合があることが近年になって指摘され，新たな問題となっている．

従来のPOPs対策は国別に行われてきたが，地球規模での移動を伴うことから，国際的な取組みが必要との認識が高まり，2001年にPOPsの削減・廃絶を目的とした「残留性有機汚染物質に関するストックホルム条約」が締結された．この条約ではPOPsの生産，使用の禁止や非意図的生成物質の削減に向けて各国が努力すること，新規POPs開発対策，途上国支援策などが盛り込まれている． 〔片谷教孝〕

185 PCB

polychlorinated biphenyl

a. PCBの構造と性質 PCBはポリ塩化ビフェニル polychlorinated biphenyl の略である．図1のような構造を有する物質で，二つのベンゼン環に付加した塩素の数と位置によって，209種類の構造がある．

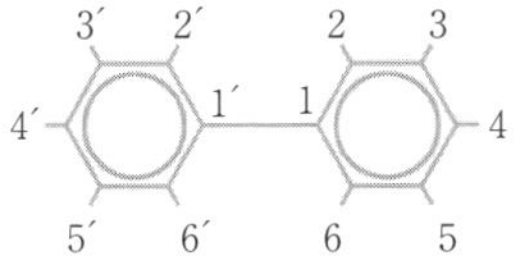

図1 PCBの基本構造

PCBは油状の物質で，水には非常に溶けにくい．化学的にも熱に対しても非常に安定であり，不燃性で電気絶縁性が高い．それらの性質により，一時は非常に高機能な化学物質とされた．そのため変圧器（トランス）やコンデンサの絶縁材，熱交換器の熱媒体，潤滑剤，感圧（ノーカーボン）複写紙，塗料などに広く使われてきた．しかしその毒性が知られるようになり，現在は生産，使用とも禁止されている．

b. PCBの毒性 PCBが人体に蓄積すると，中毒症状を呈する．軽度であれば目やに，爪や口腔粘膜の色素沈着などが起こり，さらに痤瘡（塩素にきび），関節のむくみ，手足のしびれなどが起こる．1回の暴露量がわずかでも脂肪に溶けやすく分解しにくいという性質から，繰り返し摂取すると人体内の脂肪分に蓄積し，長期的に影響を生じる．前項のPOPsの代表的な物質といえる．

c. カネミ油症事件 1968年，北九州を中心とする西日本で，原因不明の痤瘡，爪の変形などの症状を訴える患者が多数発生した．その後，患者が共通してカネミ倉庫（株）製の米ぬか油を使用していたことがわかり，その後の調査で，米ぬか油のなかに高濃度のPCBが含まれていることが判明した．その原因は，製造プラント中の配管の損傷によって，熱媒体として使用されていたPCBが製品の米ぬか油に混入したためであることが明らかとなった．またPCBが変成してできたダイオキシン類も混入していたことが後に明らかとなっている．この事件では，1万3000人以上が影響を受けたと推定されている．このカネミ油症事件は海外でも注目され，国際的な学術雑誌でも "Yusho desease" としてしばしば取り上げられている．

d. PCB廃棄物 PCBの使用停止以降，それまでに使用されていたPCBが廃棄物となり，その処分が課題となった．しかし日本ではPCB処分施設の建設が進まず，廃棄物が長期間にわたって保管される事態が続いた．その間，紛失や行方不明となった廃棄物があることが近年明らかとなっている．

この問題に対処するため2001年に「ポリ塩化ビフェニル廃棄物の適正な処理の推進に関する特別措置法」が施行され，処理施設の整備が進められることとなった．

e. コプラナーPCB PCBの骨格である二つのベンゼン環の間の結合は，ある程度回転が可能であるため，二つのベンゼン環は必ずしも同一平面上にはない．二つが同一平面にあるようなPCBをコプラナーPCBと呼ぶ．このコプラナーPCBは構造がポリ塩化ジベンゾパラダイオキシン（PCDD），ポリ塩化ジベンゾフラン（PCDF）と類似していることから，他のPCBよりも毒性が強く最近ではダイオキシン類の一部として扱われている．これらのコプラナーPCBは，PCDDやPCDFと同様に廃棄物焼却に伴って非意図的に生成することがわかっている．〔片谷教孝〕

内分泌かく乱化学物質 186

endorine distruptors

　内分泌かく乱化学物質とは，内分泌系の働きを変化させることにより生物個体の健康や生物集団の繁殖に有害な影響を及ぼす外因性の化学物質である．

　a．経緯　内分泌かく乱化学物質が一般に注目されるようになったのは，1996年に発表されたコルボーン，ダマノフスキ，マイヤーズの共著による『奪われし未来』による．この本は野生生物の世界で，環境を汚染している化学物質により，オスがメス化するなどの異常が発生していることを指摘し，大きな衝撃を与えた．そして，この現象が，化学物質が動物の内分泌系をかく乱することにより生じる，ということから，このような作用をもつ物質を外因性内分泌かく乱化学物質（日本では環境ホルモンとも呼ばれている），このような作用を内分泌かく乱作用と呼ぶようになった．

　その後，各国がこの問題に取り組み，わが国では，1998年に環境省が内分泌かく乱化学物質であることが疑われる物質として67の物質をリストし，これらの化学物質について環境モニタリングや毒性研究などを行ってきた（SPEED'98）．また，1998年より，毎年，内分泌かく乱化学物質問題に関する国際シンポジウムを開催している．米国では，農薬の再評価作業のなかで，内分泌かく乱作用に関する評価が義務づけられた．また，OECDを中心として，内分泌かく乱作用を検出するための試験法の開発作業も行われている．世界保健機関（WHO）では各国の研究者が集まり，既存文献の検討などを行った．WHOは2002年，その文献レビューの結果を「内分泌かく乱化学物質の科学的現状に関する地球規模での評価」として公表し，これまでに内分泌かく乱作用によると指摘されたものについての確からしさの評価を示した（表1）．

　b．現在の知見　これによると，トリブチルスズによるイボニシ（海産貝類）のインポセックス（生殖器のオス化），DDT（DDE）による水鳥の卵殻薄弱化，PCBによるアザラシの生殖機能低下，下水処理排水中のエストロジェン活性物質による魚類の卵黄形成については，内分泌かく乱作用がかなり確からしいとされている．一方，内分泌かく乱化学物質によるのではないか，と疑われていたヒトでの子宮内膜症

表1　内分泌かく乱作用に関する証拠の強さ

仮説の内容		科学的証拠の強さ	
影響	原因因子	仮説	機序
ヒト子宮内膜症	TCDD，PCB	弱	中
ヒト神経行動障害	PCB	中	中
イボニシのインポセックス	TBT	強	強
バルト海アザラシ生殖低下	PCB	強	中
水鳥卵殻薄弱化	DDT代謝物（DDE）	強	中
アポプカ湖ワニ生殖異常	農薬（ジコホル）	中	中
英国下水処理水暴露魚類のビテロゲニン生成	エストロジェン性汚染物質	強	強

TCDD：ダイオキシン，TBT：トリブチルスズ

表2　OECDで検討中の試験法

ヒト健康影響に関するもの	げっ歯類子宮肥大試験（エストロゲン作用を検出） げっ歯類ハーシュバーガー試験（アンドロゲン作用を検出） 既存の経口反復投与試験の拡張 既存の2世代生殖試験の拡張
生態影響に関するもの	魚類21日試験 魚類発生試験 魚類ライフサイクル試験または2世代試験 鳥類1世代／2世代生殖試験 両生類変態試験 カイアシ類発生および生殖試験

や精子数の減少については，現在までのところ，明確な証拠はないとされている．したがって，現時点でヒトにおいて内分泌かく乱作用によると認められているのは，胎児期に母体を通じて高濃度のDES（ジエチルスチルベステロール）に暴露された子どもにおける影響（腟がんの増加）のみである．また，当初懸念されていた，ほ乳類へのごく低濃度での影響（低用量問題）についても現在までのところ十分な証拠はないとされている．環境省が28物質についてヒトの健康への影響および水生生物への影響を調べるために行った通常暴露レベルにおける毒性試験においても，内分泌かく乱作用が認められたのはビスフェノールA，ノニルフェノール，オクチルフェノールの魚類に対する作用のみであった．

c．今後の課題と対応　しかし，この間の研究により，化学物質が，当初の想定を超えて，ホルモン受容体との結合のみでなく，ホルモン合成系の重要な酵素の阻害，ホルモン作用により発現調節されている遺伝子発現のかく乱，ホルモンの代謝系のかく乱などのさまざまな機序により，内分泌系に支配されている生理作用に影響を与えうる，ということが明らかになってきた．また，生殖系のみでなく，神経系や免疫系への影響も注目されている．また，動物を用いた実験により，胎児期暴露がとくに感受性が高く，このときに受けた潜在的影響が成体となって顕在化する可能性も示唆されている．そのため，より幅広い化学物質について，より広い視野から，現実的暴露濃度での内分泌かく乱作用の有無について研究する必要性が指摘されている．

環境省は，これらの国内外での検討結果を踏まえて，2005年よりExTEND 2005という新たな枠組みのもとで，①野生生物の観察，②環境中濃度の実態把握および暴露の測定，③基盤的研究の推進，④影響評価，⑤リスク評価，⑥リスク管理，⑦情報提供とリスクコミュニケーションなどの推進，を基本的な柱とする対応を開始している．

〔加藤順子〕

PRTRの対象物質

187

target substances of PRTR

第1種指定化学物質（354物質）	⇨ PRTR法対象
第2種指定化学物質（81物質）	⇨ 検討対象
可燃性物質，爆発性物質等	⎱ 他法規で対応
放射性物質等	⎰

図1 化管法とPRTR対象物質の関係

a．PRTR制度の趣旨　PRTR制度は，Pollutant Release and Transfer Register（汚染物質排出移動登録）の略で，1996年のOECD勧告によって始まった制度である．基本的には，化学物質を取り扱う事業所がそこから環境中に排出される化学物質の量と，事業所外に輸送される化学物質の量を行政に届け出るという制度である．その目的は規制が第一義ではなく，排出量の把握と適切な管理の推進にある．日本でPRTR制度を定めた法規は，「特定化学物質の環境への排出量の把握及び管理の改善の促進に関する法律」（略称：化管法，PRTR法）であるが，その名称からも，規制よりも把握・管理が優先されていることが読み取れる．

具体的な制度としては，指定された対象物質を一定量以上取り扱う事業所に届出義務が生じ，その物質の環境排出量と事業所外への移動量を推計して届け出る仕組みとなっている．届出先は地方公共団体であり地方公共団体はそれを国に報告する．もちろん届出が義務づけられた事業所以外からの排出もあるので，そのぶんは国が別に推計して届出データと同時に公表している．

PRTR制度ができる以前は，化学物質の環境排出量の把握が環境保全を図るうえでの最大の難関であったが，制度の実施によって，その制約は大幅に解消された．

b．PRTR法対象物質の選定の考え方　PRTR法は環境保全を目的としていることから，その対象物質は人体に対してなんらかの悪影響を及ぼす可能性がある物質になる．しかし爆発などの物理的な影響や，放射性化学物質が発する放射線による影響をもたらす物質は含まれていない．ただし人体だけでなく，動植物に対する影響も含めることになっている．

PRTR法では，このようにヒトの健康や生態系に有害なおそれがある性状をもつ化学物質を対象としており，すでに環境中での存在が広域的に認められているものを第1種指定化学物質に指定している．また広域的に存在する可能性があるものを第2種指定化学物質に指定している．現在は第1種が354物質，第2種が81物質指定されており，届出の対象となっているのは第1種に指定された354物質である．

PRTR制度自体は，OECD勧告に基づいて多くの国で取り入れられているが，対象物質の指定方法については，国ごとの産業の状況に依存するため，かなりの差異があるのが実態である．

c．PRTR対象物質の判定基準　対象物質は政令の別表に明記されているが，「○○化合物」や「○○塩」というような表記で指定されているものも多いので，注意を要する．また，同じ重金属であっても，亜鉛は「亜鉛の水溶性化合物」として指定されているので金属亜鉛は対象に含まれず，クロムは「クロム及び3価クロム化合物」，「6価クロム化合物」として指定されているので金属クロムも対象に含まれるなど，対象物質であるかどうかの判定に注意を要するものも多い．

PRTR制度については，国のPRTRインフォメーション広場(http://www.env.go.jp/chemi/prtr/risk0.html)，民間，NPO法人などによる情報提供も盛んに行われている．　　　　　〔片谷教孝〕

REACH（欧州化学品規制） 188

Registration, Evaluation, Authorisation, and Restriction of Chemicals

REACHは，欧州連合（EU）において2007年6月施行された化学品の登録・評価・認可・制限に関する規則であり，EUでの製造・輸入量が年間1t以上の化学物質が対象となる．ただし，医薬，食品，廃棄物などは対象外．欧州化学品庁（European Chemicals Agency：ECHA）がヘルシンキに2008年設立される．登録は，図1のように物質の数量とリスクの程度により異なるスケジュールで進行し，2018年5月末完了予定である．国連ヨハネスブルグ宣言（2002）「2020年までに合理的管理により化学物質のリスクを可能な限り低減する」に適合する．REACHには未確定の部分があるが，化学物質管理の方向性を示すもので，今後の世界的な化学物質管理に与える影響は大きいものと考えられる．

REACHの主な特徴をあげると，
1. 既存物質と新規物質を区別せずすべての化学物質を対象．
2. リスク評価を産業界が行う．
3. 成型品（article）に含まれる化学物質も対象．
4. サプライチェーン（流通経路）を通しての情報共有による化学物質管理．
5. 高懸念物質はリスク評価により用途を限定して認可．

（1）登録： 既存化学物質は，予備登録により登録猶予期間が与えられる．この間，予備登録者は自動的にその物質に関する情報交換フォーラムのメンバーになりフォーラム内で情報交換をして共同登録ができる．登録は，既存化学物質は猶予期間内に，新規化学物質については製造・輸入前に行う．登録には，技術文書と化学品安全評価書（Chemical Safety Report: CSR）が必要である．CSRは，有害性評価，リスク評価を含むもので，製造・輸入量年間10t以上，または高懸念物質について求められる．

（2）評価： 欧州化学品庁が行う文書評価と，同庁がEU各国と連携して行う物質評価がある．

（3）認可： REACH付属書XIVの記載物質については，特定用途についてCSR，代替物質の有無などを検討して化学品庁に認可を申請する．CMRs（carcinogenic, mutagenic, toxic to reproduction；発がん性，変異原性，生殖毒性），難分解性（persistent），生物蓄積性（bioaccumalative）などの高い高懸念物質が対象である．内分泌かく乱性の高い物質も含まれる．

（4）制限： REACH付属書XVIIに記載された物質（アスベスト，アゾ色素など）は，製造，上市，使用が制限される．これは従来通り． 〔御園生　誠〕

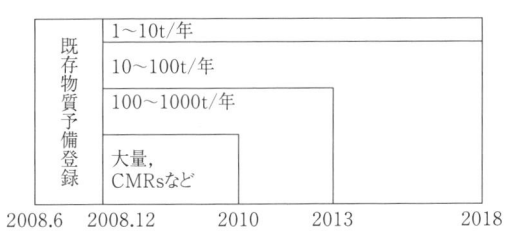

図1 REACH登録のスケジュール

危険有害性化学物質

hazardous or harmful chemical substances

危険有害性化学物質という言い方は一般的なものではないが，物理的危険性あるいは人体への有害性をもった化学物質ととらえることが可能であろう．

化学物質の流通過程において，とくに危険性の高い化学物質については，化学物質管理促進法により，供給業者にMSDS (material safety data sheet) の提供が義務づけられている．MSDSについては「指定化学物質等の性状及び取扱いに関する情報の提供の方法等を定める省令」で定められており，図1に示すように，化学物質の危険有害性に関する情報の記述と提供がなされる．対象となる化学物質や対象事業者などについては経済産業省のホームページ http://www.meti.go.jp/policy/chemical_management/law/msds/msds.html で確認されたい．なお，MSDSについては，この法律の他にも労働安全衛生法および毒物及び劇物取締法にも規定があるので，そちらも参照されたい．

このMSDSには，危険性が知られていても，定量的なデータが存在せず，定性的な記述にとどまっているものもある．

とくに，他の化学物質と接触，あるいは混合した場合の危険性については，対象となる化学物質の組合せは膨大なものになり，その一部についてしか記述されていない．このような化学反応を伴う危険性については，危険を防ぐためには反応が起こることの情報だけでは不十分で，反応速度の情報も必要である．たとえば，鉄の酸化反応を考えてみると，鉄が空気中あるいは水中で酸化されることは常識であり，容器や配管などの腐食による内容物の漏えい事故もしばしば発生する．ただし，この酸化はゆっくりと起こる反応であり，この反応により直接的に物理的危険性が発生するわけではない．ところが，鉄の塊であっても高圧酸素中では高速で燃焼することが知られており，粉じん状の鉄は消防法の危険物にも該当しているように，空気中に浮遊している鉄粉に着火すると爆発が起こる．このように同じ化学物質の組合せであっても，条件によって反応速度が異なり，危険性も異なっている．しかしながら，MSDSに記述されるのは化学物質の物性であるので，混合した場合に危険な化学物質についての記述も多少はみられるものの，すべてを網羅しているわけではないし，危険が発生する条件（物質の形態や濃度，温度，圧力などの環境条件）についての記述は不十分である．反応危険性については対象となる反応系について，同じ条件で実際に測定してみる必要がある．

なお，MSDSの例はインターネットのホームページ上にも数多く公開されている．たとえば，財団法人化学物質評価研究機構は化学物質安全性（ハザード）評価シートを http://www.cerij.or.jp/ceri_jp/koukai/sheet/sheet_indx 4.htm にて公開している． 〔大谷英雄，指宿堯嗣〕

図1 MSDSによる化学物質情報の流れと内容

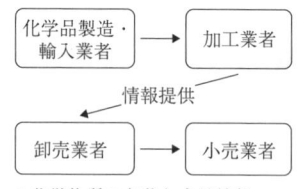

1. 化学物質の名称と会社情報
2. 危険有害性の要約
3. 組成と成分情報
4. 応急措置，火災時，漏出時の措置
5. 物理的・化学的性質
6. 安定性，反応性，有害性，環境影響

危険物

dangerous goods

危険物というと一般の人には危険な化学物質と思われることが多いが，消防法の危険物は，液体あるいは固体であって物理的危険性を有する物質である．物理的危険性とは，発火あるいは引火しやすく，容易に火災を起こしうるもの，あるいは爆発しやすいものをいう．

発火は火のないところに火ができることを表しているのに対して，引火は種火から火が移ることを表している．発火には，空気や水との接触や，他の物質と接触することにより起こるものや，温度を上げるといった，直火以外の方法でエネルギーを与えられて起こるものがある．

表1に消防法による危険物の分類と定義を示す．

第1類および第6類の物質は，可燃性物質と混合されると自然発火したり，衝撃を与えると爆発するものである．なかには，高濃度の過酸化水素や塩素酸カリウムなどのように単独でも爆発の危険性があるものもある．

第2類には，硫化リン，硫黄，鉄粉，アルミ粉，マグネシウムといった着火しやすく，燃焼速度の速いものや，固形アルコールなど，常温で引火するものがある．

第3類の代表的なものとして，空気中で自然発火する黄リンや水に接触すると発火するナトリウムなどがある．有機金属化合物（アルミニウム，リチウムなど），金属の水素化物，りん化物も含まれる．

第4類はガソリン，軽油，灯油，重油などのように，容易に火がつく液体である．引火は，常温で種火から火が移ることなので，厳密には，ガソリンは引火するが，軽油，灯油，重油は引火せず，加温しないと火は移らない．したがって，第4類は正確には可燃性液体とすべきであるが，比較的火がつきやすいものを規制しているので引火性液体という用語を用いているものと思われる．

第5類は，単独で加熱，衝撃，摩擦などにより発火・爆発するものであり，燃焼速度が速いので，爆薬や化学反応の開始剤として使用される．空気中に長時間放置すると分解が進み，自然発火するものもあるので注意が必要である．代表的なものには，有機過酸化物，ニトロ化合物，アゾ化合物，アジ化ナトリウムなどがある．

なお，気体については，消防法の規制対象外であり，高圧で使用される場合には，高圧ガス保安法の規制対象となっている．

〔大谷英雄，指宿堯嗣〕

表1　消防法による危険物の分類とその定義

分類	定義
第1類	酸化性固体：可燃物を酸化して，激しい燃焼や爆発を起こす固体
第2類	可燃性固体：着火しやすい固体や低温で引火しやすい固体
第3類	自然発火物質及び禁水性物質：空気や水と接触して，発火したり可燃性ガスを出す物質
第4類	引火性液体：引火しやすい液体．特殊引火物，第1-第4石油類．動植物油
第5類	自己反応性物質：加熱や衝撃で激しく燃えたり爆発する物質
第6類	酸化性液体：他の可燃物と反応して，その燃焼を促進する物質

毒 物

191

toxic substances

a. 毒物の定義 ヒトや動物などに対して影響を及ぼす有害物質のうち,とくに急性毒性が高いものや,皮膚への腐食性,眼などの粘膜に対する重篤な損傷を与える性質をもつものを毒物と呼ぶ.毒物は「毒物及び劇物取締法」(1950) で物質名により指定されており,判定基準は表1のように定められている.また毒物に次ぐ毒性を有する物質が劇物に指定されている.さらに毒物のうちで広く一般に使用され,顕著な危害を発生する可能性があるものは,特定毒物に区分されている.

ただし,この法律で指定された毒物は,基本的に人工の物質である.よく知られているように,動植物や菌類の体内に存在する物質のなかにも,同レベルまたはそれ以上の毒性をもつ物質がある.

b. 毒物規制の歴史 日本の毒物・劇物に関する規制は,1874年の「毒薬劇薬取締方」に始まる.このときは薬品の一部として扱われていたが,1912年の「毒物劇物営業取締規則」においてはじめて「毒物」という概念が導入された.この規則は戦後,「毒物劇物営業取締法」(1947) に引き継がれ,1950年に対象を拡張して現行の「毒物及び劇物取締法」が制定された.

c. 自然界に存在する毒物 自然界の毒物は,動物由来と植物および菌類由来に分類される.それらの多くは,身を守り,種を保存するために毒素をもつ.

動物由来の主な毒物には,毒ヘビ,サソリ,ハチ,フグ,貝毒がある.フグ毒の正体はテトロドトキシンと呼ばれる物質で,フグの体内では生成されず食物連鎖により取り込まれ,起源はバクテリアの一種である.そのため食物連鎖上でフグと近い他の魚貝類のなかには,フグ毒をもつものがある.貝毒も毒素をもったプランクトンを貝が摂取することによって起こり,貝の代謝により消滅するため,季節変動が大きい.

植物由来の主な毒物には,毒キノコやトリカブトがある.菌類由来の代表的なものはボツリヌス菌で,きわめて毒性が強く,致死量は1 ng/kg である.土壌中に広く分布し,食物を介して人体に摂取されると食中毒症状を起こす.致死量が小さい割に自然界に多く存在することから生物兵器としての使用も懸念される. 〔片谷教孝〕

文 献
1) 厚生労働省薬品・食品衛生審議会毒物劇物部会資料 (2004)

表1 毒物,劇物の判定基準[1]

動物における知見	(1) 急性毒性		
	経口	毒物	$LD_{50} \leq 50$ mg/kg
		劇物	50 mg/kg $< LD_{50} \leq 300$ mg/kg
	経皮	毒物	$LD_{50} \leq 200$ mg/kg
		劇物	200 mg/kg $< LD_{50} \leq 1000$ mg/kg
	吸入(ガス)	毒物	$LC_{50} \leq 500$ ppm (4時間)
		劇物	500 ppm (4時間) $< LC_{50} \leq 2500$ ppm
	吸入(蒸気)	毒物	$LC_{50} \leq 2.0$ mg/l (4時間)
		劇物	2.0 mg/l (4時間) $< LC_{50} \leq 10$ mg/l
	吸入(ミスト・ダスト)	毒物	$LC_{50} \leq 0.5$ mg/l (4時間)
		劇物	0.5 mg/l (4時間) $< LC_{50} \leq 1.0$ mg/l
	(2) 皮膚に対する腐食性		
		劇物	最高4時間までの暴露の後,試験動物3匹中1匹以上に皮膚組織の破壊,すなわち,表皮を貫通して真皮に至るような明らかに認められる壊死を生じる場合
	(3) 眼などの粘膜に対する重篤な損傷		
		劇物	本表では省略
	(4) その他 : 本表では省略(参考にする知見があげられている)		
ヒトにおける知見	ヒトの事故例などを基礎として毒性の検討を行い,判定を行う		
その他の知見	化学物質の反応性などの物理化学的性質,有効な in vitro 試験などにおける知見により,毒性,刺激性の検討を行い,判定を行う		

VII. 化学物質の安全性・リスクと化学

化学工場の事故

192

accident of chemical plant

化学工場で起こる事故には，火災，爆発や有害物質の放出，流出，飛散などがあり，人的・物的被害に加えて環境汚染が発生する．

a．国内外の事故例 たとえば，1976年にイタリアのセベソでは，テトラクロロベンゼンから2,4,5-トリクロロフェノールを製造する工程で異常な温度上昇が起こり，2,3,7,8-テトラクロロジベンゾパラダイオキシンを含む内容物が大気中に放出される事故が起こった[1]．多数の人，家畜に大きな被害が生じ1800 haの土地が汚染された．1984年にはインドのボパールでユニオンカーバイト社の化学工場から約40tのイソシアン酸メチル（MIC）が流出し，数千人以上が死亡し[2]，残留した数千トンの有害物質による土壌，地下水の汚染が続いている（BBCが2004年放送）．

2000年以降の海外における化学工場事故については，日本原子力研究開発機構のホームページ（http://eventinfo.jaea.go.jp/chem/list.php）に全部で164件のデータが記載されている．流出した主な有害物質には塩素，塩酸，ふっ酸，フルオルスルホン酸，硫黄やヘキサン，クロロホルム，医薬中間製品などがある．

日本の事故例としては，1998年の川崎市での石油精製・脱硫装置からの硫化水素漏洩（1人死亡，51人中毒），2000年の和歌山県肥料製造工場での硫化水素の漏洩（死者1人を含む44人の被災），2001年の山口県山陽市でのホスゲンと疑われる化学物質の漏洩事故（70人余の患者），2003年の愛媛県における一酸化炭素（ポリカーボネート樹脂の原料）を製造するプラントからの一酸化炭素漏洩（1人死亡，19人が中毒）などがある[2,3]．

b．事故時の措置 化学工場で火災，爆発，漏洩，流出などの事故が起こった場合，消防法，高圧ガス保安法，毒物・劇物取締法，労働安全衛生法，大気汚染防止法，水質汚濁防止法などさまざまな法律に

表1 特定物質とその許容濃度

物質名		物質名	
1. アンモニア	25 ppm	15. ベンゼン	
2. フッ化水素	3 ppm*	16. ピリジン	1 ppm*2
3. シアン化水素	5 ppm	17. フェノール	5 ppm
4. 一酸化炭素	50 ppm	18. 硫酸	1 mg/m³*
5. ホルムアルデヒド	0.5 ppm	19. 四フッ化珪素	未定
6. メタノール	200 ppm	20. ホスゲン	0.1 ppm
7. 硫化水素		21. 二酸化セレン	0.1 mg/m³
8. ホスフィン	0.3 ppm*	22. クロロスルホン酸	未定
9. 塩化水素	5 ppm*	23. 黄りん	0.1 mg/m³
10. 二酸化窒素	3 ppm*2	24. 三塩化りん	0.2 ppm
11. アクリルアルデヒド	0.1 ppm	25. 臭素	0.1 ppm
12. 二酸化硫黄	2 ppm*2	26. ニッケルカルボニル	1 ppb
13. 塩素	0.5 ppm	27. 五塩化りん	0.1 ppm
14. 二硫化炭素	10 ppm	28. エチルメルカプタン	0.5 ppm*2

＊：日本産業衛生学会の最大許容濃度．
＊2：米国労働衛生専門家会議（2005年）の時間加重平均濃度．

かかわる措置が必要になる。大気汚染防止法では特定物質（化学的処理に伴って発生する物質のうち，事故によって排出されると人の健康または環境に被害が生じるおそれのある物質）として表1に示す28の物質を指定している。前述した海外，国内で起こった事故の原因物質がほとんど含まれていることがわかる。

この法律では，都道府県知事は，特定物質を発生する施設（特定施設）に事故が発生して周辺区域の人の健康が損なわれ，または損なわれるおそれがあると認めたときは，当該施設の設置者に対して必要な措置を講じるように命令することができる。特定物質の漏洩，飛散などの事故が起こった場合，事業所は当該都道府県の環境担当部局，保健所，警察署，消防署などに早急に届け出る必要がある。一方，事業所近隣の人々への警告，待避などの措置をするとともに，特定物質の物理的，化学的性質に応じた処置を速やかにとることが求められる。

c．**事故の未然防止** 事故の未然防止には，上記の種々の法律による規制を遵守するとともに，事業者による自主的な対策として，日常からの危険要因の掘り起こしと対策，非定常的な作業に関する事前安全評価などが重要である。高圧ガス保安法に基づく告示86号（2005年，経済産業省），化学設備の非定常作業における安全衛生対策のためのガイドライン（1996年，旧労働省）などが参考になる[3]。また，これまでに起こった事故について事故原因などに関する情報を参考にすることも効果が大きい。たとえば，労務安全情報センターのホームページ（http://labor.tank.jp/r_saigai/）には，「労働災害統計」，「安全衛生情報と災害事例」のデータが掲載され，災害事例には事故の原因，再発防止対策なども記述されている。また，日本中毒情報センターへは就業中の化学物質暴露について年間200件を超える情報依頼があり，ホームページ（http://www.j‑poison‑ic.or.jp/homepage.nsf）にデータが蓄積され，化学工場の事故に関連する事例も紹介されている。

前述したように，日本では事故の届出先が多岐にわたっており，事項情報が一元化されているとは必ずしもいえず，事故情報の一括管理が望まれている。これに関連してEUの情報収集システムが参考になる。セベソ事件後1982年にECがセベソ指令を出し，1996年に改正EU指令（セベソ指令II）が採択された。火災・爆発などの物理的事故ばかりでなく，環境汚染などの事故についても，電子化文書による報告が義務づけられている（MARS：major accident reporting system）。従業員の死亡，入院加療および甚大な環境汚染の報告義務に加えて，小規模な環境汚染，周辺住民の入院加療，住民の避難，水・電気・ガスの停止，国家的な文化遺産の被害なども報告対象になっている。

〔大谷英雄，指宿堯嗣〕

文献

1) 小林光夫，田村昌三：イタリア・セベソの化学工場での爆発，失敗知識データベース—失敗百選（http://shippai.jst.go.jp）
2) 郡山一明：化学災害の健康危機管理．*J. Natl. Inst. Public Health*, **52**(2), 123 (2003).
3) 荒井 薫：新・公害防止の技術と法規2006 大気編，産業環境管理協会，p.547 (2006).

安全衛生管理システム

safety and health management system

労働安全衛生法では，事業場を一つの適用単位として，各事業上の業種，規模などに応じて，総括安全衛生管理者，安全管理者，衛生管理者および産業医の選任が義務付けられている．さらに，有害なガス，粉じんなどを発散する作業場では，作業環境を改善し快適な職場環境を形成するために，衛生工学衛生管理者の選任が義務付けられている．また，企業ばかりでなく，大学，研究所なども独立法人化によってこれらの管理者を選任することが必要になっている．ここでは，化学実験室を具体例として安全衛生管理システムを紹介する．化学実験室では，実験スペースと居室を区分けして化学物質への暴露をできるだけ少なくする必要がある．実験スペースでは，ガス配管とボンベの取扱い，ドラフトなどの強制換気装置，スクラバー，緊急シャワーなど，適切な安全衛生管理システムを用意する．

a．防火　消防法で出入口が2カ所必要であり，扉は外開きの防火扉とする．また，防爆タイプの電気機器などの使用が望ましい．

b．ガス配管とボンベの取扱い　N_2 などの汎用ガスは，ボンベ室を設けてボンベを設置し，各部屋へ配管で供給するほうがよい．とくに「特定高圧ガス」として高圧ガス保安法に規定されているガス（シラン，アルシン，ホスフィン，ジボランなど）は法規制にしたがって配管する必要がある．

実験室内で使用するボンベは，必ずチェーンなどを巻いて壁などに固定する．固定できないときはボンベスタンドを用いて立てる．空のボンベは速やかに返却し，必要以上にボンベを保管しない．

c．ドラフト　薬品やガスを取り扱う実験室にはドラフトを設置し，実験者が薬品蒸気やガスに曝されないようにする．部屋の天井あるいは側壁の高所に換気扇を取り付け，部屋全体の換気を図ることも必要である．

ドラフトは定期的に開口部の流速をチェックする必要がある．

d．スクラバー　スクラバーは，ドラフトからの排気ガスを処理するための装置であり，排気ガスに適した吸収・分解・洗浄などを行える装置を設置し，定期的に点検する必要がある．

水溶性のものや水と反応して分解するものは水洗浄を行う．アンモニア，ピリジンなどは硫酸洗浄する．ハロゲン化物や硫化物などはアルカリ洗浄する．シアン化水素，メルカプタンはアルカリ性次亜塩素酸塩溶液処理をする．ホルムアルデヒド，アクロレインは亜硫酸水素ナトリウム溶液で処理する．一酸化炭素，ニッケルカルボニルは燃焼法で処理する．排水の発生するものはその適切な処理も重要である．

e．緊急シャワー・洗眼器　化学薬品を体に大量に浴びた場合に備えて実験室の一角や廊下などに緊急シャワーを備え，ひもを引くなどにより容易に水が出るようにしておく必要がある．定期的に水が確実に出ることを確認することも重要である．

化学薬品が飛散して目に入った場合に備えて，洗眼器の設置も大切である．

f．保護具など　化学薬品を取り扱う場合には，化学薬品の飛散による目の損傷を防ぐために，保護眼鏡の着用は必須である．有害ガスの発生の怖れのある場合には空気呼吸器など，爆発の危険性のある場合にはアクリル衝立の準備も必要である．

〔大谷英雄〕

警報システム

194

alarm system

　警報システムは種々の異常事象を当事者に知らせるために設置するものである．身近なものでは建物に設置されている火災報知器やガス洩れ警報器がある．これには，単に警報音を発して周辺の居住者に注意あるいは異常への対処を促すような簡易なものから，大規模施設では，保安管理センターや，あるいは警備会社などへ通報するような設備まである．

　工場などにおいても，同様の火災報知器やガスを扱う設備におけるガス洩れ警報器は設置が義務づけられているので，火災やガス漏れが検知された場合には警備室へ通報される．それ以外に，工場には火災や爆発の危険性の高い装置や物質も存在するので，それらに対しては通常の火災報知器やガス洩れ警報器などとは別に，異常を早期に検知するための，圧力センサーや温度センサー，より検出精度の高いガス検知器などが設置されており，常時モニターされるようになっている．

　上記は火災・爆発に関する警報システムであるが，それ以外にも毒性物質の漏えい・拡散や，場合によっては人体に有害な物質の紛失などに対する警報装置も設置する必要がある．ときに中小の化学工場での毒物の紛失がマスコミを賑わすこともあるので，規模の大小によらず毒性の高い物質の管理を厳重にし，できれば警報システムを備えることが望ましい．

　化学物質を扱う工場などでよく使用されている可燃性ガスおよび可燃性液体を検知するセンサーには以下のようなものがある．

　①接触燃焼式センサー
　②半導体式センサー
　③気体熱伝導式センサー
　④電気化学（定電位電解）式センサー
　⑤油センサー（導電性微粒子型）

　このような各種のセンサーを設置対象物質や設置場所に応じて適切に選択することが必要である．毒性ガスについても①や⑤を除けば同様なセンサーが使用されるが，火災・爆発の場合と異なり，妨害物質の影響をより正確に把握しておくことが必要とされる．

　また，化学物質を扱う装置，試験器具などにおいては，規模の大小を問わず長時間の反応操作が行われることが多い．このような反応操作を行う場合には，開始や停止の操作時を除き，装置，器具などが無人の環境におかれることも多い．

　このような環境におかれた装置，器具などでのホース・配管の外れによるガスや水の漏れ，恒温槽などでの熱媒体の漏れによる過熱などの事故はしばしば経験するところである．大学・研究所などでも上階での水漏れが下階での水損事故を引き起こした例や，恒温水槽で水が漏れた，あるいは蒸発してしまったにもかかわらずヒーターの電源が切れなかったために小火を起こした例などを耳にすることもある．

　このような事故は，あらかじめ危険性を想定することによって対策を施しておくことが可能であるので，そのような対策を施しておくのは当然であるが，それにもかかわらず事故に至る可能性を完全に排除することはできないと考えられる．このような事故や，停電による装置の緊急停止などを担当者に即時に伝達し，速やかな対応を図るための警報システムを設置することが望ましい．

〔大谷英雄〕

放射性物質の安全管理

195

safety management of radioactive substances

a．放射性物質と環境問題 放射性物質の問題は，原子力工学やエネルギー工学の分野に含まれ，所管官庁や関連法規が他の環境問題と異なることから，環境問題と分けて議論されることが多い．しかし環境中の物質によって，人体などに対するリスクが生じるという意味では，他の環境問題と共通であるため，本書では放射性物質も環境問題の一つとして扱う立場をとる．

b．放射性物質の発生源と人体影響
放射性物質によるリスクは，放射線によってもたらされる．放射線の発生源は，核廃棄物のような人為的発生源のほか，自然界にも多く存在する．その主なものは宇宙線や土壌・岩石であり，他に建材や食物にも放射性物質が含まれる．一人が自然界から受ける放射線の線量は，年間で1～10 mSv（ミリシーベルト）であることが知られている．また診断医療行為でも放射線が用いられるが，その線量は一人当たり年間2.3 mSv前後と推計されている．

放射線による人体リスクは，主に発がんが占める．放射線によって人体内のDNAが損傷を受け，突然変異が誘発されてがんが発生する可能性がある．高レベルの放射線被爆による発がんについては，広島，長崎の原爆被爆者の疫学調査により，有意な関係が認められている．また最近では放射線の生体影響に関する研究が進み，遺伝的不安定性などの新たな知見が得られてきている．その一方で，低線量の放射線の場合には，免疫力が高くなるなどのプラス効果もあることが明らかとなってきている．

c．放射性物質の安全管理の考え方
人為的な放射性物質による放射線被爆は，

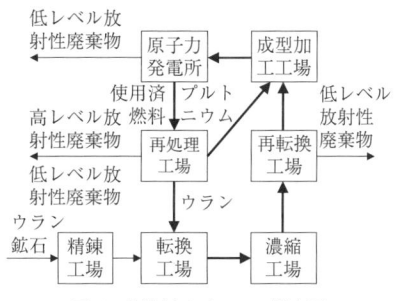

図1 核燃料サイクルの概念図

原子力関連施設事故（→ 196.放射性物質の事故）の場合を除けば，大半が放射性廃棄物に由来する．放射性廃棄物は原子力発電所のほか，核燃料の製造過程や再処理過程からも発生する（図1）．またこのサイクルの各過程では，放射性物質の漏出防止に特に注意を払う必要がある．

再処理とは，使用済核燃料を剪断，溶解した後，核分裂生成物を取り除いてウランとプルトニウムを分離する工程である．この場合，粉体や溶液の状態で放射性物質を扱うため，漏出防止のために内部を負圧に保つ閉込め方式を採用する．また燃料や使用済燃料の貯蔵・輸送に当たっては，十分な除熱や遮蔽性能をもつ容器を使用する．

放射性廃棄物の処分は放射性の高低により異なる．低レベル放射性廃棄物は核燃料サイクルや原子力発電所から発生する廃棄物で，気体や液体は容器に保管して放射線レベルを低下させフィルターなどで固体成分を除いた後に放出する．固体は圧縮，焼却などにより減容の後，ドラム缶に封入して埋設する．高レベル放射性廃棄物は使用済核燃料に含まれる分裂生成物で，長期間にわたり高レベルの放射線を発する可能性があるため，ガラス固化して金属容器に封入し安定な地層中に処分する．なお，これらの他，人為的なミスなどを防止するためのソフト面の管理もきわめて重要である．

〔片谷教孝〕

放射性物質の事故

196

accidents by radioactive substances

a. 原子力安全管理の歴史 日本における原子力関連施設の安全管理は，1956年の原子力基本法の施行によって始まった．1966年に運転を開始した東海原子力発電所に始まり，現在多くの原子力発電所が稼働している．これらの原子力発電所と関連施設は放射性物質を扱うことから，もとより厳重な安全管理の必要性の認識のもとに管理体制がしかれている．しかしこれまでにいくつかの故障や事故による放射線漏れなどの事態も発生しており，なお厳重な安全管理が求められる状況にある．

b. 原子力関連施設の事故の歴史
日本における原子力関連施設の故障や事故は，小規模なものも含めると，これまでかなりの数が発生している．そのなかで著名なものとしては，まず1974年に原子力船「むつ」で発生した放射線漏れ事故があげられる．この事故は，日本の原子力安全管理体制を確立するきっかけとなった．

海外の大規模な事故としては，1979年の米国スリーマイル島発電所の事故と，1986年のソ連（当時）チェルノブイリ発電所の事故がよく知られている．前者は運転要員が誤って冷却装置を停止してしまったために炉心が過熱され，溶融に至ったもので，その後の人的ミス防止に向けた取組みのきっかけとなった．後者は，大量の放射性物質が放出され，周辺で多くの人的被害をもたらしただけでなく，放射性物質が全地球的に拡散したことで，史上最も大規模な原子力関連施設事故とされている．この事故では，安全最優先の思想が欠如していたことが各方面で指摘され，後の安全管理に多くの教訓を与えた．

国内ではしばらくは顕著な事故は発生していなかったが，1991年に関西電力美浜発電所で発生した細管破断事故は，過去にないタイプの事故であったことから，再発防止に向けた種々の検討が行われた．また1995年には高速増殖原型炉「もんじゅ」でナトリウム漏えい事故が発生し，高速増殖炉開発の是非の論議をまき起こす結果となった．ただしこれらの事故では，外部への放射線漏えいは起こっていない．

ところが1999年に発生したJCO東海事業所の臨界事故は，国内初の放射性物質の事故による死亡者が発生しただけでなく，周辺住民が避難を余儀なくされたことなど，多くの特異な面をもっている．この事故は，核燃料製造過程において違法な作業が日常的に行われていたために起こったもので，事故というよりも本来は犯罪事件とみるべきものである．とはいえ，こうした事件の再発防止は必要であることから，2000年に原子力災害対策特別措置法と原子炉等規制法改正案が成立した．

c. 原子力エネルギーと臨界の概念
原子力エネルギーを取り出すことができるのは，ウラン235やプルトニウム239に中性子が衝突し，核分裂が発生することによる．原理的には分裂前後の原子のエネルギーレベルの差に相当するエネルギーを取り出すことができる．この核分裂の際に新たに中性子が放出され，それが連鎖的に次の核分裂を引き起こす．臨界とは，中性子の放出と消費がバランスして，この連鎖反応が一定に保たれた状態をいう．原子爆弾はこの連鎖反応が一定の状態を超えて，瞬時に大量のエネルギーを放出することを利用したものである．JCO事故の場合は，不適切な投入作業の結果，容器内で局所的に急速な核分裂が起こったことが原因とされている．なお，大規模な爆発に至らなかったのは，気泡が発生して核分裂が抑制されたためといわれている． 〔片谷教孝〕

VIII

環境の保全と化学

環境のモニタリング

monitoring of the environment

自然活動および人間の産業経済活動に伴ってさまざまな物質が発生源から放出され，大気，水，土壌，生物などの媒体に移動し，物理的，化学的あるいは生物的な作用により希釈，変換，分解あるいは蓄積される（図1）．環境媒体中の濃度は，放出量と変換，分解される速度，蓄積量の差で決まるので，物質によって空間的，時間的な濃度分布が異なることになる．物質が人の健康や生態系，さらに気候に及ぼす影響を評価して適切に対策・対応するためには，各物質の発生源を同定し，放出量を把握するとともに，各環境媒体における濃度を測定することが不可欠である．

1960年代の産業公害に対応するために，大気，水環境の汚染物質について，排出抑制基準，環境基準が設定された．規制対象となった事業所は排ガス，排水中の汚染物質濃度を法律に規定された分析方法で測定して，自治体などに報告する義務がある．

図1 さまざまな環境のモニタリング

一方，国や自治体は，環境基準の達成状況を把握するために，法律などに規定される汚染物質濃度の分析方法に準拠した測定機器を配備した測定局，測定地点を全国各地に設置している．測定データは国，自治体に集められ，環境白書などによって環境状況として報告されている．

さらに，残留性有機汚染物質に関するストックホルム条約（POPs条約）の対象物質など，環境残留性が高く，環境実態の経年把握が必要な化学物質のモニタリング調査が，大気，水質，土壌，底質，生物（鳥類，魚類，貝類）について156地点で実施されている．

広域環境問題である酸性雨に関連して，対馬，隠岐などの離島を含む45カ所に測定ステーションが設置され，降雨量，雨水のpHや硫酸イオンなどの化学成分濃度がモニタリングされている．また，12カ国が参加する東アジア酸性雨モニタリングネットワーク（EANET）が運用されている．

オゾン層破壊，地球温暖化に関しては，フロンやフロン代替物質，CO_2など温室効果ガスの大気中濃度や海水中濃度の高精度測定方法が開発され，世界気象機構（WMO）などに関連する研究機関を中心に使用されている．高精度な観測データの解析によって，CO_2の地球規模循環など地球温暖化の現状把握と予測に必要な科学的知見が得られている．一方，レーダー，人工衛星などによるリモートセンシング技術が開発されている．人工衛星ひまわりは気象データ観測で知られているが，赤外線，紫外線などの吸収を用いる観測機器を搭載した衛星によって，地球全体における全オゾン量の地域分布，オゾン濃度の高度分布，CO_2など温室効果ガスの濃度が測定されている． 〔指宿堯嗣〕

発生源の監視と測定

monitoring and measurement of discharge source

発生源において，その排出物質を監視することは，良好な環境を保持するうえで不可欠である．監視を行うためには全国一律の規格に基づいて測定し，それが排出基準を満たしているかどうかを判断する必要がある．排出基準を超えていると，大気汚染防止法あるいは水質汚濁防止法などの違反となるので，測定方法の統一と正確な測定は非常に重要となる．

a．排ガス 排ガスは，大気汚染防止法で規制されており，対象物質として，ばい煙，揮発性有機化合物，粉じん，有害大気汚染物質，自動車排出ガスがある．ばい煙とは，①燃料その他の燃焼等に伴い発生する硫黄酸化物，②ばいじん，③有害物質をいい，有害物質としては，①カドミウム及びその化合物，②塩素及び塩化水素，③ふっ素，ふっ化水素及びふっ化けい素，④鉛及びその化合物，⑤窒素酸化物，が定められている．揮発性有機化合物はVOCとも呼ばれ，2006年4月1日から規制が適用された．工業用の洗浄施設，ガソリン，原油の貯蔵タンクなどVOC排出施設を有する特定工場は，都道府県知事への届出，排出濃度の測定などの義務が課せられている．粉じんは，特定粉じんと一般粉じんに区分され，特定粉じんにはアスベスト（石綿）が指定されている．一般粉じんは，特定粉じん以外の粉じんをいう．有害大気汚染物質のうち，優先的に取り組むべき物質として，アクリロニトリル，アセトアルデヒドなど22物質が選定されており，これらの物質については，事業者は排出抑制に努めるとされている．また，このうち，ベンゼン，トリクロロエチレン，テトラクロロエチレンの3物質は指定物質とされ，排出基準が決められている．また，ダイオキシン類は，ダイオキシン類対策特物措置法に基づき規制されている．排ガス中汚染物質の規制の目的とそれに関する測定項目を表1に示す．

b．排　水 排水は，水質汚濁防止法で規制されており，排水基準は，カドミウムなどの有害物質に関するものと，生物化学的酸素要求量（BOD）などの有害物質以外の項目について規定されている．また，ダイオキシン類は，ダイオキシン類対策特物措置法に基づき規制されている．表2に排水中規制物質等の測定項目を示す．

また，東京湾，伊勢湾，瀬戸内海およびこれらに注ぐ河川に排水を排出する事業所

表1　排ガス中汚染物質の規制の目的と測定項目

(1) ばい煙規制
①硫黄酸化物
②ばいじん
③有害物質
・窒素酸化物
・カドミウム及びその化合物
・鉛及びその化合物
・ふっ素，ふっ化水素，ふっ化けい素
・塩素及び塩化水素
(2) 揮発性有機化合物規制
・揮発性有機化合物（VOC）
(3) 粉じん規制
・特定粉じん（アスベスト）
(4) 有害大気汚染物質対策の推進指定物質
・ベンゼン
・トリクロロエチレン
・テトラクロロエチレン
(5) 自動車排出ガス規制
・非メタン炭化水素
・一酸化炭素
・窒素酸化物
・粒子状物質
・粒子状物質のうちディーゼル黒煙
(6) ダイオキシン類規制
・ダイオキシン類

表2 排水中規制物質等の測定項目

1．有害物質

- カドミウム及びその化合物
- シアン化合物
- 有機リン化合物（パラチオン，メチルパラチオン，メチルジメトン，EPN）
- 鉛及びその化合物
- 6価クロム
- 砒素及びその化合物
- 水銀及びアルキル水銀その他の水銀化合物
- アルキル水銀化合物
- ポリ塩化ビフェニル（PCB）
- トリクロロエチレン
- テトラクロロエチレン
- ジクロロメタン
- 四塩化炭素
- 1,2-ジクロロエタン
- 1,1-ジクロロエチレン
- シス-1,2-ジクロロエチレン
- 1,1,1-トリクロロエタン
- 1,1,2-トリクロロエタン
- 1,3-ジクロロプロペン
- チウラム
- シマジン
- チオベンカルブ
- ベンゼン
- セレン及びその化合物
- ほう素及びその化合物
- ふっ素及びその化合物
- アンモニア，アンモニウム化合物，亜硝酸化合物及び硝酸化合物
- ダイオキシン類

2．有害物質以外の項目

- 水素イオン濃度(pH)
- 生物化学的酸素要求量（BOD）
- 化学的酸素要求量（COD）
- 浮遊物質量（SS）
- ノルマルヘキサン抽出物質含有量（鉱油類含有量）
- ノルマルヘキサン抽出物質含有量（動植物油脂類）
- フェノール類含有量
- 銅含有量
- 亜鉛含有量
- 溶解性鉄含有量
- 溶解性マンガン含有量
- クロム含有量
- 大腸菌群数
- 窒素含有量
- 燐含有量

などには，COD，窒素，リンについて総量規制が行われている．これは，閉鎖性海域の富栄養化を防止するためで，表2の項目は濃度だけを測定するが，総量規制では濃度と排水の流量を測定する．

表1，表2の測定法は，大気汚染防止法施行規則，環境省告示，ダイオキシン類対策特別措置法施行規則などで定められている．それらの方法には，環境省が独自に定めたものの他に，多くの項目で日本工業規格（JIS）の規定が引用されている．詳細は環境省のホームページが参考になる．

また，排ガスあるいは排水中の汚染物質の濃度の正確な測定には，試料採取が非常に重要で，発生源を代表する試料を採取しなければならない．採取方法については，排ガス試料ではJIS K 0095：排ガス試料採取方法（1999）が，水試料ではJIS K 0094：工業用水・工場排水の試料採取方法（1994）が定められている．試料の採取に伴う測定対象成分の損失，変質などを最小限にすることが重要である．

〔宮崎　章〕

文　献

1) 環境省ホームページ：http://www.env.gov.jp

大気環境のモニタリング

199

monitoring of atmospheric environment

　大気汚染防止法によって大気汚染物質の環境基準が設定され，その達成に向けてさまざまな発生源に排出抑制基準が設定されている．こうした法規制に対応して，環境負荷物質の発生源における排出濃度，排出量，環境中濃度を分析，定量する測定方法，計測器が開発，使用されてきた．表1にはJIS規格がある大気汚染物質についてまとめてある．大気環境のモニタリング方法として当初使用された溶液を用いる化学分析法（湿式法，ウェットメソッド）は，物理的な分析測定法（乾式法，ドライメソッド）によるものに移行しつつある．さらに，有害大気汚染物質，ダイオキシン類などの微量有害物質や地球大気環境問題にかかわるCO_2などの高感度，高精度な測定方法，計測器の開発が活発化する一方，室内空気汚染など身近な環境を監視する簡易な計測器への需要も高まっている．

　大気計測に関連する分析通則の規格は11あり，化学分析方法とガス分析装置校正方法に加えて，ガスクロマトグラフ（GC），吸光光度分析，赤外分光分析方法など九つの分析通則がある．標準物質としては，一酸化窒素（NO），一酸化炭素（CO），二酸化硫黄（SO_2），高精度CO_2の標準ガス，Cdなど三つの重金属の標準液，硫酸イオン，硝酸イオンと亜硝酸イオンの標準液，試験用粉体と粒子，および容量分析用標準物質（亜鉛，塩化ナトリウムなど11品目）に関して，合計12の規格がある．試料のサンプリング関係では，排ガス試料の採取方法（JIS K 0095）と気体中のダスト試料捕集用ろ過材について規格がある．

a. 地域大気環境のモニタリング

　SO_2，COの大気中濃度は，ほとんどの一般環境大気および自動車排出ガス測定局で環境基準値をクリアしている．排ガス中SO_2の測定方法として，イオンクロマトグラフ法と紫外線蛍光方式自動計測器がJISに採用されている．前者は排ガス中塩化水

表1　大気分野における環境測定 JIS 規格

測定対象の分類	測定対象物質（排ガス・大気）	自動計測器（大気・排ガス）
有機化合物	フェノール，ピリジン，ベンゼン，アクロレイン，ホスゲン，メルカプタン，ホルムアルデヒド，トリクロロエチレン，テトラクロロエチレン，ダイオキシン類，検知管式ガス測定器	炭化水素
無機化合物	CO，二硫化炭素，アンモニア，硫黄酸化物，窒素酸化物，フッ素化合物，塩素化合物，塩化水素，硫化水素，シアン化水素，CO_2（大気中），希釈ガスおよびゼロガス中の微量成分測定方法，水銀，金属（Cd, Pb, Ni, Mn, V, Cr, Be, As, Se），酸素，検知管式ガス測定器	（大気）CO, SO_2, NO_x, SPM, オキシダント，フッ素化合物 （排ガス）SO_2, NO_x, 酸素，塩化水素
ばいじん	集塵装置の性能測定方法，空気中の繊維状粒子測定法，ダスト（濃度，粒径分布，ロウボリウムエアサンプラ）	光散乱式自動粒子計数器 浮遊粒子状物質

素のJIS測定方法にも採用されており，窒素酸化物（NO_x）の測定も可能なことから，排ガス中の多成分を同時に分析する方法として，今後，いっそうの普及が予想される．紫外線蛍光方式自動計測器は芳香族炭化水素の影響を受ける場合があるが，感度の高い計測器であり，10 ppb を下回る大気中 SO_2 の計測に適している．

光化学オキシダント（O_x）については，測定局などで中性ヨウ化カリウム溶液を用いる吸光光度法が使用されてきたが，オゾンの乾式測定法である紫外線吸収方式あるいはエチレンを用いる化学発光方式による自動計測器の普及が始まっている．O_x は大気中における炭化水素と NO_x の光化学反応で生成する二次汚染物質であり，その大気中濃度低減には，炭化水素と NO_x の排出量削減が必要である．排ガス中の揮発性有機化合物（VOC）について規制が2006年から始まることになり，その測定法として水素炎イオン化検出器（FID）および VOC を酸化して CO_2 とするコンバーターのついた非分散赤外線吸収分析計が定められた．大気中濃度については，多くの測定局で用いる非メタン炭化水素あるいは全炭化水素を測定する自動計測器が稼働している．

二酸化窒素（NO_2）の測定にはザルツマン試薬を用いる吸光光度法に加えて，乾式測定法であるオゾンを用いる化学発光方式の自動計測器が認められた．排ガス中 NO_x の測定についても，化学発光方式，赤外線吸収方式，紫外線吸収方式による自動計測器の導入が進んでいる．大気中の SPM については，ろ過捕集による重量濃度測定が基本であるが，β 線吸収方式，フィルタ振動方式などによる自動計測器が広く使用されている．大気中の SPM 測定に関しては，米国環境保護庁が97年に，「PM 10」（日本の環境基準 SPM の定義に近い）に加えて，「PM 2.5」と呼ばれる新基準を設定した．新基準に対応する手動の標準測定法（粒径 $2.5\mu m$ で50%カットポイント特性をもつ分級器をつけたフィルタで捕集し，重量濃度を測定）が規定され，自動計測を目的とする等価測定方法も承認されている．

b．有害大気汚染物質のモニタリング

トリクロロエチレン（TCE），テトラクロロエチレン（PCE），ジクロロメタンおよびベンゼンの4物質とダイオキシン類に，新たに環境基準が設定された．環境基準値は従来の SO_2 など5物質に比べて格段に低い．これらの物質の排出源における測定法は，ベンゼンが FID または質量分析計（MS）を検出器とする GC 法であり，TCE と PCE，ジクロロメタンでは電子捕獲検出器も使用できる．大気中濃度測定も同様の方法で行うが，排出源での測定よりも高い試料の濃縮が必要になる．MS は，これら3物質を同時に，また比較的容易に測定できる．

c．地球規模大気環境のモニタリング

温室効果気体（CO_2，メタン，N_2O，HFCs，PFCs，SF_6）の排出量削減目標が先進国について設定された．地球温暖化，成層圏オゾン層破壊に関連するこれら温室効果気体，エアロゾル，オゾンなどの大気中濃度測定のために，高精度，高感度な計測機器や人工衛星などで使用するリモートセンシング用装置の開発が盛んである．両者に共通する開発目標は，機器・装置の徹底した小型化・自動化とメンテナンスフリー化（堅牢かつ性能の長期安定性）である．一方，酸性雨問題に関連して，エアロゾル，降雨の自動採取と pH，硫酸イオン等の計測器を組み合わせた観測装置の設置が進んでいる．これら地球環境関連の計測器に対する需要は必ずしも大きいとはいえないが，計測技術の高度化，新規計測技術開発に寄与している． 〔指宿堯嗣〕

水・土壌環境のモニタリング

monitoring of water and soil environment

環境基準が設定された項目に関しては、汚染状況を把握し未然防止に資するため、毎年、全国の公共用水域の水質、地下水質、閉鎖性水域のモニタリングが国や都道府県により行われている。水質汚濁に係る環境基準のうち、健康項目にはCdやPbなどの重金属、PCBなどの有機塩素化合物、シマジンなどの農薬など26項目があり、さらに要監視項目として塩化ビニルモノマーなど27項目がある。また、生活環境項目には、BOD、COD、全窒素、全りんなどの項目があり、2003年には水生生物保全の観点から、新たに全亜鉛が追加され、要監視項目としてクロロホルムなど3項目が設定された。このうち健康項目の環境基準達成率は99%以上と高く、生活環境項目のBOD、CODに関しては、河川、海域では約80%、湖沼では約45%と、とくに閉鎖性水域での達成率が低い。地下水では、硝酸性窒素および亜硝酸性窒素が約94%と低く、その対策が課題となっている。土壌汚染に関しては、事業者による自主調査や自治体による監視が主に行われており、工場跡地など市街地での汚染がみつかる事例が増加している（2001年度211件）。ダイオキシン類に関しては、公共用水域の水質と底質、地下水、土壌の調査が行われ、2002年の水質の環境基準超過率は2.8%であった。この他にも公共用水域の監視に関して、全国の一級河川の226カ所に水質自動監視測定装置が設置され、テレメータ化による集中管理が図られている。

環境基準がない物質に関しては、環境省は化審法が施行された1974年から、化学物質環境汚染実態調査により、化学物質の一般環境中の残留状況を把握し、「化学物質と環境」(http://www.env.go.jp/chemi/kurohon/index.html) として公表している。これまで累計で801物質（群）が調査され、346物質（群）が検出されている。国土交通省では1998年から内分泌かく乱物質の存在状況を把握するため、全国109の一級河川の水質および底質の調査と、主要な下水道における流入・放流水の水質調査を実施している。海洋汚染に関しては、海上保安庁による実態調査や、気象庁による大気および海洋バックグラウンド汚染観測業務が行われている。

2002年には「残留性有機汚染物質に関するストックホルム条約（POPs条約）」の対象物質のモニタリングが環境省により行われ、いずれも低い値が報告されている。POPs条約（2004年5月発効）は、難分解性、高蓄積性、長距離移動性、ヒトの健康や生態系に対する悪影響を有する物質として、当面、PCB、DDT、ダイオキシンなどの12物質を対象に、製造・使用の禁止・制限、廃棄物の適正管理などの措置を各国に義務づけており、アジア各国と連携した国際的な環境モニタリング体制の構築が緊要となっている。この他、国際的な監視計画には、UNEPによる地球環境モニタリングシステム（GEMS）や全球海洋観測システム（GOOS）などがある。また、世界中に分布する同一生物種を利用したモニタリング（たとえばマッセルウォッチプログラム）も行われている。一般に、生物中の濃度は生物濃縮により水中濃度より高くなるため測定が容易である。また、ある期間にわたって積算された汚染が反映される利点もある。その他には、海洋の観測データを飛躍的に増加させるため、海洋自動観測フロート約3000個を全世界の海洋に展開し、地球規模の高度海洋観測システムの構築を目指すARGO計画などがある。　　　　　　〔田尾博明〕

地球環境のモニタリング

201

monitoring of global environment

　地球環境問題の発生要因，対策を考えるうえで，地球環境にかかわる諸現象をいろいろな時間的スケール，空間的スケールで調べ，さらにそれら諸現象の相互関連と影響を総合的に把握することがまず必要となる．地球環境モニタリングではいわゆる地球環境問題それぞれに関連した地球環境変化を地上・海上定点，航空機，船舶，人工衛星などにより長期的・継続的に監視して，環境の現状・変動把握，変動の影響解析，対策の効果評価・確認などを行う．さらに，現象のプロセス，環境容量の解明に資する．地球環境問題の代表的なものとして，地球温暖化，オゾン層破壊，酸性雨，熱帯林の減少，野生生物種の減少，砂漠化，広域海洋汚染などがあげられるが，これらの問題を個別に，あるいは相互関係を解明するうえで有効な手段・内容で長期モニタリングを実施する必要がある．

　図1に地球温暖化のモニタリングの内容とその結果の活用を一事例として示す．この例からわかるようにモニタリングとそれに基づく情報の提供は排出抑制技術開発，地球温暖化影響・リスク研究，地球温暖化管理政策など地球温暖化問題を解決するうえで不可欠な研究・施策の基盤的知見を与える．

　地球環境の継続的・定期的観測すなわちモニタリングの手段としては

①陸上／海上定点観測モニタリング（固定測定局，観測タワー，係留ブイ，地上リモートセンシング，気球観測など）
②航空機観測モニタリング（定期民間航空機，観測専用航空機など）
③船舶観測モニタリング（民間篤志観測船，専用観測船など）
④人工衛星観測（大気観測衛星，地表面観測衛星など）

が代表的なもので，モニタリング対象・内容・目的に応じてこれらから選定あるいは組み合わせて行われる．

　地上定点長期観測の先駆的な事例としてはハワイ・マウナロアでの二酸化炭素観測があり，1958年からの地道な長期観測か

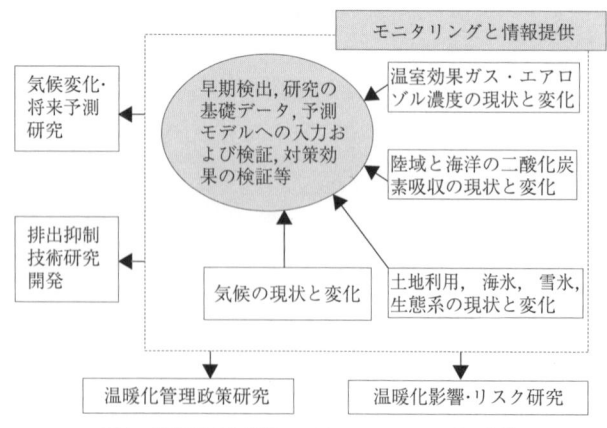

図1　地球温暖化問題におけるモニタリングと情報提供，他の課題との関係[1]

Ⅷ．環境の保全と化学

ら，二酸化炭素の増大と地球温暖化の関連についての問題提起に貴重な知見を与えた．この観測成果を受けて二酸化炭素，メタンなど温室効果気体の長期モニタリングの世界的なネットワークが形成されたことは周知の事実である．日本では気象庁，海上保安庁，水産庁，国立環境研究所などが地球環境問題の顕在化のなかで上記の諸地球環境問題に関連したモニタリングを実施している．また，地球環境モニタリングは諸研究機関・大学の地球環境研究，行政施策への基盤的情報の提供と連携を図りながら進められる．たとえば，前述の温室効果ガスの世界的なネットワークとの連携のなかで気象庁と国立環境研究所が南鳥島，岩手県綾里，沖縄波照間島，北海道落石岬などの測定局でモニタリングを行って東アジアにおける貴重なデータを集積し，国際的に貢献している．

また，オゾン層破壊の問題と関連して南極昭和基地でのオゾンホール監視観測，南北両半球でのオゾン全量モニタリングが行われている．図2に日本国内4地点でのオゾン全量観測による20年間の値の推移を示す．この結果によると，南の那覇や鹿児島ではこの20年間で大きな変化はみられないが，北にいくほどオゾン全量が減少していることがわかる．

さらに，グローバルな炭素循環における陸域植生の役割を解明することを目的として，種々の気候帯の各種植物生態系でタワーによる炭素収支，気象などの環境要因の測定，それと併せて植生調査，土壌調査を連続的・定期的に行い，長期データの蓄積を図っている．また，観測サイトの協力により，地域的およびグローバル観測ネットワークが構築され，各観測サイトのデータ交換を行っている．これは，研究プロジェクトとモニタリング事業の両面をもった事例といえるが，今後は研究観測とモニタリング観測の連携がいっそう重要になろう．

次に，その特徴から地球環境モニタリングへの貢献が大いに期待される人工衛星観測について若干解説する．大気や地球表面の測定対象物からの光・電波の信号を人工衛星に搭載したセンサーで遠隔的に測定することにより測定対象の情報を得ることができる．とくに衛星観測は地球環境を全地球的に長期にわたり継続的に監視することができ，測定した種々の波長の光・電波をコンピュータで解析することにより，植生分布，海洋プランクトン，オゾン層，台風，火山，火事などの諸現象・諸情報を導出できることから，地球環境モニタリングの強力な武器となっている．日本が米国などと協力して開発した地球観測衛星としては，熱帯域の降雨を観測する「熱帯降雨観測衛星（TRIMM）」，オゾン層などを観測する「環境観測技術衛星（ADEOS-II）」，地図作成や資源探査などを目的とした「陸域観測技術衛星（ALOS）」，二酸化炭素濃度の空間分布を観測する「温室効果ガス観測衛星（計画）（GOSAT）」などがあり，それぞれの役割において，その貢献が期待される． 〔山 本　晋〕

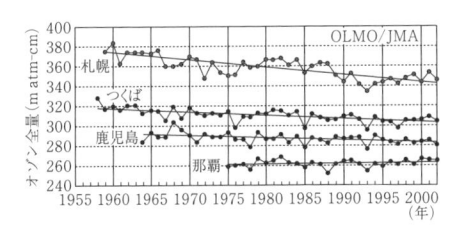

図2　日本のオゾン全量年平均値の変化[2]
●印は札幌，つくば，鹿児島，那覇におけるオゾン全量の観測開始から2002年までの年平均値．直線は全期間の長期的な傾向を示す．

文　献
1) 総合化学技術会議環境担当議員，内閣府政策統括官共編：地球温暖化研究の最前線（環境の世紀の知と技術2002），p. 8, 9 (2003).
2) 気象庁：気候変動監視レポート2002，p. 45 (2003).

環境対策の考え方

202

a way of thinking about measures for the environment

さまざまな物をつくり使用することで社会生活が成り立っているが、そのためにたくさんのエネルギーと資源が消費され、地域から地球規模でのさまざまな環境問題が起きている。産業経済活動と環境保全の両立には、人間の排出する「環境に影響を与える物質（環境負荷物質）」の量（環境負荷量）が、環境のもつ処理能力（環境容量）とバランスすることが必要である（図1）。二酸化硫黄、窒素酸化物、さらに二酸化炭素のように大量に排出される環境負荷物質がある一方、ダイオキシン類、重金属のように、微量であっても環境に長期間残留し、健康や生態系に影響を与えるものがある。環境負荷物質の発生源や発生量、環境中での挙動を把握し、環境への影響を評価して、適切な対策をとることが、快適で安全な環境の創造に求められている。

図1の下に示すように、産業公害の時代には、汚染物質の排出量低減を図る、排煙脱硫、重金属除去などの後処理技術（end of pipe technology）が主体であった。処理装置の開発、購入、設置、運転には大きなコスト、敷地、エネルギーが必要であり、企業への大きな負担となった。1973年の第一次オイルショックを契機として、多くの業種で省エネルギーを目的とした工程の改善が行われた。燃焼効率の向上、排熱の徹底的な利用はエネルギー消費量を低減し、結果として環境負荷物質の排出量抑制に貢献した。また、水使用量の少ない工程への変更、排水量を減らした処理、水の再利用を図ることで、コストとエネルギーが節約される。単に汚染物質を除去するだけではなく、汚染負荷の削減と企業収益の向上の両立を可能とするということから、クリーナーテクノロジー（cleaner technology）と呼ばれ、開発途上国で有効な環境対策技術とされている。

発生源における環境対策の限界、大都市域での環境改善がなかなか進まない状況を受けて、汚染環境を浄化、修復する技術が求められている。これらの技術は自然の浄化機能を補完あるいは増強するものであり、微生物の機能を利用する水の浄化（活性汚泥法、干潟の利用）、汚染土壌の浄化（バイオレメディエーション）や光触媒による大気浄化などがある。

環境と調和した持続的社会の形成には、エネルギーの高効率利用、再生可能エネルギー利用促進、生産・消費に伴い発生する廃棄物量の最小化、3Rによる資源循環など、さらにさまざまな化学物質による環境リスクを適切に管理する技術開発が求められている。これらを図には持続性技術として示してある。　　　　〔指宿堯嗣〕

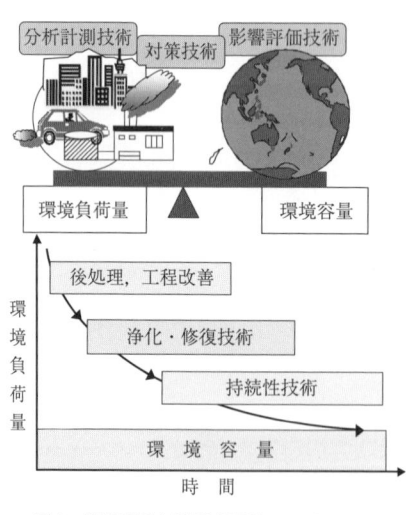

図1　環境容量と環境負荷量のバランス

大気環境の保全

preservation of atmospheric environment

a. 大気汚染物質の発生源 大気環境問題の原因となる物質を発生源別に示すと図1のようになる．従来型の大気環境問題の原因物質である硫黄酸化物（SO_x），窒素酸化物（NO_x），粒子状物質（SPM），一酸化炭素（CO）の大部分は，石炭，石油などの化石燃料の燃焼によって大量に排出される．光化学オキシダント，酸性物質，一部のSPMは環境中で生成するので，二次汚染物質と呼ばれ，その対策には前駆物質の排出量低減が必要になる．

非燃焼起源の大気汚染物質は，製品の製造，組立，利用の過程で放出されるものが多い．揮発性有機化合物（VOC）は塗装，接着，洗浄などの工程で排出され，光化学オキシダント，SPM生成に関与する．有害大気汚染物質もVOCが多く，製品の製造，組立工程の作業環境，製品を利用する室内環境の大気を汚染する．ダイオキシン類は塩素が共存する条件で有機化合物を燃焼する過程で非意図的に生成する．フロン類などは，冷媒，洗浄剤，発泡剤などの広い用途があり，製品の利用，廃棄の過程で大部分が大気中に放出され，成層圏オゾン層破壊や地球温暖化の原因となる．

b. 大気環境の保全技術 燃焼に伴い発生する汚染物質については，燃料，燃焼技術での対策と排ガス処理対策が主流である．選炭，重油・軽油などの脱硫，排煙脱硫・脱硝などは多くの化学プロセスからなっており，触媒が大きな役割を果たしている．NO_x，SPMによる汚染対策として，ディーゼル自動車排ガス低減のために酸化触媒を担持したフィルター，NO_x還元触媒などが開発中である．これらの触媒を環境触媒という．

非燃焼起源の汚染物質には，規模の異なる多種多様な発生源がある．排ガスの温度が低い（常温が大部分）ので，燃焼，触媒などによる酸化分解処理には外部エネルギーが必要であり，排熱回収や低温活性の高い触媒開発が重要になる．汚染物質の回収には吸着・脱離法，冷却凝縮法，膜分離法などがあり，排ガスの量，汚染物質の濃度などを考慮して適切な回収方法が選択される．いずれの方法も，装置の価格，大きさの低減，温度，圧力の可変や排水処理などに要するエネルギーの節減が，中小規模事業所への普及に重要となる．作業環境大気，室内空気の汚染対策では，常温で低濃度の汚染物質を処理できる技術が必要であり，光触媒，低温プラズマなどの応用が期待されている．中長期的な対策としては，有害化学物質，有機溶剤を含まない塗料，インキ，接着剤などの開発（製品のグリーン化）や有機溶媒を使用しない化学プロセスの開発（グリーンケミストリー）などが必要である．

〔指宿堯嗣〕

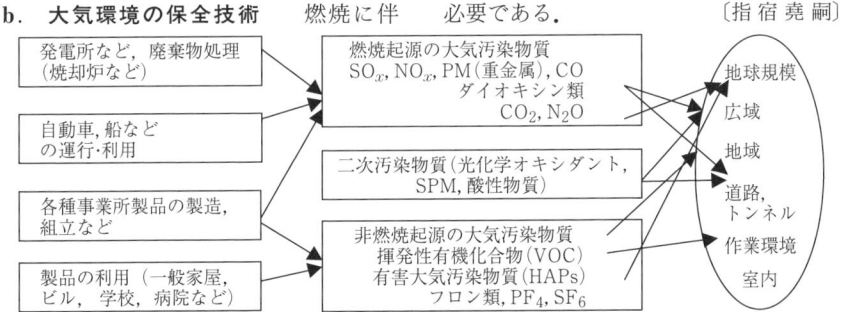

図1 大気汚染物質の発生源と大気環境問題

ばいじんを減らす

measures for reduction of dust emission

ばいじんは，燃料の主成分である炭化水素類が燃焼の過程で分解して発生するすすやチャー，無機物（Si, Al, Fe などの酸化物）である燃焼残さの灰（フライアッシュ）などであり，SO_x から生成する硫酸ミストなどの液体粒子も若干存在する．燃料の灰分，炭素分の多い順（ガス＜石油＜石炭）に，ばいじん排出量は増加する．

a．ばいじんの除去方法 排ガス中のばいじん（ダスト）の集じん方法は，原理的には重力，慣性力，遠心力，静電力，ろ過などに分類され，湿式法と乾式法がある．排ガスの流量，ダストの種類，濃度や粒子径，集じん率や集じんに要するエネルギー，コストなどを考慮して，適切な集じん装置が選択される．比較的大きな粒子径（$1 \sim 100 \mu m$）のダストの場合には，重力集じん，慣性集じん，遠心力集じん（サイクロンなど）によって高い部分集じん率が実現するが，$1 \mu m$ 以下のダストの効率的捕集には，洗浄集じん，電気集じん，ろ過集じんが使用される．

b．実排ガスの処理システム 排ガス中にさまざまな粒子径のダストが混在する場合，ダスト濃度が高い場合には，異なる集じん装置を組み合わせた処理方式が採用される．たとえば，発電用ボイラーの主流である微粉炭燃焼の場合，空気予熱器の出口でのダスト濃度は，$20 \sim 40 \mathrm{g/m^3_N}$ 前後であり，ダストの中位径はおよそ $15 \mu m$ から $35 \mu m$ の範囲にある．排ガスの処理システムは，図1に示す高ダスト方式（脱硝装置―空気予熱器―集じん装置―脱硫装置の順番に配置）と呼ばれるものが一般的

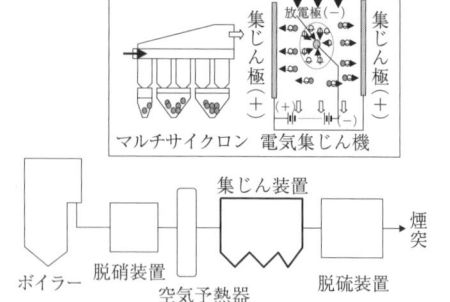

図1 燃焼排ガス処理システムにおける集じん装置の一例

である．複数の小型サイクロンからなるマルチサイクロンで大きな粒子を除去した後，電気集じん機で微粒子を除去するシステムが使用されてきた．電気集じん機は図1に示すように，放電により粒子を荷電して集じん極に捕集するが，粒子の電気抵抗率などによる集じん効率の変動がある．マルチサイクロンを通過した微細粒子だけを捕集すると，集じん極に付着したダストのはく離が困難になり，ダスト堆積による放電特性の劣化などが起こり集じん効率が急速に低下する．マルチサイクロンを使用せず，排ガス中に三酸化硫黄（SO_3）を注入してダストの見かけ電気抵抗率を下げ，さらに，据え付け面積を大きくして十分な荷電時間を確保する方法が開発されている．

廃棄物焼却炉では電気集じん機の運転最適温度でダイオキシン類の二次生成が起こりやすいので，バグフィルターによるろ過集じんが普及している．バグフィルターはダストを袋状のフィルター表面に捕集・堆積させるもので，集じん率は粒子径によらず高い．圧力損失が時間とともに増加するので，堆積したダストの払い落としを適切に行う必要がある．排ガスの流量，温度やダストの性状によってフィルターの形状，材質が選択される． 〔指宿 堯嗣〕

205 硫黄酸化物を減らす

measures reducing sulfur oxides emission

SO_x（大部分はSO_2，一部SO_3など）は，燃料中の硫黄分の燃焼により生成する．したがって，①燃料消費量の低減あるいはエネルギー利用効率の向上，②低硫黄燃料の使用割合の増加，③石炭，重油などの燃料の硫黄分低減（脱硫），④燃焼排ガスからのSO_x除去（排煙脱硫），などの対策がとられてきた．

a．燃料（石油）の脱硫 わが国の輸入原油の大半を占める中東産の原油は，常圧残油の硫黄分が3～4%であり，その脱硫がSO_x排出量低減に必要である．脱硫技術の基本は，油に有機硫黄化合物の形で存在する硫黄を水素（石油の水蒸気改質で製造）で還元し，硫化水素（H_2S）と炭化水素に変換する（水素化脱硫反応）もので，H_2Sはさらに処理されて，単体硫黄（S）として回収される．

残油中のS分 + H_2 → H_2S → S（回収）

この反応は，温度340～400℃，水素圧力40～150気圧という高温・高圧の条件で，水素化触媒（モリブデン／コバルト／ニッケルを主成分とし活性アルミナに担持されたもの）によって進行する．このプロセスのエネルギー消費を減らすには，なるべく温和な反応条件で高い反応効率を得ることが重要であり，コスト低減には触媒の長寿命化と回収硫黄の市場確保が重要である．

間接脱硫は脱硫しやすい留分（減圧軽油）を処理し，脱硫しにくい留分と混合して製品とする．温和な反応条件で，触媒の寿命も長く，エネルギーとコストの面で有利であるが，硫黄含有量の低減には限界がある．一方，直接脱硫は，常圧蒸留残油中の硫黄分を除去するもので，残留炭素が多いために高い水素分圧での運転が必要であり，水素消費量が増加する．また，残油中のアスファルテンに含まれる金属化合物（ニッケル，バナジウムなど）による触媒活性の劣化などの問題がある．

ディーゼル自動車排出ガス対策のために，燃料である軽油中の硫黄分低減（超深度脱硫）が求められている（2005年に0.005%，将来的には10 ppm）．軽油中の水素化脱硫されにくい4,6-ジベンゾチオフェンなどを除去するために，高い水素分圧と触媒濃度で脱硫装置が運転されている．

b．排煙脱硫 現在，発電所など大規模なボイラー施設の排煙脱硫技術には，湿式法，乾式法，半乾式法がある（表1）．大規模なボイラーのほとんどで湿式法の装置が使用され，そのなかでもシェアが高い（90%）のが，石灰セッコウ排煙脱硫法である．図1に示すこの方法では，SO_2を石灰石スラリーで吸収し，生成する亜硫酸カルシウム（$CaSO_3 \cdot 1/2 H_2O$）を空気酸化してセッコウ（$CaSO_4 \cdot 2 H_2O$）とする．セッコウ乳液はシックナーで濃縮された後，液相と分離されセッコウ粉末として回収される．処理方式に求められる要件は，①システムの安定した脱硫性能，②大量に入手できて安価な吸収剤，③副生品の市場確保，④システムのエネルギー消費，コストの低減，⑤設備の大きさなどの最小化，

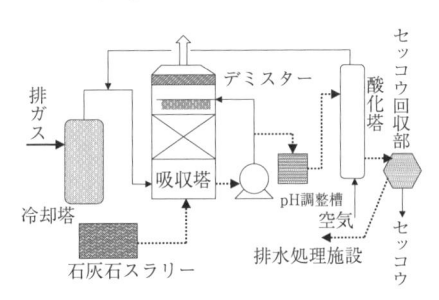

図1 排煙脱硫法（石灰スラリー吸収方式）のフロー

表1　排煙脱硫プロセスの方式と種類

方式	脱硫の方法	吸収剤/吸着剤	副生成物（回収/廃棄）
湿式	石灰セッコウ法	石灰石，$Ca(OH)_2$	セッコウ
	水酸化マグネシウム吸収法	水酸化マグネシウム	セッコウ，硫酸マグネシウム
	アルカリ溶液吸収法	水酸化ナトリウム，亜硫酸ナトリウムなど	亜硫酸ナトリウム，硫黄/硫酸
	酸化吸収法	希硫酸＋触媒	セッコウ
半乾式	スプレードライヤー法	$Ca(OH)_2$，炭酸ナトリウム，石炭灰	亜硫酸カルシウム，セッコウ
	炉内脱硫＋水スプレー法	石灰石	亜硫酸カルシウム，セッコウ
乾式	炉内・煙道石灰吹込み	$Ca(OH)_2$，石炭灰	亜硫酸カルシウム，セッコウ
	活性炭吸着法	活性炭	硫酸など

⑥排水などによる二次公害の防止などであり，現在も技術の改良が進められている．

小型のボイラーでは水酸化マグネシウムスラリー吸収法が用いられる．この方法の特徴は，①脱硫後の副生品である硫酸マグネシウム（$MgSO_4$）の溶解度が大きく，装置内でのスケールトラブルの発生がないこと，②$MgSO_4$を含む排水を放流できること，③全体として装置を小型化できることなどである．なお，$MgSO_4$を含む溶液を吸収塔に戻し，水酸化カルシウムを加えて，$Mg(OH)_2$の再生とセッコウを回収するプロセスも実用化されている．

中国などの途上国では，脱硫率を若干犠牲にしても，安価で運転が容易な装置・システムが求められている．たとえば，水使用量が小さくコストの低い脱硫装置として簡易型石灰スラリー吸収法に加えて，炉内脱硫水スプレー法，スプレードライヤー法などの簡易脱硫装置が開発，導入されている．炉内脱硫水スプレー法は，石灰などの脱硫剤をボイラー火炉内に直接吹き込んでSO_2を吸収酸化し，集じん装置の前に冷却塔を設置して水スプレーにより脱硫率を上げる方法である（脱硫率80％程度）．スプレードライヤー法は，吸収塔内で吸収剤をスプレーして，生成した亜硫酸カルシウム等を乾燥・固化して集じん装置で捕集するもので，排水が出ない特徴がある．

乾式脱硫法の代表は，活性炭を吸着剤に使用するものである．活性炭はSO_xだけでなく，NO_x，ダイオキシン類など吸着能力があり，これらの汚染物質を同時に除去できるプロセスとなる．排煙脱硫装置は，吸着塔，脱離塔，活性炭を循環する装置などから構成される．排ガスにはアンモニア（NH_3）が添加され，SO_xは活性炭で硫酸または硫酸アンモニウムとして吸着される．活性炭を脱離塔で400℃程度に加熱することで，硫酸およびその塩はSO_2として脱離し，高濃度のSO_2が回収される．再生された活性炭は冷却され，ダストと分離してから，吸着塔に戻されて再使用される．SO_2は洗浄・酸化されて，硫酸あるいはセッコウとして回収される．活性炭は比較的高価であり，その再生使用率を高く保つことがコスト面で重要であり，活性炭の吸着能力ばかりでなく，機械的強度の改良などが図られている．〔指宿 堯嗣〕

NO$_x$ を減らす
——固定発生源

measures reducing NO$_x$ emission
—stationary sources

　発電所，工場などで使用されるボイラーなどから排出される窒素酸化物（NO$_x$）の量を削減するために，燃焼技術の改良とともに，排ガス中のNO$_x$を除去する技術の開発が必要となった．NO$_x$を還元処理する触媒の開発，実用プロセス開発に化学は重要な役割を果たしてきた．

　a．燃焼技術による対応　燃料中の窒素分の燃焼で生じるNO$_x$（フューエルNO$_x$）と燃焼空気に含まれる窒素と酸素の反応で生成するNO$_x$（サーマルNO$_x$）の二つがある．油，ガスの燃焼ではサーマルNO$_x$が多いが，石炭は窒素分が多く，生成NO$_x$中のフューエルNO$_x$の割合は，70％内外になる．サーマルNO$_x$の生成速度式は下記のように考えられており，

$$\frac{d[\mathrm{NO}]}{dt}=K[\mathrm{N}_2][\mathrm{O}_2]^{1/2},$$

$$K=A\exp\left(\frac{-\Delta E}{RT}\right)$$

燃焼室の熱負荷，燃焼用空気温度の低減や低空気比燃焼によって，NO$_x$生成量を低減できる．低NO$_x$バーナーに加えて，排ガス循環（EGR），二段燃焼，濃淡燃焼，水吹込み燃焼などの燃焼方法・装置が開発，使用されている．EGRは，燃焼排ガス（酸素濃度が空気より低い）の一部を燃焼用空気に混入して燃焼させ，火炎の最高温度の低下によってNO$_x$生成を約2割程度抑制できる．二段燃焼ボイラーは，一段目の燃焼では理論空気量の80～90％の空気を供給し，第二段階でその不足分を供給する方法である．火炎温度は通常の燃焼よりも下がり，局所的な高温領域の出現が抑制され，酸素濃度も低下するのでNO$_x$生成が抑制される．この方法により，サーマルNO$_x$を30～50％，フューエルNO$_x$を50％程度，低減できる．

　b．排煙脱硝　燃焼技術によるNO$_x$排出低減には限界があり，厳しい排出抑制基準を達成するために，排ガス中のNO$_x$を処理する排煙脱硝技術が開発されている．脱硝法として乾式と湿式のプロセス（表1）があるが，乾式法のシェアが圧倒的である．

　乾式法の代表として，アンモニア（NH$_3$）を用いる選択的接触還元法（SCR法）がある．この方法による脱硝プラントは，国内の発電所など大型ボイラーを中心に700基ほど（全設置数の約60％）が稼働中であり，全体の排ガス処理能力の90％程度を占めている．触媒の主成分は，酸化バナジウム（V$_2$O$_5$）に酸化モリブデンや酸化タングステンを添加したものである．これらの触媒成分を担持する担体としては，排ガス中に共存するSO$_x$による影

表1　排煙脱硝プロセスの方式と種類

方式	方法	反応試薬	概要
乾式	アンモニア接触還元法	アンモニア（尿素）	触媒によるNO$_x$とNH$_3$の反応，90％以上のシェア
	無触媒還元法	アンモニア（尿素）	触媒不使用　適用例少ない
	活性炭法	アンモニア	脱硫と脱硝の両者が可能
湿式	酸化還元法	オゾン，二酸化塩素など	NO$_x$を酸化し，アルカリ液で吸収

響が小さい二酸化チタン（TiO_2）が主に用いられる。実用触媒の形状は，図1に示すように，触媒成分を一体で押し出し成型したハニカムあるいは平行平板状のものが一般的であるが，繊維，金属基板や金網などに触媒成分を被覆担持した触媒もある。反応温度は通常，200～450℃の範囲であり，NO，NH_3とO_2の間で（$4NO+4NH_3+O_2 \rightarrow 4N_2+6H_2O$）の反応が起こり，NOと$NH_3$は窒素と水になる。反応温度が高いほど脱硝率は高いが，400℃を超えるとNH_3のNO_xへの酸化，SO_2のSO_3への酸化が起こりやすくなる。NOとNH_3の比は量論的には1であるが，余剰NH_3の放出を防ぐために1.0以下での運転が普通である。

脱硝率は，空間速度（SV：反応ガス流量を触媒容積で除した値）が小さいと高くなるので，排ガス中のNO_x濃度を考慮して設定される。通常，実際の装置におけるSVは，ガス燃焼（1万/h以上）＞油燃焼（5000/h内外）＞石炭燃焼排ガス（2000～3000/h）の順である。触媒性能は脱硝率に直結しており，また，その価格は高いので，触媒の長寿命化が，脱硝プロセスの信頼性確保と運転コスト低減に重要である。触媒性能の低下は，触媒の焼結や排ガス中ダストの触媒表面への付着，アルカリ分による被毒などによって起こる。触媒，担体の改良に加えて，排ガス温度の管理，アルカリ分の洗浄除去，ダスト除去などの対策がとられている。

ガスや油の燃焼の場合，ダスト濃度はそれほど高くないので，排ガスの熱を利用できるように，燃焼装置の次に脱硝装置を設置することが多い。石炭燃焼ではダスト濃度が高いので，触媒などに関して前述の対策を徹底するか，燃焼装置の次に高温型電気集じん機を設置し，ダストを除去した排ガスを脱硝装置に導入する方式が採用される。排ガス中に触媒を劣化させる成分が多い場合には，ダスト処理と排煙脱硫を行った後に，脱硝する方式がとられる。湿式排煙脱硫により排ガスの温度は低下するので，脱硝触媒の働く温度まで排ガスを加熱する必要があり，これに必要なエネルギーを小さくすることが重要になる。

SCR法では，高エネルギー物質であるNH_3（水素と窒素の高温・高圧反応で製造）を大量に消費する。さらに，毒性の強いNH_3の取扱いに制約があることなどから，大型装置の設置・運転条件は厳しく，中小ボイラーへの適用は難しい場合が多い。NH_3の代わりに尿素などを用いるプロセスがある。さらに，燃料である炭化水素を還元剤とし，ゼオライトなどに銅などの金属成分を担持した触媒を用いるプロセスなども開発されている。

SCR法についで設置数が多いのが，無触媒選択還元法による装置であり，石油精製用加熱炉，廃棄物焼却炉などに導入されている。この方法は，燃焼炉や煙道にNH_3を噴霧してNO_xと反応させるもので，接触還元法に比べると設備は簡単になるが，高い脱硝率を維持するために，適用反応温度（850～1000℃）およびNH_3と排ガスの迅速な混合を図る必要がある。

〔指宿 堯嗣〕

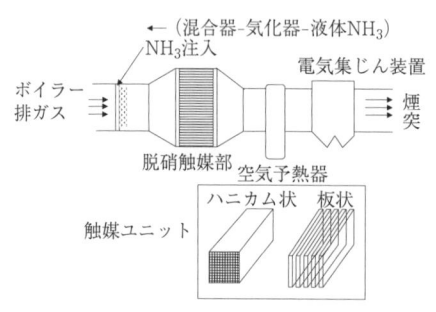

図1 排ガス中の窒素酸化物処理（排煙脱硝装置）のフロー

207
有害大気汚染物質を減らす

reduction of hazardous air pollutants emission

　優先取組みが必要とされる22の有害大気汚染物質の多くは揮発性の高い有機化合物であり，大気への排出量を低減するために自主管理が進められてきた．排出低減対策は，①工程の改良（排出源数の減少と密閉化，代替物質の採用など）と②排出ガスの処理（燃焼，吸着回収，凝縮回収，洗浄吸収），が主要なものである．

　a．工程の改良　洗浄施設，乾燥施設などを集中化し，できる限り密閉系にすることは，ベンゼン，トリクロロエチレン，ジクロロメタンなどが洗浄剤，溶媒として使用される場合に有効な対策であり，コストも比較的かからない．また，有機塩素系の溶媒，洗浄剤を他の物質，たとえば，アルコール系，炭化水素系，エステル系の有機化合物あるいは水系（界面活性剤を使用）に代替する対策も普及してきた．しかし，2006年から始まったVOC排出抑制では，これらの有機系代替物質のほとんどが抑制の対象なので，排出ガスの処理が必要になっている．

　b．排出ガスの処理　燃焼法で最も簡単な方法は直接燃焼法である．ベンゼンなど可燃性の汚染物質濃度が燃焼範囲にあれば，排ガスを燃焼装置に導き，そのまま燃焼できる．多くの場合，都市ガス，灯油などの補助燃料を燃焼し，そこにベンゼンなどを含む排ガスを吹き込む．この方法ではコストが高くなるので，廃熱ボイラー，熱交換器などにより熱回収をする．最近，燃焼ガスを熱容量の大きな媒体（セラミックペレットなど）を充填した蓄熱槽に通して熱を蓄えておき，ここに処理する排ガスを通して予熱し，燃焼するエネルギー効率

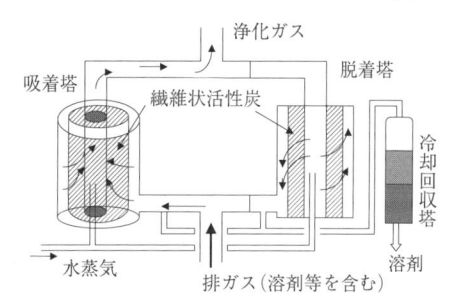

図1 テトラクロロエチレンなどの吸着・回収システム

の高い蓄熱式燃焼装置が開発されている．

　ベンゼンなど可燃性成分の濃度が低い，あるいは排ガスの温度が低い場合には，白金などの酸化触媒を用いて比較的低い温度（500℃以下ぐらい）で燃焼させる触媒燃焼法が有利になる．この方法は比較的小型の装置ですむため，小規模な発生源に適当な方法である．補助燃料を使用して触媒温度を維持することが必要な場合があり，排ガス中の硫黄酸化物などによる触媒の劣化に注意が必要である．

　吸着法は活性炭などの吸着剤を用いる方法である．排ガスの温度は低いほうがよく，また，吸着量に限界があるので，濃度はあまり高くないほうがよい．図1に示すように，通常，二つの吸着装置が用意され，一つが吸着に使用されているときに，もう一つは加熱水蒸気により活性炭からベンゼンなどが脱着される．一定時間ごとに，吸着と脱着工程を切り替えることにより，連続運転が可能になる．脱着されたベンゼンを含むガスは，そのまま燃焼法により処理される場合が多い．テトラクロロエチレンなどの有機塩素化合物では，脱着ガスを冷却凝縮し，比重差で水と分離されて回収されることが多い．排ガス量が小さく汚染物質の濃度が比較的高い場合には，排ガスをコンプレッサーによって吸引・加圧し，凝縮・冷却する方法も有効になる．

〔指宿堯嗣〕

208
VOC（揮発性有機化合物）を減らす

measures reducing emission of volatile organic compounds (VOC)

a. VOCの排出源と排出量 非メタン炭化水素の大気中濃度はこの数年，0.32 ppmC前後で推移しており，光化学オキシダントの環境基準達成率が低い原因の一つといわれている（別項50，52参照）．自動車からの炭化水素総排出量は年間30万t程度と推定されている．一方，固定発生源からのVOC排出量は，環境省調査によると，2000年度において約150万tと推定されている．用途・製品別の排出割合では，塗料・塗装関連（トルエン，キシレンなど）が50％を超える寄与率であり，洗浄関連（ジクロロメタンなど），化学製品，給油所が続いている．VOCの業種別排出量では，輸送用機械器具，金属製品，プラスチック製品の製造業，クリーニング業，化学工業，出版・印刷等，パルプ等，一般機械製造業の順になっている．

b. VOCの排出抑制 2006年4月施行の改正大気汚染防止法は，2010年までに2000年度VOC排出量の30％削減を目標とし，その1/3を表1の法規制対象施設に，残りの2/3を法規制対象でない中小規模事業所における自主的な取組みによる削減に期待している．

c. VOCの排出低減対策 VOC排出量の低減対策は，(1) 工程の改良（排出源の数を減少，閉鎖系にすること，副生成物の再利用など），(2) 排出ガスの処理，および，(3) 新プロセス，代替品の導入・使用，の三つに分類される．排ガス処理には，燃焼，吸着・回収，凝縮・回収，洗浄吸収などの方法がある（→ 207.）．VOCの物理化学的な性質，濃度，排ガス流量などを考慮した適切な処理方法の選択が重要

表1 排出規制対象となるVOC排出施設および排出基準

排出施設	規模要件（排・送風能力など）	排出基準（ppmC）
塗装施設（吹付塗装）	100000 m³/h 以上	自動車製造 700/400 その他：700
塗装・乾燥施設	10000 m³/h 以上	600
接着・乾燥施設	15000 m³/h 以上	1400
印刷回路用銅張積層板等の製造における接着・乾燥施設	5000 m³/h 以上	1400
グラビア印刷・乾燥施設	27000 m³/h 以上	700
オフセット印刷・乾燥施設	7000 m³/h 以上	400
化学製品製造・乾燥施設	3000 m³/h 以上	600
工業製品洗浄（乾燥）施設	洗浄剤の空気接触面積 5 m² 以上	400
ガソリン等貯蔵タンク	1000 kl 以上	60000

である．中小事業所の処理装置導入には，設備費，運転コストが低く，運転が容易で設置面積の小さいことが望まれており，プラズマと触媒，オゾンと吸着剤の組合せによる処理，省エネルギーな吸脱着システムなどの技術開発が進んでいる．

塗料，印刷用インクについては，低溶媒量，水性あるいは溶媒を使用しないものへの代替が効果的である．高い品質，耐久性をもつ低溶媒や水性の塗料・インクの開発が望まれている．また，トルエンなど溶剤含有量が少なく，ホルムアルデヒドの放散量が小さい接着剤の開発が進んでいる．

化学品，薬品などの製造では，有機溶媒を使用しないプロセスの開発がVOC排出量削減に有効であり，第IX章のグリーンケミストリーを参照されたい．

〔指宿堯嗣〕

ダイオキシン類の排出抑制

209

emission control of dioxins

　ダイオキシン類（DXN）は，燃焼過程とそれに続く排ガス処理過程で，不完全燃焼物（有機性ガス，炭素など）から生成する．廃棄物焼却炉からのDXN排出抑制には，焼却炉内での燃焼プロセス，炉出口から排ガス処理装置までの熱回収・ガス冷却過程，排ガス処理装置でのダストを中心とした汚染物質の除去過程における対策および飛灰などの処理が重要である（図1）．

　a．燃焼による対策　　燃焼プロセスの条件は，①高い燃焼ガス温度（temperature）：850℃以上（900℃以上の維持が望ましい），②十分なガスの滞留時間（time）：2秒以上，③炉内での十分なガスかくはん・二次空気との混合（turbulence），の「3-T」であるとされている．燃焼用空気の配分，ガスのかくはん・混合を促す炉の形状，ダストのキャリーオーバーを防止する構造などに留意するとともに，燃焼の安定化が最も重要である．小型の廃棄物焼却炉（准連続炉，バッチ炉）でDXNの発生量が多くなるのは，間欠的な運転の立ち上げ，停止時に燃焼が不安定になり，温度がDXN生成条件になりやすいためである．大形の連続運転焼却炉では，供給する燃料（廃棄物）の量に応じて適量の空気を供給して安定した燃焼を保ち，未燃ガスの発生を継続してDXN生成を抑制できる．小型の焼却炉では，立上げ時に，外部燃料を使って十分に焼却炉を予熱し，停止時には酸素を供給するなどの対策が重要になる．

　b．排ガス処理　　排ガス処理では，次に示すDXNの生成・排出特性を考慮する必要がある．①排ガス中のDXNの一部はガス状で存在するが，多くは飛灰（フライアッシュ）に付着している，②酸化雰囲気（酸素存在下）では，前駆体物質から飛灰内の塩化銅や塩化鉄，炭素を触媒として，300℃付近でDXNが生成しやすい（デノボ合成），③還元雰囲気においては，飛灰内にある前駆体物質およびDXNとも，300〜500℃程度の加熱で分解する．

　排ガス処理過程でのデノボ合成を抑えるには，できるだけ低温で集じんすることが効果的である．低温での電気集じんでは腐食などの問題が指摘されており，湿式電気集じんでは，DXNを含んだ排水の処理が必要になる．一方，バグフィルターの使用温度は150〜250℃であり，通常はガス冷却塔を前置しており，排ガスがDXNの生成温度域を短時間で通過することも利点の一つである．消石灰粉末や反応助剤で，ろ布の表面をコーティングしたバグフィルターは，サブミクロン粒子を捕集できる．ガス状DXNの一部は，こうした微粒子の表面に吸着するので，サブミクロン粒子の捕集によってDXN排出量が低減する．

　粉末活性炭を煙道や集じん機内に吹き込んでDXNを吸着除去する方法，さらに，集じん後に，粒状活性炭層でDXNを吸着除去する方法がある．この場合，回収されたばいじん（活性炭を含む）にはDXNが含まれており，その含有量が基準を超える

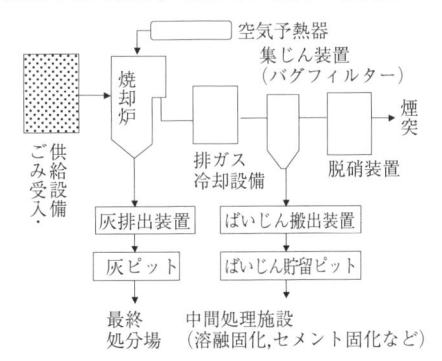

図1　廃棄物焼却処理システムのフロー

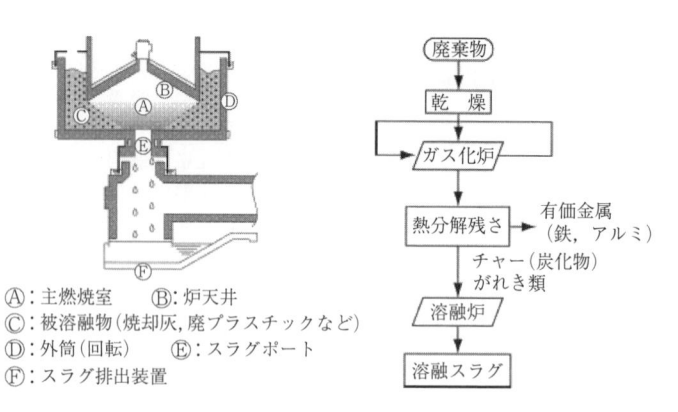

Ⓐ：主燃焼室　Ⓑ：炉天井
Ⓒ：被溶融物（焼却灰，廃プラスチックなど）
Ⓓ：外筒（回転）　Ⓔ：スラグポート
Ⓕ：スラグ排出装置

図2 焼却灰，飛灰などの溶融固化装置（左）とガス化溶融処理プロセスのフローチャート（右）

場合には，特別管理廃棄物に指定され，必要な処理を行わないと埋立処分はできない。

DXNは有機物であり，酸素のある条件で酸化触媒により分解することができる。排ガス中窒素酸化物の処理に用いるアンモニア選択還元触媒，触媒燃焼用の触媒などが，高いDXN分解活性を示す。触媒とDXNの接触が，分解反応進行の必要条件である。フライアッシュなど粒子状物質に吸着されたDXNの分解は困難であり，いっそうの研究開発が必要である。

c．飛灰などの処理　飛灰などのばいじんに吸着しているDXNの処理は，DXNの環境への総排出量低減の観点から非常に重要である。特定管理廃棄物に含まれる有害金属とDXNの同時除去には，セメントキルンなどを用いる焼成処理と溶融固化処理の方法が認められている。

溶融固化処理は，高温（1300℃以上）で飛灰，焼却灰を溶融固化するもので，旋回溶融，表面溶融などの方式がある。図2の左は回転式表面溶融炉の一例であり，円錐状の空間で灰の溶融が行われる。焼却灰供給部をもつ外筒はゆっくりと回転して，被溶融物が全周均一に切り出される。溶融し

たものは，水冷されて固化し搬出される。

既設の焼却炉にこの溶融固化装置を付設する場合には，高温を得るためにガス，油などの外部燃料が必要であり，灰の処理コストがかなり高くなる。その解決方法として，ごみと飛灰の処理を一体化したプロセスの一例を図2の右に示す。ごみは乾燥された後，熱分解ガス化炉に導入され，400℃程度の条件でガスとチャーが生成する。チャーからは，鉄，アルミニウムなどの金属類が回収される。熱分解ガスは，ガス化炉と乾燥機の熱源（燃料）として利用され，チャーは，溶融固化炉の燃料となる。チャー単独での燃焼で1300℃以上の高温を維持する自燃溶融化が理想である。ごみの種類によるカロリー変動があるので，若干の補助燃料を使った運転で，溶融，冷却・固化によるスラグ化率90％以上が実現している。なお，排ガスの処理には，ガス冷却塔を介したバグフィルターを用いて，0.01ng-TEQ/m^3_N 内外のDXN濃度を実現している。ガス化溶融処理プロセスのエネルギー，コストの低減，装置の運転性向上やコンパクト化などが進められ新しい焼却施設に採用されている。

〔指宿堯嗣〕

210
ガソリン・LPG 自動車の排ガス浄化
exhaust gas purification for gasoline and LPG cars

ガソリン・LPG 自動車排ガス中の有害成分として問題になるのは，不完全燃焼で発生する炭化水素類（HC）と CO，高温のエンジン燃焼中 N_2 と O_2 が反応して生成する窒素酸化物（NO と NO_2，総称して NO_x）の 3 成分である．これらを除去する方法としては，三元触媒（three-way catalyst）方式と NO_x 吸蔵還元（NO_x storage reduction あるいは lean NO_x trap）方式がある．

a．三元触媒方式 三元とは，HC，CO，NO_x を同時に低減するという意味で，基本的な原理は，排ガス中に含まれる還元成分（HC，CO，H_2 など）と酸化成分（O_2，NO_x）を互いに反応させて有害成分を無害な CO_2，H_2O，N_2 に転化することにある．このためには，還元成分と酸化成分が化学量論的にほぼ当量になるようにエンジン燃焼における空気と燃料の比（空燃比，air-to-fuel ratio：A/F）を調節する必要がある．このため，固体電解質型酸素センサー（solid electrolyte oxygen sensor）などを用いて排ガスをモニターし，その出力を気化器にフィードバックする制御が行われている．そして，Pt，Pd，Rh など酸化／還元活性に優れた金属触媒を用いて無害化反応を行わせる．コンバーターに収納される触媒は，活性金属成分（1～10 nm の微粒子状）を触媒担体（γ-Al_2O_3 など）に担持し，これと助触媒成分（CeO_2 など）を併せたコート層を構造支持体（セラミックやステンレス製ハニカム）表面に塗布（washcoating）するという階層構造をとっている（図1）．三元触媒方式は 1970 年代半ばには実用化した

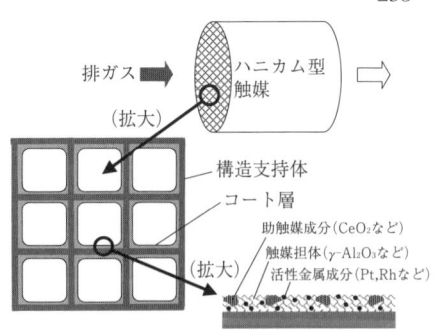

図1 自動車排ガス浄化触媒の基本構成

が，年々厳しくなる排ガス規制値に対応するため，HC 吸着剤を加えた多層コート化，ハニカムの高密度化，活性金属成分を凝集（sintering）しにくくするための複合酸化物の利用など，現在も不断の改良が加えられている．

b．NO_x 吸蔵還元方式 A/F が多少空気過多（リーン）の条件で作動するリーンバーンガソリンエンジンは，当量比で作動するエンジンよりもエネルギー変換効率が高い．しかし，その排ガス浄化には三元触媒方式が使えない．本方式は，平均的にリーン条件にあるエンジンで使える技術である．ただし，間欠的に燃料過多（リッチ）条件をはさむ必要がある．使用する触媒は，Pt 触媒と NO_x 吸蔵材で構成される．その作用機構は，通常のリーン条件では排ガス中の NO が Pt 上で酸化されて NO_2 となり，これがさらに硝酸塩となって Ba や K を含む塩基性の吸蔵材に捕捉される．次にリッチ条件にすると，生成した硝酸塩が分解し NO_2 や NO となって脱離する．これらがリッチ条件の排ガス中に存在する CO や HC と反応することにより無害化される．吸蔵材は燃料中の S 分から生成する SO_3 と反応して硫酸塩化することにより失活するため，低 S 燃料の使用が不可欠である． 〔小渕　存〕

ディーゼルエンジン自動車の排ガス浄化

exhaust gas purification for diesel cars

a. 燃焼改善による有害成分抑制技術

ディーゼル車排ガス中の有害成分としてとくに問題となっているのは，窒素酸化物（NOとNO$_2$，総称してNO$_x$）と粒子状物質（particulate matter：PM）である．ディーゼルエンジンはリーン（空気過多）条件で燃焼を行うので，排ガス中には酸素が多く残っている．このため，ガソリン自動車で普及している三元触媒方式を適用することが困難である．また，燃料は直接シリンダー内に噴射され液滴状態のまま燃焼するので酸素との混合が不完全になり，PMが発生しやすい．これら二つの有害成分の低減は，これまで主に燃焼の改善によってなされてきた．有力な技術として，排ガスの一部を吸気側に戻して酸素濃度を低下させ燃焼温度を下げてNO$_x$を低減する手段（排ガス再循環，exhaust gas recirculation：EGR）や，燃料を超高圧でシリンダー内に吹き込むことにより，燃料液滴を微小にして空気との混合をよくし局所的な不完全燃焼によるPM発生を低減する手段（コモンレール，common rail）などがある．これらの技術に過給器（ターボチャージャー），インタークーラーなどの装置を加えるとともに，燃焼室形状の改良を行い，さらに噴射量やそのタイミングの制御を中心とする統合的な電子制御システムを備えることにより，有害成分の排出抑制が行われている．

b. 排ガス浄化技術

ディーゼル車に対してもガソリン車と同レベルの高度な排ガス浄化を目指すことが世界的な趨勢となっており，今後予想される厳しい排ガス規制を満たすためには，エンジン燃焼の改善とともに排ガス浄化技術を使用することが不可欠になってきている．現在，実用化しつつある新しい技術として，NO$_x$に対しては，リーンバーンガソリン車にも用いられている吸蔵還元方式と尿素を還元剤とする選択還元方式（selective catalytic reduction：SCR），PMに対しては，ディーゼルパティキュレートフィルター（diesel particulate filter：DPF）がある．なお，エンジン燃焼条件を変化させるとNO$_x$とPM排出量が相反（trade-off）するように変化する傾向があるので，NO$_x$とPMの浄化技術は互いに独立したものというよりは，エンジン燃焼条件の設定を含めた総合的な排ガス対策技術の一部としてとらえるべきである．

NO$_x$吸蔵還元方式の原理や触媒，NO$_x$吸蔵材の基本成分などはリーンバーンガソリン車のものと同じである．ただし，ディーゼルエンジンは本来，常にリーン条件で燃焼させるものなので，本方式を導入するに当たっては空燃比を間欠的にリッチ条件にできる制御システムを新たに構築する必要がある．これはガソリン車の場合よりも難しいが，コモンレールやEGR技術，さらには排気管への直接燃料噴射などの要素技術を組み合わせることにより実現している．また，リーンバーンガソリン車の場合と同様に，塩基性のNO$_x$吸蔵材が硫酸塩になって徐々に失活するので，低硫黄燃料を使用する必要がある．従来，ディーゼル燃料（軽油）に含まれる硫黄分の濃度はガソリンよりも高かったが，日本では2007年から10 ppm以下という厳しい規制が実施されているので，本方式を導入しやすい環境が整えられつつある．ただし，NO$_x$還元のためのリッチ条件やS除去のための昇温制御をはさむことにより，燃料消費量が数％増える．これを小さくすることが本方式の課題の一つになっている．

定置用脱硝システムとして普及している

NH$_3$によるNO$_x$選択還元方式をディーゼル車に適用するため，尿素SCRシステムが開発されている．これまでのNH$_3$-SCRの触媒成分として用いられているV$_2$O$_5$は，日本では規制物質となっており自動車での使用は難しい．このため，尿素SCR用にはゼオライト（zeolite）系触媒が有望視されている．尿素は，凍結温度が最も低い（$-11°C$）32.5%濃度の水溶液として用いる．これを排ガスライン内のSCR触媒前に噴射し，加水分解させてNH$_3$を発生させる．SCR触媒上で排ガス中のNO$_x$は，共存するO$_2$よりも優先的にNH$_3$と反応しN$_2$となる．排出されるNO$_x$に見合ったNH$_3$量を供給するため，エンジン運転状況や排ガス温度などにより尿素の噴射タイミングや噴射量を制御することが必要である．さらに，NO$_x$と反応しなかったNH$_3$を除去するため酸化触媒（NH$_3$スリップ触媒）がSCR触媒の後段に配置されている（図1）．NO$_x$除去効率がきわめて高いので，NO$_x$を増加させてもPMをほとんど発生しないエンジン燃焼条件で本方式を使用することにより，DPFを用いなくてもNO$_x$，PMの同時低減が可能となる．尿素水の供給というインフラ整備が課題としてあげられる．

DPFはPMを高度に除去できる技術である．PMを濾しとるフィルターとしては，耐熱性に優れたコージェライト（2MgO・2Al$_2$O$_3$・5SiO$_2$）や炭化ケイ素（SiC）製のセラミック多孔体を交互に目封じしたハニカム型（図2）が開発されている．DPFを使用するためには，捕集したPMを随時除去してフィルターの機能を維持する必要がある．そのためには，600°C以上に加熱してPMを焼却したり，触媒を用いて排ガス程度の温度でも徐々にPMを酸化除去させる必要がある．新しい

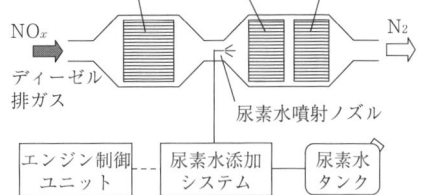

図1 尿素を用いるNO$_x$選択還元（尿素SCR）システム

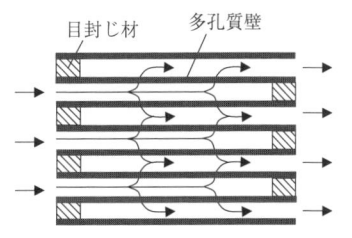

図2 交互目封じ（ウォールフロー）ハニカム型DPFの模式図

DPFシステムではこれら二つの手段が併用されている．触媒を用いる方法としては，Pt触媒を用いて排ガス中のNOを酸化力が強いNO$_2$に酸化し，これとPMを反応させるという間接的酸化がある．この方式のDPFは，連続再生トラップ（continuously regenerating trap）と呼ばれる．また，PM酸化作用をもつセリウム（Ce）を高級カルボン酸塩などの油溶性化合物として燃料に添加し，発生したPMの燃焼温度を下げるという手段も実用化されている．

先に述べたNO$_x$吸蔵還元触媒をDPFに担持して用いた場合，PM酸化を促進する効果もみられる．この効果を利用した，NO$_x$とPMを同時除去できる排ガス浄化システム（diesel particulate and NO$_x$ reduction system：DPNR）も実用化されている． 〔小渕 存〕

212 光触媒による汚染大気環境の修復と浄化

remediation and purification of polluted atmospheric environment by photocatalysis

a. 汚染大気環境 さまざまな固定発生源対策,自動車排ガス対策にもかかわらず,東京などの大都市地域を中心として,窒素酸化物(NO_x)などの濃度が依然として高い場所がある.このため,汚染物質濃度の高い環境大気(たとえば,最近増えている自動車用トンネル中のNO_x濃度は数 ppm であり,渋滞する道路沿道では 1 ppm 近い)を直接浄化する技術の開発が求められている.最近,高い社会的関心を呼んでいるシックハウス(ビル,スクール)症候群は,ホルムアルデヒドやトルエン,キシレンなどの揮発性有機化合物(VOC)によるものであり,室内空気を浄化する技術開発が重要になっている.

b. 光触媒の原理 図1に示すように,二酸化チタン(TiO_2)は太陽光にも含まれる 360 nm 以下の近紫外光が照射されると,OH などの強い酸化力をもつ酸素種を生成する.NO,NO_2,SO_2 などの無機ガスは硝酸,硫酸に酸化され,TiO_2 表面に捕捉,蓄積されるが,水洗によって容易に活性が回復する.トルエン,アルデヒドなどの有機化合物は,最終的には CO_2 と水に分解され,触媒表面から脱離する.

c. 汚染大気の浄化 別項(→ 45. 対流圏の化学)で述べたように,NO_2 と OH との気相反応速度は大きく,NO_x の除去速度は,NO_x が TiO_2 表面に拡散し到達する速度に支配される.数 ppm の NO_x を含むガスを大量に浄化する場合には,光照射される光触媒材料の面積を増やし,生成する硝酸を保持できる材料が必要である.人工の紫外線光源を用いるトンネル排気浄化装置には,フッ素樹脂微粉末と TiO_2 微粒子から製造した高活性な光触媒フィルムが使用されている.遮音壁には,素材のスティール,アルミニウム,プラス

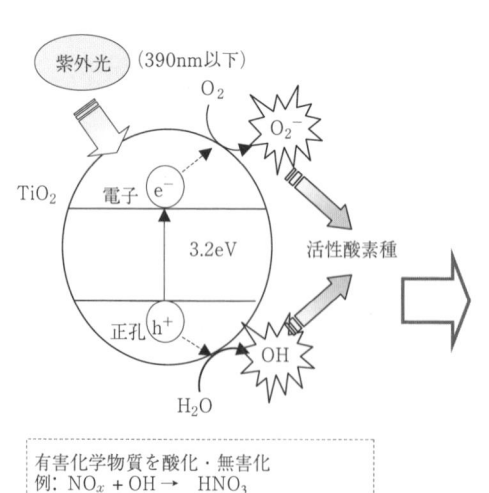

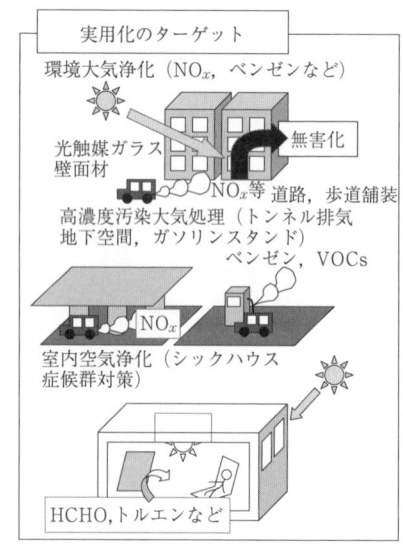

図1 光触媒の原理とその応用による汚染大気の浄化

チックなどに光触媒の膜や塗料を塗布したものが使用されている．舗道では光触媒をコンクリート表面に固定したもの，車道では排水性舗装表面に光触媒を固定したものがある．これらの光触媒材料の実用化試験が活発に進められているが，材料のNO_x除去能力を評価する標準的な性能評価方法のJISが作成され，ISO規格が審議中である．

d．室内空間の浄化　トルエン，キシレン，ベンゼンなどの炭化水素やアルデヒドなどの酸化分解速度はNO_xの酸化速度よりもかなり小さいので，分解時間は反応速度で決まる．室内空気浄化に光触媒を応用する場合には，空気清浄，換気あるいは空調システムに光触媒を組み込むアクティブな方法および窓ガラス，カーテン，壁紙などに光触媒機能を付加したパッシブな方法の二つがある．

前者では，光触媒はフィルター（紙，セラミックスなど）の表面に塗布あるいは含浸されており，小型の近紫外光ランプを内蔵しているものが多い．空調，換気の風量は比較的大きいので，光触媒の表面積，光量をできる限り大きくして，炭化水素類やアルデヒド類の分解に必要な反応時間を確保することが重要である．最近，VOCの分解速度が大きい低温プラズマ法と光触媒を組み合わせたシステムなどが注目されている．

パッシブな方法の場合には，室内空気中に含まれるトルエン，ホルムアルデヒドは，室内空気の流れによって光触媒機能をもつガラス，カーテン，壁紙などに接触することになる．汚染物質の完全な分解に必要な接触時間を得られず，なんらかの反応中間体が生成する可能性がある．たとえば，トルエンからのベンズアルデヒド，クレゾール類の生成，ホルムアルデヒドからのギ酸生成などの可能性があり，どのよう

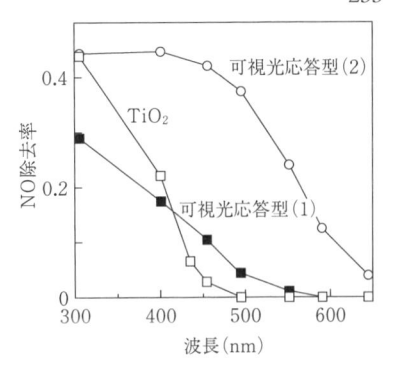

図2　可視光応答型光触媒によるNO_x除去

な化合物が生成するかを確認して，新たなリスク発生を避ける必要がある．反応時間を稼ぐ方法としては，吸着機能の付加がある．活性炭，アルミナ，アパタイトなどとの物理的混合あるいはTiO_2とこれらを化学的に結合させた材料を用いることで，炭化水素類，アルデヒド類を光触媒の近傍に吸着させて反応時間を長くすることができる．

室内で光触媒を使用する場合のもう一つの課題は，光源である．通常，室内で使用される光源は可視光を出すようになっており，TiO_2を励起できる近紫外光はほとんど含まれていない．太陽光が得られる窓ガラスあるいは窓に近いカーテン，壁紙などは，光触媒機能を一定時間発揮することができるが，それ以外の場所にあるものは，光触媒機能を示さない．TiO_2をベースとする可視光応答型光触媒の開発は，従来，困難とされていたが，この数年のうちに，遷移金属ドープ型，酸素欠陥型，窒素ドープ型のTiO_2が可視光照射下で，汚染物質の酸化，分解に活性を示すことが相ついで報告された（図2）．これらの可視光応答型光触媒でコーティングした内装材，ガラス，カーテン，壁紙，じゅうたんなどの開発が進められている．　　〔指宿堯嗣〕

フロン類の回収と破壊

recovery and destruction of fluorinated carbons

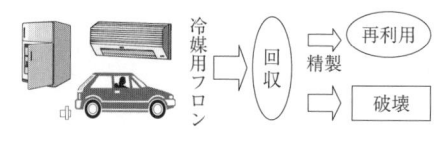

図1 フロン類の回収と破壊のフロー

オゾン層保護のためのウィーン条約（1985年）に基づいてモントリオール議定書が採択され，わが国では1988年に通称，オゾン層保護法が制定された．南極の春におけるオゾン濃度の急減（オゾンホール）が観測され，CFC（クロロフルオロカーボン）などの大気中濃度増加が原因であることが明らかになるなど，科学的知見の集積につれて，CFCなどの規制強化が段階的に進められた．

現在では，先進国での特定フロン（CFC 11:CCl_3F など），ハロン，四塩化炭素，1,1,1-トリクロロエタンの生産は全廃され，ヒドロクロロフルオロカーボン（HCFC 22:$CHClF_2$ など），臭化メチルの生産量規制，開発途上国における特定フロン等の生産量規制なども始まっている．ヒドロフルオロカーボン（HFC 134 a:CH_2FCF_3 など）はオゾン破壊能はないが，温室効果ガスとして排出削減が求められている．

a．法規制と実績 先進国には，これまでに生産された冷蔵庫，カーエアコンなどに充填・使用されているCFCなどが相当量残っている．図1に示すように，フロン類の回収と破壊を促進するために，業務用冷凍空調機器（フロン回収破壊法），家庭用の冷蔵庫・冷凍庫，ルームエアコン（家電リサイクル法），カーエアコン（自動車リサイクル法）の冷媒に使用されているフロン類の回収が進められている．製品の廃棄者はフロン類回収業者に処理費用（回収・運搬・破壊）を支払い，回収業者はフロン類破壊業者に破壊費用を支払うシステムになっている．2003年に，業務用冷凍空調機器から回収されたフロン類は約1900 tであり，300 t強（HCFC 22が70％以上）が再利用された．カーエアコンからは約640 tが回収され，170 t（CFC 12が70％）が再利用された．残りの計2400 t余は破壊処理されている．エアコン，冷蔵庫の冷媒としてのフロン類の回収量は，それぞれ860 t，287 tであった．以上，回収，破壊量の合計は約4千tであり，フロン類の地球温暖化能力（GWP）がCO_2の3桁以上なので，4百万t以上のCO_2排出削減となっている．

b．破壊技術 CFCなどのフロン類は化学的に安定な化合物であり，破壊処理効率が高く（最終排ガス中のCFC濃度が1 ppm以下，または分解率が99.99％以上），ダイオキシン類を生成せず，フッ化水素（HF）などの有害物質を適正に処理処分ができる次の破壊処理方法が定められている．①廃棄物焼却炉およびセメント製造設備のロータリーキルンを用いる破壊処理方法，②都市ごみ直接溶融炉，固定床二段階燃焼炉を用いる方法など，③CFC処理専用に開発された高温水蒸気分解法，高周波プラズマ法など．いずれも，高温でフロン類と水，炭化水素などを反応させてCO_2，HF，HClに分解する方法である．現在，フロン類破壊業者の事業所数は約80になっている．

今後の課題としては，フロン類の回収・破壊率の向上に加えて，ウレタンフォームなどの発泡剤として使用され，冷蔵庫，住宅などの断熱材に封じ込められているフロン類の回収・破壊などがあげられている．

〔指宿堯嗣〕

214 地球温暖化への対応と対策

countermeasures and measures for global warming

気候変動に関する政府間パネル（IPCC）の第3次評価報告書（2001年）によると，1990年から2100年までの全球平均地上気温の上昇が1.4～5.8℃，海面上昇が最大88cmと予測している．温室効果ガス（CO_2，メタン，一酸化二窒素，HFC，パーフルオロカーボンと六フッ化硫黄）の排出量削減目標は1997年の京都議定書で合意され，2005年に発効した．しかし，最大の排出国である米国の不参加，途上国の排出量が今後増加することなど，気候系に対する危険な干渉を及ぼさない温室効果気体の大気中濃度の安定化を目指して，京都議定書以降の中長期的な取組みが必要とされている．

わが国は2010年を目途に，排出量を90年レベルから6％削減することを約束している．2005年度の温室効果ガス総排出量13億6400万tは，基準年の総排出量を約10％上回っており，京都議定書の目標達成は容易ではない．地球温暖化対策推進法が1998年に制定され，「地球温暖化対策推進大綱」が作成され，2005年に見直されている．

a. 総合的な取組み 図1に示すように，温暖化問題への対応には，気候変化・将来予測，温室効果ガスなどのモニタリングと情報解析，温暖化の影響・リスクの評価，および温室効果ガスの排出低減，回収・固定化による対策を考慮した温室効果ガス排出シナリオの設定と政策決定をしていく総合的な取組みが必要である．気候変化・将来予測研究では，人為的な温室効果ガスの発生源と排出量の推移，人口，産業構造，森林などの変化，エネルギー需給構造の変化などの予測や地球規模での炭素（CO_2）循環メカニズムに基づいて温室効果ガスの大気中濃度を予測し，大気大循環モデルなどによって温度，海面水位の上昇，気候の変化を評価する．このために不可欠なのが温室効果ガス，エアロゾルなどの大気中濃度，温室効果ガスの大気・海洋・陸域間の交換量，速度などのデータを集積し解析するモニタリングと情報提供の研究である．評価・リスク研究では，気候変動予測研究の結果に基づいて気候変化による影響・適応・脆弱性を評価し，それらに基づいて気候変動によるリスク，コスト，受容性などを見積もることになる．

b. 排出削減対策 排出量の低減，CO_2の回収と固定などの対策技術としては，表1に示す技術開発と実用化促進が重

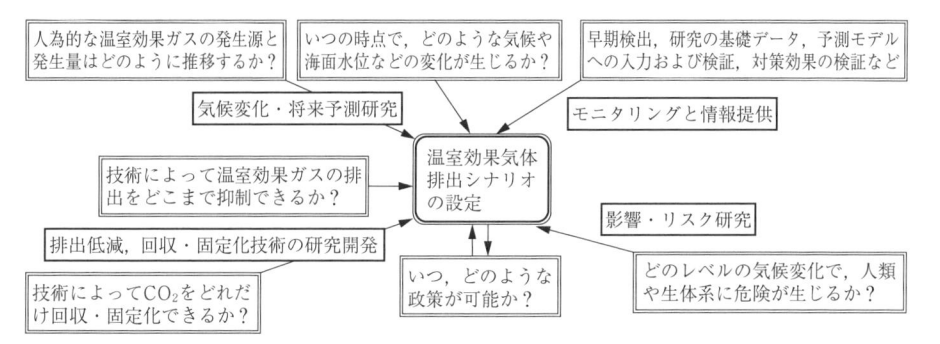

図1 地球温暖化に対応，対策するための総合的研究開発

表1 温室効果ガスの排出削減技術の例

	エネルギー消費効率の向上 （主に需要側の技術）	炭素集約度の低減 （主に供給側の技術）	その他
既存技術　↕　革新技術	・高性能工業炉 ・高効率ヒートポンプ ・建築物や住宅のエネルギー管理システム* ・LED照明*2 ・ハイブリッド自動車 ・水素吸蔵合金*3 ・燃料電池自動車 ・バイオテクノロジー利用素材	・原子力発電 ・天然ガスコンバインドサイクル発電*4 ・燃料電池コージェネレーション ・低コスト・高効率太陽光発電 ・超耐熱材利用高効率発電*5 ・超電導発電機・送電ケーブル*6 ・核融合 ・宇宙太陽光発電	・森林吸収源増強 ・農産物起源 　N_2O・CH_4除去触媒 ・炭素隔離・貯蔵技術*7

＊：BEMS (Building and Energy Management System), HEMS (Home Energy Management System). ＊2：発光ダイオードを用いた照明. ＊3：水素ガスを吸収する機能材料. 水素貯蔵容器や負電極に応用の可能性がある. ＊4：蒸気タービン発電に，ガスタービン発電を組み合わせた高効率の発電方式. ＊5：超高温，高応力環境に耐える超耐熱材料を用いた高効率ガスタービン発電．＊6：電気抵抗がゼロで，しかも銅線よりも数十億倍高い電流密度で電流が流せる超伝導を用いた高効率の電力機器．＊7：二酸化炭素を，高分子膜や化学吸収液等を利用して分離回収し，海洋や地中に隔離・貯留する技術．
資料：みずほ情報総研資料より環境省作成

要である．大綱では，省エネルギーや新エネルギーの積極的導入，廃棄物の3R推進，原子力立地のいっそうの推進，ライフスタイルの見直し，国際的な取組みの推進などによる温室効果ガス排出量の低減目標をあげている．

「エネルギーの使用の合理化に関する法律」が，抜本的に強化，改正された．エネルギー管理者，エネルギー管理員を選任すべき工場の適用範囲が大幅に拡大，拡充された．家電製品などにトップランナー方式が導入され，建築物，機械器具におけるエネルギー使用の合理化に向けた基準が設定された．省エネルギー製品を市場に導入する施策（税制優遇措置，補助金など）も強化されている．

非エネルギー起源CO_2，メタン，N_2O対策として，一般廃棄物焼却施設の燃焼高度化，廃棄物の3Rを推進するとともに，代替フロンなど3ガスについては，いっそうの排出削減に加えて，代替物質開発が促進されている．

森林による吸収量3.9％を確保するために，地球温暖化防止森林吸収源10カ年対策（健全な森林の整備，木材・木質バイオマス利用の推進，国民参加の森林づくりなど）が展開されている．国民各界各層による地球温暖化防止活動も重要であり，国・地方自治体における削減目標の設定，NGOと連携したライフスタイルの見直しなど，さまざまな取組みが進められている．

c．京都メカニズムの活用　これらの対策に加えて，大綱で1.6％の削減を割り当てている京都メカニズム活用に向けた取組みがある．京都メカニズムには，先進国間における共同実施（JI）と排出量取引および途上国もパートナーとなれるクリーン開発メカニズム（CDM）の三つの手法がある．CDMは，先進国の環境対策技術，省エネルギー技術を途上国に移転，普及促進することで温室効果ガスの排出量を低減し，低減分を先進国が自国の目標達成に利用できる制度である．これまでに政府が承認したCDMプロジェクトには，チリ，ブラジル，タイなどをパートナーとした15件があり，その半数はバイオマス関連となっている．

〔指宿堯嗣〕

水環境の保全

215

conservation of water environment

a. 水質汚濁に関する法規制 1970年に制定された「公害対策基本法」(現在は，地球環境問題にも対応できるよう「環境基本法」に変更されている)で「環境基準」が大気，水質，騒音について設けられた．「水質汚濁に係わる環境基準」は，人の健康の保護に関する環境基準「健康項目」と，BOD (biochemical oxygen demand) などの「生活項目」に分かれており，健康項目はすべての公共用水域 (河川，湖沼，海域) について一律に適用され，生活項目は水域別に利用目的ごとに基準値が設定されている．この水質環境基準を達成するために「水質汚濁防止法」に基づき特定事業所の排水について濃度規制がなされている．

b. 公共用水域の汚濁現況[1] 現在，健康項目の達成率は 99.3% ときわめて高い．河川の生活項目の代表的な指標である BOD の達成率は 85.1% (2002 年度現在) と高く，これには汚水処理施設の整備が大きく貢献している．一方，湖沼，海域の生活項目の代表的な指標である COD (chemical oxygen demand) の達成率は湖沼で 43.8%，海域で 76.9% と低い．海域でも東京湾，伊勢湾，瀬戸内海などの閉鎖度の高い内湾では全国平均よりも COD に関する環境基準値の達成率は低い (東京湾 68%，伊勢湾 44%，瀬戸内海 69%)．

これら湖沼，内湾での COD に関する低い環境基準の達成率は，流入する汚濁負荷が大きいこと，汚濁物質が蓄積しやすいことが原因している．これら水域では COD 総量規制が実施されているが，環境基準達成率の向上につながっていない．この原因は，排水中に含まれる窒素，リンの栄養塩が通常の汚水処理では十分に除去されないことから，藻類や水生植物の異常繁殖 (富栄養化) が起こることにある．この富栄養化問題を解決するために，湖沼と海域については窒素，リンにかかわる環境基準が設定され，窒素，リンにかかわる排水規制が実施されている．

c. 汚濁負荷量の低減策

(1) 合流式下水道の改善： 合流式下水道では，雨天時に未処理の廃水が公共用水域に放流される．この欠点を改善する，「合流式下水道緊急改善事業」により，未処理下水の一時貯留，夾雑物流出防止のためのフェンス設置，浸透側溝，雨水放流きょの整備などの対策が急がれている．

(2) 農村集落排水事業における負荷低減： 農村では，集落単位で排水処理を行う農村集落排水事業が進められている．事業の性格上，維持管理が容易で，余剰汚泥の発生量の少ない，回分法，オキシデーションデイッチ法などが採用されている．これらの農村集落排水事業でも，下水道と同様に栄養塩を除去できる運転法が採用されるようになっている．

(3) 合併浄化槽： 下水道計画地域から外れた地域は，し尿処理を目的とした単独浄化槽が広く普及している．し尿以外の排水 (生活排水) が未処理のまま公共用水域に放流され，水質汚濁の元凶となっていることから，単独浄化槽の新規設置は禁止され，生活排水をも同時に処理できる「合併浄化槽」の設置が義務づけられた．合併浄化槽についても，窒素，リンを除去できる担体や膜分離技術を応用する機能性の高い合併浄化槽の開発が進んでいる．

(4) 生活排水対策： 汚水処理施設が整備されていない地域では，生活排水による水質汚濁が社会問題となっている．汚水処理施設の整備には長い年月を要することから，水質汚濁防止法に基づき，河川直接浄

化法のような生活排水対策が推進されている．

(5) 高度処理の導入： 水質汚濁防止法による特定事業所からの排水に対する全国一律の排水基準で環境基準を達成することが困難な水域においては，都道府県の条例により「上乗せ基準」が設定されている．湖沼，海域について窒素，リンの環境基準が設定され，将来的には特定事業所からの排水の窒素，リン濃度につき，それぞれ 10 mg/l, 1.0 mg/l の濃度規制がかけられる予定であり，窒素，リンを除去できる高度処理技術の導入が急がれている．

窒素除去技術としては，処理能力に余裕のある処理施設では，曝気槽を好気硝化槽と嫌気脱窒槽に二分割して硝化槽汚泥混合液の循環によって窒素除去を図る「循環法」が，広く採用されている（図1）．生物学的なリン除去技術としては，曝気槽の前半部を絶対嫌気槽にし，残り部分を通常の曝気槽とすることで汚泥のリン含有量を高め，それを余剰汚泥として引きぬくことで排水からのリン除去を図る嫌気-好気法 (AO法) が有望視されている．

(6) 産業系廃水の負荷低減： 1980年から2004年まで，5次にわたって，東京湾などの閉鎖性海域の環境基準を確保するために，これら水域に流入する汚濁源について総量規制によるCODの負荷削減対策がとられてきた．指定地域内の事業所では，事業場にかかる総量規制基準を遵守するため，産業排水処理施設の拡充，処理機能の強化（担体投入，膜処理，純酸素曝気など）が図られてきた．

(7) 注目される新規技術[2,3]： 1995年にデルフト工科大学の研究グループから報告された嫌気性アンモニア酸化 (anaerobic ammonium oxidation: Anammox) は次式に示す NH_4^+ を水素供与体，NO_2^- を水素受容体とする自栄養性の脱窒反応である．

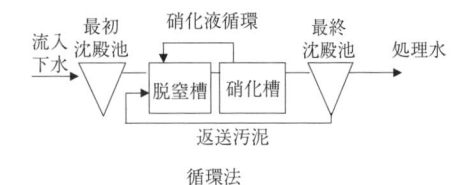

図1 代表的な脱窒，脱リン法

$1.0\ NH_4^+ + 1.32\ NO_2^- + 0.066\ HCO_3^- + 0.13\ H^+$
$\longrightarrow 1.02\ N_2 + 0.26\ NO_3^- + 0.066\ CH_2O_{0.5}N_{0.15} + 2.03\ H_2O$

この新規の脱窒反応は従来の硝化，脱窒反応に比して酸素の供給量と脱窒のための有機物の補てん量を大幅に削減できることから，新規の経済的な窒素除去法の開発につながると期待されている．Anammox菌の生育速度がきわめて遅いことから（倍化時間が約11日）その馴養調製が難しいが，近年不織布やアクリル製の繊維，UASB (upflow anaerobic sludge blanket) 法のグラニュール汚泥を Anammox 菌の付着担体として活用することで比較的容易に Anammox 汚泥の馴養調製が可能であることが報告され，アンモニア濃度の高いし尿，畜産排水，埋立地浸出水，発電所の脱硝排水などへの適用が期待されている．〔古川憲治〕

文 献
1) 環境省編：平成16年度版環境白書，89-91 (2004).
2) Mulder, A., et al.: FEMS Microbiol. Ecology, **16**, 177-184 (1995).
3) 古川憲治：水環境学会誌，**27**, 442-447 (2004).

産業排水の浄化

treatment of industrial wastewater

1998年の日本の製造業の工場数は約64万ある。水質汚濁防止法の対象は約600業種30万工場で、全工場の約半数がなんらかの排水処理を行っている。産業排水（処理前）の性状、処理法を概説する。

a．有機性排水　BOD, COD は微生物などが環境中で排水の有機物を酸化分解するときに消費する酸素量を示す。BOD, COD の高い排水は環境中で分解され、酸素を消費して無酸素状態を生じ、水質、底質を悪化させる。これらの排水には有機性の懸濁物質、油脂類も含まれることが多い。肉製品製造、醸造、製麺などの食料品製造業、医薬品製造などの化学工業、パルプ製造業などの排水には、BOD 500 mg/l 以上の高濃度有機物が含まれる。清涼飲料などの食品製造業、紡績、有機工業製品製造、石油精製などの排水には、比較的低濃度の有機物が含まれる。これら排水はメタン発酵、活性汚泥などの生物処理、凝集沈殿などの物理化学処理をされる。

b．無機性排水　酸アルカリ、無機懸濁物質、金属イオンなどは腐食、堆積により水質、底質を悪化させる。化学肥料製造などの化学工業、製鉄業、金属表面処理業などからは pH が低く SS (suspended solid) を含む無機性の排水が生じる。鉱油、洗剤などが含まれる場合がある。これら排水は一般に中和、凝集沈殿などの物理化学処理をされる。

c．有害物質を含む排水　有害金属、有機塩素化合物、農薬など 26 項目がヒトの健康にかかわる項目として規制されている。産業排水にもこれら有害物質が含まれる。有機性の排水としては、クロムを含む製革排水、シアン・フェノールを含むコークス製造排水などがあり、無機性排水としては有害金属イオン、シアンなどを含む金属精錬、電気メッキ、ソーダ工業排水などがある。クリーニング、電子産業などの排水には洗浄剤の有機塩素化合物が含まれる。これら排水は有害物質に馴化した生物処理、凝集沈殿などの物理化学処理で浄化されるが、発生源でその化合物に適した個別処理が必要とされる場合も多い。今後は個々の有害物質ごとに工場内での収支を明らかにした化学物質の管理が求められる。

d．富栄養化原因物質を含む排水
窒素、リンは湖沼、閉鎖性海域の富栄養化を引き起こす。窒素、リンは有機性排水に含まれる他に、硝酸・アンモニアの酸アルカリとして、アミン化合物、リン酸化合物として多くの業種で使われている。通常の処理で十分な水質が得られない場合は、生物的硝化脱窒、凝集沈殿などの処理が必要となる場合がある。

e．その他の汚濁成分　染色業などは着色成分、パルプ製造業、有機工業製品製造業などは臭気成分を排水に含むため個別の対策が必要となる。

f．負荷量原単位　業種、生産品目ごとに生産量当たりの用水量（排水量原単位）、汚濁物量（汚濁負荷量）が求められている。生産品目、プロセスの違いで変動はあるが、排水処理装置の基本設計、広域的汚濁負荷の推定には有効な指標となる。

g．排水源の見直し　製造業の排水は生産プロセスを反映している。排水への原材料の流出の低減、有価物の回収・再利用は排水処理への負荷低減のみでなく、生産コストの低下にも通ずる。また排水処理の観点から、使用化学物質、製造プロセスの転換を図る場合もある。〔山岸昂夫〕

文　献
1) 水処理管理便覧編集委員会編：水処理管理便覧、丸善 (1998).

水汚濁物質を減らす
——物理化学的方法

treatment of pollutants in wastewater
——physico-chemical treatment methods

下水や産業排水を放流水基準まで処理する場合，処理の方式は原水の水質，処理水の使用目的，放流水の基準値などによって大きく異なるが，基本的には物理化学的処理と生物処理に分類することができる．排水の組成は，製造工程や排出方法などによって異なり，成分も単一ではなく，多種の成分を複合的に含有している場合が多いので，実際の処理に際しては，各処理方法を組み合わせて行っている場合が多い．主な物理化学的処理方法は，表1のように分類できる[1]．

表1 主な物理化学的処理方法の分類[1]

重力式分離
　沈降分離
　　普通沈殿（自然沈殿），凝集沈殿
　浮上分離
清澄ろ過
pH 調整
酸化・還元
活性炭吸着
イオン交換
膜分離
　精密ろ過，限外ろ過，逆浸透法，電気透析法

a．固液分離 水に含まれている物質は，一般に浮遊している固形物と溶解している溶存物質に大別される．図1に主な物質とその大きさを示す[2]．また，汚濁物質に対する除去方法は図2のように関連づけられている[3]．

排水処理では，固液分離のための沈降分離がとくに重要である．粒子の沈降速度に関してはほとんどストークスの式にしたがうと考えてよいが，実際の懸濁粒子は大きさ，形，密度が異なっており，実用的には

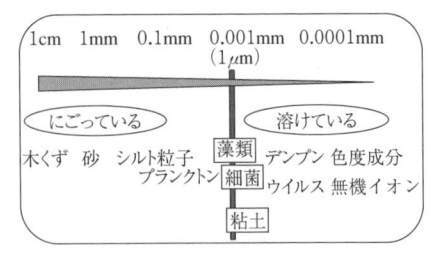

図1 主な物質とその大きさ[2]

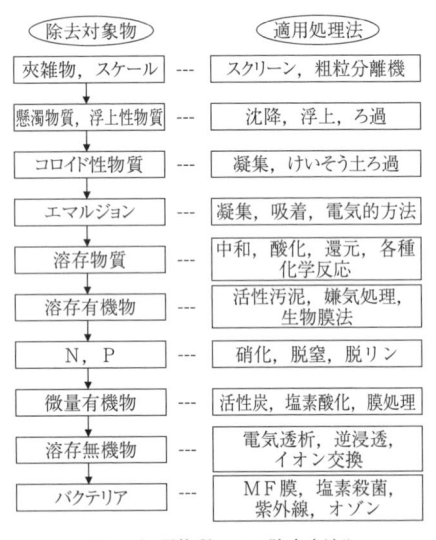

図2 汚濁物質とその除去方法[3]

沈降速度分布を測定するとよい．

水に懸濁している粒子の大きさが10 μm くらいまでは普通沈殿やろ過法で分離することができるが，1 μm 以下になると沈殿法を用いないと分離できない．0.001〜1 μm のコロイド状に分散した微細な粒子を凝集させる目的で使用される薬剤が凝集剤であり，アルミニウム塩または鉄塩などの無機凝集剤と高分子凝集剤があり，それぞれ凝集に適した pH 領域がある．

懸濁物質の密度が水より小さければ浮上させて分離できる．また，密度が水よりも大きくても密度差が小さい場合には，水中

に微細な気泡を発生させ，懸濁物質と付着させることで速やかに浮上分離できる．

重力式分離で除去できなかった微量の懸濁物質をさらに除去し，清澄な水を得るのが清澄ろ過である．ろ材としては一般に砂が用いられるので砂ろ過と呼ばれるが，最近ではアンスラサイトやザクロ石なども用いられる．原水中の懸濁物質の濃度が高いと短時間でろ層が閉そくし，ろ過抵抗が上昇してくるので，一般には重力式分離にかけた後の水をろ過する．

b．pHの調整 pHの調整は単に放流基準の遵守だけでなく，凝集沈殿などの処理を効果的に行うためにも重要な操作である．金属イオンを含む排水は一般に酸性であるが，pHを上げていくと，金属イオンは水酸化物イオンと反応して水酸化物の沈殿を生じる．アルミニウム，鉛，亜鉛，クロムなどの水酸化物は両性化合物であり，高いpH領域では再溶解するので注意が必要である．

c．酸化・還元 酸化・還元反応は排水処理において重要な位置を占めており，有機物の塩素，オゾン，過酸化水素などによる分解処理（酸化反応），シアン化合物の無害化処理（酸化反応），クロム酸の無害化処理（還元反応）などがあげられる．

d．吸着 活性炭による吸着処理は，水中の微量有機物の除去などに多用される処理方法である．活性炭が吸着剤として優れているのは，内部に細孔(マクロ孔およびミクロ孔)が存在し，比表面積が700〜1400 m²/gと大きいためである．平衡吸着を表す式としてはフロイントリッヒの式が有名である．

$$X = kC^n$$

ここで，Xは活性炭の単位質量当たりの吸着量，Cは平衡濃度，kおよびnは定数であり，kが大きく，nが小さいほど良好な吸着剤である．多量の活性炭を常時使用するような場合は，粒状炭を用い，再生して反復使用するほうが有利になる．飽和した活性炭の再生は，700〜1000℃で賦活化を行う乾式加熱法が最も広く使用されている．

e．イオン交換 イオン交換体は，母材の材質とその化学的性質から有機質イオン交換体と無機質イオン交換体に分類される．実際の処理に多用されているのは，三次元の架橋高分子体にイオン交換能をもった交換基を導入し合成した有機質のイオン交換樹脂であり，排水中の有用物質の濃縮・回収，微量の重金属イオンの除去などに用いられている．飽和後のイオン交換樹脂は，強酸，強アルカリあるいは食塩などの濃厚溶液で再生し，繰り返し使用される．

f．膜分離 膜分離法は，微細な穴をもつ膜を通して水をろ過し不純物を除去する技術である．使用する膜の穴の大きさによって，精密ろ過(MF)，限外ろ過(UF)，逆浸透法(RO)などがある．これらは動力源として圧力を用いる．電気透析法では，陰陽両イオンのいずれか一方だけを選択的に透過させる膜を交互に配列し，両端に直流電圧を加えることで，溶解塩類が除去・濃縮される．

排水処理では最終的に汚泥の発生を伴うことが多い．一般に，沈降分離によって発生する汚泥の固形物濃度は5%(wt)以下のものが多く，最終的に処分するためには脱水処理が必要であり，真空ろ過，加圧ろ過，加圧ロール脱水，スクリュープレス，遠心脱水などが行われている．

〔高橋信行〕

文　献

1) (社)産業環境管理協会：新・公害防止の技術と法規2007〔水質編〕(2007).
2) 山田一裕：水環境保全と環境教育 No.23, 用水と廃水, **48**(6), 38(2006)の図1より抜粋.
3) 吉村二三隆：これでわかる水処理技術, 工業調査会, p.12(2005).

218 水汚濁物質を減らす
―― 生物的方法

wastewater treatment
――biological method

湖沼・河川や海洋には1 ml当たり1〜10万個, 土には1 g当たり1〜10億個の微生物がいる. たとえば有機物（電子供与体）から電子を取り出して酸素（電子受容体）にわたすことで微生物は生命維持のためのエネルギーを獲得し, 二酸化炭素（CO_2）と水を生産する. 無機化と呼ばれるこの過程は自然の浄化機能の本体である.

環境中の微生物が無機化できる有機物量には限りがある. 生物学的排水処理技術は汚濁物質を含む排水に自然界の微生物を飼い慣らして（馴化または馴養）, 浄化機能を増強し, 事業所などからの排水中汚濁物質を除去する技術である. 馴化によって, 多くの化学物質も無機化されるようになる. 通常, 特定の純粋培養された微生物などは投入されない.

a. 活性汚泥法 溶存する有機物の処理には活性汚泥法が多く適用される. 活性汚泥はさまざまな微生物からなる塊で, かくはんすると分散し, 静置すると凝集・沈降して上澄水を生じる. 排水と酸素を活性汚泥に与えると有機物は分解され, 浄化された上澄みが得られる. 活性汚泥は1 l当たり2〜7 gのバイオマスを含み, 槽容積当たりの処理量は高い. 活性汚泥と処理水とを精密ろ過膜で強制的に分離する技術を用いるとさらに高い菌密度が得られ, 処理効率が上昇する.

有機物の分解に伴い活性汚泥バイオマスも生産される. それが多くなると活性汚泥が沈降しても上澄水, つまり処理水量が十分に得られない. そのため1日当たり数%〜15%の汚泥を引き抜く. 余剰汚泥は問題であり, 低減策が検討されている.

b. 微生物の機能 活性汚泥での優占微生物である細菌は多様な物質を電子受容体あるいは電子供与体として利用できる. 活性汚泥には酸素呼吸する好気性微生物も, 酸素のない環境でも増殖可能な嫌気性微生物も含まれている. ある微生物は有機物などから取り出した電子を酸素の代わりに硝酸にわたす（硝酸呼吸）. 環境負荷物質である硝酸を無害な窒素ガスに変換する脱窒と呼ばれるこの反応は, 環境浄化機能である. 嫌気条件では硫酸塩や3価鉄なども電子の受け手（電子受容体）となる. また, ある種の細菌は高度に塩素化された芳香族化合物（たとえばPCB）を電子受容体とし, 水素で塩素を置き換える（還元的脱塩素反応）. 脱塩素された芳香族化合物は, 好気的な条件で分解されやすくなる.

酸素は8 mg/lしか水に溶存しないため, 過剰の有機物がある場合, 土壌や活性汚泥など大量の微生物が存在する系ではやがて酸素が欠乏し, 硝酸や硫酸を使って呼吸する細菌が優占する. 残存した有機物は微生物が有機酸に変える. この過程で生じた酢酸はある種の細菌によってメタンとCO_2に変換される. また別種のメタン生成細菌は水素とCO_2をメタンに変換する. メタン発酵などの嫌気プロセスも排水処理に利用されている. 微生物を高密度に保持させるため, 微生物を粒状化させる技術が開発されている.

無機物も細菌の電子供与体となる. ある細菌は好気条件でアンモニアを亜硝酸や硝酸に酸化する. この反応と脱窒を組み合わせて排水中の窒素除去を行う.

ある種の微生物はエネルギー獲得とは無関係に物質を分解する. 地下水の汚染物質であるトリクロロエチレンはアンモニア酸化, メタン酸化, フェノール酸化を行う細菌によって分解されるが, 分解によるエネルギー獲得はない. 〔諏訪裕一〕

下水の処理 219

sewage treatment

a. 下水道 下水は一般家庭からの汚水（水洗し尿と風呂や台所などからの雑排水），工場排水や事業所などからの汚水，都市部における雨水，下水管渠に進入する地下水などを指す．汚水を処理し，衛生状況と周辺環境を改善するとともに雨水を排除して浸水を防除することが下水道の目的である．汚水と雨水とを合わせて収集する場合「合流式下水道」と呼び，汚水と雨水とを別個に収集する場合「分流式下水道」と呼ぶ（図1）．分流式下水道においては通常汚水のみ全量が下水処理場において処理される．合流式下水道においては晴天時には基本的に汚水の全量が処理されるが，雨天時には雨水と合流して増量した下水のうち，晴天時流量の3倍程度を超えるぶんは河川などに流出するので環境汚染が懸念される．そのため新規に計画される下水道は大部分が分流式下水道である．

b. 汚濁物質 下水中に含まれる汚濁物質は，大きさではトイレットペーパーのような粗大物，米粒のような浮遊懸濁物，コロイド粒子のような溶存体の物質などがある．人体への影響からみると，し尿に由来する病原菌や工場排水中の重金属や化学物質などがある．環境への影響からみるとBOD，COD，SS，窒素，リンなどがある．健康に被害を及ぼす重金属，化学物質やきわめて濃度の高い有機物などは主な排出源である工場などの内部で取り除いてから下水道に受け入れられるが，その他の汚濁物質や病原菌などは下水処理場（下水管渠の下流端に立地するため終末処理場と呼ばれる）で処理・消毒される．

c. 標準活性汚泥法 終末処理場に流入した汚水の生物化学的酸素要求量（BOD）は約 200 mg/l 程度が普通であるが，固液分離と生物処理，消毒，汚泥処理などの機能をもつ処理過程により処理される．例として終末処理場で最も一般的な処理法である標準活性汚泥法を用いた処理場の例を図2に示す．汚水はまずスクリーンによりトイレットペーパーなどの夾雑物が取り除かれ，沈砂池により下水中の砂など

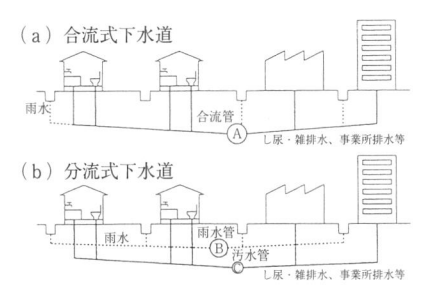

図1 合流式下水道と分流式下水道

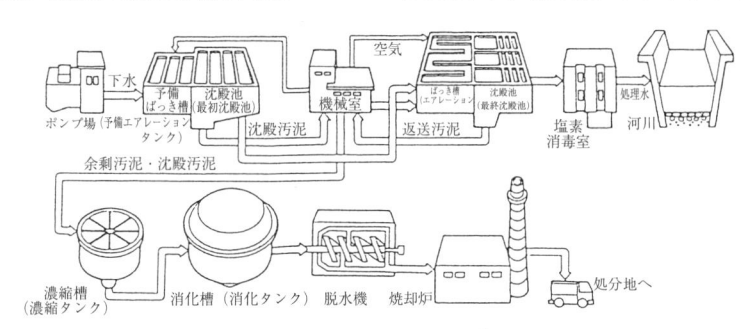

図2 終末処理場の仕組み[1]

の比重の大きい物が沈殿除去される．その後最初沈殿池により1.5時間（分流式下水道）～3時間（合流式下水道の晴天時）沈殿され，有機物などを多く含む汚泥（沈殿汚泥）が沈殿除去される．ここまでの処理を一次処理という．

　一次処理ではコロイド粒子をはじめとする溶存態の物質は沈殿除去されない．そのため溶存態有機物などをバクテリアに捕食させ，菌体に転換して水中から沈殿分離する．この過程で大きな役割を果たすものがフロック（個体が集合した柔らかな塊）を形成し沈降性のよい Zoogloae ramigera のような細菌類や原生動物などである．これらは生育・増殖する際に水中のDO（溶存酸素）を必要とする好気性微生物であるため，処理の過程で消費された溶存酸素を補うために外部から空気を吹き込み酸素を補う．これをばっ気（エアレーション）といい，この処理を行う水槽をばっ気槽（エアレーションタンク）という．ばっ気槽内部での処理時間は6～8時間である．ばっ気槽を出た処理水は再び沈殿池（最終沈殿池）で3～5時間沈殿処理される．ここまでの処理を二次処理という．二次処理までの過程で流入したBODの90％程度は除去され，処理後のBODは約 20 mg/l 程度となる．消毒は大規模な終末処理場では液体塩素が用いられることもあるが，塩素ガスは毒物であり漏出すると危険なため，小規模な処理場では扱いやすい固形物の次亜塩素酸ナトリウムや次亜塩素酸カルシウムなどが用いられる．

　最終沈殿地で分離除去された汚泥の一部は，ばっ気槽内の微生物量を増加させ処理効率を上げるためばっ気槽の手前に返送される（返送汚泥）．返送汚泥と最初沈殿池の上澄みとの混合物（ばっ気槽内の浮遊懸濁物）を MLSS（mixed liquor suspended solid）といい，ばっ気槽内の菌体量を表す．ばっ気槽内の菌体は生きている汚泥すなわち活性汚泥と呼ばれる．一方，最終沈澱池で分離除去された汚泥の一部はばっ気槽に返送されずに処理処分される．これを余剰汚泥と呼ぶ．沈澱汚泥と余剰汚泥とは汚泥処理（濃縮，消化，脱水，焼却など）を経て産業廃棄物処分場へ埋め立てられるが，近年はさまざまな形でリサイクルされることが多くなってきた．

　d．その他の処理方式　標準活性汚泥法以外にもさまざまな処理方式がある．汚水処理の主流を占める生物処理方式には上記の標準活性汚泥法のように処理に関与する微生物が水中に浮遊する浮遊生物法と，担体の表面に生物が膜をつくって固着する固着生物法（生物膜法）とがある．浮遊生物法としては小規模な処理場に適するオキシデーションディッチ法，処理場の必要面積を節約できる回分式活性汚泥法，汚泥発生量を削減する長時間エアレーション法，窒素除去が可能な循環式硝化脱窒法，リン除去が目的可能な嫌気好気式活性汚泥法，窒素・リンをともに除去する嫌気無酸素好気法などがある．また固着生物法には接触酸化法，好気性ろ床法などがあり，流入水の流量変動に強く維持管理が簡単なため小規模施設などで採用されている．

　放流先の公共用水域の水質環境基準を達成する必要がある場合や処理水の再利用を行う場合には二次処理水をさらに高度処理する場合がある．水道水源の汚染防止や環境基準の達成のためには窒素，リンといった栄養塩類や有機物のさらなる除去が行われる．また処理水を工業用水やトイレの水洗用水，修景用水などに再利用する場合には濁度，溶解性物質，微生物，色度などを除去する．これら高度処理のためには用途に応じてさまざまな処理方式が使い分けられている． 〔北脇秀敏〕

文　献
1) 国土交通省：日本の下水道―その現状と課題，p.21, ㈳日本下水道協会 (2004).

し尿の処理

nightsoil treatment

排水管が下水道に接続されていない区域では，非水洗の便所のし尿は汲み取られてし尿処理場で処理され，水洗し尿はし尿浄化槽などで発生源において処理される．その模式図を図1に示す．

汲取り便所は各家庭などで発生したし尿を，発生源で貯留したものをバキュームカーなどで汲み取り，し尿処理場に搬入して処理する方式である．この場合，家庭からの雑排水は通常未処理で排水されるので環境への負荷は大きい．

a．し尿浄化槽　し尿浄化槽はし尿のみ処理し，雑排水は処理しない単独処理浄化槽と，雑排水とし尿とを合わせて処理する合併処理浄化槽とがある．下水道未整備区域に水洗便所を設置する場合はし尿浄化槽の設置が義務づけられており，規模が小さく建設費も安い単独処理浄化槽（水洗し尿のみを処理）が多く建設されてきた．しかし未処理の雑排水のたれ流しによる環境悪化が問題となり，2000年には構造基準が改正され単独処理浄化槽は基準から削除された．このため新しく建設される浄化槽は合併処理のものだけである．し尿浄化槽による処理は下水道と同様に固液分離，生物処理・沈殿と消毒の各プロセスからなる分離接触ばっ気方式が主流である．浄化槽は一般に下水道と比較して規模が小さいため流入水量の変動に強い生物膜を利用した処理法が用いられることが多い．処理効率は建設時期，処理方式により千差万別（排出BOD基準 $10\,mg/l$ 以下～$120\,mg/l$ 以下）であるが，性能のよい浄化槽が良好に維持管理されている場合の放流水質は下水道と比較して遜色がない．浄化槽のメンテナンスは浄化槽管理士が行い，定期的な清掃（汚泥の引き抜き）と消毒剤の補充が行われる．引き抜いた汚泥はし尿処理場に搬入され，汲取り便所からの生し尿と合わせて処理される．

b．し尿処理場　し尿処理場は上記の生し尿・浄化槽汚泥をバキュームカーなどで収集・運搬したものを処理し，BODや窒素などの環境負荷を軽減し病原菌を殺滅し無害化する施設である．搬入されたし尿は受け入れ・前処理設備で土砂や夾雑物を取り除いた後，貯留設備を経て主処理（生物処理）設備でBODなどが除去される．主処理の方式は嫌気性消化方式，酸化処理方式，標準脱窒素処理方式，高負荷脱窒素処理方式，膜分離高負荷脱窒素方式などがあり，後三者では窒素も除去される．例として標準脱窒素処理方式の処理フロー例を図2に示す．この方式はし尿を10倍に希釈して処理した場合，処理水質はBOD $10\sim20\,mg/l$，SS $30\sim70\,mg/l$，T-N $10\sim20\,mg/l$ となる．主処理の後，必要に応じてCOD，色度，SSの除去を行うために高度処理が行われ，消毒の後放流される．また汚泥処理，脱臭などさまざまな付帯設備もし尿処理場に設置される．

〔北脇秀敏〕

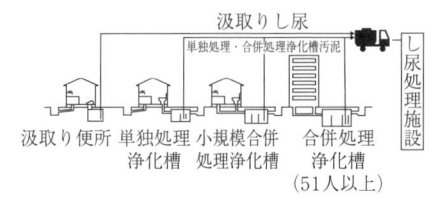

図1　し尿浄化槽とし尿処理施設

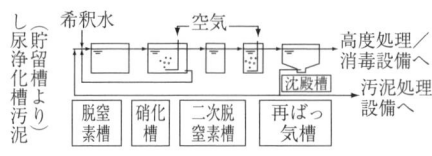

図2　標準脱窒素処理方式の処理フロー例

水のリサイクル

221

recycling of water

a. 日本の水利用の現況 日本の年間降雨量は世界の平均900 mmの約2倍に当たる1700 mmであるが，一人の水資源賦存量は世界で91番目にランクされる約3300 $m^3 \cdot$人$^{-1} \cdot$年$^{-1}$であり，決して大きい値ではない．また，一人当たりのダム総貯水容量をみると，152 m^3であり，これも，外国と比較して，余裕のある量であるとはいえない．日本のこうした水資源の状況のもと，水のリサイクルを拡大することが水問題の解決の重要な課題といえる．

水資源からみた日本の水使用量は，2001年度の全体で，約860億 m^3/年であり，用途別では，生活用水：約160億 m^3（19％），農業用水：約570億 m^3（66％），工業用水：約130億 m^3（15％）となっている[1]．

b. 水のリサイクルの現状

(1) 下水処理水の再利用： 2002年度での下水処理水量は日本全体で約130億 m^3/年，農業集落排水処理水量は約2億 m^3/年である．下水処理水の再利用は処理場内で利用される場内利用と処理場外で利用される場外利用に分けられる．

場内利用は，1日使用量から算出した年間再利用量として，約7.6億 m^3/年で，処理水量の約6％に当たる．利用用途はエアレーションタンクでの消泡水，脱水機の洗浄水，沈砂などの洗浄水，薬品溶解水，軸封水などである．場外利用は約1.9億 m^3/年（1.5％）で，処理水量の約1.5％に当たる．その用途は環境用水（55％），融雪用水（15％），事業所・工場への直接給水（10％），農業用水（7％），水洗便所（3％）などであり，再利用する事例が増えてきているが，利用率はまだまだ低い[2]．近年，河川の上流側に処理水を送水する形で河川に放流し，再利用する開放系での利用が検討されはじめており，今後の総合的な水再利用用途拡大が期待される．

(2) 雑排水利用： 事務所ビル内で発生する雑排水を自家処理して，冷却用水，水洗トイレ用水，洗車，冷房用水の用途に利用する雑排水利用が広く普及しつつある．この雑排水利用には，事務所ビルなどの建築物内で利用する「個別循環方式」，大規模地域内で利用する「地域循環方式」や下水処理場などから供給を受ける「広域循環方式」があり，2002年度末時点で，約2800カ所で雑排水利用施設が導入され，約42万 m^3/日，年間に換算して約1.5億 m^3/年が再利用されている[1]．この量は生活用水の約1％に相当する．

(3) 工業用水の回収再利用： 工業用水の全体使用量は，工業用水への供給量130億 m^3/年をはるかに上回る約550億 m^3/年であり，その約78％にあたる430億 m^3/年が回収再利用されている．業種別の回収率をみると，化学工業および鉄鋼業は80～90％と高い値を維持しており，パルプ・紙・紙開港製造業は45％程度である．食料品製造業は約30％であり，低い値である．量的に大きい利用用途は冷却水や温調水などである．50年代半ば以降から現在まで，工業用水の再利用率は横ばいの状況が続いており，全体的に限界に達している傾向がみられる．

c. 再利用技術

(1) 従来技術： 再利用処理技術は，従来，通常の排水処理後に利用用途に見合った物理化学的処理であった．下水処理水の再利用処理方式は砂ろ過やマイクロストレーナ処理が多く，場外利用では一部で，凝集沈殿，オゾン酸化，生物膜ろ過などの高度処理方式が使われてきた．

しかし，近年，排水処理への膜ろ過技術

が実用化され，水のリサイクルの状況が急速に変化してきた．ここではその膜ろ過技術を説明する．

(2) 膜ろ過技術： 膜ろ過法とは，膜の細孔で確実に固液分離を行うろ過法である．処理対象とする原水水質，処理水質，維持管理性を考慮して膜の種類などを選択する．水処理に使用される膜は，種類，材質，形状，モジュール設置方法，通水方式，ろ過方式で下記にように分類される（表1）．膜の細孔から分類すると，精密ろ過膜（micro filter：MF），限外ろ過膜（ultra filter：UF），ナノろ過膜（nano filter：NF）および逆浸透膜（reverse osmosis：RO）に分類される．図1に細孔サイズを目安とした除去対象物質と膜分離法の対比を示す．

海水の淡水化では従来から塩分イオンを分離するため，RO膜が広く使われている．排水処理ではSS分やBOD成分分離を目的としてMF膜が使われている．

(3) 膜分離活性汚泥法： 膜分離活性汚泥法はMF膜を利用して，従来より数倍も高い濃度の活性汚泥を系内に閉じ込め，処理効果の高い生物処理を行いつつ，固液分離を行う有機排水処理システムである．沈殿池なしに大腸菌などのバクテリアも含まないきわめて良質な処理水を得られると

表1 膜ろ過法の分類

区 分	内 容
種類	精密ろ過膜（MF膜），限外ろ過膜（UF膜），ナノろ過膜（NF膜），逆浸透膜（RO膜）
材質	有機膜，無機膜（セラミック）
形状	中空糸型，管型，平膜型，平膜スパイラル型
膜モジュール設置方法	槽浸漬方式，ケーシング収納方式
通水方式	外圧式，内圧式
ろ過方式	クロスフロー式，デッドエンド式
洗浄方式	薬液洗浄，空気洗浄

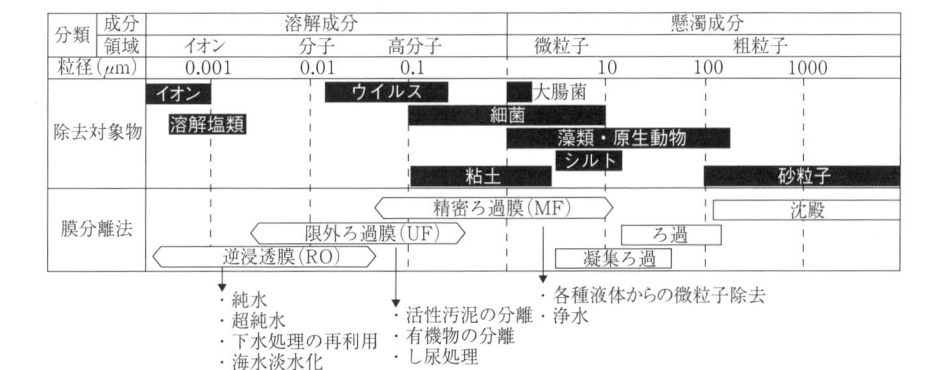

図1 除去対象物質と膜分離法

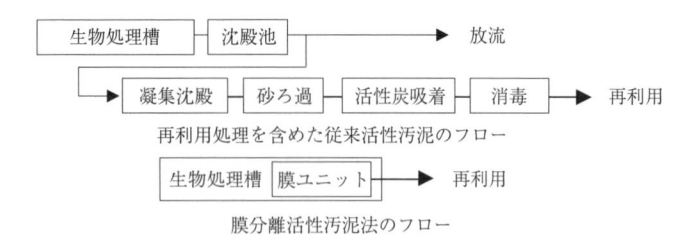

```
生物処理槽 → 沈殿池 → 放流
          ↓
     凝集沈殿 → 砂ろ過 → 活性炭吸着 → 消毒 → 再利用
     再利用処理を含めた従来活性汚泥のフロー

生物処理槽 | 膜ユニット → 再利用
     膜分離活性汚泥法のフロー
```

図2 従来処理フローと膜分離活性汚泥法のフローの比較

表2 膜分離活性汚泥法の処理性能事例[3]

水質項目	原水 (mg/l)	処理水 (mg/l)	備考
BOD	221	0.9	
COD	132	8.2	
T-N	35	5.8	
T-P	3.9	0.16	循環式硝化脱窒法
SS	273	N.D	同時凝集法
大腸菌群数	—	N.D	

いう優れた特徴を有す.この処理水には当然SS分はほとんど皆無であり,中水道,都市用水,灌漑用水などにそのまま利用可能である.再利用を目的とした従来の活性汚泥法との処理フローの比較を図2に示す.また,処理性能の例を表2に示す.

(4) 実施事例: MF膜ろ過の応用は,1995年度以降,合併浄化槽などの小型汚水処理装置で実用化された.湖沼の厳しい水質基準をクリアでき,かつ,外見が非常に優れているため,その処理水は,直接,トイレの洗浄水や散水の用途に使われている.

中小規模下水処理場においてもMF膜利用の適用が検討されてきた.その結果,水質規制への対応とせせらぎ用水への利用を目的として,2004年度時点で,膜分離活性汚泥法を採用した下水処理場(処理能力約2000 m^3/日クラス)の建設が2カ所で進められている.

水問題が深刻な諸外国ではMF膜単独またはMF膜と低圧逆浸透膜と組み合わせたシステムで処理水の再利用が行われはじめている.MF膜単独の処理では英国や中東諸国において,すでに数十カ所の下水処理場で採用しており,灌漑用などの用途に処理水が利用されている.MF膜と低圧逆浸透膜との組合せ処理ではシンガポールや中国の天津などで採用されており,工業用水や雑用水の用途に利用されている.飲料水への用途も計画されている.

d. 今後の動向 水のリサイクルでは,ろ過技術が今後とも重要性を増してくる.今後,排水処理に適した膜のさらなる技術開発に伴い,水のリサイクルが急速に拡大してくるであろう. 〔小林康男〕

文献

1) 国土交通省編:平成16年度版日本の水資源 (2004)
2) 日本下水道協会:平成14年度版下水道統計 (2004)
3) 福原真一ほか:クボタ膜分離活性汚泥法.月刊下水道, **24**(10) (2001)

222

汚染水環境を浄化する

purification of polluted water environment

快適な水環境を創造するうえで，汚染環境水の浄化は重要な手段である．快適な環境づくりを目指した事業としては，カルチャーパーク，アメニティー下水道，花と緑のモデル地区整備事業，アメニティータウン計画などが策定実施されてきている．

河川の直接浄化手法としては，生物的手法，物理化学的手法，あるいはそれらを組み合わせた手法などが検討・実施されている．また，河川や湖沼をその場で浄化する方法，汚濁水をいったん汲み上げて装置化された反応槽中で浄化する方法のように，方式によっても分類されている．直接浄化方法の原理別分類例を図1に示す[1]．

自然の生態系がもつ浄化能力による水質改善技術の開発を目的として，琵琶湖・淀川水質浄化共同実験センターが設置されている．同センターの実験施設および実施実験を表1に示す[2]．横浜市の公園では池水浄化に光酸化分解浄化システムが検討され，透視度の改善効果が認められている[3]．また，熊本県の石打ダムではマイクロバブルの効果が検討されており，DOの増加が確認されている[4]．〔高橋信行〕

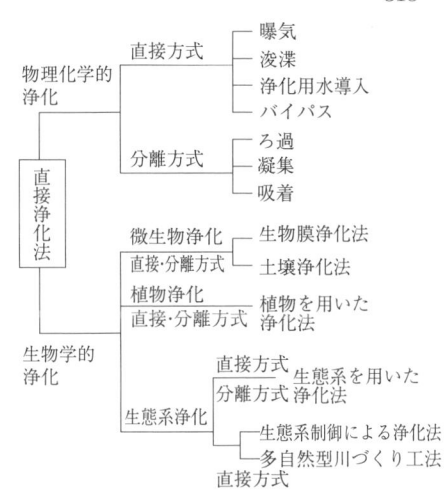

図1 直接浄化法の種類

文献
1) 徐開欽：用水と廃水，**45**，1128 (2003)．
2) 日本オゾン協会編：平成13年度河川整備基金助成事業報告書，82-89 (2002)．
3) 錦織宏介ほか：用水と廃水，**33**，897-904 (1991)．
4) 足立有平ほか：水処理技術，**45**，3-10 (2004)．

表1 実験センター施設および主な実施実験

No.	実験施設	実験名
①	水路型浄化施設	カーボンファイバー方式浄化実験，不織布接触材方式浄化実験
②	深池型浄化施設	ヨシ帯浄化実験，酸化剤を用いた底質改善実験，磁気を利用した底質・水質改善実験
③	浅池型浄化施設	底質浄化実験
④	限外ろ過膜ろ過実験施設	限外ろ過膜ろ過実験
⑤, ⑥	土壌浄化施設	土壌浄化実験，浸透ろ過実験
⑦	自然循環方式浄化施設	自然循環方式浄化施設
⑧	琵琶湖型実験池	ヨシ移植実験，太陽エネルギーを利用した流動床ろ過浄化，実験およびひも状接触材方式浄化実験
⑨	多自然型水路実験施設	水域生態系調査，陸域生態系調査
⑩	湖岸フィールド実験施設	ヨシ植栽実験，ヨット式ヨシ植栽実験
—	浄化副産物処理ヤード	コンポスト作成実験

海洋汚染の対策

prevention of marine pollution

海洋汚染には，貯蔵タンクの破損や船舶の座礁などにより流出する大量の油から，微量に排出される多種多様な重金属や化学物質まで，種類や量が広い範囲に及ぶ．その流出源はほとんどが陸上にあり，河川水や工場排水に混入して海洋に運び込まれる．したがって，汚染対策としては，陸上の排出源を特定して流入を抑制することが根本的である．水俣病で知られる水俣湾の有機水銀汚染では，判明した時点で汚染が進行しており，湾内の底泥に蓄積された汚染物質を除去することは困難なため，汚染海域の埋立処理がなされた．海運業や漁業など排出源が海洋に存在する場合などでは，海洋における対策が必要である．

a. 油汚染対策 海に流出した油は，一部は蒸発して大気中で光分解などを受け，一部は底泥に残存するが，大半は海水中で微生物分解される．大規模な油汚染では，まず流出油をオイルフェンスで囲い，油回収船などにより物理的に回収する．その際，回収を容易にするために，固化を促進するゲル化剤やポリウレタンなどの吸着剤が用いられることがある．回収が困難な油には，微生物分解を促進するために油処理剤（分散剤）が散布される．分散剤は，油を微粒化して海水と混合することにより微生物分解を促進する目的で使用される．表 1 に示すように，分散剤の基本組成は，非イオン系の界面活性剤とノルマルポリパラフィンの混合物である．また，高粘度油用として油中への浸透性を改善する溶剤系の物質を加えた製品がある．

表 1 油処理用分散剤の成分

用途	処理剤成分
一般用	POE ソルビタン脂肪酸エステル パラフィン系炭化水素
高粘度油用	POE ソルビット脂肪酸エーテル ソルビタン脂肪酸エステル パラフィン系炭化水素
自己かくはん型（高粘度油）	POE ソルビタン脂肪酸エステル POE 脂肪酸エステル POE グリセリン脂肪酸エステル パラフィン系炭化水素 多価アルコール系溶剤

POE：ポリオキシエチレン

b. 船舶による汚染対策 船舶からの排出物に関する対策は，基本的には排出規制による予防である．機関などの設備，貨物，生活廃棄物などからの排出物（固体，液体）に対しては，「船舶による汚染の防止のための国際条約（マルポール条約）」で規制されている．また，船体外板への生物付着を阻止する目的で塗布される防汚塗料は，生物忌避機能を有する物質を海水に溶出させるものが多い．代表的な防汚物質であった有機スズ化合物の生態影響が問題となり，2008 年 1 月 1 日以降に有機スズを使用禁止とする「船舶の有害な防汚方法の規制に関する国際条約（AFS 条約）」が採択された．非スズ系の防汚物質としては，古くから使用される亜酸化銅（Cu_2O）のほか，亜鉛ピリチオン（bis-(1-hydroxy-2(1H)-pyridinethionate-O,S) zinc），ピリジントリフェニルボラン（Pyridinetriphenylborane）などが有機スズに代わり使用されている．わが国では 1990 年頃から有機スズの使用を中止しており，日本周辺の海域の海水中の有機スズ濃度は低下してきている．

〔千田哲也〕

土壌・地下水汚染の対策

subsurface contamination remediation

汚染土壌は直接摂取,汚染地下水は飲用により,健康被害を及ぼす可能性があるため,最低限の処置として拡散防止を,問題の根本的解決という観点からは,浄化対策をとるのが望ましい.

まずボーリングによる地質構造解明,透水層ごとに設置した観測井を用いた地下水流動解明,汚染濃度分析により汚染源と汚染分布の把握を行う.さらに土地の利用状況・予算などを検討し,浄化対策を決定する.汚染調査・対策選定におけるミスは不必要な浄化費用の増大や,汚染の拡大をも引き起こすため専門知識が求められる.以下,さまざまな拡散防止・浄化対策技術があるが,適切な対策技術を選定する必要がある.

①遮水工・遮断工封じ込め: 原位置あるいは遮水シートや遮断型処分場に相当する構造により,汚染土壌を隔離する.

②不溶化: 薬剤により金属を硫化物や不溶性塩にする,あるいは鉱物に吸着させ溶出量を減少させる.

③固化: セメント系固化剤を汚染土壌に混入したり,超高圧電圧流によりガラス固化体にし,金属類を物理化学的に安定化させる.

④掘削除去: 汚染土壌を掘削し,最終処分場へ廃棄する.

⑤揚水処理: 汚染地下水を揚水し,曝気後,揮発性有機物(VOCs)を活性炭処理,または紫外線や過酸化水素により分解処理する.

⑥土壌洗浄: 汚染物質を水などの溶媒に分離する,または汚染している土粒子を分級する.

⑦土壌ガス吸引: 真空ポンプを利用し,通気帯を通してVOCsをガス化して回収する.

⑧ホットソイル: 石灰と水との発熱反応により,VOCsを熱離脱させる.

⑨エアスパージング: 飽和帯に空気を注入して地下水からVOCsを揮発させる.

⑩原位置処理(化学・生物処理): 過マンガン酸カリウム・鉄粉・VOCs分解菌などの注入によりVOCsを分解させる.浄化壁として利用する場合もある.また植物を用いて金属類を回収する.

⑪超高圧洗浄: 超高圧水により汚染物質を地層から追い出す.難透水層汚染の浄化に有効.　〔竹内美緒〕

文献
1) 吉澤 正監修:サイトアセスメント―実務と法規―,丸善 (2003).
2) 鈴木喜計編著:地質汚染―調査と浄化対策,オーム社 (2002).

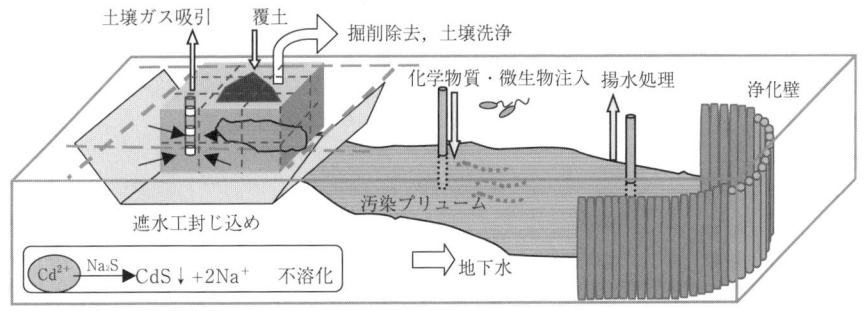

図1 さまざまな土壌・地下水汚染対策技術(駒井武作成)

225 汚染土壌・地下水の原位置での修復・浄化

in situ remediation of soil and groundwater

土壌・地下水の原位置浄化は，さまざまな手法が提案されており，汚染物質の種類，地質条件あるいは，周辺地域への環境影響などを加味して適用される．2003年度の環境省の報告によると超過事例（累積）805件のうち，原位置処理を適用したのは，トリクロロエチレンなど揮発性有機化合物の場合で180件となっている．その内訳は土壌ガス吸引や地下水揚水など原位置で抽出し処理する方法が168件，バイオレメディエーションなど原位置で分解する方法が12件となっている．一方，重金属類の場合では原位置処理を適用した例は20件と揮発性有機化合物に比べて少なく，掘削除去し，敷地外で処理を行う場合が多い．しかし，原位置処理法は大規模施設を必要とせず操業中に適用できる，環境低負荷，低コストといった利点が多く，研究開発が多くなされている．以下に揮発性有機化合物や重金属類の代表的な原位置処理法について述べる．

a．土壌ガス吸引法・地下水揚水曝気法　土壌ガス吸引法あるいは揚水法はトリクロロエチレンなど揮発性有機化合物の浄化に用いられている．図1に示すように，真空ポンプにより吸引された汚染物質を含む土壌ガスや揚水された地下水はそれぞれ気液分離器や曝気装置に導入される．揚水法の場合では空気吹込み（エアレーション）などにより，気相に移行させ，活性炭吸着塔で吸着させ除去する．これらの方法は高濃度汚染で効率がよいものの，汚染物質の濃度が低くなってくると，処理時間が長くなる場合もみられる．

b．バイオレメディエーション　図2にバイオレメディエーションの概略を示す．この手法は，油やトリクロロエチレンなど有機化合物の浄化に有用であり大きく二つに分類される．一つは，汚染した土壌・地下水に窒素，リンなどの無機栄養塩類，メタンなど微生物に必要なエネルギー源としての有機物，さらに空気や酸素・水素徐放剤などを添加し，現場に生息している微生物を増殖させて分解活性を高めるバイオスティミュレーション（bio-stimulation）である．もう一つはバイオオーグメンテーション（bioaugmentation）と呼ば

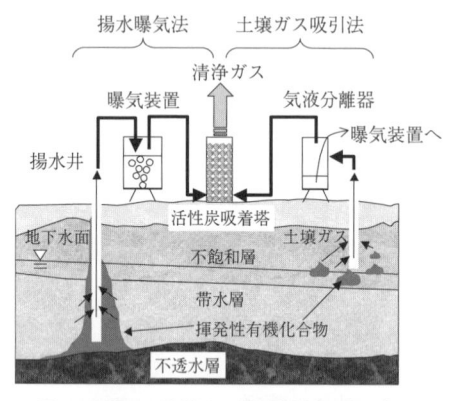

図1　土壌ガス吸引法・地下水揚水曝気の概略（文献1をもとに作成）

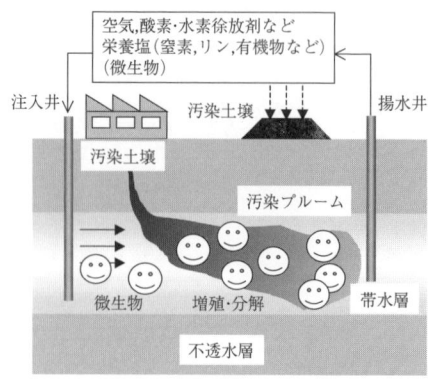

図2　バイオレメディエーションの概略（文献1をもとに作成）

れる手法で，汚染現場に有用な微生物が生息しない場合に，培養した微生物を添加し浄化する方法である．いずれの方法でも，汚染物質により分解機構は異なっており，油などでは好気的条件（酸素が多い），テトラクロロエチレンなどでは嫌気的条件（酸素が少ない）が有効である．

一方，近年欧米などでは，自然界に生息する微生物などのもつ自然浄化能（natural attenuation）のみを利用した MNA (monitored natural attenuation) の普及が進んでいる．MNA は，適切な管理・監視のもとに汚染物質の濃度をヒトの健康や環境に影響のないレベルまで低下させる浄化手法であり，積極的浄化の効率が悪くなった場合などに適用される．

c．鉄粉法　鉄粉法は，トリクロロエチレンなどの有機塩素化合物に汚染された土壌や地下水に金属鉄粉を添加し，無害な炭化水素に還元分解する手法である．わが国においても汚染土壌と鉄粉を機械的に混合し，浄化する手法が実用化されているほか，原位置で直接鉄粉を混合する方法，コロイド鉄を液体で注入する方法が実用化されている．また，汚染された地下水に，鉄スクラップなどの金属鉄粉を混合した透過反応壁を設置し浄化する手法もある．

d．ファイトレメディエーション
ファイトレメディエーションは，図3に示すように，汚染物質の分解，除去，不溶化による安定化，雨水浸透あるいは地下水流の制御による拡散防止などさまざまな機能がある．揮発性有機化合物やダイオキシン類などの難分解性有機化合物の場合は，植物体（茎葉）あるいは根圏微生物による原位置分解が期待できる．一方，重金属類の場合では植物体に蓄積させ，その後植物を収穫し，処理することが多い．ファイトレメディエーションでは，汚染物質をより多く吸収・蓄積する高濃度蓄積植物（hyper

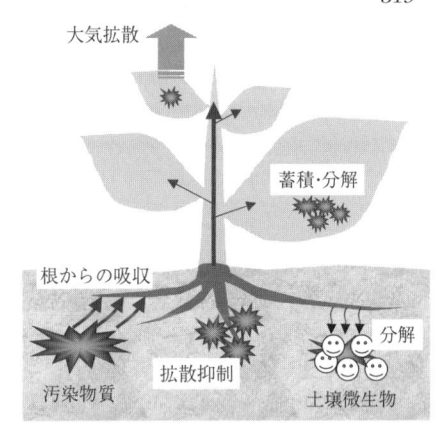

図3　ファイトレメディエーションによる土壌浄化の模式図（文献1をもとに作成）

-accumulator）を探索することが重要である．たとえば，モエジマシダ（*Pteris vittata*）がヒ素の高濃度蓄積植物であることが知られている．この手法は，適用される地域の気候，土壌特性に大きく影響されるため，今後広く適用されるためには多くの知見の蓄積が必要である．

e．その他の浄化手法　その他の浄化手法としては，地盤中に適当な間隔で電極を配置し，微弱な電流を流すことによりイオン移動（電気泳動）や電気浸透といった界面動電現象を引き起こして，汚染物質の濃縮や除去を行う方法，水や分離溶出促進剤を汚染土壌に通過させ，水相に汚染物質を溶出させ回収するソイルフラッシング（soil-flushing）法などがある．また，既存の原位置処理法を組み合わせることにより，浄化の効率を高める手法も提案されている．　　　　　　　　　　〔川辺能成〕

文　献
1) 平田健正，前川統一郎監修：土壌・地下水汚染の原位置処理技術（地球環境シリーズ），pp. 31-87，シーエムシー出版 (2004).

226 廃棄物処分場浸出水の浄化

treatment of leachate in waste dump site

埋立てによる廃棄物の最終処分に伴い，汚染物質を含む浸出水による表流水や地下水による環境汚染が懸念されている．浸出水には地下水検査項目にある重金属類をはじめ，揮発性有機化合物，環境ホルモン様物質およびダイオキシン類などの多種多様な化学物質を含有している可能性がある．そのため，廃棄物の最終処分場では定期的な環境モニタリングのほかに，廃棄物の種類や処分形態に応じて，処分地の遮水構造の強化や浸出水の高度処理が行われている．

1998年に「廃棄物の最終処分場に係る技術上の基準を定める命令」が出され，地下水や表流水の保全に向けての技術的指針が定められた．このなかでは，一般廃棄物および産業廃棄物を対象として，廃棄物の処分形態（安定型処分場，管理型処分場，遮蔽型処分場）ごとに実施すべき検査項目，管理基準および廃止基準が規定されている．その後，ダイオキシン類対策特別措置法の施行により，最終処分場におけるダイオキシン類の検査と管理が義務づけられた．ここでは管理型処分場における産業廃棄物の対応について述べる．

図1は，管理型処分場の構造と要件を示したものである．安定型処分場では周辺との隔離ができる物理的な構造があればよいが，管理型処分場ではビニルシートなどの遮水構造と浸出水の処理施設の設置が求められる．産業廃棄物を埋立処分する管理型処分場では，周辺井戸の地下水水質を保護するため，年1回以上の地下水等検査項目（23項目，地下水環境基準を適用）およびダイオキシン類の検査が実施されている．

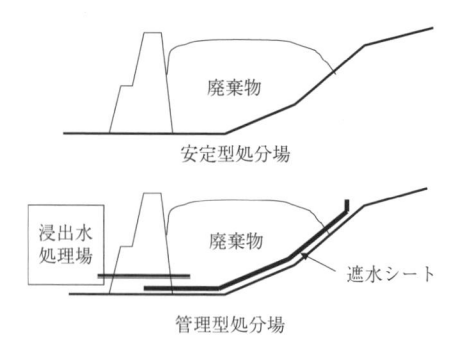

図1 最終処分場の構造と要件

また，放流水を監視するため，年1回以上の排水基準項目（BOD，COD，SS以外は，排水基準値を適用）およびダイオキシン類の検査が義務づけられている．なお，ダイオキシン類については $10\,\mathrm{pg\text{-}TEQ}/l$ 以下を維持することが求められる．

ダイオキシン類などの除去には，通常の水処理工程で使用される凝集沈殿法が有効である．これは，ダイオキシン類の大部分が浸出水中の浮遊物（suspended solid：SS）に付着して存在し，溶解している成分が少ないことによる．SS除去に伴いダイオキシン類も除去され，SSとともにダイオキシン類も凝集沈殿した汚泥中に濃縮される．浸出水処理施設におけるダイオキシン類の挙動を調べた事例では，浸出水中のダイオキシン類濃度（毒性等価量）は $2.0\,\mathrm{pg\text{-}TEQ}/l \sim 120\,\mathrm{pg\text{-}TEQ}/l$ であったに対して，処理水中の濃度は $1.0\,\mathrm{pg\text{-}TEQ}/l$ 以下となり，除去率は98％以上であった．より高度な水処理技術として，促進酸化法（AOP法）がある．これは，オゾン，紫外線，過酸化水素を組み合わせたハイブリッド技術であり，さらに除去率を高めることができる．これらの水処理技術の導入により，上記の管理基準である $10\,\mathrm{pg\text{-}TEQ}/l$ 以下を維持することが十分可能な状況にある．〔駒井　武〕

IX

グリーンケミストリー

グリーンケミストリー

227

green chemistry

a. グリーンケミストリー（GC）とは
GCとは「環境にやさしいものづくりの化学」である．製品の設計段階で，製品の全ライフサイクルを考え，その環境負荷（有害物質の排出など）や化学的リスクが最少になるよう設計したのちに，開発に着手する．病気にたとえれば，診断，治療，予防のうち，「予防」を重視する．そのための化学と化学技術の創造とそれを促進する運動の両方をGCと呼ぶ．そして，GCを推し進めることにより化学技術が持続的社会にふさわしい技術体系へ発展すること（体質改善）を期待する．

米国で1990年代にGCの名のもとに運動が展開され，世界に広がっているが，「環境にやさしいものづくりの化学」には，わが国にも早くから先進的な成果がある．たとえば，1970年から1989年の間に，紙・パルプ産業は河川に排出するBODを大幅に低減させ，民生起源のBODよりも少なくなった．この成果は，主として製法と原料の転換によるもので，GCのよい例である．イオン交換膜法食塩電解もわが国が誇るグリーン技術である（→3.人類の歴史）．GCとほぼ同じ趣旨で，サステイナブルケミストリー（SC），グリーンサステイナブルケミストリー（GSC）がある．わが国ではGSCの名も広く用いられている．

b. 二つの理由と三つの目的 化学・化学技術は，20世紀の豊かな物質文明に大きな貢献をしたが，一方で，化学物質が引き起こす環境汚染，健康影響の管理が問題になっている．これが，GCを必要とする第一の理由である．第二は，エネルギー，資源の大量消費・廃棄によって資源の枯渇と環境の汚染が進み，人間活動をこのまま量的に拡大し続けることが難しくなったことで，人間活動に伴う環境負荷を大幅に低減させることが求められている．

環境負荷（化学的リスクを含める）を(1)式のように分けて考えると，右辺の第2，3項は発展途上国を中心に今後急速に増大する（Commoner, 1971）．右辺第1項を大幅に低下させる以外に全体の環境負荷（左辺）を低減することはできないのだが，放っておけば環境負荷は国民総生産の伸び以上に増加しかねない．

$$環境負荷 = \frac{環境負荷}{国民総生産} \times \frac{国民総生産}{人口} \times 人口 \quad (1)$$

図1は，環境クズネッツ曲線と呼ばれるものである（Kuznets, 1955）．もともと，経済と所得格差について提案された．物質的生活レベルの向上に伴い環境汚染は増加するが，ある段階から反転させて逆U字曲線（あるいはショートカット）を実現できると主張する．この考えがGCの基礎となる考えである．ショートカットは途上国にとくに期待したいもので，そのための援助は先進国の責務である．

GCには三つのねらいがある[1]．第一のねらいは，廃棄物量や化学的なリスクを大幅に低減することである．よく知られたEファクター（副生成物/目的生成物の重量比．→234.Eファクター）をみると[1]，

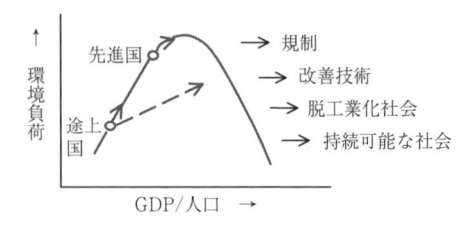

図1 環境クズネッツ曲線
経済発展に伴う環境負荷の変化.

表1 グリーンケミストリーの研究開発課題

合成プロセス	危険有害物質を出さない，使わないプロセス 量論反応を効率的な触媒反応へ 原子効率の高い反応経路 多段プロセスの少数段化 反応媒体の改善（無害，分離精製容易）
製品	高い機能性，耐久性，環境調和性，安全性，再利用可能性
原料	再生可能性，環境調和性，省エネルギー性，省資源性
その他	グリーン度評価，化学物質の総合リスク管理 環境保全技術（広義のグリーンケミストリー）

わが国の化学産業が今後注力すべき高付加価値の製品群ほどEファクターが大きい．医農薬，電子材料では100以上に達する．これらは一品種の生産量は小さくても多品種であるため副生成物の総量は相当大きい．最終製品がいかに省エネルギーで利便性が高くても，その製造過程で多くの有害廃棄物が生成したり危険な反応試薬を使用したりすることは好ましくない．

第二のねらいは，経済性，効率性の向上である．経済性がなくては普及しない．当面は，環境負荷の低減と経済性の折り合いをつけることも必要だが，しだいに，環境負荷が小さく機能の優れた製品が競争力をもつことになろう．第三のねらいは，社会と化学者の間の信頼関係の構築である．今後，化学に限らず市民の判断が重要性を増すことを考えると，化学者と市民との双方向リスクコミュニケーションにより化学物質の環境・健康影響について健全な常識を共有することが大事である．

c．**グリーン度とプロセス，製品，原料，リサイクル**　グリーンケミストリーの研究開発課題を表1に例示する．これら技術を局所的にみてグリーンであると判断しても，ライフサイクル全体でみると，レッドであったりブラックであったりする．したがって，健全なGCの発展には総合的なグリーン度評価が不可欠である．アナスタス（Anastas）らのGC 12原則において[2]，そこにはトレードオフの関係が少なからずあって，全部を同時に満たすことはできない．他方，一つだけ満たすことはそう難しくないがそれで安心してはならない．また，反応効率や分離効率は，反応によって大幅に変化するので，グリーン度はケースバイケースでもある．合成プロセスがGCの対象となることが多いが，実は，合成に後続する分離・精製の過程がグリーン度を支配することが多い．

製品は，直接，社会を流通するのでGCの重要な対象となる．原料に再生可能な植物資源を使用することはGCとして注目される．すでに繊維，ゴム，木材などは大量に利用されている．とはいえ，植物資源も大量に使用すれば再生が追いつかず環境を破壊する可能性がある．また，製造プロセスに再生不可能な化石資源を大量に消費したり，処理困難な廃棄物が多量に排出されては困る．食糧との競合を考えねばならない．廃棄物の再利用，リサイクルは，エネルギー多消費型に陥りやすいのでケースバイケースの評価が必要である．

〔御園生　誠〕

文　献

1) 御園生　誠，村橋俊一編：グリーンケミストリー―持続的社会のための化学，講談社 (2001).
2) Anastas, P. T. and Warner, J. C.著，渡辺正，北島昌夫訳：グリーンケミストリー，丸善 (1999).

BAT

best available technology (techniques)

BATは「実行可能な最善の技術」と呼ばれているが，技術を指す場合（BAT技術），考え方を指す場合（BAT手法），考え方にしたがい制定された排出基準を指す場合（BAT基準）がある．

BATは，各産業が設備や施設を導入するときや，許認可の時点で考えられる排出基準を検討するとき，また，環境保全のために導入すべき技術を選択するときなどに適用される手法である．欧米諸国の一部ではすでに取り入れられていて，地域の環境の状況に合った環境保全対策を講じている．

日本では，化審法（化学物質の審査及び製造等の規制に関する法律）において，化学物質を製造する際に副生する第一種特定化学物質について「工業技術的・経済的に可能なレベル」まで低減するために，BAT手法を適用し検討することになっている．

米国では，「実行可能な最善の技術」の導入を通して，大気汚染防止，河川などの水質汚濁防止などの分野で，環境負荷低減の仕組みが構築されている．このように設定された排出基準の代表的なものは，大気汚染防止分野でのNO_xなどに対するBACT (best available control technology)，クロムなどに対するMACT (maximum achievable technology)，水質汚濁防止分野でのBACT (best available control technology) などがある．

EUでは，IPPC指令（integrated pollution prevention and control, 1996）で指定された施設の設置には，各国の機関から許可を取得しなければならない．そして，その許可は「利用可能な最善の手法（best available techniques：BAT）」の考え方に基づくものでなければならないとされている．

EU指令では，各国の機関がBATを決定する際に考慮すべき事項を表1のように示している．

また，ISO 14001でもBATの考え方が盛り込まれている．すなわち，環境目的および目標を設定し見直しをするときに，組織は，法的およびその他の要求事項，著しい環境側面，「技術上の選択肢」，財政上，運用上および事業上の要求事項，ならびに利害関係者の見解に配慮しなければならない．そして，「技術上の選択肢」を考慮する場合には，組織は，経済的に実行可能であり，コスト効果があり，かつ適切と判断されるところで，BATの使用を考慮することとされている．

〔内野圭司〕

表1　BAT決定のための考慮事項

1	廃棄物削減技術の利用
2	有害性の低い物質の使用
3	工程で生成または使用した物質と廃棄物の適正な再生および再利用の促進
4	工業規模で実証された工程・施設および手順との比較
5	科学的知見および理解に基づく技術予測
6	排出物の性質・影響および量
7	新規および既存施設が当局により認可された日付
8	利用可能な最善の手法の導入に必要な期間
9	工程で使用された原料（水を含む）の性質，消費，およびエネルギー効率
10	排出物の総合的な環境影響を回避あるいは最小限に減少する必要性とそのリスク
11	事故の防止と，万一事故が起こった場合，その結果を最小限にくい止める手段
12	EU情報交換委員会あるいは国際機関により公表された情報

229 レスポンシブル・ケア活動

responsible care

　レスポンシブル・ケア活動は「化学物質を取り扱う事業者が，自己決定・自己責任の原則に基づき，開発から製造，物流，使用，最終消費をへて廃棄に至る全ライフサイクルに渡って『環境・安全』を確保することを経営方針において公約し，安全・健康・環境の対策を実施し，継続的な改善を図っていく自主活動」である．対象事業者は，化学品製造会社はもとより使用者，流通や保管業者なども含まれる．法規制への対応は当然であり，より高いレベルを自主的に目指すことを基本としている．

　レスポンシブル・ケア活動は1985年にカナダで誕生し，1990年に国際化学工業協会協議会（ICCA）が設立され，日本や米国も導入することとなり，いまや世界で47カ国（2003年10月現在）に導入されている．

　日本では，1995年社団法人日本化学工業協会のなかに企業74社が中心となり日本レスポンシブル・ケア協議会（JRCC）が設立された．それまで各企業が独自に行っていた環境・安全配慮の活動を統一し，より活動を活性化し，社会の理解を深めていくことを目的としている．

　図1のマークは，レスポンシブル・ケアを実施している企業・協会が国際的，共通的に使用できるマークとして，ICCAが定めたものである．「両手と分子模型」をデザインしており「化学物質を大切に取り扱う」という趣旨を表している．

　会員企業では，「レスポンシブル・ケアの実施に関する基準・指針」にしたがい環境保全，保安防災，労働安全衛生，化学品・製品安全，物流安全を中心に活動し，その成果をレスポンシブル・ケアレポートや環境報告書などにより公表して社会とのコミュニケーションを進めている．

図1 ICCAの定めたレスポンシブル・ケアのマーク

　JRCCでは企業からの実績データを集計し，会員企業とともに以下の活動を行い，活動結果を報告書として公表している．また四季報の発行，全国での地域対話集会，会員交流会などを通じて活動を広く紹介し，理解を深めることに努めている．

　a．環境保全；　エネルギー，温室効果ガス，PRTR排出量，産業廃棄物排出量などの削減目標を立てて活動し大きな削減効果を上げる．

　b．保安防災；　災害発生状況や防災投資の把握などにより安全操業確保を推進する．

　c．労働安全衛生；　災害度数率や強度率の把握や安全表彰制度により，労働災害の撲滅を目指す．

　d．化学品・製品安全；　事前安全評価やMSDS（製品安全データシート）の作成支援を行う．

　e．物流安全；　緊急時のイエローカード・ラベルの整備推進と緊急時のマニュアル，相互支援体制をとる．

〔内野圭司〕

230
CSR；企業の社会的責任

corporate social responsibility

　CSRは，企業に求められる法的責任，制度的責任，経済的責任，自主的な環境負荷低減などの活動，社会貢献などにおいて，市民，地域および社会に貢献できるよう，バランスのとれたアプローチを行うこと，またその結果をステークホルダー（利害関係者：顧客，取引先，株主，従業員，地域住民，求職者，投資家，金融機関，政府などを指す）に，報告書や対話などを通じて，公表・開示して理解してもらうことで，企業の説明責任を果たそうという自主的な活動である．

　国際標準化機構（ISO）では，CSRをISO 9000（品質マネジメントシステム），ISO 14001（環境マネジメントシステム）に次ぐ第三世代のマネジメントシステム規格と位置づけ，2001年4月に規格化するために検討をスタートした．情報提供に用いられる報告書はCSR報告書やサステイナビリティ報告書と呼ばれ，年次報告書，環境報告書に続くものである．

　CSRの狙いは，社会と企業の持続的成長を確実にするための企業戦略であり，「リスクマネジメントの強化」，「ブランド価値の向上」，「優秀な人材の確保」，「投資市場からの評価」などの効果が期待される．

　「リスクマネジメントの強化」の効果は，企業活動の各側面で生じうるリスクを十分に検討分析し，実態を把握するとともに対策を事前に講ずることにより，リスクを回避する．

　「ブランド価値の向上」の効果は，企業のブランドロイヤリティーを高めることになり，消費者の「製品・サービスの選択動

図1　企業の社会的責任（CSR）

機」として重要である．

　「優秀な人材の確保」の効果は，企業の差別化により優秀な人材が確保できることになり，日本では少子高齢化の進展から，重要な要素である．

　「投資市場からの評価」の効果は，企業の将来業績を予測するうえで重要な要素と見なされ，CSRを前向きに取り組む企業を評価し，その企業に投資する「社会的責任投資（SRI）」という株式市場も広がってきている．

　CSRの評価ファクターは，雇用，消費者対応，環境，市民社会貢献などがある．

　雇用では，高齢者や女性，障害者の雇用状況，従業員の人権保護体制，勤務状態，福利厚生，能力開発制度，業績・能力評価制度などが評価される．

　消費者対応では，企業が消費者の声に真摯に耳を傾け，真に安全で信頼のおける製品・サービスを世に送り出すことが企業の社会的責任であり，消費者対応窓口などコミュニケーション手段について評価される．環境では，環境汚染物質対策，環境パフォーマンスの改善対策，環境リスク低減対策などが評価される．市民社会貢献では，市民や地域との共生活動，メセナ（芸術文化支援を意味する仏語）活動などを評価する．

〔内野圭司〕

グリーンケミストリーの12箇条

231

twelve principles of green chemistry

グリーンケミストリー（GC）の12箇条は，アナスタス（Anastas）とワーナー（Warner）によって1997年に提唱されたもので[1]，グリーンケミストリーの基本的考えと技術領域を表1のようにわかりやすく示している．

アナスタスらは，この12箇条によって，"グリーンケミストリーとは何か"という問いに答えており，その広がりもはっきり示している．

化学実験室に立った研究者が，この12箇条を守って研究，実験を進めようと思い立ったならば，その日から彼はグリーンケミストであるとしている．しかし，これらの原則が相反することも多く，一つ，二つだけ満足しても十分とはいえない．その場合の対処が重要であるとの指摘がある．また，開発された技術を商業化する立場の人，監督官庁，または市民の立場からみた場合，考慮されるべき項目が漏れているとの指摘もある．

そのため，見直しや修正が続12箇条としていくつか提案されているが，まだ合意を得たものはない．むしろ，さまざまな修正案が提案討議される過程がそのままグリーンケミストリーの進化の道筋であり，その出発点となった上掲の12箇条の意義は薄れることはない．

わが国においては，財団法人化学技術戦略推進機構が中心になり，グリーンであることに加えて，サステイナビリティの価値観を加えた"グリーン・サステイナブルケミストリー（GSC）"が提唱され，12箇条における製品設計，原料選択，製造方法に限った視点から，使用過程やリサイクルを含めた総合的な視点へと拡張した新たな概念を創生している．

GSCの概念は，自然との共生や環境との調和のもとでの人類社会の持続的な発展につながる科学技術（サステイナブルテクノロジー，ST）の中核として位置づけられるもので，わが国で2003年3月に開催された第1回GSC国際会議を契機に，世界に大きく広まりつつある．

〔内野圭司〕

文　献

1) アナスタス, P. T., ワーナー, J. C. 著, 渡辺 正, 北島昌夫訳：グリーンケミストリー, 丸善 (1999).

表1　グリーンケミストリーの12箇条

1	廃棄物は"出してからの処理"ではなく，出さない（予防）
2	原料をなるべくむだにしない形の合成をする（原子効率）
3	人体と環境に害の少ない反応物・生成物にする（低毒性物質の使用合成）
4	機能が同じなら，毒性のなるべく小さい物質をつくる（より安全な物質の設計）
5	補助物質はなるべく減らし，使うにしても無害なものを（より安全な溶媒）
6	環境と経費への負荷を考え，省エネを心がける（エネルギー効率）
7	原料は，枯渇性資源ではなく再生可能な資源から得る（再生可能資源）
8	途中の修飾反応はできるだけ避ける（不要な修飾反応）
9	できるかぎり触媒反応を目指す（触媒）
10	使用後に環境中で分解するような製品を目指す（分解性物質の設計）
11	プロセス計測を導入する（リアルタイムな分析）
12	化学事故につながりにくい物質を使う（事故につながりにくい物質）

GC/GSC 評価手法

232

metrics for GC and GSC

GC（グリーンケミストリー）やGSC（グリーン・サステイナブルケミストリー）評価手法は，GC/GSC技術により製品やプロセスを改善した際の改善度（グリーン度）を客観的・定量的に評価する手法である．この手法では，環境負荷の評価のみならず，経済的評価と社会的評価を加えた総合的評価ができることが望ましい．また，原料から製造・使用・廃棄・リサイクルに至る全ライフサイクルにわたる環境負荷の視点，価格や利潤に加えて使用者側の利便性のようなベネフィットの視点，地球規模での資源・エネルギーの持続性（サステイナビリティ）の視点など評価の切り口は多様であり，評価の目的やステージによって適した手法が異なる[1]．以下に，GSC手法を四つに分類して示す．

第一の手法は，ライフサイクルアセスメント（LCA）によるアプローチである．ISO-14040シリーズによって国際規格が定められており，製品やサービスのライフサイクルにわたって，資源・エネルギーなどに関する地球からの投入量と地球への放出量を定量的に評価する（→16.ライフサイクルアセスメント）．評価対象範囲を明確にして評価するもので，範囲により川上，川下のデータが必要である．

第二の手法は，開発技術と競合する技術を比較評価するものであり，「日本のGSC賞選考のための簡易四軸評価法」はその代表例である．エネルギー投入量（あるいは温暖化ガス発生量），資源使用量，環境負荷量，最終処分量について，それぞれの技術について算出する方法である．改善程度が，競合技術を1として，図示される（図

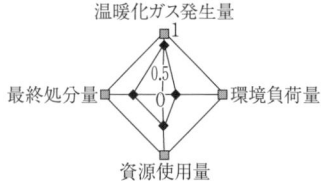

図1 簡易四軸評価法
◆：開発技術，■：既存技術

1）．

第三の手法は，企業内の技術開発の指針として使うことを目的とした評価モデルである．その代表例は，BASF社のエコ効率eco-efficiencyがある．エネルギー，原材料，排出量，リスク，毒性，土地の因子に関して，LCAからの評価とランキングによる評価などによる評点について，それぞれの因子にウエイトづけして環境因子の総合評点を算出する．一方，経済性については，金銭的負担因子として評点を算出する．環境因子と金銭的負担因子につき二次元で図示してポートフォリオとして把握する．最近ではさらに社会性につき同様な手法にて評点化して三次元で図示するSocio-Eco-Efficiencyが開発されている．BASF社以外にも，Bayer社のEco-Check法，GlaxoSmithKline社のGreenness法など企業の評価目的に合わせた手法が開発されている．

第四の手法は，米国や英国の化学工学会が進めている総合的評価手法である．米国の手法は物質，エネルギー，水消費，毒性物質，汚染物質の因子につき付加価値や販売量，販売高などで規格化した値で評価するものである．英国の手法はある期間での企業活動による環境指標，経済指標，社会指標結果を評価するものであるが，個々の製品やプロセスのGC/GSCによる改善度を評価することは困難である．

〔内野圭司〕

文　献
1) 青木良輔：環境管理，**33**(4)，7 (1997)．

原子効率

233

atom efficiency

トロストの原子経済 (atom economy)[1] と，シェルダンによる原子利用率 (atom utilization) および原子効率 (atom efficiency)[2] は，いずれも，反応生成物に取り込まれた原子に着目して，反応式のみに基づいて化学反応の効率を評価する手法である．日本では，三者をまとめて原子効率と称している．

グリーンケミストリー12箇条の第2条で述べられた「原料をなるべくむだにしない」という視点，すなわち，化学合成に当たり，反応工程中で用いられる物質が最も多く目的生成物に組み込まれるよう反応を設計するということを定量化する尺度として提案された．

トロストは，収率の概念に対し，たとえ収率100%で合成できても，廃棄物となる副生物が出るとすれば，「原子効率」からみれば劣った反応であるとする見方を示した．

従来の化学反応プロセス技術がもっぱら化学反応における収率に焦点を合わせてきたが，反応に関与するすべての物質の有効利用，すなわち廃棄物をなくすことに経済的価値をおくという考えへと，価値体系の軸を移すよう主張している．

原子効率を算定するには，反応式のみに着目して，目的物組成の総原子量を，その目的物を得るために経由する反応式（収率100%）において原料として使用するすべての物質の総原子量で割り算して求める．

$$\text{原子効率 (\%)} = \frac{\text{目的物組成の総原子量}}{\text{反応式で原料として使用するすべての物質の総原子量}} \times 100$$

すなわち，出発物質中に含有されている原子がどれほど効率的に目的生成物中へ移動し含有されているかを示している．

たとえば，

$$CH_2=CH_2 + Cl_2 + Ca(OH)_2 \rightarrow CH_2-CH_2 + CaCl_2 + H_2O$$
$$\diagdown O \diagup$$

の場合，原子効率は，$44/(28+17+74)=25\%$．

この反応は，エチレンを酸化して，エチレンオキサイドを合成する反応であるが，酸素原子を一つ入れるだけのために，塩素や水酸化カルシウムを使用しており，原子効率という視点からは決して，好ましい反応ではない．

しかし，原子効率では，反応収率という重要な視点をあえて外しており，反応を効率的に進めるための，保護基，溶媒，触媒なども考慮していない．この点，Eファクターとは異なる．

というものの，グリーンケミストリーを志向して新たな反応系の設計にとりかかる出発点において，まずは，原子効率が考慮すべき評価の視点であろう．その上に立って，トータルな効率を考え，所要エネルギー，反応にかかわる諸物質の毒性，廃棄物の環境への負荷などを順次評価して，最もグリーン度の高い反応を追求，設計していくのがグリーンケミストリーであるといえよう．

〔内野圭司〕

文 献
1) Trost, B. A. : *Science*, **254**, 1471 (1991).
2) Sheldon, R. A.: *Chem. Ind.*, **7** (1992).

Eファクター

E factor

Eファクターは，グリーンケミストリーを定量化する尺度の一つとして，シェルダン（Sheldon, R. A.）によって提案された．製品単位重量当たりの廃棄物の重量で，下式で示される．

$$\text{Eファクター} = \frac{\text{廃棄物 (kg)}}{\text{製 品 (kg)}}$$

ここで廃棄物とは，化学プロセスで生成するすべての物質のなかで，目的物質以外のものと定義する．主なものは，反応やそれに続く中和工程で生成する無機塩（たとえば，塩化ナトリウム，硫酸ナトリウム，硫酸アンモニウムなど），化学量論的な無機反応物質（たとえば，金属酸化剤）から生じるものなどで，目的の製品を得るために経由するすべての反応プロセスで副生する総廃棄物量である．

Eファクターは，大量生産型化学品から下流のファインケミカル製品や医薬品のような高付加価値製品になるにしたがい劇的に増加する．いうまでもなくファインケミカル製品や医薬品の製造では，多段階反応を含むので，一段階ごとの廃棄物はそれほど多くなくても全段階での総廃棄物量は多くなる．またその合成段階に触媒反応が含まれることが少なく，化学量論的な無機反応物質を反応させる場合が多いこともその原因である．

もう一つの大きな問題は，溶媒の使用である．反応条件の温和化，均一化および活性を高めるために溶媒が使用されるケースが多い．無溶媒が望ましいが，毒性がなく，不燃性である水や超臨界 CO_2 を利用する研究がさかんに行われている．溶媒は生成物の分離や精製にも大量に使用される．溶媒を使用しないこともEファクターを小さくする方向である．表1に産業分野ごとのEファクターの例を示した．

原子の有効利用度に関する考え方は「原子効率」の項目に示したが，そこでは収率は100％と見なされ，反応式に現れるものしか考慮していない．工業的な製造では，収率が100％にならないで，異性体，分解物質，重合物質が生成する．また，反応を円滑に進めるために使用される過剰の反応物質，溶媒の回収ロス，さらに中和工程で生成する塩も廃棄物として把握される．これらを計算に含めると，Eファクターは理論式よりずっと大きくなる．さらには，エネルギーの視点も考慮に入れて評価する必要がある．エネルギーの使用は廃棄物（たいていの場合は CO_2 として）を発生し，また消費自身が環境負荷になるからである．

以上のように，とくにファインケミカル製品や医薬品，電子材料分野では，廃棄物発生の主な原因は，反応で化学量論的な無機反応物質を使用することにある．したがって，グリーン・サステイナブルケミストリー（GSC）では，化学量論的な反応ではなく触媒反応を目指し，かつその触媒が目的生成物を選択的に合成でき，かつ温和な条件で性能を発揮する触媒の開発が大きな鍵となる． 〔内野圭司〕

表1 いくつかの製品のEファクター

産業分野	生産規模 (t)	廃棄物 (kg) / 製品 (kg)
石油精製	$10^6 \sim 10^8$	<0.1
大量生産型化学品	$10^4 \sim 10^6$	<1～5
ファインケミカル	$10^2 \sim 10^4$	5～50
医薬品，電子材料	$10^0 \sim 10^2$	25～100

資源生産性

235

resource productivity

生産性 (productivity) は従来, 投入量に対する産出量の比率が高いことを表すための経済指標として用いられ, 労働生産性 (＝生産量÷従業者数), 資本生産性 (＝生産量÷有形固定資産), 原料生産性 (＝付加価値÷投入原料) などが知られている. OECDはこれらを「産出物を生産諸要素の一つによって割った商」として定義している. このような経済指標としての従来の「生産性」概念に対して, 地球環境問題の広がりや持続可能性の追求のなかで, 当面の経済効率性のみでなく「経済外の環境影響」や「将来にわたる再生産性の担保」をも投入との関係でとらえる指標として, 投入量を経済的な原材料だけでなく, 地球環境から人間圏に持ち込んだ資源全体を対象として指標化したものを資源生産性という.

資源生産性が高いということは, あるサービスや利便性を得るために, 地球環境から人間経済圏に取り込んだ量が小さい, もしくは同一の取込み量でより大きなサービスを実現したことを意味し, 単位サービス当たりの環境とのやりとりが小さくなることで, 環境効率を改善していくことになる. なお, 環境効率 (eco-efficiency) とは, 当該製品のライフサイクルでの環境負荷とそれにより得られるサービスの比である.

資源生産性の投入に相当する資源指標としては, データの得やすさから便宜的に天然原料投入量が用いられる場合もあるが, 海外での天然資源の採掘に伴う諸投入やその際に発生する廃棄物, 廃土, 土地の劣化などの「隠れたフロー」を加味した投入量

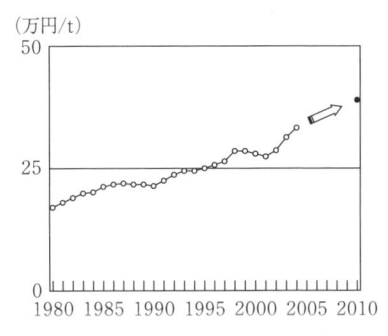

図1 わが国の資源生産性の推移

を用いることがより本来的とされ, ドイツのヴッパータル研究所, 日本の物質・材料研究機構などでTMR (total material requirement, 関与物質総量) としてその調査がすすんでいる. それによると白金, インジウムなどの機能性の高い成分はTMRも元素1kg当たり1000t台ときわめて大きいことがわかっており, 飛躍的な高性能化を伴ってはじめて高い資源生産性を実現できることになる.

産出量に相当する項には, 本来その製品やシステムにより得られるサービスや利便性などが定量的に指標化されて用いられるべきであるが, 現時点では一般化が難しいため, その対象となる製品や, システム, 領域に応じて, 特徴的な効用量, 消費量, 売上げなどで数値化されて用いられている. 企業では社会需要に応えた量＝売上げ, としてそれを資源投入で割って表す場合も多い. また, わが国では, GDP (国内総生産) を分子にしそれを年間の天然資源投入量で割ったものを国レベルの資源生産性としている. なお, 国レベルの資源生産性は, わが国は2000年では約28万円/tと米国の約2倍で世界最高水準であるが, 循環型社会形成基本計画では, それを2010年には39万円/tまで引き上げることを目標としている. 〔原田幸明〕

GSC ネットワーク

236

GSC(green sustainable chemistry) network

図1

「グリーン・サステイナブルケミストリー」(GSC)は，製品設計，原料選択，製造方法，使用方法，リサイクルなど製品の全ライフサイクルを見通した技術革新により，「人と環境の健康・安全」「省資源・省エネルギー」を実現する化学技術であり，一方で経済合理性を満たすことを重要な要件としている．

日本や欧州の一部ではGSC，英米系の国ではグリーンケミストリー(GC)，OECDや欧州の国々ではサステイナブルケミストリー(SC)などと呼称されているが，基本的には同義と考えて差し支えない．

GSCの歴史は，1990年代前半の英国を中心とするクリーンテクノロジー活動および米国環境保護庁(EPA)と米国化学会(ACS)を中心とするグリーンケミストリー活動に始まった．その後1998年に，欧州や日本が参加するOECDの場で，持続可能な社会の実現に向けてサステイナブルケミストリー(SC)活動を推進することが決議された．現在では中国やアジア，東欧の国々を含めて，世界的に活動が展開されている．

わが国では，1999年に日本化学会がグリーンケミストリー研究会，バイオインダストリー協会がグリーンバイオ戦略フォーラムを設立し，2000年3月には，化学関連10団体の総意によって，財団法人化学技術戦略推進機構(JCII)内に事務局をおくグリーン・サステイナブルケミストリーネットワーク[1] (GSCネットワーク)が設立された．その後活動の広がりとともに，会員数は増加し2007年には25団体に拡大している．

GSCネットワークでは，表1の行動指針を掲げている．1)～4)では，技術開発における行動指針を，5)～7)では，化学産業のみならず，関連するあらゆる産業・学・官・消費者の活動や行動を盛り込むことの重要性を表現している．すなわちこの行動指針では，環境問題を単に技術問題としてだけでなく，社会問題としてとらえること，一企業や一技術領域内での個別最適化された技術ではなく，全体最適された技術を追求することを求めている．

GSCネットワークでは，GSCの推進普

表1 GSCネットワークの行動指針

1)	製品の全ライフサイクルを見通して，「人と環境の健康・安全」を最重要視して経済効率の高い製品の設計・製造方法の確立を目指す
2)	副生成物や排出物の低減，リサイクルおよび環境浄化などに貢献する製品・技術を開発する
3)	資源・エネルギーの消費低減，および資源の循環的利用を実現する
4)	枯渇性資源への依存度を低減し，再生可能資源の積極的使用と再生使用を推進する
5)	産学官，業際・学際および国際連携を積極的に推進する
6)	社会の信頼性を高めるために情報の収集・開示および対話に積極的に取り組む
7)	GSC理念を浸透させるために教育・普及活動に積極的に取り組む

IX. グリーンケミストリー

及をはかることを目的に，GSC シンポジウムの開催，GSC 賞の創設・運用，GSCN ニュースなどによる情報提供，教育，国際連携に取り組んでいる．

2001 年度に GSC 賞が設けられ，2002 年度からは，とくに優れたものについては経済産業大臣賞，文部科学大臣賞，環境大臣賞が贈られている．

GSC シンポジウムは，2000 年度より毎年開催されている．2003 年 3 月には，世界の GSC 推進母体協賛による本格的な第 1 回 GSC 国際会議を，日本主導で東京で開催し，GSC の重要性を国際社会に向けて発信した．またこの会議において，GSC 国際会議が世界各国の持ち回りで開催されることになり，第 2 回が米国で 2005 年に，第 3 回が 2007 年にオランダで開催された．世界の持続可能な発展を目指すためには，中国・インドを中心としたアジア・オセアニアの発展途上国において GSC を推進することが鍵であり，日本が中心的な役割りを果たして，2007 年にはアジア・オセアニア諸国を含めた第 1 回 GSC-AON 会議が東京で開かれた．

米国の GC の歴史は 1990 年に成立した環境汚染防止法に遡る．この法令を受けて，米国環境保護庁では「化学製品やプロセスに関し，人の健康と環境への悪影響をより小さくする新規開発や改良を行う」という考えを広めるために，環境汚染防止のための代替合成経路の設計研究を補助するといういままでになかった奨励金制度をつくった．これらの取組みが進化して，GC と呼ばれるようになった．

グリーンケミストリーという言葉と概念を世界に知らしめるきっかけになったのは，1995 年 3 月 16 日付けで発表されたクリントン大統領による「環境規制に関する計画」である．1995 年は "Earth Day" の制定や米国環境保護庁が設立された 1970 年から 1/4 世紀目に当たり，環境行政に関する過去の取組みを検証し，来るべき 21 世紀におけるあり方を検討する時期に当たっていた．このような経緯から，この計画では，21 世紀におけるよりよい環境行政を推進するための「最優先 25 行動」が提言されその 25 番目が「環境のための設計―グリーンケミストリーの挑戦―」である．この提言を受け，グリーンケミストリー大統領賞が制定され，米国環境保護庁と米国化学会，パートナー団体企業とが連携して GC 活動の推進に取り組むことになった．そして，1997 年には Green Chemistry Institute (GCI)[2] が設立され，活動拠点はニューメキシコ州の Los Alamos 国立研究所内におかれた．その後 GCI は，2000 年末に米国化学会の傘下に入り，いっそう活発な活動が展開されている．

英国では，1990 年代前半に，クリーンテクノロジープログラムが開始され，大学と企業との連携で多くの基礎的な研究開発がなされた．活動の推進母体は，英国化学会である．この学会を中心にして，1998 年 10 月に York 大学を拠点として，Green Chemistry Network (GCN)[3] が設立され，情報交流，教育，技術移管，表彰などの活動が行われている．

1999 年 2 月より英国化学会から発行されている学術論文誌 *Green Chemistry* は世界におけるグリーンケミストリーに関する権威ある論文誌となっている．

GSC は，世界的な大きな潮流とし展開し，技術革新を通して，持続可能な社会の実現に貢献するものと期待される．

〔内野圭司〕

文　献
1) http://www.gscn.net/
2) http://www.chemistry.org/
3) http://www.rsc.org/

グリーン合成

green synthesis

Anastasによるグリーンケミストリー12箇条では，合成プロセスにおける環境負荷低減の研究要素として，少廃棄物，高原子効率，低毒性反応物，省溶媒，省エネルギー，再生可能資源利用などがあげられている．

a．毒物を使わない，出さない合成

原料や反応剤，溶媒としてできるだけ低リスクなものを使う合成である．

(1) グリーン媒体： 揮発性有機溶媒の代わりに，超臨界二酸化炭素，イオン液体，水，固相などを反応媒体とする試みが多数報告されている．さらに，従来フロンを媒体として合成されていたフッ素系高分子を超臨界二酸化炭素中で合成する方法がデュポン社で実用化間近である．この場合には反応の暴走危険性の低減もメリットの一つといわれている．

(2) ノンハロゲン合成： ハロゲン化合物は一般に毒性が高いため，その代替技術が活発に検討されている．たとえばホスゲンを用いる炭酸エステル合成法に代えて，一酸化炭素を原料とするエニケム社の技術や二酸化炭素から環状カーボネートを経由する旭化成社の技術などが開発されている．後者の技術はハロゲンを用いないポリカーボネート合成法として工業化されている（図1）．この技術は従来法で溶媒として用いられていた塩化メチレンが不要な点でも優れている．この他のノンハロゲン技術としては，ハロゲン系溶媒（塩化メチレン，クロロホルム）の代替，ハロゲン系反応剤（ハロゲン化アルキル，ハロゲン化アシル）の代替が重要である．

(3) 固体酸： 硫酸，硝酸，塩酸などの液体酸を用いる工業プロセスでは，中和プロセスおよび副生する塩の処理が必要となる．この問題を解決するため，反応液からの分離が容易で繰り返し使用可能な固体酸の利用が提案されている．たとえば，従来濃硫酸を必要としていた，ナイロン原料である ε-カプロラクタムの合成（ベックマン転位）を，シリカ系の固体触媒を用いる気相反応で代替する技術が住友化学社によって実用化された（図2）．類似の観点から固体塩基の利用も興味深い．また，超臨界水を反応場とすることによって酸触媒や塩基触媒なしに高選択的な反応が可能とな

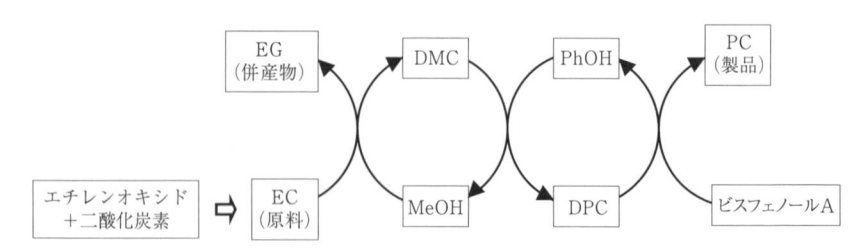

図1 旭化成法 ポリカーボネート新製造プロセス
(1)非ホスゲン法：塩化水素の中和や塩素回収が不要，(2)無毒な二酸化炭素が原料，(3)有機溶媒（塩化メチレン）が不要．
EG：エチレングリコール，EC：エチレンカーボネート，DMC：炭酸ジメチル，MeOH：メタノール，PhOH：フェノール，DPC：炭酸ジフェニル，PC：ポリカーボネート．

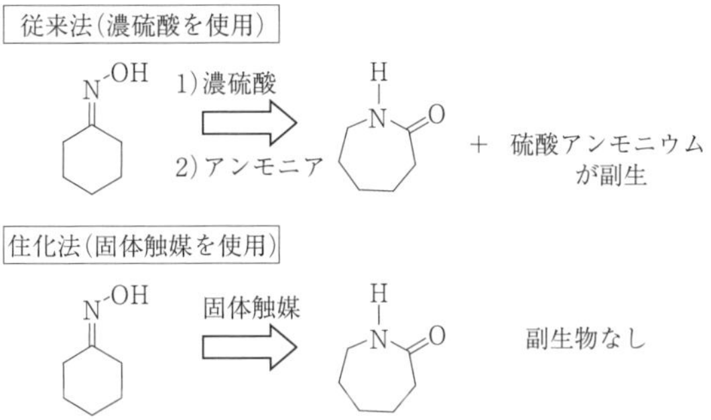

図2 固体触媒によるベックマン転位：6-ナイロンの合成（住化法）
（酸の分離や中和が不要）

ると提案されている．

(4) その他： 反応剤の低毒化も重要である．たとえば，クロムやマンガンなどの重金属化合物を反応剤として行われていた酸化反応を，過酸化水素や酸素を反応剤として触媒的に行う試みがある．

b．エネルギーを節約する合成

(1) 異相系反応： 分離の合理化は重要な省エネターゲットである．たとえば，貴金属錯体触媒を用いる有機合成反応においては，その分離回収が実用化の鍵となる．錯体触媒の分離法は大別して固体への固定化と液／液相分離の利用である．後者に関しては，有機／水二相系において水溶性触媒を用いたプロピレンのヒドロホルミル化がローヌプーラン社で開発され実用化されている．

(2) 反応場制御： 光照射，マイクロ波照射，超音波照射，マイクロリアクター，超臨界媒体などの「反応場」を利用することによって，新反応プロセスの実現や反応の加速，選択性向上などを通じて合成プロセスの効率化が達成される．たとえば，シクロヘキサンの光ニトロソ化反応によってナイロン原料であるシクロヘキサノンオキシムを直接的に合成する方法が，東レ社によって工業化されている．従来のシクロヘキサノンを経由する方法に比べ合成ステップが短縮される点で魅力的である．

(3) バイオ触媒： 酵素を触媒とする反応は，常温常圧下，ほぼ100％の選択性で進行するため，その利用によって大幅な省エネ効果が期待される．また，毒物をほとんど排出しないプロセスという点でも魅力的である．分離・回収に手間がかかる，現行化学工業プロセスに比べて生産性が低いなどの理由で高コストになりやすいことが課題であり，固定化，化学修飾などによる改良が行われている．また，フェノール誘導体の酸化重合によるスーパーエンジニアリングプラスチクス合成など，新しい分野への応用も進みつつある．

c．再生可能資源を利用する合成 環境負荷を小さくするという意味では循環可能資源の利用も重要項目である．たとえば，トウモロコシを原料とするポリ乳酸合成がカーギル・ダウ社で工業化された．また，バイオマスを合成ガス（一酸化炭素と水素の混合物）に変換した後，基礎化学品合成の原料として用いる技術が提案されている．二酸化炭素を直接変換する技術としては，炭酸エステル，ギ酸，メタノールなどの合成が検討されている．

〔坂倉俊康〕

ノンハロゲンプロセス

238

nonhalogen process

有機塩素化合物のなかには毒性や発がん性のあるものが多い．グリーンケミストリーの立場からは，ハロゲンを含む化学製品を，ハロゲンを含まないものに代替することが望まれている．一方，ハロゲンを含まない化学製品であっても，行程中にハロゲン化合物を原料，溶媒，あるいは触媒として使用する場合は多い．この場合はハロゲン化合物を用いないプロセス，すなわちノンハロゲンプロセスへの変換が望まれている．

ハロゲン化合物を原料として用いる化学製品のうち，約 1/3 は最終製品にハロゲンが含まれていないといわれている．これらの製造プロセスのなかでノンハロゲンプロセス化に成功した代表的な例を以下に紹介する．

ポリカーボネートはジクロロメタン溶媒中で図1のようにビスフェノールAとホスゲンとの重縮合反応により製造されている．

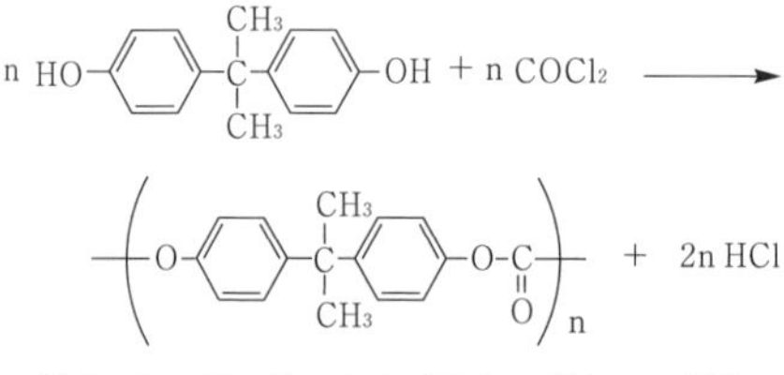

図1 ホスゲン法によるポリカーボネート製造

ホスゲンは沸点約 8°C の毒性がきわめて高い気体であるが，反応性が高いため広く用いられている．ノンハロゲンプロセスであるエステル交換法では，ホスゲンの代わりに炭酸ジフェニルを用いる（図2）．

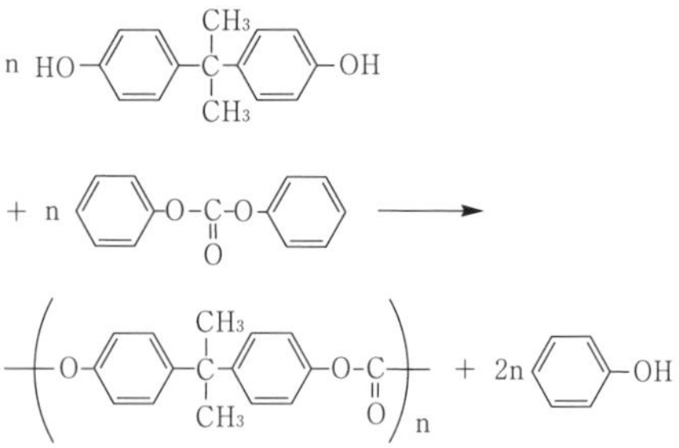

図2 エステル交換法によるポリカーボネート製造

炭酸ジフェニルはホスゲンを使用せずに図3の反応により製造される．

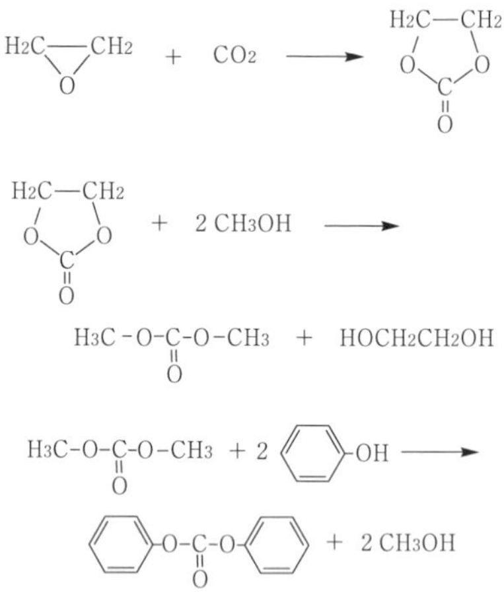

図3 炭酸ジフェニルの製造

工程が多い点が不利ではあるが，ジクロロメタン溶媒が不要であり，非水系でエチレングリコールを併産するという利点があるため経済的に見合うプロセスとなっている．

その他の例としては，プロピレンオキシドの製造があげられる．クロルヒドリン法では塩素ガスを原料として，図4の反応により製造している．毒性の高い塩素ガスを用いているだけでなく，プロピレンオキシドと等モルの水酸化カルシウムを消費するプロセスである．一方，ヒドロペルオキシ

IX. グリーンケミストリー

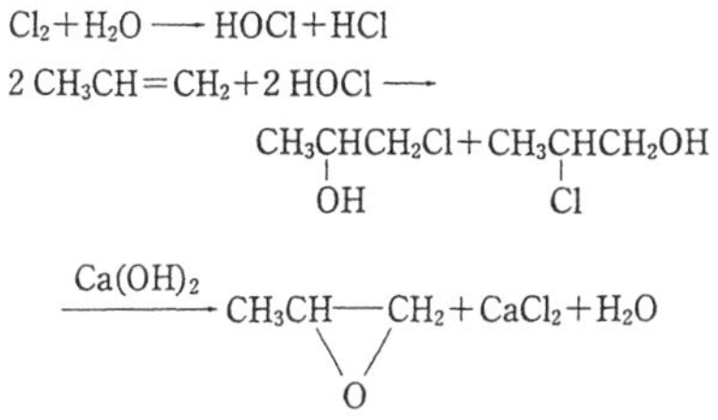

$$Cl_2 + H_2O \longrightarrow HOCl + HCl$$
$$2\,CH_3CH=CH_2 + 2\,HOCl \longrightarrow$$
$$CH_3\underset{OH}{CH}CH_2Cl + CH_3\underset{Cl}{CH}CH_2OH$$
$$\xrightarrow{Ca(OH)_2} CH_3\underset{\underset{O}{\diagdown\diagup}}{CH\text{―}\!\text{―}CH_2} + CaCl_2 + H_2O$$

図4 クロロヒドリン法によるプロピレンオキシド製造

$$C_6H_5CH_2CH_3 + O_2 \longrightarrow C_6H_5\underset{OOH}{CHCH_3}$$
$$CH_3CH=CH_2 + C_6H_5\underset{OOH}{CHCH_3} \longrightarrow$$
$$CH_3\underset{\underset{O}{\diagdown\diagup}}{CH\text{―}\!\text{―}CH_2} + C_6H_5\underset{OH}{CHCH_3}$$
$$C_6H_5\underset{OH}{CHCH_3} \longrightarrow C_6H_5CH=CH_2 + H_2O$$

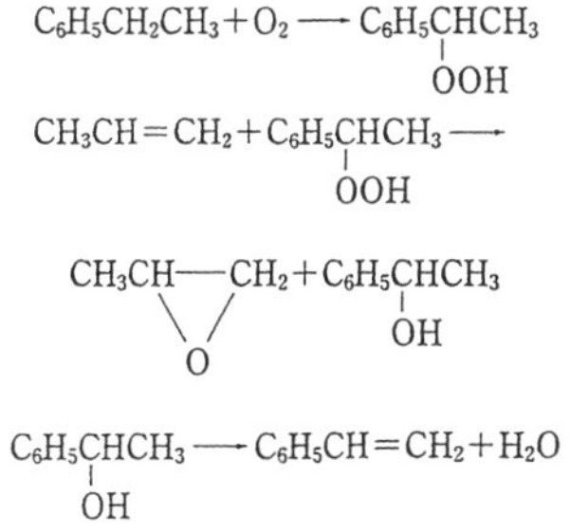

図5 ヒドロペルオキシド法によるプロピレンオキシド製造

ド法はプロペン,エチルベンゼン,酸素からプロピレンオキシド,スチレン,水が生成するという方法であり,グリーンケミストリーの立場からははるかに優れたプロセスである(図5)。

また,エチルベンゼンの代わりにイソブタンを用いる場合もある。この場合,イソブタンは酸素により酸化され,t-ブチルヒドロペルオキシド[$CH_3C(CH_3)_2OOH$]となり,最終的にはt-ブチルアルコールまたはイソブテンになる。イソブテンはメタノールとの反応によりメチル-t-ブチルエーテル(MTBE)に転化できる。MTBEはガソリンの添加剤として有用である。さらに最近では,エチルベンゼンの代わりにクメンを用いる方法が実用化された。この場合,クメンは酸素により酸化され,クメンヒドロペルオキシド[$C_6H_5C(CH_3)_2$ OOH]になる。また,併産されるα,α-ジメチルベンジルアルコールは図6の反応によりクメンに戻される。したがって,クメンを用いるヒドロペルオキシド法では,プロペン,酸素,水素からプロピレンオキシドと水が生成することになり,有機化合物を併産しないという特徴がある。

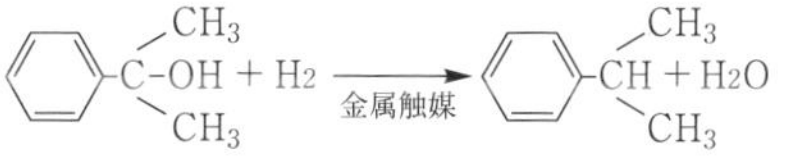

$$C_6H_5\underset{CH_3}{\overset{CH_3}{\underset{|}{\overset{|}{C}}}}\!\text{-}OH + H_2 \xrightarrow{金属触媒} C_6H_5\underset{CH_3}{\overset{CH_3}{\underset{|}{\overset{|}{CH}}}} + H_2O$$

図6 α,α-ジメチルベンジルアルコールと水素からのクメン再生反応

プロピレンオキシドを製造する際,プロピレンの酸化剤として過酸化水素(35%過酸化水素水)を用いるプロセスの工業化が検討されている。この反応では,MFIゼオライト構造を有するチタノシリケート(TS-1)が触媒として用いられる。過酸化水素は水素と酸素から製造されるので,クメンを用いるヒドロペルオキシド法の場合と原料,生成物は同じである。

この他ポリウレタンや尿素樹脂の原料であるジイソシアナート化合物を,ジアミンとホスゲンとの反応ではなく,炭酸ジアルキルとの反応で製造しようとする試みが多くなされているが工業化には至っていない。

有機ハロゲン化合物を原料としてではなく溶媒として使用している場合,溶媒を用いないプロセスに変換するか,ノンハロゲン溶媒に置き換えることができればよい。

塩化アルミニウムや三フッ化ホウ素のような無機ハロゲン化合物触媒として用いるプロセスは多い。多くの場合再利用されず中和して廃棄されている。反応系からの分離・再利用が容易な固体酸触媒などに置き換えること(固体酸プロセス化)ができれば問題は解決する。

〔難波征太郎〕

グリーン原料

239

green feedstock

　グリーン原料とは, ヒトの健康・安全への悪影響と環境負荷が少ない化学品原料 (feedstock) をいう. すなわち, 原料物質そのものの有害性 (急性毒性, 発がん性, 慢性毒性, 生体内蓄積性, 難分解性など) および地球環境影響 (温暖化ガスやオゾン層破壊など) が小さい物質あるいはこれらを含む化学品の原料を指す. また, 採掘から原料・製品・使用・使用後の処理・リサイクルなどの製品の全ライフサイクルを通して, 有害物質の生成の可能性が低く, より安全に取り扱えることがグリーン原料の条件である.

　化学品原料の有害性を考える場合, 無機系と有機系では考慮すべき要因が異なる. 鉛, カドミウム, 水銀, 6価クロムなどの重金属に代表される無機物の場合は化学品原料中の存在そのものが直接有害性と結びついている場合が多いので比較的判断がしやすい. これに対して有機化合物の場合はより複雑である.

　また, 想定外の事故などが起きたときには, 自然界での分解のしやすさが重要になる.

　その意味で比較的単純な処理で完全に分解・無害化されることもグリーン原料の要件であり, 使用後の環境中への放出のしやすさや有害物質生成への配慮も重要である. たとえばメチル水銀などの有機水銀の生体毒性は非常に高い. 無機水銀の毒性は特別高いわけではないが, 無機水銀は生態系でメチル水銀に変化することも知られている. したがって, 無機水銀を使用する場合には環境中に拡散しないように十分に管理することが最も重要である.

　塩素や臭素などを含む含ハロゲン化合物, たとえば, ダイオキシンの生成源となることが指摘されている芳香族ポリ塩素化合物やオゾン層破壊の原因となる塩素化フルオロ化合物は, 化学構造によって有害性は大きく異なる. また, 現実には, ハロゲンは有用な化学特性を担っていることも考慮する必要がある. 単に含ハロゲン化合物を一律に有害物質として決め付けるのではなく使用条件や使用後の処理を含めた科学的な評価に基づく判断が重要である.

　地球環境への影響という観点からは, 再生可能資源, たとえば, 動物, 植物, 生命活動に付随して生産される有機物・無機物などの天然資源, 二酸化炭素などはグリーン原料である. しかし, これら天然資源から, 化学反応の原料として使用される場合には, その前の工程で, 分離精製されたり, 化学反応を施されることが多く, その過程で有毒物質の生成・排出の可能性を考慮する必要がある. 元来が天然資源であるからといって危険有害性がないとは決していえない.

　化学品のリスク$=f$(hazard, exposure)

　グリーン・サステイナブルケミストリー (GSC) の実践には化合物の構造や特性に踏み込んだ科学的根拠やデータに基づいた判断が重要である. 天然物であればグリーンであると一概にはいえない. 砂糖や食塩も多量に摂取すれば死に至る. また, 単に化学品そのものの毒性や有害性データだけで評価するのではなく, その物質の使用時や使用後の処理, さらには物質とプロセスの管理状態を考慮に入れたリスクに基づいて評価し判断することが非常に重要である. 化学品のリスクは, その物質が本来もつ hazard (毒性または有害危険性) と環境や人体への exposure (暴露または摂取量) の関数である.

〔内野圭司〕

IX. グリーンケミストリー

再生可能資源

renewable resource

表1 再生可能・再生不能資源の例

再生可能資源	動物，植物，生命活動に付随して生産される有機物，無機物，再生可能エネルギー（太陽光，風力，水力，地熱，バイオ），二酸化炭素
再生不能資源	化石資源（石油，石炭，天然ガス），ウラン，鉱物資源

再生可能資源とは資源として採取されてからさまざまな物質変換を経由して比較的短期間にまたもとの資源に戻る物質をいう．

石油や石炭，天然ガスなどの化石資源は炭化水素として採掘され，最終的に二酸化炭素になるが，短期間にもとの炭化水素に戻ることはないので再生不能資源（non-renewable resource）といわれる．再生不能資源から生成される二酸化炭素は大気中に放出・蓄積されて地球温暖化の原因になる．また，その存在量が限られているので枯渇性資源ともいわれる．

再生可能資源は，根源的に太陽エネルギーと生命活動により短期間に繰り返し生産される動物，植物，その他の生物および生命活動に付随して生産される有機・無機の物質をいう．これらの生産には新たな二酸化炭素の生成を伴わないのでカーボンニュートラルな資源とされる．しかし，実際には，これらの生産プロセスには相当量の化石資源由来のエネルギーを必要とするのでカーボンニュートラルとはいえない．金属や無機化合物の一部は分離精製すれば繰り返し原料として使用できるが，これらのプロセスは自然には起こらず，エネルギーの投入を必要とするので，通常これらは再生可能資源には含めない．また，同じ理由で化石資源を原料とした化合物やプラスチックなどを再生・資源化したものも含めない．

再生可能資源は成分的にはタンパク質系，炭水化物系，油脂系，無機物系など に，さらには低分子化合物と高分子化合物に分けられる．そのうちとくに重要なのはセルロース，リグニン，デンプン，油脂，多糖類，タンパク質系キチン・キトサンなどのいわゆるバイオマス類（→ 29.バイオマス資源）である．また，貝殻や骨などからとれるリン酸カルシウムや海草などからとれるヨウ素化合物もまた再生可能資源である．

再生可能資源の工業的規模での利用・普及には技術開発と同時に，これを推進する社会システムの構築が重要な要素となる．再生可能資源は動植物として広く薄く存在していることが多いので，工業的利用に当たっては資源そのものの収集と輸送が大きなコスト負担となる．そのため，多様な利用技術が開発されているにもかかわらず，工業的規模での利用はごく一部に限られているのが実情である．とくに日本のように耕地面積も限られており，山地の多いところでは原料化に当たって集積・輸送コストが最大の問題となっている．

石油供給量は現在の可採埋蔵量から推定すると2040年頃からは漸減していくと予測されている．21世紀後半にはエネルギー・資源すべての面で，再生可能資源が中心的な役割を担っていく必要がある．そのためには長期的な技術開発の推進・支援とともに幅広い実施・普及に向けた社会システムの整備も重要な課題となろう．

〔内野圭司〕

241 グリーン製品

green products

　グリーン製品とは，生産，使用，使用後の処理を含む製品の全ライフサイクルを通して，有害性が低く，安全で，環境負荷が少ない，ヒトと環境の健康を考慮した化学品（素材，中間原料，材料，部材）や製品（成形加工，組立て製品）をいう．

　日常使用する最終製品には複数の化合物からなる材料のさらに機能化した部材，これらを組み合わせた加工・組立て品である場合が多い．有害性評価などに当たっては，複数の化学成分からなるものは，単純な評価が困難な場合があるのでとくに注意が必要である．

　製品のグリーン度は，狭義にはその製品を構成している物質の特性（有害性，環境影響，潜在リスクなど）によって判断される．製品使用時の暴露（意図的・非意図的な摂取，接触など）によるヒトや環境への影響度の低減も重要である．たとえば，重金属，ハロゲン化物その他の有害物質を含まない製品の設計・製造が目標となる．

　グリーン製品と類似の用語にエコマテリアルがある．そこでは評価の尺度に製品プロセスの環境影響，環境負荷の低減に加えて，製品の高リサイクル性，製品使用時の高生産性，製品による環境浄化性をあげている．広義にはこれらもグリーン製品である．財団法人日本環境協会では，企業団体が申請した製品の環境要素を認証し，図1のラベルの使用を認めている．

　GC/GSCでは，製品だけではなくその製品の原料選択や製造プロセスでの資源・エネルギーの消費や環境負荷の程度も重要な要素である．グリーン製品の例としては生物資源に由来した化学品や生物分解性製

図1　エコマーク（財団法人日本環境協会認定）

品が取り上げられることが多い．しかし，生物資源から製品になるまでには，分離・精製・加工されるので，その過程で多くのエネルギーを消費することがある．また栽培作物などの場合には，肥料や農薬を必要とする．このように製品の製造時に消費されるエネルギーや環境汚染などの負荷も考慮する必要がある．

　使用時や使用後の処理，リサイクルなどの過程でのヒトや環境への暴露も考慮されなければならない．同じ有害性をもった物質を構成要素としていても，使用者に接触する可能性が非常に少なく，使用後の回収が完全であり，専門家によって適切に処理される製品はリスクが低い．可塑剤の含有量が多い軟質塩化ビニル樹脂（塩ビ）のように家庭用品に広く使われ拡散すると，分別回収が難しいので，ヒトや環境への暴露も高く，リスクも高くなる．一方，地下配管や送水管などに利用される硬質塩ビは可塑剤も少なく，回収も専門業者によって適切に行われ，リサイクル率も高いので，暴露は低くリスクも小さい．

　資源循環特性もグリーン製品の大きな要素である．使用時の性能が優れているだけではなく，リユースが容易であり，またより少ないエネルギーでの物質変換，再利用できるポリマーなどがその例としてあげられる．また，同じ資源・エネルギーの消費で，より強度や寿命を高めた，また高機能化した化学品や製品の設計・製造も，重要なグリーン製品への道である．

〔内野圭司〕

エコマテリアル

242

ecomaterial

一般的に環境「エコ」問題を配慮した材料「マテリアル」として用いられる場合もあるが，1991年に東京大学の山本らが提唱した"environment conscious material"がライフサイクル思考を組み入れた材料コンセプトとしてよく知られている．環境問題に対して1970年代頃から材料は，材料のもつ特殊機能が環境問題への対応技術として貢献した「機能対応型」，高効率エネルギーシステムや低環境負荷プラントなどの構成要素として使われてきた「システム要素型」などの形で貢献してきており，これらは広義のエコマテリアルと呼べるが，狭義のエコマテリアルは，材料が製品として発揮する機能や性能だけでなく，原料資源の取得から，加工，使用，廃棄に至るライフサイクル全体を通じた環境負荷を低減することのできる材料を指し，「ライフサイクルデザイン型」と呼ぶことができる（図1）．

エコマテリアルには，そのライフサイクルのどの部分で最も環境負荷低減に貢献するかという点から，以下の六つのアプローチがある．

(1) 低環境負荷資源の材料： 枯渇性資源や資源抽出時の環境負荷の大きい資源を極力回避し，再生性の高い資源やリサイクル資源をもとに造られた素材

(2) 低環境負荷プロセスの材料： 製造や加工，処理の段階での投入物や環境排出物を少なくするように工夫して造られた素材

(3) 使用時に高い生産性を発揮する材料： 高効率化や軽量化，長寿命・信頼化などを通じて，使用段階での製品の使用効率を高めることで環境負荷を削減できる材料

(4) 環境の保全と浄化機能をもつ材料：環境浄化機能をもち，周囲の環境影響物質を低減させながら使用することのできる材料

(5) 環境影響物質を管理した材料： 使用や廃棄後の処理で有害性の懸念のある物質を積極的に削減，代替したり，リサイクルシステムの整備で環境中に排出しないようにした材料

(6) 高リサイクル性材料： リサイクル時の資源再生が容易に行われる材料

これらは，より低いライフサイクル環境負荷で従来材料とほぼ同等の性能を代替しようとするもので，第一世代のエコマテリアルと呼ばれており，それに対し，世界的な物質受容の高まりに低環境負荷で応えるために，従来以上の性能を低環境負荷で実現できる環境効率（eco-efficiency）の高い材料が第二世代のエコマテリアルとして望まれている．

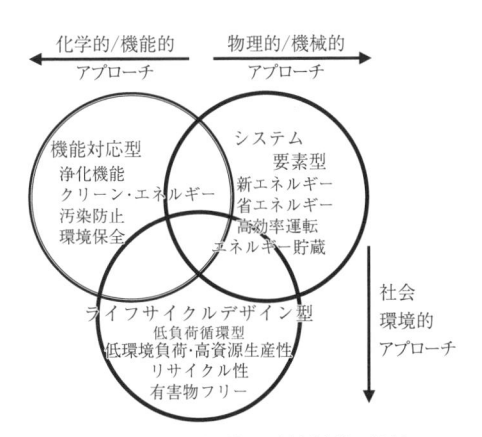

〔原田幸明〕

図1 環境問題に対する材料技術の役割

マイクロリアクター

microreactor

マイクロリアクターは，幅・深さが μm 〜mm，長さが mm〜cm スケールの微細なチャンネル（マイクロチャンネル）で構成される体積が μl スケールの流通型反応器であり，(1)反応器が小さい，(2)反応場が小さい，(3)反応量が小さい，の三つの特徴をもつ．素材は用途に応じて，ガラス，プラスチック，セラミック，金属などが用いられる．一枚の基板に，近紫外・X線を用いたフォトリソグラフィー，ドライまたはウエットエッチングなどの手法でチャンネルを掘り，もう一枚の基板と陽極接合・接着剤などで貼りあわせる作製方法が一般的である．このように上下一組の基板がリアクターとなるので，マイクロチップ (microchip) とも呼ばれる．

図1に示したマイクロリアクターは，ダブル Y 型マイクロアクターと呼ばれるものであり，A_{in}，B_{in} より二つの異なる液体，liquid A，liquid B を送液ポンプや電気浸透などで流通する．マイクロチャンネルは，代表長さ（チャンネルの幅や深さ）が短いので，流体の慣性力と粘性力の比を表すレイノルズ数が小さくなる．そのため乱流はほとんど起こらず層流となり，二液の混合は，かくはんではなく分子拡散が支配的となる．マイクロチャンネルは代表長さが短いので，分子拡散に要する時間は大幅に短縮される．すなわち，二つの液体間の抽出操作が，かくはんなしで短時間で行うことができる（平衡定数は変わらない）．金属イオンの選択的抽出や相間移動触媒反応などでその効果が報告されている．また，二液の接触界面積と溶液の体積の比（比界面積）は通常の反応器よりも非常に大きく，界面で進行する二相反応の速度を著しく向上させる．たとえば，酵素が溶解した水と，水に不溶な有機基質を含む有機溶媒を図1のリアクターに流通することにより，通常の反応器でかくはんして行う二相反応に比べて酵素反応速度が数十〜数千倍となることが知られている．

このような層流支配の流れは，相溶性のある溶媒でも同様に起こる．そのため，マイクロリアクターでは，混合・反応に加えて分離の操作も一枚のマイクロチップ上に集積化することが可能となる．なお，ダブル Y 型リアクターでの分離は，流速が速い，またはチャンネルが長い場合は，送液速度の乱れやチャンネル内壁の粗さが原因となって乱流となり，不完全となることがある．そのため，一方の液体が接触する内壁面のみを化学修飾したり，分離用の壁を建てるなどの工夫がなされている．

反応器，反応場，反応量をマイクロスケールとすることにより，上述した以外にも通常の反応器にはない特徴があり，その応用が検討されている（表1）．とくに医療分析での用途が期待されており，マイクロ生化学合成への応用（これも反応量が少なくてすむ）も含めて，バイオチップ（biochip）とも呼ばれている．

表1(e)に示した微小粒子合成では，チャンネル径と同じ大きさの粒径が揃ったゲルを製造する試みがなされている．また，(f)の温度の高度な制御が可能であることを利用し，温度による微粒子の成長を制御

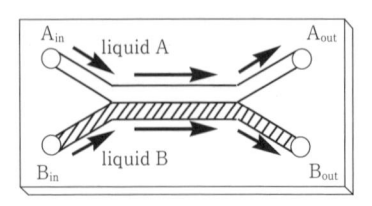

図1 ダブル Y 型マイクロリアクターによる層流形成

表1 マイクロリアクターの効果と適用例

効　　果	適用例
(a) 複数の反応を並行して同時進行可能	コンビナトリアルケミストリー
(b) 複数の単位操作が1枚のマイクロチップ上で可能	医療・環境分析
(c) 携帯・運搬が容易	医療・環境分析
(d) 反応量・廃棄量が少量	医療・環境分析，化学教育実験用，コンビナトリアルケミストリー
(e) 固体生成物のサイズを制御	微小粒子合成
(f) 除熱，加熱が速やか	酸化反応などの発熱反応制御

してきわめて粒径分布の鋭い無機蛍光微粒子の合成が可能であることも報告されている．

その他，チャンネル内壁と流通する液体または気体との接触面積が通常の反応器よりも大きいことを利用して，たとえば，チャンネル内壁にメタノール分解触媒を担持してメタノールを流通することにより，小型燃料電池用の水素供給器とする試みがある．また，ガラス製マイクロチャンネルの内壁に金属錯体を担持した反応器は，触媒の分離が不要かつ再利用が可能な液相反応系として注目されている．最近，マイクロチャンネル中で，水の粘度や誘電率が異常値を示すことが報告された．すなわち，発光強度が溶媒の粘度や誘電率に依存する蛍光物質のマイクロリアクター中での発光強度測定から，粘度が約2～4倍に，誘電率が約1/7に低下していることが示唆された．電離して負に帯電したガラスチャンネル内壁のシラノール基が，系全体の水の水素結合を強固にしていると考えられている．

マイクロリアクター中で逐次反応や並発反応を行ったとき，選択性が特異的に向上することも知られている．マイクロチャンネル中での物質移動のシミュレーションにより，その理由が解明されつつある．

マイクロリアクターの欠点は，大量の反応物を一度に処理できない点にある．そのため，石油精製・基礎化学品の生産には不向きである．しかしながら，積層数や配列数を増やすことで年間100 t程度までの生産量は可能との試算があり，ファインケミカルズ・医農薬品には十分対応が可能である．試薬メーカーによる数十 l スケールの反応器の代替はマイクロリアクターで可能との試算もある．均一な速度での反応液の供給システムについての技術も進歩しており，今後の進展が期待される．また，晶析，ろ過，乾燥，蒸留といった単位操作についても基礎検討がなされている．これらが可能となるマイクロリアクターが開発されれば，化学プラント全体の大幅縮小も可能となり，オンサイト型の生産システムが構築される可能性がある．

以上のように，解決しなければならない課題はあるものの，化学物質の合成・評価・生産にマイクロリアクターが技術革新をもたらす可能性は十分にある．環境化学への貢献が大いに期待される．

〔山川　哲〕

244 マイクロスケールケミストリー

microscale chemistry

マイクロスケールケミストリー，マイクロケミストリーあるいはダウンサイジング (downsizing) は，化学実験やプロセスのスケールを小さくすることである．環境負荷を小さくすることができるのでグリーンケミストリーの理念に合う．ここでは，教育の場におけるマイクロスケールケミストリーに限定して述べる．スモールスケールケミストリーという表現が使われることもある．マイクロスケールケミストリーほどスケールが小さくはないが，両者の区別は明確ではないので，以下マイクロスケールケミストリー（MC）と一括して呼ぶ．

a．MC の始まりと広がり　化学教育においては，実験が不可欠である．教育現場における組織的・系統的なマイクロスケール化は，1980年代に米国の大学の有機化学実験から始まった．直接のきっかけは実験室の環境改善であったという．米国では環境保護庁（EPA）の後押しもあって急速に普及し，さまざまな分野，レベルへ広がった．*Journal of Chemical Education* 誌では1989年以来，"Microscale Laboratory" が掲載され，MC の実験書が多数出版されている．現在では世界各国で広く行われている．MC を取り入れるに際しての第一の原則は，教育効果が「通常スケールと同等以上」ということである．

b．MC の長所　化学実験のスケールを小さくすることには，一般に，次のメリットがある．
(1) 試薬と経費の節減
(2) 実験廃棄物の少量化
(3) 危険が少なく，事故の防止に役立つ
(4) 実験環境の改善
(5) 省資源，省エネルギー
(6) 実験時間の短縮
(7) 高価あるいは希少な試料を実験に使うことの可能性

また多くの MC 実験について，次の利点がある．

(8) 器具が安価で場所をとらないため，少人数のグループ，あるいは生徒一人ずつに実験させることができる．その結果，生徒の積極性を育てることができる．
(9) 操作が簡単である．失敗が少なく，再現性がよい以外に，操作についての説明の時間を短縮できる．
(10) 静かな雰囲気で実験ができる．

以上のメリットのうち，(1)〜(5)は，環境に対する負担が少なく，また，学生・生徒の環境保護への関心を喚起できる点で，MC は学園におけるグリーンケミストリーといえる．また，MC 実験を通じて，グリーンケミストリーの理念を教えることができよう．

上記(3)「危険が少ない」例としては，爆鳴気の爆発がある．通常スケールでは危険な爆鳴気の実験を，MC では，簡単な器具で安全に生徒に実験させる方法が考案されている．このような実験は化学への興味・関心を喚起するうえで有効である．

c．MC の器具

(1) 共通すり合わせのキット：　主として大学用には，小さな共通すり合わせのガラス器具のキットが多くの国で市販されている．米国で MC 普及の要因となったのは，すぐれたキットの開発がある．ジョイントは，図1のように，すり合せ，ねじ口，O-リングの組合せでコンパクトになっている．図2に蒸留装置の例を示す．クランプ1個で装置を保持できる，器具が破損しにくいなどが特徴である．ACE 社，KONTES 社などから種々のキットが市販されている．このようなキットは mg スケールの有機および無機化合物の合成，精

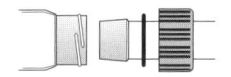

図1 共通すり合せ，ねじ口 O-リングを組み合わせたジョイント

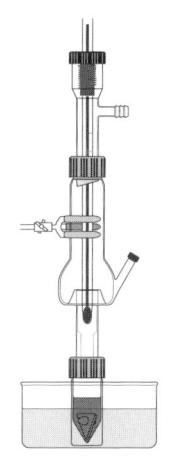

図2 蒸留装置[1]
クランプ1個でスタンドに保持できる．

製，分離に使用できる．合成した化合物のIR，NMR，UV-VIS などによるキャラクタリゼーションには，どんなに多くても10 mg 以下の試料で間に合う．したがってmg スケールで十分なのである．

中国，タイ，英国などのキットでは，通常の共通すり合せが用いられている．

(2) 少量を扱う汎用器具の利用： 現在生化学研究，医療用，検査用の目的で，微量の試料を扱うのに適したさまざまなガラス製やプラスチック製の使い捨て器具が市販されている．ウェルプレート類，ストリップ類，ピペット類，注射器，2方および3方活栓，管びん，滴びん，遠心管などである．これらを使い捨てではなく繰り返し使って，さまざまな MC 実験を行うことができる[2]．これらは，取扱いが容易で，小学校〜高校ばかりではなく，大学教養あるいは文系学生を対象とした実験にも使う

ことができる．

(3) その他： 米国，中国などでは，高校用のガラス製のキットが市販されている．小さなビーカー，吸引ろ過用の漏斗と吸引びんなどである．プラスチック製のキットも多くの国で市販されている．

学生・生徒が小グループで実験するためには，適切な器械が十分にあることが望まれる．分光光度計，遠心分離機，加熱装置，かくはん装置などである．米国では，研究用とは別に教育用の器械が種々 MC に取り入れられている．種々の器械を取り入れることにより，現代的なテーマに学生・生徒が触れることができる．

d． 日本のマイクロスケール実験
日本では，マイクロスケール実験はまだ普及していない．日本化学会『化学と教育』誌に 2001 年から「マイクロスケール実験の広場」が開設され，かなり知られるようになり，導入する大学，高校も出てきた．わが国でマイクロスケール実験を導入する意義としては次の点がある．

大学基礎化学実験では，多数の学生が対象なので省資源・エネルギー，廃棄物削減，したがって環境負荷削減，経費節減の効果が大きい．文系学生の教養の化学では，現在実験はあまり行われていない．操作が容易な MC 実験を導入すれば，理解を深めることができよう．中・高校の MC は，生徒実験を増す以外に生徒自らが計画をたてる探求的な実験に適している．小学校では化学を専攻しなかった教員にも，MC 実験は操作が簡単で導入しやすいであろう．

MC に関する日本語のインターネットサイトに http://science.icu.ac.jp/MCE/ があり，情報が頻繁に更新されている．

〔荻野和子〕

文　献
1) 甲　國信：化学と教育，**49**, 302 (2001).
2) 化学と教育，マイクロスケール実験の広場の論文参照．

超臨界流体

supercritical fluid

物質には固有の気体・液体・固体の三つの状態があり,さらに臨界点以上では温度および圧力をかけても凝縮しない流体相がある(図1).この状態にある物質を超臨界流体という.図2に二酸化炭素の313.2 Kにおける圧力と密度,粘性,および拡散係数との関係を示す.臨界温度を超えた状態では気液相転移がないため,その密度をきわめて希薄な状態から液体に匹敵する高密度な状態まで連続的に変化させることができる.とくに臨界点近傍では温度一定下での圧力のわずかな変化で密度が急激かつ大幅に変化する.表1に超臨界流体の物性を気体および液体と比較して示す.溶媒の性質を決定する因子として粘性,極性,拡散係数などさまざまな物性があるが,その多くは密度の関数として表すことができる.したがって超臨界流体は温度あるいは圧力を操作変数として制御可能な溶媒特性をもつ物質といえる.

このような気体と液体の中間的性質をもつ超臨界流体は,有用化学物質の抽出・分離などの抽出媒体として利用されている.とくに,超臨界二酸化炭素によるコーヒー豆からの脱カフェイン技術は1960年代に確立され,社会生活に身近な技術として現在も稼働している.二酸化炭素を用いる超臨界流体抽出法では,比較的低温で抽出分離操作が実施できることや残留溶媒の問題がないなどから,環境に優しい技術として,高付加価値物質の非破壊抽出に利用できる.また超臨界流体は,圧力のわずかな変化で溶解度すなわち過飽和度,結晶化度や粒子形状の制御ができることから晶析媒体として使える可能性がある.

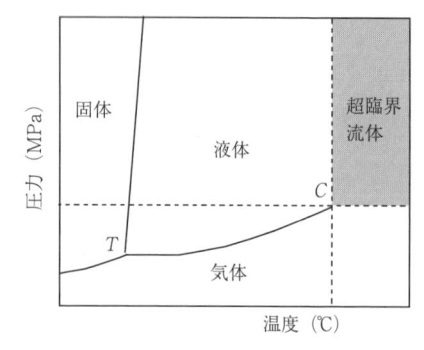

図1 物質の相図 (T:三重点 C:臨界点)

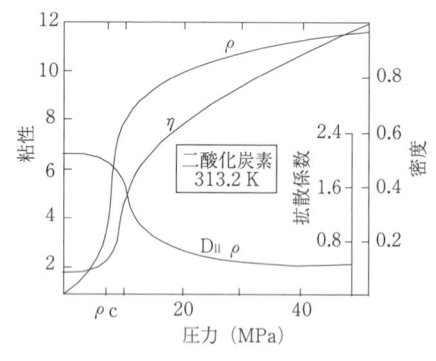

図2 超臨界二酸化炭素の密度,粘性および拡散係数の圧力依存性
密度 ρ:g/cm^3,粘性 $\eta 10^4$:g/cm$^2\cdot$s,拡散係数 $D_{11}\ \rho 10^4$:cm^2/s.

表1 液体,気体および超臨界流体のマクロ物性

	液体	超臨界流体	気体
密度 (g/cm^3)	1	0.1〜0.5	10^{-3}
粘度 (Pa・s)	10^{-3}	10^{-4}〜10^{-5}	10^{-5}
拡散係数 (cm^2/s)	10^{-6}	10^{-3}	10^{-1}

一方，超臨界流体は特異な物性に基づいて，(1)圧力や温度変化によって自在に調節可能な物性，(2)固体有機物や気体成分に対する高い溶解性，(3)高い拡散性や高い熱伝導性，(4)弱い溶媒和や局所的クラスタリング特性などの性質を有する．これらの特性は合成反応の速度を支配する主要因でもあることから合成反応の媒体として注目されている．とくにさまざまな有機合成反応や触媒反応の選択性や反応速度が超臨界流体の特性を利用することで制御できる可能性がある．実際，気体の関与する水素化反応やカルボニル化反応などにおいて超臨界流体による反応加速効果が観測される場合がある．さらに超臨界状態にある水は圧力温度によって有機溶媒と同程度の誘電率を，さらに常温の水の10倍のイオン積をもつなど，通常の水に比べて大きく異なる性質を示す．超臨界状態においてラジカル反応やイオン反応の反応経路の制御も可能である．

以上のような学術的優位点に加えて，超臨界流体を媒体とするプロセスは重要な技術的側面をもっている．無害で安価な二酸化炭素は臨界温度31℃，臨界圧力7.3MPaと比較的容易に必要条件を設定できることから，安全で操作性に優れた媒体である．また，常温，常圧で気体の二酸化炭素は分離回収が容易であるばかりでなく，場合によって，ベンゼンや塩化メチレンなどの毒性の高い有機溶媒の代替となり，化学反応に限らず，染色・表面処理・成形といった材料加工工程にも応用されている．

さらに，超臨界二酸化炭素を反応場および反応基質として使えば，新たな二酸化炭素の大量固定化につながる．

一方，水の臨界温度，臨界圧力はそれぞれ374℃および22.1MPaであり，比較的厳しい条件を必要とするが，超臨界水自体が酸あるいは塩基触媒として機能する．たとえば，エーテル結合やエステル結合の加水分解を促進する場合もある．したがって超臨界水を反応溶媒として用いれば，PETなどのポリエステル類に代表される脱水縮重合性ポリマーの分解・ケミカルリサイクルが実現する．また，水熱条件下で酸素ガスを導入すると酸化反応が著しく加速される現象は，超臨界水を用いるSCWO (supercritical water oxidation)プロセスとして展開されており，下水汚泥の浄化やPCBなどの有毒有害物質の無害化分解，シュレッダーダストなどの産業廃棄物処理への適用が試みられている．

このように，液相，気相，固相に次ぐ第4の汎用的な反応場として超臨界流体が利用できる．　　　　　　　　〔碇屋隆雄〕

文　献
1) Jessop, P. G., Ikariya, T. and Noyori, R.: Science, **269**, 1065 (1995).
2) 斉藤正三郎監修:超臨界流体の科学と技術, 三共ビジネス (1996).
3) Jessop, P. G. and Leitner, W. eds.: Chemical Synthesis Using Supercritical Fluids, Wiley-VCH, Weinheim (1999).
4) 碇屋隆雄監修:超臨界流体反応法の基礎と応用, シーエムシー (1998).

246 イオン液体

ionic liquid

一般的に無機塩を液体にするためには800～1000°Cあるいはそれ以上の高温が必要とされ，このため融点を下げるためには無機塩の混合という手段が選ばれてきた．これに対して有機塩のなかには，空気中で安定で常温常圧下，液体の塩がある．そのような塩はイオン液体と称されているが現在まで的確な定義はなく，一般的には以下のような性質をもつ液体の塩を称している．

そのため高温で溶融する塩も含まれており，呼称も高温溶融塩，イオン液体，イオン性液体などさまざまである．図1からイオン液体，水，ジエチルエーテルが互いに混じり合わないことがわかるであろう．この互いに混じり合わないという性質と化学的安定性が，グリーンケミストリーの概念である「環境にやさしい溶剤」，「繰り返し使用可能な溶剤」として注目され，これまでに有機溶剤の代替として利用され合成反応の反応場として用いられている．

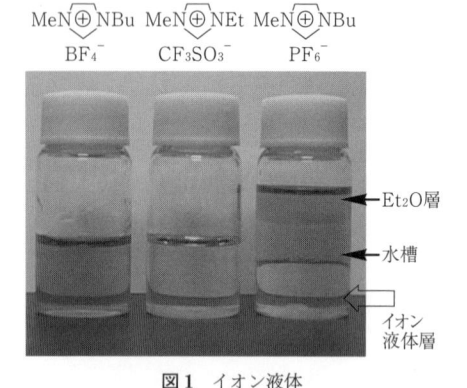

代表的なイオン液体は，窒素系のみならずリンや硫黄化合物からもさまざまな構造をもつイオン液体が創製されている．特徴的なイオン液体の性質として知られているのが，カチオン部位とアニオン部位の分子組成比によってルイス酸として作用したり，ルイス塩基として作用したりすることである．たとえば，[bmim $^+$][Cl $^-$]（bmim＝ブチルメチルイミダゾリウム）に塩化アルミニウム（$AlCl_3$）を加えていくことでイオン性液体の一種が合成できる．この際，カチオン部とアニオン部の比率が0.5以下であるとルイス酸性を示すイオン液体となり，1.5以上の比率になるとルイス塩基として作用する．

〔北爪智哉〕

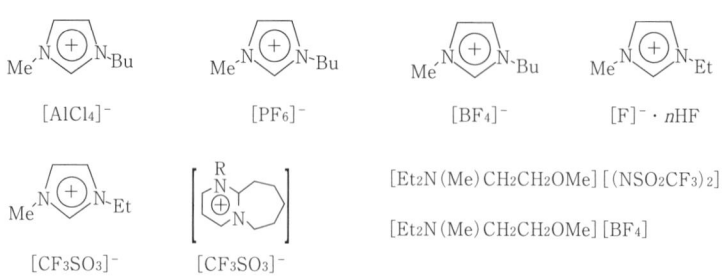

図1 イオン液体

イオン液体の特徴：(1)蒸気圧がほとんど0である，(2)難燃性である，(3)イオン性であるが低粘性である，(4)分解電圧が高い．

図2 代表的なイオン液体

IX．グリーンケミストリー

247

無溶媒合成（固相合成）

solvent-free synthesis
(solid-state synthesis)

有機合成は有機溶媒中で行われるのが普通であるが，溶媒を使用しない無溶媒合成も可能であり，環境汚染の少ない簡便かつ経済的な合成法となる．無溶媒合成は，固体と固体，固体と液体，液体と液体いずれの組合せの反応にも適用できる．また，反応の途中で固化したり液化したりすることもある．反応基質と反応試剤を混合して熱あるいは光反応させた後，水洗して生成物を取り出したり，反応混合物から蒸留，溶媒抽出あるいはクロマトグラフィー分離で生成物を取り出したりする．反応が激しい場合は，低温で反応させたり，少量ずつ混合しながら反応させる．立体あるいは不斉選択性を発現させる必要がある場合は，適当なアキラルあるいはキラルホストとの包接結晶中での固相反応を行えばよい．これまでに，このような無溶媒合成例が数多く報告されている[1,2]．

無溶媒合成反応は少しの刺激や溶媒添加で効率よく進行するので，このような方法との併用も効果的である．たとえば，固体と固体，固体と液体の反応は両者を乳鉢で混合するだけで効率よく進行することが多い．また，溶媒の蒸気や少量の溶媒との接触によって反応が著しく促進される場合もある．有機合成を行うときの，文献記載の溶液反応をそのまま行うのではなく，溶媒を使用しないグリーンな方法を工夫すると合成法の能率化にもつながる．

以上のように，溶媒がなくても反応が効率よく進行することは，溶媒がなくても分子は自由自在に移動することを示している．このことが正しいことは多くの実験で証明されているだけでなく，無溶媒条件下での分子移動による規則的分子配列，いわゆる自己組織化に利用されていることからも明らかである[1,2]．

さらに，無溶媒反応はスペクトルによる連続測定で追跡しやすいので，分子の挙動，反応機構の解明にも威力を発揮する．たとえば，1と3をK_2CO_3を使って縮合させて6を合成するRap-Stoermer反応を無溶媒下で行い，水洗すると純粋な6が98％の収率で得られたが，この反応をIRスペクトルで追跡すると，まず1のカリウム塩（2）と1との包接結晶ができて反応混合物が固化するとともに1692 cm^{-1}に包接結晶のカルボニル基の吸収が現れた．さらに反応が進行して生成した2が3と反応して中間体5になり，その吸収が3465と1696 cm^{-1}に現れる．5の脱水で最終生成物6を与える．この情報を参考に中間体の単離も行い反応機構が完全解明された（図1）[3]．

〔戸田芙三夫〕

文　献
1) Toda, F.: *Synlett*, **303** (1993).
2) Toda, F.: *Acc. Chem. Res.*, **28**, 480 (1995).
3) Yoshizawa, K. *et al.*: *Green Chem.*, **5**, 353 (2003).

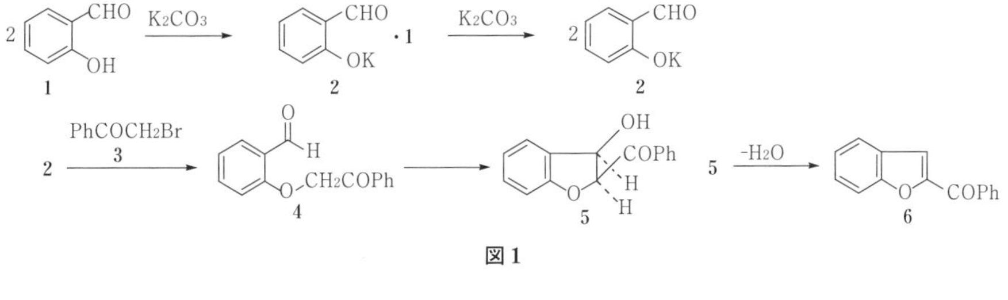

図1

異相系反応

248

multiphase reaction

遷移金属錯体触媒は複雑な化合物を選択的に合成する強力なツールとなるが、反応後の分離・回収が実用化のネックとなっている。蒸留などの既存分離プロセスの革新を目指して、固体への固定化、および液／液二相系媒体を用いた相分離が提案されている。

互いに混合しない液／液二相系を反応媒体として用い、どちらか一方に生成物が溶けやすく、他方に触媒が溶けやすくなる分子設計を行えば、単純な相分離を利用して生成物と触媒の分離が可能となる。二相系の構成要素となる反応媒体としては、有機物、水、超臨界二酸化炭素、イオン液体、有機フッ素化物などが考えられる。通常は極性および密度が低い上層に生成物が溶け、極性および密度が高い下層に触媒が溶ける。たとえば代表的な工業化例として、ローヌプーラン社の開発した水溶性ホスフィンロジウム錯体を用いるプロピレンのヒドロホルミル化をあげることができる（図1参照）。このプロセスでは原料であるプロピレンが水に比較的よく溶けるため反応が良好に進行する。

一方、揮発性有機溶媒の使用削減が望まれるなか、有機溶媒代替としての超臨界二酸化炭素の利用が注目されている。異相系への応用例としては、CO_2／水あるいは CO_2／イオン液体といった系が提案されている。超臨界二酸化炭素は圧力および温度の変化によって溶媒特性を大きく変えられる点、また、脱圧によって容易に分離・除去できる点も魅力である。CO_2／イオン液体二相系は通常水媒体中で行われる酵素反応にも有効である。高価なイオン液体の代わりにPEGなどの非揮発性極性有機物を用いる二相系も開発されている。

反応物の分離が容易となる反面、反応速度が小さくなる異相系反応の問題点を解決する手法としてフルオラス（フッ素化有機物）媒体の利用が提案されている。フルオラス媒体は常温では有機物と混合しないが、反応温度では有機物と均一系を形成する。したがってフルオラス媒体に選択的に溶ける触媒を用いれば、反応速度の低下なしに生成物と触媒を簡便に分離することができる。有機溶媒による同様の手法として、ヘキサン／エタノール系なども提案されている。

異相系反応を加速する手法としては、相間移動触媒（界面活性剤）の利用も報告されているが、エマルションを形成するなどの理由で分離に手間がかかる場合も多い。反応温度でのみ特性を現す界面活性剤も開発されている。また、異相系反応の促進手段としてマイクロリアクターの利用も興味深い。　　　　　　　　　〔坂倉俊康〕

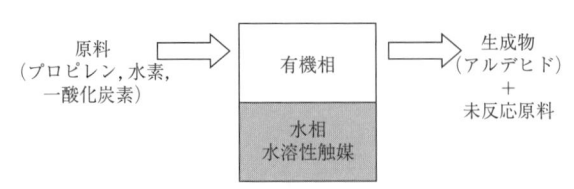

図1　水溶性触媒によるプロピレンのヒドロホルミル化（生成物と均一系触媒との効率的分離）

固定化触媒・固定化試薬

immobilized catalyst and reagent

一般に均一溶液中で行われる有機合成反応では，金属錯体触媒や酸・塩基あるいは，過剰な試薬を用いることが多く，高価な貴金属触媒の回収・再使用や酸・塩基の中和処理，生成物の単離操作が問題となる．そのため，触媒活性種や低分子量の試薬を不溶性担体に固定した固定化用触媒・固定化試薬が開発された．固定化用担体は有機系と無機系に大別することができ，前者は担体上の官能基密度が高く各種官能基の導入が容易なこと，後者は耐熱性，機械的強度が高いなどの特徴をもつ．

有機担体では，Merrifield樹脂（クロロメチルスチレン-ジビニルベンゼン共重合体）が一般的である（図1(a)）．活性点はポリマーの細孔内部にあり，反応は拡散律速になりやすく，相当する均一系に比べ反応速度が低下することが多い．そのため，共重合モノマーや架橋剤分子の極性や分子サイズ，架橋度を設計し，膨潤度や細孔径を制御する，あるいはポリマー主鎖か

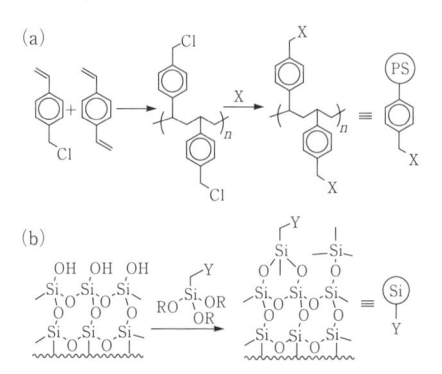

図1 ポリスチレン(a)およびシリカゲル担体(b)の調製（X, Y：各種官能基，金属錯体）

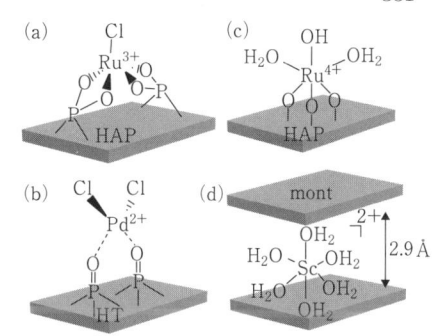

図2 ヒドロキシアパタイト(a), (b), ハイドロタルサイト(c)およびモンモリロナイト(d)を用いた固定化金属錯体触媒の活性点構造

らペンダント状に伸びたリンカー末端に活性点を導入し，反応性を向上させている．

ポリエチレングリコールなど親水性基を導入すると両親媒性担体が得られ，水溶媒中の反応に適用できる．反応は，固定化触媒・試薬と溶液との異相系で進行し，ろ過により容易に触媒・試薬を分離できる．さらに，ポリエチレングリコールやポリアクリルアミド，デンドリマーのように溶解度が温度応答性を示すポリマーを用いると，反応中は均一，反応後は不溶化し分離，回収，再使用が容易になる．

無機担体ではシリカゲルが一般的であり，シランカップリング剤を用いた表面水酸基の修飾により，種々の金属錯体や低分子試薬を導入できる（図1(b)）．ヒドロキシアパタイトやハイドロタルサイト，モンモリロナイトなど無機結晶表面・層間では，均一系にはない新規な金属錯体種が創製でき，分子状酸素を用いるアルコール酸化反応や炭素-炭素結合形成反応などに高活性な固定化触媒が得られる（図2）．これらの触媒では，異なる活性点を同一担体上に固定化し，複数の反応を連続して行うワンポット合成も可能となる．

〔金田清臣〕

250 固体触媒

solid catalyst

不均一系固体触媒は多くの場合,生成物と触媒の分離や耐熱性の点で均一系触媒に比べて大きな長所をもち,不均一系で行うことにより環境に調和した合成プロセスとすることができる.酸塩基反応と酸化反応に絞って述べる.

大きな流れの第一は「液体酸から固体酸へ」である.酸触媒反応と称されることの多い発煙硫酸によるベックマン転位や塩化アルミニウムによるフリーデル–クラフツアシル化は触媒的ではない.生成物と触媒が安定な付加物を生成するため,酸を中和あるいは分解して生成物を取り出す必要があり,このため化学量論あるいはそれ以上の酸を消費している.

このような問題のある酸"触媒"反応にも固体酸としてのゼオライト触媒が用いられるようになった.これによって,廃棄物が大幅に削減できるだけでなく,腐食性,毒性の問題もなくなる.エチルベンゼンやキュメンの合成に代表される芳香族アルキル化には従来塩化アルミニウムが用いられていた.アシル化と異なり触媒的ではあるが,塩化アルミニウムが製造エチルベンゼン100 kg 当たり 0.25 kg 消費され,大量の塩化アルミニウム廃棄物が生じてしまう.いまではエチルベンゼン製造プロセスの大半は MCM-22(MWW)やベータ(BEA)ゼオライトを触媒として用いている.

固体塩基触媒を用いたプロセスは比較的少ないが,アルミナをベースとした触媒や Al-Mg 系複合水酸化物であるハイドロタルサイト系塩基触媒が実用プロセスに用いられている.

部分酸化反応は有機合成プロセスにおいて重要である.試薬酸化は有害な廃棄物も多く問題が大きい.理想的な酸化剤はいうまでもなく酸素(空気)である.

酸化エチレンは以前はクロロヒドリン法によって生産されていた.この方法では,酸化エチレン44 g に対して塩化カルシウムが 111 g と,重量比で 2.5 倍の塩が副生し,その処理が問題であった.現在ではエチレンのエポキシ化は銀触媒を用いて酸素酸化により実施されている.Eファクターを大きくしないためには酸化エチレンの選択性を上げることが重要であり,さまざまな工夫がなされている.その他,ヘテロポリ酸などの複合酸化物からなる固体触媒を用いた酸素酸化はバルクケミカルの合成に大規模に利用されている.

分子状酸素を酸化剤とすることが困難である系において過酸化水素を用いることが多くなってきた.過酸化水素は有効酸素の割合が大きく,酸化後に残る生成物は水であり,クリーンな酸化剤である.Ti を含んだ MFI 構造ゼオライトであるチタノシリケート TS-1 は過酸化水素を酸化剤とした各種有機化合物の酸化反応の優れた触媒となる.シクロヘキサノンオキシム合成はすでに工業化されているが,最近プロピレンのエポキシ化の大規模工業化が発表されている.

界面活性剤分子の自己組織化構造を利用して合成される,さまざまなメソポーラス物質は大きな表面積をもち 2〜20 nm の範囲で均一な細孔径を有する.メソポーラス物質の触媒的な応用としては,ゼオライトに比べて非常に大きなサイズの細孔を利用したかさ高な分子,たとえば医薬品中間体合成や石油の重質留分の処理に向いている.アルミニウムを導入した場合の酸性は弱く,温和な水素化分解触媒の担体として適している.

〔辰巳 敬〕

IX. グリーンケミストリー

バイオ触媒

biocatalyst

バイオ触媒は生体触媒とも呼ばれ，生体内で起こる化学反応を触媒する酵素を指す．酵素はタンパク質であり，触媒する反応に応じて六つに分類される（表1）．現在実用化されている酵素の大部分は微生物に由来するものであり，精製酵素の代わりに微生物の菌体（細胞）そのものが用いられることも多い．

一般に化学工業で用いられる無機触媒反応は高温・高圧を要するのに対し，バイオ触媒反応は常温・常圧下で速やかに進行する．したがって，反応系への膨大な熱エネルギー供給を必要とする無機触媒プロセスに比して，バイオ触媒プロセスは省エネルギー型となる．また，無機触媒プロセスで光学活性物質を合成する場合，多くの反応・分離ステップが必要となる．一方，バイオ触媒の反応特異性・基質選択性は無機触媒よりもはるかに高いため，ワンステップで目的の光学活性物質が高い（光学活性）純度で得られることも珍しくない．さらに，バイオ触媒反応は水溶液中で行うため，有害な有機溶媒を使用しないですむ．バイオ触媒が，グリーンケミストリーの考え方に合致したグリーン触媒といわれる所以である．

バイオ触媒のメリットを活かし，そのデメリットを克服すべく，バイオ触媒を不溶性担体に固定化する技術が開発された．固定化バイオ触媒は，酵素や微生物細胞などのバイオ触媒を特定の空間内に閉じ込め，不溶化させたものである．固定化法としては担体結合法，架橋法，包括法などが確立されている．バイオ触媒の固定化により，①リサイクルが可能となる，②反応生成物の分離が容易となる，③反応の連続操作が可能となる，④安定性が向上する，など遊離バイオ触媒に比して多くのメリットが期待される．バイオ触媒の固定化技術は，ファインケミカルズからコモディティケミカルズ（基礎化学品）まで，多くの有用物質の工業生産に応用されてきた．たとえば，固定化アミノアシラーゼを用いたDL-アミノ酸の光学分割によるL-アミノ酸の製造は，わが国で開発された世界初の固定化酵素の実用化例として有名である．

高温・高塩濃度などの極限環境に棲息する極限環境微生物が，新たな酵素の分離源として注目されている．極限環境微生物が生産する酵素は通常の酵素が失活してしまうような極限条件においても機能することから，酵素の応用範囲拡大という意味で重要である．たとえば洗添加用酵素として，好アルカリ性微生物のプロテアーゼやセルラーゼが利用されている．

〔中村　聡〕

表1　酵素の分類と触媒する化学反応

分　　　類	反　　　応
1．酸化還元酵素（オキシドレダクターゼ）	酸化還元反応
2．転移酵素（トランスフェラーゼ）	原子団（官能基など）の転移反応
3．加水分解酵素（ヒドロラーゼ）	加水分解反応
4．除去付加酵素（リアーゼ）	原子団（官能基など）の脱離による二重結合の生成反応およびその逆反応
5．異性化酵素（イソメラーゼ）	異性化反応
6．合成酵素（リガーゼ）	ATPの分解を伴う化学結合の生成反応

ワンポット合成

one-pot synthesis

通常,有機化学製品は多段階の反応を経て合成される.各段階で得られる中間体はそのつど単離・精製され次の段階へ送られる.したがって実際の化学プラントでは反応釜あるいは反応塔よりはるかに多くの単離・精製のための蒸留塔や晶析装置,溶媒回収設備が必要になる.もし中間体を単離することなく各段階の反応を連続的に行えばプロセスは格段に簡略化され製造時間が短縮されるとともに蒸留や晶析に費やされるエネルギーを節約することができる.ワンポット合成(one-pot synthesis)はこのような要請に応えるための手法であり,多段階の反応を単一の反応器中で逐次連続して行い一気に目的化合物に至る合成法である.

字義通りには,単一反応器中で行う複数の連続反応はすべてワンポット合成に分類することができるが,実際には連続化には多くの制約があり簡単にどのプロセスにでも適用できるわけではない.一つの解決法として,反応条件を統一して複数の反応を逐次的に行う集積化化学プロセス(integrated chemical process)がある(図1).すなわち,同一または類似の条件下で進行する一連の反応を選び,最初の反応終了後反応器に次の反応に必要な反応剤や触媒を添加し2番目の反応を行う.以下同様の操作の繰返しにより最終目的物に至る.このプロセス中反応条件の変更はなく,反応液の処理ならびに生成物の単離・精製は最後の反応終了後の1回だけですむ.ただし,すべての反応の副生成物が最終段階に蓄積されるのでこれらが容易に除去,回収されることが必須である.この方法では原理的に多種多様な化学反応を組み込むことができ,広範なプロセスに適用可能である.

一方,より簡略化されたプロセスとしてカスケード(cascade)反応またはドミノ(domino)反応がある(図2).ここでは,最初の反応後,反応剤や触媒を添加することなく以降の反応が同一基質内で自働的に進行する.この際,先行する反応によって生成した反応点を基点に次の反応が惹起される.前後の反応が基質内の関係のない箇所で起こる場合はタンデム(tandem)反応と呼ばれ,最近ではカスケード反応またはドミノ反応と区別されるようになった.カスケード反応またはドミノ反応は操作の直截性において集積化プロセスよりもはるかに優れている.しかも,連続付加反応が多用されるため原子効率の高いプロセスが設計できる.しかしこのような高度化の結果,プロセスには一般性の欠如や適用範囲の狭小化などの欠点が生じる.すなわち,反応に適した基質の合成が必ずしも容易でない.利用できる反応が付加反応(Diels-Alder反応を含む),金属触媒による酸化的付加反応(たとえばHeck反応)など少数のものに限定される.とくに分子内反応に限られるため合成反応に不可欠な保護・脱保護操作を含む官能基変換を組み込むことはできない.　　　　　　　　〔大寺純蔵〕

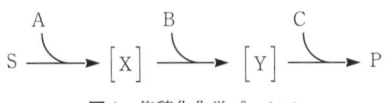

図1　集積化化学プロセス

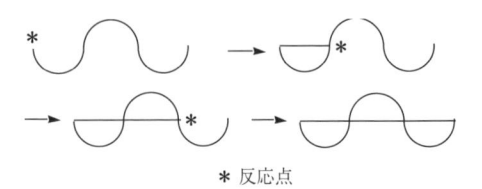

図2　カスケード反応
＊反応点

生分解性プラスチック

biodegradable plastics

現在,全世界のプラスチックの年間生産量は,約1億5000万tで,そのうち日本では約10%の1400万tが生産され,自動車,電気・電子,建築・土木用資材,繊維,農業用資材,包装材料,日用雑貨などあらゆる分野で,有用な材料として使用されている.しかし,原料が有限な化石資源に依存しているという問題,使用後自然界で分解しにくく,いまのところ大半が焼却されているとの問題がある.これらの問題を解決できるものとして,生分解性ポリマーが期待されている.

生分解性プラスチックは,通常のプラスチックと同じように使えて,しかも使用後は,微生物が生息する自然環境あるいは堆肥(コンポスト)化装置において,水と二酸化炭素に分解され,焼却が不要なプラスチックのことである.生分解性プラスチックの分解は,特有のエステル構造などが,微生物により分解されて誘発される.生分解性試験は,常温(20〜25±1℃)で測定する ISO 14851(酸素消費量測定)と ISO 14852(二酸化炭素発生量)およびコンポスト条件下(58±2℃)で測定する ISO 14855 とがある.それぞれに対応する JIS が定められている(JIS K 6950,JIS K 6950,JIS K 6953).

生分解性プラスチックに関する評価方法の確立,実用化の促進および社会的貢献の促進を目的に,民間の任意団体として発足した生分解性プラスチック研究会[1]では,生分解性プラスチックのうち,上記JIS試験方法に基づく生分解性が60%以上のものをグリーンプラ^{R}と定め,その実用化の促進を図っている.

生分解性ポリマーは表1のように分類される.

表1 生分解性プラスチック

微生物系	ポリヒドロキシブチレート①
化学合成系	ポリブチレンサクシネート②,ポリエチレンサクシネート③,ポリカプロラクタム④,ポリ乳酸⑤(PLA)
天然高分子系	デンプン,セルロース

① $-O\mathchar`-(CH_2)_4\mathchar`-CO\mathchar`-_n$
② $-O\mathchar`-(CH_2)_4\mathchar`-O\mathchar`-CO\mathchar`-(CH_2)_2\mathchar`-CO\mathchar`-_n$
③ $-O\mathchar`-(CH_2)_2\mathchar`-O\mathchar`-CO\mathchar`-(CH_2)_2\mathchar`-CO\mathchar`-_n$
④ $-O\mathchar`-(CH_2)_5\mathchar`-CO\mathchar`-_n$
⑤ $-O\mathchar`-(CHCH_3\mathchar`-CO\mathchar`-_n$

これらのなかでもとくにポリ乳酸(poly lactic acid:PLA)が,原料が化石資源ではなくバイオマス由来であることから世界的に注目を集めている.PLAはトウモロコシなどのデンプンを炭素源として乳酸を経て製造される.PLAは,従来の有限な化石資源を使用したポリエチレン,ポリプロピレン,ポリスチレンのような汎用プラスチックと比較して高価格であるが,先駆的企業によって,市場開発がなされてきた.現在使用されている用途は,包装容器分野,農業・土木分野,コンポスト分野である.

包装容器分野では,透明性,剛性,延伸性,収縮性を活かし,封筒窓,食材容器のトップシール,結束バンド,ブリスターパッケージなどで,農業・土木分野では,農業用マルチなどで,コンポスト分野では生ゴミ袋,レジ袋で市場開発されてきた.

生分解性プラスチックは,バイオマス資源をプラスチックスに変換する技術開発や用途開発の進展とともに,今後市場価格が低下し,実用化が進むことが期待されている. 〔内野圭司〕

文献
1) http://www.bpsweb.net/03_new/katudo/katudo.htm

非臭素系難燃剤

non-bromine flame-retardants

難燃剤は，プラスチックに難燃性を付与する目的で添加混入するものである．

臭素系難燃剤は，燃焼時に臭素系ダイオキシンが生成する可能性があること，および生体内に蓄積する可能性があることより，欧州におけるWEEE，RoHSによるリスク管理とメーカーによる自主的管理により，特定の臭素系難燃剤は減少してきた．すなわち，PBB（ポリブロモジフェニル）は日本市場で販売されなくなっている．また，PBDE類（ポリブロモジフェニルエーテル）のうち，ペンタおよびオクタBDE（ジフェニルエーテル）も市場から消え，比較的安全とされるDBDE（デカブロモジフェニルエーテル）が現在2500 t程度使用されている．TBA（テトラブロモビスフェノールA）とTBAエポキシオリゴマーはRoHS指令の対象ではないので，多少の減少にとどまっている．需要量の推移を表1に示した．

プラスチックスに難燃剤を添加したものは，難燃材料と呼ばれ，日用品，各種工業製品分野で使用され，いずれの分野においても，高度難燃化，燃焼時の低有害性を同時に達成することが必要であり，そのためには，ハロゲンフリーの難燃技術が必要となる．

その基本的手法は，無機系難燃剤の大量添加であるが，安易な多量の添加は，もとのプラスチックの特性を大幅に低下させるので，相乗効果系の開発，添加剤の微粒子化および粒径分布の調整，分散技術の開発，粒子表面処理による新規無機フィラーの開発などの検討がなされている．

リン系難燃剤も大手メーカーが需要増を期待して生産能力の拡大を図っているが，リン化合物の溶出による土壌，河川などへの汚染の懸念が解決されていない．

シリコーン系難燃剤は，クリーンな難燃剤として期待されているが，コストの問題で大きな伸びがなかった．

このようななかで，ポリカーボネート樹脂骨格にシリコーン化合物を導入する技術や，多芳香族化学物を主鎖に含む特殊な骨格構造をもつエポキシ樹脂組成物が開発され，添加剤を使用しない系として，電気・電子部品用プラスチックの難燃規格を満足する材料が実用化されている．

〔内野圭司〕

表1 難燃剤の需要量の推移（単位：t）

分類	難燃剤の種類	2000年	2001年	2002年
臭素系	TBBPA*	31000	32300	27300
	TBBPAエポキシオリゴマー	8500	8500	8500
	DBDE*2	4450	2800	2500
	その他	20500	23650	19250
	小計	64450	67250	57550
無機系	水酸化アルミニウム	42000	42000	42000
	三酸化アンチモン	19100	16000	14000
	その他	10000	10500	11000
	小計	71100	68500	67000
塩素系	塩素化パラフィン	4300	4300	4300
	その他	900	900	900
	小計	5200	5200	5200
リン系	リン酸エステル系	4600	22000	20000
	含ハロゲンリン酸エステル系	3100	4000	4000
	その他	1500	2500	2500
	小計	9200	28500	26500
	合計	149950	169450	156250

＊：テトラブロモビスフェノールA
＊2：デカブロモジフェニルエーテル

文 献

1) 西澤 仁：プラスチックスエイジ，April，95（2003）．
2) 化学工業日報社調査資料．

水系塗料

water borne coating

塗料は，被塗物表面に丈夫な被膜を造り，周囲の環境から保護し長持ちさせ，省資源や環境保全に役立つと同時に，被塗物に色・つやなどの仕上り効果を与えて美しく装い，快適な生活をデザインする．

一方，塗料は組成中に揮発性有機化合物 (volatile organic compounds：VOC) や有害重金属化合物などを含有し，取扱い方法および含有量によってはヒトや環境にリスクを与える．光化学オキシダントや浮遊粒子状物質（SPM）生成に VOC が関与することから 2004 年 5 月に大気汚染防止法改正法（VOC 排出抑制）が公布された．

VOC の原因となる有機溶剤の削減技術には塗料のハイソリッド化，水系化，粉体化，UV 硬化機能の導入などがあるが，なかでも水系化は樹脂製造，塗料化，塗装の各工程で VOC を使用しない設計，適用が可能であり期待が大きい．

水系塗料は水を主溶剤とする塗料の総称である．使用される樹脂の形態によって，水性樹脂系塗料とエマルション系塗料に大別される．主な樹脂種はアクリル，ポリエステル，エポキシ，ウレタン系であり，目的，用途により樹脂の存在形態を水溶性型，コロイダルディスパージョン型，エマルション型などで調整される．それぞれの特徴は表 1 の通りである．

水系塗料の生産量は，ここ数年塗料全体の 19〜20％で推移していたが，2003 年には 21％（37.5 万 t）に達した．水系塗料の需要分野は工業用（自動車新車など）と建設建材の内外装分野に大別される．工業用塗料は，電着塗装や霧化塗装を行った後，加熱硬化させる．内外装塗料では，ローラーや刷毛塗装を行った後，常温の空気中で硬化させて使用する．

電着塗装では限外ろ過（UF），逆浸透（RO）の採用で塗料の利用率は 100％に近い．霧化塗装では被塗物に塗着しなかった塗料をブース内を循環する水で捕集し，その液を濃縮分離し，塗料と水として再利用する塗装システムが開発され，塗料使用量および産業廃棄物量を大幅に削減できた．

内装用塗料では，シックハウス症候群防止の対策として，残留モノマーを低減させたエマルションの製造技術が開発された．外装用塗料では耐久性向上のために，常温新硬化系や高耐候性のシリコーン変性やコロイダルシリカ変性などのエマルションが開発中である．

GC/GSC では，塗料原材料の選択，塗料の製造，塗装および塗膜硬化過程を見通し，資源・エネルギー使用量，VOC 排出量，産業廃棄物量などの環境負荷を総合的に勘案した塗料・塗装の技術革新が重要である．

〔内野圭司〕

表 1 水系塗料の特徴

	製法	粒子径	分子量
水溶性型	極性基をアミンで中和して，水に溶解	10 nm 以下	10^3〜10^4
コロイダルディスパージョン型*	樹脂をコロイド領域の大きさの粒子として分散	10〜100 nm	10^4〜10^6
エマルション型	エマルション重合した樹脂を使用	50〜500 nm	10^5 程度

＊：電着塗料がその代表である

グリーン可塑剤

green plasticizer

可塑剤は，樹脂に柔軟性，すなわち"塑性流動性"を付与する目的で加えられる添加剤として定義され，耐久性，耐寒性，電気特性，柔軟性，弾性などの機能を樹脂に付与する。最も多く使われている代表例がフタル酸エステル類で，そのなかでもフタル酸ジ-2-エチルヘキシル（DEHP）の生産量が最も多く，フタル酸エステルの60%を占めている。また近年，DINP（フタル酸ジイソノニル）が，安全性の面で生産量が伸びてきている。

使用分野としては，ポリ塩化ビニル（PVC）に対する用途が80〜90%と最も多く，残りの10〜20%が塗料，接着剤，ゴム，ポリ酢酸ビニル，ポリ塩化ビニリデンなどの樹脂に使用されており，生活と深いかかわりをもった材料である。

フタル酸エステル類を，ラットに高濃度で投与すると，雄の精子数の減少や精細管の萎縮や肝臓障害を引き起こすというレポートが発表され，環境ホルモンや発がん性としての懸念が生じた。

日米欧の可塑剤業界が中心となり，汎用性の高いDEHPを中心に多角的な見地から安全性に対する調査が進められた結果，フタル酸エステルの急性毒性は非常に低く，皮膚刺激性も無刺激から微刺激の範囲にあり，皮膚吸収による毒性もきわめて低いことが確認されている。変異原性についても，微生物による試験の結果，DEHPは陰性と判定されている。

さらに，肝臓への影響（発がん性），内分泌系への影響（環境ホルモン），精巣への影響（生殖毒性）の3点については，通常の使用では起こりえない高濃度で，微細な影響まで厳しくチェックされている。

その結果，DEHPがラット，マウスの肝臓に腫瘍を引き起こす仕組みは，ヒトでは働かないことがわかった。つまり，DEHPはヒトに対して発がん性を示さないことがわかり，国際がん研究機関（IARC）では，DEHPの発がん性評価ランクを2000年2月に見直し，「2B」からより安全な「3」（ヒトに対する発がん性については分類できない）へと引き下げている。

環境省は，「SPEED'98」にリストアップされていたDEHPなどの可塑剤について，2002年6月ヒトの影響に関して，また2003年6月には生態系の影響に関して，明らかな内分泌かく乱作用は認められなかったとする研究結果を発表した。

軟質塩ビ製品の多様化，高級化，安全性への高まりにより，可塑剤にもさまざまな性能が求められている（表1）。また，軟質塩ビからの可塑剤の溶出を抑えるために，可塑効果のある官能基を含む分子を塩ビモノマーと共重合させ，塗料や潤滑油に誘導されている例がある。

〔内野圭司〕

表1 フタル酸エステル以外の主な可塑剤の特徴と用途（可塑剤工業会ホームページ参照）

系（名称）	特徴	主な用途
アジピン酸エステル（ジオクチルなど）	耐寒性，ゾル粘度安定性	フィルム，レザーなど
アジピン酸エステル（ジイソノニルなど）	耐寒性，低揮発性	食品包装フィルム
クエン酸エステル（トリブチル）	相溶性	食品包装フィルム
エポキシ（エポキシ化大豆油）	熱安定性，耐候性	食品包装フィルム
リン酸エステル（リン酸トリクレシル）	耐熱性，難燃性	電線，農ビ
トリメリット酸エステル（トリオクチル）	低揮発性，絶縁性	対熱電線，レザー
ポリエステル	非移行性，耐油性	ホース，電線，ガスケット

X

廃棄物と資源循環

循環型社会

recycling-based (oriented) society

a. 循環型社会システム構築の必要性

(1) 資源の制約： 地球上のエネルギーや鉱物資源および地球の自然環境の浄化作用は無限であり，人間の欲望は果てしなくかなえられると考えられていた．しかし，1972年ローマクラブの「成長の限界」により資源・エネルギーは有限であることが指摘された．資源統計によると[1]，全世界の資源の確認埋蔵量を生産量で除した静的耐用年数は，エネルギー資源では石油43年，天然ガス61.6年，石炭231年，ウラン73年であり，金属資源では，鉄65年，銅33年，鉛22年，亜鉛20年となっている．これまでのような90%近くを化石エネルギー資源に依存するエネルギー需給体制が続けば，21世紀の中葉には「良質の」石油，天然ガスの供給はピークを越えて，その後は質の悪い化石燃料に頼らざるを得なくなるという．石炭の資源量は豊富であるが，22世紀中葉にはその生産がピークを迎え，代替エネルギーの開発がなければ，急速にエネルギー供給不足に陥ることになるともいわれている．

(2) 環境の制約： 1974年ローランド博士による「オゾン層破壊の警告」，1985年フィラハ会議による「地球温暖化警告」を経て，1988年に「気候変動に関する政府間パネル（IPCC）」が設置され，トロント会議でCO_2削減が提唱された．1992年リオデジャネイロで開催された「地球サミット」の議論で地球環境は有限であり，人間の手でコントロールする必要のあることが確認された．この地球サミットのメインテーマは1987年ブルトラント委員会が提案した「持続可能な開発」であり，それ以来，このテーマは今日的課題となっている．科学技術も社会経済システムも地球が有限であるという前提で考え直す必要に迫られている．多くの資源・エネルギーを消費し，自然の浄化能を越えた廃棄物を出す社会経済システムを変える必要がある．すなわち全体として資源・エネルギーを最大限有効に利用し，廃棄物を最小限にする社会経済システムを構築する必要がある．

(3) ごみ量の増大とその対策： わが国の一般廃棄物の総排出量は年間約5000万tとここ数年横ばい傾向が続いているが，2001年度は，総排出量5210万tとなり，国民一人1日当たり1124gとなっている．また，産業廃棄物の総排出量は2001年度で約4億tと膨大な量であり，中間処理による減量化が増加しているものの，最終処分量は年間約5300万tに上っている．このため，最終処分場の残余年数は，全国平均で3.9年，首都圏での残余年数は1.2年と非常に厳しい状況にあり，資源の制約や環境の制約のほかに廃棄物の増大に伴う最終処分場の残余容量の逼迫が大きな課題となっている．

b. 循環型社会システム構築に向けた動き

(1) 資源循環システム技術： 持続可能な発展を実現するためには，人間社会における産業活動や日常の生活で利用される資源は生態系環境システムのなかで自然に再生産される過程に包括されていなければならない．すなわち，自然生態系を破壊しないように人間生態系を調和させていくことが肝要である．そのためにはまず，人間社会における産業活動を，体内における血液再生循環システムである動脈系と静脈系の概念に基づいて，見直す必要がある．すなわち，動脈系である生産システムだけでなく，静脈系である回収・再利用システムを考慮に入れた産業構造の構築とそれに必要な技術開発を積極的に推進することが必要

である．したがって，生態系と人間社会システムとの共生や融合が今後の重要な技術課題となってくる．このため今後循環型社会システム作りに必要な技術要件は大きく次の2点に集約される．

①生物の機能を利用した技術，すなわち生態系になじむ技術，②生物の物質循環を模擬した人間社会システムを含めた地球全体の物質循環システム技術．

①の例として，21世紀の金属生産技術の核となる，省エネルギー・環境低負荷型の金属資源生産技術のシーズ探索を目的に実施された，先導研究「メタルレボリューション」（工業技術院平成6~8年度）が上げられる．また，②の例として，循環型社会システムの構築を目指した新しい次世代の研究開発のシーズ探索を目的に実施された，先導研究「エコファクトリー」が上げられる．この研究の考え方をさらに発展させたプロジェクトが，インバースマニュファクチャリングフォーラムとして継続されている（→ 259. インバースマニュファクチャリング）．ところで，最初に物質循環を研究解明した学問が地球化学であり，また，生命とかかわりのある地球化学的問題，すなわち生物地球化学的現象の定量的研究が自然認識に不可欠であることを主張したのも地球化学者のヴェルナドスキィ（V. I. Vernadskii, 1863-1945）であった．ヴェルナドスキィの開拓した分野が今日の生物無機化学や環境化学へとつながった[2]ことを考えるとき，資源循環システム技術を考えるうえでも化学の役割がきわめて大であることを改めて認識させられる．

(2) 循環型経済システム： 通商産業省（現経済産業省）は，1999年7月に「循環型経済システムの構築に向けて（循環経済ビジョン）」をとりまとめ，現在の経済システムを転換し，環境制約や資源制約への対応を経済活動のあらゆる面に織り込んだ循環型経済システムを構築することを提言した．この提言では，循環型経済システムが備えるべき基本的な要素として，経済活動に投入される資源などの最小化と経済活動に伴う廃棄物などの排出の最小化をあげ，このためには従来から行っている原材料としての再利用（リサイクル）対策の強化に加え，製品の省資源化や長寿命化による廃棄物の発生抑制（リデュース）と製品・部品の再使用（リユース）対策の新たな導入が必要であるとしている．

以下に，わが国における循環型社会の形成推進のための法体系について示す．1991年10月に「再生資源の利用の促進に関する法律」（リサイクル法）が施行され，リサイクル型の社会システム作りがスタートした．それ以来，「省エネ・リサイクル支援法」の制定（1993年6月施行），「環境基本法」の制定（1993年11月施行），「容器包装リサイクル法」の制定（1995年6月），「家電リサイクル法」の公布（1998年6月）などが次々と実施された．さらに，「循環環境ビジョン」の報告書を受け，2000年6月に「循環型社会形成推進基本法」として公布された（→ 260.3 R）．また，循環型社会の形成を実行あるものとするために，「資源有効利用促進法（再生資源の利用促進法の改正）」，「廃棄物処理法の改正」，「建設資材リサイクル法」，「食品リサイクル法」および「グリーン購入法」が同時に制定された．続いて，「自動車リサイクル法」も2005年1月より実施されるなど，個別のリサイクル法が整備されつつある．　　　　　　　　　　〔坂本　宏〕

文　献
1) 科学技術資源調査会編：資源の未来—21世紀の日本の資源に関する調査報告書—，大蔵省印刷局（1998）．
2) 日本化学会編：地球化学（化学の原典5），学会出版センター（1987）．

ゼロエミッション

258

zero emission

ゼロエミッションという概念は，1994年に国連大学のグンター・パウリ学長顧問らにより提案されたもので，エコロジカルな持続可能性の追求を目指したものである．すなわち，企業グループが一つの集団（新しい企業集団）を形成し，資源（原料）を互いに利用しあい，結果として廃棄物をゼロとするシステムづくりの提案である．循環型社会システム形成の具体的な実施プロジェクトの提案であり，実施例のモデルとなるものである．そしてまた，このモデルはエコファクトリーやインバースマニュファクチャリングが目指している考え方と一致するものである．表1に当初提案された新産業集団の例を示す．また，東京大学の鈴木基之を中心として，科学研究費補助金における特定領域研究で「ゼロエミッション」に関する研究が進められた．

ゼロエミッションという概念が提案されてから10年余が経過し，この概念は広く受け入れられ，ISOの環境管理システムとの関連もあり，工場内での廃棄物をゼロにするという狭義の意味のゼロエミッション運動は企業一般に浸透しつつある．また，一企業より枠を広げた工業団地内全体でのゼロエミッションの取組みも，山梨県の国母工業団地や川崎市の工業団地などで進められている．さらに，地域全体でのゼロエミッションの取組みも屋久島での実験や1996年度から通商産業省（現経済産業省）を中心にエコタウン事業として推進された．表2にエコタウン事業の実施例を示す．

〔坂本 宏〕

表1 新産業集団の例（国連大学提案）

プロジェクト	内容
水産養殖とビール醸造	ビールの醸造工程から排出される固形廃棄物と醸造施設の洗浄排水を養魚用資料として水産養殖業に利用
砂糖	再生不可能な石油に代わり砂糖を原料として利用したプラスチック，洗剤などの生産
林業	伐採地での廃棄物となる枝葉を原料として利用した香料，顔料，防腐剤，精油の生産
紙・パルプ	インクと紙を一緒にリサイクルする方法やインクを紙繊維から完全に分離する技術の開発

表2 エコタウン事業の実施例（2006年1月現在）

川崎市 97.7.10	ゼロエミッション工業団地
飯田市 97.7.10	天竜峡エコバレー
岐阜県 97.7.10	岐阜県地球環境村
北九州市 97.7.10	総合環境コンビナート
大牟田市 98.7.3	リサイクル産業団地
札幌市 98.9.10	札幌リサイクル団地
千葉県 99.1.25	千葉地域公害防止計画
秋田県 99.11.12	秋田県北部エコタウン計画
鴬沢町 99.11.12	リサイクルマインパーク構想
北海道 00.6.30	ゼロエミッション社会形成
広島県 00.12.13	びんごエコタウン構想
高知市 00.12.13	エコ産業団地
水俣市 01.2.6	水俣エコタウンプラン
山口県 01.5.29	原料リサイクルシステム
直島町 02.3.28	直島エコタウン
富山市 02.5.17	ハイブリッド型プラスチックリサイクル施設
青森県 02.12.25	焼却灰・ホタテ貝殻リサイクル施設
兵庫県 03.4.25	廃タイヤガス化リサイクル施設
東京都 03.10.27	建設混合廃棄物の高度選別リサイクルシステム
岡山県 04.3.29	環境と調和したまちづくり
釜石市 04.8.13	かまいしエコタウンプラン
愛知県 04.9.28	あいちエコタウンプラン
鈴鹿市 04.10.29	鈴鹿エコタウンプラン
大阪府 05.7.28	大阪府エコタウンプラン
四日市市 05.9.16	四日市エコタウンプラン
愛媛県 06.1.20	愛媛エコタウンプラン

インバースマニュファクチャリング

259

inverse manufacturing

循環型社会システムの構築を目指した新しい次世代の研究開発のシーズ探索を目的に実施された，先導研究「エコファクトリー」の基本的な概念は，「材料循環型次世代生産システム（エコファクトリー）の開発に関する調査研究報告書」（1992年3月）や先導研究「エコファクトリー技術に関する調査研究」（1995年3月）によれば，地球環境問題を解決しつつ持続的な成長を可能とする循環産業社会を構築する次世代工業技術を確立することを目標とし，設計から生産，利用，回収，分解，分離，再利用までを含むシステム概念である．

具体的なエコファクトリー技術は
(1) 地球生態系負荷の小さな「地球生態系調和型生産技術」
(2) 地球生態系負荷の小さな製品に必要な「地球生態系調和還元技術」

から構成される．これらの技術体系の総称が ecologically conscious factory であり，これを短縮表現したのが「エコファクトリー，ecofactory」である．したがって，エコファクトリー技術は，「環境と経済を統合化した生産システム」を実現するのに必要な技術であり，これらの概念を図1にまとめて示した．

工業技術院（現産業技術総合研究所）で実施した先導研究「エコファクトリー」（平成5〜6年度）の主な研究課題を以下に示す．

(1) 生産系技術
　①易分離性，再精製性の高い製品を開発および設計するための技術
　②易分離性，再精製性の高い製品をつくるための技術
(2) 還元系技術
　①高度自動解体・分別回収技術
　②使用後の組立製品の自動分離・分別回収技術
　③固体混合物の自動選別技術
　④使用後に分別・回収された有用資源の精製技術
(3) 管理・評価技術
　①エコファクトリー全体を管理・評価するシステム技術

その後，この概念は通商産業省（現経済産業省）の支援のもとで，1996年12月に設立されたインバースマニュファクチャリ

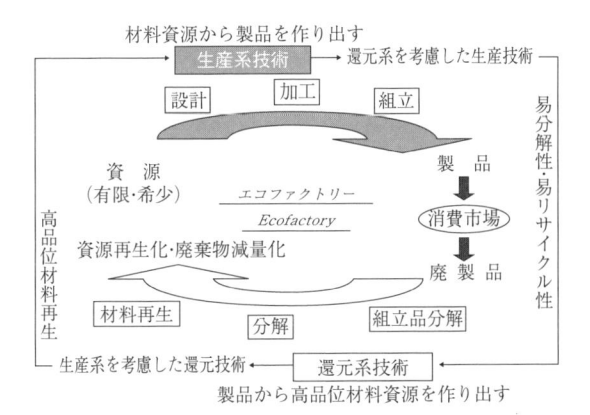

図1　エコファクトリーの概念

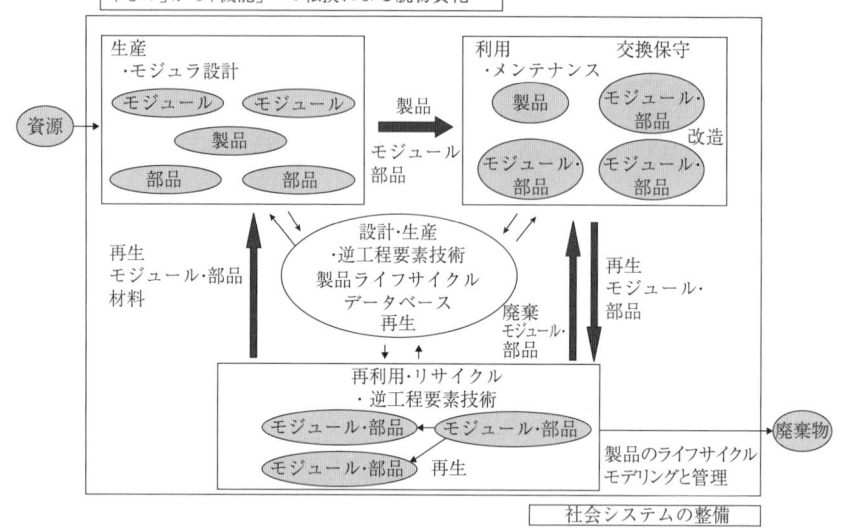

図2 インバースマニュファクチャリングの技術要素

ングフォーラムに引き継がれ，現在に至っている．このフォーラムの設立趣意書によれば「インバースマニュファクチャリング構想はマテリアルリサイクルを中心とした，現在の環境対策技術の次の世代の製品ライフサイクルを提案するものである．環境負荷の軽減は逆工程におけるリサイクルのみでは限界があるという認識のもとに，ポスト大量生産パラダイムと量的充足から質的充足への転換を基本的コンセプトとし，ライフサイクル設計，製品のモジュール化，メンテナンスと製品のアップグレード，リユースおよびリマニュファクチャリングを中心とした新しい製品ライフサイクルを検討する．これは，製品やライフサイクルの各工程（設計，生産，運用，保全，リユース，リサイクルなど）の変革を促すだけでなく，産業構造，消費形態，経済政策などの技術以外の側面における変革も同時に検討するものである」とされている．

また，木村によれば，インバースマニュファクチャリングの研究課題として，①工業生産方式の基本的な転換，②製品ライフサイクルモデリングとその管理，③モジュール化による成長可能な機械，④メンテナンスを中心としたライフサイクル管理，⑤逆工程の要素技術，⑥製品ライフサイクルデータベース，⑦閉ループ型生産を受け入れる社会システム，などを上げ，これらの技術要素をまとめて図2のように示している．

〔坂本　宏〕

3R

260

reduce, reuse, recycle

「循環型社会形成推進基本法」(2000年6月公布，2001年1月施行)は，①廃棄物の発生量の高水準での推移，②リサイクルのいっそうの推進の要請，③廃棄物処理施設の立地困難性，④不法投棄の増大，などの問題を解決するため，「大量生産・大量消費・大量廃棄」型の経済社会から脱却し，資源の消費が抑制され，環境への負荷が少ない「循環型社会」を形成することを目的とし，①廃棄物・リサイクル対策を総合的かつ計画的に推進するための基盤を確立するとともに，②個別の廃棄物・リサイクル関係法律の整備と相まって，循環型社会の形成に向け実効ある取組みの推進を図るものとして設定された．

a．3Rとその優先順位 そのなかの理念で最も重要なのは，循環型社会の形成に当たって，取り組むべき重要度の優先順位が，以下のように明確にされたことである．

1. 廃棄物の発生抑制（Reduce）
2. 廃物の再使用（Reuse）
3. 廃物の再生利用（Recycle）
4. エネルギー回収
5. 適正処分

この優先順位が法律として定められた意義は大きく，産業界全体としての取組みとして実効の上がる体制ができたといえる．この概念は，ともすれば陥りがちな，大量生産→大量消費→大量廃棄→大量リサイクリングの構造を否定するものであり，ヴァルター・ユングバウアーらのいう，いわゆる「リサイクリングウイルス」を蔓延させないための警鐘といってもよい．この3R概念の考え方を製造業の物質フローのなかで考えてみよう（図1参照）．

製品は，（狭義の）資源→原料→素材→部品を経て廃物となるが，これをいかなるループで循環させるかがポイントである．Reduceはすべての段階において必須の概念であり，適正な製品・部品ループおよび素材・原料・（狭義の）資源ループの構築には，それぞれReuse（再利用），Recycle（再生利用）の概念が重要となる．製造業の物質循環におけるそれぞれのループには，時間・空間・技術などを変数とする複雑な境界条件があるが，少なくとも現状に比べて，それぞれの境界条件をより低く設定できるような政策・技術開発が必要である．そのためにはループごとに適正なデザインを設定し，それらを統合化して製品デザインを創出することが肝要である．

生産の本質をとらえようとするとき，それは量的な面のみでなく，質的な面を考慮する必要がある．なぜならば，物質・エネルギーは消滅しないのに，現実に資源は枯渇するからである．すなわち，生産とは，多量の物質・エネルギーの質の低下という犠牲のもとで質の高い少量の製品を作り出すことである．リサイクリングも生産活動の一種であるから，この本質は変わらない．つまり，図2に示すように，人間社会におけるリサイクリングシステムとは，非目的成分の質の低下という犠牲のもとに目

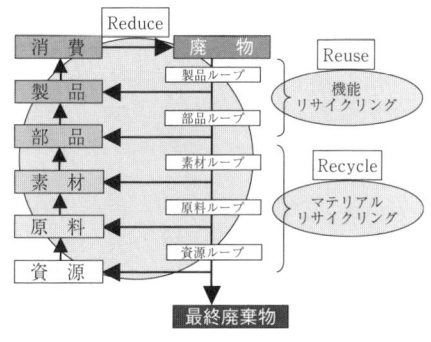

図1 製造業における資源循環の3R概念

的成分の質の向上（製品の生産）を行うことであり，資源問題はむしろ非目的成分の枯渇問題であるということができる．また，環境問題は，非目的成分による（有害）廃棄物問題と質の低下そのものによるポテンシャル問題に分類することができる．リサイクル率の向上は現時点の目標としてはよいが，100％の物質循環はむしろ環境破壊型となり，資源枯渇と環境調和の両面から望ましくなく，廃棄物の発生抑制（Reduce），再利用（Reuse）がリサイクリング（Recycle）に比べて優先されることは理論的にも正しい．

b．3Rイニシアティブ 2004年のG8シーアイランドサミットで合意された「3Rイニシアティブ」の正式な立上げのために，2005年，第1回閣僚会合が20カ国の環境大臣と4国際団体の代表を集めて東京で開催された．同会合の主な結論の概要を以下にあげておく．

(1) 3Rの推進： 持続可能な生産消費パターンを確立するために"Mottainai"の精神を世界に広める3Rの推進が鍵である．10年計画の一環として，3R推進ビジョンや戦略を策定し，さまざまな取組みを進める．

(2) 国際流通に対する障壁の低減： 再生資源の国際移動は資源の有効利用と環境汚染防止の両方に貢献するため，高い税率や非関税障壁を減らして公平な競争条件を確保すべきである．ただし，廃棄物は発生国において最少化することが最優先でありその越境移動は，受入国における適正処理・処分が確実な場合にのみ有効である．

(3) 先進国と開発途上国との協力： 両者の協力は，経験の共有，共同研究，キャパシティビルディングの実施から始まる．ミレニアム開発目標は，3R活動を推進する基礎となるべきであり，2005年7月の英国グレンイーグルスG8サミットや，持続可能な消費生産に関する国連マラケシュプロセスに報告されるべきである．

(4) 関係者間の協力： 3Rと廃棄物の適正処理を推進するために，中央政府，地方政府，民間部門，非政府機関，研究機関，地域社会などの利害関係者が，各国・地域・地球レベルでパートナーシップを構築することが重要であり，そのためには情報の共有化，意識の向上および環境教育が必要である．とくに製品や廃棄物に関する情報，汚染可能性のある製品の国際流通に関する情報，3Rに関する優良事例などを関係主体間で共有することが必要である．

(5) 3Rに適した科学技術の推進： 3Rに関する科学技術は，環境保全だけでなく，社会の潜在的需要を引き出す新しい価値創造や産業界の効率化を促進する．とくに必要な分野として，再生産，廃棄物の最少化，リサイクル，リカバリーなどのクリーン技術，資源効率性を向上させ環境負荷を低減化するためのエコデザインなどがあり，ナノテクノロジーやバイオテクノロジーのような新技術の可能性についても追求していくべきである．また，製品・サービスの環境影響を把握するためのライフサイクルアセスメント（LCA）や物質フロー分析（MFA）は，製品の品質改善や3Rの促進に関する評価活動に資するものである．　〔大和田秀二〕

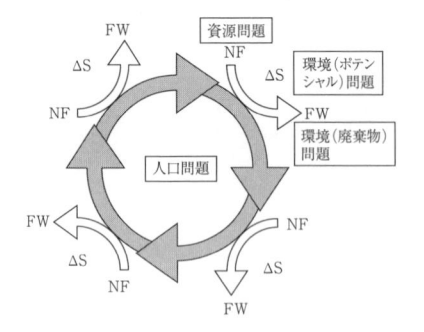

図2 資源循環システムの概念
NF：新規投入資源，FW：最終廃棄物，ΔS：発生エントロピー．

X．廃棄物と資源循環

わが国の物質収支

material flow in Japan

資源循環の最適化を目指すには，まず各国レベルでの物質収支を把握し，その問題点を抽出することが必要である．図1に，2001年度の日本のおおよその物質収支を示した．総物質投入量は21億tであり，その53％（11億t）が建物・社会インフラという形で蓄積され，5.8％（1.2億t）が製品などの形で輸出されている．環境中に排出されるのは，エネルギー消費として4.0億t，食料消費・減量化・最終処分等物質として5.0億tであり，両者で全体の42％を占め，再生利用されるのは2.1億tと総物質投入量からエネルギー消費と輸出分を除いたものの13％である．

a．日本の物質収支の課題 日本の物質収支における課題を以下に箇条書きにする．

(1) 総物質投入量が高水準： 総物質投入量が21億tであり，1970年度のそれ（15億t）の1.4倍となっており，持続的な発展のためには，この低減が最も重要な課題となる．

(2) 天然資源投入量が高水準： 天然資源投入量は国内外を含めて19億tと1980年度の14億tの1.3倍となっている．国内では資源投入量とほぼ同量の，海外では輸入資源量の4倍に近い隠れたフローが発生しており，環境効率性の観点からみれば資源浪費型ともいえる経済社会システムになっている．今後，環境効率性を高め，現在の天然資源投入量をより削減する必要がある．

(3) 資源・製品などの流入量と流出量がアンバランス： 日本への輸入量（7.6億t）に比べて輸出量（1.2億t）はそのわずか16％とアンバランスな状況にあり，国際的な視点でみると適正な物質循環システムとなっていない．

(4) 再生利用量率が低水準： 総物質投入量からエネルギー消費と輸出を除いた量に対する再生利用量は13％と低水準であり，再生利用量に含まれる水分を除くとこの値はさらに低下する．循環型社会形成のためにはこの割合を少なくとも現状より高める必要がある．

(5) 総廃棄物発生量が高水準： 産業廃棄物，一般廃棄物の発生量はここ数年にわたって高い水準にとどまっており，3Rの

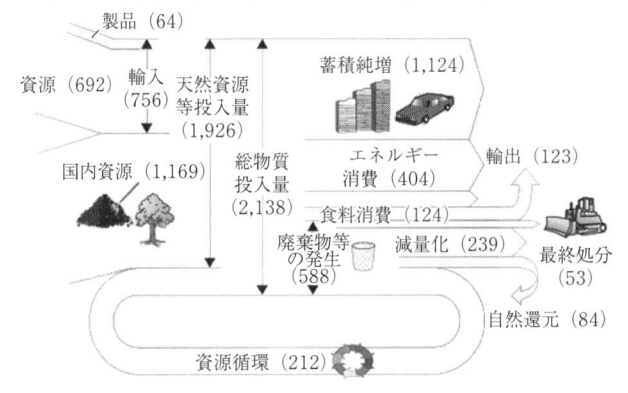

図1 日本のおおよその物質収支（2001年度．単位：百万トン）
注：産出側の総量は，水分の取込みなどがあるため総物質投入量より大きくなる（環境省作成）．

第1優先順位であるReduceが現状では機能していない。

(6) エネルギー消費が高水準： 主として化石燃料の使用に起因する二酸化炭素の排出量は依然増加傾向にあり，また，窒素酸化物による大気汚染の改善も必ずしも芳しい状態にない。日本のエネルギー消費は4.0億tと高水準であり，その利用のいっそうの効率化が必要である。

b. 国際的にみた日本の物質収支： 2000年10月に，先進工業国の経済活動から環境への排出物フローの総量とその内訳，経年変化を比較し「国家の重さ，The Weight of Nations」がまとめられた。これを参考にして日本の物質収支の特徴をみることにする。

(1) 排出量の比較： なんらかの直接的な経済活動を経たのちに国内の気圏・水圏・地圏へ排出される量（DPO，国内直接排出物量）を比較すると，図2のようである。一人当たりのDPOは他の4カ国に比べて低い水準にあることがわかるが，二酸化炭素排出量の伸びは1980年代半ばから微増傾向にあるので，注意が必要である。DPOに資源採取や建設工事などにより生じる国内起源の隠れたフローを加えた量（TDO，国内総排出物量）も低くなっているが，この原因は，採掘に伴って多量のズリが発生する石炭の産出量が他国に比べて低いことがあげられる。

部門別にみた日本の特徴は，資源採取によって隠れたフローが多い鉱工業の割合が低く，また，建設分野の占める割合が高いことである。なお，GDP当たりのDPOは各国ともここ数十年間は減少傾向にあるが，一人当たりのDPOの推移は，日本が1980年代後半から増加傾向にあり，この点も改善の必要性があるといえる。

(2) 需要量の比較： 各国に投入される資源の総量（DMI，直接物質投入量）およびそれに隠れたフローを加えた量（TMR，物質総需要量）から各国一人当たりの需要量を比較すると図3のようである。

日本の一人当たりのTMRは46 t・人$^{-1}$・年$^{-1}$と他国に比べてかなり低くなっているが，ドイツと比べると，DMRや国外起源の隠れたフローの割合は大差ないことがわかる。また，TMRを種類別にみると，日本は化石燃料の寄与が他国に比べて低く，建設用鉱物や建設工事による掘削の割合が高くなっている。　　　　〔大和田秀二〕

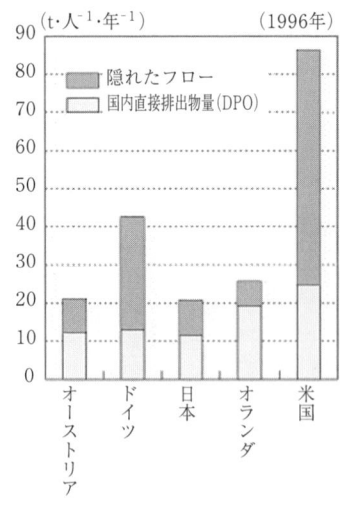

図2　各国の排出量比較（The Weight of Nations (2000)より国立環境研究所作成）

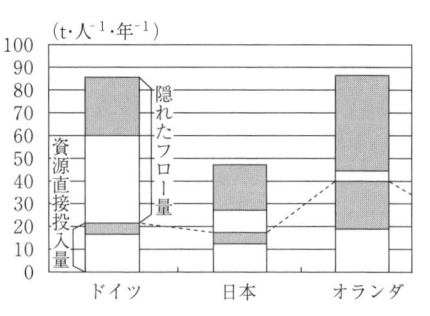

図3　各国の需要量比較（Resource Flows (1997)より国立環境研究所作成）
□：国内起源，■：国外起源．

一般廃棄物

general waste

a．廃棄物の定義 廃棄物処理法に基づくと廃棄物は大きく産業廃棄物と一般廃棄物に分けられる．一般廃棄物は主に家庭から排出されるごみとし尿を指すが，事業所などからも産業廃棄物として指定されなかったものがごみとして排出されている．一般にこのようなごみを事業系ごみと呼んでいる．

ごみの発生量は2002年度実績で5161万tで，一人1日の排出量としては1111gである．この値は，最近十年ほどは横ばいで推移している．

b．ごみの性状 ごみはあらゆる製品が最終消費された後に不要物として排出されたものであるから種々雑多なものの集合である．その性状はきわめて多様である．しかし収集段階で分別がなされており，大きく粗大ごみと一般ごみに分けられ，また一般ごみは可燃ごみと不燃ごみに分けられる．最近は資源ごみ，あるいは容器包装ごみなど資源化を容易にするよう分別が細かくなる傾向にある．

可燃ごみを中心に焼却処理を目的として集められたものの性状は多くの分析データがある．全国のごみ焼却炉の貯留ピットで採取・測定されたごみの性状データは表1のとおりである．

ごみの性状は種類組成，3成分（水分，可燃分，灰分），元素組成および低位発熱量などで示される．焼却処理などの対象となる場合は低位発熱量や元素組成が重要な指標となる．最近のごみ質は水分48％，可燃分45％，灰分7％程度で20年ほど前と比較し水分は減少し可燃分が増加してきている．それにつれて低位発熱量も上昇してきている．しかし最近4，5年は経済の落ち込みや資源化分別の徹底などによりこのような傾向は頭打ちか逆転している．

c．し尿の性状 わが国のし尿および浄化槽汚泥の発生量は2002年度実績で3151万klである．この量は下水道の整備に伴って減少傾向にある．し尿は活性汚泥法などの生物処理と膜処理や高度処理を組み合わせて分解浄化された後，河川などに放流される．処理に伴って発生する汚泥は一部コンポストなどに資源化されているが，多くは焼却あるいは埋立処分されている．し尿および浄化槽汚泥には有機物，浮遊物質，蒸留残留物，窒素，リン，塩化物イオンなどが含まれる．し尿のBOD（75％非超過確率）は12000 mg/l，蒸発残留物（75％非超過確率）は27000 mg/lであるが，浄化槽汚泥はそれぞれ5600，13000 mg/lと，し尿の1/2程度の濃度である．

〔藤吉秀昭〕

表1 焼却対象ごみの性状（（財）日本環境衛生センター分析結果）

年度			2000年度
項目		単位	平均
試料数			374
（うち元素分析数）			241
種類組成	紙・布類	(%)	56.4
	合成樹脂類	(%)	23.0
	木・竹類	(%)	7.5
	厨芥類	(%)	6.8
	不燃物類	(%)	2.7
	その他	(%)	3.6
三成分	水分	(%)	48.0
	可燃分	(%)	45.1
	灰分	(%)	6.9
低位発熱量		(kJ/kg)	9040
元素組成	炭素	(%)	55.5
	水素	(%)	8.4
	窒素	(%)	0.8
	酸素	(%)	35.0
	硫黄	(%)	0.0
	塩素	(%)	0.3

263 産業廃棄物

industrial waste

　1970年に制定された「廃棄物の処理及び清掃に関する法律」(以下,「廃棄物処理法」という)では,事業活動に伴って生ずる廃棄物のうち,事業者が自ら処理しなければならないものを産業廃棄物と定め,現在,表1に示す20種類がある.また種類別排出量を図1に示す.

　このうち①〜⑫はすべての事業活動から排出されたものが対象となる.⑬〜⑲は( )内に示すように業種が特定されており,その他の業種から排出されたものは,事業系一般廃棄物として扱われる.

　1991年の改正廃棄物処理法では,産業廃棄物のうち,「爆発性,毒性,感染性,その他人の健康又は生活環境に係る被害が生じるおそれのある性状を有するもの」を特別管理産業廃棄物として定めた.これらの廃棄物を生ずる事業場では,特別管理産業廃棄物管理責任者をおくなど,より厳しい処理責任が課せられている.

　事業者が,産業廃棄物を自ら処理する場合は,産業廃棄物の処理基準(産業廃棄物の収集・運搬,処分に関して廃棄物処理法

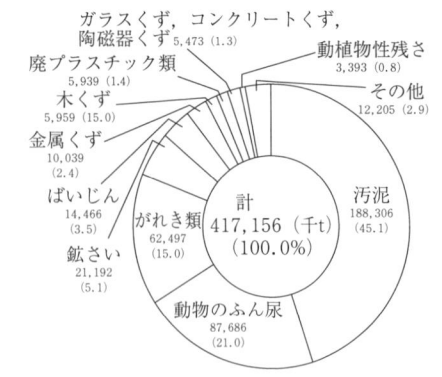

図1 産業廃棄物の種類別排出量 (2004年度)

ガラスくず,陶磁器くず 5,473 (1.3)
コンクリートくず
廃プラスチック類 5,939 (1.4)
動植物性残さ 3,393 (0.8)
木くず 5,959 (15.0)
その他 12,205 (2.9)
金属くず 10,039 (2.4)
ばいじん 14,466 (3.5)
がれき類 62,497 (15.0)
鉱さい 21,192 (5.1)
動物のふん尿 87,686 (21.0)
汚泥 188,306 (45.1)
計 417,156 (千t) (100.0%)

で定める基準)にしたがわなければならない.そして,産業廃棄物処理施設を設置する場合は,設置区域の自治体の許可を受ける必要がある.

　事業者が排出した産業廃棄物を自ら処理できない場合には,許可を受けた産業廃棄物処理業者に委託することになるが,その際は,処理の委託に係る責任を負うとともに,委託基準にしたがわなければならない.また,産業廃棄物が搬出されるまでの間は保管基準を遵守するとともに,処理業者に引き渡す際には,産業廃棄物の名称,運搬業者名,処分業者名,取扱い上の注意事項などを記載したマニフェスト(産業廃棄物管理票)を交付する必要がある.

〔松村治夫〕

表1　産業廃棄物の種類

①燃え殻,②汚泥,③廃油,④廃酸,⑤廃アルカリ,⑥廃プラスチック類,⑦ゴムくず,⑧金属くず,
⑨ガラスくず・コンクリートくず・陶磁器くず,⑩鉱さい,⑪がれき類,⑫ばいじん,
⑬紙くず(紙製造業,出版・製本・印刷加工業,建設業などに係るもの),
⑭木くず(木材・木製品・パルプ製造業,建設業などから排出されるもの),
⑮繊維くず(繊維工業,建設業などから排出されるもの),
⑯動植物性残さ(食品製造業などで原料として使用した残さ),
⑰動物性固形不要物(と畜場などで処分した獣畜や食鳥処理物),
⑱動物のふん尿(畜産業に係るもの),
⑲動物の死体(畜産業に係るもの),
⑳以上の産業廃棄物を処分するために処理したもので,上記の産業廃棄物に該当しないもの(例:コンクリート固型化物)

豊島事件

the case of illegally dumped wastes at Teshima Island

a．経　緯　瀬戸内海・小豆島の西方に浮かぶ面積約 15 km² の豊島は，気候温暖，風光明媚な国立公園のなかの小島であるが，1970 年代後半ころから約 30 ha の砂利採取跡地に資源回収を装った産業廃棄物の不法な投棄が続けられた．1975 年の業者による許可申請段階から発せられていた地元住民による反対の声は県に聞き入れられなかった．業者の粗暴な言動や行為に県の職員が恐怖を抱いていたことや，行政組織としての県と豊島との距離が県の対応を誤らせていた原因と考えられる[1]．

1988 年 5 月，海上保安庁姫路海上保安署は許可なしに廃棄物を輸送した疑いでこの業者を検挙，また，1990 年 11 月，兵庫県警は廃棄物処理法違反の疑いで処分地（不法投棄地）の強制捜査に乗り出した．これによって，廃棄物の搬入，野外焼却，投棄などの行為がようやく停止した．しかし，この十年余の間に島に運び込まれ投棄された廃棄物は約 50 万 t に達していた．1991 年 1 月経営者は兵庫県警に逮捕された．

b．対　策　住民は不法投棄地の原状回復や周辺環境の汚染防止，長年の被害に対する補償を求める裁判を決意するが，結局，国の公害等調整委員会が取り扱うこととなった．調整委員会は 1995 年 10 月，専門委員の調査の結果ならびに対策としての七つの案，その費用と対策期間を示した．現地調査の結果では，投棄廃棄物の量と有害性，汚染の範囲とその可能性などが示されたが，対策案のうち現地に隔離して遮水壁を設ける案は住民に大きな不安を与えた．その後，紆余曲折があったが，1997 年 7 月，豊島住民と香川県の間で調停の中間合意が成立した．香川県は廃棄物および汚染土壌について溶融などによる中間処理を施すことによってできる限り再生利用を図り廃棄物が搬入される前の状態に戻すことを目指すことが決まった．中間合意に基づいて設置された技術検討委員会は 2000 年 2 月までに第一次〜第三次報告書を提出し，豊島周辺海域や地下水の汚染を防止す

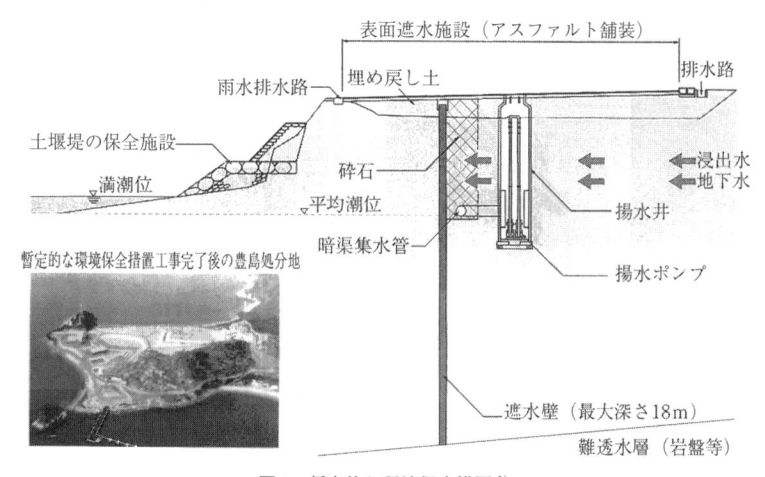

図 1　暫定的な環境保全措置 [1]

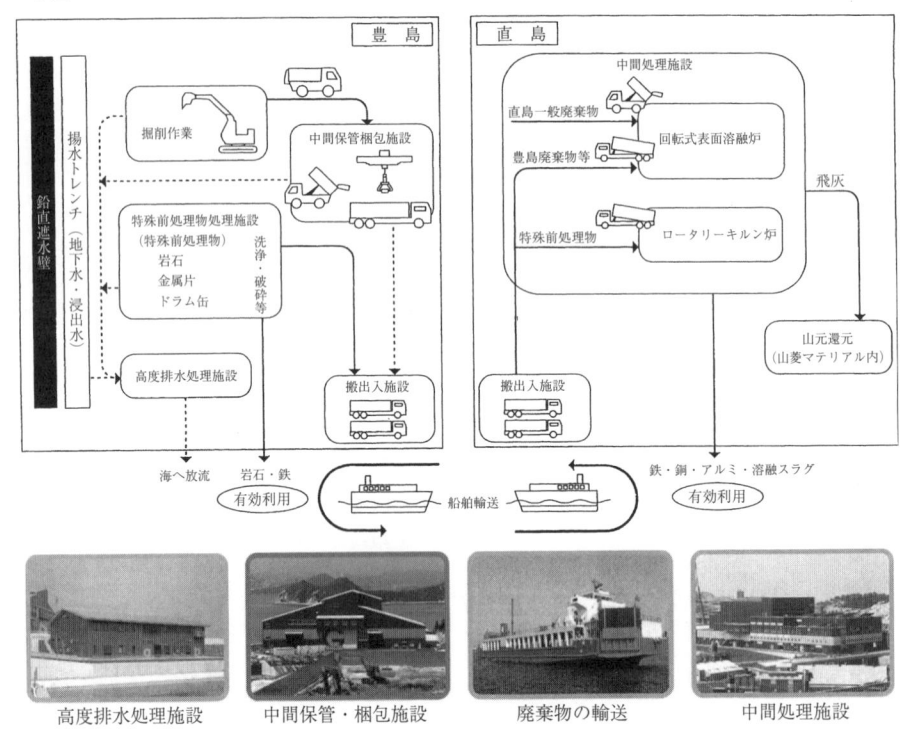

図2 豊島廃棄物等対策事業の概要[2,3]

るための暫定的な環境保全措置，地下水・浸出水の高度処理施設，廃棄物などの掘削・運搬・輸送方法，中間処理施設の内容を提案した．豊島住民は中間処理施設を島内に設置することを容認していたが，香川県議会の意向により中間処理施設は直島に設置されることになった．すなわち，豊島では廃棄物などを掘削し，洗浄のみによって浄化された岩石，金属片などは必要に応じて破砕したのち有効利用，その他のものは保管・梱包して船舶で直島へ輸送する．直島には回転式表面溶融炉とロータリーキルンが設置され，搬送されてきた廃棄物などは前者によって溶融処理される．一部，表面に汚染物が付着し洗浄だけでは浄化されなかったものは後者によって有機物を燃

焼分解し浄化される．2000年6月，公害調停が成立し，豊島に放置された廃棄物や汚染土壌を10年間をかけて中間処理し，もとの状態に復する事業が事実上スタートした．溶融処理によって生じるスラグなどは土木資材などとして有効活用すること，また，飛灰からは三菱マテリアル直島精錬所の銅精錬工程で有価金属を回収することになり，文字通り豊島内に廃棄物を残さない処理フローが確立した（図1，2参照）．

〔武田信生〕

文　献

1) 大川真郎：豊島産業廃棄物不法投棄事件, pp.6-19, 日本評論社 (2001).
2) 香川県：豊島廃棄物等処理事業, pp.1-14.
3) 香川県：香川県直島環境センター中間処理施設, pp.3-4.

X．廃棄物と資源循環

放射性廃棄物とその処理・処分

outline of radioactive waste and the current processing method and disposal

a．廃棄物の種類と発生源 放射性廃棄物（radioactive wastes）は原子力発電所，使用済燃料再処理工場，放射性同位元素使用施設などの運転や，拡大に伴い発生し，その性状は，気体，液体，固体である．気体および液体の廃棄物は処理して安全を確認した後に，排ガス，排液として環境に放出される．固体状の廃棄物はその放射能レベルにより高レベル放射性廃棄物

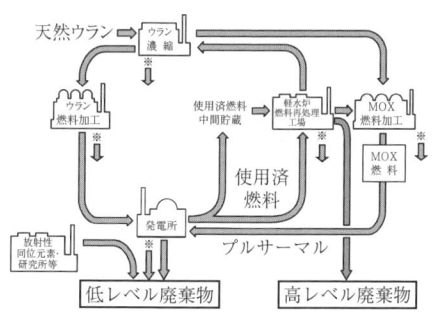

図1 放射性廃棄物の種類と発生源（軽水炉サイクルの例）

(high level waste) と低レベル放射性廃棄物（low level waste）に大別できる．このうち高レベル放射性廃棄物は使用済燃料（spent fuel）の再処理により発生する濃縮廃液をガラスで固めたものであり，その他の廃棄物は低レベル放射性廃棄物として区分している．低レベル放射性廃棄物原子力発電所，使用済燃料再処理工場などで発生する廃棄物で，運転中の廃液をセメントなどで固めたものや保守・点検時に発生する機材などをいう．

b．放射性廃棄物の処理 低レベル放射性廃棄物のうち気体廃棄物には，各施設から排気される水素ガスや窒素ガスのほか，キセノン（Xe-133），クリプトン（Kr-85），ヨウ素（I-13）などの放射性物質が含まれる．これらを含む排ガスは，ろ過処理により浄化され，吸着剤などにより放射能を減衰させたあと，安全を確認して大気放出される．液体廃棄物は各機器からのドレンや作業衣類などの洗濯廃液であり，コバルト（Co-60），セシウム（Cs-137），マンガン（Mn-54）などの放射性物質を含む．この廃液は，ろ過，蒸発，イオン交換などで処理され，安全を確認して海洋に放出される．蒸発処理後の濃縮廃液はセメントなどで固化処理される．

固体廃棄物には使用済イオン交換樹脂と

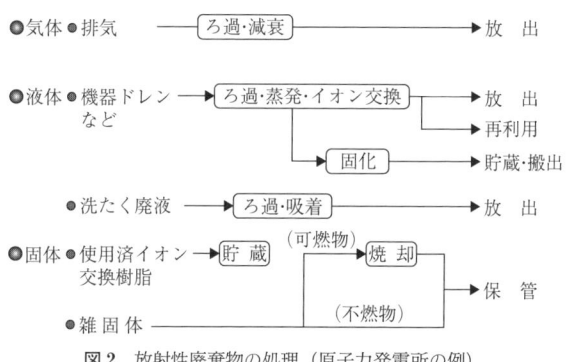

図2 放射性廃棄物の処理（原子力発電所の例）

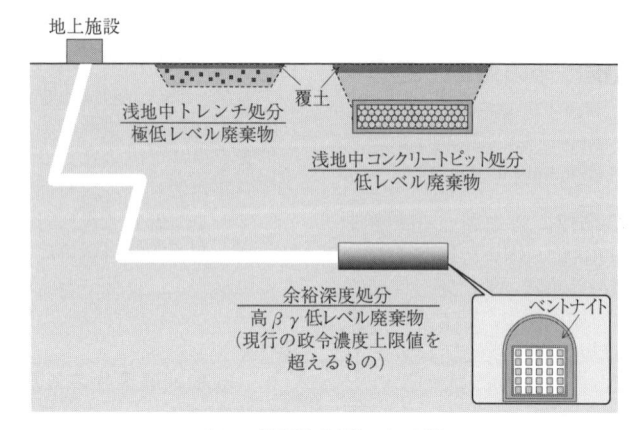

図3 放射性廃棄物の処分例

機器の保守・点検時に発生する紙・ポリシートなどの可燃物や配管・保温材などの不燃物がある．使用済イオン交換樹脂の一部は処理され，大部分は貯蔵保管されている．可燃物は焼却処理され，不燃物は減容処理または固型化処理され，その他はそのまま施設内保管されている．

再処理工場のTRU（trans uranic）廃棄物，ウラン加工施設のウラン廃棄物，研究所の放射性同位元素（radioisotope：RI）を含む廃棄物は一部減容処理しているが，大半は施設内でそのまま保管されている．

c．放射性廃棄物の処分 低レベル放射性廃棄物のうち，固体廃棄物は，浅い地中などに埋設処分し，環境への影響が十分小さくなるように，地下水の放射能濃度の監視や環境モニタリング，施設からの漏水の監視など，放射能の減衰を考慮して段階的に管理することとしている．そのうち，トレンチ処分とコンクリートピット処分はすでに実施中である．トレンチ処分とは，土地を掘削し，廃棄物を定置した後，土地を埋め戻す処分方法であり，産業廃棄物の処分場と構造は類似している．コンクリートピット処分とは，地中にコンクリート構築物を設置し，ここに放射性廃棄物を定置し，モルタルなどで固めた後，土地を埋め戻す方法である．埋め戻しの際には，土に粘土などを混ぜて地下水がコンクリートピット内に浸入することを防止している．このほか，低レベル放射性廃棄物の処分としては，やや放射能濃度の高いものについては，地下50m以深へ処分される計画である．

高レベル放射性廃棄物については，放射能濃度が比較的高く，半減期が長い核種を多く含む．このため，放射能が環境に影響を及ぼさないように長期にわたって，安全性を確保する必要があり，地下300m以深の安定した地下に処分される計画である．処分においては，使用済燃料再処理工場で発生した濃縮廃液をガラスで固めた後，厚い炭素鋼などの容器に収納した後，放射性物質の漏洩を防止するため粘土で周りを囲んで定置する．定置後は掘削したずりなどで坑道内を埋め戻す．

〔坂下　章〕

廃棄物の処理

disposal of waste

a. 全体システム ごみは市町村によって収集・資源化・処理処分されている。かつては衛生状態を良好に保持するため排出されたごみの収集と埋立処分がなされていたが，焼却処理が全国的に普及している。最近はさらに廃棄物の発生抑制や各種の資源化を行う市町村が増えてきている。

① 排出　収集　　　　　　　埋立て
② 排出　収集　焼却　　　　埋立て
③ 排出　分別　資源化・焼却　埋立て

今後のごみ処理のあり方としては，再利用・資源化および熱回収などを高度化するため，地域の条件に適合したシステム形成が目指されている。

b. 個別技術について

(1) 焼却処理： 現在わが国ではごみの8割ほどが焼却処理されている。わが国の現状のごみの水分は48％ほどで，可燃分は45％，灰分は7％ほどである。可燃分を構成する主要元素はC，O，H，Cl，Sでそれらは燃焼において図1に示す反応式により酸化される。この反応は発熱反応であるため燃焼に伴って熱が発生することになる。したがってごみの発熱量はこの可燃分の変動や可燃分中の元素の割合の変動で増減することになる。また，N，ClやSは燃焼の酸化反応により窒素酸化物，塩化水素，硫黄酸化物に変わり排ガスに含まれて環境に放出される。このような有害物は環境に放出する前に浄化する必要がある。

ごみ焼却炉におけるダイオキシン類の生成は大変大きな社会問題になったが，その生成機構には，燃焼過程での不完全燃焼による生成と不完全燃焼で生成した前駆体が比

$$H_2 + \frac{1}{2}O_2 = H_2O(g) + 57.6 \text{ kcal/mol } (H_2)$$
$$C + O_2 = CO_2 + 97.2 \text{ kcal/mol } (C)$$
$$C + \frac{1}{2}O_2 = CO + 29.4 \text{ kcal/mol } (C)$$
$$CO + \frac{1}{2}O_2 = CO_2 + 67.8 \text{ kcal/mol } (CO)$$
$$S + O_2 = SO_2 + 70.9 \text{ kcal/mol } (S)$$
$$C_xH_yO_z + (x + \frac{y}{4} - \frac{z}{2})O_2$$
$$= xCO_2 + \frac{y}{2}H_2O + Hu \text{ kcal/mol (fuel)}$$

図1 ごみ焼却における化学反応と発熱量

較的低温（300℃前後）で，ばいじんの表面において触媒などの影響を受けて生成するものがある。後者の生成反応はデノボ合成と呼ばれている。

燃焼過程で発生した熱はボイラで回収され電気などに変換され利用されている。このごみ発電は地球温暖化防止対策上バイオマス起源エネルギーとしてさらに高効率に回収・利用される必要がある。

(2) 溶融処理： 焼却処理した後には焼却灰が残り，排ガスを浄化した後には飛灰が発生する。これらを焼却残さと呼んでいる。焼却処理でごみは重量ベースで約1/10に減量されるが，最終処分場の制約を考えるとさらにその量を減らす必要がある。焼却灰や飛灰をうまく資源化できれば埋立物はきわめて少なくなる。そのため焼却灰・飛灰の溶融処理技術が開発されてきた。焼却灰の溶融とは高温で焼却灰中に含まれる無機物を液状化する処理であり，その主成分であるケイ酸の網の目構造のなかに有害な重金属などを包み込む反応といえる。約1300から1400℃で溶融するとき一部の金属塩化物やアルカリ塩類はガス化してしまう。溶融炉には加熱源で分類して，燃料式溶融炉と電気式溶融炉がある。また，ごみを直接溶融させてしまうガス化溶融炉という方式もある。この方式はごみを熱分解した後連続的に自己熱で溶融処理まで行うも

のである．

(3) ガス化溶融処理：　焼却した後に生成した焼却灰や飛灰をさらに高温で溶融する処理が普及するにつれ，もっと効率のよい直接ごみを高温で溶融する処理方式が登場してきた．その方式はごみを一度熱分解し生成したガスやチャーを用いて低空気比の高温燃焼（1300℃程度）により灰分を溶融しスラグにする方式である．生成した熱分解ガスの主成分は一酸化炭素や炭化水素類であるが，この熱分解ガスを改質し，浄化したものを用いてガスエンジンを動かし発電しようという試みもある．

(4) 破砕・選別処理：　家庭から排出されるごみのうち家庭電気製品や家具その他大きな物は，破砕し不燃物と可燃物に分けられる．不燃物からはさらに磁選機，アルミ選別機で鉄やアルミが選別され資源化されている．この大型ごみなどを破砕する破砕機には高速回転式と低速回転式がある．選別装置としては粒度選別機，磁力選別機，アルミ選別機，風力選別機などが多く使われている．破砕選別機は化学的操作というより物理的操作が主になっている．

(5) RDF化処理：　可燃ごみ中には紙・プラスチック類が多く含まれており選別すれば良質の燃料にできる．また，水分の多い厨芥類は乾燥すればその主成分はセルロースなのでこれも燃料にできる．ごみを破砕・乾燥・選別して一定の形に成形する処理をRDF（refuse derived fuel）化処理という．RDFとはごみからできた燃料という意味である．成形のとき消石灰などの薬剤を混合してRDFの腐敗防止などを図る場合もある．このようなRDFを化学処理RDFと呼ぶ．

(6) コンポスト処理：　ごみ中には約30から50％の厨芥類が含まれている．これらは料理かすや食事の残飯などであり，腐敗しやすい有機物が多く含まれている．この有機物などを発酵させ肥料にする技術がコンポスト化技術である．発酵を促進し速く熟した堆肥に変える技術，いわゆる高速堆肥化技術がいろいろ開発されてきている．この処理は微生物の作用による有機物の分解工程を組み込んだ生物学的処理といえる．できた製品肥料は利用に当たって特殊肥料としての基準を満たす必要がある．

肥料取締法ではたい肥など30種類余のものが特殊肥料として指定されている．同法に基づき，窒素，りん酸，カリなどの肥料成分の含有量，原料の種類などを品質表示基準に従って表示することになっている．

(7) メタン発酵処理：　ごみ中には多くの有機物が含まれており，この有機物を基質にしてメタン発酵菌の作用でメタンガスを生成し回収する技術が開発されてきている．このメタン発酵技術は発酵温度によって中温発酵，高温発酵に大きく分かれる．発生したメタンの濃度や発生量はごみのなかの成分の影響を受ける．また二酸化硫黄などの発酵阻害因子もあり維持管理に留意する必要がある．発生回収されたメタンは自動車の燃料やガス発電に使われたり，メタン発酵槽の加温用に使われたりしている．しかし発酵の後に残る残さや排水の処理も必要である．

(8) 最終処分：　ごみは破砕選別や焼却などの中間処理を受けたのち最終的に埋立処分される．これを最終処分と呼んでいる．最終処分には内陸での埋立処分と海面あるいは水面埋立処分がある．埋立処分場は埋め立てた廃棄物が周辺環境に悪影響を及ぼさないように対策を施さなければならない．廃棄物から発生する浸出液による地下水の汚染防止，廃棄物の分解過程で発生してくるガスの処理，廃棄物そのものの飛散流出を防ぐ措置などが細かく規定されている．

化学的な目でみると最終処分場内のごみについてはきわめて複雑な化学変換プロセ

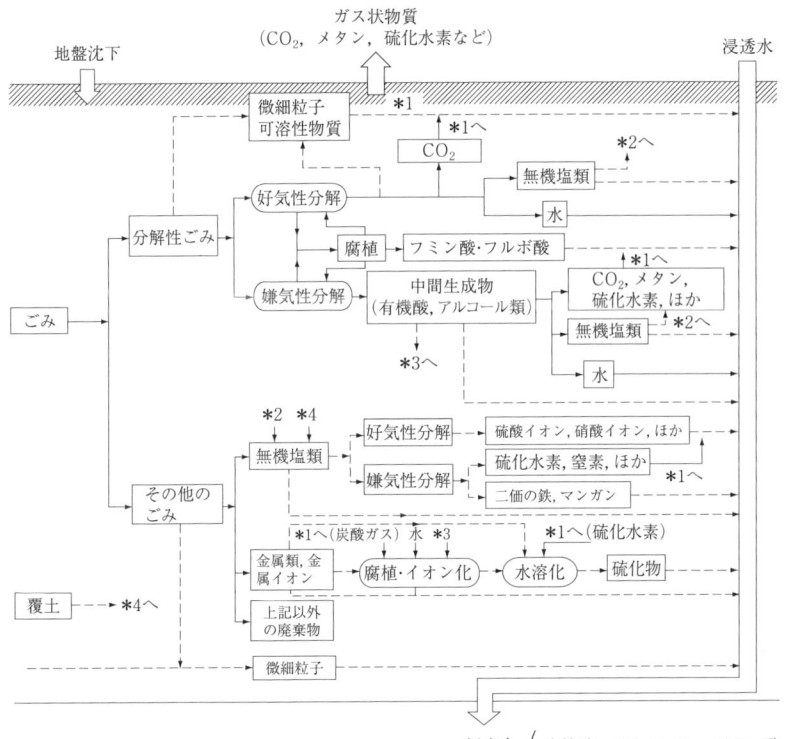

図2 最終処分場における反応過程[1]

〔注〕 1) ☐ : 埋立層内で安定、または比較的安定な物質
2) ──→ : 全面的に起こる過程
3) ----→ : 部分的に起こる過程

スが起きている。有機物は微生物の作用で分解していくが、好気性条件下では二酸化炭素（CO_2）や水になる。埋立期間が長くなると空気の供給が少なくなり嫌気発酵に変わっていき、メタンや硫化水素などが発生してくる。埋め立てられた鉄類もはじめは酸化されて赤さびが出るが、しだいに還元的な雰囲気で還元鉄となり水に溶けやすくなる。その他多くの元素が酸化還元雰囲気や腐植などの有機物との反応をとおして図2に示すように複雑な挙動を示す。その意味では化学反応の迷路のような場ともいえる。

〔藤吉秀昭〕

文　献
1) 土木学会：環境工学公式・モデル・数値集, p.203, 丸善 (2004).

267 静脈物流システム

reverse logistics system

社会システムのなかで，生産，流通，消費の過程を動脈に例えると，廃棄物の発生から処理・処分，再生利用などの過程は静脈に相当する．ここでは，廃棄物やリサイクル対象物の物流システムを示す．

発生した廃棄物などは，一時的に発生場所またはその近くの回収容器に保管される．「混ぜればごみ，分ければ資源」といわれるように，発生時点での分別は，その後の適正処理やリサイクルの円滑な推進に大きな影響を及ぼす．

廃棄物などを車両または運搬容器に積み込む一連の作業を「収集」といい，廃棄物等を中継施設や処理・処分施設まで運ぶ作業を「運搬」または「輸送」という．収集・運搬は廃棄物等の発生源と処理・処分施設を結ぶ役割を果たすもので，廃棄物等の収集方法や運搬（輸送）方式の選定は，全体の効率化を図るためにも重要である．廃棄物等の主な輸送方式を表1に示す．

都市ごみの場合は，発生場所が多数にわたるため，収集・運搬に多額のコストを要し，廃棄物処理費に占める比率は，自治体によって異なるが55〜80％である．可燃ごみ，不燃ごみ，粗大ごみなどの分別収集に加えて，古紙（新聞，雑誌，段ボールなど）や缶，ビン，PETボトルなどの容器類の分別収集を実施することは，さらなるコスト増大の要因となる．

産業廃棄物の場合は，輸送の長距離化に伴う効率の低下とコストの増大，廃棄物の多様化への対応などの課題を抱えている．一方，マニフェスト（産業廃棄物管理票）使用の義務化に基づく物流管理システムの改善が進みつつあり，輸送システムの信頼性を確保するため，ICタグやGPSの活用が進みつつある．

また，各種リサイクル法の実施に伴い，リサイクル対象物の集荷も年々増加している．これら廃棄物等の，中間処理，最終処分，再生利用の段階での適正処理の推進に向けて，よりいっそうの廃棄物等の情報の伝達に努めるとともに，公衆衛生の向上，生活環境の保全，資源の有効利用という広い観点から，より効率的な静脈物流システムを構築していくことが重要である．

〔松村治夫〕

表1 廃棄物・リサイクル対象物の主な輸送方式

方式	長所	短所
車両輸送	機材の種類が多様，初期投資コスト安価，運転要員の確保が容易，質・量の変化に柔軟に対応可能，ドアツードアの収集運搬可能	交通渋滞等の影響大，遠距離の運搬コスト高価，輸送エネルギー効率が低い
船舶輸送	大量・長距離輸送に適切，運搬コスト安価，輸送エネルギー効率が高い，陸上交通への影響が小さい，沿岸施設の輸送に最適	2点間輸送に限定，天候の影響を受けやすい，荷物の積降しに時間がかかる
鉄道輸送	大量・長距離輸送に適切，輸送エネルギー効率が高い，事故などのリスクが小さく危険物運搬に適切	列車編成・ダイヤ運行などの時間的制約あり，少量では利用困難，諸外国では各種の利用事例あり
管路輸送（パイプライン）	人力を要しない，天候の影響を受けにくい，輸送効率が高い	固定配管での設備費，運搬コストが高価，質・量の変化への柔軟性に乏しい

廃棄物の焼却処理

268

waste incineration disposal

廃棄物の焼却とは，熱分解・燃焼・溶融などの単位反応を単独または組み合わせて適用することにより，廃棄物中の有機物を酸素と直接反応させて燃焼（高温酸化）するか，もしくは，無（低）酸素雰囲気で熱分解によりガス化させた後に燃焼させることで，廃棄物の容積を減じ焼却残さまたは溶融固化物に変換することである．

焼却処理は，廃棄物を安定化（有機物の無機化），無害化（有害物質や病原性生物などの分解，除去，死滅）し，伝染病対策や公衆衛生の向上を達成すること，焼却に伴い発生する余熱を回収し発電などに利用すること，併せて，減容化・減量化することで最終処分場の延命化や輸送コストの軽減などを図ることを目的としている．最近では，焼却残さまたは溶融固化物の有効利用に向けた取組みも行われている．

従来，焼却処理には，直接燃焼方式であるストーカ炉，流動床炉，回転炉などが一般的に用いられてきた．最近では，熱分解ガス化燃焼方式であるシャフト炉式，流動床式，キルン式などのガス化溶融炉やガス化改質炉も用いられている．また，セメント焼成炉などで，廃棄物を原料や燃料の一部として利用して焼却することも行われている．図1に現在使用されている主な焼却処理システムを類型化して示す．

焼却処理の主な反応工程は，廃棄物中の有機物を構成するC，H，Oその他の元素を熱処理により高温酸化させ，二酸化炭素（CO_2）や水分（H_2O）などの排ガスとし，一方で，無機物を焼却残査または溶融固化物として排出するものである．

焼却過程で発生する排ガス中には，ばいじん，硫黄酸化物，窒素酸化物，ダイオキシン類などの大気汚染物質が含まれるため，焼却炉の後流側に集じん器や各種の排ガス処理装置を設置し，排出基準を満足するよう浄化する必要がある．

最近では，ダイオキシン類の排出抑制，焼却廃熱の有効利用（とくに発電の有益性）や経済性などの観点から，発電施設を有した全連続燃焼式焼却施設の整備が推進されている．

なお，「廃棄物の処理及び清掃に関する法律」において，焼却施設に係る基準として「焼却設備の構造」，「技術上の基準」および「維持管理上の技術上の基準」が定められている．　　　　　　　〔三野禎男〕

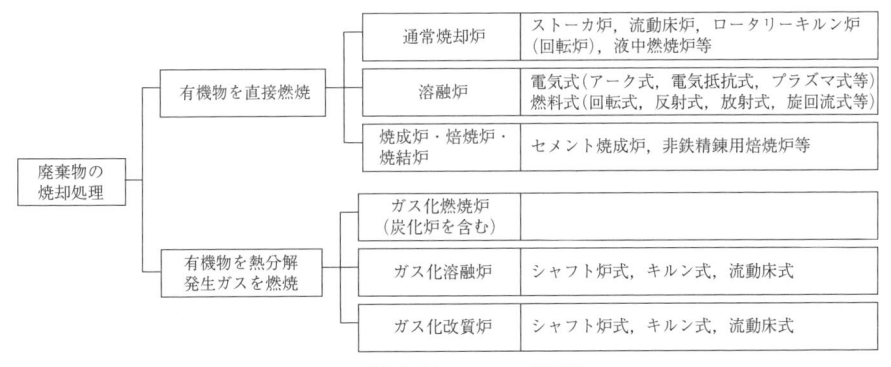

廃棄物の焼却処理			
有機物を直接燃焼	通常焼却炉	ストーカ炉，流動床炉，ロータリーキルン炉（回転），液中燃焼炉等	
	溶融炉	電気式（アーク式，電気抵抗式，プラズマ等）燃料式（回転式，反射式，放射式，旋回流式等）	
	焼成炉・焙焼炉・焼結炉	セメント焼成炉，非鉄精錬用焙焼炉等	
有機物を熱分解発生ガスを燃焼	ガス化燃焼炉（炭化炉を含む）		
	ガス化溶融炉	シャフト炉式，キルン式，流動床式	
	ガス化改質炉	シャフト炉式，キルン式，流動床式	

図1 焼却処理システムの類型化

PCB の処理

promotion of PCB treatment in Japan

a. PCB 処理の経緯 PCB（ポリ塩化ビフェニル，polychlorinated biphenyl）は難分解性の有機塩素化合物で，日本では約5万9000 t（100%濃度換算）が1972年までに製造されたが，1974（昭和49）年度までに製造・輸入，開放系用途での使用，新規使用が禁じられた．

現在，PCB 廃棄物，すなわち廃PCB等（廃PCB及びPCBを含む廃油）およびPCB汚染物（紙くず，プラスチック類，金属くず，木くず，繊維くず，陶磁器くず，汚泥，コンクリートガラ）は，廃棄物の処理および清掃に関する法律（以下，廃掃法という）に基づく特別管理産業廃棄物に指定されている．「ポリ塩化ビフェニル廃棄物の適正な処理の推進に関する特別措置法」（以下，PCB特措法という）により，「事業者は法の施行の日（2001年7月15日）から起算して15年内に，PCB廃棄物を自ら処分し，又は処分を他人に委託しなければならない」とされている．国際的には2004年5月17日に発効した「残留性有機汚染物質に関するストックホルム条約」により，2025年までにPCBの使用を禁止し，2028年までに適正な処理を行って廃絶することになっている．

処理技術としては，1976年に廃掃法に，高温焼却法ならびに容器などの洗浄処理が基準化された．

1989年に柱上トランス中に微量PCBの混入が発見されたこと，1992年の旧厚生省による保管状況調査により紛失が確認されたことを契機に再びPCB処理の機運が高まり，1995年度以降，国によって新しいPCB処理技術の検討・評価が行われるようになり，評価を終えた技術については適宜，「特別管理一般廃棄物及び特別管理産業廃棄物の処分又は再生の方法として環境大臣が定める方法（平成4年厚生省告示第194号）」に規定され，廃掃法施行令及び規則において，PCB処理施設の技術上の基準及び維持管理に係る技術上の基準が定められるようになった．

PCB廃棄物の処理としては，1987年11月から約2年間にわたり，兵庫県の鐘淵化学工業社高砂事業所において同事業所が回収・保管していた液状廃PCB（熱媒体用）5500 tの高温熱分解処理が行われた．熱分解効率，排ガス・排水中のPCB，ダイオキシン類およびその他の有害物質の濃度は十分に監視基準を満足したが，それ以降，高温熱分解方式の処理施設は立地されなかった．

b. PCB 処理技術 PCBの処理技術は，焼却技術，PCBの化学構造を破壊する分解技術，PCB汚染物からPCBを取り除く除去技術に大別され，後者はさらに洗浄技術，分離技術に中分類される．除去技術の場合は洗浄液や分離回収したPCBを別途分解処理する必要がある．分解技術は原理的には高温で熱分解させる技術と，化学的作用で脱塩素化させる技術とに大別される．現在までに廃掃法に定められている技術分類とその技術概略を表1に示す．処理に当たっては，「特別管理一般廃棄物及び特別管理産業廃棄物に係る基準の検定方法（平成4年厚生省告示第192号）」による卒業判定基準を満たすよう，処理しなければならない．また，消防法，大気汚染防止法，水質汚濁防止法，下水道法，土壌汚染防止法，労働安全衛生法，ダイオキシン類対策特別措置法など，多くの法令に配慮しなければならない．PCBの分解・除去処理だけでなく，収集・運搬，受入・解体，払出などの前処理，後処理の工程も重要である．

表1 日本で廃掃法に規定されている処理技術の概略

	技術分類	技術の概略
焼却	高温焼却法	1100℃以上，滞留時間2秒以上でPCBを高温で酸化分解する
分解	脱塩素化分解	薬剤等と十分に混合し，脱塩素化反応により分解する．薬剤としては金属ナトリウム，またはアルカリを用いるものが多く，主たる生成物は脱塩素化された処理済油
	水熱酸化分解	高温高圧の水中で水熱酸化分解反応により分解する．PCBを含む有機物を，二酸化炭素，水，塩類の無機物にまで分解し，主たる生成物は処理済水
	還元熱化学分解	高温，還元雰囲気での熱化学反応により分解する．主たる生成物は水素，メタン等の還元性ガス
	光分解	光化学反応により分解する．アルカリ及びイソプロピルアルコールを混合して紫外線を照射するものが多い．蒸留，脱塩素化分解，生物分解と組み合わせることもある
	プラズマ分解	高温プラズマ中にPCBを噴霧して熱分解する．生成ガスの触媒酸化分解等を行うこともある
	溶融分解	高温で溶融反応により分解する．PCBを含む有機物を熱分解し，金属等の無機物を溶融する方法．主たる生成物は，生成ガス，溶融固化体，金属体
	機械化学分解	機械化学（メカノケミカル）反応を利用して脱塩素化分解する．生石灰，水素供与体等の薬剤も加える
除去	洗浄	炭化水素系溶剤，水系溶剤，テトラクロロエチレン等を洗浄剤として80〜230℃の温度域で容器や部材を洗浄する．減圧・加熱による乾燥と組み合わせることが多い
	分離	PCBを蒸発させ，凝縮・液化して回収することで，PCB汚染物からPCBを分離する．蒸発には，減圧（真空），加熱等が，回収にはオイルシャワー，冷却等の方法が用いられる

注：処理技術によって，適用可能なPCB廃棄物の種類が異なる．

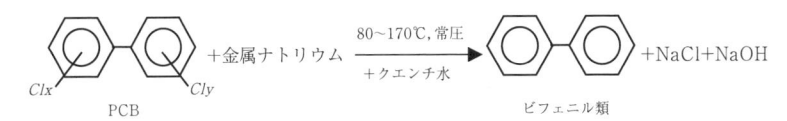

$$\text{PCB}(Cl_x, Cl_y) + 金属ナトリウム \xrightarrow[+クエンチ水]{80〜170℃, 常圧} ビフェニル類 + NaCl + NaOH$$

図1 金属ナトリウム法によるPCBの分解反応

$$\text{PCB}(Cl_x, Cl_y) + 炭酸ナトリウム + O_2 \xrightarrow{380℃, 26.5MPa} CO_2 + NaCl + H_2O$$

図2 水熱分解法によるPCBの分解反応

c．広域化処理 PCB特措法に基づき，2003年，環境大臣は「ポリ塩化ビフェニル廃棄物処理基本計画」を策定し，これにより高圧トランスコンデンサの優先的処理を念頭に，全国に数カ所の処理拠点を整備し，収集・運搬して集約処理する広域化処理構想が打ち出された．現在までに5カ所の拠点整備を終え，表2のような状況

表2 広域化処理事業の進捗状況について（2006年12月現在）

事業名	施設設置場所	処理対象	処理技術	処理能力 PCB分解	処理開始予定時期
北九州	福岡県北九州市若松区	中国，四国，九州17県	PCB油処理：脱塩素化分解法（金属Na法） 容器・部材等の処理：溶剤洗浄法＋真空加熱分解法	第1期：0.5 t/日	2004年12月
			PCB汚染物の処理：溶融分解法（第2期）	第2期：1.0 t/日	今後設定
豊田	愛知県豊田市	東海4県	PCB油処理：脱塩素化分解法（金属Na法） 容器・部材等の処理：溶剤洗浄法＋真空加熱分解法	1.6 t/日	2005年9月
東京	東京都江東区青海	南関東1都3県	PCB油処理：水熱分解法 容器・部材等の処理：溶剤洗浄法＋真空加熱分解法	2 t/日	2005年11月
大阪	大阪府大阪市此花区	近畿2府4県	PCB油処理：触媒水素化脱塩素化分解法 容器・部材等の処理：溶剤洗浄法＋真空加熱分解法	2 t/日	2006年10月
北海道	北海道室蘭市	北海道，東北，北関東，甲信越，北陸15県	PCB油処理：脱塩素化分解法（金属Na法） 容器・部材等の処理：溶剤洗浄法＋真空加熱分解法	1.8 t/日	2007年10月以降予定

にある．処理対象物は高圧トランスコンデンサ等および廃 PCB 等であり，北九州事業第2期ではそれ以外の処理が検討され，また，東京事業では安定器が含まれる．

PCB 処理技術の例として，広域化処理施設で採用された技術の一部の概略を以下に示す．

(1) 脱塩素化分解法（金属ナトリウム法）： 金属ナトリウム分散体（数 μm 程度の金属ナトリウムを鉱油などに分散させたもの）を PCB に添加・かくはんし，80～170°C 程度の温度域で反応時間 0.5～3 時間で保持する．PCB は脱塩素化され，塩素は NaCl として回収される．当量に対して過剰の金属ナトリウムは，クエンチ水を加えて NaOH にする．反応装置内は窒素パージする．

(2) 水熱分解法： 水の臨界点（374°C, 22 MPa）近傍の高温高圧の熱水中で触媒（炭酸ナトリウム）を析出させて PCB を脱塩素化し，さらに酸化剤（過酸化水素，空気，酸素）により有機物（ビフェニル等）を CO_2, H_2O に分解する．紙，木，繊維くずなど有機物系の PCB 廃棄物は，スラリ化することで処理可能である．

d. 自社処理の状況 広域化処理以外に，PCB の自社処理（企業が保管中の PCB 廃棄物を自らの技術，または他社技術を用いて処理すること）が計画，実施されている．2006 年末までに実施済あるいは実施中の自社処理の例は，主として，PCB 処理技術開発企業またはその関連会社による実証試験を兼ねたもの，もしくは JESCO (Japan Environmental Safety Corporation) の広域処理事業の対象外とされた電力会社の柱上トランス処理であり，23件ある． 〔遠藤小太郎〕

文 献
1) 産業廃棄物処理事業振興財団編：PCB 処理技術ガイドブック，改訂版，ぎょうせい (2005).

廃棄物の最終処分（埋立て）

final disposal of waste (landfill)

　排出抑制，再資源化，適正処理によって最少化された廃棄物は，最終的には廃棄物最終処分場に運ばれて埋立処分される．最終処分場内では，廃棄物は埋立時から終了後の跡地利用時までの長期間にわたって，微生物分解などの生物的作用や雨水との接触などによる物理化学的作用を受ける．そのため，最終処分場には，①廃棄物を長期間貯留できる頑丈な構造物である，②廃棄物中の有害物質が雨水や地下水によって外部に流出しない遮水構造である，③最終処分場から排出される排水やガス等が生活環境や自然環境に支障を与えない，などの性能が求められている．ただし，最終処分場の周辺では，埋め立てた廃棄物による土壌・地下水汚染が指摘され，社会的に問題になっている事例もある．その背景には，日本では降雨量が多いこと，山間に最終処分場が立地される例が多いことなどの自然条件や，化学物質を含有する廃棄物が多くなってきたなどの社会的状況の変化がある．

　最終処分場は，安定型，管理型および遮断型に大別されるが，安定型と管理型が最終処分場の大半を占める．安定型最終処分場に埋立可能な廃棄物は，有害物質を含まず反応性がない廃プラスチック類，ゴムくず，金属くず，ガラスくずおよび陶磁器くず，建設廃材（コンクリートがら等）などに限定される．管理型最終処分場には，廃棄物処理法で定めた有害物質の溶出基準を満たした廃棄物のみが埋立可能であり，遮断型最終処分場には，安定型および管理型最終処分場に埋め立てられない有害性，感染性，爆発性，腐食性が高い廃棄物が埋め立てられる．

　安定型最終処分場では，雨水が埋立廃棄物中を浸透して排出される水（浸出水）の漏洩防止や浸出水処理などの義務は課せられていない．しかし，管理型最終処分場には，地盤の表面をゴムシートや粘土などの遮水材で覆って地下水と廃棄物との接触を遮断するとともに，汚濁物質を含んでいる浸出水の外部への漏洩防止とその処理が義務づけられている．

　浸出水の量と水質は，降雨量，地形，埋立廃棄物の性状，埋立構造，埋立方法，時間経過などによって変化する．たとえば，降雨量が多い時期には水量が増加するが，渇水期には水量が少なくなって，浸出水中の汚濁物質濃度が上昇する．また，埋立廃棄物が厨芥や紙などのように有機物を多く含む場合には，浸出水中には有機性の汚濁物質が多くなり，焼却灰が主体の場合には，重金属類やダイオキシン類などの微量有害物質が含まれる可能性がある．さらに，浸出水中の汚濁物質濃度は，一般に埋立初期には高いが，経年的に徐々に減少する．汚濁物質濃度が周辺環境に影響を及ぼさない程度にまで減少するのに要する時間は，十年から数十年の長期間になる．

　浸出水は，最終処分場内から集排水施設によって集められ，前処理された後，生物処理，物理化学処理などで，水質汚濁防止法の排出基準または下水道の排除基準に適合させた水質で放流される．浸出水量に一番影響するのは降雨量なので，埋立方法を工夫してできるだけ廃棄物層を通過する雨水量を減らすことも重要である．

　なお，最終処分場から発生する埋立ガスは，特別な処理はされずにガス抜き管から大気放出されている．埋立ガスの主成分はメタンと二酸化炭素の温室効果ガスであり，地球温暖化防止の観点からも埋立ガスの取扱いが，今後注目される．

〔谷川　昇〕

廃棄物の資源化

271

waste recycling to resources

廃棄物資源化は，循環型社会構築のために必要であるが，事業として成立させるには多くの困難がある．その理由は単純であり，ゼロ価値あるいはマイナス価値の廃棄物を有価に変換することの困難さに他ならない．本来，廃棄物はその所有者が無価値であると認めた物（認めざるをえない物も含まれる）なので，その価値は少なくともゼロである．そのまま廃棄する場合は処理費が必要なので，排出者からみるとマイナス価値となる．それを資源という有価物に変えるためには，なんらかの方法で価値の転換が必要である．その変換方法は多種多様であり一長一短があるが，以下に代表的な考え方を示す．個別の課題や技術的な事項は別項を参照されたい．厳密にいえば，有価物の資源化はここでは対象外であろうが，整理の都合でこれも含めて考える．

a．有価での回収 かつては古紙回収業者が町内を回ってトイレットペーパーなどと交換する姿がよくみられた．現在は自治体が分別収集の一部として古紙回収を行うことが多いが，問屋から再利用を担当する製紙会社に至るまでの回収ルートは現在も機能しており，古紙は有価で流通している．このような回収システムは，金属スクラップなどにも存在する．回収ルートが整備されている場合には分別回収されるので，廃棄物の特徴である混合物で広く薄く散在するという性質が現れてこず，資源化が容易になる．ただし，商業ベースで動いているため，国際価格などが大きく変動すると，回収システム自体がうまく機能しなくなる場合がある．

今後，商業ベースで新しく回収ルートを構築することは困難と予想されるが，自治体による分別回収やリサイクル法に則った回収ルートが，これに代わって機能することが期待される．

なお，廃棄物資源化を資源循環の一部として考えると，鉄，非鉄金属はもともとの特性として，不純物さえ除去できれば，特性の劣化がなく資源化しやすい．実際，鉄は年間約3440万t（2005年）がリサイクルされているし，アルミ缶のリサイクル率は80％を越えている．いずれは国内に蓄積した資源で，大部分の需要が賄えるときがくると予想される．一方，紙，プラスチックなどの有機性廃棄物も回収ルートに乗れば数回程度のマテリアルリサイクルが可能である．ただし，有機性廃棄物は素材であると同時にエネルギー資源でもあるので，そのリサイクルの評価は難しい．あまり無理に資源化するよりも，劣化が進んだ廃棄物はエネルギー源として有効活用すべきとも考えられる．

b．必要とする企業に販売 排出者にとっては無価値であっても，それを必要としている者が存在することはよくある．適切な相手がみつかれば，最も望ましい資源化方法であるのは自明であろう．わが国で廃棄される家電品，乗用車などは，国外の一部地域では高い商品価値をもつ．国外に持ち出された物が廃棄物になったときの対応など難しい問題もあるが，必要とする者がいる例である．最近，個人間の中古品売買がインターネットオークションを通じてさかんに行われているが，企業間においても同様なシステムを構築することができれば，適切な相手をみつけての取引が容易になるかもしれない．

c．付加価値を加える資源化 上記のような有価での取引が望めないのであれば，廃棄物に付加価値を与えるために，なんらかの操作，加工を行い，価値を上昇させることが必要になる．たとえば，選別，

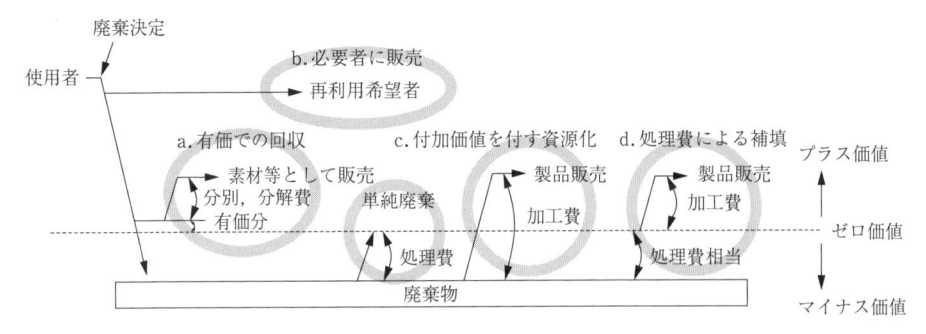

図1 廃棄物資源化による価値の変化

分離により純度を上げる，乾燥，粉砕，圧縮などにより取扱い性，保存性をよくする，堆肥化，液化などで肥料，燃料など大量消費が期待できる製品に変換する，加工により二次製品を生産する，などである．

廃棄物を原料とする固形化燃料（RDF）は典型的な例であり，都市ごみを原料に粉砕，乾燥，不純物分離，整形加工を行い燃料に加工する．注意すべきは，このような操作や加工にはコストが必要なので，必然的に資源化物の価格は上昇することになる．価格上昇は，資源化物のユーザーにとっては，価値が低下することであるので，本当にその操作，加工によりユーザーからみた価値が上昇するかを慎重に吟味する必要がある．RDF化することで排出から処理までの時間を自由に設定できるため，処理システムの柔軟な運用は可能になるが，それに必要なコストと利点を冷静に比較判断する必要があろう．

d．廃棄物処理費による補填 主として上記c.の場合であるが，資源化にあたっての最大のネックは，多くの場合，処理コストにより資源化製品の価格に競争力がないことである．一方，廃棄物処理にはしかるべき処理費が必要であるので，その一部，または全部を廃棄物に添付して，資源化の後押しをすることが行われている．いわゆる逆有償取引であり，廃棄物資源化を進めるためには有効な手法と考えられる．たとえば廃タイヤ処理は，自動車の最終ユーザーが支払った処理費の一部がタイヤに添付され，セメント会社などに引き取られてセメントキルンで燃料および原料として使用される．また，各種リサイクル法では，ユーザーが支払ったリサイクル費用により廃棄物資源化が支えられている．

資源化に必要なコストは，回収率が向上し処理規模が大きくなるにつれて安くなる傾向があるため，廃棄物排出者にとっては処理コストが減少するメリットが期待できる．現状では，リサイクル法による場合を除いて，逆有償は廃棄物扱いになるためさまざまな制約がある．制度整備によりマイナス価値からプラス価値に至るまで区別のない入札や，地域制限の少ない広域取引が可能となれば，廃棄物資源化が容易になると思われる．

四つのケースに分けて考えたが，廃棄物資源化の目的は，循環型社会，さらには持続可能な発展を支えるためであることを十分に認識し，資源化そのものが目的とならないようにすべきである．廃棄物資源化を実行するに当たっては，経済的な視点とともに，資源化による環境負荷の低減を上回る資源やエネルギー消費がないかに目配りする必要がある．

〔竹内正雄〕

RDF

refuse derived fuel

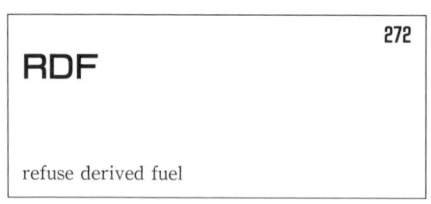

わが国で一般にRDF（refuse derived fuel）と呼ばれるものは，可燃ごみに破砕，選別，乾燥，薬剤添加，圧縮成形などの処理をして固形燃料化したものであり，次のような特徴がある．①低位発熱量は12.5 MJ/kg（3000 kcal/kg）程度から，高いものでは18.8〜20.9 MJ/kg（4500〜5000 kcal/kg）程度あり，石炭に近い発熱量を有する．②輸送性，貯蔵性に優れており，ハンドリングが容易である．③発熱量，形状などの品質にばらつきが少なく，燃焼装置へ供給される重量，熱量を一定にできるため安定燃焼性に優れる．

わが国のRDFの品質基準として標準情報（TR Z 0011）があり，表1のように規定されている．これらは，最終的にはRDF利用先での有効で安定的な利用のために定められる品質基準として，必要項目とその範囲などを利用者側との協議において定める必要がある．

RDF製造施設では一般的に灯油燃焼ガスの熱風によりごみを乾燥し，鉄，アルミニウム，ガラス，陶器，石などの燃焼不適物を磁力や風力で選別除去することにより，これらの品質基準を満足するRDFを製造している．また，RDFには成形時のバインダー，貯蔵時の腐敗防止，燃焼時の酸性ガスの中和といった目的で，消石灰または生石灰が添加されている．なお，RDFは消防法で指定可燃物の扱いを受けることから，火災対策設備の設置について配慮する必要がある．

近年，ごみの焼却時に発生する熱を利用して発電する廃棄物発電が盛んに行われているが，ごみの発熱量のばらつきが大きい

表1 標準情報におけるRDF規定概要

項目		規　定
形状および寸法		ほぼ円柱形，長さ10〜100mm，直径5〜50 mm
品質	発熱量	総発熱量の平均値が12.5 MJ/kg（3000 kcal/kg）以上
	水分	10%以下
	灰分	20%以下
	金属含有量	全水銀，カドミウム，鉛，アルミニウム，全クロム，ヒ素およびセレンの含有量を報告する
	全塩素分	規定試験値を報告する
	硫黄分	
	窒素分	
	かさ密度	
	粉化度	
原料		一般廃棄物または産業廃棄物

ことや，ごみ処理が優先されることなどから，発電効率は10%前後と低水準にとどまっている．一方，RDF発電では前述のようなRDFの特徴から20〜30%の高い発電効率を期待できる．

1997年に制定された「ごみ処理に係るダイオキシン類発生防止等ガイドライン」によると，ごみの焼却に際しては燃焼の安定化，ダイオキシン類の排出削減，熱エネルギーの有効利用などの観点から一定規模以上の全連続炉による焼却が適切であるとされている．これを中小自治体が実現する方法の一つとして，近隣のRDF製造施設で製造したRDFを大規模なRDF発電施設に集積して燃焼させるという広域処理が提唱され，現在このような形態のRDF発電施設が国内で5か所稼動している．

発電以外のRDFの用途としては，エネルギー多消費型の産業による熱利用であり，熱供給事業所，製紙工場，クリーニング工場などがある． 〔菊池昭二美〕

リサイクル

273

recycle

図1には日本における1年間の物質循環，廃棄物の発生と処理の概略（1995年，環境白書をもとにした）を示す．図では産業・分野内，あるいは分野間の物質循環として模式的に描いてある．輸入と国内資源採取を含め，日本社会・経済の各分野には約20億t（2003年では16～17億t）の物質が流入する．そのうち，経済活動，日常生活におけるエネルギー消費や食料消費などで約5億tが環境に排出されるが，ほとんどは建造物を中心として蓄積される（12億t）．

これに対して廃（棄）物の発生はどのくらいあるかといえば，産業分野で生まれる産業廃棄物が4億t，住民生活で発生する一般廃棄物が0.5億tである．この量は最近10年にわたり，ほぼ一定である．これらの廃棄物のうち3億tは焼却，あるいは，埋立てにより循環系外に排出され，それ以外は，循環・再利用される．循環・再利用の形態には，廃製品，あるいは，その一部をもとの製品や部品として再利用する「水平型リサイクル」と，「カスケード型リサイクル」と呼ばれるもとの素材・製品と異なるかたちでの再利用がある．

廃棄物処理プロセスを構成する要素技術には，①解体（自動，手動による）・判別（色彩，近・中赤外スペクトル，X線，音響スペクトルに基づく），②単体分離・粉砕（衝撃，冷凍による），③機械的選別・分離（比重，静電気，静電誘導，渦電流，磁気による），④湿式分離（酸・アルカリ浸出，溶媒抽出による），⑤乾式精錬，⑥焼却，⑦埋立て，がある．廃棄物は，これらのプロセスにより選別され，水平リサイクル（再利用）や，素材，原料，さらに，燃料・エネルギーとしてカスケードリサイクルされる．実際，こうしたリサイクルにより「資源循環」に戻る量は2億t程度で，国内で利用される物質総量23億tの1割に満たないが，再資源化率は向上しつつある．1992年と2002年を比較すると，産業廃棄物では40%から46%に，一般廃棄物では11%から17%にそれぞれ増加している[1]．

以下いくつかの個別製品のリサイクルの現状を概観する．

a．びん リターナブルびんは従来から水平型リサイクル製品であった．これに対して，ドリンク剤容器などのワンウェーびんの場合には，透明なびんが粉砕カレットとしてガラス材料に利用されていた．容器包装リサイクル法制定前に45%であったびん生産におけるカレット利用率は，現在90%に増加している[1]．しかし，ガラス容器は重量があるため，輸送のコスト面から利用量が全体として低下している．本来，リターナブルびんに代表される水平型リサイクルは，エネルギー消費において有

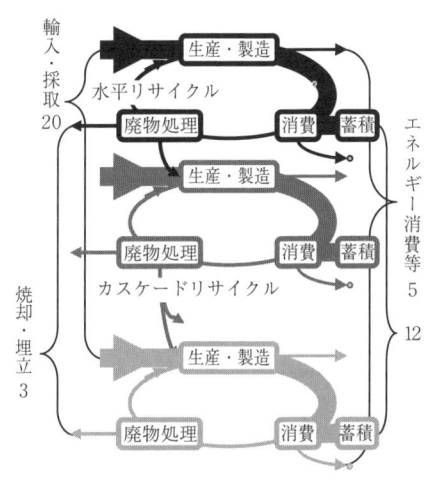

図1　日本における物質の流れとリサイクル（1995年，環境白書をもとに作成）

効であり，最近，びんの規格統一によるリターナブルびん利用が伸張しつつある．

b．家電 1998年制定の家電リサイクル法により，TV，冷蔵庫，エアコン，洗濯機の再資源化が義務づけられ，目標とする再商品化率もそれぞれ，55％，50％，60％，50％と定められた．廃家電処理は，製造メーカに廃物処理を義務づけたこれまでの日本ではみられなかったシステムであり，業界が組織的に再商品化施設を開発した経緯がある．鉄，銅，アルミニウムの有価金属やブラウン管のほか，プリント基板やプラスチックなどが再商品として扱われ，燃料化は対象とされない．施行以来，各廃家電の処理量および再商品化率（2004年度，TV：82％，冷蔵庫：64％，エアコン：81％，洗濯機：68％）も向上している[1]．また，業界では再商品化しやすい製品設計や有害物質を使用しない部品（無鉛ハンダや脱ハロゲン難燃性樹脂）製造などが行われている．

c．自動車 日本では現在，年間約500万台が廃車となり，うち70〜80万台が中古車として輸出され，残りが解体業者により処理されている．廃車の処理，リサイクルは，自動車リサイクル法と業界独自の「リサイクルイニシアチブ」に基づいて行われている．2015年までに95％のリサイクル率が目標に掲げられている．元来，使用済自動車にはエンジン，車輪，バッテリーなど部品として十分使用可能なものも搭載されており，30％は解体業者により取り外され，中古部品として販売されている．残りは破砕処理され，車体・電線類などは磁気分離，静電選別，および，密度選別され，年間200〜210万tが有価な金属材料として市場に流通している．これらが解体と破砕により分別・回収される割合は75〜80％である．残り20〜25％がいわゆるカーシュレッダーダスト（ASR）と呼ばれる残さで，埋立処分されている．

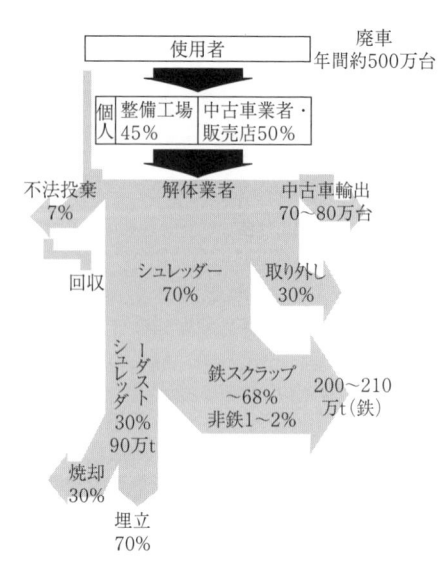

図2 廃自動車処理の流れ

ASRの組成において，約3/4が樹脂や繊維，ゴムなどの可燃物であり，他の1/4が金属，土砂，ガラスの不燃物である[1]．今後，廃自動車からのリサイクル率を向上させるためには，ASRからの資源回収やASRの燃料利用が必要とされている．とくに，組成からみて燃料化が有効なリサイクルであると考えられる．

d．紙 紙の原料であるパルプ製造には古紙が不可欠なことから，古紙のリサイクルは古くから経済活動として行われていた．集団回収などのために一時，古紙価格が下落し市場が停滞したが，IT化に伴う紙生産量と古紙排出量の増加により，古紙の利用は増加している．現在，国内で生産された約3000万tの紙の回収率は68％（段ボールなど板紙は90％，2004年）で，古紙パルプなどとしての利用率は60％である．とくに板紙では，90％が古紙を利用して製造されている．　　〔遠藤茂寿〕

文　献
1) （財）クリーン・ジャパン・センター
  (http://www.cjc.or.jp)

リサイクルとエネルギー

recycle and energy

　リサイクルは，地球環境問題解決にとってきわめて重要である．しかしながら，リサイクルの各プロセスでのエネルギーや物質の消費，それに伴う環境負荷物質の排出が避けられないためリサイクルシステム全体での環境負荷の見積りによってリサイクルが環境に貢献できるかどうかの検討が必要になる．

　たとえばリサイクルプロセスのなかで前処理としてよく用いられる粉砕はエネルギー効率の悪い単位操作であるといわれている．製造工程でみればセメント工業の電力の60％，選鉱工場の70％が粉砕によって消費されている．物理的あるいは物理化学的な操作を行っている工場ではほぼ同様な傾向があると思われ，それはリサイクルを行う際にも必ず消費するエネルギーとなる．

　このようにリサイクルにとって必要な粉砕操作が，エネルギーを消費し環境負荷が発生する．他のプロセスでも同様の環境負荷が発生することは不可避である．しかし，リサイクルによってプラスチックや金属などの素材を回収でき，廃家電製品や建設廃材などの廃棄物を減らせることも事実であり，それらの環境にとっての功罪を定量的に把握することが環境にとって重要になる．

　LCAはライフサイクルアセスメントの略で，これらの環境負荷を定量化する最も一般的な手法である．この方法を用いてリサイクルによって生み出され，また処理されたものと同等の価値を有するプロセスを仮定し，図1のような動脈産業，静脈産業それぞれの環境負荷を比較することによってリサイクルシステム全体での環境負荷低減量を把握し，はじめて環境に優しいリサイクルかどうかの判断ができる．

　簡易な方法として，環境負荷の一つとして総エネルギー消費量で比較することも可能である．その場合には，リサイクルシステム全体でのエネルギー消費量とそれと同等の価値があるプロセスの総エネルギー消費量を比較することでリサイクル導入時のエネルギー消費削減量を見積もることができる．たとえば，醬油容器や牛乳容器のリサイクルを化石資源消費量や二酸化炭素排出量で評価したもの[1]がある．

〔大矢仁史〕

文　献

1) 元川浩司, 塩崎潤一：醬油, 牛乳, ビール容器のライフサイクル分析, 日本生協連報告書 (1998).

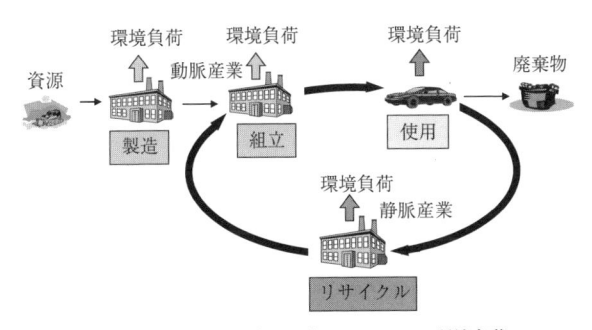

図1　リサイクルを含めた各システムでの環境負荷

熱回収

thermal recycle

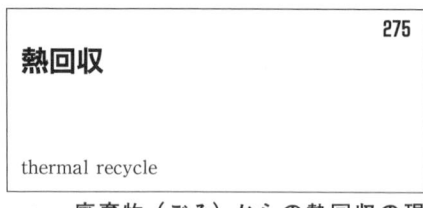

a. 廃棄物（ごみ）からの熱回収の現状 国内のごみは原則焼却により無害化・減容化され，その余熱は発電や温水プールなどに利用されている．廃棄物発電導入当初は発電端効率は5%に満たないものが多くみられたが，近年では15〜20%を超える高効率発電も見受けられる．2001年の廃棄物発電設備容量，廃棄物熱利用はおのおの111万kW，4.5万kl（原油換算）であり，2010年の国の目標はおのおの417万kW，14万kl（原油換算）で国内一次エネルギーの約1%を想定している．

図1に国内一般廃棄物処理施設の規模別施設数および発電施設数を示す．200 t/日以下の小規模設備は全施設数の約半数を占めているが，従来の蒸気発電ではメリットがないためほとんど発電されていないのが現状である．国の目標達成のためにはこれらの小規模施設も含めて高効率発電を行う必要があり，NEDO（New Energy and Industrial Technology Development Organization）ではその緊急性，重要性から各種助成や技術開発の支援を行っている．一方，産業廃棄物からの発電出力は一般廃棄物の約1/5程度しかなく，産業廃棄物からの熱回収の促進も合わせて重要である．

b. 廃棄物発電のしくみ 図2にストーカ炉により廃棄物を焼却処理しその余熱で発電する仕組みを示す．焼却炉上部の燃焼排ガス（約850〜1000℃）により，ボイラー水を水冷壁（たとえば伝熱管をSiC製のタイルで保護した状態）にて加熱し，上部のドラムで気液分離して飽和水蒸気を取り出す．次にスーパーヒータで過熱水蒸

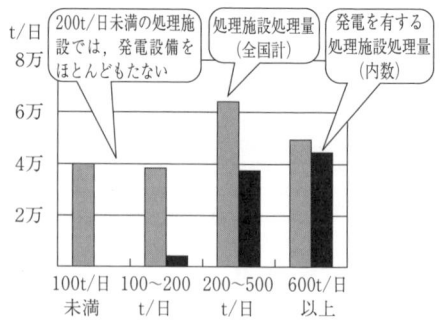

図1　国内廃棄物発電の現状

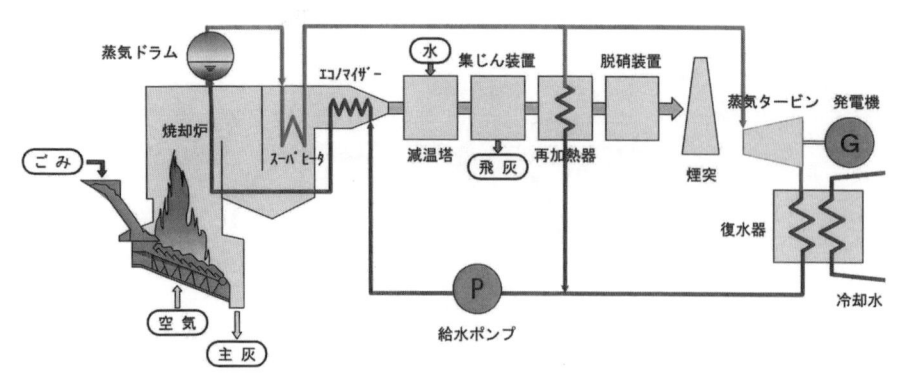

図2　廃棄物発電の仕組み（ストーカ炉の場合）

表1 廃棄物発電の高効率化に関する技術

区分	項目	特徴または必要な技術
基盤技術	(1) 蒸気温度の高温化（約500°C）	塩素・硫黄化合物（溶融塩）などによる高温腐食に耐える低コストのボイラー管合金材の開発
	(2) 再加熱器の省略	低温（約150°C）で活性な脱硝触媒の開発 約200°C以上でDXN, NO_x, SO_x, HCl同時除去可能な多機能触媒フィルターの開発
	(3) エコノマイザー出口温度の低減（250→160°C）	低コストの低温露点腐食耐食材の選定，開発
	(4) ごみの脱水	機械脱水技術などの開発
	(5) 燃焼ガスまたは改質ガス中の水蒸気の潜熱回収	潜熱回収技術は開発中 回収熱は高水分廃棄物の乾燥熱源に有効利用する
	(6) カリーナサイクル	アンモニア／水混合熱媒利用
	(7) スーパーごみ発電	都市ガス追炊きまたはガスタービン高温排熱により，低級ボイラー管にて高温過熱蒸気製造
システムの改良	(1) 外部循環流動床炉	脱塩素による蒸気高温化
	(2) 内部循環流動床炉	脱塩素による蒸気高温化
	(3) ガス化溶融炉	低空気比燃焼＋自己熱による高温燃焼灰溶融
	(4) ガス化溶融炉（高効率発電型）	低空気比燃焼＋自己熱による高温燃焼灰溶融 2塔分離脱塩素による蒸気高温化
	(5) 次世代ストーカ炉	低空気比高温燃焼によるボイラー効率向上 自己熱源による灰処理高効率化
	(6) ガス変換・GE	100 t/日以下の小型炉で高効率発電可能 ガス化ガスを精製し，ガスエンジンで発電
	(7) ガス変換・GTC	100 t/日以下の小型炉で高効率発電可能 ガス化ガスを精製し，ガスタービン＋蒸気タービンコンバインド（複合）発電
	(8) ガス変換・FC	100 t/日以下の小型炉で高効率発電可能 高度ガス精製し燃料電池で発電

気とし，その一部を排ガスの再加熱（脱硝触媒の活性維持のため約150°Cの排ガスを200°Cに加熱）に用い，残りを蒸気タービンに送り発電する．蒸気タービン出口の蒸気は水冷または空冷で液化されて給水ポンプで再び循環させる（復水タービン方式）．

c．廃棄物発電の高効率化 表1に開発中あるいは実用化されている廃棄物の高効率発電技術を示す．蒸気タービン効率は小規模ほど低下するので，100～200 t/日以下の小規模では効率のよいガスエンジン（GF）を利用したガス変換・ガスエンジン発電システムの開発が最近行われている．これらの技術により発電端効率25～30%は実用化またはそれに近いレベルにある．さらに，石炭ガス化複合発電（ガスタービン＋蒸気タービン発電）やSOFC (solid oxide fuel cell)＋複合発電，熱化学再生＋SOFC＋複合発電などのような，さらなる高効率発電についても，廃棄物のみならずバイオマスも視野に入れて研究開発が行われつつある． 〔堀添浩俊〕

マテリアルリサイクル

276

material recycling

　使用済製品や廃棄物をリサイクルする際，処理を施し，再度，資源・原料・素材として再生利用するリサイクル方法をマテリアルリサイクルという。廃棄物を燃やしてその際に発生する熱・エネルギーを利用するサーマルリサイクルと区別する。循環型社会形成推進基本法では，マテリアルリサイクルのほうがサーマルリサイクルより有効なリサイクル方法とされる。マテリアルリサイクルは，より細かく分類することができるが，ここでは，原料・素材へリサイクルする方法として，マテリアルリサイクルを一般的にとらえ説明する。

　最も典型的なマテリアルリサイクルは，廃プラスチックを洗浄，破砕し，選別した後，素材ごとに形状を整え，造粒，成形して，もとのプラスチック製品，あるいは，質が若干低下しても利用できるプラスチック製品としてリサイクルするような場合である（図1参照）。このような方法で，使用済生活用品から公園用ベンチなども作られる。

　また，建設工事現場，建築解体現場からは大量の廃棄物が発生する。廃コンクリートやコンクリート素材，プラスチック素材，金属素材が混ざりあった建設混合廃棄物が発生する。最近では，これらの混合廃棄物は解体現場で，それぞれの素材に分離する方法がとられつつある。廃コンクリートは再生処理され，再び建設素材として利用されたり，道路建設材にリサイクルされる。一方，分離された，プラスチック素材や，金属素材もそれぞれの再生材料としてリサイクルされる。

　使用済自動車，使用済家電製品からも，金属，プラスチックは大量に発生する。金属の場合，どのような場合にもマテリアルリサイクルとなるが，これらの場合，量的に多い対象は，鉄，アルミ，銅などである。これらは，自動車リサイクル法，家電製品リサイクル法によって回収され，それぞれのリサイクルセンターにおいて処理・分離される。自動車のボディは電気炉で処理され，鉄にリサイクルされる。また，家電製品のプリント配線板に使われている銅は非鉄製錬所において銅素材にリサイクルされる。

　さらに，廃棄物を熱利用した後の，シュレッダーダスト焼却残さやゴミ焼却残さを対象に，金属素材を回収したり，エコセメントの素材として有効利用することも行われており，これらも広い意味でマテリアルリサイクルととらえることができる。このように，使用済製品→素材（マテリアル）再生というマテリアルリサイクルは非常に広範に行われている。マテリアルリサイクルを目指すあまり，そのために，事前処理などでかえってより多くのエネルギー，コストを費やすことにならないように，総合的な視点からのリサイクル方法の選択が望ましい。　　　〔小林幹男，田中幹也〕

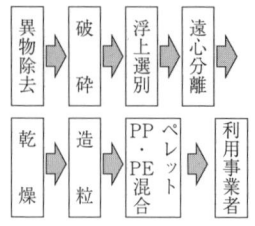

図1 廃プラスチック類の材料リサイクル[1]
PP-PE混合ペレットは利用事業者により，クリーニング用ハンガーなどに使われている。

文　献
1) 環境省編：平成19年度版環境・循環型社会白書，p.76，ぎょうせい (2007).

ケミカルリサイクル

chemical recycle

　ケミカルリサイクルは，リサイクルの対象となる材料を，なんらかの化学的プロセスにより燃料など別の物質に変換して別の用途で利用するリサイクル方法の一つである．たとえば，廃棄された合成繊維を適当な化学処理（熱分解，加水分解など）を施すことにより，もとの製品の原料であるモノマーとして回収することである．

　容器包装プラスチックについては，マテリアルリサイクル，ケミカルリサイクル（油化，高炉還元剤化，コークス炉化学原料化，ガス化）の手法などが国の技術認定を受ける．2002年度では合計17万9238tのペットボトル以外のその他プラスチックが再商品化されている．図1に年度別再商品化製品量を示す．

　プラスチックのケミカルリサイクルの各種手法の特長を表1に示す．各手法ともプラスチック中に含まれる塩素分の除去などの処理については設備の腐食などの観点から留意が必要である．

　また，プラスチック以外にケミカルリサイクルされる素材・物質としては，使用済

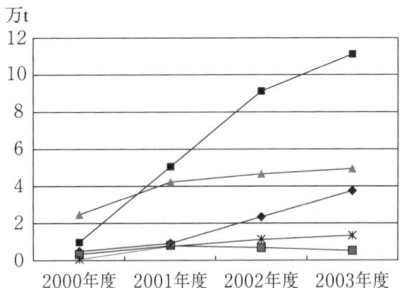

図1 年度別再商品化製品量

- マテリアルリサイクル，
- ケミカルリサイクル（油化），
- ケミカルリサイクル（高炉還元剤化），
- ケミカルリサイクル（コークス炉化学原料化），
- ケミカルリサイクル（ガス化）．

タイヤや有機物（食品，木材）などがある．廃タイヤは油化により，油，ガスが生成され利用されている．厨芥・廃木材については，嫌気発酵によりメタン，一酸化炭素，水素などのバイオガスを回収し（バイオガス化），ガスエンジン発電，燃料電池として利用，さらに残さはコンポストとして利用される．また，廃食油については，メタノールと触媒を加えて，粘性，引火点の低いメチルエステルに転換し，バイオフューエル（バイオディーゼル燃料）として利用される． 〔澁谷榮一〕

文　献
1) 廃棄物学会誌，**14**(6), 28 (2003).

表1 ケミカルリサイクルの各種手法の特長

リサイクル手法	処理の概要	代表事例
油化	廃プラを300〜400℃雰囲気下で加熱保持，熱分解ガスを生成させ，触媒などにより軽質化，その後冷却凝縮	新潟プラスチック油化プラント，札幌プラスチック油化プラント，道央油化センター
高炉還元剤化	高炉にプラスチックを吹き込みガス化させ，生成する水素と一酸化炭素により鉄鉱石を還元	JFEスチール
コークス炉化学原料化	石炭からコークスをつくる乾留炉で，石炭に対し1%程度廃プラを混合して1000℃以上で乾留	新日鉄
ガス化	加圧下1200℃以上の還元雰囲気下でプラスチックを部分酸化し一酸化炭素と水素主成分の合成ガスを生成．メタノール合成などもある	宇部興産，ダイセル化学

プラスチック

plastic

a. 生産・消費・廃棄 国内における樹脂の年間生産量，消費量，並びに廃棄量の推移を図1に示す．樹脂の年間国内生産量は90年代に1200万tから約1400万tに増加したが，ここ数年ほぼ1400万tで推移している．消費量はほぼ生産量と比例した挙動がみられ，約1000万tで推移している．他方，廃棄量は90年から96～97年までにほぼ倍近い増加がみられるが，容器・包装リサイクル法の制定後では，約950～1000万tで一定値を示している．

国内における樹脂の生産と廃棄・再資源化にかかわる収支（2001年）を図2に示す．また，生産と廃棄における素材の内訳も示す．国内生産された約1400万tの樹脂のうち，70%以上はポリエチレン（polyethylene：PE），ポリプロピレン（polypropylene：PP），ポリスチレン（polystyrene：PS），ポリ塩化ビニル（poly(vinyl chloride)：PVC）のいわゆる汎用プラスチックであり，90%は熱可塑性樹脂が占めている．このうち，1000万tが国内消費され，一般廃棄物と産業廃棄物として，それぞれ500万t程度排出されている．廃プラの内訳は，80%が汎用プラスチックで，PEが1/3を占める．これに対して再生樹脂の利用は，増加しつつあるものの100万tと生産量の1割に満たない状況である．

b. 処理 廃プラスチックの処理方法には一般次の方法がある．

(1) 再使用（リユース）： 製品としてそのまま利用する．機器の筐体のリサイクルなどがある．

(2) 再生利用（マテリアルリサイク

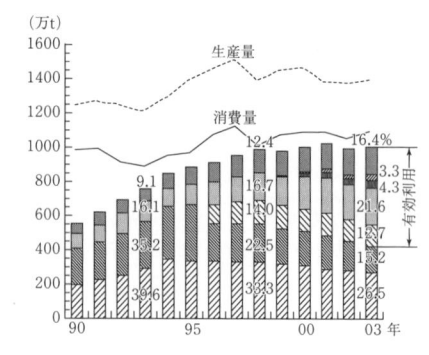

図1 プラスチック生産・消費，並びに，排出量・処理方法の推移[1]

■再生利用 ▨油化／ガス化／高炉原料化 ▧固形燃料
■廃棄物発電 ▨熱利用焼却 ▧単純焼却 ▨埋立

ル）： 化学的な変化を伴わず，素材としてリサイクルする．たとえば，回収した廃PEを熱で溶融・ペレット化し，他の製品のPE材の原料として利用する．また，ペレット原料化が困難な熱可塑性樹脂では充填材などとして利用する．

(3) ケミカルリサイクル： 廃プラスチックを熱分解や加水分解によりモノマー，あるいは，ダイマーまで分解し，高分子の原料とする．たとえば，発泡ポリスチレンをリモネンにより分解しスチレン原料として利用する．

(4) 油化・ガス化： 一種のケミカルリサイクルとも考えられるが，熱分解や水素添加，接触分解，超臨界溶解に低分子に分解し，油や燃料ガスとして利用する．

(5) 熱回収（固体燃料）： ガス化や油化プロセスによらず，可燃性廃棄物を固形化した燃料RDF，あるいは廃プラスチック・古紙を固形化した燃料RPFとして利用される．

(6) 焼却・埋立て： 最終的な処分として行われる．

図1には，廃プラスチックの処理方法ごとの推移も示す．図のように，容器・包装リサイクル法の制定前後で廃プラスチック

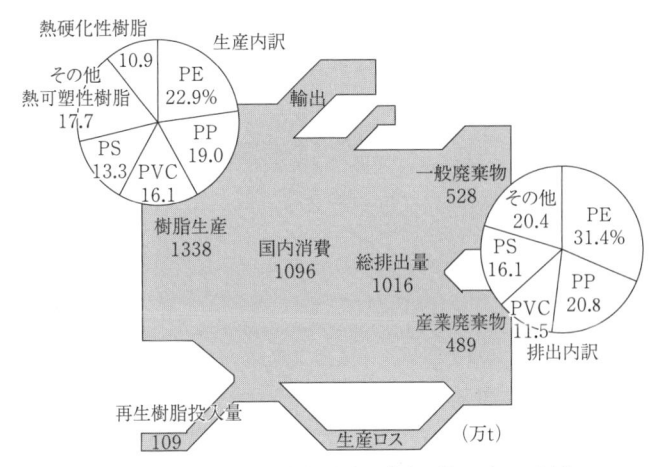

図2 日本国内における樹脂生産・廃棄の流れ（2002年）[1]

の処理にも大きな違いがみられる．制定前に70％を占め，量としても増加していた埋立てと単純焼却は，1996年以降，量的にも，比率としても減少に転じ，2003年には約40％となった．とりわけ，単純焼却の減少が顕著で，2003年では15％になっている．他方，この間，廃棄物発電の比率の増加が特徴的である．1998年まで15〜16％であったが，2003年で約22％を占めるに至っており，現在も増加している．このように，廃プラスチックのエネルギー利用は，熱利用を含めて42％であり，最も有効な利用方法である．ただし，RDF固形燃料としての利用は4％ときわめて低い状況にある．

マテリアルリサイクルやリユースである再生利用は，容器・包装リサイクル法制定前には10％以下であったが，徐々に増え，16％に達しているものの，まだ，廃プラスチックのリサイクルにおける地位は高くない．その原因は，廃プラスチックの混合状態や再生技術のコスト高にあるといわれている．たとえば，ペットボトルのリサイクルである．PET（ポリエチレンテレフタレート）は，エチレングリコールとテレフタル酸，あるいは，ジメチルテレフタレートから合成されるが，廃PETをテレフタル酸ジメチルやエチレングリコールに化学分解し，再度PETを合成するプロセスは従来からあったが，コストや原料確保の面から工業プロセスとしての運転には課題がある．したがって，回収されたPETのほとんどは，繊維やシートとしての利用であった．ところが，近年の状況からコスト的に実用可能になり，年間5万tほど再生PETボトルの生産が行われている．今後も，"bottle to bottle"の再生利用に対する期待は大きい．しかし，中国経済の発展による廃PET＝原料の不足から，リサイクル事業が行き詰まるケースも生まれている．

さらに，リサイクルの容易性を考慮した樹脂や環境中に拡散してもダメージが少ない樹脂，たとえば，生分解性の樹脂製品，また，長寿命化により製造における資源消費の抑制を図る製品設計が進められている．　　　　　　　　　　〔遠藤茂寿〕

文　献
1) プラスチック処理促進協会（http://www.pwmi.or.jp/home.htm）

金属

metal

製品が廃棄物として排出される契機には物理劣化と機能劣化がある．金属製品の場合，多くは機能劣化により廃棄物化するため，廃製品からの分離により金属としての再生利用が可能である．この点が金属リサイクルの特徴である．

金属資源の枯渇は常に懸念されている．埋蔵量と年間生産量の比である静的可採年数は，金，銀で十数年，銅，亜鉛で数十年，鉄，アルミニウムで百年以上である[1]．

リサイクルは資源延命に一定の役割を果たすだけでなく，鉱石からの精錬プロセスにおけるエネルギーと資源の消費を抑制する効果がある．とくに，鉱床の枯渇に伴う鉱石品位の低下により，選鉱・精錬に要するエネルギーの増加は避けられないので，リサイクルの効果はいっそう大きくなる．

また鉱物の採鉱や選鉱の過程では廃石，土砂，スラグなどの残さが大量に発生し，採掘サイトに投棄される．たとえば，国内で銅1tを生産するためには海外で約2000tの廃石や尾鉱が残さとなる．鉱物資源の多くを海外に依存する日本にとって看過できない問題である．資源開発に伴う環境負荷の軽減においてもリサイクルは重要である．

a．鉄　鉄は地殻中に約5％存在するアルミニウムに次ぐ金属資源であり，地球全体でみると約35％と最も存在量が大きな元素である．優れた機械的特性を有することから最も汎用的に利用されている．図1に日本における鉄鋼生産とスクラップの発生，輸出入の状況を示す[2]．粗鋼は，鉄鉱石を原料として溶鉱炉（高炉）で精錬された銑鉄を転炉で脱炭素する方法と鉄スクラップを原料とする電気炉による方法により生産される．2004年度には，転炉鋼は約8千万t，電炉鋼は約3千万tであり，粗鋼生産は1億1千万tで，中国の経済発展を背景に前年度比で2％程度の増加である．最終製品であるH鋼や棒鋼，帯鋼などの普通鋼熱延鋼材と構造用鋼，ステンレスなどの特殊鋼熱延鋼材として市場に出された1億3百万tのうち，3千万tは輸出されるが，残りは国内に構造材や車両として蓄積される．現在，鉄鋼蓄積量は11億tを超え，増加中である．鉄のマテリアルフローでは，他の製品・素材に比べ，生産量に対する国内の蓄積量が多く，寿命も他の金属製品より長いことを特徴としている．

鉄鋼生産でスクラップの利用は不可欠である．とくに，電炉鋼は市中スクラップから製造される．これは，成分調整を行うためのほか，高炉による銑鉄の精錬では多くのエネルギーと資源を消費するため，屑鉄を電気炉で熔解することのメリットが大きいことによる．現在，使用される鉄スクラップ量は約3400万tで（2004年），粗鋼の約30％をスクラップがカバーしている．鉄スクラップには，国内で年間400万台発生する廃自動車をはじめ，建設材料などのほか，輸入も少なからず含まれる．

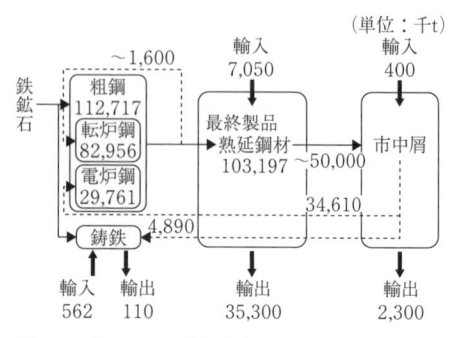

(単位：千t)

```
                              ～1,600    輸入              輸入
                                         7,050             400
          ┌─────────────┐
    鉄    │    粗鋼     │
    鉱    │  112,717    │
    石  → │   転炉鋼    │ → 最終製品
          │   82,956    │   熱延鋼材    →   市中屑
          │   電炉鋼    │   103,197  ～50,000
          │   29,761    │
          └─────────────┘              34,610
              ↓ 銑鉄  4,890
          輸入  輸出        輸出           輸出
          562   110         35,300         2,300
```

図1　日本における鉄鋼生産とスクラップの発生，輸出入の状況（経済産業省鉄鋼・非鉄金属・金属製品統計月報）

鉄の飲料容器としての利用はアルミニウムと逆に減少し,現在100万t弱である.再資源化量も減少しているが,再資源化率は増加し,90%弱に至っている[3].

鉄(銑鉄)を1t製造するにはまず,鉄鉱石が1.5〜1.7t必要である(ただし,採掘される鉱石は約8tに達する).これに加え,石炭0.8〜1.0t,石灰石0.2〜0.3t,水30〜60t,そして,エネルギーは20GJ必要となる.これに対してスクラップを利用した場合は当然,原料となる鉄鉱石や高炉で用いるコークス,石灰石も不要となる.必要なものはスクラップを溶解するための電力だけである.電炉のエネルギー消費は銑鉄1t当たり約5GJであることから,スチール缶回収・再資源化による1年間の省エネルギー効果は石油換算で約4億lと推定されている[3].

b.アルミニウム アルミニウムは地殻存在度が8.2%と最も高い金属である.原料はボーキサイトと呼ばれる酸化アルミニウムの水和物であり,バイヤー法により精製した酸化アルミニウムを電解してアルミニウム金属地金が得られる.この電解プロセスでは金属アルミニウム1t当たり130GJの大きな電力を必要とする.

日本では自動車,建築土木材料,金属製品などとして約416万t(2004年)のアルミニウムが消費されている.原料であるアルミニウム地金のうち,240万tは新地金であり,その99%を輸入している.他方,使用済飲料用缶や鋳物を利用する再生地金は180万tである.酸化アルミニウムの電解に多大な電力が必要なため,日本ではほとんどの新地金が輸入されている.また,再生アルミニウムが地金の1/5を占めており,アルミニウム工業は再生品に頼っている.

日本におけるアルミ缶生産量は現在,約30万tであり,その回収・再資源率は91%(2004)に昇る[4].缶のフタと胴体部分の組成の違いからアルミ缶としての再生化が困難であるが,現在,60%は缶として再生されている.他は建築用のアルミニウム鋳物として利用される.リサイクルされたアルミ缶(28万t)は,再生アルミニウムの1/6に当たり,決して高くない.しかし,再生地金生産におけるエネルギー消費は新地金生産の3%といわれており,回収アルミ缶である約20万t(2000年)を再資源化することにより80〜90億kWhの電気の節約になり,リサイクルによる大きな省エネルギー効果が期待できる[4].

なお,アルミ缶以外のアルミニウム製品のリサイクルについては明らかではないが,約70万tがリサイクルされているとの試算もあり[2],アルミニウムのリサイクル価値は高いといえる.

c.NiやCoなどのレアメタル類
地殻存在度が十ppm〜百ppm程度と少ない金属類は鉄やアルミとの合金や添加物として機能向上,あるいは,触媒や電池の活物質などの機能性材料として利用されている.いずれも,存在量は少ないが,使用量も少ないことから,可採年数も比較的長い.そのため,再資源化処理されているものは現在,廃触媒からの回収以外みられないが,今後,電池材料などへの利用が進むとリサイクルが重要な課題になる.

〔遠藤茂寿〕

文　献
1) たとえば,US地質調査所:Mineral Commodity Summaries 2004 (http://minerals.usgs.gov/minerals/pubs/mcs/)
2) 石油天然ガス・金属鉱物資源機構:鉱物資源マテリアル・フロー 2005 (2005).
3) スチール缶リサイクル協会:http://www.steelcan.jp/
4) アルミ缶リサイクル協会:http://www.alumi-can.or.jp/

容器包装リサイクル

280

containers and packing recycle

　一般廃棄物の年間排出量は，約5000万tであり，そのなかのプラスチック製容器包装は，容積で約40%，質量で約10%を占める[1]．図1の廃プラスチックの処理概況に示されるように，多くは焼却不適物として埋め立てられていた．その結果，全国的に最終処分場の残余年数が逼迫し，一部これら廃棄物の海外移送など国際的な環境問題を引き起こした．1995年6月に「容器包装に係る分別収集及び再商品化の促進等に関する法律（法律第112号）」（容器包装リサイクル法）が公布された．1997年4月から，ペットボトルの分別回収が施行され，ついで2000年4月からペットボトル以外のプラスチック製容器包装の分別回収が施行された．分別回収されたプラスチック製容器包装の再資源化を図るために，各種の資源化方法が相ついで開発された．表1に廃プラスチックの資源化方法を示す．

　上記の法的な整備と資源化方法の開発により，廃プラスチックの処理はかなり改善された．図2に2001年度の廃プラスチックの処理概況を示す．

　プラスチック製容器包装をフィルム類とボトル（容器）類に分けると，その原材料の多くは，ポリエチレン，ポリプロピレン，ポリスチレン，塩化ビニル樹脂が大半を占める．原材料別割合および代表的物理特性を表2に示す．原材料の消費量の割合は，フィルム類：ボトル類＝3.3：1.0（2002年）である．

　一方，プラスチック製容器包装はその再

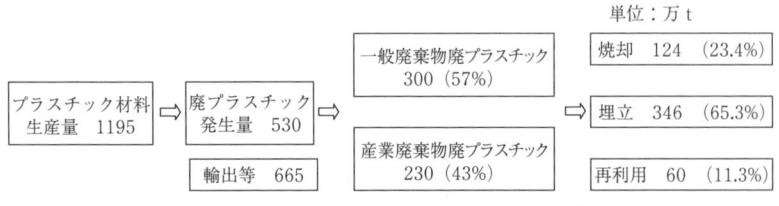

図1 廃プラスチックの処理概況（1990年度）[2]

単位：万t

プラスチック材料生産量　1195 → 廃プラスチック発生量　530 → 一般廃棄物廃プラスチック　300（57%）／産業廃棄物廃プラスチック　230（43%）→ 焼却　124（23.4%）／埋立　346（65.3%）／再利用　60（11.3%）

輸出等　665

表1 廃プラスチックの資源化方法

分類	資源化方法		ヨーロッパの呼称
マテリアルリサイクル（材料リサイクル）	再生利用・プラ原料化・プラ製品化		メカニカルリサイクル
ケミカルリサイクル	原料・モノマー化		フィードストックリサイクル
	高炉還元剤		
	コークス炉化学原料化		
	ガス化	化学原料化	
	油化	燃料	
サーマルリサイクル（エネルギー回収）	セメントキルンごみ発電RDF		エネルギーリカバリー

X．廃棄物と資源循環

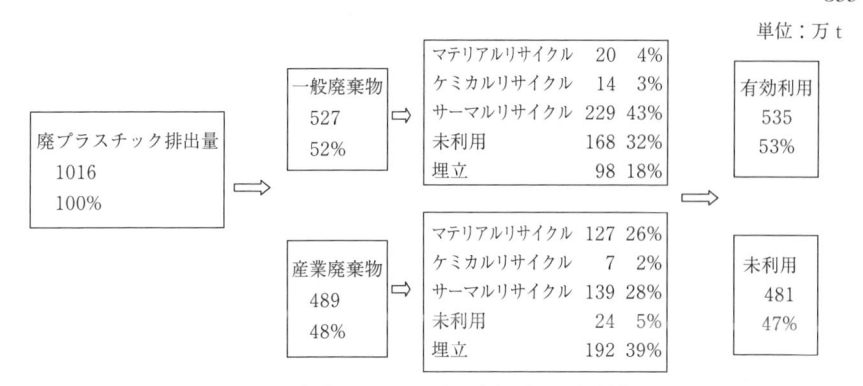

図2 廃プラスチックの処理概況（2001年度）[3]

表2 プラスチック製容器包装の原材料の割合[4]および物理特性

原材料名	フィルム類%	ボトル類%	熱変形温度°C	比重
ポリエチレン（PE）	37	25	41〜82	0.91〜0.96
ポリプロピレン（PP）	24	18	99〜116	0.90〜0.91
ポリスチレン（PS）	13	4	66〜91	1.04〜1.10
ポリ塩化ビニル（PVC）	10	1	57〜82	1.30〜1.58
その他	16	52	—	—

利用システム上，ペットボトル（PET）とその他の容器包装プラスチック（その他プラ）に大別される．PETは，びん・缶と同じように分別収集している自治体が多い．2001年度の自治体のびん・缶・PETの分別収集実施率は，それぞれ約84%，95%，80%であるのに対して，その他プラの分別収集実施率は約35%[5]で，分別収集実施率の向上が望まれる．

この容器包装リサイクル事業を推進すべく㈶日本容器包装リサイクル協会[6]が1996年9月当時主務4省（大蔵省，厚生省，農林水産省，通商産業省）の認定（現在は主務5省，環境省，経済産業省，財務省，厚生労働省，農林水産省）により設立され，以下の事業を行っている．

・法に基づく特定事業者からの受託による分別基準適合物の再商品化の実施
・容器包装廃棄物の再商品化に関する普及及び啓発
・容器包装廃棄物の再商品化に関する情報の収集及び提供
・容器包装廃棄物の再商品化に関する内外関係機関との交流及び協力　など

〔澁谷榮一〕

文献

1) 環境省：環境白書 (15), p. 156 (2003).
2) 中小企業事業団調査研究：廃プラスチックの処理状況について (1990).
3) 工業調査会：プラスチック, **54**(7), 19 (2003).
4) 工業調査会：プラスチック, **54**(6), 34 (2003).
5) 環境省：環境統計集, 15年版 (2003).
6) ㈶日本容器包装リサイクル協会インターネット

家電リサイクル

the home appliances recycling

a. 家電リサイクル法の施行 廃棄された家電品のリサイクルは，特定家庭用機器再商品化法（家電リサイクル法）により 2001 年 4 月から世界に先駆けて実施されている．対象は廃家電 4 品目（エアコン，テレビ，冷蔵庫，洗濯機）で，わが国における約 2300 万台/年の発生量のうち，現在全国約 40 カ所のリサイクルプラントにおいて年間約 1200 万台がリサイクルされている[1,2]．本法施行前は各自治体が粗大ごみとして引き取り，鉄などを回収した後，残りのほとんどを埋立てしていた．

家電リサイクル法は消費者が廃棄するときにリサイクル費用（リサイクル料金＋収集運搬料）を支払う点が，それまでの各種リサイクル法と大きく異なっている．小売店などには引取義務が，家電メーカーにはリサイクル義務があり，廃家電品は管理表（マニフェスト）で管理されている．リサイクル率の基準（再商品化基準）があり，エアコン・冷蔵庫の冷媒フロンを回収し再利用または破壊することが義務づけられている．料金の一例とリサイクル率基準・2005 年度実績[1]を表 1 に示す．施行後，引取台数，リサイクル率とも年々少量ずつ増加しており，消費者に制度として定着してきていることが窺える．

当初から懸念されていた廃家電の不法投棄増加は，引取台数に対する割合で 1～2％の間で推移しており減少していないため，引き続き実態の注視が必要である．

図 1 に家電リサイクルプラントのフロー例を示す．この施設では，隣接する廃棄物焼却施設で冷媒フロン・断熱材フロンを高効率で高温熱分解する特長をもっている．

比較的順調に家電リサイクル法が施行されていることから，2004 年 4 月より冷凍庫の回収が追加され，同じく 2004 年 4 月より冷蔵庫および冷凍庫の断熱材フロンの回収・破壊が義務化された．

b. 見えないフロー 今後の課題としては 2006 年度の家電リサイクル法見直し検討議論で大きく取り上げられた「見えないフロー」[3]といわれる家電リサイクルルートに乗らない大量の廃家電品の流れがある．その数は 2005 年度で約 1100 万台といわれており，廃家電 4 品目の年間排出量約 2300 万台の約半分に達する．「見えないフロー」の廃家電品の挙動は正確には把握されていないが，戸別回収業者や中古品取扱業者などによる回収ルートで中古品市場に約 700 万台，資源回収業者に約 400 万台が流れている模様である．このなかからさらに海外に約 600 万台が持ち出されている

表 1 リサイクル料金とリサイクル率基準・2005 年度実績[1]

品目	エアコン	テレビ	冷蔵庫	洗濯機
対象	・壁掛形セパレートタイプの室外機・室内機 ・床置形の同上 ・ウインドタイプ	・ブラウン管式テレビ ・ブラウン管式 VTR 内蔵テレビ ・ブラウン管式 AV モニタ	・冷蔵庫 ・冷凍冷蔵庫 ・冷凍庫（2004 年 4 月より） ・ワインセラー	・洗濯乾燥機 ・全自動洗濯機 ・2 槽式洗濯機
リサイクル料金例（円）	3675	2835	4830	2520
リサイクル率基準（％）	60 以上	55 以上	50 以上	50 以上
リサイクル率実績（％）	84	77	66	75
引取台数（千台）	1990	3857	2820	2853

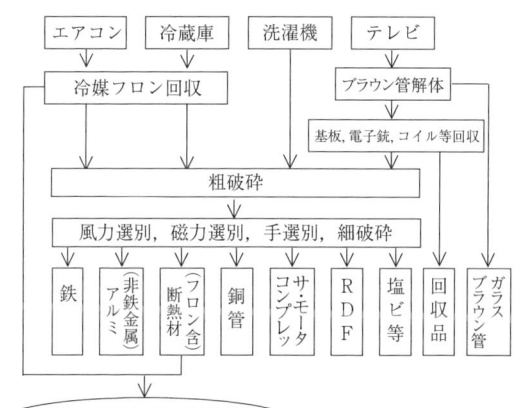

図1 家電リサイクルのフロー図

と推計されている．「見えないフロー」のできる理由は世界的な銅や貴金属の価格高騰にあり，エアコンなどは有価で引き取っても採算に合うことがあげられる．また，海外でも安価な人件費で手作業による金属リサイクルも進められている．しかし，このような処理では家電リサイクル工場に比べて全体としての資源回収率が低く，地球温暖化に大きく影響するフロン類は回収されておらず，また海外での重金属類による汚染が懸念されるなど問題点も多い．

c．**今後** 重ねて日本では2011年に地上デジタル放送が始まるため，今後大量のブラウン管テレビが廃棄されると予想されるが，回収されたブラウン管ガラスはすでに国内ではブラウン管テレビが生産されていないため需要がなく海外に持ち出すしかない．しかしこれからは液晶やプラズマテレビが主体になるため需要はますます減少する．

今後は，海外で生産され日本で廃棄される家電品も多いことから，国際的なリサイクルネットワークの検討が必要であり，日本で家電リサイクルをどのように推進していくかが問われている．一方，家電メーカーでは家電品の環境配慮設計も進められており，省エネ型の家電や，欧州で始まった有害物質規制（RoHs指令）への対応，リサイクルしやすいわかりやすい表示や短時間で解体できる構造への変更など，新たな製品への取組みも推進されている[4]．

また，パソコンのリサイクルについては，資源有効利用促進法によりメーカーが事業系パソコンを2001年4月から家庭系パソコンを2003年10月から回収している．パソコン3R推進センターの集計では2005年度の回収台数は事業系約67万台，家庭系約33万台となっている[5]．

〔玉出善紀〕

文 献

1) 環境省ホームページ http://www.env.go.jp/recycle/kaden/index.html
2) 経済産業省ホームページ http://www.meti.go.jp/policy/kaden_recycle/ekade00j.html
3) 産業構造審議会環境部会廃棄物・リサイクル小委員会電気・電子機器リサイクルワーキンググループ．中央環境審議会廃棄物・リサイクル部会家電リサイクル制度評価検討小委員会合同会合（第8回）配布資料（2007年4月27日開催）．
4) 家電リサイクル年次報告書 平成17年度版，㈶家電製品協会（2006）．
5) パソコン3R推進センターホームページ http://www.pc3r.jp/

自動車リサイクル

282

automobile recycle

表1 ASR リサイクル率の水準

	ASR リサイクル率
2005年度以降	30%以上
2010年度以降	50%以上
2015年度以降	70%以上

a．自動車リサイクル法 使用済自動車は，中古車輸出を除き年間約400万台排出されるが，従来より解体業者や破砕業者によって有用金属や部品が回収され，そのリサイクル率は約80%の高水準にある．しかし産業廃棄物最終処分場の逼迫により，使用済自動車から生じる最終処分物の大半を占めるシュレッダーダスト（automobile shredder residue：ASR）の処分費が高騰する一方，鉄スクラップ価格の低迷によって使用済自動車の逆有償化が進展し，従来のリサイクルシステムがうまく回らなくなってきた．2002年7月に「使用済自動車の再資源化等に関する法律」（通称：自動車リサイクル法）が公布され，2005年1月より自動車製造業者および輸入業者はASRとエアバッグ類をそれぞれ破砕業者および解体業者から引き取り，一定の基準にしたがって再資源化する義務を課されることとなった．

b．ASR とくに年間発生量75万t程度が見込まれるASRの再資源化が課題となるが，その主成分は樹脂，発泡ウレタン，繊維，ゴムなどの有機物と，ガラスや土砂や若干の金属などの無機物に大別され，前者が約60%，後者が約40%の割合である．ASRはそもそもマテリアルリサイクルが技術的・経済的に困難なものが，金属などの資源を回収して残った残さであり，そのリサイクル施設は有機物からの電力・熱・可燃ガスなどのエネルギー回収・利用と金属・スラグなどのマテリアル回収の両者を組み合わせた複合的な機能を有する必要がある．現在稼動中または稼動予定である技術・施設の主要なものは以下のように類型化される．

(1) 燃料代替＋原料化： 非鉄金属精錬などの素材産業の既存設備を活用し，ASR中の可燃成分を燃料に代替することに加え，銅をはじめとする金属等を回収する技術．

(2) 焼却処理＋熱回収＋原料化： 焼却処理を行って連続するボイラーによって蒸気や電力の形で熱回収を行うとともに，その焼却灰などを灰溶融炉で処理して金属資源やスラグを回収する技術．

(3) 乾留ガス化＋ガス利用＋原料化：ASRを乾留ガス化して，発生する燃料ガスを改質・精製後そのまま利用する技術．乾留残さについては，工業カーボン材料などに利用するか溶融して金属資源やスラグを回収する．

(4) 乾留ガス化＋熱回収＋原料化：ASRを乾留ガス化して，連続する二次燃焼炉，ボイラーで熱回収・発電を行う技術．乾留残さについては，溶融して金属資源やスラグを回収する．

(5) 素材選別＋燃料代替： 種々の選別工程を加えて，特定の単一素材を回収・再利用する技術．

ASRの再資源化基準（リサイクル率）としては，マテリアルリサイクルとサーマルリサイクルの双方の要素を評価する基準（ASR投入施設活用率）が一定基準を満たしている施設へのASR投入量をもとに算出し，表1に示す水準を段階的に越えていく必要がある．最終的な目標は「2015年度以降使用済み自動車全体のリサイクル率95%以上達成」と設定されている．

〔長田守弘〕

エコセメント

283

eco-cement

　エコセメントという言葉は，エコロジーのエコとセメントを併せて名づけたものであり，以前は廃棄物を再利用，混入したセメントを広くいった．2002 年に JIS R 5214 として，「都市ごみの焼却灰や下水汚泥焼却灰をエコセメントクリンカーの主原料に用い，これらの廃棄物を製品 1 トンあたり 500 kg（乾燥ベース）以上使用して製造されるセメント」と定義された．図 1 にこの概念図を示す．

　エコセメントには 2 種類あり，普通型と速硬型がある．普通型は従来の普通セメントと品質が類似したもので，速硬型は塩分を多く含み速硬性があるものである．その塩化物イオン量は JIS R 5214 に規定されており，普通エコセメントで 0.1%，速硬エコセメントで 0.5～1.5% 以下とされている．速硬型エコセメントは，速硬性があり建築，土木用ブロックなどの用途に適するが，塩分があるため鉄骨を含む建設用には用いることができない欠点がある．

　市場としては，普通セメントが速硬セメントの数倍あるため，主として混入される都市ごみの焼却灰中に含まれる塩素を除去するため，アルカリ重金属と結合後，水洗浄により回収して普通エコセメントにする工夫がなされた．

　エコセメントの開発の歴史としては，廃タイヤの有効利用を主に始めていたセメント会社が 1994～1996 年の当時の通商産業省の補助事業である「生活産業廃棄物等高度処理・有効利用研究開発」を用いて実証研究を行い，その成果を基に産業化に成功し市原エコセメント株式会社を 2001 年 4 月に稼働させたことに始まる．

　現在市原エコセメントでは，千葉エコタウンの中核施設として世界初のエコセメント製造工場として営業運転を行い，千葉県の人口の約 1/4 に当たる 150 万人分の一般廃棄物発生量である約 220 万 t の焼却灰を主原料として年間 11 万 t のエコセメントを生産する計画がある．エコセメント製造工程では，ダイオキシン発生対策や重金属回収プロセスもあり，まさにエコセメントといえるプロセスである．

　経済産業省では 2010 年を目標に，セメント産業での廃棄物利用をセメント 1 t 当たり 400 kg まで拡大する（2003 年でセメント 1 t あたり 375 kg）方向であるが，最近の公共事業縮小の影響で国内セメント生産量は減少を続けており，セメント業界では処理費用が高く，処理が容易で受け入れ可能な廃棄物の選択を始めている．

〔大矢仁史〕

図 1　エコセメントの概念（なぜ焼却灰からセメントができるのでしょうか？ http://www.ichiharaeco.co.jp/を改変）

●：酸化カルシウム　　CaO
□：二酸化ケイ素　　　SiO_2
△：酸化アルミニウム　Al_2O_3
☆：酸化第二鉄　　　　Fe_2O_3

付　録

環境関連の法律，制度の情報

Ⅰ．環境関連法
  1. 環境関連法体系　*406*
  2. 環境基本法　*409*
  3. 環境一般に関する法　*410*
  4. 地球環境関係　*415*
  5. エネルギー関係　*418*
  6. 化学物質関係　*419*
  7. 循環型社会関係　*424*
  8. 水質関係　*430*
  9. 土壌汚染関係　*431*
  10. 地盤沈下関係　*432*
  11. 大気関係　*432*
  12. 感覚公害関係　*434*
  13. 自然保護関係　*435*

Ⅱ．環境マネジメント国際規格 ISO 14000 シリーズ
  1. ISO 環境マネジメント規格制定の経緯　*436*
  2. ISO 環境マネジメント規格検討体制　*436*
  3. ISO 14000 シリーズの構成　*436*
  4. 主な規格の概要　*436*

I. 環境関連法

1. 環境関連法体系

わが国における環境関連法体系を付図1に示す．また環境関連法を付表1に示す．これらの法のなかからよく使用される法について以降に概要を記述する．

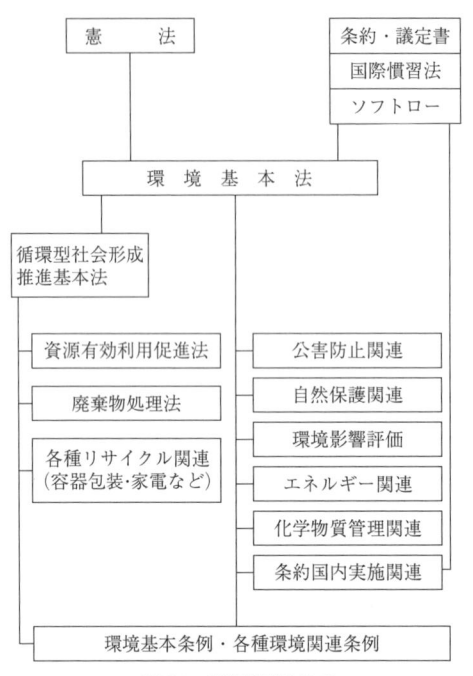

```
                    ┌──────────┐       ┌──────────────┐
                    │  憲   法  │       │ 条約・議定書 │
                    └────┬─────┘       │  国際慣習法  │
                         │             │  ソフトロー  │
                         │             └──────┬───────┘
                    ┌────┴──────────────────────┐
                    │       環 境 基 本 法       │
                    └────┬──────────────────────┘
          ┌──────────────┤
   ┌──────┴──────┐       │
   │循環型社会形成│       │
   │  推進基本法  │       │
   └─────────────┘       │
          ┌──────────────┼──────────────┐
   ┌──────┴──────┐  ┌─────┴─────┐
   │資源有効利用促進法│  │公害防止関連│
   └──────────────┘  └───────────┘
   ┌─────────────┐  ┌───────────┐
   │  廃棄物処理法 │  │自然保護関連│
   └──────────────┘  └───────────┘
   ┌─────────────┐  ┌───────────┐
   │各種リサイクル関連│  │環境影響評価│
   │(容器包装・家電など)│└───────────┘
   └──────────────┘  ┌───────────┐
                     │エネルギー関連│
                     └───────────┘
                     ┌───────────┐
                     │化学物質管理関連│
                     └───────────┘
                     ┌───────────┐
                     │条約国内実施関連│
                     └───────────┘
          ┌───────────────────────────┐
          │環境基本条例・各種環境関連条例│
          └───────────────────────────┘
```

付図1 環境関連法体系

付表1 環境関連法一覧[1)]

分類	法名，条約（＊印）名	略称
基本	環境基本法	
環境一般	環境影響評価法	
	工場立地法	
	特定工場における公害防止組織の整備に関する法律	公害防止管理者法
	公害防止事業費事業者負担法	
	公害健康被害の補償等に関する法律	公健法
	人の健康に係る公害犯罪の処罰に関する法律	
	公害紛争処理法	
	環境の保全のための意欲の増進及び環境教育の推進に関する法律	環境教育法

付録：環境関連の法律，制度の情報

	環境情報の提供の促進等による特定事業者等の環境に配慮した事業活動の促進に関する法律	環境配慮法
	景観法	
地球環境関係	地球温暖化対策推進大綱	
	地球温暖化対策の推進に関する法律	温暖化対策推進法
	*気候変動に関する国際連合枠組条約の京都議定書	京都議定書
	特定物質の規制等によるオゾン層の保護に関する法律	オゾン層保護法
	特定製品に係るフロン類の回収及び破壊の実施の確保等に関する法律	フロン類回収破壊法
	*オゾン層の保護のためのウイーン条約	ウイーン条約
	*オゾン層を破壊する物質に関するモントリオール議定書	モントリオール議定書
	海洋汚染及び海上災害の防止に関する法律	海洋汚染防止法
	*船舶からの油,有害液体物質,廃棄物の排出規制に関する条約	マルポール条約
	*廃棄物その他の物の投棄による海洋汚染の防止に関する条約	ロンドン条約
	特定有害廃棄物等の輸出入等の規制に関する法律	バーゼル法
	*有害廃棄物の国境を越える移動及びその処分の規制に関するバーゼル条約	バーゼル条約
エネルギー関係	エネルギー政策基本法	
	エネルギーの使用合理化に関する法律	省エネ法
	エネルギー等の使用合理化及び再生資源の利用に関する事業活動の促進に関する臨時措置法	省エネルギー・リサイクル支援法
化学物質関係	化学物質の審査及び製造等の規制に関する法律	化審法
	特定化学物質の環境への排出量の把握及び管理の促進に関する法律	化管法又はPRTR法 Pollutant Release and Transfer Register
	化学品の分類と表示に関する世界調和システム	GHS
	*POPs (Persistent Organic Pollutant 残留性有機汚染物質)に関するストックホルム条約	
	*電気・電子機器における特定有害物質の使用制限指令	EU (European Union)のRoHS指令
	化学品の登録・評価・認可と制限に関する規則	EUのREACH規則
	ダイオキシン類対策特別措置法	
	毒物及び劇物取締法	毒劇法
	消防法	
	高圧ガス保安法	
	労働安全衛生法	安衛法
	食品衛生法	
	有害物質を含有する家庭用品の規制に関する法律	
循環型社会関係	循環型社会形成推進基本法	
	廃棄物の処理及び清掃に関する法律	廃掃法又は廃棄物処理法
	特定家庭用機器再商品化法	家電リサイクル法
	容器包装に係る分別収集及び商品化の促進等に関する法律	容器包装リサイクル法
	建設工事に係る資材の再資源化等に関する法律	建設リサイクル法
	食品循環資源の再生利用等の促進に関する法律	食品リサイクル法
	使用済自動車の再資源化等に関する法律	自動車リサイクル法

	ポリ塩化ビフェニル廃棄物の適正な処理の推進に関する特別措置法	PCB処理法
	資源の有効な利用の促進に関する法律	資源有効利用促進法
	国等による環境物品等の調達の推進等に関する法律	グリーン購入法
	特定産業廃棄物に起因する支障の除去等に関する特別措置法	原状回復法
水質関係	水質汚濁防止法	水濁法
	瀬戸内海環境保全特別措置法	瀬戸内法
	湖沼水質保全特別措置法	湖沼法
	下水道法	
	浄化槽法	
	水道法	
	河川法	
	港湾法	
土壌汚染関係	土壌汚染対策法	
	農薬取締法	
	農用地の土壌の汚染防止等に関する法律	
地盤沈下関係	工業用水法	
	建築物用地下水の採取の規制に関する法律	
大気関係	大気汚染防止法	大防法
	自動車から排出される窒素酸化物及び粒子状物質の特定地域における総量の削減等に関する特別措置法	自動車 NO_x・PM法
	道路運送車両法	
	道路交通法	道交法
感覚公害関係	悪臭防止法	
	騒音規制法	
	振動規制法	
自然保護関係	自然環境保全法	
	自然公園法	
	都市緑地保全法	
	鳥獣保護及び狩猟に関する法律	
	特定外来生物による生態系等に係る被害の防止に関する法律	
	絶滅のおそれのある野生動植物の種の保存に関する法律	種の保存法
	*特に水鳥の生息地として国際的に重要な湿地に関する条約	ラムサール条約
	*絶滅のおそれのある野生動植物の種の国際取引に関する条約	ワシントン条約
	*生物の多様性に関する条約	
その他関係法	電気事業法	
	ガス事業法	
	鉱業法	
	計量法	
	原子力基本法	

2. 環境基本法
1) 制定の背景

1960年代のわが国における高度経済成長に伴う結果として,公害問題が大きくクローズアップされ,1967年に国の環境政策の基本的な方向を示す「公害対策基本法」が制定された.その後,①地球環境問題,②環境汚染の広域化と複雑化,③環境配慮型社会実現の必要性,④健康・生活環境と自然環境の両分野に環境問題が移行という背景が現れ,「公害」ではなく,環境全般に対応する必要が生じてきた.

2) 基本理念
 ①環境の恵沢の継続的享受
 ②環境負荷の少ない持続的発展可能な社会の構築
 ③国際協調による地球環境保全の積極的推進

3) 責務
 ①国は,基本的かつ総合的な施策を策定及び実施
 ②地方公共団体は,国の施策に準じた施策及び区域の自然的・社会的条件に応じた施策を策定及び実施
 ③事業者は次の責務を有する.
  a) 公害の防止又は自然環境の保全
  b) 事業活動によって得られた製品等の廃棄物に対する適正な処理
  c) 製品等の環境負荷の低減及び環境負荷の少ない原材料等の利用
  d) 国又は地方公共団体の施策に協力
 ④国民は,日常生活に伴う環境への負荷の低減,環境の保全及び国又は地方公共団体の施策に協力

4) 政府の役割
 ①法制上,財政上の措置
 ②年次報告(環境白書)
 ③環境保全に関する施策の策定及び実施:環境審議会及び公害対策会議の活用
 ④環境基本計画,公害防止計画の策定
 ⑤環境基準の設定

5) 環境保全のための施策
 ①環境影響評価の推進
 ②規制の措置
  a) 大気汚染,水質汚濁等の原因となる物質の排出,騒音又は振動の発生等に対する規制
  b) 自然環境の適正な保全に必要な規制
  c) 保護することが必要な野生生物等の適正な保護に必要な規制
 ③環境保全に必要な経済的措置
  a) 負荷活動(環境への負荷の原因となる活動)を行う者に対する経済的助成措置

b) 負荷活動を行う者に対する経済的負担措置（経済的負担措置を課すことにより環境負荷の低減を促進する）
　　④費用負担
　　　a) 原因者負担
　　　b) 受益者負担
　6) 地球環境保全等に関する国際協力
　　①地球環境保全に関する国際協力の推進
　　②開発途上地域の環境保全等に関する国際協力の推進

3. 環境一般に関する法
3.1 環境影響評価法
1) 目的
　環境影響評価とは，事業の実施が環境に及ぼす影響について，事前に調査，予測および評価を行って，その事業に公害の防止および自然環境の保全などの環境配慮を組み込ませることである．
　2) 対象事業
　国が実施する事業で，
　　①第一種事業：規模が大きく，環境影響の程度が著しいものとなる恐れがあるもので，無条件に環境影響評価を実施する（政令で定める）．
　　②第二種事業：第一種事業に準ずるもので，スクリーニング手続きによってふるい分けを行う（政令で定める）．
　3) 手続き
　　①第二種事業を実施しようとする者は，許認可を行う行政機関に届出
　　②許認可を行う行政機関は，環境影響評価の実施判定を行い，事業者に通知
　　③環境影響評価の実施が必要な場合，事業者は環境影響評価方法書を作成し，都道府県知事に送付．
　　④公告・縦覧
　　⑤事業者は，意見を取り入れて環境影響評価の項目，並びに調査，予測及び評価の方法を決定する．
　　⑥事業者は，決定した方法によって環境影響評価を実施し，結果を環境影響評価準備書にまとめる．
　　⑦事業者は，環境影響評価準備書を都道府県知事に送付し，公告・縦覧，住民への説明を行う．
　　⑧事業者は，意見を取り入れて環境影響評価書を作成し，許認可を行う行政機関に提出．
　　⑨事業者は，許認可を行う行政機関等の意見を取り入れて，環境影響評価書を都道府県知事に送付し，公告・縦覧する．

付録：環境関連の法律，制度の情報

3.2 工場立地法
1) 目的
　工場立地が環境の保全を図りつつ適正に行われるようにするため，工場立地に関する調査を実施し，準則に従って工場を立地する．
2) 届出対象工場
　次の業種に属し，一定規模以上の工場（特定工場）を新設又は変更する場合に，都道府県知事に届出なければならない．
　①業種：製造業，電気・ガス・熱供給業者
　②規模：敷地面積 9,000 m² 以上，又は建築面積 3,000 m² 以上
3) 主な届出内容
　①生産施設，緑地，環境施設の面積
　②施設の配置
　③汚染物質の最大排出予定量，原燃料の使用計画，公害防止施設の設置その他の措置
　④工場変更による届出不要の条件：生産施設撤去，緑地・環境施設が増加，生産施設以外の施設の新設又は増設
4) 主な準則内容
　①敷地面積に対する生産施設面積の割合：15～40 ％（業種別の段階区分あり）
　②敷地面積に対する緑地面積の割合：20 ％以上
　③敷地面積に対する環境施設面積の割合：25 ％以上

3.3 特定工場における公害防止組織の整備に関する法律（公害防止管理者法）
1) 目的
　1970 年の公害国会において，公害に関する法体系が整備され，工場に規制基準の順守が義務付けられた．しかし当時はこれらの工場に十分な公害防止体制が整備されていなかった．そこで公害防止を図るため，工場に国家資格である専門知識を有する人的組織（公害防止組織）の設置を義務付けた．
2) 特定工場
　この法律で公害防止組織の設置が義務付けられている特定工場は，次の通りである．
　①業種：製造業，電気・ガス・熱供給業者
　②施設：ばい煙発生施設，特定粉じん発生施設，一般粉じん発生施設，汚水排出施設，騒音発生施設，振動発生施設，ダイオキシン類発生施設のいずれかの施設を設置
3) 公害防止組織
　①公害防止統括者：公害防止に関する業務を統括管理する者．国家資格不要．従業員 20 人以下の特定工場では不要．
　②公害防止主任管理者：公害防止統括者を補佐し，公害防止管理者を指揮する．国家資格必要．一定規模以上の特定工場（ばい煙発生量が 1 時間当たり 4 万 m³ 以上で，かつ排出水量が 1 日当たり平均 1 万 m³ 以上の工場の場合）で選任．
　③公害防止管理者：公害発生施設や公害防止施設の主として技術的事項を担当する．

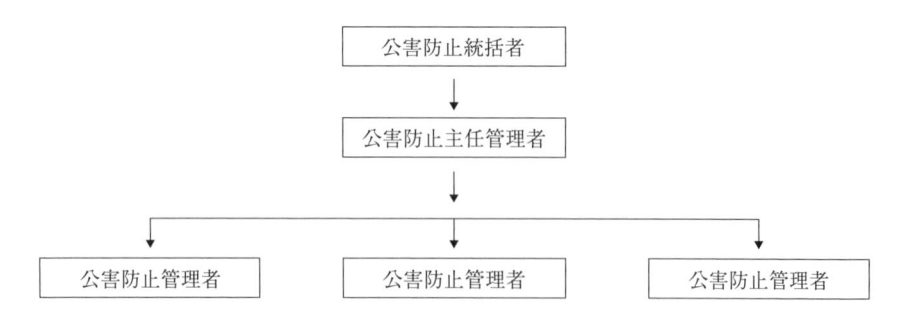

```
        ┌─────────────────┐
        │  公害防止統括者  │
        └────────┬────────┘
                 ↓
        ┌─────────────────┐
        │ 公害防止主任管理者│
        └────────┬────────┘
      ┌──────────┼──────────┐
      ↓          ↓          ↓
┌──────────┐┌──────────┐┌──────────┐
│公害防止管理者││公害防止管理者││公害防止管理者│
└──────────┘└──────────┘└──────────┘
```

国家資格必要．施設の区分（付表2参照）毎に選任

④一定規模以上の特定工場以外の場合は，公害防止統括者及び公害防止管理者を選任．

4) 公害防止管理者の種類

公害防止管理者は14種類に区分されている．種類を付表2に示す．

付表2 公害防止管理者の種類[2]

公害発生施設の区分	公害防止管理者の種類	資格者の種類
大気関係有害物質発生施設[*1]で，排出ガス量が1時間当たり4万m^3以上の工場に設置されるもの	大気関係第1種公害防止管理者	大気関係第1種有資格者
大気関係有害物質発生施設で，排出ガス量が1時間当たり4万m^3未満の工場に設置されるもの	大気関係第2種公害防止管理者	大気関係第1・2種有資格者
大気関係有害物質発生施設以外のばい煙発生施設で，排出ガス量が1時間当たり4万m^3以上の工場に設置されるもの	大気関係第3種公害防止管理者	大気関係第1・3種有資格者
大気関係有害物質発生施設以外のばい煙発生施設で，排出ガス量が1時間当たり4万m^3未満の工場に設置されるもの[*2]	大気関係第4種公害防止管理者	大気関係第1～4種有資格者
水質関係有害物質発生施設[*3]で，排出水量が1日当たり1万m^3以上の工場に設置されるもの	水質関係第1種公害防止管理者	水質関係第1種有資格者
水質関係有害物質発生施設[*3]で，排出水量が1日当たり1万m^3未満の工場又は特定地下浸透水を浸透させている工場に設置されるもの	水質関係第2種公害防止管理者	水質関係第1・2種有資格者
水質関係有害物質発生施設以外の汚水等排出施設[*4]で，排出水量が1日当たり1万m^3以上の工場に設置されるもの	水質関係第3種公害防止管理者	水質関係第1・3種有資格者
水質関係有害物質発生施設以外の汚水等排出施設で，排出水量が1日当たり1万m^3未満の工場に設置されるもの[*4]	水質関係第4種公害防止管理者	水質関係第1～4種有資格者
機械プレス（呼び加圧能力が980キロニュートン以上のものに限る），鍛造機（落下部分の重量が1t	騒音振動関係公害防止管理者	騒音・振動関係有資格者

付録：環境関連の法律，制度の情報

以上のハンマーに限る） 振動のみ：液圧プレス（矯正プレスを除くものとし，呼び加圧能力が2941キロニュートン以上のものに限る）*5		騒音関係有資格者 振動関係有資格者
特定粉じん（石綿）発生施設*6	特定粉じん関係公害防止管理者	大気関係第1～4種有資格者 特定粉じん関係有資格者
一般粉じん（石綿以外のもの）発生施設*7	一般粉じん関係公害防止管理者	大気関係第1～4種有資格者 特定粉じん関係有資格者 一般粉じん関係有資格者
排出ガス量が1時間当たり4万m³以上，かつ，排出水量が1日当たり1万m³以上のばい煙発生施設及び汚水等排出施設を設置の工場	公害防止主任管理者	公害防止主任管理者有資格者又は大気関係第1種若しくは第3種有資格者であって，かつ水質関係第1種若しくは第3種有資格者である者
ダイオキシン類を発生し及び大気中に排出し，又はこれを含む汚水若しくは廃液を排出する施設*8	ダイオキシン類関係公害防止管理者	ダイオキシン類関係有資格者

*1：大気汚染防止法施行令第1を参照のこと．
*2：大気関係有害物質発生施設が設置されていない工場で，排出ガス量が1時間当たり1万m³未満のものは法の対象にならない．
*3：特定工場における公害防止組織の整備に関する法律施行令別表第1を参照のこと．
*4：水質関係有害物質発生施設が設置されていない工場で，排出水量が1日当たり1千m³未満のものは法の対象にならない．
*5：騒音規制法あるいは振動規制法第3条第1項の規定により指定された地域内の工場に設置されているものに限る．
*6：大気汚染防止法施行令別表第2の2を参照のこと．
*7：大気汚染防止法施行令別表第2を参照のこと．
*8：ダイオキシン類対策特別措置法施行令別表第1第1号から第4号まで及び別表第2第1号から第14号に掲げる施設．

5) 国家試験
①受験資格：学歴，年齢，性別及び実務経験等の制約はない．
②時期：毎年7月から願書を受け付け，10月第一日曜日に試験が行われる．
③場所：札幌市，仙台市，東京都，名古屋市，大阪市，広島市，高松市，福岡市及び那覇市
6) 資格認定講習
①中小企業のために設定された特別措置で，国家試験を受けずに3日間の認定講習を受講し，最終日に試験に合格した者に資格を与えるシステムである．
②受講資格：技術資格又は学歴・実務経験のある人．
③時期：毎年10月に受付を開始し，12月から翌年3月にかけて実施する．
④場所：札幌市，仙台市，東京都，名古屋市，大阪市，広島市，高松市，福岡市等

3.4 公害防止事業費事業者負担法
1) 目的

OECD（経済開発協力機構）環境委員会は1972年に汚染防止費用や原状回復費用を汚染者が支払うべきであるという指導原則「汚染者負担の原則（polluter pays principle：PPP）を採択した．この考え方を具体化するため，国や地方自治体が公害を防止する各種の事業をする場合，その費用を事業者に負わせることとした．

2) 公害防止事業の内容
　①事業の種類：工場周辺の緑地整備，有害物質が堆積した河川・湖沼・港湾の浚渫，土壌汚染の浄化等
　②費用負担計画の策定：施行者（国や地方自治体）は，公害防止事業の種類，費用負担させる事業者を決定する基準，公害防止事業費の額，負担総額等を定めた費用負担計画を策定する．
　③事業者の負担額：自己の事業活動が公害の原因となる程度に応じて費用を負担．

3.5 環境の保全のための意欲の増進及び環境教育の推進に関する法律（環境教育法）
1) 目的

持続可能な社会を構築する上で事業者，国民及びこれらの者の組織する民間の団体が行う環境保全活動，環境保全の意欲の増進及び環境教育について基本理念を定め，国民，民間団体等，国及び地方公共団体の責務を明らかにするとともに，推進に必要な事項を定めることによって国民の健康で文化的な生活の確保に寄与する．

2) 基本理念
　①地球環境の恵みの持続的享受
　②自然との共生
　③循環型社会の形成

3) 国の責務
　a) 基本方針の作成
　b) 環境教育に必要な施策の策定，実施
　c) 人材認定等事業の登録
　d) 拠点機能整備
　e) 情報の提供

4) 地方公共団体の責務
　a) 自然的社会的条件に応じた施策の策定と実施
　b) 方針，計画の作成
　c) 環境教育に必要な施策の策定，実施
　d) 拠点機能整備

5) 国民等の責務
　①国民，民間団体等：自ら環境教育を推進
　②職場環境教育：民間団体，事業者，国，地方公共団体の雇用者に対する教育

付録：環境関連の法律，制度の情報

3.6 環境情報の提供の促進等による特定事業者等の環境に配慮した事業活動の促進に関する法律（環境配慮法）

1) 目的
事業者に係る環境配慮等の状況に関する情報の提供及び利用等に関し，国等の責務を明らかにし，特定事業者による環境報告書の作成及び公表に関する措置等を講ずることにより，事業活動に係る環境保全についての配慮が適切になされることを確保する．

2) 対象者
特定事業者：特別の法律によって設立された法人のうちから政令で定める．

3) 事業者の責務
　①特定事業者：環境報告書を作成し，毎年度公表．
　②民間事業者：大企業者は環境配慮等の状況の公表及び環境報告書の作成を行うよう努める．

4. 地球環境関係
4.1 地球温暖化対策推進大綱

1) 目的
わが国では1990年に「地球温暖化防止行動計画」が策定され，地球温暖化防止に対する行動が開始された．国際的にも1992年ブラジルで開催された地球サミットで「気候変動に関する国際連合枠組条約」が採択された．1997年には第3回気候変動枠組条約締約国会議（CPO3）において，京都議定書が採択された．これを受けて1998年6月に「地球温暖化対策推進大綱」が決定された．
なお，2002年3月に新大綱を決定し，同年6月に京都議定書を批准した．

2) 京都議定書の目標値
温室効果ガス（二酸化炭素，メタン，亜酸化窒素，ハイドロフルオロカーボン，パーフルオロカーボン，六フッ化硫黄）の排出量を2008年～2012年までの間に1990年レベルから6％削減．
なお，先進国全体で5％削減，EU諸国8％削減，米国7％削減，ロシア0％増減．

3) わが国の削減方針（2004年に改定）
2010年に向けて，
　①二酸化炭素，メタン，亜酸化窒素の排出量：0.6％程度の増加にとどめる
　②代替フロン：0.1％程度の増加にとどめる．
　③植林等による純吸収分：3.9％程度と推計
　④非エネルギー利用起源CO_2，メタン，亜酸化窒素：1.2％分の削減

4) 京都メカニズム：1.6％分の削減
　①排出量取引
　②先進国間での共同実施
　③先進国と途上国による共同開発メナニズム

4.2 地球温暖化対策の推進に関する法律（温暖化対策推進法）
1) 目的

地球温暖化対策推進大綱に基づいた地球温暖化対策の総合的・計画的な推進を図るため，枠組み法として本法が1998年10月に制定された．その後，京都議定書の批准に伴い，2002年6月に京都議定書の的確かつ円滑な実施を確保するため，本法も改定された．

2) 責務
   ①政府：基本方針の作成
   ②地方公共団体：基本方針に則した計画策定と実施状況の公表
   ③事業者：基本方針に留意した計画策定

3) 京都議定書目標達成計画の作成
   ①温室効果ガスである物質の種類その他の区分ごとの温室効果ガスの排出の抑制及び吸収の量に関する目標
   ②当該目標を達成するために必要な措置の実施に関する目標
   ③当該目標を達成するために必要な国及び地方公共団体の施策に関する事項

4) 地球温暖化対策推進本部の設置

地球温暖化対策を総合的かつ計画的に推進するため内閣に設置．京都議定書目標達成計画案の作成及び実施の推進を図る．

4.3 特定物質の規制等によるオゾン層の保護に関する法律（オゾン層保護法）
1) 目的

オゾン層の保護に向けた国際的取組の始めは，1985年に採択されたオゾン層保護のためのウィーン条約である．この条約はオゾン層やオゾン層を破壊する物質について研究すること，締約国が適切な対策をとることなどが定められている．オゾン層を破壊する物質について具体的な削減を明示したのは，1987年に採択されたモントリオール議定書である．わが国では，この議定書に基づき1988年に本法が制定された．

2) 規制物質

モントリオール議定書では，付属書によって9種類のグループに区分して規制スケジュールを定めている．本法でもこのスケジュールに従っている．

付表3 付属書における規制物質と全廃スケジュール

付属書	物質	対先進国	対途上国
A（グループⅠ）	CFC 11,12,113,114,115	1996年	2010年
A（グループⅡ）	ハロン 1211,1301,2402	1994年	2010年
B（グループⅠ）	CFC 13,111,112,211,212,213,214,215,216,217	1996年	2010年
B（グループⅡ）	四塩化炭素	1996年	2010年
B（グループⅢ）	1,1,1-トリクロロエタン	1996年	2015年
C（グループⅠ）	HCFC 21,22,31,121,122,123,124,131,132 等	2020年	2040年
C（グループⅡ）	HBFC	1996年	1996年
C（グループⅢ）	ブロモクロロメタン	2002年	
E	臭化メチル	2005年	2015年

付録：環境関連の法律，制度の情報

3) 規制方法
①製造する物質の量を経済産業大臣の許可制にしている．
②輸出をする場合には，経済産業大臣に届け出る．
③罰則規定がある．

4.4 特定製品に係るフロン類の回収及び破壊の実施の確保等に関する法律（フロン類回収破壊法）

1) 目的

オゾン層の破壊，地球温暖化をもたらすフロン類の大気中への排出を抑制するために制定された．

2) 規制対象
   ①フロン類：オゾン層保護法及び温暖化対策推進法に規定する物質
   ②特定製品
     ・業務用冷蔵機器及び冷凍機器，業務用エアコン．
     ・カーエアコン（自動車リサイクル法に従って処理）．
3) フロン類廃棄事業者の責務
   ①特定製品廃棄時の適正な措置
   ②特定製品の回収業者への引渡し
4) フロン類処理業者の責務
   ①フロン類回収業者
     a) フロン類の回収
     b) フロン類破壊業者への引渡し
   ②フロン類破壊業者
     a) フロン類回収業者から引取り
     b) フロン類破壊基準に従った破壊

4.5 海洋汚染及び海上災害の防止に関する法律（海洋汚染防止法）

1) 目的

船舶，海洋施設，航空機からの油，有害液体物質，廃棄物の海洋への排出及び船舶，海洋施設におけるこれらの物質の焼却の規制並びに海洋に排出されたこれらの物質の防除，海上火災の発生・拡大等の防止措置を講ずることによって，海洋汚染，海上災害の防止を図るために1970年に制定された．

なおロンドン条約（廃棄物その他の物の投棄による海洋汚染の防止に関する条約～72年採択，80年日本加盟）及びマルポール条約（船舶からの油，有害液体物質，廃棄物の排出規制に関する条約～78年採択，83年日本加盟）の批准に伴い，これらの内容を加えて1987年に改定された．

2) 規制内容
   ①船舶からの油，有害液体物質の排出規制
     a) 油，有害液体物質の排出は禁止
     b) 海洋汚染防止方法の規制：防止設備の設置，船舶の構造，船舶への油・水バ

ラストの積載制限，タンカーの水バラスト排出方法制限等
②船舶からの廃棄物の排出規制
   a) 廃棄物の排出禁止
   b) 廃棄物の排出を常用する船舶は登録制
③海洋施設，航空機からの油，廃棄物の排出規制
   a) 油，廃棄物の排出禁止
   b) 海洋施設の設置は届出制
④船舶，海洋施設における焼却規制
   a) 政令で定める油，有害液体物質，廃棄物については禁止
   b) その他の物質については政令で焼却基準を定めている．

4.6 特定有害廃棄物等の輸出入等の規制に関する法律（バーゼル法）
1) 目的
有害廃棄物の国境を越える移動及びその処分の規制に関するバーゼル条約（1992年発効）の的確かつ円滑な実施を確保するために1993年に制定された．
2) 規制内容
   ①規制の対象
      特定有害廃棄物等で，次の物質が対象．
      a) バーゼル条約付属書Ⅰ（物質・排出経路リスト45種類），付属書Ⅱ（家庭系廃棄物，焼却灰），付属書Ⅲ（有害特性リスト13種類），付属書Ⅳ（処分，リサイクル作業リスト28種類）に挙げられた物質の内，環境省等告示で定めている（40種類）．
      b) 「OECD理事会決定」で定める物質を総理府等省令で定めている．
   ②規制の方法
      a) 輸出入の承認
      b) 移動書類の携帯
   ③措置命令
      環境及び経済産業大臣は，必要な措置をとるべきことを命ずる．

5. エネルギー関係
5.1 エネルギーの使用合理化に関する法律（省エネ法）
1) 目的
エネルギーをめぐる経済的社会的環境の変化（特に京都議定書の発効）に応じた燃料資源の有効利用を確保するために制定・改定．
2) 対象工場・事業場
   ①第一種エネルギー管理指定工場：原油換算 3,000 kl/年以上
      a) 第一種特定事業者：製造業，鉱業，電気供給業，ガス供給業，熱供給業
      b) 第一種指定事業者：上記以外の全業種（オフィスビル等）
   ②第二種エネルギー管理指定工場（第二種特定事業者）：原油換算 1,500 kl/年以上

付録：環境関連の法律，制度の情報

③義務
- a) 第一種：エネルギー管理者の選定（指定事業者ではエネルギー管理員の選定），中長期計画の作成・提出（エネルギー管理者の参画必要），主務大臣への定期報告
- b) 第二種：エネルギー管理員の選定，エネルギー使用量の主務大臣への定期報告

3) 建築主及び建築物
①建築主：エネルギー使用合理化の努力義務
②特定建築物（2,000 m² 以上）の省エネルギー措置の届出義務

4) 運輸
①輸送事業者：計画作成と定期報告
②荷主：計画作成と定期報告

6. 化学物質関係
6.1 化学物質の審査及び製造等の規制に関する法律（化審法）

1) 目的

難分解性の性状を有し，かつ，人の健康を損なう恐れがある化学物質による環境汚染を防止するために制定．

2) 審査の方法

審査・規制制度の概要を付図 2 に示す．

①既存化学物質：安全性を調査して下記 3) の規制対象に分類する．

②新規化学物質：年間製造・輸入総量が政令で定める数量を超える物質については，届出をし，分解性，蓄積性，長期毒性，動植物への毒性に関する事前調査を行って，下記 3) の規制対象に分類する．

3) 規制の対象

①第一種監視化学物質：難分解性，高蓄積性のある物質．酸化水銀 (II) 等 25 物質．

②第二種監視化学物質：難分解性，長期毒性の恐れのある物質．クロロホルム等 893 物質．

③第三種監視化学物質：難分解性，動植物への毒性のある物質未指定．

④第一種特定化学物質：難分解性，高蓄積性，長期毒性，高次捕食動物への毒性のある物質．ポリ塩化ビフェニル，ポリ塩化ナフタレン，ヘキサクロロベンゼン，アルドリン，ディルドリン等 15 物質．

⑤第二種特定化学物質：難分解性，高蓄積性，長期毒性，環境残留性のある物質．トリクロロエチレン，テトラクロロエチレン，四塩化炭素，トリフェニルスズ，トリブチルスズ等 23 物質．

4) 規制内容
①監視化学物質
- a) 製造・輸入実績数量等の届出

420

```
┌──────────────┐  ┌────────────────────────────────────────────────────────────┐
│ 既存化学物質 │  │                    新規化学物質                            │
└──────────────┘  ├──────────────┬──────────────┬─────────────────────────────┤
                  │年間製造・輸入│年間製造・輸入│中間物等、取扱い方法等からみて│
                  │総量 1トン超  │総量 1トン以下│環境汚染のおそれがない場合    │
                  └──────────────┴──────────────┴─────────────────────────────┘
```

(届出)

分解性、蓄積性、人への長期毒性・動植物への毒性に関する事前審査

- 難分解性あり
- 高蓄積性なし
- 年間総量10トン以下で被害のおそれがない

→ 事前の確認 → 製造・輸入可

事前の確認

報告徴収・立入検査

既存化学物質の安全性点検

【第一種監視化学物質】
- 難分解性あり
- 高蓄積性あり

・製造・輸入実績数量等の届出
・指導・助言 等

有害性調査指示(必要な場合)

【第二種監視化学物質】(現行の指定化学物質)
- 難分解性あり
- 高蓄積性なし
- 人への長期毒性の疑いあり

・製造・輸入実績数量等の届出
・指導・助言 等

有害性調査指示(必要な場合)

【第三種監視化学物質】
- 難分解性あり
- 高蓄積性なし
- 動植物への毒性あり

・製造・輸入実績数量等の届出
・指導・助言 等

有害性調査指示(必要な場合)

- 難分解性あり
- 高蓄積性あり
- 人への長期毒性又は高次捕食動物への毒性あり

- 難分解性あり
- 高蓄積性なし
- 人への長期毒性あり
- 被害のおそれが認められる環境残留

- 難分解性あり
- 高蓄積性なし
- 生活環境動植物への毒性あり
- 被害のおそれが認められる環境残留

【第一種特定化学物質】
・製造・輸入の許可制(事実上 禁止)
・特定の用途以外での使用の禁止
・政令指定製品の輸入禁止
・回収等措置命令(物質・製品の指定時、法令違反時) 等

【第二種特定化学物質】
・製造・輸入予定/実績数量等の届出
・必要に応じて、製造・輸入予定数量等の変更命令
・技術上の指針公表・勧告
・表示義務・勧告 等

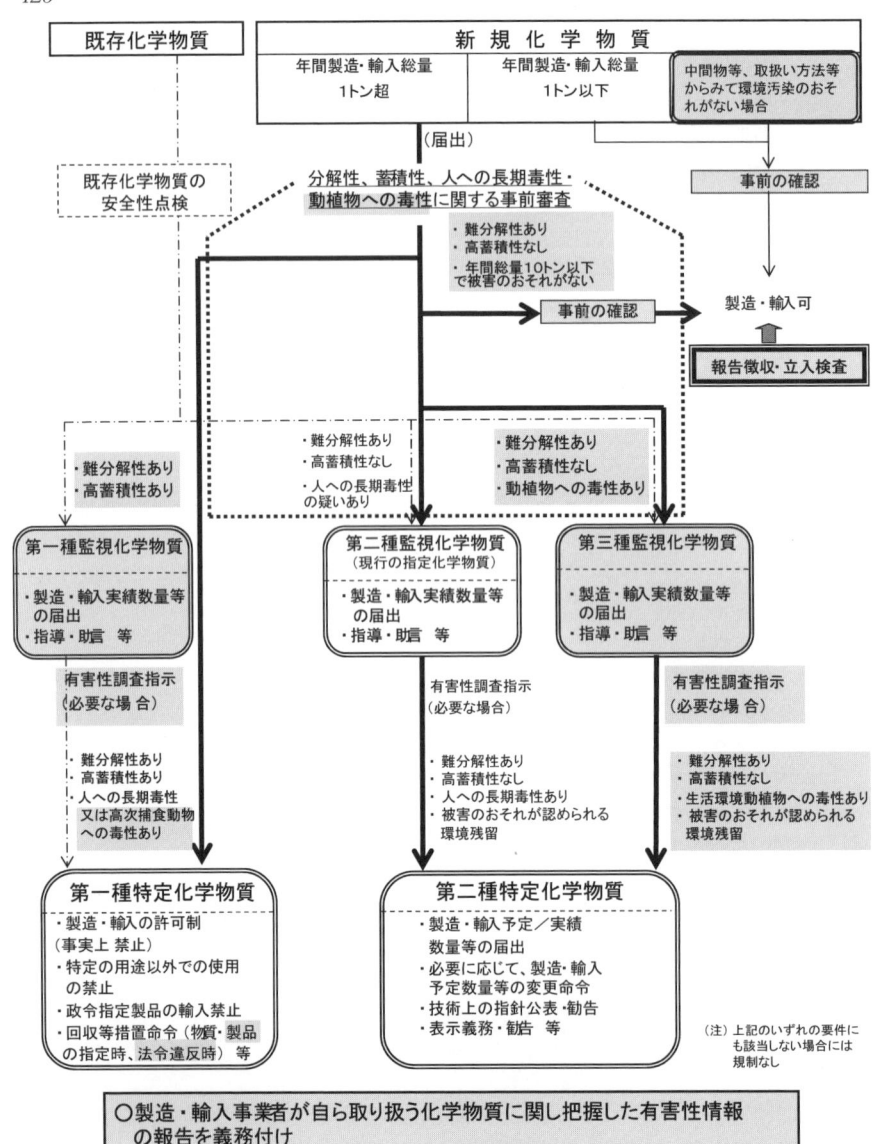

(注)上記のいずれの要件にも該当しない場合には規制なし

○製造・輸入事業者が自ら取り扱う化学物質に関し把握した有害性情報の報告を義務付け

(今回の改正部分は、□□□で表示)

付図2 化審法における審査・規制制度の概要(出典:経済産業省)

付録:環境関連の法律,制度の情報

b) 必要な場合有害性調査（有害性が認められる場合には，特定化学物質として指定）
　②第一種特定化学物質
　　　a) 製造・輸入の許可制（事実上禁止）
　　　b) 特定の用途以外での使用の禁止
　　　c) 政令指定製品の輸入禁止
　③第二種特定化学物質
　　　a) 製造・輸入予定／実績数量等の届出（変更命令あり）
　　　b) 表示義務

6.2 特定化学物質の環境への排出量の把握及び管理の促進に関する法律（化管法又はPRTR法：Pollutant Release and Transfer Register）

1) 目的

1992年の地球サミット（国連環境開発会議）で採択された行動計画「アジェンダ21」に化学物質の管理の重要性が位置付けられ，1996年にOECDがPRTRの法制化を勧告したことをうけて，1999年に制定された．その目的は事業者による化学物質の自主的な管理の改善を促進し，環境の保全上の支障を未然に防止することにある．

2) 対象物質（放射性物質を除く）
　①第一種指定化学物質：相当広範な地域において当該物質が継続して存すると認められる化学物質で，人の健康を損なうおそれ又は動植物の生息若しくは生育に支障を及ぼすおそれがあるもの等．亜鉛の水溶性化合物等354種類
　②第二種指定化学物質：相当広範な地域において当該物質が継続して存することとなることが見込まれる化学物質で，人の健康を損なうおそれ又は動植物の生息若しくは生育に支障を及ぼすおそれがあるもの等．アセトアミド等81種類

3) 排出量・移動量の届出対象事業者（第一種指定化学物質等取扱業者）
　①業種：金属鉱業等23種類．
　②従業員数21人以上．
　③第一種指定化学物質の年間取扱量が1t以上（特定第一種指定化学物質—発ガン性物質—は0.5t以上）

4) 指定化学物質等取扱業者の義務（業種，従業員数，取扱量の要件なし）
　MSDS（Material Safety Data Sheet）の提供．　　　　　　　　　〔今井健之〕

6.3 化学品の分類と表示に関する世界調和システム（GHS）

2003年に国連からGHS（Globally Harmonized System of Classification and Labeling of Chemicals）に関する勧告が出された．化学品の危険有害性（ハザード）ごとに，各国の分類基準とラベルや安全データシート（MSDS）の内容を世界的に調和させて，表示することにより，人の安全と健康を確保し，環境を保全することが目標である．

付図3に示すように，化学品の危険有害性には爆発性，引火性，可燃性，急性毒性，発がん性，水生環境有害性などがある．ラベルには，有害性の程度に応じたシンボルマーク

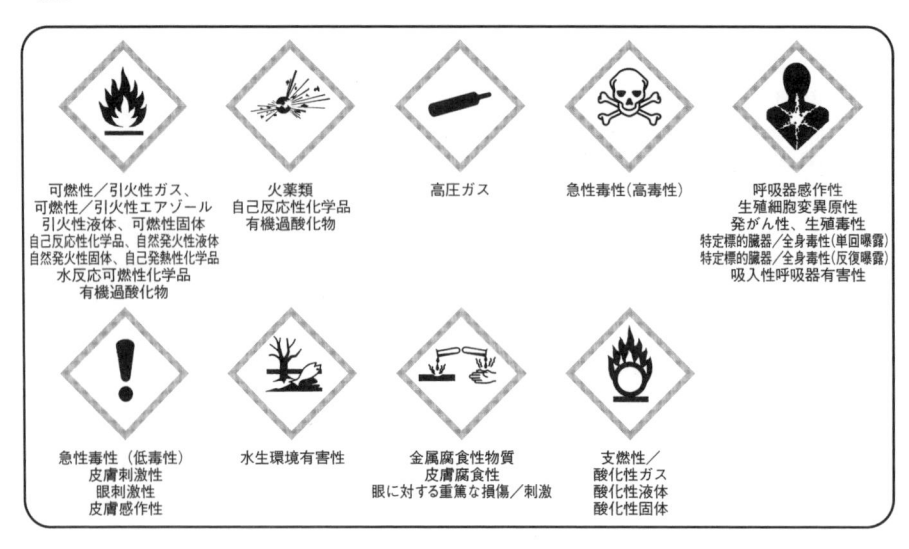

付図3 GHSの絵表示と危険有害性分類

（絵表示）および危険または警告という注意喚起語などが示される．たとえば，急性毒性については，有害性の大小に応じて5区分があり，区分1，2の有害性が大きい化学品については，付図3のドクロマークの下に「危険，飲み込むと生命に危険」と表示され，有害性の小さい区分4の化学品には，びっくりマークの下に「警告 飲み込むと有害」と表示される．

日本では，2006年にJIS Z 7251（GHSに基づく化学物質等の表示）が発行されており，2005年に改正された労働安全衛生法には，99の表示対象物質にGHSにしたがったラベル表示を義務づけている．今後，毒物及び劇物取締法，PRTR法，消防法などでもGHS対応が進むと思われる． 〔指宿堯嗣〕

6.4 電気・電子機器における特定有害物質の使用制限指令（RoHS指令）

1) 電気・電子機器に使用が禁止される物質
   a) 鉛
   b) 水銀
   c) カドミウム
   d) 六価クロム
   e) 特定臭素系難燃剤（ポリ臭化ビフェニルPBB，ポリ臭化ジフェニルエーテルPBDE）
2) 適用除外
   付属書に規定されている．
   例：ランプ1本あたり5 mgを超えない範囲の小型蛍光灯に含まれる水銀

付録：環境関連の法律，制度の情報

3) 施行日
2006年7月1日

6.5 ダイオキシン類対策特別措置法
1) 目的
ダイオキシン類が人の生命及び健康に重大な影響を与えるおそれのあることが判明し，ダイオキシン類による環境の汚染の防止及びその除去等が必要となった．
2) 耐容一日摂取量
2,3,7,8-四塩化ジベンゾ-パラ-ジオキシンの量：人の体重1キログラム当たり4ピコグラム以下
3) 環境基準
①大気：0.6 pg-TEQ/m³ 以下
②水質：1 pg-TEQ/l 以下
③土壌：1,000 pg-TEQ/g 以下
4) 規制対象
①物質
    a) ポリ塩化ジベンゾフラン
    b) ポリ塩化ジベンゾ-パラ-ジオキシン
    c) コプラナーポリ塩化ビフェニル
②特定施設
    a) 大気排出施設（政令別表第1）：銑鉄用焼結炉，製鋼電気炉，亜鉛回収用各種炉，アルミニウム合金製造用各種炉，廃棄物焼却炉の5種類で届出必要．
    b) 汚水・廃液排出施設（政令別表第2）：パルプ製造用漂白施設，各種廃ガス洗浄施設等19種類で届出必要．
③排出基準
    a) 大気（総理府令別表第1）：特定施設の種類毎に，2,3,7,8-四塩化ジベンゾ-パラ-ジオキシンの換算量（総理府令別表第3）として設定．
    b) 水質：全施設について，10 pg/l 以下
    c) 廃棄物焼却炉の集じんにおけるばいじん，焼却灰及び燃え殻（厚生省令）：3 ng/g
④総量規制
    特定施設が集合しており，排出基準のみによっては環境基準の確保が困難な地域を政令で指定し，総量規制を実施することができる．但し「指定地域」は，現在定められていない．
⑤廃棄物最終処分場の維持管理
    厚生省令によって，廃棄物最終処分場の維持管理方法が規定されている．
⑥土壌汚染に対する措置
    都道府県知事は，ダイオキシン類による汚染が環境基準を満たさない地域で，ダイオキシン類による汚染の除去が必要な「対策地域」を指定することができる．

6.6 毒物及び劇物取締法（毒劇法）

1) 目的

毒物及び劇物について，保険衛生上の見地からその製造，輸入，販売等のあらゆる行為を規制．

2) 規制対象物質
   a) 毒物及び劇物の定義は，法別表第1・第2に揚げるもの（医薬品・医薬部外品を除く）とし，概念的な規定はない．
      毒物：EPN 等 28 種類．
      劇物：アクリルアミド等 94 種類．
   b) 毒物及び劇物の内，「著しい毒性を有する毒物」を「特定毒物」として，別表第3に規定している：オクタメチルピロホスホルアミド等 10 種類．

3) 都道府県知事への届出
   ①製造，輸入，販売業の登録
   ②毒物劇物取扱責任者
   ③業務上取扱者
   ④特定毒物研究者の許可申請

4) 取扱上の規制事項
   すべての毒物劇物を業務上取り扱う者に対して適用．
   ①漏洩，盗難の防止
   ②表示：容器・被包，販売・授与の際，貯蔵・陳列場所
   ③飲食物容器の使用禁止
   ④運搬・貯蔵等に関する規定：技術基準，構造・設備基準
   ⑤事故，盗難の際の措置
   ⑥廃棄及び回収に関する基準

5) 特定毒物
   ①特定毒物を製造できる者：特定毒物研究者
   ②特定毒物を使用できる者：特定毒物研究者及び特定毒物使用者（政令で指定）

7. 循環型社会関係

7.1 循環型社会形成推進基本法

1) 目的

廃棄物発生量の増大による適正処理の必要性，リサイクル推進の必要性，廃棄物処理施設の立地困難性，不法投棄の増大等を背景として，循環型社会の形成に関する施策を総合的，計画的に推進するための基本的な枠組みを構築するために制定された．

2) 施策の原則
   ①発生抑制：原材料では効率的利用，製品では長期間の使用．
   ②循環資源の再使用
   ③循環資源の再生利用

付録：環境関連の法律，制度の情報

④循環資源の熱回収
　　　⑤適正処分
　3) 事業者の責務
　　　①基本的な考え方
　　　　a) 排出者責任：廃棄物を排出した者がその適正なリサイクルや適正な処理に関する責任を負う．
　　　　b) 拡大生産者責任：製品などの生産者が，その生産したものが使用され，廃棄された後においてもその製品の適正なリサイクルや処理に関する責任を負う．
　　　②事業活動に伴う廃棄物等の発生の抑制．
　　　　a) 原材料等が廃棄物等となることを抑制
　　　　b) 原材料等の循環資源としての利用
　　　　c) 循環資源の循環的利用
　　　　d) 再生品の使用
　　　③製品，容器等の製造，販売等を行う事業者
　　　　a) 耐久性の向上，修理の実施体制の充実，廃棄物等となることを抑制
　　　　b) 設計の工夫，材質・成分の表示，循環的利用の促進
　　　　c) 製品，容器等の引取り，引渡し，循環的利用
　　　　d) 循環資源の適正な処分
　　　④環境保全上の支障が生じたときに，処理，除去，原状回復のための費用負担．
　　　⑤国，地方公共団体の施策に対する協力

7.2　廃棄物の処理及び清掃に関する法律（廃掃法）

1) 目的
　廃棄物の排出を抑制し，適正な分別，保管，収集，運搬，再生，処分等の処理をし，生活環境を清潔にすることにより，生活環境の保全，公衆衛生の向上を図る．
2) 廃棄物の種類
　　　①廃棄物の定義：ごみ，粗大ごみ，燃え殻，汚泥，ふん尿，廃油，廃アルカリ，動物の死体，その他の汚物，不要物であって，固形状又は液状のもの（放射性物質を除く）
　　　②一般廃棄物：産業廃棄物以外の廃棄物（ごみ，生活雑排水，し尿）
　　　③特別管理一般廃棄物：一般廃棄物のうち，爆発性，毒性，感染性その他の人の健康又は生活環境に係る被害を生ずる恐れがある性状を有するもの．PCBを含む部品，ばいじん等8種類．
　　　④産業廃棄物：燃え殻等20種類
　　　⑤特別管理産業廃棄物（特管物）：産業廃棄物のうち，爆発性，毒性，感染性その他の人の健康又は生活環境に係る被害を生ずる恐れがある性状を有するもの．引火性廃油，強廃酸等5種類．
　　　⑥特定有害産業廃棄物：特別管理産業廃棄物のうち，廃PCB，廃石綿，有害物質（水銀等）等．

⑦指定有害廃棄物：硫酸ピッチ
3) 事業者の責務
 ①自らの責任において適正に処理．
 ②再生利用等により減量に努める．
 ③製品，容器等が廃棄物になった場合における処理の困難性についてあらかじめ自ら評価し，適正な処理が困難にならない製品，容器等の開発を行う．
 ④製品，容器等に係る廃棄物の適正な処理方法についての情報提供．
 ⑤国，地方公共団体の施策に対する協力．
4) 産業廃棄物排出者の責務
 ①自ら運搬，処分を行う場合は，基準に従う．
 ②「廃棄物保管基準」に従う．
 ③運搬，処分を委託する場合は，基準に従って，許可をもった者に委託する．
 ④産業廃棄物処理施設を設置する場合は，許可が必要であり，責任者及び技術管理者を置き，基準に従って維持すること．
 ⑤多量排出業者は産業廃棄物処理計画を都道府県知事に提出し，実施状況を報告．
 ⑥管理票（A～E票）の交付とE票（最終処分完了を証明）の受領
5) 処理業（収集，運搬，処分）
 ①一般廃棄物処理業は市町村長の許可が必要．
 ②産業廃棄物処理業は都道府県知事の許可が必要．
 ③「収集，運搬及び処分に関する基準」及び「廃棄物保管基準」に従う．
 ④産業廃棄物処理施設を設置する場合は，許可が必要であり，責任者及び技術管理者を置き，基準に従って維持すること．
 ⑤管理票の発行，回付

7.3　特定家庭用機器再商品化法（家電リサイクル法）

1) 目的
特定家庭用機器の小売業者，製造業者等による特定家庭用機器廃棄物の収集，運搬，再商品化を適正かつ円滑に実施する．
2) 対象
エアコン，テレビ，冷蔵庫，洗濯機
3) 廃家電の流れ

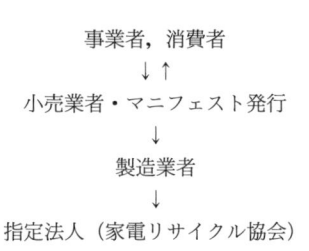

事業者，消費者
↓↑
小売業者・マニフェスト発行
↓
製造業者
↓
指定法人（家電リサイクル協会）

付録：環境関連の法律，制度の情報

7.4 容器包装に係る分別収集及び商品化の促進等に関する法律（容器包装リサイクル法）

1) 目的
容器包装廃棄物の分別収集，分別基準適合物の再商品化を促進する．

2) 対象
  ①対象物：容器包装，特定容器，特定包装の廃棄物
  ②対象者：特定容器利用事業者，特定容器製造等事業者，特定包装利用事業者

3) 廃容器包装の流れ

市町村が容器包装廃棄物を分別収集
↓
再商品化義務
(特定容器利用事業者，特定容器製造等事業者，特定包装利用事業者)
↓　　　　　　　　　　　↓
指定法人　　　　　　　自主回収
(日本容器包装リサイクル協会)

7.5 建設工事に係る資材の再資源化等に関する法律（建設リサイクル法）

1) 目的
特定の建設資材について，分別解体等，再資源化等の促進，解体工事者の登録制度の実施等を行うことによって，資源の有効利用，廃棄物の適正な処理を図る．

2) 対象
  ①対象物：特定建設資材（コンクリート，アスファルト・コンクリート，木材）
  ②対象建設工事
    a) 800 m^2 以上の解体工事
    b) 500 m^2 以上の新築工事
    c) 500万円以上の土木工事

3) 対象建設工事受注者の責務
  ①再資源化等実施義務
  ②建設業を営む者に対し，都道府県知事へ届け出るべき内容を説明
  ③対象建設工事の元請負業者は，特定建設資材廃棄物の再資源化等が完了したときは，発注者に書面で報告し，記録を保存

4) 建設業を営む者の責務
  ①特定建設資材を用いた建築物等の解体工事，対象建設工事の受注者は，分別解体等を実施
  ②対象建設工事発注者に対し，都道府県知事へ届け出るべき内容を書面によって説明

5) 発注者の責務
  ①分別解体等，建設資材廃棄物の再資源化等の費用負担に努める．
  ②建設資材廃棄物の再資源化により得られた建設資材の使用に努める．

③対象建設工事の内容を都道府県知事へ届け出
6) 解体工事業者の責務
①解体工事業者は登録が必要
②技術管理者（国家資格）の選任
③営業所，解体工事の現場毎に標識を掲示

7.6 食品循環資源の再生利用等の促進に関する法律（食品リサイクル法）
1) 目的
食品循環資源の再生利用，食品廃棄物等の発生の抑制・減量を行うことによって，食品資源の有効利用の確保，食品廃棄物の排出の抑制を図り，食品の製造等の事業の健全な発展を促進する．
2) 対象者
①食品関連事業者：製造・加工，販売，食事提供（結婚式場業，旅館業，沿海旅客海運業，内陸水運業）
②再生利用業者
3) 事業者及び消費者の責務
努力義務
①食品の購入，調理の方法の改善により食品廃棄物等の発生を抑制
②食品循環資源の再生利用により得られた製品の利用
4) 食品関連事業者の判断基準
食品循環資源の再生利用方法：肥料，飼料，油脂・油脂製品，メタン
5) 登録再生利用業者の責務
①特定肥飼料等の製造業者は主務大臣へ登録
②事業場ごとに標識を掲示
③再生利用事業に係る料金を主務大臣に届出

7.7 使用済自動車の再資源化等に関する法律（自動車リサイクル法）
1) 目的
自動車製造業者等，関連事業者による使用済自動車の引き取り，引き渡し，再資源化等を行うことによって，使用済自動車に係る廃棄物の適正な処理，資源の有効利用の確保等を図る．
2) 自動車製造業者等の責務
①指定取引場所において，特定再資源化等物品の引き取り
②特定再資源化物品（自動車破砕残さ，エアバッグ等のガス発生器）の再資源化
③フロン類の破壊をフロン類破壊業者へ委託
④努力義務
   a) 自動車の設計，部品・原材料の種類を工夫することにより，長期間使用の促進，使用済自動車の再資源化等，再資源化等費用の低減
   b) 関連事業者に対する情報の提供，再資源化等の実施に対する協力

付録：環境関連の法律，制度の情報

3) 関連事業者の責務
　①使用済自動車の引取り，引渡し，フロン類回収

$$
\begin{array}{c}
引取業者 \\
\downarrow \\
フロン類回収業者 \\
\downarrow \\
解体業者 \Leftrightarrow 破砕業者（破砕前処理）\\
\downarrow \\
破砕業者
\end{array}
$$

　②都道府県知事への登録及び事業所毎の標識の掲示
　③解体，破砕の場合には，有用部品の分離，再資源化
　④自動車の再資源化等に係る料金等について，自動車の所有者に周知に努める．

7.8　ポリ塩化ビフェニル廃棄物の適正な処理の推進に関する特別措置法（PCB処理法）

1) 目的

ポリ塩化ビフェニル廃棄物の保管，処分等について必要な規制をし，処理に必要な体制を整備することによって，国民の保護，生活環境の保全を図る．

2) 事業者の責務
　①自らあるいは委託によって，2016（平成28）年7月14日までにPCB廃棄物を処分
　②毎年度，PCB廃棄物の保管，処分状況を都道府県知事に届出
　③国及び地方公共団体の施策に協力

7.9　資源の有効な利用の促進に関する法律（資源有効利用促進法）

1) 目的

資源の有効な利用の確保，廃棄物発生の抑制，環境の保全に資するため，使用済物品等，副産物の発生抑制，再生資源，再生部品の利用の促進について措置を講ずる．

3) 対象
　①特定省資源業種：パルプ製造業他4種
　②特定再利用業種：紙製造業他4種
　③指定省資源化製品：自動車他18種
　④指定再利用促進製品：浴室ユニット他18種
　⑤指定表示製品：塩化ビニル製建設資材他6種
　⑥指定再資源化製品：パソコン，密閉形蓄電池
　⑦指定副産物：石炭灰，建設廃材4種

4) 実施義務
　判断基準遵守
　①特定省資源業種

a) 原材料等の使用の合理化による副産物の発生抑制
　　　b) 副産物の再生資源としての利用
　②特定再利用業種：再生資源または再生部品の利用
　③指定省資源化製品：使用済み物品等の発生抑制
　④指定再利用促進製品：再生資源または再生部品の利用
　⑤指定表示製品：「表示標準」遵守
　⑥指定再資源化製品：再生資源または再生部品の利用
　⑦指定副産物：副産物に係わる再生資源の利用
7.10　国等による環境物品等の調達の推進等に関する法律（グリーン購入法）
1) 目的
　国，独立行政法人等，地方公共団体による環境物品等の調達の推進，環境物品等に関する情報の提供，環境物品等への需要の転換を促進するために必要な事項を定めることによって，環境への負荷の少ない持続的発展が可能な社会の構築を図る．
2) 責務
　①国，独立行政法人等
　　　a) 環境物品等の調達に努める．
　　　b) 調達基本方針の公表
　　　c) 環境物品等の調達実績の公表
　②地方公共団体
　　　a) 調達方針の作成に努める．
　　　b) 調達方針を作成した場合は実行

8. 水質関係
8.1　水質汚濁防止法（水濁法）
1) 目的
　①工場及び事業場から公共用水域に排出される水の排出及び地下に浸透する水の浸透を規制し，生活排水対策の実施を推進することによって，公共用水域及び地下水の水質の汚濁の防止を図る．
　②工場及び事業場から排出される汚水及び廃液に関して人の健康に係る被害が生じた場合，事業者の損倍賠償の責任について定めることによって，被害者の保護を図る．
2) 対象施設
　①特定施設：有害物質又は生活環境項目を含む汚水又は廃液を排出する施設で，鉱業における施設等100種類（政令別表第1）が指定されている．
　　特定施設を設置している事業場を特定事業場という．
　②有害物質使用特定施設（有害物質使用特定事業場）
　③貯油施設等：特定施設ではないため，事故時の措置以外に水濁法の規制は受けない．

付録：環境関連の法律，制度の情報

3) 排水基準
   ①健康保護項目（有害物質）：カドミウム等27項目について濃度基準が定められている．
   ②生活環境項目：pH等14項目について濃度基準が定められている．
4) 総量規制
   総量規制が適用される水域が指定されている．
   ①東京湾，伊勢湾：COD，N，P 総量規制基準
   ②瀬戸内海：N，P 総量規制基準
5) 排出事業者の責務
   ①特定施設の届出
   ②規制値の遵守：排水基準を遵守しない場合は直罰．
   ③有害物質使用特定事業場からの特定地下浸透水の浸透禁止と地下水浄化
   ④排出水，特定地下浸透水の測定と記録（3年保存）義務
   ⑤事故時の措置
   ⑥損害賠償：汚水，廃液の排出，地下への浸透により，人の生命，身体を害したときは，損害を賠償（無過失責任）．

9. 土壌汚染関係
9.1 土壌汚染対策法
1) 目的
   近年，トリクロロエチレン等有害物質による土壌汚染が顕在化し，土壌汚染による健康影響の懸念や対策確立への社会的要求が強まってきた．そこで，土壌の特定有害物質による汚染の状況の把握，汚染による人の健康被害の防止について措置を定めることによって，土壌汚染対策の実施を図ることを目的に制定された．
2) 対象
   ①特定有害物質：カドミウム等25物質で，土壌環境基準項目として設定されている物質である．（水質汚濁防止法におけるアンモニア，亜硝酸化合物を除く有害物質と同じ）
   ②有害物質使用特定施設
3) 土地所有者等の義務

```
       有害物質使用特定施設が使用廃止された敷地
       または知事が土壌汚染状況調査を命ずる場合
                        ↓
        土壌汚染状況調査（指定調査機関に依頼）
                        ↓
                   知事に報告
                        ↓
                   汚染除去命令
```

10. 地盤沈下関係
10.1 工業用水法
1) 目的

特定の地域について，工業用水の合理的な供給の確保，地下水水源の保全によって，地域における地盤の沈下の防止に資する．

2) 内容

指定地域内の井戸により地下水を採取して工業の用に供しようとする者は，井戸ごとにストレーナーの位置，揚水機の吐出口の断面積について，都道府県知事の許可が必要．

11. 大気関係
11.1 大気汚染防止法（大防法）
1) 目的

工場，事業場の事業活動，建築物の解体等に伴うばい煙，粉じんの排出等の規制，有害大気汚染物質対策の実施，自動車排出ガスの許容限度の設定等によって，国民の健康保護，生活環境を保全し，人の健康被害に対する事業者の損害賠償責任について定めることによって，被害者の保護を図る．

2) 対象

①ばい煙：いおう酸化物，ばいじん，有害物質（Cd，塩素，塩化水素，ふっ素，ふっ化水素，四ふっ化けい素，Pb，NO_x）ばい煙発生施設：ボイラ等28種類

②指定ばい煙：SO_x，NO_x

　指定地域の特定工場に適用

③揮発性有機化合物：排出施設

④粉じん：粉じん，特定粉じん（石綿）

　粉じん発生施設：コークス炉等5種類

　特定粉じん発生施設：解綿用機械等9種類

　特定粉じん排出等作業：特定耐火建築物等の解体，改造，補修作業

⑤有害大気汚染物質：指定物質として規制（ベンゼン，トリクロロエチレン，テトラクロロエチレン）

　指定物質排出施設：ベンゼン蒸発施設等11種類

⑥特定物質：アンモニア等28物質．発生施設を特定施設という．

3) ばい煙の規制基準

①排出基準

　a) いおう酸化物：K値規制

　b) ばいじん：一般排出基準以外に，施設集合地域について，特別排出基準を定めている．

　c) 有害物質：施設の種類毎に排出基準を設定．

　d) 上乗せ基準：都道府県知事は，ばいじん，有害物質について上乗せ基準を設定できる．

付録：環境関連の法律，制度の情報

  e) ばい煙排出者は，ばい煙量又は濃度が排出口において排出基準に適合しなければならない（直罰）．
 ②総量規制基準
  a) 指定地域：SO_x では，埼玉県川口市等 24 区域
    NO_x では，東京都，神奈川県，大阪府の 3 区域
  b) 総量規制基準に適合しない指定ばい煙を排出してはならない（直罰）．
  c) 特定工場等以外の工場，事業場は燃料使用基準に従わなければならない．
4) その他の規制基準
 ①揮発性有機化合物：排出基準
 ②一般粉じん：設備規制／構造，使用，管理基準
 ③特定粉じん：敷地境界基準，作業基準
 ④指定物質：抑制基準
 ⑤事故時の措置：ばい煙発生施設，特定施設が対象
    応急措置と知事への通知
5) 届出と測定義務
ばい煙発生施設，揮発性有機化合物排出施設，粉じん発生施設，特定粉じん発生施設については，届出並びに測定及び記録が必要．
6) 季節による燃料の使用に関する措置
季節により燃料の使用量が著しく変動するいおう酸化物のばい煙発生施設が密集してある地域では，都道府県知事が定める燃料使用基準に従わなければならない
7) 損害賠償
健康被害物質によって人の生命，身体を害したときは，損害を賠償しなければならない（無過失責任）．

11.2 自動車から排出される窒素酸化物及び粒子状物質の特定地域における総量の削減等に関する特別措置法（自動車 NO_x・PM 法）

1) 目的

自動車から排出される窒素酸化物及び粒子状物質による大気の汚染の状況にかんがみ，その汚染の防止に関して国，地方公共団体，事業者及び国民の果たすべき責務を明らかにするとともに，その汚染が著しい特定の地域について，自動車から排出される窒素酸化物及び粒子状物質の総量の削減に関する基本方針及び計画を策定し，当該地域内に使用の本拠の位置を有する一定の自動車につき窒素酸化物排出基準及び粒子状物質排出基準を定め，並びに事業活動に伴い自動車から排出される窒素酸化物及び粒子状物質の排出のための所要の措置を講ずること等により，二酸化窒素及び浮遊粒子状物質による大気の汚染に係る環境基準の確保を図る．

2) 事業者の責務
 ①事業活動に伴う自動車窒素酸化物等の排出の抑制のために必要な措置を講ずるように努める．
 ②自動車の製造又は販売業者は，自動車の製造等において，自動車が使用されること

によって排出される自動車排出窒素酸化物等による大気の汚染の防止に資するように努める．
3) 窒素酸化物及び粒子状物質総量削減計画
　①国は，自動車の交通が集中している地域で二酸化窒素及び浮遊粒子状物質の環境基準が達成困難である地域を指定し，総量削減計画を定める．
　②指定地域：埼玉県，千葉県，東京都，神奈川県，愛知県，三重県，大阪府，兵庫県の8地域
4) 指定自動車
普通貨物自動車，小型貨物自動車，大型バス，マイクロバス，乗用自動車，特殊自動車

12. 感覚公害関係
12.1 悪臭防止法
1) 目的
工場，事業場の事業活動に伴って発生する悪臭について規制，対策の実施を図る．
2) 対象物質
　①特定悪臭物質：アンモニア等22物質
　②悪臭原因物：特定悪臭物質を含む気体又は水，その他の悪臭の原因となる気体又は水（成分を特定せず，人の嗅覚で判定する）．
3) 規制地域
都道府県知事が指定する．
4) 規制基準
　①特定悪臭物質：環境省令の範囲内で，都道府県知事が次の方式によって定める．
　　a) 気体の敷地境界濃度
　　b) 気体排出濃度，排出口高さに応じた量
　　c) 敷地外の排出水濃度
　②悪臭原因物
　　特定悪臭物質のみでは生活環境を保全できない時に設定（事故時の措置を含む）．
　　臭気士（国家資格）による3点臭袋法測定．
　　a) 敷地境界臭気指数
　　b) 排出口の臭気排出強度・臭気指数
　　c) 敷地外の排出水臭気指数

12.2 騒音規制法，振動規制法
1) 目的
工場，事業場の活動，建設工事に伴って発生する騒音，振動，自動車騒音，道路交通振動を規制することによって，生活環境の保全と健康の保護を図る．
　2) 規制対象
　　①特定施設（特定工場等）：都道府県知事への届出必要
　　　a) 騒音：送風機等15施設

付録：環境関連の法律，制度の情報

b)　振動：圧縮機等 13 施設
　②特定建設作業：届出必要
　　　a)　騒音：くい打ち機を使用する作業等 8 種類
　　　b)　振動：くい打ち機を使用する作業等 4 種類
3)　規制地域
都道府県知事が指定する．
4)　規制基準
　①工場騒音：区域を 4 種類，時間帯を 3 種類に分けて環境大臣が定める敷地境界における基準範囲（単位 dB）で，都道府県知事が定める．
　②工場振動：区域を 2 種類，時間帯を 2 種類に分けて環境大臣が定める敷地境界における基準範囲（単位 dB）で，都道府県知事が定める．
　③建設作業：敷地境界線基準の設定，夜間の作業禁止，1 日の作業時間制限等
　④自動車騒音：許容限度の設定
　⑤道路交通振動：要請限度の設定
　⑥深夜騒音規制：飲食店営業等

13.　自然保護関係
13.1　絶滅のおそれのある野生動植物の種の保存に関する法律（種の保存法）
1)　目的
　野生動植物が，生態系の重要な構成要素であるだけでなく，自然環境の重要な一部として人類の豊かな生活に欠かすことができないとの見地から，種としての存続が危ぶまれる稀少野生動植物の絶滅を回避するために制定された．
2)　概要
　①稀少野生動植物種の譲渡等の禁止
　②生きている個体の捕獲，採取，殺傷，損傷の禁止
　③生息・生育環境を保全するため，管理地区と監視地区からなる生息地等保護区の指定．
　④個体が著しく減少した種に対しては，保護増殖事業を行う．

II. 環境マネジメント国際規格 ISO 14000 シリーズ

1. ISO 環境マネジメント規格制定の経緯

1996 年に初めて環境マネジメントシステム (EMS) 規格 ISO 14001 が発行されるまでの背景をまとめるとつぎのとおりである．1980 年代後半になって，地球環境の危機に対する認識が高まり，1992 年にブラジルにおいて開催された地球サミットが，環境マネジメント国際規格制定の直接の引き金になっている．

1972 年	ローマクラブが「成長の限界」を発表
	国連人間環境会議「ストックホルム宣言及び行動計画」採択
1980 年代より	Responsible Care 化学工業会の環境活動
1990 年初め	EMAS (環境マネジメントと監査スキーム／EU 理事会規則) 制定の動き
1991 年	ICC (国際商業会議所) が「ICC 憲章」制定
	BCSD (持続的な開発のための経済人会議) の依頼で EMS 検討着手
	SAGE を ISO/IEC が設立
1992 年	地球サミット／リオ宣言・アジェンダ 21
	BCSD「環境管理の ISO 規格」の作成を提言
	TC 207 (環境管理の ISO 専門技術委員会) の設立と検討開始
1995 年	EMAS 発行
	ISO 14001，14004，14010，14011，14012 発行／JIS 発行

2. ISO 環境マネジメント規格検討体制

ISO では，207 技術委員会 (TC 207) において検討されている．TC 207 における国内対応は日本工業標準調査会 (JISC) に環境管理規格審議委員会が設置され，検討されている (付図 4)．

3. ISO 14000 シリーズの構成

ISO 14001 を中心にして，付図 5，付表 4 に示すように各種の規格が制定され活用されている．いずれも環境経営システムを適切に運用するための支援方法である．

4. 主な規格の概要

4.1 環境マネジメントシステム規格：14001

正式名称は，「環境マネジメントシステム－仕様及び利用の手引き」といい，この規格を運用する審査登録制度が，国際的に構築されている．1996 年に初版が発行され，2004 年 12 月に改訂版が出されている．

この規格は，企業の環境マネジメントを後押しする内容である．規格において「環境マネジメントシステム」は，「組織のマネジメントシステムの一部で，環境方針を策定し，実施し，環境側面を管理するために用いられるもの」と定義されている．すなわち，マネ

付録：環境関連の法律，制度の情報

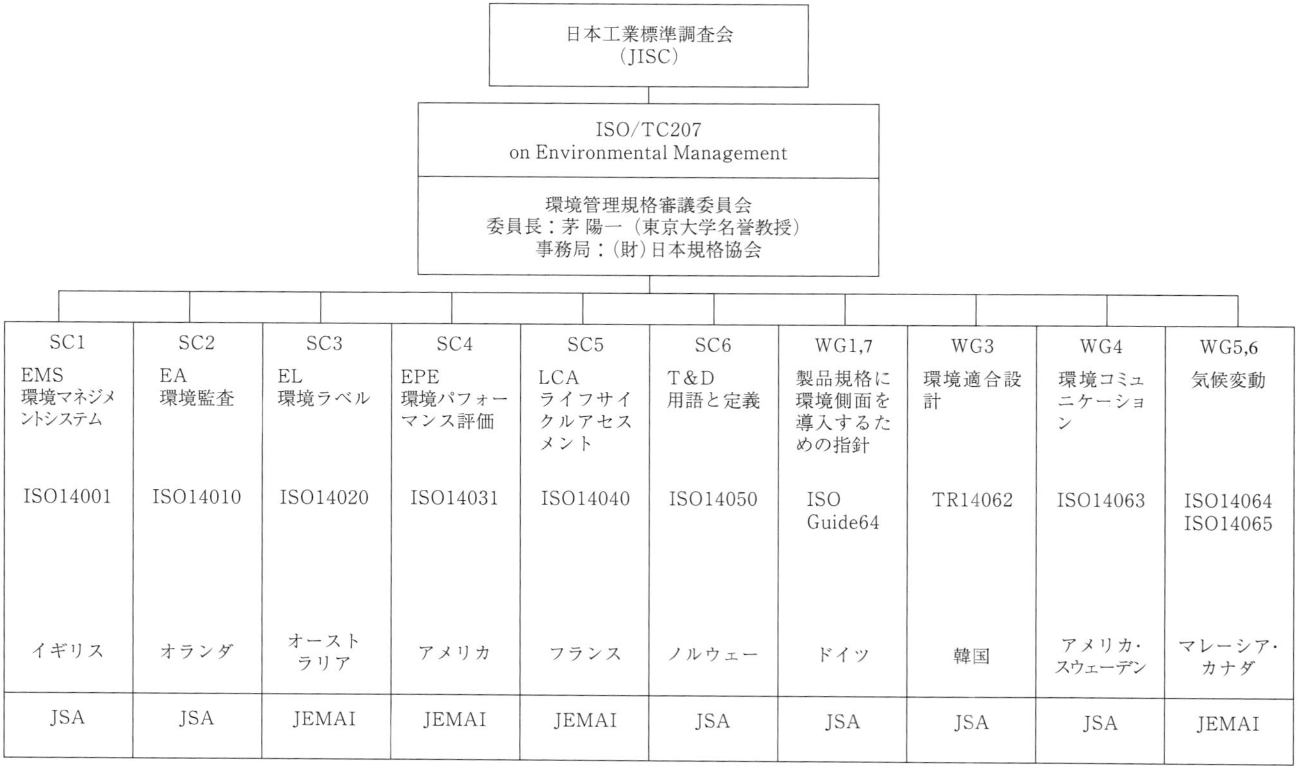

437

	SC1	SC2	SC3	SC4	SC5	SC6	WG1,7	WG3	WG4	WG5,6
	EMS 環境マネジメントシステム	EA 環境監査	EL 環境ラベル	EPE 環境パフォーマンス評価	LCA ライフサイクルアセスメント	T&D 用語と定義	製品規格に環境側面を導入するための指針	環境適合設計	環境コミュニケーション	気候変動
	ISO14001	ISO14010	ISO14020	ISO14031	ISO14040	ISO14050	ISO Guide64	TR14062	ISO14063	ISO14064 ISO14065
	イギリス	オランダ	オーストラリア	アメリカ	フランス	ノルウェー	ドイツ	韓国	アメリカ・スウェーデン	マレーシア・カナダ
	JSA	JSA	JEMAI	JEMAI	JEMAI	JSA	JSA	JSA	JSA	JEMAI

日本工業標準調査会 (JISC)

ISO/TC207 on Environmental Management

環境管理規格審議委員会
委員長：茅陽一（東京大学名誉教授）
事務局：(財)日本規格協会

(注1) JSA＝(財)日本規格協会　(注2) JEMAI＝(社)産業環境管理協会

付図 4-1 ISO/TC 207 COMMITTEE STRUCTURE とわが国の対応体制

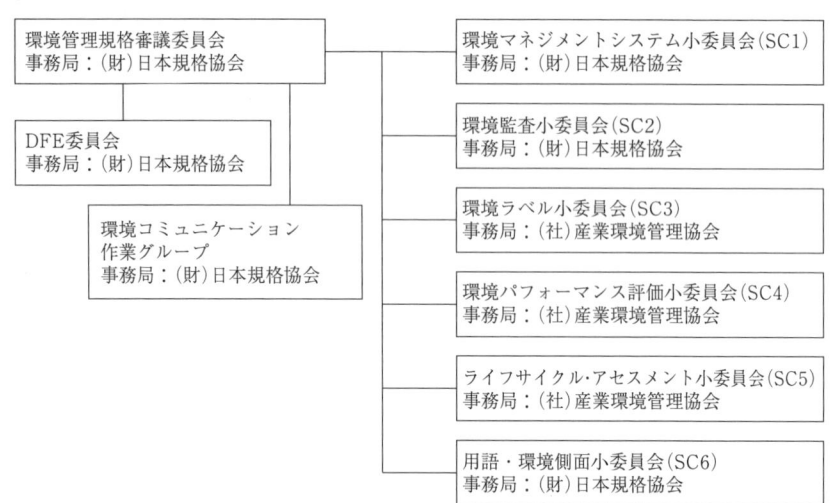

```
環境管理規格審議委員会              環境マネジメントシステム小委員会(SC1)
事務局：(財)日本規格協会            事務局：(財)日本規格協会

    │                              環境監査小委員会(SC2)
DFE委員会                           事務局：(財)日本規格協会
事務局：(財)日本規格協会
                                   環境ラベル小委員会(SC3)
環境コミュニケーション              事務局：(社)産業環境管理協会
作業グループ
事務局：(財)日本規格協会            環境パフォーマンス評価小委員会(SC4)
                                   事務局：(社)産業環境管理協会

                                   ライフサイクル・アセスメント小委員会(SC5)
                                   事務局：(社)産業環境管理協会

                                   用語・環境側面小委員会(SC6)
                                   事務局：(財)日本規格協会
```

付図4-2　ISO/TC 207 COMMITTEE STRUCTURE とわが国の対応体制[3]

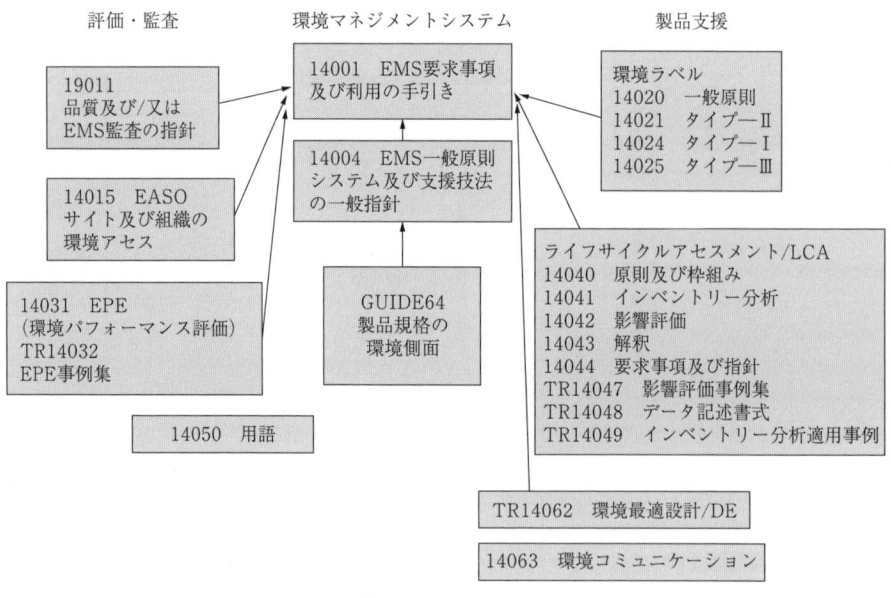

```
評価・監査            環境マネジメントシステム            製品支援

                    ┌─────────────────┐               ┌─────────────────┐
                    │14001  EMS要求事項 │               │環境ラベル        │
┌─────────────┐    │     及び利用の手引き│               │14020  一般原則   │
│19011         │    └─────────────────┘               │14021  タイプ—Ⅱ  │
│品質及び/又は  │                                       │14024  タイプ—Ⅰ  │
│EMS監査の指針 │    ┌─────────────────┐               │14025  タイプ—Ⅲ  │
└─────────────┘    │14004  EMS一般原則│               └─────────────────┘
                    │システム及び支援技法│
┌─────────────┐    │の一般指針        │
│14015  EASO   │    └─────────────────┘               ┌─────────────────────────┐
│サイト及び組織の│                                       │ライフサイクルアセスメント/LCA│
│環境アセス     │                                       │14040  原則及び枠組み      │
└─────────────┘                                       │14041  インベントリー分析  │
                                                       │14042  影響評価           │
┌─────────────┐    ┌─────────────────┐               │14043  解釈               │
│14031  EPE    │    │GUIDE64           │               │14044  要求事項及び指針   │
│(環境パフォーマンス評価)│  │製品規格の       │               │TR14047  影響評価事例集  │
│TR14032       │    │環境側面          │               │TR14048  データ記述書式  │
│EPE事例集     │    └─────────────────┘               │TR14049  インベントリー分析適用事例│
└─────────────┘                                       └─────────────────────────┘

        ┌─────────────┐
        │14050  用語   │                    ┌─────────────────────┐
        └─────────────┘                    │TR14062  環境最適設計/DE│
                                            └─────────────────────┘

                                            ┌─────────────────────┐
                                            │14063  環境コミュニケーション│
                                            └─────────────────────┘
```

付図5　ISO 14000 s

付録：環境関連の法律，制度の情報

付表4 ISO 14000 シリーズ

SC	規格番号	規格名称	ISO 発行	JIS 制定
SC 1	ISO 14001:2004	環境マネジメントシステム-要求事項及び利用の手引	04.11.15	04.12.27
	ISO 14004:2004	環境マネジメントシステム-原則，システム及び支援技法の一般指針	04.11.15	04.12.27
SC 2 (JWG)	ISO 14015	環境マネジメント-用地及び組織の環境アセスメント（EASO）	01.11.15	02.08.20
	ISO 19011	品質及び/又は環境マネジメントシステム監査のための指針	02.10.01	03.02.20
SC 3	ISO 14020	環境ラベル及び宣言-一般原則	00.09.15	
	ISO 14021	環境ラベル及び宣言-自己宣言による環境主張（タイプII環境ラベリング）	99.09.15	00.08.20
	ISO 14024	環境ラベル及び宣言-タイプI環境ラベル表示-原則及び手続	99.04.01	00.08.20
	TR 14025	環境ラベル及び宣言-環境ラベルタイプIII-環境宣言	00.03.15	03.07.31
	ISO 14025	環境ラベル及び宣言-タイプIII環境宣言-原則及び手続	06.07.01	
SC 4	ISO 14031	環境マネジメント-環境パフォーマンス評価-指針	99.11.15	00.10.20
	TR 14032	環境パフォーマンス評価の実施例	99.11.15	
SC 5	ISO 14040	環境マネジメント-ライフサイクルアセスメント-原則及び枠組み	97.06.15 06.07.01 改訂	97.11.20
	ISO 14041	環境マネジメント-ライフサイクルアセスメント-目的及び調査範囲の設定並びにインベントリ分析	98.10.01	99.11.20
	TR 14049	環境マネジメント-ライフサイクルアセスメント-目的及び調査範囲の設定並びにインベントリ分析のJISQ 14041 に関する適用事例	00.03.15	00.12.20
	ISO 14042	環境マネジメント-ライフサイクルアセスメント-影響評価	00.03.01	02.03.20
	ISO 14043	環境マネジメント-ライフサイクルアセスメント-解釈	00.03.01	02.03.20
	ISO 14044	環境マネジメント-ライフサイクルアセスメント-要求事項及び指針	06.07.01	
	TS 14048	環境マネジメント-ライフサイクルアセスメント-データ記述書式	02.04.01	04.10.20
	TR 14047	環境マネジメント-ライフサイクルインパクトアセスメント-ISO 14042 の適用の例	03.10.01	
SC 6	ISO 14050:2002	環境マネジメント-用語	20.05.20	03.02.20
	ISO 14050	環境マネジメント-用語（改訂に着手）	2008年予定	
WG 1	ISO Guide 64:	製品規格に環境側面を導入するための指針	97.03.05	98.03.20
WG 7	ISO Guide 64	製品規格に環境側面を導入するための指針（改訂に着手）	2008年予定	
WG 3	TR 14062	環境適合設計	02.11.01	03.07.01
WG 4	ISO 14063	環境コミュニケーション	06.08.01	

WG 5	ISO 14064-1	温室効果ガス第1部：組織レベルの温室効果ガス排出量及び吸収量の定量化と報告に関する手引	06.03.01	
	ISO 14064-2	温室効果ガス第2部：プロジェクトレベルの温室効果ガス排出削減量：吸収増大量の定量化，監視，報告に関する手引	06.03.01	
	ISO 14064-3	温室効果ガス第3部：温室効果ガス主張の妥当性確認及び検証の手引	06.03.01	
WG 6	ISO 14065	温室効果ガスー認定またはその他の認証形態による適用を目的とする温室効果ガス妥当性確認・検証審査機関の要求事項	07.04.15	

SC, WG：ISO Subcommittee, Working group の略
JWG：TC 176 SC 3 と T C 207 SC 2 と Joimt Working group の略
TR：Technical Report の略
(財)日本規格協会ホームページ（2007年7月現在）より作成．

ジメントの方法である Plan-Do-Check-Act のサイクルを基本として採用し，継続的改善を要求している．

要求項目と Plan-Do-Check-Act の関係は次の通りである．
① Plan：環境方針，計画（環境側面，適用法律，目的及び目標）の作成
② Do：実施及び運用（体制，教育訓練，コミュニケーション，文書，運用，緊急対応）
③ Check：点検（測定，適用法律の遵守評価，是正処置，記録，監査）
④ Act：マネジメントレビュー

ISO 14001 をベースとして，さらにシステムのレベルアップを図ることを促進するため，「14004　EMS 一般原則システム及び支援技法の一般指針：14004」が制定されている．

4.2　品質及び／又は環境マネジメントシステム監査の指針：19011

環境マネジメント規格では，1996年に監査の規格として 14010, 14011, 14012 が発行された．一方品質マネジメントシステム監査規格として，10011 が制定されていた．2002年10月にこれらが統合されて，19011 として発行された．

監査プログラムの管理方法，監査方法，監査員の力量・評価方法が記載されている．審査登録制度における審査員や環境マネジメントシステム規格で要求されている内部環境監査を実施する場合に参考となる規格である．

4.3　環境パフォーマンス評価・指針：14031

環境パフォーマンスとは，この規格において「組織の環境側面についてのその組織のマネジメントの結果」と定義されている．この規格はマネジメントの結果についての評価方法を記載している．即ち企業の環境マネジメントシステムの実績，改善状況を指標を用いることによって把握し，その環境改善結果（パフォーマンス）を評価する．

4.4　ライフサイクルアセスメント：14040～14049

ライフサイクルアセスメントとは，ある種の製品又はサービスから何らかの利便を享受

```
            EPE 業務フロー
              事前調査
                ↓
              体制の整備
                ↓
                計画
                ↓
          EPE 指標の確定及び基準の設定
・環境状態指標
・環境パフォーマンス指標：運用パフォーマンス指標及び
  マネジメントパフォーマンス指標
                ↓
              データの収集
                ↓
              基準との対比
                ↓
          データの解析及び解析結果の評価
                ↓
                見直し
```

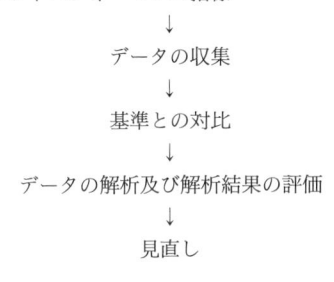

するとき，地球からの資源の採取に始まり，製造，輸送，使用及びすべての廃棄物が地球に戻されるまでの，ライフサイクルについてあらゆる活動を適切かつ定量的に評価することである．

ライフサイクルアセスメントに関する規格は，14040として「原則及び枠組み」が記述され，14041からその評価手順に従って作成されている．

①目的及び調査範囲の設定：14041
②インベントリ分析：14041　製品システムに関連する入力と出力をまとめる
③影響評価：14042　インベントリデータに基づく製品及びサービスの環境影響評価を行う手順を定めている．
④解釈：14043　インベントリ分析及び環境影響評価の結果について解釈する方法の要件とその一般的枠組みを定めている．

4.5　環境ラベル：14020〜14025

この規格は，環境に十分配慮を払っている製品などに，ラベルを貼ることによって，消費者に優先的にその製品を購入してもらうことを目的として作成されたものである．

規格の構成は，一般原則（14020）を中心として，次の3種類のラベルを対象として作成されている．製品分野の選定，対象製品の選定，基準の設定，マーク付与の条件等の手順が記載されている．

①環境ラベル表示（タイプⅠ）：14024
あらかじめ設定された認証基準に対する製品の環境要素を，第3者機関が審査し

て認証ラベルを発行する．

　第3者機関による認証ラベルは，ISOが取り上げる以前から30に及ぶ各国で設定されている．代表的な環境ラベルとして，ブルーエンジェル（独），エナジースター（米），エコマーク（日）などがある．これらのプログラムの調和を図るために作成された．

②自己宣言による環境主張（タイプⅡ）：14021

　製造者が製品の次に示す12項目の環境要素に対して自己主張する．自己主張する形態は製品に貼るラベルばかりでなく，広告媒体を利用する．マークについては，リサイクル可能とリサイクル材用含有率について，メビウスループのデザインを定めている．

　・リサイクル可能，・リサイクル材用含有率，・省資源，・回収エネルギー，・廃棄物削減，・省エネルギー，・節水，・長寿命化製品，・再使用可能，・解体容易設計，・分解可能，・コンポスト化可能及び詰替え可能

③環境宣言（タイプⅢ）：14025

　製品の資源使用量やエネルギー消費量などを，製品に添付した文書に記載し，このデータによって消費者に製品選択をしてもらう．

　わが国では，㈳産業環境管理協会がライフサイクルアセスメントを導入して製品評価をし，「エコリーフ」という環境ラベルロゴマークを「登録番号」とともに製品に表示する，第3者機関認定システムを構築して運用している．この場合の製品データはエコリーフプログラムのウェブサイトで閲覧する． 〔今井健之〕

文　献

1) ㈳産業環境管理協会：環境ハンドブック，p.865，㈳産業環境管理協会（2002）．
2) ㈳産業環境管理協会：http：//www.jemai.or.jp 公害防止管理者．
3) ㈳産業環境管理協会：環境ハンドブック，p.777，㈳産業環境管理協会（2002）．

付録：環境関連の法律，制度の情報

索　引

(見出し項目となっているページは太字で示した)

ア

亜鉛　67
青潮　**116**,153
赤潮　115,153
悪臭防止法　187
悪性黒色腫　93
アクティブソーラーシステム　47
亜酸化窒素　135
亜酸化銅　127
アジェンダ21　18
足尾鉱毒事件　**111**
アスベスト　176,**180**
アスベスト救済法　182
アスベスト肺がん　182
アスベスト吹付け　180
アセスメント係数　252
アセトアルデヒド　112,178
後処理技術　284
油汚染　316
油汚染対策ガイドライン　123
油処理剤　316
亜慢性(亜急性)試験　243
アルドリン　260
アルミ缶　397
アルミニウム　67,397
アレルギー　178,179,196
アレルギー症状食品添加物　172
アレロパシー　**167**
安衛法化学物質　236
安全・安心で質の高い社会　16
安全域　240
安全衛生管理システム　**271**
安全係数　251
安定型処分場　320,383
アンモニア　187
アンモニア合成　150
アンモニア態窒素肥料　152

イ

威圧形接着剤　208
イエローカード　229
硫黄酸化物　65,74,277
　──の長距離輸送　90
硫黄酸化物を減らす　**287**

イオン液体　**348**,350
イオン交換　307
イオン交換膜法　6
イオン式　188
閾値　248,**254**,258
異常気象　**102**
異常プリオンタンパク　204
石綿(アスベスト)　80
異相系反応　335,**350**
イタイイタイ病　**113**
一次エネルギー　36
一次エネルギーと二次エネルギー　**36**
一次処理　310
一酸化窒素　79
一酸化二窒素　98,149,153
一般性毒性試験　242
一般廃棄物　219,**369**
遺伝子組換え　143
遺伝子組換え技術　202
遺伝子組換え作物　202
遺伝子組換え食品　**202**
遺伝子障害性　247,255
遺伝子損傷産物　137
遺伝子突然変異試験　244
遺伝毒性試験　244
イニシエーション　248
イニシエータ　248
医薬部外品　217
移流　237
医療革命　7
引火　267
インパクト分析　28
インバースマニュファクチャリング　362,**363**
インベントリ分析　27
飲用浄水器　192
飲料水ガイドライン　190
飲料水基準　153

ウ

ウィーン条約　18,91
ウエットワイパー　206
牛海綿状脳症　**204**
牛込柳町鉛中毒事件　77
宇宙線　84

奪われし未来　262
埋立て　398
裏庭問題　234
ウラン廃棄物　374

エ

エアロゾル　99
影響判定度　22
衛生害虫　213
栄養塩類　153
栄養不良　11
疫学　241
疫学調査　232
疫学データ　247
エコ効率　328
エコセメント　**403**
エコタウン事業　362
エコドライブ　58
エコファクトリー　361,362,363
エコマテリアル　340,**341**
エコロジカルリュックサック　175
エステル化　50
枝打ち　146
エタノール　49,51
エタノール発酵　50
エチレン　167
エネルギー供給量　74
エネルギー消費　6
エネルギーの高効率利用──運輸分野　**57**
エネルギーの高効率利用──大規模集中型発電　**53**
エネルギーの高効率利用──民生分野　**55**
エネルギー変換技術　50
エネルギー問題　**34**
エマルション系塗料　357
エルゴステロール　158
エルニーニョ　102
塩化ビニル樹脂　398
塩化ベンゼルコニウム　212
塩素ガス中毒死亡事故　211
塩素系　211
塩素による破壊反応　92

444

エンドポイント 22,173
エントロピー 2
遠洋漁業 148

オ

オイルサンド 41
欧州化学品庁 265
オクタノール/水分配係数 164,237
屋内環境汚染 176,177,178
汚染水環境を浄化する 315
汚染土壌・地下水の原位置での修復・浄化 318
汚染物質排出移動登録 264
オゾン 91
オゾン全量モニタリング 283
オゾン層 12,137
オゾン層破壊 91,137
オゾン層破壊と作物生産 137
オゾンホール 92
オゾンホール監視観測 283
温室効果 94,96
温室効果ガス 95,**97**,141
温室効果ガスの発生抑制技術 **136**
温室効果ガス排出量 302
温暖化問題への対応 301
温度逆転層 75

カ

加圧水型 54
外因性内分泌かく乱化学物質 262
海塩粒子 70
改質器 59
開発途上国における環境問題と南北協力 **20**
外部環境会計 31
外部監査 26
界面活性剤 214
―― の排出量 216
海洋エネルギー 44
海洋汚染 125,127,316
海洋汚染の対策 **316**
海洋汚染防止法 115
海洋での汚染物質蓄積 **128**
外来生物被害防止法 131
化学教育 344
化学工場の事故 **269**
化学製品情報データベース 236
化学的接着 208
化学的リスク 322
化学肥料の種類 **151**

化学品安全評価書 265
化学品原料の有害性 338
化学品のリスク 338
化学物質 226,231
化学物質安全情報提供システム 236
化学物質過敏症 **179**
化学物質環境汚染実態調査 281
化学物質管理 228
化学物質管理促進法 266
化学物質審査規制法 259
化学物質総合情報提供システム 236
化学物質データベース 236
化学物質等安全データシート（MSDS）制度 229
化学物質の安全性 **227**,228
化学物質の環境残留性 **259**
化学物質の環境動態 **237**
化学物質の審査及び製造などの規制に関する法律（化審法） 227,228,259
化学物質の毒性 **241**
化学物質の法規制と自主管理 **228**
化学物質のモニタリング調査 276
化学物質のリスク **230**,235
化学物質のリスク管理 **231**
化学物質のリスク削減 **233**
化学物質のリスク情報データベース 235
化学物質のリスク評価 **232**
化学物質排出移動量届出 229
化学物質への暴露 **239**
化学物質問題 226,227
化学分析法 279
火浣布 180
化管法 229,264,266
過給器 296
核拡散 62
核燃料サイクル 42,273
核分裂反応 42
核融合反応 42
隔離圃場 144
かけがえのない地球 17
化合物太陽電池 46
可採年数 38
火災報知器 272
過酸化水素 212,352
可視光応答型光触媒 299
カーシュレッダーダスト 388

化審法 227,228,259
化審法既存化学物質リスト・データベース 236
ガス化 50,393,394
ガス化溶融炉 375
カスケード型リサイクル 387
カスケード反応 354
ガスタービン発電 54
ガス洩れ警報機 272
化石エネルギー **38**
化石資源 49,339
化石燃料 94,98
化石燃料のクリーン化技術 **40**
風係数 126
河川流域 104
仮想市場評価法 24
仮想水 108
ガソリン・LPG自動車の排ガス浄化 **295**
ガソリンの完全無鉛化 77
家畜排泄物 136
活性汚泥 305,308,310
活性汚泥処理装置 114
活性汚泥の毒性 241
活性汚泥バイオマス 308
活性炭 288
活性炭吸着 307
合併浄化槽 221,303
合併処理浄化槽 194,311
家庭で使う化学薬品 **205**
家庭の消費エネルギー 174
家庭用殺剤，除菌剤 **212**
家庭用殺虫剤，防虫剤 **213**
カテゴリインディケータ 28
家電リサイクル **400**
家電リサイクル法 300,388,400
カドミウム 113,165
カドミウム汚染 166
カドミウムの作物汚染 **166**
カネミ油症事件 261
可燃物 219
カーバメート系殺虫剤 157,160
かび取り剤，防かび剤 **211**
過放牧 139
カーボンニュートラル 49,51,339
紙パルプ産業 114
カレット 387
感圧複写紙 261
簡易脱硫装置 288
簡易四軸評価法 328
環境会計 **31**

索　引

環境会計管理　31
環境管理システム　362
環境基準　276, 303
環境基本法　227, 303
環境クズネッツ曲線　322
環境・経済統合会計　**23**
環境効率　**30**, 331, 341
環境残留性　259, 260
環境残留性有機汚染物質　260
環境触媒　285
環境測定 JIS 規格　279
環境対策の考え方　**284**
環境と開発に関する国連会議　16, 18
環境と開発に関するリオデジャネイロ宣言　18
環境と消費者行動，ライフスタイル　**32**
環境の産業連関分析　24
環境の酸性化　21
環境の制約　360
環境のモニタリング　**276**
環境媒体　231
環境負荷　22, 175, 322, 389
環境負荷と環境リスク　**22**
環境負荷物質　284
環境負荷量　284
環境報告書　325
環境方針　25
環境保全型農業　130, 142
環境保全機能　130
環境保全コスト　31
環境ホルモン　262, 358
環境マネジメントシステム　25
環境マネジメントシステム監査　25
環境マネジメントシステム規準　26
環境マネジメントシステム審査員評価登録センター　26
環境マネジメントシステムと環境マネジメントシステム監査　**25**
環境容量　284
環境ラベル　175
環境リスク　22, 230
環境林　147
還元性脱塩素反応　122
緩効性肥料　150
監査　26
乾式脱硫法　288
乾性沈着　88, 237
間接液化　50

間接脱硫　287
感染　198
完全発がん物質　248
乾燥地帯　139
乾燥度　139
観測ネットワーク　283
間断灌漑　136
間伐　146
カンピロバクター　198
γ線　223
管理型処分場　320
乾留ガス化　402
顔料　209

キ

気温上昇　96
気温の変動　94, **96**
機械的接着　208
貴金属　68
貴金属と希少金属　**68**
貴金属類のリサイクル　68
気圏　2
危険物　219, **267**
危険有害性化学物質　**266**
気候変動　100
気候変動に関する政府間パネル　35, 301
気候変動枠組条約　18
気固不均一化学反応　72
記述疫学　241
記述子　246
希少金属　67, 68
気相均一化学反応　72
喫煙　**183**
機能対応型　341
揮発性有機化合物　172, 292, 357
逆浸透膜　313
逆有償取引　385
吸音材料　222
嗅覚測定法　185
吸収率　232
吸収量　232
急性毒性試験　243
吸着脱臭法　186
吸着法　291
吸入暴露　239
吸熱反応　207
休廃止鉱山　65
凝集沈殿　305
凝集沈殿装置　114
共同実施　302
京都議定書　18, 35, 55, 141,
　301
京都メカニズム　302
胸膜プラーク　181
恐竜　4
共力剤　213
魚貝類　260
漁業資源の激減　89
極域成層圏雲　92
極限環境微生物　353
漁場　148
巨大都市　20
許容1日摂取量　162, 201, 251
許容暴露値　184
魚類　250
緊急シャワー・洗眼器　271
金属　**396**
金属鉱物資源　64

ク

空間速度　290
空気清浄機　**188**
掘削除去　317
クリーナーテクノロジー　284
クリーナープロダクション　20
クリーンエネルギー自動車　57
クリーン開発メカニズム　302
グリーン可塑剤　**358**
グリーンケミストリー　285,
　322, 332, 336
──の基本的考え　327
グリーンケミストリー大統領賞　333
グリーンケミストリーの12箇条　**327**, 329
グリーン原料　**338**
グリーン合成　**334**
クリーンコールテクノロジー　40
グリーン・サステイナブル ケミストリー　332, 338
グリーン・サステイナブル ケミストリーネットワーク　332
グリーン触媒　353
グリーン製品　**340**
グリーン DNP　24
グリーン度　323
グリーン媒体　334
グリーンプラ　355
グルタルアルデヒド　212
クレンザー　214
クロルピリフォス　177
クロロフルオロカーボン　91,

300
クロロホルム　191

ケ

景観形成　132
経気道暴露　239
経口濃縮過程　128
経口暴露　239
軽質油　123
軽水炉　54
携帯電話リサイクル　68
経皮暴露　239
警報システム　**272**
警報フェロモン　168
軽油の低硫黄化　57
劇物　268
化粧セッケン　215
化粧品　**217**
下水　309
下水処理場　309, 312
下水の処理　**309**
結晶シリコン太陽電池　46
ケミカルリサイクル　**393**, 394, 398
原位置処理　317
限外ろ過膜　313
嫌気-好気法　304
嫌気性アンモニア酸化　304
嫌気性ろ床槽　221
健康項目　109
健康リスク　29
建材　178
原子経済　329
原子効率　**329**
原子利用率　329
原子力安全管理　274
原子力エネルギー　**42**
原子力災害対策特別措置法　274
原子力発電　54, 373
原子炉　42
原子炉等規制法改正案　274
懸濁物質　153
懸濁粒子　153

コ

高圧ガス保安法　269
広域化処理　381, 386
合意形成　232, 233
降雨水 pH　87
高温超電導体　61
高温溶融塩　348
公害対策基本法　227
公害等調整委員会　371

公害病認定患者　76
光化学オキシダント　210, 280
光化学スモッグ　73
光化学スモッグ汚染　78
光化学スモッグ注意報　78
工業用水　107, 312
抗菌剤　211
航空機観測モニタリング　282
光合成　49
黄砂　88
交差抵抗性　213
鉱山廃水　113
鉱床　64
交信かく乱用製剤　168
降水量変化　101
合成洗剤　214
抗生物質　172
酵素　350, 353
構造活性相関　**245**
構造活性相関モデル　245
高速増殖炉　42
酵素反応　350
高度処理　304, 310
高濃度蓄積植物　319
鉱物資源　**64**
鉱物資源の利用と環境　**65**
合流式下水道　303, 309
高齢化社会　9
高レベル放射性廃棄物　373
固液分離プロセス　189
枯渇性資源　339
国際エネルギー機関　34
国際化学工業協会協議会　325
国際化学物質安全性カード日本語版　236
国際がん研究機関　247
国土保全　132, 146
国民経済計算　23
国連海洋法条約　125
国連環境計画　17
国連人間環境会議　**17**
国連ヨハネスブルグ宣言　265
固形化燃料　385, 386
古紙　388
コジェネレーション　50, 56
コージェライト　297
古紙回収　384
50％致死量　240
50％有効量　240
湖沼の酸性化　89
固相合成　349
固体高分子型燃料電池　59
固体酸　334, 352

固体酸化物燃料電池　60
固体酸プロセス化　337
固体触媒　**352**
固定化酵素　353
固定化触媒・固定化試薬　**351**
コーデックス委員会　201
コプラナー PCB　256, 261
コプラナーポリ塩化ビフェニル　256
個別処理プロセス　189
コホート研究　241
ごみ　219, 369
ごみの分別と収集　**219**
コミュニティープラント　221
米ぬか油　261
コモンに基づくピア生産様式　63
コモンレール　296
コロイド状硫黄　116
混合収集　219
コンセンサス会議　234
昆虫忌避剤　213
コンデンサ絶縁油　261
コンバインドサイクル発電　54
コンビナトリアルケミストリー　343
コンポスト　**220**, 355
コンポスト処理　376

サ

サイクロン　286
採鉱　65
最終処分　376
最小毒性濃度　184
最小毒性量　254, 258
最小費用分析　29
再植林　141
再処理工場　373
再生可能エネルギー　**44**, 55, 62
再生可能資源　335, **339**
再生不能資源　339
再生利用量　367
最大暴露濃度値　184
サイトアセスメント　119
錯体触媒　350, 351
作物汚染　166
作物残留　162
作物残留農薬　162
作物生産量　10
サステイナビリティ報告書　326
サステイナブルケミストリー　332

サステイナブルテクノロジー　327
座瘡　261
殺菌剤　156, **158**, 161, 212
殺菌性抗生剤　212
殺虫剤　156, **157**, 161, 213
雑排水　312
砂漠化　13, **139**
サプライチェーン　14, 265
サーマルNO$_x$　289
サーマルリサイクル　392, 398, 402
作用機序　244
サルファーフリーガソリン　41
サルファーフリー軽油　41
サルモネラ　198
酸化鉛　77
産業革命　7, 63
産業活動と環境　**14**
産業廃棄物　219, 320, **370**
産業廃棄物管理票　370, 378
産業排水の浄化　**305**
産業連関法　24
産業連関分析法　27
三元触媒　295
参照濃度　251
参照用量　251
酸性雨　21, 87, 89, **138**
酸性雨——国境を越える環境問題　**87**
酸性霧　88
酸素酸化　352
暫定除去基準　124
暫定的な環境保全措置　371
三点比較式臭袋法　185
残留基準　197
残留性　227, 233, 238
残留性有機汚染物質　124, 128, 164, 238

シ

次亜塩素酸ナトリウム　211
シアノバクテリア　4
四エチル鉛　77
紫外線　93, 137
紫外線の健康・生態系への影響　**93**
紫外放射光　223
色素増感型太陽電池　46
色素沈着　261
ジクロルボス　213
資源循環　384
資源循環システム　366

資源循環システム技術　360
資源循環特性　340
資源生産性　**331**
資源の制約　360
資源物　219
自社処理　382
自主管理　227, 229
市場システム　11
シス-1, 2-ジクロロエチレン　122
システム要素型　341
自然エネルギー　44
自然環境保全　132
自然共生型社会　16
自然災害　232
自然毒　195
自然発火　267
事前評価制度　227
自然放射線源　84
持続可能な開発　18, 360
持続可能な生産消費　32, 366
持続性技術　284
持続的社会　**16**, 322
持続的な農業　142
下草刈り　146
シックハウス症候群　176, **177**, 178, 179, 357
シックハウス問題　208, 210
湿式吸収法　186
実質安全量　252
実質的同等性　203
湿性沈着　88, 237
室内空気浄化　299
室内濃度指針値　177
疾風汚染　76
指定化学物質　259
指定物質　82, 277
自動車NO$_x$・PM法特定地域　79
自動車排ガス　295
自動車リサイクル　**402**
自動車リサイクル法　300, 388, 402
し尿　221, 369
し尿浄化槽　311
し尿処理(浄化槽)　221, 311
し尿処理場　311
し尿の処理　**311**
地熱　44
死亡率　9
遮音材料　222
社会的ジレンマ　234
遮断型最終処分場　383

車両重量別燃費　58
臭覚測定法　185
臭気　**185**
臭気濃度表示法　186
重金属　165
重金属による土壌・地下水汚染　**121**
重金属の農業環境汚染　**165**
集光型集熱器　47
住生活　174
集積化学プロセス　354
臭系ダイオキシン　356
重力式分離　307
出生率　9
受動喫煙　183
主流煙　183
シュレッダーダスト　402
馴化　308
循環型社会　16, **360**, 362, 384
循環型社会形成推進基本法　361, 365
循環経済ビジョン　361
瞬間接着剤　206
循環法　304
循環利用　107
省エネルギー　62, 302
硝化　135
生涯過剰発がんリスク　253
生涯発がんリスク　253
生涯リスク　**253**
硝化作用　149
浄化槽　221
浄化槽汚泥　369
浄化槽管理士　311
焼却処理　375, 379
昇こう水　212
詳細リスク評価　232
硝酸イオン　149
硝酸呼吸　308
硝酸性窒素　153
硝酸性窒素などによる水域環境の汚染　**153**
硝酸態窒素肥料　152
浄水器　**192**
浄水器フィルター　192
浄水プロセス　**189**
使用済鉄の利用　66
消・脱臭剤法　186
消毒プロセス　189
消費行動　32
情報化社会　63
情報公開　233
消防法　227, 266, 267, 269,

447

271
静脈産業　14
静脈物流システム　**378**
将来濃度予測　100
消流雪用水　108
症例対照研究　241
初期リスク評価　232
除菌剤　212
食事性アレルギー　196
食生活　174
食中毒　195,**198**
触媒　289
触媒酸化法　186
触媒燃焼法　291
触媒反応　330
食品安全委員会　195,203
食品衛生法　200,203,227
食品添加物　**200**
食品添加物公定書　200
食品の安全　**195**
植物成長調整剤　159
植物プランクトン　115
植物由来の毒物　268
食物連鎖　124,164,260
食料安全保障　132
食糧需給　10
食料生産資源　10
食料問題　**10**
植林　141
除草剤　159,161
除草剤・植物成長調整剤　**159**
シリカゲル　351
地力増進法　155
シリコーン系難燃剤　356
磁力選別機　376
新エネルギー　302
真空ガラス管型集熱器　47
神経毒性試験　243
人口　6
　──の増加　20
人工衛星観測　282
人口増加率　9
人口動態　8
人口爆発　7
人口密度　9
人口問題　**7**
浸出水　383
　──の高度処理　320
森林　146
　──による吸収量　302
　──による炭素吸収量　147
森林減少　141
森林資源の衰退　89,138

森林伐採　134
森林浴　**169**
森林・林業と環境保全　**146**
人類の歴史　**6**

ス

水域環境　153
水系塗料　**357**
水圏　2
水源かん養　146
水酸化マグネシウムスラリー吸収法　288
水産資源　148
水産資源と農林業　**148**
水質汚濁　106
水質汚濁防止分野　324
水質汚濁防止法　194,227,277
水性樹脂系塗料　357
水性塗料　209
水素イオン　87
水素エネルギー　**52**
水素化脱硫反応　287
水素社会　36,52
水素の貯蓄・輸送　52
水滴中化学反応　72
水滴中でのSO₂酸化反応　88
水道水　189
水道水質基準　190,191
水道水中のトリハロメタン　191
水道水の基準　**190**
水道法　190
水平型リサイクル　387
水力　44
数値モデル　90
数理モデル　238,253
スギの立ち枯れ　89
スクラバー　271
すす　286
スチームタービン　53
スティックのり　206
ストックホルム条約　19
スモールスケールケミストリー　344
スラグ　66,372
スリーマイル島発電所の事故　274
スルホニル尿素系除草剤　159,160

セ

生活環境項目　109
生活系ごみ　**218**
生活雑排水　194

生活の質　32
生活排水　194,303
生活排水とその処理　**194**
生活用水　107
静菌性抗生剤　212
生殖／発生毒性毒性試験　243
成層圏　3,70,71
成層圏の化学　**71**
生態系への影響　**249**
生体触媒　353
生体毒性　249
生体毒性学　249
生体反応率　240
成長促進剤　156
成長の限界　7,**15**,360
清澄ろ過　9
静的可採年数　396
製品のグリーン化　285
製品ライフサイクル　364
性フェロモン　157,168
生物影響　161
生物化学的酸素要求量　309
生物圏　2
生物脱臭法　186
生物多様性　13
生物蓄積性　238
生物的硝化脱窒　305
生物濃縮　128,161,164
生物濃縮係数　164
生物濃縮指数　128
生物農薬　156
生物膜法　310
生物モニタリング調査　260
生分解性試験　355
生分解性プラスチック　**355**
生分解性ポリマー　355
精密ろ過膜　313
生理学的体内動態モデル　239
製錬　65
ゼオライト触媒　352
世界の耕作地　10
赤外放射　223
石炭　5
石炭ガス化複合発電技術　40
石油　5
石油化学コンビナート　76
石油危機　34
石油系燃料　123
石油系燃料による土壌・地下水汚染　**123**
石油代替燃料　58
石油タンパク　**145**
石灰　138

石灰セッコウ排煙脱硫法　287
石灰窒素　150,152
セッケン　215
接着剤　178,206,**208**
瀬戸内海環境保全特別措置法　115
瀬戸内海に赤潮の発生　**115**
セベソ指令　269
ゼロエミッション　**362**
ゼロリスク　253
全球凍結　4
全球平均海水面　101
線形多段階モデル　253
選鉱　65
洗剤　205,**214**
洗浄の機構　214
染色体異常試験　244
選択還元方式　296
選択的接触還元法　289
洗濯のり　206
船底塗料による海洋汚染　**127**
銑鉄　66
船舶観測モニタリング　282
選別処理　376
全ライフサイクル　325,340

ソ

ソイルフラッシング　319
騒音　**222**
相間移動触媒　350
総廃棄物量　330
草本格子　139
藻類　250
素材産業　14
粗大ごみ　219
速硬型エコセメント　403
ソフトエネルギーパス　**62**
ソフトパス　62

タ

第1種指定化学物質　264
第一種特定化学物質　259
ダイオキシン問題　226
ダイオキシン類　163,164,256,260,261,277,293,386
ダイオキシン類対策特別措置法　227
ダイオキシン類の排出抑制　**293**
大気汚染物質　379
　——の発生源　285
大気汚染防止法　227,277,279
大気・海洋結合大循環数値モデル　95
大気環境の保全　**285**
大気環境のモニタリング　**279**
大気環境問題の変遷　**74**
大気圏内核兵器実験　86
大気混濁係数　99
大気の組成　**70**
大気微量成分　70
大規模油流出事故　**126**
代替物質　127,291
台所用洗剤　214
体内照射　85
体内動態　239,244,247
第2種指定化学物質　264
第二種特定化学物質　259
堆肥　220,376
堆肥化装置　355
耐容1日摂取量　251,**258**
太陽エネルギー　3,44,**46**
太陽光発電　45,46
太陽熱利用　47
耐用年数　64
大陸移動　4
対流圏　3,70,72
対流圏の化学　**72**
滞留時間　104
ダイレクトメタノール燃料電池　59
ダウンサイジング　344
他感物質　167
多環芳香族炭化水素　81
田子の浦ヘドロ公害　**114**
多種化学物質過敏症　179
脱塩素化分解法　382
脱温暖化社会　16
脱臭装置　186
脱硝率　290
脱窒　135
脱窒作用　149
脱硫　287
たばこ　183
たばこ煙粒子　188
多硫化物イオン　116
炭化ケイ素　297
炭化水素類　295
炭酸同化作用　3
炭素循環　283
炭素貯蔵量　147
タンデム反応　354
単独浄化槽　221
単独処理浄化槽　311
単肥　151

チ

地域社会の維持・活性化　133
チェルノブイリ原発事故　**86**,274
地下浸透　104
地下水汚染　120
地下水環境基準　117
地下水揚水曝気法　318
地球温暖化　12,21
地球温暖化対策推進大綱　301
地球温暖化への対応と対策　**301**
地球環境のモニタリング　**282**
地球環境問題　**12**,15,282
地球観測衛星　283
地球規模での持続可能な開発　18
地球システム――エネルギーとエントロピー　**2**
地球と生物の歴史　**4**
地球の環境容量　7
地球は温暖化するか　**94**
蓄熱式燃焼装置　291
地圏　2
地層処分　43
窒素酸化物　79,295
窒素酸化物による汚染　**79**
窒素循環と農林業　**149**
窒素浄化機能　153
窒素の循環　149
厨芥類（台所ごみ）　218
注射器法　185
中毒症状　261
中毒量　240
中皮腫　181
腸炎ビブリオ　198
超音波照射　335
聴覚閾値　222
腸管出血性大腸菌O157　198
長距離移動性　238
長距離輸送　90
超深度脱硫　287
超電導技術　61
超電導磁気分離　61
超伝導と環境化学　**61**
超電導マグネット　61
超臨界状態　347
超臨界二酸化炭素　346,350
超臨界流体　**346**
超臨界流体抽出法　346
直接浄化　298,315
直接脱硫　287
直接燃焼法　186,291,379

直接流出　*104*
沈殿分離槽　*221*
沈黙の春　*164*, *226*

ツ

積上げ法　*27*

テ

低硫黄燃料　*287*
低 NO$_x$ バーナー　*289*
低温凝縮法　*187*
低温超電導体　*61*
底質　*237*
定性的な構造活性相関　*245*
定性的リスク評価　*232*
ディーゼルエンジン自動車の排ガス浄化　*285*, **296**
ディーゼル自動車　*81*, *296*
ディーゼルパティキュレートフィルター　*296*
定置用固体高分子形燃料電池システム　*59*
定点観測モニタリング　*282*
定量的構造活性相関　*245*
定量的評価　*133*
ディルドリン　*260*
低レベル放射性廃棄物　*373*
デオドラントセッケン　*216*
デシカント空調　*56*
豊島事件　*371*
鉄　*66*, *396*
鉄スクラップ　*396*
鉄粉法　*319*
テトラクロロエチレン　*122*
デノボ合成　*293*
テルペン　*169*
電気集じん　*286*, *293*
電磁波　***223***
伝達性海綿状脳症　*204*
電力化率　*36*

ト

トイレ陶器クリーナー　*206*
銅　*67*, *165*
糖化酵素　*51*
糖化プロセス　*51*
東京光化学スモッグ事件　*78*
銅殺菌剤　*158*
導水路　*106*
同族体　*256*
動的オルファクトメーター法　*185*
頭髪用のシャンプー　*216*

動物実験　*232*
動物実験データ　*247*
動物由来の毒物　*268*
毒劇法　*227*, *228*, *266*, *268*
特殊肥料　*154*
毒性　*231*, *241*
毒性およびリスク評価の指標　***251***
毒性試験　*241*, ***242***
――の指標　*161*
毒性試験法ガイドライン　*242*
毒性等価係数，毒性等量　*256*
毒性評価　*232*
特定悪臭物質　***187***
特定化学物質の環境への排出量の把握及び管理の改善の促進に関する法律（化管法）　*229*, *264*, *266*
特定家庭用機器再商品化法　*400*
特定高圧ガス　*271*
特定部位　*204*
特定フロン　*91*, *92*, *300*
特定ふんじん　*80*
特定有害物質　*117*
毒と薬――用量-反応曲線　***240***
毒物　***268***
毒物及び劇物取締法（毒劇法）　*227*, *228*, *266*, *268*
特別管理一般廃棄物　*219*
特別管理産業廃棄物　*370*
都市型水害　*105*
都市環境問題　*20*
土壌汚染　*120*, *165*
土壌汚染対策法　*117*
土壌改良資材　***155***
土壌ガス吸引法　*318*
土壌環境基準　*117*
土壌含有量基準　*119*
土壌吸着平衡定数　*162*
土壌呼吸　*134*
土壌洗浄　*317*
土壌炭素　*147*
土壌・地下水汚染　*120*
土壌・地下水汚染の対策　***317***
土壌・地下水汚染メカニズム　***120***
土壌・地下水環境を守る　*117*
土壌溶出量基準　*119*
土壌流出　*237*
土地利用　*141*
土地利用の変化　***141***
トップランナー方式　*302*
ドミノ反応　*354*

ドラフト　*271*
トリクサロン　*212*
トリクロロイソシアヌル酸　*212*
トリクロロエチレン　*122*, *172*
トリータビリティ試験　*124*
トリハロメタン　*172*, ***191***
トリフェニルスズ　*127*
トリブチルスズ　*127*, *128*
塗料　***209***
トルエン　*299*
トレードオフの関係　*173*, *323*
トンネル排気浄化装置　*298*

ナ

内水面　*148*
内部監査　*26*
内部被曝　*86*
内分泌かく乱化学物質　***262***
中干し　*136*
なたね油　*50*
ナチュラルウォーター　*193*
七色の煙　*74*
ナノ粒子　*81*
ナノろ過膜　*313*
ナホトカ号油流出事故　***126***
鉛　*67*
鉛汚染　*77*
鉛汚染――牛込柳町鉛中毒事件　*77*
南極オゾンホール　*91*, ***92***
難燃剤　*206*
難分解性　*260*
南北問題　*20*

ニ

におい　*185*
肉骨粉　*204*
ニコチン　*183*
二酸化炭素　*49*, *97*, *134*
――の海洋隔離　*125*
二酸化炭素削減効果　*51*
二酸化窒素　*79*
――の測定　*280*
二次エネルギー　*36*
二次処理　*310*
二段燃焼　*289*
日常生活がもたらす環境負荷とその低減策　***175***
日常生活における環境・安全と化学物質　*172*
日常生活のライフサイクルエネルギー　***174***
日射　*95*

日本化学物質辞書　236
日本の物質収支　367
日本のマイクロスケール実験　345
日本レスポンシブル・ケア協議会　325
ニューキノロン系抗菌剤　212
尿素　152
人間環境宣言　17

ネ

ネアンデルタール人　5
ネガティブリスト　217
熱回収　390
熱帯雨林の減少　12
熱帯季節林　140
熱帯多雨林　140
熱帯林　140
熱帯林，焼畑農業　**140**
熱分解ガス化燃焼　379
燃費基準　57
燃料電池　59
燃料電池自動車　57

ノ

農業革命　7
農業生態系　130
農業と環境　**130**
農業とダイオキシン類　163
農業による温室効果ガスの発生と収支　**134**
農業による環境汚染　20
農業の多面的機能　132
農業用水　107, 175
農村集落排水　303
農民参加型　144
農薬　156, 163, 172, 197
農薬残留基準　162
農薬取締法　156, 227
農薬の残留　162
農薬の生物影響　**161**
農薬の必要性　**156**
農薬の薬害と抵抗性　**160**
ノロウイルス　198
ノンハロゲン合成　334
ノンハロゲンプロセス　**336**

ハ

排煙脱硝　289
排煙脱硫　287
バイオオーグメンテーション　318
バイオガス　393

バイオ触媒　335, **353**
バイオスティミュレーション　318
バイオチップ　342
バイオディーゼル燃料　393
バイオテクノロジー　143
バイオフューエル　**51**, 393
バイオマス　44, 49, 339
バイオマス資源　**49**
バイオマス由来　355
バイオレメディエーション　284, 296, 318
排ガス循環　289
排ガス処理　285
肺がん　181
廃棄物最終処分場　383
廃棄物焼却炉　293
廃棄物処分場浸出水の浄化　**320**
廃棄物の最終処分（埋立て）　383
廃棄物の資源化　**384**
廃棄物の焼却処理　**379**
廃棄物の処理　**375**
廃棄物の発生抑制　365
廃棄物発電　386, 390
廃コンクリート　392
廃車　388
排出基準　277
排出防止装置　233
排出抑制基準　276
排出量取引　302
ばいじん　80, 277
ばいじんを減らす　**286**
排水処理　306
排水中の汚濁物質　308
廃掃法　380
ハイドレート　56
廃物の再生利用　365
廃プラスチック　392
ハイブリッド乗用車　57
ハイブリッドフロー勘定　23
ハウスダスト　188
パーオキシアシルナイトレート　73
白内障　93
爆発　267
バグフィルター　286, 293
薄膜シリコン太陽電池　46
曝露　239
曝露閾値　185
曝露解析　22
曝露経路　239, 242
曝露限界値　184

曝露状況に関する情報　235
曝露定数　232
曝露マージン　251
曝露量　233, 239, 254
破砕・選別処理　376
ハザード　22, 173, 230
ハザード比　251
バーゼル条約　13
発火　267
発芽抑制剤　156
発がん性　173, **247**, 358
発がん性試験　243
発がんメカニズム　247
曝気槽　221
白金族元素　68
パッシブソーラーシステム　47
発生源の監視と測定　**277**
パッチテスト　217
発電　50
発電効率　53
発電用水　108
ハードパス　62
パラチオン　161
ハリスレポート　191
バリデーション　246
播磨灘での赤潮　115
ハロゲン化合物　336
ハロン　300
半乾燥地帯　139
半減期　238
半数致死量　251
反応機構の解明　349
反応場制御　335

ヒ

非アレルギー性の過敏状態　179
非塩素系　211
日傘効果　**99**
東アジアにおける硫黄酸化物の長距離輸送　90
非化石エネルギー　38
光酸化分解浄化　315
光触媒　284, 298
光触媒による汚染大気環境の修復と浄化　**298**
肥効調節肥料　151, 152
非在来型石油　39, 41
非臭素系難燃剤　**356**
非食料需要　11
微生物菌体タンパク　145
ヒ素　121, 165
ビックバン　4
非鉄金属　**67**

ヒートアイランド現象　96
ヒドロクロロフルオロカーボン
　　300
ヒドロフルオロカーボン　300
α-ピネン　169
非燃焼起源　285
飛灰　293
皮膚がん　93
皮膚感作性試験　243
皮膚/眼刺激性試験　243
非メタン炭化水素　280
費用対効果　233
費用対効果分析　**29**
標的器官　239
標的部位　239
費用便益分析　29
表面噴霧剤　211
肥料公定規格　154
肥料産業　**150**
肥料の効果　**152**
微量要素肥料　151
ビルダー　214
ピレスロイド剤　213
貧困　20
貧酸素化　125
貧酸素水の発生　125
品種改良——緑の革命と遺伝子組
　　換え　**143**

フ

ファイトレメディエーション
　　166,319
ファインケミカル製品　330
ファクター **4, 10**　30
ファン式　188
フィトンチッド　169
風車発電　48
風力　44
風力エネルギー　**48**
風力発電　48
富栄養化　153,305
富栄養化問題　125
フェロモン　**168**
不快害虫　213
不確実係数　251,258
不確実性解析　22
負荷量原単位　305
複合肥料　151
副流煙　183
フタル酸エステル類　358
普通エコセメント　403
普通沈殿　306
普通肥料　154

物質循環　142
沸騰水型　54
物理的接着　208
物理的な分析測定法　279
フードマイレージ　175
不燃・燃焼不適物　219
不法投棄地　371
浮遊粉じん　74
浮遊粒子状物質　81
フューエル NO_x　289
不溶化　317
フライアッシュ　286,293
プラスチック　218,**394**
プラスチック製品　172
プラスチック製容器包装　398
プリオン　204
フルオラス媒体　350
プログレッション　248
プロピレンオキシド　336
プロモーション　248
プロモータ　248
フロン　98,137
フロン回収破壊法　300
フロン全廃　91
フロンによる成層圏のオゾン層破
　　壊　**91**
フロン類回収業者　300
フロン類の回収と破壊　**300**
文化伝承　133
粉砕　389
分散型エネルギーシステム　55
ふんじん　80
分析疫学　241
分別収集　219,378
分別生産流通管理　203
分流式下水道　309

ヘ

平均寿命　9
平板型集熱器　47
ベックマン転移　335
ペットボトル　395,398
ヘドロ　114
ベネフィット　173
ヘビーデューティ洗剤　214
ペルメトリン　213
ペレット燃料　50
変異型クロイツフェルト-ヤコブ
　　病　204
変異原性試験　244
偏西風パターン　102
ベンゼンの抑制基準　83
ベンチマークドーズ法　258

ヘンリー定数　238

ホ

ボイラー発電　53
防汚塗料　316
防かび剤　211
放射エネルギー　95
放射性核種　84
放射性同位元素　373
放射性廃棄物　42,273,373
放射性廃棄物とその処理・処分
　　373
放射性物質　273,274
放射性物質の安全管理　**273**
放射性物質の事故　**274**
放射線と大気環境　**84**
放射線による人体リスク　273
放射線物質の環境中の挙動　86
防振材料　222
包接結晶　349
防虫剤　213
捕獲漁業　148
ボーキサイド残さの海洋投棄
　　125
ポジティブリスト　217
ホスゲン　336
ボディシャンプー　216
ボトルウォーター　193
ボトル(容器)類　398
ホモサピエンス　4
ポリエチレン　398
ポリ塩化ジベンゾパラジオキシン
　　256
ポリ塩化ジベンゾフラン　256,
　　261
ポリ塩化ビニル　358
ポリ塩化ビフェニル　256,261,
　　380
ポリカーボネート　334,336
ポリスチレン　398
ポリ乳酸　355
ポリプロピレン　398
ホルムアルデヒド　176,177,
　　178,179,205,208,210,
　　299
ホルムアルデヒドなどの発生源
　　178

マ

マイクロケミストリー　344
マイクロスケールケミストリー
　　344
マイクロタービン　56

453

マイクロチップ 342
マイクロチャンネル 342
マイクロ波 223,335
マイクロバブル 315
マイクロリアクター **342**,350
マイコトキシン(かび毒) 195
埋蔵量 38,396
膜分離 307
膜分離活性汚泥法 313
膜ろ過法 313
マッセルウォッチ 281
マテリアルフローコスト会計 31
マテリアルリサイクル **392**,393,394,398,402
マニフェスト 370,378,400
マルポール条約 13,316
慢性呼吸器疾患 75
慢性毒性試験 243

ミ

見えないフロー 401
ミジンコ 250
水汚濁物質を減らす——生物的方法 **308**
水汚濁物質を減らす——物理化学的方法 **306**
水環境の保全 **303**
水資源 **106**
水資源かん養 132
水資源賦存量 106
水・土壌環境のモニタリング **281**
水の環境を守る **109**
水の循環 **104**
水のリサイクル **312**
水の利用 **107**
水熱分解法 382
水溶解度 162
道しるベフェロモン 168
緑の革命 143
　　第三の—— 144
　　第二の—— 143
水俣病 **112**
ミネラルウォーター 192,**193**
民生部門 174

ム

無機化 308
無機系難燃剤 356
無機鉱物資源 64
無毒性濃度 184
無毒性量 251,255,258

無農薬栽培 156
無溶剤塗料 209
無溶媒合成(固相合成) **349**

メ

メソポーラス物質 352
メタノール 49,51
メタン 49,98,134
メタンハイドレード 39
メタン発酵 50
メタン発酵処理 376
メチル水銀 112
メラノーマ 93
免疫機能の低下 93

モ

木炭 50
モータリゼーション 74
森が枯れる,魚が消える——酸性雨の生態系への影響 **89**
もんじゅ 274
モントリオール議定書 91

ヤ

焼畑農業 140
薬害 159,160
薬事法 206,217,228
野生動物の減少 13

ユ

有害化学物質 29,226
有害情報 235
有害大気汚染物質 82,291
　——のモニタリング 280
有害大気汚染物質による汚染 **82**
有害大気汚染物質を減らす **291**
有害物質 80,277
有機塩素化合物 336
有機塩素化合物による土壌・地下水汚染 **122**
有機質肥料の種類と効果 **154**
有機水銀 112
有機スズ化合物 127,210,316
有機炭素吸着係数 237
有機農業と持続可能な環境保全型農業 **142**
有機ヒ素化合物 121
有機リン系化合物 157,178
有機リン系殺虫剤 160
優先取組み物質 82
油化 393,394
油臭 123

輸送革命 7
ユニットリスク 232
油膜 123

ヨ

要監視項目 110
容器包装プラスチック 393
容器包装リサイクル **398**
容器包装リサイクル法 394,398
揚水処理 317
揚水発電 54
要調査項目リスト 110
溶融固化処理 294
溶融処理 372,375
溶融炭酸塩型燃料電池 60
用量 232
用量-反応曲線 240,254
用量・反応評価 232
予測環境中濃度 252
予測無影響濃度 252
四日市ぜん息 74,**76**
ヨハネスブルグ宣言 19

ラ

ライトデューティ洗剤 214
ライフサイクル 323
ライフサイクルアセスメント **27**,328,389
ライフサイクルエネルギー 174
ライフサイクルデザイン型 341
ライフスタイル 32
ラジオ波 223
ラムサール条約 13
藍藻類 4

リ

リオ宣言とアジェンダ21 **18**
リサイクル 65,340,**387**
リサイクルシステム 389
リサイクルとエネルギー **389**
リサイクル費用 400
リサイクル率 67
リスク 173,230,231
リスクアセスメント 231,232
リスク管理 22,231,232
リスクコミュニケーション 124,195,231,**234**
リスク削減 232,233
リスクトリートメント 231
リスク評価 22,173,195,232,233,249
リスク評価書 235

リスクマネジメント　231, 232, 233
　　——の強化　326
リターナブルびん　387
リモートセンシング技術　276
硫化水素　187
硫化物イオン　116
硫酸　138
硫酸還元菌　116
粒子状物質　80, 183, 296
粒子状物質による汚染　**80**
流出油の軌跡　126
流跡線型輸送モデル　90
リユース　340, 394
林業　146
リン系難燃剤　356
リン酸型燃料電池　60

ル

ルブラン法　6

レ

レアメタル類　397
レスポンシブル・ケア運動　229
レスポンシブル・ケア活動　22, **325**
レスポンシブル・ケアレポート　325
レッドデータ　131
連続再生トラップ　297

ロ

労働安全衛生法　227, 266, 269
労働災害　270
ろ過システム　189
ろ過法　306
6段階臭気強度表示　187
ロザムステッド　150
ロスアンジェルス事件，東京光化学スモッグ事件　**78**
六価クロム　121
ロッテルダム条約　19
ローマクラブ　7, 15
ロンドン条約　13, 125
ロンドンスモッグ事件——石炭燃焼による大気汚染　**75**

ワ

わが国の物質収支　**367**
ワシントン条約　13
渡良瀬貯水池　111
割引率　29
ワンポット合成　**354**

欧文索引

ACGIH: American Conference of Government Industrial Hygienists *184*
ACL: administrative control level *184*
ADEOS: advanced earth observing satellite *283*
ADI: acceptable daily intake *127*, *162*, *201*, *251*
A/F: air-to-fuel ratio *295*
AFS条約: International Convention on the Control of Harmful Anti-Fouling Systems on Ships *127*, *316*
ALOS: advanced land observing satellite *283*
Ames 試験 *244*
Anammox: anaerobic ammonium oxidation *304*
AOP: advanved oxidation process *320*
ARGO 計画: A Global Array for Temperature/Salinity Profiling Floats *281*
ASR: automobile shredder residue *388*, *402*
ATP: adenosine 5′-triphosphate *353*

BACT: best available control technology *324*
BAF: bioaccumulation factor *128*
BAT: best available technology (techniques) ***324***
BCF: bioconcentration factor *128*, *164*, *245*
BCSD: Business Council for Sustainable Development *25*, *435*
BDF: bio diesel fuel *51*
BHC: benzene hexachloride *157*, *164*, *172*
BOD: biochemical oxygen demand *14*, *20*, *21*, *109*, *110*, *221*, *277*, *278*, *281*, *303*, *305*, *309*, *310*, *311*, *313*, *314*, *320*, *322*, *369*
BSE: bovine spongiform encephalopathy *195*, *204*
BWR: boiling water reactor *42*, *43*

CBA: cost-benefit analysis *29*
CDM: clean development mechanism *302*
CEA: cost-effectiveness analysis *29*
CEAR: Center of Environmental Auditors Registration *26*
CFC: chlorofluorocarbon *12*, *28*, *70*, *91*, *92*, *98*, *173*, *300*, *416*
CHRIP: Chemical Risk Information Platform *236*

CMC: carboxymethylcellulose *206*, *214*
CMRs: carcinogenic mutagenic, toxic to reproduction *265*
CNG (compressed natural gas) 自動車 *57*
COD: chemical oxygen demand *110*, *115*, *278*, *281*, *303*, *304*, *305*, *309*, *311*, *314*, *320*, *430*
CODEX: Joint FAO/WHO Codex Alimentarius Commission *166*
COP: Conference of Parties *18*, *19*, *35*, *43*, *415*
co-PCB: coplanar polychlorinated biphenyl *256*, *257*
CSR: chemical safety report *265*
CSR (corporate social responsibility); 企業の社会的責任 ***326***
CVM: contingent valuation method *133*

DDT: dichlorodiphenyltrichloroethane *128*, *157*, *160*, *161*, *164*, *172*, *226*, *233*, *260*, *262*, *281*
DEHP: di (2-ethylhexyl) phthalate *358*
DES: diethylstilbestrol *263*
DFE: Design for Environment *437*
DMC: dimethyl carbonate *334*
DME: dimethyl ether *39*, *51*, *57*, *58*
DMI: direct material input *368*
DNAPLs: dense nonaqueous phase liquids *122*
DO: dissolved oxygen *109*, *110*, *310*, *315*
DPC: diphenyl carbonate *334*
DPC (殺菌剤) *158*
DPF: diesel particulate filter *296*, *297*
DPNR: diesel particulate and NO_x reduction system *297*
DPO: direct processed output *368*
DSS: daily start daily stop *54*
DXN: dioxin *82*, *83*, *293*, *294*, *391*

Eファクター *322*, ***330***
3E: energy security, environmental protection and economic growth *35*, *56*
EA: Environmental Audit *436*
EANET: Acid Deposition Monitoring Network in East Asia *276*
EASO: Environmental Assessment of Site and Organization *437*, *438*
EBI: ergosterol biosynthesis inhibitor *158*

ECHA: European Chemicals Agency　265
EcoAssist　236
EcoCheck 法　328
eco-efficiency　328
EDP: eco domestic product　24
EDTA: ethylenediaminetetraacetic acid　216
EGR: exhaust gas recirculation　58, 289, 296
EL: Environmental Labelling　436
ELISA: enzyme-linked immunosorbent assay　204
EMAS: Eco-Management Audit Scheme　435
EMS: Environmental Management System　435, 436, 437, 439
EPA: Environmental Protection Agency　181, 190, 332, 344
EPE: Environmental Performance Evaluation　436, 437, 440
EU 指令　324
EWEA: European Wind Energy Association　48
ExTEND 2005: Enhanced Tack on Endocrine Disruption　263

FAO: Food and Agriculture Organization　132, 148, 164, 201
FC: fuel cell　391
FDA: Food and Drug Administration　250

GC: green chemistry　**322**, 323, 327, 328, 332, 333, 340, 357
GC 12 原則　323
GC/GSC 評価手法　**328**
GCI: Green Chemistry Institute　333
GCN: Green Chemistry Network　333
GEMS: Global Environment Monitoring System　281
GEO: Global Environment Outlook　32
GHS: globally harmonized system of classification and labeling of chemicals　407, 442
GINC: Global Information Network on Chemicals　236
GLP: good laboratory practice　190, 242, 250
GLP 適用試験　242
GOOS: Global Ocean Observing System　281
GOSAT: greenhouse gases observing satellite　283
Greenness 法　328
GSC: green sustainable chemistry　322, 327, 328, 330, 332, 333, 338, 340, 357
GSC 賞　333
GSC シンポジウム　333
GSC ネットワーク　**332**
GSC-AON 会議: Asian-Oceanian Conference on

Green and Sustainable Chemistry　330
GTL: gas-to-liquid　39, 57, 58
GUIDE 64　436, 437, 438
GWP: global warming potential　300

HACCP: hazard analysis and critical control point　198
HAPs: hazardous air pollutants　285
HCB: hexachlorobenzene　128
HCCI: homogeneous-charge compression-ignition　58
HCFC: hydrochlorofluorocarbon　91, 300, 416
HEMS: home energy management system　302
HFC: hydrofluorocarbon　280, 300, 301
HLB (hydroplile-lipophile balance) 値　214
HQ: hazard quotient　251, 252
HSE: Health and Safety Executive　184

IARC: International Agency for Research on Cancer　178, 183, 247, 248, 358
ICCA: International Council of Chemical Association　325
ICH: International Conference on Harmonization　242
ICSC: International Chemical Safety Cards　236
IEA: International Energy Agency　34
IEC: International Electrotechinical Commission　435
IFCS: Intergovernmental Forum on Chemical Safety　19
IGCC: integrated gasification combined cycle　39, 40, 41
ILO: International Labour Organization　19, 180
IMO: International Maritime Organization　127
IPCC: Intergovernmental Panel on Climate Change　18, 35, 48, 100, 101, 135, 141, 147, 301, 360
IPCC 排出シナリオ　100
IPCC レポート　**100**
IPCS: International Programme on Chemical Safety　19, 236
IPHE: International Partnership for the Hydrogen Economy　52
IPPC: integrated pollution prevention and control　324
ISO: International Organization for Standardization　25, 299, 326, 355, 362, 435, 436, 438, 441
ISO 14001　236
ISO 19011　26

IT革命　*63*
ITS: intelligent transport system　*58*
IUPAC: International Union of Pure and Applied Chemistry　*235*, *257*

JAS法　*203*
JCII: Japan Chemical Innovation Institute　*332*
JECFA: Joint Expert Committee on Food Additives　*201*
JEMAI: Japan Environmental Management Association for Industry　*436*
JI: joint implementation　*302*
JISC: Japan Industrial Standard Committee　*435*, *436*
JIS S 3201　*192*
JRCC: Japan Responsible Care Council　*325*
JSA: Japan Standard Association　*436*

kis-net　*236*
KT: knock-down time　*213*
Kyoto Protocol　*35*

LAS: linear alkylbenzene sulfonate　*214*, *215*, *216*
LC: lethal concentration　*161*, *213*, *242*, *243*, *251*, *268*
LC_{50}　*161*, *251*
LCA: life cycle assessment　*22*, *25*, *27*, *28*, *30*, *31*, *32*, *51*, *328*, *366*, *389*, *436*, *437*
LD: lethal dose　*161*
LD_{50}　*161*, *251*
LED: light emitting diode　*302*
LMS: linealized multistage model　*253*
LOAEL: lowest observed adverse effect level　*184*, *251*, *254*, *255*, *258*
LOEC: lowest observed effect concentration　*161*
LPG: liquefied petroleum gas　*36*, *39*, *54*, *57*, *58*, *295*

MACT: maximum achievable technology　*324*
MC: microscale chemistry　*344*, *345*
MCFC: molten carbonate fuel cell　*60*
MCS: multiple chemical sensitivity　*179*
Merrifield樹脂　*351*
MF: microfilter　*307*, *313*, *314*
MFA: material flow analysis　*366*
MIC: methyl isocyanate　*269*
MLSS: mixed liquor suspended solid　*310*
MNA: monitored natural attenuation　*319*
MOE: margin of exposure　*251*, *252*
MRI: magnetic resonance imaging　*61*
MSDS: material safety data sheet　*205*, *206*, *229*, *236*, *325*, *366*, *421*, *441*
MTBE: methyl t-butyl ether　*77*, *337*

NEDO: New Technology and Industrial Technology Development Organization　*390*
NF: nano filter　*313*
NH_3スリップ触媒　*297*
NMHC: non-methane hydrocarbons　*78*
NOAEL: no observed adverse effect level　*184*, *251*, *252*, *254*, *255*, *258*
NOEC: no observed effect concentration　*161*
NOEL: non observed effect level　*127*, *251*
NO_x　*57*, *295*, *298*

O_3　*71*
OECD: Organization for Economic Co-operation and Development　*34*, *132*, *235*, *242*, *246*, *249*, *250*, *262*, *263*, *264*, *331*, *332*, *414*, *418*, *421*
OECD化学品テストガイドライン　*249*
OEL: occupational exposure limit　*184*
OH　*72*, *298*
OPEC: Organization of Petroleum Exporting Countries　*34*
OSHA: Occupational Safety and Health Administration　*184*

PAFC: phosphoric acid fuel cell　*60*
PAH: polycyclic aromatic hydrocarbons　*176*, *257*
PAN: peroxy-acetylnitrate　*73*
PBPK (physiologically-based pharmacokinetic) モデル　*239*
PCB: polychlorinated biphenyl　*14*, *109*, *114*, *118*, *124*, *128*, *196*, *197*, *226*, *229*, *233*, *237*, *256*, *260*, **261**, *262*, *278*, *281*, *308*, *347*, *380*, *381*, *382*, *383*, *408*, *424*, *425*, *428*
PCBによる土壌・底質汚染　**124**
PCBの処理　**380**
PCDD: polychlorinated dibenzo-p-dioxin　*256*, *257*, *261*
PCDF: polychlorinated dibenzofuran　*256*, *257*, *261*
PDCA: plan, do, check, action　*26*
PEC: predicted environmental concentration　*252*
PEFC: polymer electrolyte fuel cell　*59*
PEL: permissible exposure limit　*184*
PET: poly(ethylene terephthalate)　*347*, *378*, *395*, *399*
PLA: poly(lactic acid)　*355*
PM: particulate matters　*57*, *58*, *79*, *80*, *81*,

285, 296, 297
PNEC: predicted no effect concentration 252
POPs: persistent organic pollutants 14, 18, 124, 128, 164, 238, **260**, 261, 176, 281, 407
POPs条約 281
POPsの生物濃縮 **164**
PPP: polluter pays principle 414
PRTR: pollutant release and transfer register 83, 213, 216, 229, 235, 264, 325
PRTRの対象物質 **264**
PRTR法 227, 264, 407, 421, 442
PSC: polar stratospheric clouds 92
PSD: periodic synchronous discharge 204
PVC: polyvinyl chloride 358, 394, 395, 399
PWR: pressurized water reactor 42, 43

QOL: quality of life 32
QSAR: quantitative structure-activity relationship 245, 246

3R: reduce, reuse, recycle 284, 302, **365**, 366, 401
RDF: refuse derived fuel 376, 385, **386**, 394, 395, 398, 401
REACH: Registration, Evaluation, Authorisation, and Restriction of Chemicals 207, **265**
REL: recommended exposure limit 184
RO: reverse osmosis 307, 313, 357
RoHS: Restriction of Hazardous Substances 207, 356, 401, 407, 421
RPF: refuse paper & plastic fuel 394

SAR: structure-activity-relationship 245, 246
SC: sustainable chemistry 322, 332
SCR(selective catalytic reduction)法 58, 289, 290, 296, 297
SCWO: supercritical water oxidation 347
SOF: soluble organic fraction 81
SOFC: solid oxide fuel cell 60, 391
SPEED'98 262, 358
SPM: suspended particulate matter 14, 15, 21, 80, 81, 279, 280, 285, 357
SRES: Special Report on Emissions Scenarios 100
SRI: socially responsive statement 326
SS: suspended solids 21, 109, 110, 278, 305, 309, 311, 313, 314, 320
ST: sustainable technology 327

TBT: tributyltin 127, 128, 262
TC 207 25

TD_{50} 240
TDI: tolerable daily intake 251, 252, 257, 258
TEF: toxicity equivalency factor 256, 257
TEQ: toxicity equivalency quantity 82, 83, 110, 163, 256, 257, 294, 320, 422
TiO_2 298
TLV: threshold limit value 184
TMR: total material requirement 331, 368
TOMS: total ozone mapping spectrometer 92
TSE: transmissible spongiform encephalopathy 204

UASB: upflow anaerobic sludge blanket 304
UF: ultra filter 307, 313, 357
UNCED: United Nations Conference on Environment and Development 16, 18, 19
UNEP: United Nations Environment Program 17, 18, 19, 32, 34, 93, 281
UNFCCC: United Nations Framework Convention on Climate Change 35
UNSCEAR: United Nations Scientific Committee on Effects of Atomic Radiation 85

VOC: volatile organic compounds 14, 74, 81, 119, 172, 176, 178, 277, 280, 285, 291, 292, 298, 299, 317, 357
VOC(揮発性有機化合物)を減らす **292**
VSD: virtually safe dose 252, 253

WAF: Waste Assessment Framework 125
WBCSD: World Business Council for Sustainable Development 30
WCED: World Commission on Environment and Development 18
WDCGG: World Data Centre for Greenhouse Gases 97
WDCGG: World Data Centre for Greenhouse Gases 98
WEEE: Waste Electrical and Electronic Equipment 356
WHO: World Health Organization 19, 164, 178, 180, 190, 191, 201, 247, 253, 257, 262
WHO-TEF 257
Wind Force 12 48
WMO: World Meteorological Organization 35, 276
WTO: World Trade Organization 132

X線 223

YSZ: yttria stablized zirconia 60

編者者略歴

指宿　堯嗣（いぶすき・たかし）
1947 年　東京都に生まれる
1974 年　東京大学工系大学院合成化学博士課程修了
現　在　社団法人産業環境管理協会常務理事
　　　　工学博士

上路　雅子（うえじ・まさこ）
1945 年　東京都に生まれる
1968 年　東北大学農学部農芸化学科卒業
現　在　独立行政法人農業環境技術研究所理事
　　　　農学博士

御園生　誠（みそのう・まこと）
1939 年　鹿児島県に生まれる
1961 年　東京大学工学部応用化学科卒業
現　在　東京大学名誉教授
　　　　独立行政法人製品評価技術基盤機構理事長
　　　　工学博士

環境化学の事典

2007 年 11 月 30 日　初版第 1 刷
2008 年 2 月 20 日　　第 2 刷

定価はカバーに表示

編集者　指　宿　堯　嗣
　　　　上　路　雅　子
　　　　御　園　生　誠
発行者　朝　倉　邦　造
発行所　株式会社　朝倉書店
　　　　東京都新宿区新小川町6-29
　　　　郵便番号　162-8707
　　　　電　話　03(3260)0141
　　　　FAX　03(3260)0180
　　　　http://www.asakura.co.jp

〈検印省略〉

© 2007 〈無断複写・転載を禁ず〉

壮光舎印刷・渡辺製本

ISBN 978-4-254-18024-4　C 3540

Printed in Japan

産総研 中西準子・産総研 蒲生昌志・産総研 岸本充生・産総研 宮本健一編

環境リスクマネジメントハンドブック

18014-5　C3040　　　　Ａ５判　596頁　本体18000円

今日の自然と人間社会がさらされている環境リスクをいかにして発見し，測定し，管理するか——多様なアプローチから最新の手法を用いて解説。〔内容〕人の健康影響／野生生物の異変／PRTR／発生源を見つける／$in\ vivo$ 試験／QSAR／環境中濃度評価／曝露量評価／疫学調査／動物試験／発ガンリスク／健康影響指標／生態リスク評価／不確実性／等リスク原則／費用効果分析／自動車排ガス対策／ダイオキシン対策／経済的インセンティブ／環境会計／LCA／政策評価／他

日本環境毒性学会編

生態影響試験ハンドブック
―化学物質の環境リスク評価―

18012-1　C3040　　　　Ｂ５判　368頁　本体16000円

化学物質が生態系に及ぼす影響を評価するため用いる各種生物試験について，生物の入手・飼育法や試験法および評価法を解説。OECD準拠試験のみならず，国内の生物種を用いた独自の試験法も数多く掲載。〔内容〕序論／バクテリア／藻類・ウキクサ・陸上植物／動物プランクトン（ワムシ，ミジンコ）／各種無脊椎動物（ヌカエビ，ユスリカ，カゲロウ，イトトンボ，ホタル，二枚貝，ミミズなど）／魚類（メダカ，グッピー，ニジマス）／カエル／ウズラ／試験データの取扱い／付録

横国大 田村昌三編

化学プロセス安全ハンドブック

25029-9　C3058　　　　Ｂ５判　432頁　本体20000円

化学プロセスの安全化を考える上で基本となる理論から説き起し，評価の基本的考え方から各評価法を紹介し，実際の評価を行った例を示すことにより，評価技術を総括的に詳説。〔内容〕化学反応／発火・熱爆発・暴走反応／化学反応と危険性／化学プロセスの安全性評価／熱化学計算による安全性評価／化学物質の安全性評価実施例／化学プロセスの安全性評価実施例／安全性総合評価／化学プロセスの危険度評価／化学プロセスの安全設計／付録：反応性物質のDSCデータ集

日本緑化工学会編

環　境　緑　化　の　事　典

18021-3　C3540　　　　Ｂ５判　496頁　本体20000円

21世紀は環境の世紀といわれており，急速に悪化している地球環境を改善するために，緑化に期待される役割はきわめて大きい。特に近年，都市の緑化，乾燥地緑化，生態系保存緑化など新たな技術課題が山積しており，それに対する技術の蓄積も大きなものとなっている。本書は，緑化工学に関するすべてを基礎から実際まで必要なデータや事例を用いて詳しく解説する。〔内容〕緑化の機能／植物の生育基盤／都市緑化／環境林緑化／生態系管理修復／熱帯林／緑化における評価法／他

大学評価・学位授与機構 小野嘉夫・工学院大 御園生誠・常磐大 諸岡良彦編

触　媒　の　事　典

25242-2　C3558　　　　Ａ５判　644頁　本体24000円

触媒は，古代の酒や酢の醸造から今日まで，人類の生活と深く関わってきた。現在の化学製品の大部分は触媒によって生産されており，応用分野も幅広い。本書は触媒の基礎理論からさまざまな反応，触媒の実際まで，触媒のすべてを網羅し，700余の項目でわかりやすく解説した五十音順の事典〔項目例〕アクセプター／アクリロニトリルの合成／アルコールの脱水／アンサンブル効果／アンモニアの合成／イオン交換樹脂／形状選択性／固体酸触媒／自動車触媒／ゼオライト／反応速度／他

上記価格（税別）は2008年1月現在